VADEMÉCUM DE NEUROFISIOLOGÍA CLÍNICA

VADEMÉCUM DE NEUROFISIOLOGÍA CLÍNICA, ALFABETIZADO Y SINTETIZADO, SEPTIEMBRE DE 2016, ENÉSIMA EDICIÓN.

Actualización, algoritmos, bibliografía, casos clínicos, clínica, conceptos, contraindicaciones, controversias, criterios, diagnosis, enfermedades, experiencia propia, fisiopatología, indicaciones, investigación, *know how,* libro de oro, líneas directrices *(guidelines),* listados, marcadores clínicos, músculos, nervios, observaciones personales, patogenia, procedimientos, propedéutica, protocolos, puesta al día, revisiones, semiología, síndromes, sistematización, *standards, state of the art,* técnicas, valores de referencia.

Por Manuel Fontoira Lombos, doctor en medicina, especialista en neurofisiología clínica y jefe de la Sección de Neurofisiología Clínica del Complejo Hospitalario de Pontevedra.

Notas tipográficas y ortográficas: el texto general va escrito en letra tipo Arial. Las observaciones y comentarios personales van escritos en letra book antigua. Las citas bibliográficas van en letra Century Gothic. Las palabras en lengua extranjera intercaladas van escritas en cursiva. Por comodidad las siglas no van separadas por puntos (por ejemplo, AME), ni tampoco las abreviaturas en las citas bibliográficas. Las siglas en plural van escritas en singular, para facilitar la lectura, al considerarse que se sobreentiende cuando están en plural por el contexto.

PRÓLOGO

La neurofisiología clínica es una especialidad médica que se ocupa de la exploración funcional del sistema nervioso mediante el registro y procesamiento de señales bioeléctricas. Sus aplicaciones son clínicas, con fines diagnósticos, pronósticos y con orientación terapéutica. La especialidad en la actualidad incluye tres grupos fundamentales de técnicas para la exploración funcional del sistema nervioso: electroencefalografía, electromiografía (electromiografía y electroneurografía) y potenciales evocados (visuales, auditivos, somatosensoriales, etc.). La neurofisiología clínica aporta información con significado clínico que no se puede obtener por otros medios en la actualidad, de ahí su utilidad con fines clínicos y en parte su carácter como especialidad independiente.

La sensibilidad de las técnicas neurofisiológicas es tal que en ciertas condiciones existe la posibilidad de detectar alteraciones en la fase subclínica de la enfermedad.

Aunque ningún resultado es patognomónico en neurofisiología clínica, en ocasiones la especificidad de los resultados ronda el 100%.

Por todo ello, la aplicación para el diagnóstico médico de las diversas técnicas neurofisiológicas está incluida entre los objetivos actuales del sistema sanitario, conformando la especialidad de neurofisiología clínica, dentro del plan general para garantizar una asistencia sanitaria adecuada y de buena calidad a la población.

Las técnicas neurofisiológicas clínicas con eficacia diagnóstica demostrada están siendo incluidas en un número creciente de protocolos diagnósticos, según se va acumulando experiencia acerca de su utilidad clínica. Al mismo tiempo, las técnicas que van quedando obsoletas van siendo excluidas de la cartera de servicios.

La exploración neurofisiológica clínica abarca una extensa patología, y un amplio rango de la población, dado el número de especialidades médicas a las que se puede suministrar información médica interesante. Su creciente importancia se puede constatar en la evolución de las estadísticas de las memorias hospitalarias anuales (por ejemplo, la demanda de electromiogramas se ha quintuplicado en los últimos 20 años). En parte se debe a su bajo coste, bajo riesgo y alta objetividad en manos avezadas.

ABDOMEN AGUDO, CAUSAS NEUROLÓGICAS: tabes dorsal, herpes zóster, meningoencefalitis, radiculopatía, migraña en forma de dolor abdominal recurrente (niños).

ABETALIPOPROTEINEMIA: véase lipidosis.

ACANTOSIS NIGRICANS: enfermedad de la piel, rara; hiperinsulinemia por resistencia a la insulina, con hiperqueratosis e hiperpigmentación en zonas de pliegues cutáneos. Puede ser benigna (hereditaria, 2 tipos), falsa (seudoacantosis, por obesidad o endocrinopatías) o maligna (paraneoplásica). Es posible la atrofia en partes acras (quizá en relación con neuropatía diabética o por otros motivos).

ACEITE DE LORENZO: véase enfermedad de los peroxisomas.

ÁCIDO DOMOICO: véase saxitoxina.

ÁCIDO HOMOVANÍLICO: véase enfermedad de Gilles de la Tourette.

ÁCIDO NICOTÍNICO: véase pelagra.

ÁCIDO PIRÚVICO: cifra normal en plasma: menor de 0,5 miligramos/decilitro. Aumenta en la *miastenia gravis*, en la oftalmoplejía de Kearns-Sayre y en la parálisis periódica familiar.

ACIDOSIS: la intoxicación con metanol cursa con acidosis.
La acidosis aumenta la permeabilidad de la barrera hematoencefálica.
Respiración de Kussmaull: hiperventilación (alteración en profundidad y frecuencia ventilatoria) neurógena (por estímulo del centro respiratorio) por acidosis metabólica.
Electroencefalograma: lentificado en correlación con el grado de acidosis.

ACRODINIA: véase dolor.

ACROMATOPSIA CONGÉNITA: véase electrorretinografía, patología.

ACROMEGALIA: secreción excesiva de la hormona de crecimiento (*GH*). Hipertrofia muscular al comienzo de la enfermedad. Hipotrofia, debilidad proximal y astenia más adelante. Propensión a padecer el síndrome del túnel carpiano.
Electromiograma: 2 pacientes vistos personalmente con acromegalia, ambos en la fase de hipotrofia; se encontraron signos electromiográficos compatibles con un síndrome del túnel carpiano en ambos pacientes; no se encontraron signos electromiográficos miopáticos en ninguno de los 2 pacientes.

ACROPATÍA ULCEROMUTILANTE: véase dolor. Véase neuropatía hereditaria.

ACTIVIDAD DE INSERCIÓN: la actividad de inserción normal en un electromiograma suele durar hasta unos 300 milisegundos. El aumento de la duración de la actividad de inserción puede indicar denervación, polismiositis, miotonía, Duchenne, calambres, irritación radicular, etc. Puede consistir en un tren de ondas positivas. La disminución de la actividad de inserción puede indicar atrofia, parálisis hiperpotasémica, metabolopatías, denervación crónica, miopatía, etc.

ACTIVIDAD EN ESPEJO EN EL ELECTROENCEFALOGRAMA: actividad electroencefalográfica periódica característica de la **panencefalitis esclerosante subaguda. Ritmo de Radermecker.** Descarga estereotipada, con igualdad intracanal, y desigualdad intercanal. La igualdad intracanal, según observaciones personales, puede no cumplirse en periodos largos de registro, al ir mutando el patrón estereotípico de la descarga, pero se mantiene en periodos cortos (segundos). En su forma típica el ritmo de Radermecker aparece en el estadio 2 y consiste en ondas delta de gran amplitud, estereotipadas, generalizadas, sincrónicas, bilaterales y simétricas, en intervalos de 5-15 segundos, con brotes de supresión intercalados, y en relación constante con el mioclonus.

Hay **formas atípicas**, observadas hasta en un tercio de los casos, según Praveen-kumar (Praveen-kumar S. Electroencephalographic and imaging profile in a subacute sclerosing panencephalitis –SSPE-cohort: A correlative study. Clnical Neurophysiology 2007; 118: 1947-1954).

ACTIVIDAD EPILEPTIFORME EN EL ELECTROENCEFALOGRAMA: punta, onda aguda, punta-onda (típica, atípica y lenta; en las ausencias típicas: punta-onda a 3 Hz; en las ausencias atípicas: punta onda en una frecuencia distinta a 3 Hz), polipunta, polipunta-onda, actividad rápida paroxística (ritmo reclutante). Se puede incluir también a la actividad delta rítmica intermitente, más o menos aguda, de localización temporal o frontal cuando hay correlación con crisis específicamente, por ejemplo, con un estatus parcial.

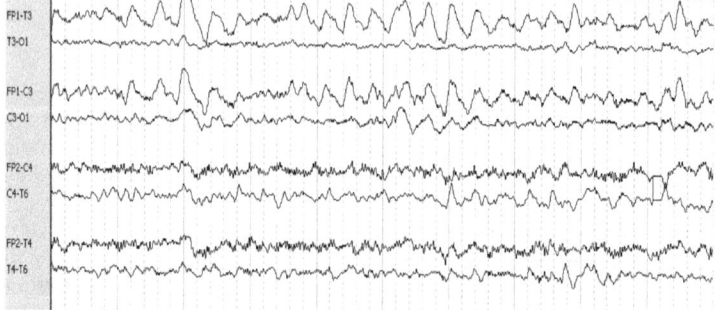

En la gráfica anterior se puede observar un tren de ondas delta de alto voltaje en región frontal izquierda en una paciente de 11 años, coincidiendo con una crisis epiléptica versiva con desviación de la cabeza y la mirada hacia la derecha. División vertical, 30 microvoltios por milímetro. División horizontal, 1 segundo.

La actividad epileptiforme puede ser ictal o interictal, focal, multifocal (puntas multifocales, hipsarritmia), o generalizada (focal o generalizada tanto en epilepsia focal como en epilepsia generalizada), y también puede ser aislada o en brotes, escasa o abundante, ya sea reclutante, subintrante, intermitente, repetitiva, continua, rítmica, seudo o semiperiódica o periódica (periódica se refiere a estereotipada y regular, ya sea en forma lateralizada o *PLED –periodic lateralized epileptiform discharge-* o en forma generalizada –como en la enfermedad de Creutzfeldt-Jakob y la panencefalitis esclerosante subaguda-, o en la forma del patrón brotes-supresión, o en forma de ondas trifásicas).

Hay patrones ictales inespecíficos como son los diversos brotes de ondas delta, las caídas de amplitud, la actividad alfa, beta, etc.

En la práctica clínica cotidiana se ha descartado personalmente el uso de la expresión "epileptógeno" en los informes electroencefalográficos en todo caso, en favor de la expresión "epileptiforme", debido a que la primera resultaba confusa o ambigua en algunos casos, pues sin pretenderlo se daba a entender que servía como indicación para tomar la decisión de iniciar un tratamiento anticomicial en un momento dado, decisión que obviamente debe basarse en el conjunto de un contexto clínico dado, y no solo en el resultado de un electroencefalograma.

Las ondas agudas con carácter epileptiforme en ocasión presentan una amplitud tan baja que se las puede considerar "**micropotenciales**" agudos, y se observan con alguna frecuencia, sobre todo en la epilepsia vascular (también se han observado personalmente en algún caso de encefalopatía connatal, o en algún caso de meningioma frontal), por ejemplo, personalmente se han observado constituyendo la actividad crítica en un paciente con un estatus epiléptico parcial complejo frontal unilateral por un *ictus;* se han observado también en otros pacientes con epilepsia parcial sintomática tras accidente vascular cerebral isquémico del mismo lado que los potenciales. En ocasiones hay que hacer el diagnóstico diferencial entre estos micropotenciales y el complejo QRS del electrocardiograma que aparece en el electroencefalograma.

ACTIVIDAD PERIÓDICA (O SEMIPERIÓDICA) EN EL ELECTROENCEFALOGRAMA: parece ser que lo más característico no sería la descarga, que puede ser variable, sino el intervalo, que tiende a ser constante o casi constante entre descarga y descarga. Las descargas varían en morfología y repetición a lo largo de la afección. Tienden a presentarse en etapas tempranas, pero con el proceso de demenciación ya iniciado, si ese fuese el caso. Son generalizadas y casi siempre simétricas (con excepciones, como la *PLED -periodic lateralized epileptiform discharge-*), persistiendo durante el sueño. En las etapas intermedias de la enfermedad y después de cada paroxismo, hay periodos de silencio eléctrico relativo en algunos casos. Posible lugar de origen de las descargas: en sistema reticular. Los estímulos sensoriales no modifican ni evocan los paroxismos. Con frecuencia la actividad periódica se correlaciona con un estatus no convulsivo (Foreman B et al. *Generalized periodic discharges in the critically ill: A case-control study of 200 patients.* Neurology 2012; 79: 1951-60); el hecho es que en la práctica clínica existe un "continuo" a la hora de encajar este patrón repetitivo entre la actividad ictal y la interictal (Foreman B et al. *Generalized periodic* discharges and 'triphasic waves': A blinded evaluation of inter-rater agreement and clinical significance. Muscle & Nerve 2015; 127: 1073-80).

Se puede observar en los siguientes procesos patológicos (Jama, June 22/30, 1993, vol 269, n° 24): -panencefalitis esclerosante subaguda: véase actividad en espejo.

-Enfermedad de Creutzfeldt-Jakob: actividad regular, parece ser que las ondas agudas son más regulares que en el resto de las demencias.

-Enfermedad de Alzheimer (caso clínico: paciente de 84 años con enfermedad de Alzheimer cuyo electroencefalograma había sido informado un año antes como "lentificado, compatible con una afectación cortical difusa leve-moderada", y que un año después ingresó por sufrir dos crisis convulsivas tonicoclónicas generalizadas; permaneciendo estuporosa y afásica, y que en un segundo electroencefalograma presentó lentificación, compatible con una afectación cortical difusa moderada, y actividad epileptiforme abundante, en forma de ondas agudas trifásicas, de alto voltaje, generalizadas, sincrónicas, continuas y semiperiódicas, electroencefalograma que, dado el antecedente convulsivo reciente, fue informado como status no convulsivo; la paciente fue tratada con keppra, y al día siguiente el tercer electroencefalograma volvió a ser como el primero, y ya sin actividad epileptiforme; además la paciente ya no estaba estuporosa ni afásica, sino totalmente consciente y conversando con normalidad; por tanto, esta actividad periódica o semiperiódica, en el caso de la enfermedad de Alzheimer, tal vez en algún caso corresponda a un estadio avanzado de la enfermedad, que es como suele estar descrito este hecho, pero también, como se ve, puede corresponder a un estatus no convulsivo y tratable).

-Enfermedad de Binswanger: ondas agudas repetitivas, electroencefalograma asimétrico, actividad lenta localizada.

-Otras demencias.

-Encefalitis herpética: en este tipo de encefalitis está descrita como típica la actividad periódica con periodo de menos de 4 segundos, en forma de onda lenta simple y estereotipada de 1 segundo o más de duración, de gran amplitud entre el día segundo y decimoquinto. En procesos cerebrales no inflamatorios se ha dicho que la periodicidad es menor de 2 segundos y la actividad periódica está particularmente focalizada, sin difusión, y más prolongada en el tiempo. Puede encuadrarse dentro de la actividad electroencefalográfica periódica. La acusada lentificación generalizada puede estar focalizada especialmente en alguna área, y los potenciales agudos bitemporales pueden ser aislados y asincrónicos.

-Encefalopatías tóxicas, hepáticas, anóxicas.

-Terapia antidepresiva tricíclica, bismuto, litio.

-Enfermedades por depósito.

-Hematoma postraumático.

-Enfermedad de Tay-Sachs: ondas agudas con tendencia repetitiva.

-Epilepsia parcial continua.

-Tumores talámicos simétricos: semiperiódica (por oclusión de la arteria de Percherón; caso clínico: paciente en la unidad de cuidados intensivos por infarto talámico bilateral, el cuadro clínico consistía en oscilaciones bruscas de la conciencia, pasando de manera brusca e impredecible de consciente y normal a un estado de coma por tiempo indefinido y vuelta al estado consciente, una y otra vez; en el electroencefalograma de este paciente registrado durante el coma no se observó actividad periódica, sino que presentaba una actividad theta continua, dominante y arreactiva, a 6 Hz, con predominio posterior, que fue calificado como "coma theta").

-Encefalopatía espongiforme subaguda, síndrome de Jones-Nevin: descargas de ondas agudas generalizadas, bilaterales y sincrónicas, repetitivas en forma periódica.

-Accidente (vascular cerebral) isquémico transitorio.

-Encefalopatía por déficit de ácido nicotínico.

-Encefalitis virales.

-Estatus epiléptico.

-Linfoma no Hodgkin. Linfoma (no Hodgkin) intravascular con ondas trifásicas periódicas (Mosqueira AJ et al. Falsa enfermedad de Creutzfeldt-Jakob. Rev Neurol 2011; 52: 567). Demencia subaguda, mutismo acinético, ataxia, etc. La resonancia magnética puede ser fundamental para el diagnóstico diferencial entre linfoma, enfermedad de Creutzfeldt-Jakob y otros cuadros superponibles (Koike Y et al. Central nervous system lymphoma with the "target sign" on magnetic resonance imaging mimicking cerebral toxoplasmosis. Neurology and Clinical Neuroscience 2014; 2: 21-22).

-Intoxicación con litio (Salas M et al. Creutzfeldt-Jakob like syndrome secundario a neurotoxicidad por litio. Rev Neurol 2013; 56: 486).

-Intoxicación con cefepime (Sánchez Y et al. Hallazgos electroencefalográficos en un caso de encefalopatía por cefepime asociada a fracaso renal agudo. Rev Neurol 2013; 56: 487).

ACTIVIDAD POSTERIOR NORMAL POR EDADES EN EL ELECTROENCEFALOGRAMA (RITMO BÁSICO POSTERIOR, RITMO DOMINANTE POSTERIOR); Berger H. Über das Elektrenkephalogramm des Menschen. Eur Arch Psychiatry Clin Neurosci 1929; 87: 527-70.

3 meses: actividad occipital a 3-4 Hz, rudimentaria.

4 meses: actividad occipital 4-5 Hz.

6 meses: actividad occipital a 4-7 Hz, gran ritmicidad, la mayor durante el primer año.

8-12 meses: actividad occipital a 6-8 Hz, menos rítmico, tal vez por estarse produciendo una aceleración de la maduración cerebral. El voltaje suele ser asimétrico en estos meses, y el registro suele hacerse con los ojos abiertos (ojos cerrados suele implicar que está dormido), la asincronía entre ambos hemisferios empieza a desaparecer hacia los 6 meses.

1 año: actividad occipital a 6-8 Hz, diferenciación topográfica y sincronía interhemisférica.

2-3 años: actividad occipital a 8-10 Hz. A los 3 años desaparece la actividad occipital menor de 3 Hz, aunque en ocasiones parece ser que persiste de forma transitoria o continua hasta los 15 años, y en algunos casos esta actividad lenta posterior incluso sería reactiva a la apertura de ojos, según algunas fuentes.

6-11 años: alfa inestable (8 años: 9 Hz; 10 años: 10 Hz).

ACTIVIDAD REPETITIVA EN EL ELECTROENCEFALOGRAMA: se observa en la encefalopatía por déficit de ácido nicotínico. Consiste en ondas lentas en secuencias repetitivas de predominio temporal, a veces asimétricas.

ACTIVIDAD THETA EN EL ELECTROENCEFALOGRAMA: 4-7 Hz (4 a 11 o 12 Hz en roedores). Es una actividad, no un ritmo. Normal en personas jóvenes en regiones posteriores. La actividad theta puede ser más abundante en mujeres jóvenes. No es reactivo.
Porcentaje de actividad theta en jóvenes adultos sanos: alrededor del 64% (más incidencia en mujeres); quizá hasta un 24%, en individuos seniles sanos (y de mayor amplitud que en jóvenes). Aumenta durante procesos mentales.
Theta dominante en vez de alfa en regiones posteriores: variante de la normalidad en individuos sanos, o también propio de individuos "iracundos, entrometidos y agresivos"; parece ser que aparece con más frecuencia en reclusos. Puede aparecer sola o entremezclada con actividad delta, potenciales agudos, o ambos.
Onda theta aguda: significa irritabilidad neuronal por ejemplo en epilepsia primaria; en este caso puede ser focal, o generalizada y sincrónica (podrían corresponder a irritación cortical o corticosubcortical respectivamente en algunos casos); puede ser secundaria a traumatismo, trepanación, tóxicos, arteriosclerosis, neoplasia, migraña, psicosis, y un largo etc.
Ondas theta en exceso para la edad, o focalizadas o generalizadas, entremezcladas o no con otros grafoelementos: significa irritabilidad neuronal en epilepsia primaria o secundaria, "sufrimiento neuronal" (o preferiblemente afectación cortical focal o difusa), reducción del nivel de conciencia, etc. Theta focal indica lesión orgánica o epilepsia.
Wicket spikes: thetas agudas temporales normales, que aparecen en fases del sueño 1, 2, *REM* y al despertar (también es característica al despertar los brotes de actividad theta frontal). No se deben confundir con ondas similares patológicas. Las *wicket spikes* son ondas monofásicas arciformes por ejemplo a 6-11 Hz y 60-200 microvoltios, bitemporales, sincrónicas o asincrónicas, con predominio temporal izquierdo y más frecuentes en mayores de 50 años. No se deben confundir con descargas epileptiformes focales (Crespel et al. *Wicket spikes misinterpreted as focal abnormalities in idiopathic generalizad epilepsy with prescription of carbamazepine leading to paradoxical aggravation.* Clinical Neurophysiology 2009; 39: 139-142).

ADRENOLEUCODISTROFIA: véase enfermedad de los peroxisomas.

AFASIA EPILÉPTICA, DIAGNÓSTICO DIFERENCIAL:
1. Afasia adquirida y crisis epilépticas: a menor edad, mejor pronóstico.
2. Síndrome de Landau-Kleffner, síndrome de afasia-convulsión. Afasia adquirida, brusca o progresiva, con punta y punta-onda multifocal en el electroencefalograma, con o sin epilepsia de evolución favorable y con trastornos de la psicomotricidad y del comportamiento. Es una encefalopatía. A menor edad, peor pronóstico. Debut: 3-7 años (18 meses-13 años). Estado previo normal. Evolución de la afasia variable. La epilepsia remite antes de los 17 años (las anomalías en el electroencefalograma también). Puede haber antecedente familiar de epilepsia. No se conocen casos familiares de este síndrome. Tratamiento: *ACTH,* valproato sódico y otros antiepilépticos.

Podría haber una asociación entre el síndrome de Landau-Kleffner con EPOCS (epilepsia con punta-onda continua durante el sueño) y el trastorno por déficit de atención con hiperactividad, aunque no se sabe si dicha asociación sería casual o no (Castañeda C et al. Alteraciones electroencefalográficas en niños con trastorno por déficit de atención con hiperactividad. Rev Neurol 2003; 37: 904-908).

En el electroencefalograma: en vigilia puntas y punta-onda multifocal, sobre todo temporales izquierdas; brotes generalizados de punta-onda o seudopunta-onda, con comienzo en 3-4 Hz y continuación en 1,5-3 Hz (parecidos a los del síndrome de Lennox); EPOCS (punta-onda continua durante el sueño); el electroencefalograma suele normalizarse antes de los 17 años; la punta-onda lenta es más abundante en sueño, a menudo generalizada y continua, pero con máximo en área temporal media (personalmente se ha observado este patrón con máximo temporal en pacientes con el síndrome *ESES,* por lo que se pone en duda su veracidad).

3. Síndrome *ESES* (*electrical status epilepticus during sleep*). Encefalopatía epiléptica. En el electroencefalograma, punta-onda continua durante más del 85% (porecentaje variable dependiendo de las series) del sueño lento, a 1-3 Hz, durante *NREM,* durante meses, a diario; desaparición de la punta-onda continua en fase *REM;* en el electroencefalograma no hay máximo frontal, pero sí posterior o en vértex (es posible que esta descripción acerca de los máximos se vea refutada por la experiencia, como se acaba de ver en el párrafo previo, pero se menciona de todos modos tal como aparece en los textos consultados).

Ausencias atípicas en vigilia. Otras crisis, excepto tónicas (útil para el diagnóstico diferencial con síndrome de Lennox en el que sí aparecen con más frecuencia crisis tónicas). Debut: 8 meses-11 años (media: 4,5 años). Trastornos del lenguaje. Disminución de la inteligencia. Trastornos del comportamiento. Antecedente de lesión cerebral en el 40%. No antecedente familiar. Los trastornos neuropsicológicos mejoran tras desaparecer la POCS (antes de los 15 años). Tratamiento: *ACTH,* valproato, carbamazepina, etc. Desaparece en la adolescencia.

En cuanto a la relación entre el síndrome *ESES,* y el síndrome de Landau-Kleffner, no está claro si se trata de uno o dos entes clínicos. Hay quien opina que en el primero podría preponderar el trastorno del comportamiento y en el segundo la afasia.

4. EPOCS (epilepsia con punta-onda continua durante el sueño) en general. Hay diversos cuadros con EPOCS o epilepsia con punta-onda continua durante el sueño: síndrome *ESES,* síndrome de Landau-Kleffner, síndrome de Lennox, epilepsia parcial benigna rolándica atípica, epilepsia parcial secundaria a lesión en región rolándica, estatus epiléptico orofacial, encefalopatía secundaria a daño cerebral (como en la parálisis cerebral, etc.). El sueño es reparador. En el electroencefalograma: en vigilia punta-onda en salvas sincrónicas o asincrónicas, focales y generalizadas; en sueño, POCS 85% o más del sueño lento durante un año al menos (porcentaje variable según la serie consultadas); punta-onda escasa en *REM,* de predominio frontal (y desaparición de la punta-onda continua); la punta es mayor que la onda; el complejo punta-onda no está bien formado; según Niedermeyer, pocos hallazgos en vigilia y *REM.*

5. Síndrome de Lennox. Véase síndrome de Lennox.

6. Epilepsia postraumática con complejo punta-onda lenta: electroencefalograma parecido al que se observa en el síndrome de Lennox, pero con clínica diferente, con epilepsia psicomotora o gran mal.
7. Epilepsia del lóbulo frontal con sincronía bilateral secundaria: dagnóstico diferencial difícil.
8. Epilepsia benigna del lóbulo occipital: En el electroencefalograma: punta-onda con máximo occipital o temporal, especialmente en vigilia y en relación con migraña (ataques visuales y luego dolor de cabeza).
9. Síndrome de Rett: enfermedad degenerativa del sistema nervioso central; niñas; electroencefalograma: punta-onda lenta en estadios iniciales; máximo variable (temporal u occipital).
Véase epilepsia infantil.

AGENTES BLOQUEANTES COMPETITIVOS: son los iones de amonio cuaternario. Ocupan los receptores de acetilcolina en el músculo (es un mecanismo de acción que recuerda al de los autoanticuerpos contra los receptores de la placa terminal en la *miastenia gravis*).

ALFA-AMINOACIDURIA: enfermedad de Hartnup. Autosómica recesiva. Metabolopatía (aminoácidos). Debut a los 3-5 años. Déficit de nicotinamida (del triptófano). Ataxia. Trastornos psíquicos, como inestabilidad emocional, delirio. Nistagmo. Diplopia. Retraso mental. Epilepsia. Cuadro pelagroide. Aminoacidemia con indicanuria. Se trata con nicotinamida y proteínas.

ALFA VARIANTE ARMÓNICO: alfa puntiagudo, tal vez por la suma de una frecuencia armónica. Característico de la epilepsia. Se observa con frecuencia en pacientes epilépticos.
Hay también un **alfa variante de frecuencia lenta (subarmónico).** Personalmente se ha observado la variante subarmónica (de alto voltaje) en el caso de un paciente con el síndrome de Dandy-Walker y síncopes.

ALGODISTROFIA SIMPÁTICA REFLEJA: véase dolor.

ALGORITMO DIAGNÓSTICO EN POLINEUROPATÍAS: véase nervio sural y nervio cutáneo dorsal interno. Véase neuropatía, algoritmo diagnóstico básico.

ALGORITMOS PARA EL DIAGNÓSTICO TOPOGRÁFICO EN ELECTROMIOGRAFÍA: (las fases del diagnóstico neurológico son: semiológico, topográfico y etiológico) los músculos a explorar pueden estar afectados por causas diversas, de forma aislada o junto a otros músculos. La exploración clínica del balance muscular y su correlación con los hallazgos electromiográficos son fundamentales para el diagnóstico.
La pauta de exploración, con la elección del algoritmo correspondiente en cada caso, permite llegar al diagnóstico topográfico en la mayoría de los casos. Por ejemplo, el caso del tensor de la fascia lata: ante la duda entre lesión de nervio peroneal o radiculopatía L5 ante actividad denervativa en tibial anterior y extensor largo del dedo gordo, la presencia de actividad denervativa en tensor de la fascia lata (que corresponde a L5 pero no a nervio peroneal), en la mayoría de los casos con indemnidad de la conducción motora por nervio peroneal a los

músculos de la pierna citados, permite confirmar radiculopatía L5, sobre todo si la clínica es compatible (en la radiculopatía L5 acusada, por degeneración walleriana, la conducción motora distal a tibial anterior puede estar tan alterada como en una mononeuropatía de nervio peroneal con pie caído, así que en estos dos casos la coducción motora por nervio peroneal a los múculos de la pierna puede estar alterada).

Dicho de otro modo: **los algoritmos en este tipo de diagnóstico topográfico pueden plantearse como si fuesen ecuaciones de primer grado con varias incógnitas,** que se van despejando conforme se van produciendo hallazgos.

Otro ejemplo: el músculo cubital anterior (*flexor carpi ulnaris*), que pesonalmente se explora pocas veces, corresponde a las raíces C7 C8 T1, sobre todo C8 parece ser, y a nervio cubital, y al tener axones de C8 ello puede permitir distinguir entre radiculopatía y neuropatía de cubital o radial (cubital anterior: nervio cubital y raíz C8; cubital posterior: nervio radial y raíz C8) usando un algoritmo mediante dos ecuaciones de primer grado y tres incógnitas. Las incógnitas en este ejemplo serían: raíz C8, nervio radial y nervio cubital. Las ecuaciones serían: la afectación de cubital anterior puede deberse a raíz C8 o nervio cubital, la afectación de cubital posterior puede deberse a raíz C8 o nervio radial. Se despeja la incógnita adecuada en función de cuál de las tres esté alterada y cuál indemne, que sería el valor de la incógnita, y se obtiene la solución buscada: raíz C8, nervio cubital o nervio radial.

Otro ejemplo: músculo flexor profundo de los dedos cuarto y quinto de la mano, que corresponde a raíces C7 C8 T1, sobre todo C8 T1, y a nervio cubital. Este músculo tiene utilidad a veces para distinguir entre lesión de raíz T1, nervio cubital y nervio radial. Se explora colocando el brazo en flexión y supinación para insertar el electrodo y después cerrando el puño con fuerza para ver el trazado, interesando la flexión de las falanges distales sobre todo. También es útil para localizar una lesión de nervio interóseo anterior, de la que algún caso se ve cada cierto número de años (casi siempre en relación con un traumatismo en la zona, o a veces con un "bultoma"). En la lesión de nervio interóseo anterior hay afectación de flexor profundo de los dedos y pronador cuadrado, e indemnidad del flexor superficial de los dedos y palmares. Y así sucesivamente.

ALODINIA: véase dolor.

ALOMNESIA: véase amnesia.

AMAUROSIS FUGAX: véase arteritis de la arteria temporal (arteritis craneal o de Horton).

AMEBIASIS: ***Enthamoeba histolytica:*** si se produce diseminación hematógena puede haber afectación cerebral.
Naegleria: afecta a niños al nadar en agua dulce; meningoencefalitis brusca y potencialmente fatal; diagnóstico: líquido cefalorraquídeo.
Acanthamoeba: protozoo patógeno oportunista, habita en cursos acuáticos, sobre todo tropicales; afecta a adultos inmunodeprimidos, meningitis crónica y

benigna; queratitis por traumatismo corneal o lente de contacto en no inmunodeprimidos; diagnóstico: líquido cefalorraquídeo.

AMÍGDALA: véase crisis uncinada.

AMILOIDOSIS: se produce amiloidosis en los siguientes: enfermedad de Alzheimer, síndrome de Down, polineuropatía amiloidótica familiar, enfermedad de Creutzfeldt-Jakob, etc.
Relación con: neuropatía periférica (incluidos pares craneales), síndrome del túnel carpiano, pupilas festoneadas, cardiopatía.
Tipos de amiloide: 1. Tipo AL: cadenas ligeras; primaria (*lambda*), por mieloma (*kappa*).
2. Tipo AA: SAA; secundaria a infección, inflamación, neoplasia, fiebre mediterránea familiar (autosómica recesiva).
3. Tipo AF: prealbúmina anormal; polineuropatía amiloidótica familiar o hereditaria tipo portugués.
4. Tipo ¿AF?: ¿prealbúmina?; senil (afectación cardíaca).
5. Tipo AEmtc: precursor de calcitonina; cáncer medular de tiroides.
6. Tipo beta-2-microglobulina; diálisis (artropatía).
7. Tipo betaproteína: péptido amiloide beta (gen cromosoma 21); Alzheimer, síndrome de Down.

Amiloidosis hereditaria, tipos: tipo 1 (portuguesa), tipo 2 (indiana), tipo 3 (Van Allen; cursa con neuropatía), tipo 4 (finlandesa), tipo 5 (judía), tipo 6 (Apalaches). Autosómica dominante. Las neuropatías amiloidóticas familiares se han relacionado, desde el punto de vista genético, con la transretina, la apolipoproteína y la gelsolina.

Neuropatía tipo portugués, polineuropatía amiloidótica familiar hereditaria tipo portugues: mejora con trasplante hepático; personalmente se atiende a una nueva familia afectada cada 5 años aproximadamente; en el electromiograma: signos de polineuropatía desmielinizante acusada; según experiencia personal los hallazgos en el **electromiograma** son parecidos a los observados en el síndrome de Guillain-Barré crónico (según otras fuentes los hallazgos electromiográficos suelen corresponder a una neuropatía axonal).
Se suele considerar que en la fase inicial de la neuropatía amiloidótica hereditaria de tipo portugués predominan la alteración predominantemente sensitiva y la disautonomía (diarrea, hipotension ortostática, anhidrosis, disfunción eréctil). Las manifestaciones suelen ser de predominio sensitivo, con parestesias, disestesias e hipoestesia de predominio termálgésico (seudosiringomielia). Se añade posteriormente alteración motora y otras manifestaciones (neuropatía craneal, miocardiopatía, opacidad vítrea, síndrome del túnel carpiano, distrofia corneal, etc.).
La neuropatía de tipo portugués puede mejorar con **trasplante hepático,** según experiencia propia (Sánchez P, Cebrián E, Rodríguez JR, Amigo MC, Fontoira M Comunicación-póster: Evolución postransplante hepático en la PAF tipo 1. Decimocuarta reunión de la Sociedad Gallega de Neurología, en Orense, 12 y 13 de mayo de 2000). Según Conceiçao, el trasplante de hígado es la única terapia eficaz en la neuropatía tipo portugués,

pero debe ser llevada a cabo en una fase precoz de la enfermedad (Conceiçao IM et al. Neurophysiological markers in familial amyloid polyneuropathy patients: early changes. Clinical Neurophysiology 2008; 119, 1082-1087). Cruz también ha encontrado mejora con transplante hepático en la neuropatía de tipo portugués (Cruz M et al. Liver transplantation on familial amyloidotic polyneuropathy. Clinical Neurophysiology 2008; 119: 42-43).

Conçeiçao también refiere alteraciones precoces en la **respuesta simpática cutánea** (RSC) en pie en la fase inicial de la neuropatía de tipo portugués, que ya habían sido descritas en mano por Montagna en 1988. Conceiçao refiere disminución de la amplitud de dicha respuesta obtenida en la planta del pie; y en fase avanzada de la enfermedad ya no se encuentra dicha respuesta; define el límite inferior normal para la amplitud de la respuesta en la RSC en planta en 0,2 milivoltios, utilizando filtros de 0,5 Hz a 2 KHz, con ganancia de 200 microvoltios/división y barrido de 1 segundo/división.

En un caso visto personalmente de un paciente de 50 años con una mutación en el gen TTR (polineuropatía amiloidótica familiar), asintomático pero al que se le solicitó un electromiograma por el hallazgo genético, las respuestas sensitivas estuvieron dentro de límites fisiológicos en miembros superiores e inferiores; la respuesta simpática cutánea en miembros superiores fue así mismo normal (latencia: 1,5 milisegundos; amplitud: 0,6 milivoltios); y las respuestas motoras estuvieron alteradas moderadamente en miembros inferiores, por desincronización de las mismas por peroneales y tibiales posteriores, lo cual resultó ser compatible con una polineuropatía motora, de predominio desmielinizante, de intensidad moderada y con afectación predominante en partes acras. El paciente presentaba también piernas en "patas de cigüeña".

Véase neuropatía hereditaria. Véase neuropatía en las paraproteinemias.

AMIOTROFIA BULBOESPINAL: véase amiotrofia espinal.

AMIOTROFIA DEL MÚSCULO PRIMER INTERÓSEO DORSAL, DIAGNÓSTICO DIFERENCIAL: véase nervio cubital, clínica.

AMIOTROFIA ESPINAL: atrofia muscular espinal, AME. Se ven pocos casos.
Las diversas formas clínicas de amiotrofia espinal están asociadas a mutaciones genéticas también diversas y con variabilidad fenotípica notable. La forma más frecuente es la autosómica recesiva con afectación proximal (*5q-SMA*) que supone hasta el 95% de los casos. Los miembros inferiores se afectan con más frecuencia que los superiores. Una primera clasificación de la enfermedad permite dividirla según la edad de inicio en formas prenatal, de 0-6 meses (45% de los casos), menos de 18 meses (20% de los casos), más de 18 meses (30% de los casos) y 30 años (menos del 5% de los casos), con una supervivencia media respectivamente de semanas, menos de 1 año, más de 25 años y edad adulta. Suele haber un periodo presintomático, salvo en casos severos, un periodo de evolución clínica rápida y un periodo prolongado de evolución progresiva lenta, a veces fluctuante. El diagnóstico es genético, aunque el electromiograma es una ayuda, sobre todo en casos atípicos (como los casos no-5q), y la biopsia muscular ya no se considera indicada. El cuidado

de los pacientes cambia el pronóstico y prolonga su supervivencia (Arnold D et al. Spinal muscular atrophy: Diagnosis and management in a new therapeutic era. Muscle Nerve 2015; 51: 157-167).

En raras ocasiones es más llamativo el distress respiratorio que la hipotonía al producirse el debut clínico (Mellins RB et al. Respiratory distress as the initial manifestation of Werdnig-Hoffmann disease. Pediatrics 1974; 53: 33-40).

En el **electromiograma** de la amiotrofia espinal se observa el patrón típico de afectación de neurona motora, con actividad denervativa y reinervativa, potenciales de unidad motora polifásicos e inestables de duración aumentada, conducciones sensitivas sin anomalías salvo excepción (dato útil para el diagnóstico diferencial con otras neuronopatías, como la enfermedad de Charcot-Marie-Tooth), conducciones motoras con velocidades sin anomalías pero con amplitudes disminuidas de los potenciales de acción muscular compuestos (a la progresión de la caída de las amplitudes se le atribuye valor pronóstico, así como a la *MUNE* y al electromiograma), reducción de los valores obtenidos con la *MUNE,* aumento del jitter y patrón seudomiopático en casos avanzados y severos. En general se observará con frecuencia menos afectación en el electromiograma que en la esclerosis lateral amiotrófica (Arnold D et al. Spinal muscular atrophy: Diagnosis and management in a new therapeutic era. Muscle Nerve 2015; 51: 157-167).

La **amiotrofia bulboespinal** aparece en los siguientes casos: enfermedad de Kennedy (amiotrofia bulboespinal crónica ligada al **X**), enfermedad de Dobkin-Verity (amiotrofia bulboespinal, con amiotrofia distal y ptosis), enfermedad de Takikawa, enfermedad de Matsugana, síndrome de Brown-Vialetto-Van Laere, etc. Veáse síndrome *FOSMN.*

Formas de AME según la *World Federation of Neurology Research Committee, Research Group on Neuromuscular Disease, 1988* (clasificación modificada; las formas de herencia citadas son las más frecuentes):
Las formas generalizadas, 1, 2 y 3 son de predominio proximal, hereditarias, con mayor frecuencia autosómicas recesivas, progresivas, y más severas cuanto más precoces.
1. Forma infantil aguda, o enfermedad de Werdnig-Hoffmann: (Dubowitz, 1978; forma generalizada tipo 1 de Byers y Banker). Forma proximal infantil. La causa más frecuente de hipotonía neonatal (niño con brazos en jarra y piernas "de rana"). Tórax "en campana". Atrofia lingual. Movimientos oculares conservados. Debilidad muscular simétrica de tronco y extremidades, con mayor afectación de miembros inferiores que superiores (Emery, 1994; Munsat, 1991). Autosómica recesiva. Presentación 0-2 años (0-6 meses sobre todo). *Exitus* en menos de 2 años. No sedestación. Tipo 1 a: "contracturas" al nacer. Tipo 1 b: más supervivencia. Electromiograma: denervación, perdida acusada de unidades motoras, signos de afectación de segunda neurona motora; se han referido potenciales de unidad motora a 5-15 Hz en aparente reposo, incluso durante el sueño (*Buchthal F et al. Electromyography and muscle biopsy in infantil espinal muscular atrophy. Brain 1970; 93: 15-30),* como posible hallazgo peculiar; no confirmado de momento personalmente; conducciones sensitivas normales.

2. Forma infantil subaguda (forma generalizada tipo 2): forma intermedia. Inicio menos de 18 meses (1-4 años). No bipedestación. *Exitus* en más de 2 años. Supervivencia larga a veces.

3. Forma juvenil: forma seudomiopática o enfermedad de Kugelberg-Welander (forma generalizada tipo 3). Forma proximal crónica. Autosómica dominante o recesiva. Cinturas pélvica y escapular. Inicio más de 18 meses (2-15 años). Bipedestación. *Exitus* en edad adulta. Variedad juvenil (3-18 años), variedad del adulto (18-60 años). El límite entre los tipos 2 y 3 puede ser indefinido. Existe una forma de esta enfermedad que es localizada y asimétrica, cuadricipital. 2 casos vistos personalmente de la AME tipo 3, presentando en el electromiograma los hallazgos típicos: actividad denervativa y signos de pérdida crónica de unidades motoras, con potenciales de unidad motora gigantes, y mayor afectación desde el punto de vista electromiográfico cuanta mayor hipotrofia muscular y debilidad correlativas; conducciones sensitivas normales.

4. Forma infantil ligada al cromosoma X: forma generalizada rara, que cursa con artrogriposis, y que puede ser (Hall, 1982): severa, con acortamiento muscular, escoliosis, deformidad torácica, hipotonía y *exitus* antes de 3 meses; puede ser intermedia, con contracturas musculares, ptosis, microcefalia, criptorquidia, hernias inguinales e inteligencia normal; o puede ser leve, con menos acortamiento muscular y mejoría con el tiempo. Xp11.3-q11.2 (Greenberg, 1988).

5. Forma distal del adulto, del niño, o ambos (*DSMA*, atrofia muscular espinal distal, forma generalizada tipo 4): forma de Aran-Duchenne. Inicio más frecuente 30-50 años (15-60 años, forma juvenil o del adulto). Personalmente sólo se ha visto un caso de este tipo, en una mujer adulta.

Subtipos de AME distal:

5.1. AME distal leve: inicio a cualquier edad, con frecuencia en la infancia. Pie cavo, marcha de puntillas, autosómica dominante. Reflejos presentes. Poca clínica. Electroneurograma sensitivo normal, electromiograma anormal (trazados neurógenos, fasciculaciones en pedios; pie cavo con electromiograma alterado). Buen pronóstico en general. Diagnóstico diferencial con la neuropatía hereditaria sensitivomotora tipo 2 de Dick y Lambert (respuesta sensitiva alterada en la NHSM 2).

5.2. AME distal grave: menos frecuente que la leve, comienzo en niños con menos de 10 años, atrofias pies y manos, arreflexia aquílea e hiporreflexia del resto de los reflejos muculares profundos. Progresa o se estabiliza. No suele afectar a la musculatura proximal. Esporádica. Antes del comienzo, deambulación normal. Marcha en varo, con *steppage* de instauración en unos pocos meses. Electromiograma: denervación.

6. Forma proximal del adulto: forma de Vulpian-Bernhardt. Esporádica. Hombros, brazos, manos (síndrome escapulohumeral). 40-50 años.

7. Atrofia muscular bulbar, parálisis bulbar progresiva o de Fazio-Londe (Fazio, 1892, Londe, 1893), rara, esporádica, autosómica dominante, autosómica recesiva. Afectación de pares 7, 9, 10, 11 y 12. Comienzo: 2 a 12 años. Debilidad facial, disartria, disfagia, posteriormente afectación de otros pares. Curso rápido y *exitus*. No hay afectación de miembros: diagnóstico diferencial con AME infantil. Diagnóstico diferencial con *miastenia gravis*, Guillain-Barré, neuropatía craneal múltiple, AME con afectación bulbar, parálisis seudobulbar, miositis con cuerpos de inclusión y parálisis aguda idiopática del hipogloso.

8. Formas localizadas simétricas escapuloperoneales: síndrome de Stark-Kaeser (30-50 años, poco invalidante, autosómica dominante); forma escapuloperoneal severa (4-10 años, mayor deformidad de pies, autosómica recesiva, puede empeorar en la edad adulta); forma escapuloperoneal con cardiopatía (5-15 años, autosómica dominante, ligada al cromosoma X).

9. Formas localizadas simétricas facioescapulohumerales: enfermedad de Fenichel (adolescencia).

10. Forma localizada simétrica escapulohumeral: enfermedad de Furukawa (adolescencia-adulto).

11. Forma localizada simétrica distal de las 4 extremidades: enfermedad de Meadows-Marsden (juvenil, adulto); diagnóstico diferencial con la enfermedad de Charcot-Marie-Tooth.

12. Forma localizada simétrica distal de las extremidades superiores: enfermedad de O´Sullivan-McLeod; infancia, autosómica recesiva.

13. Forma localizada simétrica distal de las extremidades inferiores (forma peroneal): adolescencia, 5-15 años.

14. Forma localizada simétrica distal con parálisis de cuerdas vocales: enfermedad de Young-Harper; infancia-adolescencia.

15. Forma asimétrica monomélica localizada en una extremidad superior: enfermedad de Hirayama (partes acras de miembro superior); esporádica (adulto, unilateral, antebrazo y mano, 20-25 años, no progresiva) o hereditaria, autosómica dominante (adulto).

Hirayama ha sugerido un posible origen microvascular para esta enfermedad (y por tanto al margen del resto de las AME), e incluso ha recomendado el uso de collarín.

Misra UK, Kalita J. Central motor conducción in Hirayama disease. Electroencephalography and clinical neurophysiology. Electromyography and motor control 1995. 97; 2: 73-76.

Hirayama K. Juvenile muscular atrophy of distal upper extremity. Internal medicine 2000; 39: 283-90.

16. Forma localizada asimétrica cuadricipital: forma localizada del síndrome de Kugelberg-Welander.

17. Forma asimétrica localizada como forma del síndrome postpoliomielítico.

18. Forma localizada bulboespinal ligada al X: amiotrofia bulboespinal cronica ligada al X o **enfermedad de Kennedy**; adolescencia-adulto. Neuronopatía o atrofia muscular bulboespinal crónica, ligada al X. En un caso visto personalmente, confirmado genéticamente, el paciente presentaba amiotrofia bulboespinal, ginecomastia, disartria, disfagia, parálisis hemifacial, hipertrofia o seudohipertrofia de pantorrillas, mayor afectación en musculatura proximal que en la distal (trazados simplificados y de amplitud aumentada). En cuanto al electromiograma, en las conducciones motoras y sensitivas, el único parámetro claramente alterado fue la velocidad de conducción, estando la motora mínimamente reducida y la sensitiva ligeramente reducida (por ejemplo, nervios surales derecho e izquierdo, velocidades: 34 metros/segundo y 31 metros/segundo). Se desconoce si esta alteración en las velocidades de conducción sensitiva se debía a degeneración walleriana en relación con esta neuronopatía o si se debía a una neuropatía periférica verdadera. El hecho de observarse alteración sensitiva sugiere que la última posibilidad es probable también dado que en principio en las neuronopatías motoras la exploración sensitiva suele ser normal.

19. Forma localizada bulboespinal asociada a amiotrofia distal y ptosis: enfermedad de Dobkin-Verity; adolescencia, autosómica dominante. Diagnóstico diferencial con enfermedad mitocondrial.

20. Forma localizada bulboespinal y de cintura escapular: enfermedad de Takikawa; adulto, ligada al X.

21. Forma localizada bulboespinal, oculofaríngea: enfermedad de Matsugana; adulto, autosómica dominante.

22. Forma localizada bulboespinal, bulbopontina asociada a sordera: síndrome de Brown-Vialetto-Van Laere.

23. Formas localizadas asociadas a hipertrofia de pantorrillas: adolescencia, autosómica dominante, ligada al X.

24. Formas localizadas multisegmentarias: adolescencia (15-30 años).

25. AME en forma de esclerosis lateral amiotrófica (indistinguibles), con afectación sólo de segunda motoneurona, y por tanto, en general, esclerosis lateral amiotrófica, con la excepción de la esclerosis lateral amiotrófica primaria:

25.1. Esclerosis lateral amiotrófica típica (forma esporádica o enfermedad de Charcot, adulto, 20-70 años).

25.2. Esclerosis lateral amiotrófica familiar (autosómica dominante, adulto).

25.3. Formas juveniles (3 tipos, adolescencia, menos de 25 años, autosómica recesiva).

25.4. Formas asociadas a esclerosis lateral amiotrófica o limítrofes:

25.4.1. Poliomielitis anterior crónica (el 90% de la poliomielitis es abortiva, no paralizante, y puede cursar con meningitis aséptica, poliomielitis paralítica, miocarditis; tropismo por motoneuronas de asta anterior en médula, corteza, bulbo y cerebelo).

25.4.2. Esclerosis lateral amiotófica y degeneración espinocerebelosa (adolescencia, 10-20 años).

25.4.3. Esclerosis lateral amiotrófica y demencia frontal.

25. 4. 4. AME y atrofias multisistémicas hereditarias.

AMIOTROFIA FALSA: puede estar producida por **lipoatrofia semicircular** (pérdida localizada del tejido adiposo subcutáneo), debida a posturas matenidas, microtraumas repetidos, ropa apretada, etc. El electromiograma es normal.

La **lipoatrofia focal** puede verse también en la paniculitis por lupus, en la paniculitis lobular en la dermatomiositis, tras la inyección de corticoides, por nevus extensos, y personalmente se ha observado también en la cara en la zona correspondiente a la rama del trigémino afectada en lesiones del nervio trigémino, etc.

Pardal JM et al. Falsa amiotrofia en los antebrazos por lipoatrofia semicircular. Rev Neurol 2013; 58: 443-444.

AMNESIA Y OTROS TRASTORNOS DE LA MEMORIA:

-Amnesia global transitoria; se ve 1 caso a la semana; electroencefalograma en la amnesia global transitoria: normal, o lentificación difusa, u ondas agudas, o alfa asimétrico, o signos de afectación cortical focal, o actividad theta aguda generalizada, u otras alteraciones.

-Formas de presentación de la amnesia y causas más frecuentes: 1. Súbita con recuperación gradual incompleta, causas: infarto cerebral bilateral o unilateral (hemisferio dominante), infarto del hipocampo por oclusión arterial (aterosclerosis, embolismo) de arterias cerebrales inferiores, traumatismo de región diencefálica o temporal inferomedial, hemorragia subaracnoidea espontánea, intoxicación con monóxido de carbono y otros estados hipóxicos (raro), encefalitis herpética.

2. Súbita con recuperación total, causas: epilepsia de lóbulo temporal, estados postconmocionales, amnesia global transitoria.

3. Comienzo subagudo y mayor o menor recuperación con secuelas: enfermedad de Wernicke-Korsakoff, encefalitis herpética, meningitis tuberculosa o granulomatosa de la base del cerebro.

4. Progresiva lenta: tumores de las paredes del tercer ventrículo y lóbulos temporales, Alzheimer y otras enfermedades degenerativas en etapas iniciales. (Harrison, Principios de Medicina Interna).

-Hipermnesias: criptemnesia (no se pierde la orientación), ecmnesia (se pierde la orientación).

-Paramnesias: falsificación retrospectiva, seudología fantástica, mentira patológica (mitomanía, propia de psicopatías histéricas), fabulaciones, alucinaciones de la memoria, alucinosis *delusional* (lentificación frontal en el electroencefalograma).

-Seudoamnesia: *deja-vú*, etc. Fenómeno de Verkenung positivo (confundir a desconocidos con conocidos, y viceversa; esquizofrenia). Síndrome de Capgras o ilusión del sosias (esquizofrenia, histeria).

-Tipos de amnesia: anterógrada, retrógrada, global, afásica, lacunar, alomnesia (hipomnesia psicógena).

AMPLITUD EN EL ELECTROENCEFALOGRAMA: véase coherencia interhemisférica; véase depresión de voltaje.

ANASTOMOSIS:

Anatomosis de Martin-Gruber: anastomosis de nervio mediano a nervio cubital en antebrazo (15-31% de las personas, parece ser).

Signos compatibles con **anastomosis de nervio cubital a nervio mediano en antebrazo** también se encuentran con frecuencia durante la exploración electromiográfica.

Un hallazgo electromiográfico frecuente es la **doble inervación,** por ejemplo, la doble inervación motora de *abductor pollicis brevis* por los nervios mediano y cubital es frecuente, (aparecerán 2 potenciales motores en *abductor pollicis brevis,* de distinta morfología, uno estimulando al mediano en la muñeca y otro estimulando al cubital en la muñeca) y **debe ser detectada para evitar un falso negativo en el diagnóstico del síndrome del túnel carpiano** si se toma para el diagnóstico por error al potencial obtenido estimulando al cubital, que probablemente será normal, y sin tener en cuenta el potencial alterado obtenido estimulando al mediano. En el síndrome del túnel carpiano muy acusado en el caso de una doble inervación, de acuerdo con observaciones personales, es frecuente que no haya conducción motora por nervio mediano a *abductor pollicis brevis* desde muñeca, estimulando el nervio mediano, y que sí la haya por nervio cubital desde muñeca, por doble inervación de *abductor pollicis brevis*, dando la falsa impresión de que no hay atrapamiento si se toma a la respuesta del cubital en *abdctor pollicis brevis* por la respuesta del mediano, de manera que en este caso habrá un bloqueo motor y sensitivo del 100% por nervio mediano en mano, alguna actividad motora paradójica en el electromiograma en dicho músculo por la inervación suplementaria del cubital, respuesta motora evocada en dicho músculo estimulando nervio cubital en muñeca, e hipotrofia o atrofia de eminencia ténar. En caso de haber una doble inervación de *abductor pollicis brevis* por mediano y cubital, si el potencial motor obtenido en *abductor pollicis brevis* estimulando el cubital en la muñeca no cambia al estimular el cubital en el codo, se tratará de una doble inervación, o en todo caso no se deberá a una anastomosis de mediano a cubital en el antebrazo (tal vez sí en el brazo o en otra zona proximal al codo); si no aparece potencial estimulando al mediano en la muñeca ni estimulando al cubital en el codo, pero sí estimulando al cubital en la muñeca y al mediano en el codo, será una anastomosis de mediano a cubital en el antebrazo, y así sucesivamente con el resto de las posibilidades.

Anastomosis de Riche-Cannieu: se da en la palma de la mano, entre la rama recurrente del nervio mediano y la rama profunda del nervio cubital (Russomano S et al. Riche-Cannieu anastomosis with parcial transection of the median nerve. Muscle and Nerve 1995; 18: 120-122).

ANATOMÍA APLICADA A LA ELECTROMIOGRAFÍA: manuales recomendados: Perotto A: Anatomical guide for the electromyographer. Thomas Ch (ed.) Illinois. 1984.
Geiringer SR: Anatomic localization for needle EMG. Hanley & Belfus, Philadelphia. 1999.

ANECDOTARIO: 1550 AC, papiro de Ebers.
500 AC, Alcmeón, primeras disecciones; describe el nervio óptico y la separación en hemisferios cerebrales.
400 AC, Hipócrates correlaciona el cerebro con la inteligencia y declara el origen natural o físico, no mágico ni sobrenatural, de la enfermedad (y por tanto propone que el conocimiento se puede poner a prueba).
300 AC, Herófilo describe en el encéfalo los siguientes: cerebro, cerebelo, cuarto ventrículo, *calamus scriptorius*, nervios sensitivos y nervios motores.
300 AC, Erasístrato asocia el mayor desarrollo de las circunvoluciones humanas con una mayor inteligencia.
200 AC, Galeno describe los nervios craneales, los grupos musculares (la sinergia), y halla (en experimentos con animales, inaugurando así el método experimental) que la sección medular presenta, según el nivel de sección, correlación con la clínica; así, la sección a la altura de las vértebras 1 y 2 conlleva la muerte, a la altura de las vértebras 3 y 4 conlleva parada respiratoria, y por debajo parada vesical, intestinal y de miembros inferiores.
1550, Vesalio describe los núcleos de la base, hipocampo, fórnix, cápsula interna, pulvinar, tubérculos cuadrigéminos, cuarto ventrículo, pares craneales, etc.

1560, Eustaquio describe el sistema nervioso vegetativo, los pares craneales y el puente de Varolio.

1570, Montpellier, alumno de Falopio, describe los pares craneales, las 2 raíces de cada nervio raquídeo, y las sustancias gris y blanca en la médula espinal.

1600, Bacon introduce la inducción frente a la lógica aristotélica: comprobación con hechos de las hipótesis.

1649, Descartes filosofa acerca del dualismo entre alma y cuerpo (o mente y cerebro).

1665, Hooke describe las células vegetales.

1674, Leeuwenhoek descubre las fibras nerviosas.

1755, Le Roy utiliza la terapia electroconvulsiva para algunas enfermedades mentales.

1774, Mesmer desarrolla el "magnetismo animal" (mesmerismo, hipnosis).

1780, Galvani descubre que una descarga de electricidad estática de una botella de Leyden da lugar a una contracción muscular. Según Galvani, el músculo no sólo conduce el estímulo eléctrico, sino que genera una electricidad medible, igual que la de Volta, lo cual marca el comienzo de la electrofisiología. La neurofisiología recibía hace años el nombre de electrofisiología. Los primeros experimentos en este terreno los reinició Gilbert hacia 1600, al recuperar el clásico interés por el magnetismo, seguido por Galvani hacia 1730 y por Volta hacia 1800.

1781, Fontana describe el axón y las fibras nerviosas, aunque sin distinguir entre axón y vainas.

1791, Galvani publica sus investigaciones sobre la estimulación eléctrica de los nervios de las patas de las ranas, de donde induce que la contracción muscular se produce por corrientes eléctricas.

1801, teoría tricromática de la composición de la visión de Young (y concepto de energía, 1807), modificada posteriormente por Helmholtz.

1808, Gall y su frenología, que introduce la idea de la posible localización de ciertas funciones nerviosas en determinadas áreas cerebrales.

1817, Parkinson publica sus observaciones acerca de la enfermedad de Parkinson.

1824, Dutrochet menciona a las células nerviosas; las llamó "corpúsculos globulares".

1824, Flourens realiza experimentos para tratar de encontrar una localización específica de las funciones cerebrales, sin éxito.

1825, Deiters identificó soma y prolongaciones o neuritas.

1831, Faraday, ley de inducción electromagnética.

1833, Ehrenberg describe las células nerviosas. Valentin describe las dendritas a mediados del siglo 19.

1836, Remak describe el axón y las vainas.

1838, Remak describe las fibras mielínicas y amielínicas.

1838, Mateucci registra la producción de corriente eléctrica por el músculo ("corriente propia").

1839, Schleiden y Schwann enuncian la teoría celular.

1839, Schwann describe la formación de la vaina de mielina por las células llamadas de Schwann.

1840, Müeller enuncia la ley de energías nerviosas específicas (a un receptor, un estímulo; umbral bajo para su estímulo y alto para el resto).

1840, Baillarger describe la estratificación de la corteza.

1848, Dubois-Reymond demuestra que los impulsos transmitidos por los nervios y músculos son de naturaleza eléctrica, una "onda de negatividad" que se transforma en corriente o "potencial de acción".

1850, Helmholtz es el primero en medir de forma correcta la velocidad de conducción motora por un nervio, demostrando que la transmisión nerviosa no es instantánea, sino que tiene lugar a una velocidad expresable en metros por segundo.

1850, Waller describe la degeneración axonal.

1855, Duchenne publica una obra pionera de la electromiografía: De l´electrisation localissée et son aplication a la pathologie et a la thérapeutique.

1857, Bernard comienza la investigación sobre transmisión química, y Vulpain, hacia 1866, continúa estas investigaciones centrándose en la transmisión química entre neuronas, comenzando a hablarse de neurotransmisores.

1858, Gerlach propone la teoría reticular, defendida por Golgi y desbancada por Ramón y Cajal, según la cual el sistema nervioso es continuo.

1859, Darwin publica "El origen de las especies", en el que describe a la selección natural como el "mecanismo" detrás de la evolución de las especies.

1861, Broca describe el área de Broca, una zona del cerebro específica con una función específica.

1862, Kühne describe la terminación motora.

1864, se doctora Erb (estableció la separación entre psiquiatría y neurología, y por tanto se suele considerar que marca el comienzo de la neurología; entre sus diversas aportaciones se incluye la descripción del umbral de excitación nerviosa).

1865, Deiters distingue entre axón y dendrita.

1867, Meynert se da cuenta de que las neuronas son más o menos iguales, a pesar de la multiplicidad de sus funciones.

1868, Owen introduce el concepto de volumen y peso encefálico como técnica comparativa, y describe la aparición temprana de las circunvoluciones y su regularidad a lo largo de la existencia.

1870, Fritsch y Hitzig, con sus experimentos, establecen el vínculo entre electricidad y función cerebral, al provocar en animales contracciones musculares estimulando el área motora.

1870, Gudden describe la atrofia y desaparición de las células dañadas (cambios más rápidos y evidentes a menor edad).

1871, Ranvier describe fibra y nodos en la mielina (interdigitación).

1872, Huntington describe la corea de Huntington.

1873, Golgi describe la tinción con nitrato de plata.

1874, Wernicke describe el área de Wernicke.

1875, Richard Caton consigue registrar la actividad eléctrica cerebral, y también descubre entonces los potenciales evocados visuales, al observar los cambios en el registro occipital con estímulos luminosos en la retina.

1876, Flechsig describe la maduración de la mielina y la mielinización.

1876, Galton utiliza los términos *nature and nurture* para referirse a herencia y ambiente (se basa en parte en la observación de gemelos idénticos).

1877, His aporta hallazgos importantes para la doctrina de la neurona, al observar el crecimiento de neuroblastos.

1877, Charcot, profesor de Freud, describe la enfermedad de Charcot, y fue un precursor de la psicopatología.

1878, Broca describe el centro de la palabra.
1878, Golgi describe las neuronas.
1884, Gilles de la Tourette describe el síndrome de Gilles de la Tourette.
1885, Ebbinghaus, investigaciones pioneras sobre la memoria.
1886, Zeiss construye lentes cuya resolución se encuentra en los límites de la luz visible.
1887, Korsakoff describe el síndrome de Korsakoff.
1888, Ramón y Cajal confirma la teoría neuronal (la unidad funcional del sistema nervioso es la célula nerviosa individual, no una red continua; las neuronas se comunican entre sí mediante uniones intercelulares específicas, las sinapsis; la corriente eléctrica, dentro de una neurona, entra por las dendritas y sale por los axones – "polarización dinámica"-).
1890, Waldeyer acuña el término "neurona" para la célula nerviosa.
1890, William James publica sus "Principios de Psicología".
1892, Nissl describe la cromatolisis o rotura de los gránulos de Nissl como parte de la respuesta aguda del soma a la lesión axonal (también describe en este caso la excentricidad del núcleo y la hinchazón de la célula).
1896, Kraepelin distingue entre esquizofrenia ("demencia precoz") y psicosis maniacodepresiva o trastorno bipolar. Había acuñado también los términos "neurosis" y "psicosis".
1897, Sherrington acuña el término "sinapsis" (cuya existencia había sido
predicha por Freud). Sherrington también describe la inhibición neuronal, la integración neuronal, la rigidez por descerebración y acuña el término "propiocepción".
1898, Thorndike publica "Inteligencia animal". Precursor del conductismo, junto a Pavlov y su condicionamiento clásico. Describe la "ley del efecto".
1900, Freud publica "Interpretación de los sueños".
1902 a 1929, en este periodo Hans Berger investiga la actividad eléctrica cerebral, y bautiza su detección y registro gráfico con el nombre de electroencefalografía. Describe el ritmo alfa.
1902, Overton comienza con sus experimentos sobre carga eléctrica celular, y durante 50 años son continuados por, entre otros, Bernstein (que describe el potencial bioeléctrico transmembranar, incluso en reposo, que estima en 70 milivoltios, y propone la idea de la "membrana porosa", antecedente de la idea de los "canales iónicos"), Katz, y Hodgkin y Huxley, para hacia 1952 tener claro el mecanismo de flujo iónico transmembranar durante la generación de los diversos tipos de potencial bioeléctrico de membrana (de reposo, de acción, etc.).
1904, Elliot aclara el papel de los neurotransmisores en la sinapsis ("transmisión química"). Posteriormente Dale y Loewi aislan la acetilcolina en la sinapsis, que más adelante será indentificada como neurotransmisor. ·
1905, Binet y Simon desarrollan los tests de inteligencia.
1906, Alzheimer describe la enfermedad de Alzheimer ("degeneración presenil").
1909, Campbell, Vogt y Brodmann describen la citoarquitectura en mapas (áreas de Brodmann), y la división de la corteza en 6 capas.
1911, Bleuler acuña el término "esquizofrenia".
1913, Watson desarrolla el conductismo.
1929, Cannon acuña el término "homeostasis".

1929, el electrodo concéntrico para electromiografía es inventado por Adrian y Bronk (Adrian ED., Bronk DW. The discharge of impulses in motor nerve fibres. The frequency of discharge in reflex and voluntary contractions. J Physiol 1929; 67: 119-152). Adrian registra el potencial de acción neuronal y establece el principio del "todo o nada".

1932, Knoll y Ruska inventan el microscopio electrónico.

1935, Gibbs y Gibbs, así como Lennox y Davies hacen aportaciones sobre la utilidad del electroencefalograma en epilepsia.

1935, Lindsley describe cambios en la morfología de la unidad motora durante esfuerzo en la *miastenia gravis* (Lindsley DB. Myographic and electromyographic studies of myasthenia gravis. Brain 1935; 58: 470-479).

1935, Bremer opina que las ondas del electroencefalograma son fruto de fluctuaciones de la excitabilidad neuronal, no de descargas (opinión que sigue siendo la vigente en la actualidad, dado que se considera que se debe a las fluctuaciones de potenciales postsinápticos de la membrana neuronal).

1936, Bishop propone al tálamo como marcapasos del ritmo del electroencefalograma.

1937, El electroencefalograma se incorpora a la práctica hospitalaria rutinaria.

1937, la electrofisiología clínica parece ser que comienza en España en Burgos, al montarse el primer electroencefalógrafo como complemento diagnóstico en neurocirugía, por su utilidad para detectar y localizar tumores (todavía no se había inventado la resonancia magnética). A partir de 1953 los equipos asistenciales de electroencefalografía se establecen como unidades o departamentos de electroencefalografía.

1937, Loomis y cols. Primeros registros electroencefalográficos de sueño.

1938, Skinner publica "El comportamiento de los organismos" ("condicionamiento instrumental").

1938, Cerletti y Bini realizan terapia con *electroshock*.

1938, descripción de fibrilaciones y ondas positivas (Denny-Brown D, Pennybacker JB. Fibrilation and fasciculation in voluntary muscle. Brain 1938; 61: 311-34).

1941, Weddell encuentra que los receptores cutáneos son inespecíficos y que la recepción cutánea depende del patrón espaciotemporal de los impulsos en una vía neural común.

1941, estudios pioneros en electromiografía (Buchthal F, Clemmesen S. On the differentiation of muscle atrophy by electromyography. Acta Pshychiatr Scand 1941; 16: 143-181).

1941, "La aceptación de una exactitud científica en unas circunstancias en las que carezca de sentido tal vez sea la falacia de método a la que se encuentra más expuesta actualmente la medicina" (Trotter, 1941).

1948, Hodes, Larrabee y German comienzan a utilizar exitosamente la electroneurografía motora con aplicaciones clínicas (Hodes R, Larrabee MG, German W. The human electromyogram in response to nerve stimulation and the conduction velocity of motor axons. Studies on normal and on injured peripheral nerves. Arch Neurol Psychiatry 1948; 60: 340).

1949, Dawson consigue realizar la electroneurografía sensitiva (Dawson GD, Scott JW The recording of nerve action potentials through skin in man. J Neurol Neurosurg Psychiatry 1949; 12: 259).

1949, Hebb publica "La organización del comportamiento", donde afirma que "las neuronas que se disparan juntas se conectan entre sí" (principio de sincronización neuronal).

1951, cuantificación de los parámetros del potencial de unidad motora midiendo unidades individuales a mano (Pinelli P, Buchthal F. Duration, amplitude, and shape of muscle action potentials in poliomielitis. Electrenceph Clin Neurophysiol 1951; 3: 497-504).

1952, se publica el DSM (Diagnostic and Statistical Manual of Mental Disorders; American Psychiatric Association).

1952, Hodgkin y Huxley describen la técnica del voltage clamp para medir el potencial de membrana y formulan la transferencia iónica durante el potencial de acción. Posteriormente Neher y Sakmann desarrollarán la técnica del patch clamp para medir las diferencias de potencial a través de canales iónicos individuales.

1952, generalización del uso de la ventilación asistida (Ibsen B. Principles of treatment of respiratory complications in poliomyelitis. Ugeskr Laeger 1953; 115: 1203-5).

1953, se funda la American Association of Electromyography and Electrodiagnosis, más tarde llamada American Association of Electrodiagnostic Medicine.

1953, Aserinski y Kleitman describen el sueño REM.

1953, Kuffler publica sus investigaciones sobre el funcionamiento de las células ganglionares de la retina (fenómenos on-off entre campos receptivos, y organización centro-periferia), trabajo que inspirará posteriormente a Hubel y Wiesel para sus hallazgos sobre la organización de la corteza visual.

1953, Watson y Crick describen la estructura del ADN.

1954-1955, análisis cuantitativo manual del potencial de unidad motora.

Buchthal F, Pinelli P, Rosenfalck P. Action potential parameters in normal human muscle and their physiological determinants. Acta Physiol Scand 1954; 22: 219-29.

Buchthal F, Rosenfalck P. Action potential parameters in different human muscles. Acta Physiol Scand 1955; 30: 125-31.

1956, Levi-Montalcini y Cohen describen los factores de crecimiento neuronal.

1956, el Instituto Nacional de Previsión comienza a crear en su red asistencial plazas por oposición para especialistas en varias capitales del estado español.

1957, Mountcastle investiga la organización columnar en corteza para procesamiento sensorial (patrón espacial), observaciones mejoradas por Lorente de No, observando que dicha organización es en parte innata y en parte adquirida.

1957, Milner describe el papel del hipocampo en la formación de la memoria.

1957, Penfield y Rasmussen describen el homúnculo de Penfield.

1957, Chomsky publica la tesis "Estructura lógica de la teoría lingüística" ("gramática universal").

1958, Gilliatt y Sears consiguen la aplicación clínica de la electroneurografía sensitiva (Gilliatt RW, Sears T. A. Sensory nerve action potentials in patients with peripheral nerve lesions 1958. J Neurol Neurosurg Psychiatry; 21: 109).

1959, Mountcastle y Powell (y posteriormente Sinclair en 1967, y Wall en 1967), encuentran receptores polimodales, y que hay receptores de adaptación rápida (repuesta a un estímulo breve con una descarga rápida) y lenta (menos agotables), y con matices entre ambos tipos.

En la década de los años '60 del siglo 20 empiezan a convocarse plazas para médicos residentes en neurofisiología clínica en hospitales clínicos universitarios españoles.

1963, *turns/amplitude*: *turn* es cambio de dirección para cierta amplitud (umbral), y la amplitud es considerada a partir de 100 microvoltios. En miopatías aumenta *turns/amplitude*, en neuropatía aumenta la amplitud o disminuye la relación *turns/amplitude* (Willison RG: A method of measuring motor unit activity in human muscle. J Physiol 1963; 168: 35-36).

1965, Cooley y Tukey introducen el uso del algoritmo de Fourier para el análisis espectral del electroencefalograma.

1969, se acuña el término "neurociencia".

1969, introducción de la *delay line* y el *trigger* en el análisis del potencial de unidad motora (Czekajewski J, Ekstedt J, Stalberg E. Oscilloscopic recording of muscle fiber action potentials. The window trigger and the delay unit. Electroencephalogr Cli Neurophysiol. 1969; 27: 536-9).

1971, introducción del *triggered averaging* para el análisis del potencial de unidad motora (Lang AH, Nurkkanen P, Vaahtoranta K. Automatic sampling and averaging of electromyographic unit potentials. Electroenceph. Clin. Neurophysiol. 1971; 31: 404-6).

1973, Bliss y Lomo describen la potenciación a largo plazo de las sinapsis con la estimulación adecuada.

1974, resonancia magnética.

1974, *size principle* (Henneman E, Clamann HP, Gillies JD, et al. Rank order of motorneurons within a pool: Law of combination. J Neurophysiol. 1974; 37: 1338-1349).

1977, parece ser que había en España 49 servicios de neurofisiología clínica, y 79 secciones.

En el Real Decreto 2015/1978 se define a la neurofisiología clínica como especialidad médica en España, y se la integra en el sistema MIR (médico interno residente), utilizándose como fuente de referencia para los médicos en formación en esta especialidad los programas sobre la especialidad de otros países donde ya era especialidad de manera oficial (Dinamarca, Finlandia, Italia, Noruega, Reino Unido, Suecia, etc.).

La neurofisiología clínica es especialidad de manera oficial en otros países: en Suecia, desde 1957; en Noruega, desde 1957; en Finlandia desde 1965; en Dinamarca, desde 1966; en Italia, desde 1982; en Gran Bretaña, desde 1971; en Irlanda, desde 1975; en Holanda, desde 1991 (incluida en el área de neurología, pero con independencia). Existe como subespecialidad de la neurología (y sin incluir todas las técnicas) en Islandia, Portugal, Rumania y República Checa. Existe como "campo de interés" en Francia, Polonia, Grecia, Eslovenia y Hungría.

En el Real Decreto 127/1984 vuelve a denominarse la especialidad de forma oficial en España, así como a definirse los requisitos necesarios para acceder al título de especialista. Este decreto regula la formación médica especializada. De acuerdo con dicho decreto se crea de manera oficial un programa de formación en neurofisiología clínica, que es aprobado por el Ministerio de

Educación y Ciencia en resolución del 25 de abril de 1996 de la Secretaría de Estado de Universidades e Investigación.

1981, *CPAP* (Sullivan CE et al. Reversal of obstructive sleep apnoea by continuous positive airway pressure applied through the nares. Lancet 1981; 1: 862-865).

1985, estimulación magnética transcraneal (Barker A et al. Non invasive magnetic stimulation of the human motor cortex. Lancet 1985; 2: 1106-7).

1986, Electromiografía de fibra simple (Stalberg E et al. Quantitative analysis of individual motor units potentials: a proposition for standardized terminology and criteria for measurement. J Clin Neurophysiol. 1986; 3: 313-48).

1990, Ogawa, resonancia magnética funcional.

1992, Rizzolatti describe las neuronas espejo.

1992, **en una publicación de la *AAEM* (American association of Electrodiagnostic Medicine. Guidelines in electrodiagnostic medicine. Muscle and nerve 1992; 15: 229-253) se admite el empleo del término electromiografía para referirse tanto a la electromiografía propiamente dicha, como al conjunto de técnicas exploratorias relacionadas, como la electroneurografía (electromiografía = electromiografía + electroneurografía).**

1993, se identifica el gen relacionado con la enfermedad de Huntington.

2004, sigue vigente la técnica de *eye-balling* para el análisis de unidad motora, mediante análisis a simple vista de los potenciales en barrido libre, con la ayuda del altavoz (Stalberg E. Book review: the sounds of EMG-CD by J. Daube and D Rubin (Prod. Nicholet, Vlasys, Healthcare). Clin Neurophysiol 2004; 115: 1233-4).

2005, Sporns acuña el término "conectoma" para la zona cerebral activada en red detectada con resonancia magnética mediante *diffusion tensor Imaging (DTI)*.

2007, el área de registro activo del electrodo concéntrico (0,03 frente a 0,07 milímetros cuadrados) de electromiografía tiene poca influencia en los parámetros del potencial de unidad motora, usando métodos cuantitativos (Brownell AA, Bromberg MB. Comparison of standard and pediatric size concentric needle EMG electrodes. Clin. Neurophysiol. 2007; 118: 1162-5).

2010, últimos avances en electromiografía de fibra simple (Stalberg E et al. Single fibre electromyography. Studies in healthy and diseased muscle. 3rd Ed. Fiskebackskil (Sweden): Edshagen Publishing House; 2010).

ANEMIA DE FANCONI: anemia aplásica; manchas café con leche, disminución del crecimiento, retraso puberal y mental, microcefalia, hiperreflexia, hipoacusia, leucemia, etc.

La **disqueratosis congénita o enfermedad de Zinser-Cole-Egman** cursa con anemia de Fanconi: recesiva ligada al X, poiquilodermia precoz en cuello, alteraciones ungueales, queratodermia palmoplantar, leucoplasia, carcinomas en mucosas, alteraciones hematológicas (anemia de Fanconi), retraso mental, microcefalia, calcificaciones intracraneales.

ANEMIA FERRÓPENICA: irritabilidad, trastornos del sueño, antojos como el de comer hielo, almidón, barro; parestesias, ataxia, papiledema rara vez.

ANGIOMATOSIS: **-Síndrome de Sturge-Weber-Dimitri:** angiomatosis craneofacial o encefalotrigeminal. Angioma plano en los dos tercios superiores de la cara. Si afecta a la rama oftálmica del trigémino (párpado superior) puede haber afectación neurológica (Diagnóstico en pediatría clínica del dr. Fontoira Surís). Telangiectasias oculares, angioma de coroides, glaucoma, alteración retiniana, megalocórnea, hidroftalmos, angiomatosis leptomeníngea (epilepsia), parálisis, retraso mental, calcificaciones vasculares, afectación visceral, etc. Déficit mental, hemiplejía, convulsiones focales o generalizadas. Electroencefalograma: depresión de la actividad en el hemisferio afectado; es frecuente la epilepsia de lóbulo occipital.
-Angiomatosis retinocerebelomedular: síndrome de Von Hippel-Lindau; autosómica dominante; angiomas planos en región occipitocervical, síndrome cerebeloso, hipertensión intracraneal (quistes cerebelosos), angiomas retinianos, trombocitopenia, policitemia vera; podría ser una variante del síndrome de Sturge-Weber.

ANGIOQUERATOMA CORPORIS DIFFUSUM: véase lipidosis.

ANHIDROSIS: véase disautonomía.

ANTICOLINESTERÁSICOS: neostigmina (prostigmina), piridostigmina (mestinón), edrofonio (tensilón), fisostigmina (eserina), succinilcolina, decametonio, diisopropilfluorofosfato (dfp), tetraetilpirofosfato (tepp), gases e insecticidas del pirofosfato (organofosforados).
Mantienen la placa despolarizada mediante diversos mecanismos moleculares, y refractaria a la activación por potenciales de acción adicionales o a la llegada de cuantos de acetilcolina, y por tanto mantienen el músculo paralizado.

ANTICUERPOS ANTI-AQP4: característicos del síndrome de Devic (neuromielitis óptica). Véase síndrome de Devic.

ANTICUERPOS ANTICASPR2: son unos de los que se analizan en los casos de sospecha de encefalitis paraneoplásica o autoinmune. El síndrome asociado puede presentarse por ejemplo como disartria, epilepsia y discinesia. También se han observado en algún caso de **síndrome de Morvan atípico** (Benedetti L et al. Atypical electromyographic features and FDG-PET hypermetabolism in Morvan's syndrome. Journal of the peripheral nervous system 2014; 19: 2).

ANTICUERPOS ANTIGANGLIÓSIDO GQ1b: véase encefalitis de Bickerstaff.

ANTICUERPOS ANTIGLIADINA: véase enfermedad celíaca.

ANTICUERPOS ANTI-GM1, GM1b, GD1a, GalNAc-GD1a: asociados a la neuropatía axonal motora aguda y a la forma axonal sensitivomotora (véase síndrome de Guillain-Barré).

Se ha descrito algún caso con anti GA1, y con hiperreflexia y rigidez de nuca (Murillo LM et al. Neuropatía axonal motora aguda con hiperreflexia y desmielinización central asociada a anticuerpos anti-GA1. Rev Neurol 2011; 52: 283-88).

ANTICUERPOS ANTI-GQ1b: véase síndrome de Miller-Fisher.

ANTICUERPOS ANTI-HMGCR: las **estatinas** producen desde mialgias hasta rabdomiolisis severa. La miotoxicidad es autolimitada, pero en ocasiones se desarrolla miopatía necrotizante autoinmune, con anticuerpos anti 3-hidroxi-3-metilglutaril-coenzima A reductasa (*HMGCR*), que es la diana farmacológica de las estatinas.
Estos anticuerpos pueden aparecer en miopatía autoinmune sin consumo de estatinas, y no aparecen en la mayoría de los pacientes expuestos a estatinas, incluyendo aquellos pacientes con intolerancia autolimitada (por tanto, la presencia de anticuerpos permite distinguir la intolerancia autolimitada de la miopatía autoinmune en pacientes expuestos a estatinas).
Payam M et al. Statin-associated autoimmune myopathy and anti-HMGCR autoantibodies. Muscle and Nerve 2013; 48: 477-483.
La miopatía por estatinas se observa cada vez con más frecuencia.

ANTICUERPOS ANTI-HU: véase síndrome paraneoplásico.

ANTICUERPOS ANTI-MUSK: véase *miastenia gravis*.

ANTICUERPOS *ANTI-MAG:* véase neuropatía en las paraproteinemias.

ANTICUERPOS ANTI-NMDA: véase encefalitis asociada a anticuerpos anti NMDA.

ANTICUERPOS ANTI-NMO: véase síndrome de Devic.

ANTIEPILÉPTICOS Y ELECTROENCEFALOGRAMA: véase fármacos y electroencefalograma.

ANTIPALÚDICOS: véase artritis reumatoide.

APARATO SUBNEURAL DE COUTEAUX: véase nervio, anatomía.

APNEA:
-Apnea del sueño: duración mayor o igual a 10 segundos, sin despertarse, con disminución de la amplitud de la onda de flujo nasal mayor del 90%. Los episodios provocan numerosos despertares nocturnos por lo que clínicamente puede presentarse como insomnio por dificultad para mantener el sueño. La PO_2 disminuye más en la obstructiva y la mixta, y provoca el despertar y el ronquido.
Algunas apneas no se acompañan de hipoxemia.

Favorecen la obstrucción: obesidad, hipertrofia de adenoides o amígdalas, *micrognatia*, estenosis laríngea, etc. Sin tratamiento: hipertensión pulmonar... hipertensión sistémica... arritmias cardíacas... muerte durante el sueño. Respuesta ventilatoria en vigilia normal. Ausencia de lesiones cerebrales o espinales. La incidencia aumenta en postmenopáusicas.

El ronquido puro puede beneficiarse con una uvulofaringoplastia u otras técnicas quirúrgicas, como adelantamiento de mandíbula.

La apnea puede beneficiarse con *CPAP*, o tal vez con la implantación de un marcapasos en el nervio geniogloso (que se encarga de la apertura de la laringe).

-Tipos de apnea del sueño: central, obstructiva o periférica (su monitorización se puede completar con balón esofágico para medir cambios de presión intratorácica, o con electromiograma de intercostales), mixta (central/obstructiva).

-Índice de apneas: número de apneas/hora.

-Índice de apneas e hipopneas: (apneas e hipopneas)/hora.

-Hipopnea: véase hipopnea.

-Apnea del lactante: se considera apnea del lactante si la apnea dura más de 15 segundos, con o sin bradicardia, con o sin cianosis, durante sueño o vigilia. En ocasiones pueden no ser detectables las apneas en el estudio polisomnográfico, detectándose sólo ronquidos, dificultad respiratoria, etc. Rara en mayores de 1 mes.

Hay que descartar: epilepsia, niño pretérmino o de bajo peso, proceso infeccioso activo.

Etiología: reflujo gastroesofágico, epilepsia, hiponatremia (por el edema cerebral), bronquiolitis, virus respiratorio sincitial, hipoglucemia, intoxicación medicamentosa (metoxamina nasal), idiopática, síndrome de Ondina (hipoventilación alveolar central congénita), síndrome de apnea obstructiva de vías superiores, hiperplexia, síndrome de Joubert, síndrome de Dandy-Walker, malformación de Chiari tipo 2, síndrome de Rett. En la no obstructiva: inmadurez de centros respiratorios y falta de sensibilidad a quimiorreceptores. En la obstructiva: atresia de coanas, hipoplasia facial, *micrognatia*, estenosis traqueobronquial, estenosis laríngea, síndromes congénitos malformativos, etc.

-Hipoventilación alveolar: hipersomnia aparente y somnolencia diurna excesiva. Espirometría normal. Disminuye la respuesta química dormidos y despiertos. Sueño: hipoventilación, hipercapnia (peor en fase *REM*), hipoxemia (peor en fase *REM*), puede haber apneas centrales.

-Maldición de Ondina: en ausencia de lesión pulmonar o de sistema nervioso central conocidas (como cordotomía –mielotomía transversal-, lesión de la caja torácica, escoliosis, distrofia muscular, obesidad, etc.).

APRAXIA DEL ELEVADOR DEL PÁRPADO: véase blefaroespasmo.

AR: autosómico recesivo.

AROUSAL: paso de *NREM* a *NREM* más ligero, o de *NREM* a vigilia, o de *REM* a vigilia. Con o sin: aumento del tono muscular, aumento de la frecuencia cardíaca, y aparición de movimientos corporales. Criterio: duración mayor de 3 segundos.

ARSÉNICO, INTOXICACIÓN: véase neuropatía por arsénico.

ARTERIA DE PERCHERÓN: véase electroencefalografía, actividad periódica.

ARTERITIS DE LA ARTERIA TEMPORAL, O CRANEAL, O DE HORTON: fiebre, anemia, aumento de la velocidad de sedimentación, cefalea, claudicación mandibular, *amaurosis fugax*, neuropatía opticoisquémica (posible evolución a ceguera), debilidad muscular, parálisis del tercer par (diplopia). Otras causas de *amaurosis fugax*: arteritis de Takayasu (*amaurosis fugax*, manifestaciones del sistema nervioso central correspondientes a carótida, episodios sincopales), afectación de arteria oftálmica media, schwannoma orbitario.

ARTERITIS DE TAKAYASU: véase arteritis de la arteria temporal.

ARTICULACIÓN DE CHARCOT: osteoartropatía neuropática. Aparece en el pie diabético, en relación con traumatismos repetidos en una región del pie isquémica y denervada (más frecuente en *diabetes mellitus* tipo 2 mal controlada y de larga evolución, por ejemplo mayor de 15 años).

ARTRITIS REUMATOIDE: incluye debilidad y atrofia de musculatura esquelética (atrofia de fibras y necrosis). La subluxación atlantoaxoidea puede provocar compresión medular.
Los **antipalúdicos** pueden causar retinitis pigmentaria (es posible que el clínico indique la realización de un electrorretinograma en estos casos; hasta el momento según experiencia propia no se ha detectado ningún paciente a tratamiento con antipalúdicos con alteración en el electrorretinograma entre los explorados con esta indicación). Los antipalúdicos pueden causar miopatía y neuropatía.
La **atrofia muscular** en la artritis reumatoide se debe a una combinación de desuso, neuropatía y miopatía, cada una de las cuales se puede categorizar y cuantificar por separado mediante un electromiograma (Fontoira M et al. Diagnóstico del paciente con amiotrofia del músculo primer interóseo dorsal: a propósito de 15 casos clínicos. Rehabilitación 2002; 36: 50-58).
Es posible la mononeuropatía múltiple (con múltiples bloqueos sensivomotores) tras tratamiento con *infliximab* (anticuerpo monoclonal antinflamatorio) en el curso de una artritis reumatoide **(síndrome de Lewis-Sumner)**. Mejoría con inmunoglobulinas. Anti GM1 negativo. Este hallazgo tiene que ver con la variabilidad fenotípica de la neuropatía inducida por anti-TNFa (Hooper SK. Lewis-Sumner syndrome associated with infliximab therapy in rheumatoid artritis. Clinical Neurophysiology 2009; 120: 110).Véase síndrome de Lewis-Sumner. Véase neuropatía motora multifocal.

ASIMETRÍA EN EL ELECTROENCEFALOGRAMA: en el electroencefalograma a veces es difícil saber cuál es el lado afectado, o el más afectado de los dos. Por ejemplo: en un niño con delta en un lado y ausencia de delta en el otro durante hiperpnea, el sano es el lado con actividad delta.

La asimetría interhemisférica se observa con frecuencia y en diversidad de cuadros (empezando por el *ictus*, debido a lo extenso de la afectación en algunos casos y por el carácter más focal que difuso que con frecuencia se observa), por ejemplo, en un paciente con **hemorragia unilateral en ganglios basales** se puede observar afectación cortical difusa leve en un lado (lentificación leve) y moderada en el otro lado (en el lado de la hemorragia), y no es el único patrón electroencefalográfico observable en el hematoma de ganglios basales unilateral, también se puede encontrar asimetría con signos de afectación cortical difusa y actividad epileptiforme en el mismo lado que el hematoma, con normalidad del otro lado en el electroencefalograma.

En un paciente con un **traumatismo craneoencefálico** grave con secuelas, según observaciones personales, se pueden encontrar signos compatibles con una afectación cortical difusa moderada (lentificación moderada) en un lado y afectación cortical difusa acusada (trazado desorganizado de bajo voltaje) en el otro lado, quizá en correspondencia con una hemiplejía contralateral.

Un patrón similar con lentificación en un lado (theta difuso) y desorganización y bajo voltaje en el otro (que se ha descrito en la literatura como observable en la **encefalitis límbica**), se ha observado también personalmente en la **encefalitis herpética** coincidiendo con una afectación en corteza izquierda (edema) según la resonancia magnética en el mismo lado en el que aparecía el patrón de bajo voltaje.

Por supuesto también se puede observar una asimetría interhemisférica por la presencia de un "ritmo de brecha" en un lado tras una **craneotomía**.

También es asimétrico el electroencefalograma en una **epilepsia parcial** que afecte a un solo hemisferio, ya sea por la actividad crítica o intercrítica en un solo hemisferio, o por la lentificación postcrítica (más frecuente esta situación en niños que en adultos).

ASTERIXIS: véase discinesias con origen cortical.

ATAQUES EPILÉPTICOS DURANTE EL SUEÑO: crisis epilépticas nocturnas, 20-25% de las crisis; nocturnas y diurnas, 30-40%; diurnas, 30-50%.

El electroencefalograma con privación de sueño (aunque la privación sea parcial, por ejemplo, despertándose 1-3 horas antes de lo habitual) es tan o más eficaz que la polisomnografía (Janz, 1962), y según experiencia propia así parece ser. No precisa reducción previa de la medicación.

El registro nocturno sólo vale la pena realizarlo cuando no se pueda hacer privación de sueño, en el caso de sospecha de crisis sólo nocturnas y en el caso de querer valorar la estructura del sueño nocturno por algún motivo. En tal caso el electroencefalograma Holter parece ser una buena alternativa al registro nocturno con ingreso hospitalario.

Diagnóstico diferencial:

1. Epilepsia parcial compleja con sintomatología afectiva, diagnóstico diferencial con terrores nocturnos (parasomnia, electroencefalograma normal) y pesadillas (disomnia, electroencefalograma normal).

2. Crisis parcial compleja con componente psicomotor: con trastorno de fase *REM* sin atonía y sonambulismo.

3. Epilepsia mioclónica juvenil benigna, epilepsia con gran mal al despertar, síndrome de West (lactante): con sobresaltos del adormecimiento y mioclonias nocturnas.

4. Epilepsia rolándica benigna, síndrome de Landau-Kleffner, epilepsia con punta-onda durante el sueño: con distonía paroxística nocturna, movimientos de automecimiento, somniloquia, bruxismo, parálisis del sueño.

ATAXIA, ALGUNAS CAUSAS:

1. Tabes dorsal.
2. Abetalipoproteinemia.
3. Síndrome de Refsum juvenil.
4. Síndrome cerebeloso.
5. Déficit de vitamina B_{12}.
6. Neuropatía sensitiva grave.
7. Enfermedad de Hartnup.
8. Síndrome de Richards-Rundle.
9. Anemia ferropénica.
10. Síndrome de Joubert.
11. Esclerosis múltiple.
12. Xantomatosis cerebrotendinosa.
13. Hipotiroidismo.
14. Ataxia telangiectasia, enfermedad de Louis-Barr, síndrome de Louis-Barr.
15. Síndrome de Wernicke.
16. Encefalitis troncoencefálica paraneoplásica (síndrome paraneoplásico).
17. Enfermedad celíaca.
18. Degeneración cerebelosa subaguda (síndrome paraneoplásico).
19. Neuropatía sensorial subaguda paraneoplásica (síndrome paraneoplásico).
20. Hipovitaminosis A.
21. Varicela.
22. Epilepsia mioclónica.
23. Lipidosis.
24. Síndrome o enfermedad de Creutzfeldt-Jakob.
25. Síndrome de Hakim-Adams.
26. Enfermedad de Charcot-Marie-Tooth.
27. Parálisis cerebral.
28. Lesión del núcleo rojo contralateral (arteria cerebral posterior).
29. Piebaldismo (síndrome neurocutáneo discrómico).
30. Encefalitis de Bickerstaff.
31. Enfermedad o síndrome de von-Hippel-Lindau.
32. Enfermedad de Lyme.
33. Fucosidosis.
34. Síndrome de Ekbom.
35. Insomnio familiar fatal.
36. Déficit (congénito) de acetilcolinesterasa.
37. Síndrome de Miller-Fisher.
38. Ataxias hereditarias: síndrome de Bassen-Kornzweig, ataxia hereditaria de Ekbom (síndrome de Ekbom).
39. Síndrome de Kearns-Sayre.
40. **Ataxia de Friedreich** (neuropatía asociada a ataxias hereditarias): *FRDA*. Ataxia cerebelosa autosómica recesiva. Autosómica recesiva (primera década),

autosómica dominante (segunda década). Daño en células ganglionares, raíces posteriores, fibras sensitivas periféricas, haz piramidal, haz espinocerebeloso, cordón posterior, primera neurona sensitiva. Ataxia cerebelosa, disminución de la sensibilidad profunda, Babinski, nistagmo horizontal. Reflejos normales, aumentados o disminuidos. Pie zambo o cavo, dedo gordo en martillo (pie de Friedreich). Cifoescoliosis. Neuropatía axonal. Diabetes en 30% (intolerancia 60%). Aumento bilirrubina. Disminución *LDH*.

Electromiograma en la ataxia de Friedreich: en la literatura (*Tratado de Neurología de Codina*) está descrita la lentificación de las respuestas sensitivas y su baja amplitud, o en su lugar la ausencia de respuestas sensitivas (y la desintegración de los potenciales evocados somatosensoriales), con respuestas motoras dentro de límites fisiológicos. Estos hallazgos ayudan a diferenciar esta ataxia de cuadros similares. Según experiencia propia, con los 2 casos vistos, esta descripción se ajustó a lo observado y ayudó a distinguir esta ataxia de otros tipos de ataxia hereditaria observados.

Dependiendo de la variante genética hay formas atípicas: de inicio tardío, con reflejos conservados, paraparesia espástica, síndrome radiculocordonal puro, o mimetizando una atrofia multisistémica de tipo cerebeloso, etc. (Apolinar D. *Ataxia de Friedreich de inicio tardío con reflejos osteomusculares conservados*. Rev Neurol 2012; 55: 765-767).

Aparece **miocardiopatía dilatada** en los siguientes: enfermedad de Duchenne, distrofia miotónica, distrofia de cinturas, distrofia facioescapulohumeral y ataxia de Friedreich; en la de Friedreich también aparece cardiopatía hipertrófica.

41. Ataxia episódica: enfermedades de origen genético por alteración en los canales iónicos. Alteración en el sistema nervioso central y periférico. Disfunción cerebelosa paroxística y mayor incidencia de epilepsia.

41.1. Ataxia episódica tipo 1: episodios de ataxia de corta duración, con mioquimia y neuromiotonía interictal. Canal de potasio. En el electromiograma se ha referido un doble potencial en el potencial de acción muscular compuesto (*CMAP*) y neuromiotonía. Electroencefalograma heterogéneo.

41. 2. Ataxia episódica tipo 2: episodios de ataxia de horas de duración, a veces con debilidad muscular. Alteración cerebelosa interictal, a veces progresiva. Canales de calcio. Se ha descrito aumento del *jitter* en el electromiograma de fibra simple. Electroencefalograma, heterogéneo.

Tomlinson SE et al. Approach to clinical neurophysiologic assessment of the episodic ataxias. Clínical neurophysiology 2008; 119: 17.

Tomlison S et al. Clinical neurophysiology of the episodic ataxias: insight into ion channel dysfunction in vivo. Clinical Neurophysiology 2009; 120: 1768-1776.

Véase discinesias paroxísticas.

42. Ataxia óptica, síndrome de Balint.

43. Ataxia respiratoria: respiración atáxica de Biot.

44. Ataxia sensorial: el equilibrio depende fundamentalmente de 3 sistemas: la vista, el oído y el tacto. El equilibrio se altera de manera grave cuando fallan 2 de los anteriores. Si falta la aferencia sensitiva en miembros inferiores se produce el signo de la danza tendinosa al tratar de permanecer de pie, y la marcha tabética (taloneando con vigor y con el paciente mirando hacia el suelo). Véase marcha tabética.

45. Ataxias cerebelosas autosómicas recesivas (Espinós C et al. Ataxias cerebelosas autosómicas recesivas. Clasificación, aspectos genéticos y fisiopatología. Rev Neurol 2005; 41: 409-422):

45.1. Ataxias mitocondriales (ataxia de Friedreich o *FRDA*).

45.2. Ataxias metabólicas: ataxia con déficit de vitamina E (enfermedad neurodegenerativa; a diferencia de la *FRDA* no hay cardiopatía ni diabetes, y la neuropatía sensitiva empieza más tarde), abetalipoproteinemia, enfermedad de Refsum, xantomatosis cerebrotendinosa.

45.3. Ataxias por defectos en la reparación del ADN: ataxia telangiectasia, ataxia con apraxia oculomotora de tipo 1 (neuropatía motora axonal, ataxia de aparición temprana, hipoalbuminemia) y de tipo 2 (ataxia espinocerebelosa no Friedreich, neuropatía sensitivomotora axonal, corea, niveles altos de alfa-fetoproteína), síndrome de Cockayne (retinopatía, hipoacusia neurosensorial, etc.), xeroderma pigmentoso (fotosensibilidad, hipoacusia, corea, etc.).

45.4. Otras ataxias degenerativas: ataxia espástica de Charlevoix-Saguenay (ataxia espástica, disartria, nistagmo, amiotrofia, neuropatía periférica –axonal según unas series, desmielinizante según otras-).

45.5. Ataxias congénitas: síndrome de Joubert (hipoplasia cerebelar, hipotonía, ventilación irregular, movimientos oculares anormales, retraso psicomotor, signo de la muela en resonancia magnética; enfermedades relacionadas: síndrome de Arima, síndrome *COACH* (*cerebellar vermis hypoplasia, Oligophrenia, congenital Ataxia, Coloboma and Hepatic fibrocirrhosis*), y síndrome de Senior-Löken o nefronoptisis con distrofia de retina; quizá también tenga relación con el síndrome de Cogan o nefronoptisis con apraxia oculomotora).

46. Síndrome de Unverricht-Lundborg (y síndrome de Hartung).

47. Encefalitis de Hashimoto (anticuerpos antitiroideos).

48: Siderosis superficial por hemorragia subaracnoidea crónica (ataxia cerebelosa progresiva, hipoacusia neurosensorial con tinnitus y mielopatía).

49. Ataxia por neuropatía en las paraproteinemias.

50. Ataxia cerebelosa con neuropatía y arreflexia vestibular bilateral (síndrome *CANVAS*). *Szmulewicz DJ et al. Neurophysiological evidence for generalized sensory neuronopathy in cereberllar ataxia with neuropathy and bilateral vestibular arreflexia syndrome. Muscle and Nerve 2015; 51: 600-603.*

ATETOSIS: véase distonía.

ATP-ASA: véase déficit de ATP-asa.

ATROFIA MULTISISTÉMICA: incluye las siguientes: degeneración estrionígrica, atrofia olivopontocerebelosa idiopática y síndrome de Shy-Drager.

ATROFIA MUSCULAR BULBAR: véase amiotrofia espinal.

ATROFIA MUSCULAR FALSA: véase amiotrofia falsa.

ATROFIA/HIPOTROFIA MUSCULAR POR DESUSO: modificaciones por desuso en el músculo estriado (Sunderland, 1985): no aparecen signos de denervación, disminuye el peso y el tamaño del músculo, no aparecen fibrilaciones, ni aumento de la sensibilidad a la acetil-colina, ni aumento de la cronaxia. La experiencia propia acumulada hasta el momento confirma que en el electromiograma ciertamente no aparecen signos electromiográficos de denervación en la atrofia por desuso, lo cual ayuda en la práctica a diferenciarla de la atrofia por denervación.

Disminución de masa muscular sin debilidad: envejecimiento, neoplasia, desnutrición, enfermedad hepática, enfermedad renal.

ATROFIA ÓPTICA, ALGUNAS CAUSAS: *incontinencia pigmenti achromicans*, síndrome de Dejerine-Sottas, síndrome de Devic, esclerosis tuberosa, leucodistrofia, síndrome de Frohlich, síndrome de Hallervorden-Spatz, neuropatía crónica hereditaria tipo 6 (de Dick y Lambert), papiledema, glaucoma.

BAILE DE SAN VITO: véase discinesias con origen subcortical.

BALANCE MUSCULAR:
Escala:
0: no contracción.
1: contracción sin movimiento.
2: movimiento a favor de la gravedad.
3: movimiento en contra de la gravedad.
4: movimiento contra pequeña resistencia.
5: normal.
Medical Research Council. Aids to the examination of the peripheral nervous system. Memorandum n° 45. London: Her Majesty's Stationery Office; 1981.
Hay escalas más complejas, pero en la práctica clínica cotidiana ésta es suficiente. Esta escala es la que recomienda Sunderland, por ejemplo, en su tratado sobre lesiones del nervio periférico, en la edición española de 1985, en la página 331, resaltando su utilidad, por ejemplo, para la valoración de la recuperación motora por regeneración de fibras nerviosas tras una lesión nerviosa periférica.

Comentarios:
La **debilidad muscular** se detecta clínicamente cuando fallan aproximadamente el 50% de las unidades motoras (según descripción clásica), y este hecho corresponde al grado 4 de la tabla de balance expuesta y coincide con el comienzo de la detectabilidad de la simplificación de los trazados electromiográficos de máximo esfuerzo, según descripción convencional, como la de Fernández (en el capítulo sobre neurofisiología clínica en el Tratado de Neurología de Codina).
La descripción clásica de la aparición de debilidad detectable clínicamente a partir de la pérdida del 50% de las motoneuronas (y por tanto del 50% de las unidades motoras, cuando la relación entre ambas es lineal; véase *MUNE* 3 párrafos más abajo) parece ser que procede de los estudios de Hansen en necropsias de pacientes fallecidos por esclerosis lateral amiotrófica, y de las correlaciones clínicas consecuentes (Hansen S, Ballantyne JP. A

quantitative electrophysiological study of motor neuron disease. J Neurol Neurosurg Psychiatry 1978; 41: 773-783). Este artículo pionero ha tenido diversas aportaciones posteriores, por ejemplo:
Yuen EC, Olney RK. Longitudinal study of fiber density and motor unit number estimate in patients with amyotrophic lateral sclerosis. Neurology 1997; 49: 573-578).
Daube JR. Motor unit number estimates in ALS. En Kimura J, Kaji R (Eds.) Physiology of ALS and related diseases. Elsevier Science BV, Amsterdam 1997; 203-216.
Según experiencia propia, y a partir de la descripción clásica, esta cifra del 50% de pérdida de unidades motoras en correlación con la simplificación de los trazados y con el nivel de fuerza detectado en el balance no es totalmente exacta en todo caso, por ejemplo: en músculos potentes puede no manifestarse la debilidad clínicamente con un 50% de pérdida de unidades motoras (con un trazado simplificado), como es el caso, en ocasiones, del gemelo interno de una persona joven y musculada con una radiculopatía S1 (la hipertrofia compensadora es otra de las posibles explicaciones para este hecho).

Fatigabilidad no es exactamente debilidad o falta de fuerza, sino más bien pérdida progresiva de fuerza, y habitualmente sirve para distinguir los trastornos de la unión neuromuscular, en los que hay fatigabilidad, de la falta de fuerza o debilidad muscular con otro origen.
Tampoco hay que confundir la fatigabilidad con la **claudicación muscular**, que consiste en pérdida brusca de fuerza o debilidad brusca, como en miembros inferiores en la estenosis de canal lumbar (causa neurógena) o en la insuficiencia vascular (causa vascular), o como en cualquier grupo muscular en la enfermedad de McArdle (causa miógena) tras un esfuerzo vigoroso.

Disminución de masa muscular sin debilidad: envejecimiento, neoplasia, desnutrición, enfermedad hepática, enfermedad renal.

La **medición electromiográfica del número de unidades motoras funcionantes (*MUNE, motor unit number estimation*)**, en correlación con la clínica, suele ser importante para la correcta valoración del estado del músculo a la hora de emitir pronósticos: a mayor porcentaje de unidades motoras funcionando, mejor pronóstico en general, aunque en función lógicamente de la evolución. La estimación del número de unidades motoras funcionantes en un músculo se evalúa integrando cabalmente las magnitudes de varios parámetros neurofisiológicos que incluyen la **amplitud de los potenciales evocados motores (*CMAP o compound muscle action potential*)**. Según experiencia propia, en la mayoría de los músculos la amplitud del *CMAP* más frecuente es de alrededor de 12 milivoltios (en niños las amplitudes son menores al ser los músculos más pequeños y estar las fibras musculares de cada unidad motora menos separadas en el paquete muscular), aunque pueden oscilar por regla general entre valores alrededor de 10-25 milivoltios. En *orbicularis oculi* entre 1,5-5 milivoltios (1,5 milivoltios por ejemplo en gente anciana y con hipotrofia senil, y 5 milivoltios por ejemplo en gente joven y bien musculada). En *orbicularis oris* la amplitud de la respuesta evocada motora suele ser

aproximadamente el doble que en *orbicularis oculi*. La amplitud de la respuesta motora evocada suele correlacionarse bien con el porcentaje de bloqueo axonal, pero no en muchos casos: hay que tener en cuenta que la desincronización reduce la amplitud independientemente del bloqueo axonal, así como también la reducen las alteraciones en el umbral de excitación entre axones individuales durante la reinervación, y también el hecho de que la hipertrofia de fibras propia de la primera fase de reinervación directa o colateral entre los meses primero y tercero del proceso de reinervación (dependiendo de la longitud del nervio dañado) produce un aumento de la amplitud del *CMAP*, lo cual puede impedir la detección de un bloqueo, y también hay que tener en cuenta que la temperatura altera la amplitud de las respuestas. Por estos y otros motivos no se puede correlacionar un valor absoluto de la amplitud de una respuesta motora con el porcentaje de unidades funcionantes en todo caso, sino que deben tenerse en cuenta otros parámetros que se deben integrar entre sí en correlación con la clínica, y en función de su validez en cada caso particular, por estas razones y otras.
Véase estimación del número de unidades motoras funcionantes. Véase unidad motora.

BALISMO: véase discinesias con origen subcortical.

BEREISCHAFTSPOTENTIAL: véase discinesias con origen cortical.

BETABLOQUEANTES: véase miopatía necrótica.

BIOPSIA DE MÚSCULO: en una biopsia muscular por miopatía las fibras tipo 1 pueden ser más pequeñas que las de tipo 2 en: desproporción congénita de fibras, enfermedad de Krabbe, hipoplasia cerebelosa, síndrome alcohol-fetal, enfermedad de Pompe, enfermedad de Steinert, artritis reumatoide (algunos autores dudan de que sea cierto en este caso), leucodistrofia (Werner RA et al. Fiber type disproportion in metachromatic leudodystrophy. Muscle and nerve 1994; 16: 1352-53).
En el resto de las miopatías en general suelen afectarse más las de tipo 2, o ambas por igual. Véase miopatía.

BIOPSIA DE NERVIO: sural o radial sensitivo.
Diagnóstico específico en amiloidosis, sarcoidosis, lepra y neuropatía metabólica.
Utilidad: detección de inflamación o vasculitis, diferencia entre neuropatía desmielinizante y axonal.
En la neuropatía hereditaria ha perdido terreno frente a la genética molecular.
Véase neuropatía, algoritmo diagnóstico básico.

BISMUTO, INTOXICACIÓN: electroencefalograma: lentificación y paroxismos.

BIZARRE REPETITIVE POTENTIALS, BRP: descarga seudomiotónica; 2-80 Hz, por ejemplo. Véase seudomiotonía.

BLANKET PRINCIPLE: véase *jitter*, medición con electrodo concéntrico.

BLEFAROESPASMO: véase discinesias con origen subcortical.

BLINK REFLEX (REFLEJO TRIGEMINOFACIAL): útil para la valoración del reflejo trigeminofacial. El registro se realiza con el programa de conducción motora, pero con mayor ganancia, por ejemplo, 200 microvoltios/división. A veces conviene poner un filtro de bajas frecuencias de 500 Hz (como en el programa de fibra simple). El estímulo suele hacerse a 25-35 miliamperios (200 microsegundos) en el agujero supraorbitario, en su escotadura, en el punto medio de la ceja aproximadamente.

-Valores normales (tomados de Jun Kimura, principalmente):
R1 menor 13 milisegundos (8-14).
R2 menor de 40 milisegundos (23-44; R2 es inconstante en sujetos sanos, el reflejo se agota fácilmente de manera fisiológica).
R2c menor de 41 milisegundos (R2c significa R2 contralateral). Baad-Hansen et al denominan R3 a R2c (Clinical Neurophysiology, 2007).
R2-R2c menor de 5 milisegundos.
R2-R2c´ó R2´-R2c menor de 7 milisegundos (R2´ significa R2 heterolateral).
R1-R1´menor de 1 milisegundo, siempre y cuando la latencia distal del potencial evocado motor facial presente una diferencia entre ambos lados menor de 0,6 milisegundos.
R2-R2´menor de 4 milisegundos (o menor de 8 milisegundos según Kimura).

-Algunos hallazgos anormales: R1c: indica hiperexcitabilidad del reflejo. Aparece en el síndrome del hombre rígido y en el hemiespasmo facial.
R1 en *orbicularis oris*: aparece en la sincinesia postparalítica y en el hemiespasmo facial. Ambos cursan con sincinesias, pero en la postparalítica suelen poderse detectar secuelas de parálisis en el electromiograma, o antecedentes en la anamnesis.
La ausencia de sincinesias y de R1 en *orbicularis oris* puede permitir diferenciar las sincinesias postparalíticas y el hemiespasmo facial de: blefaroespasmo, distonías faciales, mioquimias, y crisis focales, en las que no hay sincinesias ni R1 en *orbicularis oris*. Este hallazgo se está pudiendo comprobar como cierto personalmente en un creciente número de casos de hemiespasmo facial. Sólo en un caso de hemiespasmo facial en una mujer joven, con mioquimia y sincinesias en *orbicularis oculi* y *oris*, sin antecedente de parálisis facial, no se ha observado R1 en *orbicularis oris* hasta el momento, en el resto, sí.
R3: se dice que aparece en el síndrome del hombre rígido y en recién nacidos sanos.

-Comentarios: el *blink-reflex* puede estar alterado en personas sanas pero aprensivas, miedosas, somnolientas, hiperalertas, etc.
En la experiencia personal con el *blink reflex* no se le encuentra mayor utilidad a esta técnica que al electromiograma convencional para el diagnóstico y pronóstico en la **parálisis facial,** por lo que rara vez se practica en las parálisis faciales, aunque sí es utilizado en otros laboratorios.

Sí podría resultar útil, el *blink reflex*, para apoyar el diagnóstico diferencial del **hemiespasmo facial**, como se ha citado más arriba, aunque la **sincinesia** puede detectarse también con el electromiograma convencional mejor y más fácilmente, por lo que personalmente no se considera preciso llevar a cabo el *blink reflex* tampoco en este caso.

Por otro lado, tras numerosos intentos, no se le encuentra personalmente utilidad diagnóstica, hasta el momento, en la **neuralgia del trigémino** y otros tipos de dolor facial, a pesar de referencias al respecto según las cuales sí sería útil (Jääskeläinen et al. 1999). Truini et al. (2007) refieren alteración habitual en R1 en neuralgia del trigémino con causa subyacente, y normalidad en el *blink reflex* en la forma idiopática, extremo que hasta ahora no se ha conseguido confirmar personalmente.

Baad-Hansen et al (2007) han recalcado recientemente la dificultad para lograr correlaciones clínicas concretas mediante el *blink reflex* con alteración de R2 en el caso de dolor orofacial de origen diverso, técnica que carece por tanto de especificidad de momento.

Truini et al (Clinical Neurophysiology, 2007) encuentran mayor sensibilidad para R1 que para R2 al distinguir la neuralgia del trigémino clásica (con *blink reflex* normal en la mayoría de los casos) de la sintomática o producida por una causa distinta a la compresión vascular, que ocurre en el 1-2% de los casos, y que suele deberse a tumor de fosa posterior o placas de desmielinización (con posibilidad de *blink reflex* probablemente alterado en una mayoría de los casos).

Sí se le ha encontrado personalmente alguna utilidad en la **esclerosis múltiple** en algunos casos (pocos, pero que hay que tener en cuenta), en concreto para demostrar alteraciones en tronco encefálico (que a veces se presentan en forma de mioquimias faciales en la esclerosis múltiple), en forma de alargamiento de las latencias (se demuestra rara vez este hallazgo), y, sobre todo, en forma de pérdida de componentes de la respuesta del *blink-reflex* (y aun en este caso hay que evitar confundir la falta de componentes con el fácil agotamiento fisiológico de esta vía ante la respuesta evocada reiterada, que aparece al cabo de pocos estímulos, pues es sabido que conviene dejar unos segundos de reposo para la recuperación de la vía, y repetir el estímulo varias veces antes de certificar la ausencia de respuesta en algunos o todos los componentes de la misma).

Personalmente se ha encontrado coincidencia entre alteraciones en el *blink reflex* y la aparición de señales hiperintensas en resonancia magnética en tronco encefálico en algunos casos de esclerosis múltiple (aunque en estos casos probablemente resultaría en general más útil la realización de potenciales evocados auditivos para detectar una alteración funcional en tronco, extremo pendiente de confirmación definitiva). Por otro lado, es difícil por el momento correlacionar la falta de alguno de los componentes del *blink reflex* con lesiones concretas específicas de tronco (aunque hay descripciones de dichas posibles correlaciones, como las de Kimura).

Quizá la futura correlación del *blink reflex* con la resonancia magnética en un número creciente de casos podría rellenar este vacío de información y otros similares acerca de las correlaciones clínicas del *blink reflex*.

-Últimamente ha habido trabajos que hacen referencia a la evaluación de **respuestas del trigémino con potenciales evocados mediante láser (LEP)**, y se ha dicho que quizá podrían ser más sensibles que el *blink reflex*.

-En algunos centros se explora el **reflejo trigeminocervical** en pacientes con lesiones focales en el tronco encefálico. El registro se lleva a cabo en esternocleidomastoideo, trapecio o esplenios. Se ha referido que el reflejo trigeminocervical podría tener mayor sensibilidad que el componente R2 del *blink reflex* para detectar lesiones en el tronco encefálico, sobre todo en la esclerosis múltiple (Demiray DY et al. Trigemino-cervical réflex: Clinical and neuroradiological links. Clinical Neurophysiology 2012; 123; e5).

BLOQUEO AXONAL/DISPERSIÓN TEMPORAL: convencionalmente se ha venido considerando que el **bloqueo axonal**, o bloqueo de la conducción del potencial de acción a lo largo de un axón, se debe a una **desmielinización segmentaria** del nervio. Por este motivo, al bloqueo debido a una **axonopatía** algunos autores lo denominan **seudobloqueo** (McCluskey L et al. "Pseudo-conduction block" in vasculitic neuropathy. Muscle Nerve 1999; 22: 1361-6). Pero el bloqueo y el seudobloqueo así definidos resultan difíciles de distinguir en la práctica clínica diaria en un laboratorio de neurofisiología clínica, entre otras razones, y para empezar, por la manera en que se cruza en uno u otro sentido la frontera entre lo axonal y lo desmielinizante a lo largo de la evolución de una enfermedad en la práctica cuando se reexplora a un mismo paciente a lo largo de semanas o meses. Y hay más motivos, por ejemplo, si se comprueba que un nervio como el axilar no conduce al deltoides por una axonotmesis del nervio como consecuencia de una luxación del húmero en la articulación glenohumeral, la conducción estará de hecho bloqueada, no seudobloqueada, de acuerdo con la definición de bloqueo axonal (detención de la conducción de un potencial de acción a lo largo de su axón), y esto no será debido a una desmielinización segmentaria, por lo que personalmente se considera que debería desecharse el término "seudobloqueo", y en su lugar se debería intentar aclarar en cada caso, en el informe neurofisiológico correspondiente, si fuera preciso y si es posible, si se han encontrado signos que permitan concluir si la causa del bloqueo observado es desmielinizante, axonal o ambas, con predominio de una u otra. De todas formas tampoco todos los autores distinguen entre bloqueo y seudobloqueo por sistema (Ropert A, Metral S. Conduction block in neuropathies with necrotizing vasculitis. Muscle Nerve 1990; 13: 102-5).

El bloqueo de la conducción nerviosa por una **desmielinización focal** del nervio se acompaña de una lentificación focal de la conducción nerviosa a lo largo de dicha zona con desmielinización segmentaria, a diferencia de lo que ocurre cuando la desmielinización se produce a lo largo de todo un nervio, o **desmielinización paranodal**, en cuyo caso la lentificación de la velocidad de conducción nerviosa es difusa y a lo largo de todo el tronco nervioso, y no sólo en el tramo con daño focal de la mielina. De todos modos la desmielinización paranodal puede ser el resultado de la dispersión a lo largo del tronco de una desmielinización inicialmente focal.

El bloqueo por desmielinización focal se acompaña también de una **caída en la amplitud del potencial evocado motor** (potencial de acción muscular compuesto, **CMAP**) en la zona del bloqueo, detectable con una estimulación nerviosa proximal a la zona del bloqueo, pero no con una estimulación en la zona distal al bloqueo, lo cual se invoca en ocasiones también como la manera de distinguir entre un bloqueo y un seudobloqueo, aunque se ha observado personalmente que esta regla no se puede utilizar en la práctica por motivos diversos, en primer lugar porque es falsa, ya que en el daño axonal también cae la amplitud de la respuesta evocada motora con estimulación proximal, aparte de que es infrecuente dar con una lesión axonal pura o desmielinizante pura.

Por tanto, personalmente se considera que con el término bloqueo es suficiente en la práctica, tanto si hay daño axonal solo, de la mielina solo, o de ambos, que es lo más frecuente, si se establece la adecuada correlación clínica en cada caso particular cuando sea preciso.

Como se puede sobreentender, estas consideraciones no sólo atañen a las lesiones nerviosas de tipo mecánico, sino que pueden trasladarse a otros tipos de neuropatías, como puedan ser las polineuropatías inflamatorias, tóxicas, etc.

Según observaciones personales, la **remielinización temprana** en la fase de regeneración, si se produce, se acompaña de una acusada desincronización o dispersión temporal del potencial de acción muscular compuesto (*CMAP, compound muscle action potential*).

La compresión nerviosa produce un bloqueo de la conducción nerviosa de los impulsos bioeléctricos. En una primera fase se produce por **intususcepción de las vainas de mielina,** lesión que es reversible al ser un **bloqueo transitorio,** y clínicamente consiste en lo que comúnmente se conoce por tener el miembro "dormido" transitoriamente (Ochoa J Fowler TJ Gilliatt RW. Anatomical changes in peripheral nerves compressed by a pneumatic tourniquet. J Anat 1972; 113:433–455).

Una compresión prolongada, que según experiencia personal será aquella superior a, por ejemplo, 15 minutos (**regla de los 15 minutos),** produce un **bloqueo no transitorio,** ya sea por neurapraxia, axonotmesis o neurotmesis, con distinto pronóstico en cada caso. Es una situación clínica frecuente, prácticamente se ven casos nuevos a diario, ya sea por compresión del radial, del cubital, del peroneal, o de cualquier otro nervio.

-Algunos criterios electromiográficos convencionales de desmielinización focal con bloqueo, dispersión temporal, o ambos:

Nix, W. Electrophysiological sequels of inflammatory demyelination. Journal of Neurol. Neuros. and Psych. 1994; 57: 29-32.

Asbury AK, Cornblath DR. Assesment of current diagnostic criteria for Guillain-Barré syndrome. Ann. Neurol 1990; 27: 21-24.

Cornblath DR, Asbury AK, Albers JW, et al. Research criteria for diagnosis of the chronic inflammatory demyelinating polyneuropathy (CIDP). Neurology 1991; 41: 617-18.

Brown WF, Feasby TE. Conduction block and denervation in Guillain-Barré polyneuropathy. Brain 1984; 107: 219-39.

Cornblath DR, Sumner AJ, Daube J, et al. Issues and opinions: conduction block in clinical practice. Muscle Nerve 1991; 14: 869-71.

Tankisi H, Pugdahl K, Johnsen B, Fuglsang-Frederiksen A. Correlations of nerve conduction measures in axonal and demyelinating polyneuropathies. Clínical Neurophysiology 118 (2007) 2383-2392.

Los criterios neurofisiológicos para distinguir entre lesión desmielinizante y axonal, y entre bloqueo y dispersión temporal son revisados con frecuencia en la literatura internacional (Tankisi H et al. Correlation between compound muscle action potential amplitude and duration in axonal and demyelinating polyneuropathy. Clin Neurophysiol 2012; 123: 2099-2105).

1. Bloqueo de la conducción: amplitud del *CMAP* menor del 50%. También se considera que existe un bloqueo de la conducción con un área menor del 50%, o del 40%, según otros autores, y con un aumento de la duración menor o igual al 30% (American Association of Electrodiagnostic Medicine. Consensus criteria for the diagnosis of parcial conduction block. Muscle Nerve 1999; 22: 225-229).

El criterio de la caída de la amplitud o del área del *CMAP* varía entre un 20% y un 60%, dependiendo del autor consultado (Fuglsang-Frederiksen A, Pugdahl K. Current status on electrodiagnostic standards and guidelines in neuromuscular disorders. Clinical Neurophysiology 2011; 122: 440-455).

Algunos autores refieren en concreto una reducción del 60% para el caso del nervio peroneal en el segmento de la pierna, es decir, con detección en pedio y estímulación en garganta del pie y en la cabeza del peroné (American Association of Electrodiagnostic Medicine. Consensus criteria for the diagnosis of partial conduction block. Muscle Nerve 1999; 22: 225-229).

2. Bloqueo de la conducción y dispersión temporal: amplitud del *CMAP* menor del 50%, área menor del 50%, aumento de la duración mayor del 30%.

3. Dispersión temporal: amplitud menor del 50%, área mayor del 50%, aumento de la duración mayor del 30%.

Poca dispersión temporal se observa de manera característica en la enfermedad de Charcot-Marie-Tooth, en el síndrome *POEMS*, en la polineuropatía asociada a una infección por el VIH (en este caso la duración del *CMAP* suele estar especialmente alargada de manera característica, según observaciones personales, pero sin desincronización del mismo, o apenas), y en la polineuropatía en el mieloma y el linfoma (duración también alargada especialmente de manera ocasional). Sobre dispersión temporal véase también músculo trapecio.

En la siguiente gráfica se puede ver la desincronización o dispersión temporal del *CMAP* motor obtenido en primer interóseo dorsal con electrodo de aguja estimulando en zona proximal al codo en un caso de atrapamiento crónico acusado del nervio cubital en el codo (división horizontal: 5 milisegundos):

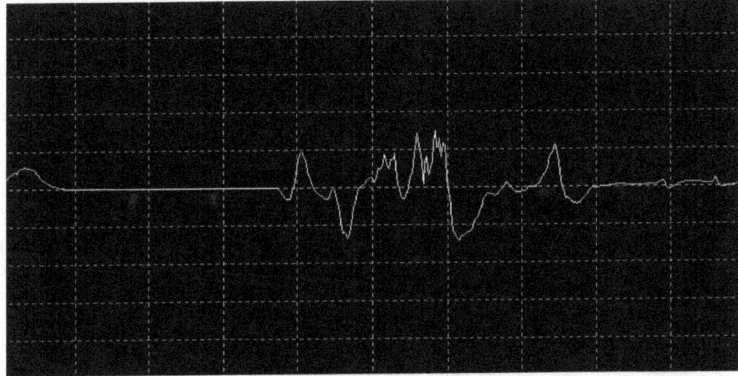

En la siguiente gráfica se puede observar la desincronización o dispersión temporal del *CMAP* obtenido en eminencia ténar con electrodo de aguja en un paciente con un síndrome del túnel carpiano acusado (división horizontal: 5 milisegundos):

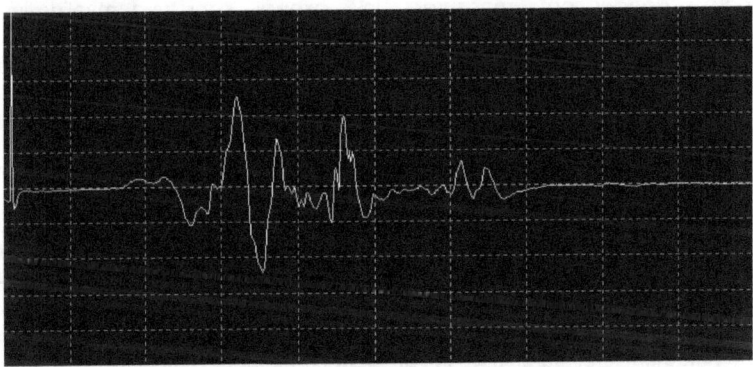

4. Estimulación submáxima: amplitud menor del 50%, área menor del 50%, aumento de la duración menor o igual al 30%.

Lange DJ, Trojaborg W et al. Multifocal neuropathy with conduction block: Is it a distinct clinical entity? Neurology 1992; 42: 497-505.

Situar el punto de corte para la detección de un bloqueo en el 50% de la amplitud del *CMAP* se debe tal vez a que la técnica actual no permite detectar el bloqueo de manera fiable con un porcentaje menor sin un riesgo de que se produzcan falsos positivos. Ya por regla general se suele correlacionar la detección clínica de un defecto neurológico (pérdida de sensibilidad o de fuerza) con la pérdida de aproximadamente el 50% (o mayor) de la función del nervio (coincide por ejemplo con el porcentaje de pérdida de unidades motoras utilizado como criterio de referencia en el balance muscular para detectar la falta de fuerza, que es también del 50% de pérdida de unidades motoras), de ahí que en la práctica estos criterios sean útiles, a pesar de parecer groseros, ya que en la práctica sí es importante distinguir el bloqueo de la dispersión temporal, y también de la estimulación submáxima, fuente esta última de posibles errores en la interpretación del resultado de un electromiograma que hay que tener en cuenta. Además hay diversos casos particulares a tener en cuenta en la práctica clínica en relación con el problema de la estimulación submáxima, por ejemplo, en el caso de una neuropatía, como pueda ser la neuropatía diabética, es frecuente que el umbral de estimulación aumente, con lo que en este caso el nivel de la estimulación supramáxima estará por encima de la media normal.

En la neuropatía motora desmielinizante multifocal, según Ryuiki, el bloqueo de la conducción se detecta cuando hay una caída de la amplitud del CMAP, con estimulación proximal a la zona de bloqueo, mayor del 0,6; una velocidad lentificada en el segmento; dispersión temporal o aumento de la duración mayor del 0,2 y onda F anormal o ausente (Ryuji K et al. Multifocal demyelinating motor neuropathy: Cranial nerve involvement and inmunoglobulin therapy. Neurology 1992; 42: 506-509).

Tankisi recomienda valorar con precaución la caída de amplitud del CMAP antes de certificar definitivamente el carácter axonal o desmielinizante de una polineuropatía.

Tankisi H, Pugdahl K, Johnsen B, Fuglsang-Frederiksen A. Correlations of nerve conduction measures in axonal and demyelinating polyneuropathies. Clínical Neurophysiology 118 (2007) 2383-2392.

Raynor ha encontrado en las formas desmielinizantes de neuropatía una lentificación de la velocidad de conducción motora con registro en músculos distales y proximales. En las formas axonales de neuropatía ha encontrado una lentificación de la velocidad de conducción motora sobre todo con registro en músculos distales, no al registrar en músculos proximales. También ha encontrado velocidades de conducción motora normales con registro en músculos proximales y distales en pacientes con enfermedad de la neurona motora. Lo menciona por la posible relevancia clínica de estos hechos (Raynor EM et al. Differentiation between axonal and demyelinating neuropathies: identical segments recorded from proximal and distal muscles. Muscle and Nerve 1995; 18: 402-408). Personalmente se ha observado que en enfermedades de la neurona motora evolucionadas también hay lentificación en ambos puntos, y en radiculopatías evolucionadas también; además, en las formas desmielinizantes, según observaciones personales, puede haber lentificación sólo en el registro en músculos distales, y no en los proximales, en ciertas fases del proceso, y puede haber lentificación sólo distal en las formas axonales también en ciertas fases de la evolución.

En la práctica se observa frecuentemente un solapamiento de ambos tipos de patogenia, axonal y desmielinizante, en el curso de una neuropatía dada, pues posiblemente una degeneración axonal derivará en una degeneración de la mielina, y viceversa, aunque en ocasiones se consigan identificar formas relativamente puras de predominio axonal o desmielinizante. Por ejemplo: se suele referir en los textos que la polineuropatía enólica es axonal, pero con frecuencia, según observaciones personales, se encuentra un claro predominio desmielinizante; o, por ejemplo, se suele referir en la literatura que la polineuropatía asociada a la neoplasia de próstata es de predominio

desmielinizante, pero en la mayoría de los casos atendidos personalmente se ha encontrado un claro predominio axonal, con presencia de actividad denervativa y caída de las amplitudes de los potenciales predominando sobre la dispersión temporal y la lentificación de las velocidades de conducción.
Véase nervio, anatomía, fisiología, fisiopatología, patogenia y correlaciones básicas. Véase polirradiculoneuropatía desmielinizante inflamatoria crónica.

BOTULISMO: trastorno de la unión neuromuscular presináptico. Debilidad generalizada. En adultos destaca para el diagnóstico diferencial la presencia de visión borrosa y boca seca. En niños destaca el estreñimiento (*Diagnóstico en pediatría clínica, del dr. Fontoira Surís*). En 12-36 horas: diplopia, visión borrosa, ptosis, disfagia, disartria, boca seca, midriasis, bradicardia y parálisis descendente. No alteración sensitiva. Líquido cefalorraquídeo normal. Electromiograma: está descrita la alteración característica en la prueba de estimulación repetitiva: potenciación postetánica leve, menor que en el síndrome de Eaton-Lambert, de alrededor del 40%; signos electromiográficos miopáticos; aumento del *jitter*. De acuerdo con observaciones personales, en los dos casos diagnosticados hasta ahora, no se ha podido confirmar la utilidad diagnóstica de la estimulación repetitiva, que fue negativa, y en ambos casos el diagnóstico fue fundamentalmente clínico (en uno de ellos incluso se practicó un electromiograma de fibra simple, que fue positivo, aunque inespecífico).

BROTES-SUPRESIÓN: patrón electroencefalográfico en brotes-supresión, o en salvas-supresión, o patrón paroxístico, o complejos paroxismo-supresión (*burst-supression pattern*).
Se observan periodos de supresión eléctrica en: anestesia general, oligofrenia fenilcetonúrica complicada con hipoglucemia, convulsiones y coma, tetraplejía con convulsiones y retraso mental, oligofrenia con crisis letárgicas, espasmos infantiles, síndrome de Aicardi (paroxismo-supresión unilateral o alternando asincrónicamente, correspondiendo en estos casos al cuadro de hemihipsarritmia), síndrome de Reye (mal pronóstico), anoxia severa (parada, con riesgo de evolución a estado vegetativo), síndrome de Otahara, epilepsia mioclónica precoz de Aicardi, hiperglicemia no cetósica, leucinosis, acidemia propiónica, acidemia metilmalónica, acidosis láctica congénita, adrenoleucodistrofia neonatal, acidemia d-glicérica, encefalopatía hipóxica, infección del sistema nervioso central (por ejemplo: herpes), tiopental, hipotermia cerebral inducida, con brotes más prolongados y de menor amplitud conforme disminuye la temperatura (Westover M B et al. The human burst suppression electroencefaphalogram of deep hypothermia. Clin Neurophysiol 2015; 126: 1901-1914), etc.
Se alternan ondas lentas de voltaje medio-alto con periodos de depresión del voltaje, pudiendo llegar a ser isoeléctrico. Las ondas lentas pueden ir mezcladas con puntas. El paroxismo suele ser más corto y la supresión más larga. No se aprecian ritmos fisiológicos. La alternancia puede ser semiperiódica.
Según Hofmeijer et al, si se observa igualdad intracanal del brote en el patrón en brotes-supresión observado en pacientes tras parada cardíaca con isquemia cerebral difusa, el pronóstico es malo (Hofmeijer J et al. Burst-suppression

with identical bursts: A distinct EEG pattern with poor outcome in postanoxic coma. Clin Neurophys 2014; 125: 947-954).

En el electroencefalograma de niños prematuros aparecen de forma fisiológica tramos de supresión con largos tramos de silencio, asimetrías interhemisféricas y puntas y ondas agudas. No se puede distinguir entre vigilia y sueño, ni entre sueño tranquilo (*NREM*) y sueño activo (*REM*). No se pueden definir bien las anormalidades. Los periodos de silencio eléctrico son normales en prematuros y recién nacidos, y se consideran reacciones de despertar o de alerta, porque aparecen con la estimulación auditiva durante el sueño.

Los paroxismos de supresión en el recién nacido podrían significar un "aislamiento fisiológico" de estructuras neuronales por mielinización incompleta. Patrón paroxístico o en brotes-supresión (*burst-supression*), patológico, en prematuros: brotes casi periódicos de delta y theta de alto voltaje, con ondas agudas en todos los estadios y sin respuesta a estímulos. Se debe considerar anormal en *CA* de 30 semanas o menos. Mal pronóstico.

Patrón paroxístico, o en brotes-supresión (patológico) en neonatos a término: periodos de inactividad variables (generalmente de más de 10 segundos), interrumpidos por brotes de actividad sincrónicos o asincrónicos. Los brotes de actividad son con más frecuencia de alto voltaje (pueden ser de bajo voltaje), pueden durar de 0,5 segundos a más de 10 segundos, y estar formados por ondas lentas irregulares, con ondas agudas entremezcladas o sólo ondas delta de alto voltaje con o sin componentes agudos. No debe confundirse con: el trazado discontinuo de prematuros (que es similar) ni con el trazado alternante del sueño *NREM*. Se puede distinguir conociendo la *CA* y porque el patrón en brotes-supresión presenta periodos de inactividad más largos en todos los estadios (*REM, NREM* y vigilia), y no hay cambios en el electroencefalograma con estimulación (aunque haya cambios de comportamiento). En registros sucesivos el patrón puede desaparecer a las 42-46 semanas. Puede reaparecer en la infancia tardía, como en el caso del patrón en brotes-supresión que aparece durante el sueño en bebés con espasmos infantiles e hipsarritmia. Puede aparecer el patrón en brotes-supresión unilateralmente en el síndrome de Aicardi (agenesia de cuerpo calloso, coriorretinitis y epilepsia). El patrón unilateral puede aparecer más tardíamente en forma de hemihipsarritmia. Véase electroencefalografía neonatal.

Este patrón, aparte de un registro frecuente durante la agonía o preagonía y el comienzo del cese de la actividad bioeléctrica cortical, en ocasiones es la forma de presentación de un estatus bioeléctrico (tanto en el adulto como en el neonato, a veces en circunstancias preagónicas también), y de este modo hay que informarlo en determinadas situaciones clínicas (por ejemplo, en el caso de un patrón en brotes-supresión asociado a un estatus clínico, como pueda ser el caso de un estatus mioclónico generalizado postanóxico correlacionado con un patrón electroencefalográfico en brotes-supresión).

BRP: descarga seudomiotónica: llamada también *BRP (bizarre repetitive potentials);* 2-80 Hz, por ejemplo. Véase seudomiotonía.

BURST-SUPRESSIÓN PATTERN: véase brotes-supresión.

CA: *conceptional age.*

CADASIL: *Cerebral Autosomal Dominant Arteriopathy with Subcortical Infarcts and Leukoencephalopathy.* Mutación del gen Notch 3 del cromosoma 19. Accidente vascular cerebral y demencia.

CALAMBRES:

-Algunas correlaciones: hiponatremia, ejercicio agotador, hipocalcemia, esclerosis lateral amiotrófica, neuropatías, hipovitaminosis, cuadros familiares (síndrome de Satoyoshi, estado de mal de calambre, síndrome de Jusic de calambres distales con presentación familiar, otros), déficit de ATP-asa, irritación radicular.

-Calambre del escribiente: véase discinesias con origen subcortical.

-Diagnóstico diferencial; sean o no verdaderos calambres, hay que tener en cuenta:

1. Síndrome de Satoyoshi: calambres, alopecia universal, diarrea, amenorrea, alteraciones en epífisis (alteraciones óseas).

2. Calambres en general (preferiblemente nocturnos): mayores de 40 años (gemelos); radiculopatía; neuropatía; neoplasia; extrapiramidalismo (incluyendo las distonías); piramidalismo; enfermedad de motoneurona (en localizaciones inhabituales, como pectorales o abdomen).

3. Déficit de ATP-asa.

4. Calambres familiares: forma autosómica dominante; forma nocturna; forma en relación con actividad continua de la unidad motora.

5. Síndrome de actividad continua de la unidad motora: *stiff-man syndrome*; síndrome de Isaac; síndrome calambre-fasciculación; síndrome de mioquimia-calambre.

6. Síndrome de mioquimia e hiperhidrosis.

7. Mioquimia idiopática generalizada.

8. *Acantosis nigricans*: atrofia en partes acras y resistencia a la insulina.

9. Neurolatirismo (intoxicación del sistema nervioso central con leguminosas, con paresia espástica y parestesias).

10. Miopatías: metabólicas, mitocondriales, endocrinas (síndrome de Hoffman), inflamatorias (incluida la polimialgia reumática, tal vez), distróficas, miotónicas, síndrome de mialgia-esosinofilia, síndrome de Schwartz-Jampel, síndrome de Lambert-Brody.

11. Insuficiencia circulatoria arterial o venosa de origen diverso.

12. Endocrinopatías: tiroidopatías, déficit de *ACTH*, cirrosis, síndrome de Conn, uremia, etc.

13. Alteraciones hidroelectrolíticas: deshidratación, aumento o disminución de sodio, potasio, calcio o magnesio.

14. Tóxicos: drogas, pesticidas, aceite tóxico, insectos, hipertermia maligna.

-Electromiograma: en algunos laboratorios han descrito potenciales de unidad motora descargando a 200-300 Hz. Las descargas las forman potenciales de unidad motora, quizá entre 40-200 Hz (cifras con carácter meramente descriptivo que de momento carecen de interés desde el punto de vista clínico). Tienen interés en la sospecha de esclerosis lateral amiotrófica cuando aparecen en músculos de localización infrecuente de los calambres (localización frecuente: *abductor hallucis*, gemelo interno; localización infrecuente: pectorales, intercostales, maseteros, etc.).

CAMPTOCORNIA: marcha de dromedario. Ha sido descrita en la miositis con cuerpos de inclusión con afectación paravertebral.

CALCIO: normal: 7-12 miligramos/100 mililitros.
Hipercalcemia: más de 12 miligramos/100 mililitros, por ejemplo en hipervitaminosis D, hiperparatiroidismo o carcinomatosis; cursa con debilidad y letargia (tal vez con origen central).
Hipocalcemia: menos de 7 miligramos/100 mililitros, ocurre en raquitismo, hipoparatiroidismo, o también una disminución relativa del Ca ionizado como ocurre durante hiperventilación; la hipocalcemia cursa con irritabilidad y descarga espontánea de fibras nerviosas sensitivomotoras, con parestesias, calambres, tetania y convulsiones. La hiperexcitabilidad por hipocalcemia se debe, parece ser, a que en la razón entre los diversos iones: [calcio+magnesio+hidrógeno]/[sodio+potasio], al bajar el calcio aumentan relativamente sodio y potasio.

CANDIDIASIS SISTÉMICA: puede producir meningitis. Diagnóstico difícil, la sepsis es inespecífica, los exudados en retina aparecen en la candidiasis diseminada. Hemocultivos positivos en 25-40% (falsos positivos por colonizaciones), en líquido cefalorraquídeo, en biopsia de pleura, etc.

CARDIOPATÍA DILATADA: en enfermedad de Duchenne, distrofia miotónica, distrofia de cinturas, distrofia facioescapulohumeral y ataxia de Friedreich. En la ataxia de Friedreich también aparece cardiopatía hipertrófica.

CARENCIA AFECTIVA: causa de seudooligofrenia.

CARTOGRAFÍA, MAPAS DE ACTIVIDAD ELÉCTRICA CEREBRAL, MAEC: técnica en desarrollo, sin marcadores clínicos estándar concretos por el momento, que se sepa. Básicamente se analizan las frecuencias o los voltajes del electroencefalograma por zonas y se representa gráficamente en colores el resultado, de forma que la cartografía es otra manera de representar gráficamente un electroencefalograma dado. Se le está dedicando atención y abundancia de artículos científicos a esta técnica, y en algunos laboratorios abrigan esperanzas sobre sus posibles aplicaciones clínicas futuras. Por el momento no sustituye al electroencefalograma convencional. Por supuesto no es una técnica de neuroimagen y por tanto tampoco sustituye a la neuroimagen. Se supone que en el futuro podría llegar a ser de algún modo un complemento al electroencefalograma convencional.
Noya M et al. Apoyos diagnósticos en epilepsia. En: Epilepsia, guía práctica. A Gimeno Álava, ed Acción Médica, Schering Plough, Madrid, 1994, p 48.
Oller LFV, Ortiz T. Metodología y aplicaciones clínicas de los mapas de actividad eléctrica cortical (MAEC). Ed Garsi, Madrid, 1988.

CATAPLEJÍA: puede ser la forma de debut de la narcolepsia-cataplejía. Trastorno intrínseco del sueño *REM*. Síndrome de Gelineau (narcolepsia, cataplejía, parálisis del sueño, alucinaciones hipnagógicas, hipnopómpicas, o ambas).

CATATRENIA: gemidos espiratorios, sobre todo durante sueño *REM* (se considera una parasomnia con predominio en fase *REM*). Se desconoce si posee significado clínico.

CAUSALGIA: véase dolor.

CEFALEA:
Algunas causas: síndrome de la vena cava superior.
Hemorragia subaracnoidea.
Feocromocitoma.
Abstinencia de cafeína.
Insuficiencia aórtica.
Hipertensión arterial.
Arteritis temporal.
Abuso de medicación.
Cervicalgia.
Conflicto psíquico o emocional.
Etilismo.
Fibromialgia.
Cefalea conversiva.
Cefalea de altura.
Síndrome de apnea.
Cefalea por llevar el pelo recogido en una "cola de caballo" (*ponytail headache*).
Exposición a gases tóxicos (monóxido de carbono, ácido sulfhídrico, metano, etc.).
Hipoglucemia.
Intoxicación con hexacarbonos.
Intoxicación por saxitoxina.
Insuficiencia respiratoria.
Síndrome del *shock* tóxico.
Síndrome del restaurante chino.
Cefalea crónica desde el inicio (*new daily persistent headache*).
Meningitis.
Meningioma.
Migraña.
Fiebre tifoidea (*Salmonella Typhi, Paratyphi*, y a veces *Typhimurium*).
Fístula de líquido cefalorraquídeo.
Legionelosis.
Enfermedad de Lyme.
Leptospirosis.
Tifus epidémico.
Psitacosis (cefalea intensa y mialgias entre otras manifestaciones, con o sin alteración de la conciencia, etc.).
Fiebre amarilla.
Traumatismo cráneoencefálico/postraumática (*whiplash*).
Tripanosomiasis africana en estadio 1.
Trombosis de senos durales.
Complicaciones neurológicas por SIDA.

Enfermedad de Horton.
Hipertensión arterial.
Hipertensión licuoral.
Glaucoma y otras enfermedades oculares.

Clasificación de las cefaleas:
1. Cefaleas primarias:
Migraña sin aura.
Migraña con aura (si se presentan 3 síntomas durante el aura, la duración máxima aceptable es de 3 x 60 minutos; los síntomas motores podrían prolongarse hasta 72 horas). Ante migraña con aura se recomienda descartar ataque isquémico transitorio.
-Migraña con aura típica (incluye el aura sin cefalea).
-Troncoencefálica (anteriormente "basilar").
-Hemipléjica (familiar, con 3 subtipos genéticos, y esporádica).
-Retiniana (anteriormente forma mayor de migraña).
-Migraña crónica (opresiva o pulsátil, 15 días o más al mes durante más de 3 meses, crisis de migraña previamente).
-Complicaciones de la migraña.
Cefalea tensional (episódica infrecuente, episódica frecuente, crónica).
Cefaleas trigeminoautonómicas.
En racimos (episódica, crónica).
Hemicránea paroxística (episódica, crónica).
Neuralgiforme unilateral de breve duración (con inyección conjuntival y lagrimeo, o *SUNCT;* con síntomas autonómicos craneales o *SUNA).*
Hemicránea continua.
Otras cefaleas primarias: tusígena primaria, primaria por esfuerzo físico, primaria asociada a la actividad sexual, en trueno primaria, por crioestímulo, por presión externa, punzante primaria, numular, hípnica, diaria persistente *de novo* (durante 24 horas y menos de 3 meses).
Cefalea hípnica: cefalea primaria que se presenta sólo durante el sueño. Suele despertar al paciente, no se asocia a disautonomía y aparece después de los 50 años. Más de 15 episodios al mes y duración mayor de 15 minutos. Diagnóstico diferencial con cefalea sólo nocturna por hipertensión intracraneal, hipertensión arterial, síndrome de apnea/hipopnea del sueño. De momento no se ha demostrado que predomine en una fase concreta del sueño.
Holle D et al. Serial polysomnography in hypnic headache. Cephalalgia 2011; 31: 286-90.
Raskin NH. The hypnic headache syndrome. Headache 1988; 28: 534-6.
2. Cefaleas secundarias: traumatismo craneal o cervical (aguda en los primeros 7 días, persistente si dura más de 3 meses; si aparecen otros síntomas se hablará de síndrome postraumático; este apartado incluye el latigazo cervical y la craneotomía), trastornos vasculares craneales o cervicales (*ictus* isquémico, incluyendo ataque isquémico transitorio e infarto cerebral; hemorragia intracraneal no traumática, incluyendo intracerebral, subaracnoidea y subdural; malformación vascular no rota, incluyendo aneurismas, malformación arteriovenosa, fístula arteriovenosa, cavernoma y síndrome de Sturge-Weber; arteritis; disección arterial vertebral o carotídea, incluyendo postendarterectomía y postangioplastia; trombosis venosa cerebral; postarteriografía, síndrome de vasoconstricción cerebral reversible,

postangioplastia; vasculopatías genéticas, incluyendo *MELAS, CADASIL* y otras; apoplejía hipofisaria), trastorno intracraneal no vascular (hipertensión intracraneal incluyendo idiopática y secundaria; hipotensión intracraneal, incluyendo espontánea, postpunción dural y fístula de líquido cefalorraquídeo; enfermedad inflamatoria intracraneal no infecciosa, incluyendo neurosarcoidosis, meningitis aséptica, hipofisitis linfocitaria, síndrome de cefalea y déficits neurológicos transitorios, hemiparesia, hemiparestesia y disfasia mayores de 4 horas, con pleocitosis linfocitaria, con más de 15 leucocitos por microlitro, que plantean el diagnóstico diferencial con las meningitis víricas, etc.; neoplasia intracraneal, incluyendo el quiste coloide del tercer ventrículo; inyección intratecal; ataque epiléptico; malformación de Chiari tipo 1, etc.), administración o supresión de una sustancia, infección, trastorno de la homeostasis (cefalea durante vuelos en avión; cefalea por apnea del sueño, que se caracteriza por aparecer al despertar, remitir en 4 horas, aparecer más de 15 días al mes, bilateral, opresiva, no náuseas, ni fotofobia, ni fonofobia; cefalea por disreflexia autonómica, que consiste en cefalea de inicio brusco, pulsátil, desencadenada por reflejos vesicales o intestinales con el aumento de la presión arterial, con diaforesis craneal hasta el nivel de lesión medular, que aparece en el curso de lesión medular y disreflexia autonómica con aumento paroxístico de la presión sistólica en 30 milímietros de mercurio o más o aumento de la diastólica en 20 milímetros de mercurio o más; hipoxia; hipercapnia; diálisis; hipertensión arterial; hipotiroidismo; ayuno; cefalea cardíaca, etc.), trastornos del cráneo, cuello, ojos, oídos, nariz, senos, dientes, boca u otra estructura facial o craneal (incluyendo síndrome de Eagle o inflamación del ligamento estilohioideo; cefalea cervicogénica, que es la que ocurre en relación con un trastorno cervical confirmado; cefalea atribuida a trocleítis, que cursa con dolor ocular y cefalea homolateral; glaucoma; articulación temporomandibular; sinusitis, etc.), trastorno psiquiátrico.

3. Neuropatías craneales dolorosas, otros dolores faciales y otras cefaleas. Neuralgia del trigémino, neuralgia del glosofaríngeo, neuralgia del nervio intermediario (nervio facial), neuralgia occipital (dolor en la distribución de los nervios occipitales mayor, menor y tercero, con dolor paroxístico intenso de hasta minutos, con disestesias y puntos gatillo por la zona del nervio o C2), neuritis óptica, cefalea por parálisis de origen isquémico del nervio motor oculomotor, síndrome de Tolosa-Hunt, síndrome oculosimpático paratrigeminal (de Raeder), neuropatía oftalmopléjica dolorosa recurrente, síndrome de la boca ardiente (dolor bucal diario, durante más de 2 horas y más de 3 meses, quemante y superficial), dolor facial idiopático persistente (dolor facial u oral, diario, durante más de 2 horas, más de 3 meses, mal localizado y de causa no especificada), dolor neuropático central. Véase neuralgia facial.

4. Cefalea no clasificada en otra categoría.

5. Cefalea si especificar.

CEGUERA CORTICAL: electrorretinograma normal o "liberado" (amplitud aumentada). Potenciales evocados visuales con damero sin respuesta.

CEGUERA NOCTURNA, ALGUNAS CAUSAS: hipotiroidismo, hipovitaminosis A, retinosis pigmentaria, síndromes con mala absorción de grasas, enolismo, abuso de laxantes con aceites minerales, otros.

CELULITIS, TRATAMIENTO: mupirocina tópica; cefadroxilo o eritromicina por vía oral.

En personas con insuficiencia arterial o venosa crónica severa, o con edemas severos en miembros, puede producirse rara vez una celulitis leve local sin consecuencias (personalmente solo se ha visto un caso, tras docenas de miles de electromiogramas practicados), tal vez por la penetración de estreptococos de la piel, o de otras bacterias de la piel, al insertar la aguja de electromiografía. Para no tener que recurrir a la antibioterapia citada puede ser prudente desinfectar a fondo la zona de inserción en personas con este tipo de problemas cutáneos locales, u otros por el estilo.

CEREBELO:

-Circuito funcional: corteza cerebral (posición articular y grado de contracción muscular)...cerebelo (tono muscular, equilibrio en reposo y en movimiento, coordinación de movimientos)...tálamo y tronco encefálico...corteza cerebral otra vez (se cierra el circuito).

El cerebelo tiene misión de consulta más que de ejecución. Recibe información de la sensibilidad general, especial y vegetativa, que integra.

Su respuesta regula el tono y la coordinación de los movimientos.

-División del cerebelo:

1. Arquicerebelo o vestibulocerebelo: nódulo y flóculo, conexiones vestibulares para el equilibrio y movimientos de ojo-cabeza-cuello.

Arquicórtex: núcleo del techo (efector), nódulo, flóculo, parafóculo y úvula. Participan en el sistema vestibular (equilibrio de la cabeza, equilibrio y movimientos de ojo, cabeza y cuello).

2. Paleocerebelo: núcleos globoso y emboliforme (efectores), vermis menor, nódulo, úvula, lóbulo anterior, médula espinal (conexiones), pirámide, paraflóculo, porción dorsal de oliva cerebelosa. Sensaciones propioceptivas del cuerpo, equilibrio, coordinación de movimientos de tronco y piernas. En conjunto: tono.

3. Neocerebelo: núcleo dentado (efector, relacionado con el "temblor" cerebeloso), hemisferios cerebelosos, corteza cerebral (conexiones), lóbulo medio y porción ventrolateral de la oliva cerebelosa. Regulación de los movimientos voluntarios, control sobre movimientos balísticos y coordinación de movimientos finos de las extremidades, sobre todo las superiores. Coordinación de los movimientos, eumetría y sinergia de éstos.

Véase síndrome cerebeloso.

CEROIDOLIPOFUSCINOSIS: encefalopatía mioclónica progresiva. Epilepsia mioclónica.

1. Ceroidolipofuscinosis infantil precoz, enfermedad de Harberg-Santavuori: 5-18 meses; mioclonias masivas; electroencefalograma: progresión desde la lentificación hasta el electroencefalograma isoeléctrico.

2. Ceroidolipofuscinosis infantil tardía, enfermedad de Jansky-Bielchowski: 2-4 años; epilepsia mioclónica; crisis mioclónicas, astáticas, atónicas; diagnóstico diferencial: síndrome de Lennox; electroencefalograma: lentificación, paroxismos, respuesta con fotoestimulación a frecuencias bajas (fenómeno de Pampiglione).

3. Lipofuscinosis neuronal ceroidea juvenil, enfermedad de Batten, ceroidolipofuscinosis juvenil, enfermedad de Batten-Spielmeyer-Vogt-SJögren: 6-8 años; deterioro psicomotor y neurológico; disminución de agudeza visual; crisis variadas; epilepsia mioclónica; electroencefalograma: lentificación, brotes agudos, punta-onda lenta (como en el síndrome de Lennox), no fotosensibilidad; electrorretinograma: abolido; potenciales evocados visuales: disminución de amplitud.

CIDP: polirradiculoneuropatía desmielinizante inflamatoria crónica.

CINESTESIA: el sentido del tacto está formado por los sentidos del dolor, presión, temperatura, cinestesia, etc. (Weber, siglo 19). La cinestesia es el reconocimiento de la posición corporal detectada a partir del movimiento del cuerpo (a partir de los propioceptores, como los del oído interno y de los músculos).

CIRUGÍA DE LA CATARATA: con frecuencia se explora con electrorretinograma la normalidad de la respuesta de la retina en caso de catarata antes de indicar la cirugía, en diversos centros hospitalarios.

CIRUGÍA DE LA EPILEPSIA:
-Indicaciones: inicio focal de las crisis; resistencia al tratamiento farmacológico; mala calidad de vida por las crisis; crisis durante más de dos años sin remisión; buen estado general; motivación del paciente en ese sentido; prudencia con estas indicaciones en el caso de impúberes.
-Técnicas (Wieser HG, Burcet J, Russi A. Indicaciones del tratamiento quirúrgico de la epilepsia. Rev Neurol 2000; 30: 1190-1196):
1. Hemisferectomía: en desuso. En la hemisferectomía funcional (parcial) debe haber daño previo severo de dicho hemisferio para llevarla a cabo (hemiplejía y hemianopsia previa).
2. Resección anterior clásica (dos tercios) del lóbulo temporal: es la técnica más usada. Se usa en epilepsia del lóbulo temporal. Eficacia del 50-60% (libres de crisis).
3. Amigdalohipocampectomía selectiva: epilepsia mediobasal límbica. Eficacia del 65% (libres de crisis).
4. Callosotomía anterior: cirugía paliativa (no elimina el foco, sino que impide la "sincronía bilateral secundaria", es decir, la generalización secundaria). Indicación: crisis generalizadas con caídas, y niños con epilepsia y hemiplejía infantil (como alternativa a la hemisferectomía), encefalitis de Rassmussen, síndrome de Lennox-Gastaut y epilepsia multifocal. Eficacia del 5% (libres de crisis).

CITOMEGALOVIRUS: encefalopatía subaguda en SIDA.

CLAUDICACIÓN DE LA MARCHA: peor escaleras arriba o cuesta arriba: origen vascular.
Peor escaleras abajo o cuesta abajo: origen neurógeno, normalmente por estenosis de canal lumbar.

CLAUDICACIÓN MUSCULAR: puede tener origen muscular. Por ejemplo, aparece en la enfermedad de McArdle. Véase balance muscular.

CLOFIBRATO: véase miopatía necrótica.

CLONIC CHIN ACTIVITY: véase electroencefalografía neonatal, generalidades.

CLONUS MANDIBULAR: véase *clonic chin activity.*

CMAP: *compound muscle action potential.*
Algunos datos sueltos: la duración de los potenciales motores depende del músculo y del tipo de electrodo utilizado (Petersen y Kubelberg, 1949). La amplitud depende de la distancia del electrodo a la fibra muscular (Buchthal, 1957). Velocidad de conducción en condiciones normales (sin denervación): recién nacido, la mitad del adulto; 3 años, en el límite inferior; 5 años, similar al adulto (Baer, 1965). La velocidad aumenta notablemente los 3 primeros años de vida, por aumento del calibre de los nervios, y después aumenta más gradualmente hasta valores adultos hacia los 16 años (Gamstorp, 1963). La velocidad del nervio cubital es mayor en el segmento proximal que en el distal (Bolzani, 9 metros/segundo; Magladery y McDougal, 10-20 metros/segundo; probablemente usaron muestras pequeñas, porque personalmente se ha observado que esto no se cumple por sistema, e incluso al contrario). La velocidad por nervio cubital es más lenta en codo que en antebrazo (Payan, 1969; ésto, es cierto en algunos casos, no en otros, según experiencia propia). La velocidad es mayor en mujeres que en hombres (La Fratta y Smith, 1969). Existen diferencias de velocidad de hasta el 5-10% entre ambos lados (Trojaborg, 1964; e incluso diferencias mayores, según experiencia propia).

COHERENCIA INTERHEMISFÉRICA: el término coherencia admite diversas acepciones. En este caso con el término coherencia se hace referencia a la igualdad interhemisférica en algún parámetro electroencefalográfico, como la amplitud o la sincronía.
Amplitud en hemisferio dominante: normal hasta un 50% menor que en el no dominante. Amplitud en hemisferio no dominante: normal hasta un 10% menor que en el dominante. Depresión del voltaje del electroencefalograma en un área localizada: lesión orgánica.
Según Hagemann el grosor del cráneo influye poco en la amplitud del electroencefalograma, siendo la propia fuente intracraneal lo que más influye (Hagemann D et al. Skull thickness and magnitude of EEG alpha activity. Clinical Neurophysiology 119. 2008. 1271-1280).
En electroencefalografía se conoce también como coherencia interhemisférica a la sincronía interhemisférica, y se suele considerar que refleja madurez bioeléctrica, y que podría haber excepciones (como el ritmo mu). Véase electroencefalografía neonatal, ontogenia.

COLLAR DE CASAL: véase pelagra.

COMA:

Definición: ausencia patológica de conciencia, con disminución del consumo de oxígeno por el cerebro, alteraciones en el electroencefalograma y, por ejemplo, duración mayor de una hora. Coma es pérdida del estado de vigilia. No es sinónimo de afasia, de agnosia, de demencia, etc.

Neurotransmisores excitadores: acetilcolina, noradrenalina, dopamina. Neurotransmisores inhibidores: acetilcolina, *GABA*, serotonina.

Coma alfa: actividad a 8-12 Hz, invariable, que no responde a estímulos ambientales. Aparece en relación con una lesión cortical difusa o protuberancial elevada, o en el infarto pontino que afecta a la formación reticular. Mal pronóstico. Diagnóstico diferencial con alfa normal en el síndrome *locked-in*.

También existe el **coma beta** y el *spindle coma* (13-16 Hz). En observaciones personales también se ha encontrado el coma theta. Véase actividad periódica.

Coma mixedematoso: véase hipotiroidismo.

Coma paraproteinémico: hiperviscosidad sanguínea.

Grados de coma:

1. Coma cortical (estupor, precoma): disfunción cortical; se pierde la perceptividad (disminución del nivel de alerta), la orientación temporoespacial y personal; se conserva la reactividad inespecífica (reflejos de tronco), tanto la orientación del estímulo como la reacción al dolor, que en último extremo se puede detectar por midriasis, hiperpnea o taquicardia.

2. Coma diencefálico (coma tipo): disfunción cortical y diencefálica y parcialmente troncular; se pierde parte de la reactividad inespecífica, en concreto la orientación del estímulo, además de la perceptividad y orientación; se conserva parte de la reactividad inespecífica, en concreto la reacción al dolor. Hipertensión arterial.

3. Coma troncular (profundo, sobrepasado): disfunción troncular completa; se pierde la reactividad inespecífica (reflejos de tronco), tanto la orientación del estímulo (palmada) como la reacción al dolor. Hipotensión arterial, apnea.

Diagnóstico del coma: interesan clínica, velocidad de instauración, antecedentes inmediatos y exploración (examen neurológico y general).

-Examen neurológico sistemático; incluye: grados de coma (véase coma, grados), fenómenos asociados, actitudes y signos focales o de lateralización, pupilas, reflejos oculocefálicos, fondo de ojo y función de tronco encefálico.

-Examen neurológico, fenómenos asociados:

1. Estado confusional agudo (psicosis tóxica, o delirio y agitación) con ilusiones, alucinaciones y agitación. Orienta a: síndrome de privación alcohólica, meningoencefalitis, intoxicación (neurolépticos, etc.), coma hepático agudo (raro en otros comas metabólicos).

2. Movimientos incoordinados (característico de comas metabólicos) con asterixis (coma hepático o respiratorio), o movimientos incoordinados (coma urémico), o mioclonías (coma urémico).

-Examen neurológico, actitudes y signos focales o de lateralización (orienta a proceso neurológico más que toxicometabólico):

1. Desviación conjugada de la mirada: hacia la lesión cuando es hemisférica y deficitaria (al contrario si es irritativa). En el individuo sano existe un movimiento conjugado corrector hacia el lado de la desviación tónica que contrarresta el reflejo oculocefálico de la protuberancia. La ausencia del

movimiento conjugado corrector (fase rápida desde córtex frontal heterolateral al lado al que se mira) indica lesión del hemisferio cerebral.

2. Desviación conjugada de la mirada: hacia el lado contrario a la lesión cuando está en tronco encefálico. La desviación conjugada en reposo indica lesión en puente en el lado contrario al que se mira, o sea del lado de la paresia de la mirada. Es decir: los ojos miran hacia una lesión hemisférica deficitaria y hacia el lado contrario de una lesión troncoencefálica deficitaria. Esto rara vez se incumple.

3. Parálisis de miembros: hemiplejía, hemiparesia, facial (homolateral si lesión en hemisferio, alterna si lesión en tronco encefálico), asimetría en tono, reflejos o Babinski y, si es posible, asimetría en sensibilidad.

4. Rigidez de nuca: hemorragia subaracnoidea y meningitis.

5. Actitud de decorticación: coma tipo, con frecuencia por lesión hemisférica masiva, por encima del mesencéfalo. Miembros superiores en flexión e inferiores en extensión. Rigidez por daño bihemisférico, con miembro superior en flexión, aducción y supinación, y muñecas flexionadas, pierna en extensión y rotación interna, y pie en flexión plantar. No es descerebración.

6. Actitud de descerebración: los cuatro miembros en extensión, con o sin opistótonos. Cualquier lesión aguda implica extensión y luego flexión. Rigidez por daño en mesencéfalo, protuberancia, etc. Brazo en extensión, aducción y pronación y pierna en extensión y rotación interna. No es decorticación.

7. Convulsiones: jacksonianas, generalizadas.

-Examen neurológico, pupilas: dependen de mesencéfalo y motor ocular común. Interesan tamaño, simetría y reacción a la luz. Tamaño normal: 2,5-5 milímetros.

1. Coma metabólico: pupilas isocóricas y normorreactivas.

2. Coma medio o profundo: medianas, reactivas e isocóricas.

3. Coma avanzado (mesencéfalo): puntiformes, 1-2,5 milímetros.

4. Hernia transtentorial de uncus que comprime motor ocular común y posteriormente mesencéfalo: midriasis unilateral de Hutchinson.

5. Atropina, estado preagónico o postmortem: midriasis bilateral.

-Examen neurológico, reflejos oculocefálicos: en individuo normal los movimientos laterales bruscos de la cabeza hacen que los ojos queden retrasados. Ésto se exacerba en el coma metabólico (ojos de muñeca) por desinhibición del tronco encefálico debida a lesión de hemisferios. Cuando hay desviación conjugada de la mirada los ojos quedan trabados.

1. Reflejos oculovestibulares: negativos en lesión de tronco encefálico y normales en lesión de hemisferios.

2. Divergencia horizontal de los ojos: ocurre en estado de somnolencia, porque en el individuo despierto y en el coma los ejes oculares están paralelos.

3. Ojo en aducción: lesión del sexto par en protuberancia. La hipertensión intracraneal puede provocar parálisis bilateral del sexto par.

4. Separación vertical de los ojos: lesión pontina o cerebelosa.

-Examen neurológico, fondo de ojo:

1. Edema de papila: hipertensión intracraneal.

2. Hemorragias retinianas: tromboflebitis de senos venosos y hemorragia subaracnoidea (posteriormente subhialoidea).

3. La encefalopatía hipertensiva puede producir exudados, hemorragias y trastornos en el cruce de los vasos.

-Examen neurológico, función del tronco encefálico:

1. Mesencéfalo y motor ocular común: reacción pupilar a la luz.
2. Protuberancia: movimientos oculares espontáneos; movimientos oculares reflejos (suprimibles por corteza en persona sana), que son el movimiento conjugado, o fase lenta del nistagmo, y los movimientos horizontales, que son el oculocefálico y el oculovestibular. Respuesta corneal (lo normal es el parpadeo bilateral).
3. Bulbo: respuesta respiratoria y faríngea.

-Examen general:
1. Respiratorio: Cheyne-Stokes (coma tipo por alteración de hemisferios con tronco encefálico respetado); hiperpnea neurógena (acidosis metabólica, que estimula el centro respiratorio; o lesión en mesencéfalo); respiración en salvas (lesión en protuberancia); respiración atáxica (o de Biot; lesión en bulbo); alteración en profundidad o frecuencia (acidosis metabólica o alcalosis respiratoria). Respiración de Cheyne-Stokes. Causa: insuficiencia cardíaca, hipertensión intracraneal, etc. Ventilación anormal en coma. Ventilación apnéustica: aparece en coma por: daño de protuberancia inferior y dorsal, hipoglucemia, anoxia, meningitis severa.
2. Electroencefalograma.
3. Temperatura y pulso.
4. Tensión arterial: hipertensión arterial (encefalopatía hipertensiva, hemorragia cerebral, hipertensión intracraneal en la que aumenta el pulso y hay hiperventilación); hipotensión arterial (intoxicación alcohólica, barbitúricos, hemorragia interna, infarto de miocardio, septicemia por gramnegativos, crisis addisoniana).
5. Exploraciones clínicas complementarias en coma: color de piel (ictericia en coma hepático, cianosis en coma respiratorio, rojo en intoxicación por monóxido de carbono, petequias en los siguientes: sepsis meningocócica con o sin meningoencefalitis, púrpura trombótica-trombocitopénica, y en diátesis hemorrágica con hemorragia cerebral también), *foetor* (urémico, cetoacidótico, alcohólico, hepático si se absorben mercaptanos), fiebre (sepsis, meningoencefalitis, hiperpirexia central por lesión diencefálica, golpe de calor con piel seca y 42-44 grados centígrados), hipotermia (coma directo con temperatura menor de 31 grados centígrados, coma directo por mixedema), hipoglucemia, insuficiencia circulatoria periférica, barbitúricos, alcohol, pulmón, abdomen, cardiovascular, diuresis, etc.
6. Exploraciones complementarias de laboratorio: sangre (corpúsculos, glucosa, urea, presión parcial de oxígeno y de anhídrido carbónico, pH, bicarbonato, sodio, potasio, barbitúricos, alcohol, etc.), orina, líquido cefalorraquídeo (meningitis, hemorragia subaracnoidea, hematíes, neutrófilos, glucosa, gérmenes), electroencefalograma, ecografía, scanner, resonancia magnética (encefalitis herpética), rayos X.
-Diagnóstico diferencial coma/seudocoma/hipersomnia: electroencefalograma, historia previa. Este diagnóstico diferencial puede plantearse, por ejemplo, en casos de diabetes insípida, obesidad extrema o síndrome hipotalámico.
-Diagnóstico diferencial coma/trastornos cognitivos: se plantea, por ejemplo, en casos de afasia, agnosia o demencia senil.
-Diagnóstico diferencial coma/alteraciones de la voluntad: en casos de psicosis endógena con catatonia o histeria (en el caso de la histeria, electroencefalograma normal y resistencia a que se le abran los ojos).

-**Diagnóstico diferencial coma/otros:** enfermedad de Marchiafava con desmielinización del cuerpo calloso (resonancia magnética), inconsciencias transitorias o síncopes (bradicardia extrema, lipotimias por hipotensión arterial, hipoglucemia transitoria, accidente isquémico transitorio).

-**Nivel de coma:** coma cortical o precoma, coma diencefálico o tipo (no perceptividad, no reactividad inespecífica de orientación, sí reactividad inespecífica al dolor), coma profundo o sobrepasado (se reducen la reactividad vegetativa y al dolor).

-**Diagnóstico etiológico:** antecedentes (enfermedad neurológica previa, como tumor cerebral, *ictus*, epilepsia, traumatismo craneoencefálico; enfermedad metabólica, como diabetes, hepatopatía, insuficiencia renal; tóxicos, como barbitúricos, etc.), coma agudo (fármacos; catástrofe, como traumatismo craneoencefálico, hemorragia o hipoxia), subagudo (enfermedad neurológica previa, incluyendo edema cerebral como complicación de otra).

-**Clasificacion de Adams para el diagnóstico etiológico:**

1. Coma con signos neurológicos focales o de lateralización (paresias, convulsiones, decorticación): *ictus*, tumores, epilepsias, hemorragias epi o subdural, traumatismo, encefalitis, tromboflebitis, etc.

2. Coma con signos meníngeos, alteraciones del líquido cefalorraquídeo o ambos: postmeningitis aguda o meningoencefalitis, hemorragia subaracnoidea primaria (no la secundaria a hemorragia cerebral, porque produce signos neurológicos).

3. Coma sin signos focales o de lateralización, ni meníngeos (coma metabolicotóxico), con hiperventilación y acidosis metabólica (Kussmaull): cetoacidosis, diabetes, coma urémico, coma acidoláctico, alcohol, etilenglicol, otros.

4. Coma sin signos focales ni meníngeos, con hiperventilación y alcalosis respiratoria (hiperventilación neurológica por estímulo central): coma hepático, neumonía (hiperventilación por hipoxemia), intoxicación por salicilato, encefalitis (a veces hiperpnea central).

5. Coma sin signos focales ni meníngeos, con hipoventilación (que no sea Cheyne-Stokes) y acidosis respiratoria (por hipoventilación), con o sin cianosis: coma respiratorio por insuficiencia respiratoria aguda o crónica (broncopatía crónica, barbitúricos, opiáceos, etc.).

6. Coma sin signos focales ni meníngeos, con hipoventilación y alcalosis metabólica: hipopotasemia (diuréticos, corticoides). En este caso la bradipnea la produce la alcalosis, no el coma. Como la acidosis respiratoria y la alcalosis metabólica sólo se producen circunstancialmente, si aparecen, orientan al diagnóstico.

7. Coma sin signos focales ni meníngeos, con normoventilación.

No es coma:

1. Hipersomnia: no disminuye el consumo de oxígeno, electroencefalograma no patológico, responde a estímulos.

2. Alteraciones del contenido: si hay alteraciones en el electroencefalograma son focales; no disminuye el nivel de conciencia.

3. Alteraciones de la voluntad o de la personalidad: catatonia esquizofrénica, histeria (seudocoma de conversión o trance).

4. Alteraciones de la motilidad: mutismo acinético (Cairns H. Akinetic mutism with an epidermoid cyst of the third ventricle. Brain 1941; 64: 273-

90), abulia (mutismo acinético con hipofonía), síndrome *locked in* o del amordazado, síndrome anoético (vigilia con ausencia de comunicación en lesiones frontales). En la actualidad, de estos términos, y otros que se han acuñado a lo largo de las décadas, el que persiste es el de "mutismo acinético", aunque actualmente incluido como subcategoría dentro de la categoría de "pacientes en estado de conciencia mínima" o *minimally conscious state (MCS)* (Noé E. Del estado vegetativo al estado de vigilia sin respuesta: una revisión histórica. Rev Neurol 2012; 55: 306-313).

Antiguamente se distinguía, por ejemplo, entre mutismo acinético, abulia y abulia con hipofonía, aunque hoy en día, como se acaba de decir, este tipo de situaciones se denominan "estados de conciencia mínima" (véase a continuación estado vegetativo en esta misma entrada para más explicaciones):

Mutismo acinético: más o menos despierto, pero inmóvil y silencioso. Causa: hidrocefalia, tumores del tercer ventrículo, lesiones en cíngulo o porciones de ambos lóbulos frontales. No es sinónimo de coma vigil.

Abulia: forma leve de mutismo acinético, con hipocinesia y respuestas lentas pero correctas. Causas: las mismas que las del mutismo acinético.

Abulia con hipofonía: forma de abulia con hipofonía. Aparece en lesiones de la región periacueductal y de la porción inferior del diencéfalo.

5. Inconsciencia transitoria menor de una hora: síncope (Stokes-Adams, vasovagal), accidente isquémico transitorio, crisis epiléptica, hipoglucemia, hipnóticos, amnesia aguda del alcohólico, etc.

6. Estado vegetativo (o coma vigil, o síndrome apálico): demencia grave con incapacidad completa para la comunicación u obediencia de órdenes. Vigilia sin contenido (Kretschmer E. Das apallische syndrome. Z Gesante Neurol Psychiatr 1940; 169: 576-9), los pacientes están conscientes (*wakefulness* o *arousal),* pero no son conscientes (*awareness).* No es mutismo acinético, ni muerte encefálica, ni síndrome *locked-in.* Daño en cerebro, diencéfalo y tronco encefálico, lesión cerebral difusa, afectación cortical "masiva" (ausencia de neocorteza o *pallium).* Con frecuencia sigue a coma tras lesiones extensas de ambos hemisferios (por ejemplo, panencefalitis esclerosante subaguda u otras demencias graves, como la debida a anoxia cerebral, etc.). Babinski, decorticación, descerebración, no respuesta a estímulos visuales. Ojos abiertos, sin fijación de la mirada, sin nistagmo corrector en pruebas vestíbulooculares. Control cardiovascular, termorregulador y neuroendocrino conservados. Conserva el ritmo vigilia-sueño. Posibles movimientos de manos, bostezos, gruñidos, etc. Es un cuadro heterogéneo desde el punto de vista clínico y neuropatológico (probablemente esto dependa de la extensión y localización de las lesiones), y con un pronóstico incierto en algunos casos. Sinónimos: coma vigil (mal llamado coma, pues no es coma, de hecho, ya que el paciente está despierto), síndrome apálico. Ha recibido otros nombres a lo largo de las décadas, y las lesiones con las que se ha relacionado son heterogéneas, incluyendo en mayor o menor medida alteración de la sustancia blanca (daño axonal) o de la sustancia gris, según los diversos autores y los casos que se han ido encontrando. El término "estado vegetativo" se impone a partir de 1972 (Jennett B, Plum F. Persistent vegetative state after brain damage. A syndrome in search of a name. Lancet 1972; 1: 734-7). A partir de 1982 se considera una forma de inconsciencia permanente (Read WA. Second in a series: The President's Commission for the study of Ethical Problems in Medicine and Biomedical Behavioral Research: 'The care of patients with permanent loss of consciousness'. Health Law Vigil 1982; 15: 11-13). A partir de 1989 se establece que estos pacientes presentan apertura ocular, ritmos vigilia-sueño, ausencia de autoconciencia, ausencia de interacción con el entorno, y que esto se debe a una ausencia de funcionamiento cortical, con normal funcionamiento del tronco encefálico, sin certidumbre absoluta sobre la irreversibilidad de esta situación en todos los casos (American Academy of Neurology. Position of the American Academy of Neurology on certain aspects of the care and management of the persistent vegetative state patient. Neurology 1989; 39: 125-6). En 1994 el estado vegetativo quedó definido como un estado de arreactividad completa con uno mismo y el entorno, acompañado de una conservación completa o parcial del ritmo vigilia-sueño y de las funciones troncoencefálicas autonómicas e hipotalámicas, con incontinencia vesical e intestinal, y con conservación de los reflejos pupilar, oculocefálico, corneal, vestibuloocular y nauseoso, añadiendo como criterio diagnóstico la persistencia de esta situación durante 3 meses tras una lesión hipoxicoisquémica, metabólica o congénita, o durante 12 meses después de un traumatismo craneoencefálico, tras lo cual la situación persistente se podría considerar ya permanente (The Multi-Society Task Force on PSV. Medical aspects of the persistent vegetative state. N Engl J Med 1994; 330: 1499-508). Posteriormente se eliminaron los términos "persistente" y "permanente" y se incluyeron los casos de pacientes en estado de mínima respuesta (*minimally responsive state)*, grupo de pacientes en el que se incluyó la situación de mutismo acinético, en la que hay seguimiento ocular y respuesta verbales y motoras espontáneas y tras una orden (American Congress of Rehabilitation Medicine. Recommendations for use of uniform nomenclature pertinent to patients with severe alterations in consciousness. Arch Phys Med Rehabil 1997; 76: 205-9). Posteriormente el término "estado de mínima respuesta" se sustituyó por el de "estado de mínima conciencia" (*minimally conscious state)*. El estado de mínima conciencia requiere por tanto la presencia de respuesta a órdenes simples, de respuestas verbales o no verbales independientemente de su acierto, de verbalización inteligible, de conductas congruentes y dirigidas a un fin (incluyendo risa o llanto, gestos, fijación visual, uso de objetos, etc.), y también se incluye el caso de la emergencia del estado de mínima conciencia. En cuanto al electroencefalograma, se pueden detectar diversos patrones, y según experiencia propia hasta el momento, el patrón de bajo voltaje tiene mal pronóstico. Personalmente se ha observado también que en pacientes en estado vegetativo con aparente presencia de ciclos sueño-vigilia (periodos de mayor desconexión del medio que en otros momentos, incluyendo ojos cerrados), durante el "sueño" en algunos pacientes en el electroencefalograma no se configuran las ondas propias del sueño fisiológico, como las ondas V, los husos de sueño, etc. (véase sueño), sino que el electroencefalograma, ya de por sí lentificado y desorganizado en vigilia, se lentifica aun más, llegando en ocasiones a una actividad delta generalizada y caótica de alto voltaje.

7. Seudocoma o síndrome de retraimiento, síndrome *locked in*: despiertos y "deseferentados" para hablar y moverse, por infarto o hemorragia de la porción ventral de la protuberancia, con sección transversal de las vías corticoespinales y corticobulbares. Conservan parpadeo y movimientos oculares verticales. Puede ocurrir un estado similar en casos graves de polineuritis agudas, esclerosis lateral amiotrófica (en la esclerosis lateral amiotrófica avanzada en ocasiones la ocular es la última movilidad que se pierde, en otras ocasiones la última en perderse es la del esfínter anal), o *miastenia gravis*, por parálisis total, aunque en estos casos los movimientos verticales no siempre están intactos. No es coma vigil (coma vigil es lo mismo que síndrome apálico o estado vegetativo), ni mutismo acinético. Es seudocoma por daño severo bilateral en protuberancia anterior. Cerebro intacto. Conciencia e ideación conservada. Tetraplejía y afonía. Si conserva movimientos oculares puede establecerse comunicación mediante códigos.

8. Catatonia: acompaña a psicosis mayor. Despiertos, ojos abiertos, sin movimientos voluntarios ni de respuesta, aunque parpadean, con o sin flexibilidad cérea (postura mantenida). El estupor catatónico se recuera al sanar.

9. Seudocoma de conversión: incluye intentos de aparentar coma, como cierre de ojos contra resistencia, pero se detecta por reflejo de amenaza positivo y movimiento de los ojos con la rotación de la cabeza.

Etiología y tratamiento:
-Tipos de coma con tratamiento:
1. Tratamiento etiológico: intoxicación, meningitis aguda, hematoma subdural y extradural, hemorragia cerebelosa, absceso cerebral, acidosis diabética, hipoglucemia, coma mixedematoso, encefalitis herpética.
2. Tratamiento fisiopatológico: coma urémico, coma hepático, coma respiratorio.
3. Tratamiento de sostén: *ictus*, tumores cerebrales, encefalitis.
-Algunas causas de coma: síndrome hipotalámico posterior (ver hipotálamo), insuficiencia respiratoria, encefalopatía hepática, encefalopatía lúpica, coma mixedematoso, coma cetoacidótico (edema cerebral), coma hiperosmolar (convulsiones jacksonianas y hemiplejía transitoria), hipoglucemia, hiperparatiroidismo primario, coma paraproteinémico (Waldenström, etc.), intoxicación por salicilatos, intoxicación por organofosforados (coma, fasciculaciones, neuropatía periférica tardía), rabia, mucormicosis rinocerebral (semicomatosos), *kernicterus*, síndrome de Reye, síndrome de Wernicke, valproato sódico asociado con fenobarbital y primidona (en ocasiones), *shock* hipovolémico (cursa con *livedo reticularis* y pulso central débil; la sección medular completa aguda es una de las causas posibles por "secuestro" en miembros inferiores debido a hipotensión arterial), etc.

Pronóstico: riesgo de *exitus* o estado vegetativo. Algunos criterios: ausencia de reflejo pupilar; electroencefalograma: coma alfa, voltaje bajo, brotes-supresión, inactividad bioeléctrica; potenciales evocados somatosensoriales: ausencia bilateral de N20 (según algunos autores; criterio discutible, ya que, entre otras razones, la presencia de N20 no indica buen pronóstico, por ejemplo, según observaciones personales, un paciente puede presentar coma irreversible con electroencefalograma en fase de brotes-supresión, y ser la respuesta N20 normal); en estudio en algunos centros: P300, otros.

CONCEPTIONAL AGE: véase electroencefalografía, *conceptional age.*

COMPLEJOS P EN EL ELECTROENCEFALOGRAMA: complejos "rudimentarios", descargas generalizadas a 3-4 Hz (*pseudopetitmal),* máximo parietal. Infancia y adolescencia. Sin significado clínico.

CONSEJOS PRÁCTICOS PARA LA PREVENCIÓN DE LESIONES NERVIOSAS: estos consejos se basan sobre todo en observaciones personales.
1. No se debe saltar de cabeza al agua en la playa, la piscina, o el río, sobre todo si no se conoce el terreno. Sigue apareciendo gente de cualquier edad que se queda tetrapléjica (o con otras secuelas graves) por lesiones en las vértebras del cuello, con la consecuencia de una sección de médula espinal u otro tipo de lesión, al tirarse al agua de cabeza en la playa. Este consejo incluye también el de no dar cabezazos en general, en ningún caso, por el riesgo cierto de la luxación de las vértebras del cuello, con el peligro consecuente de una sección medular.
2. No se debe cruzar la calzada sin mirar y no se debe soltar la mano a los niños al cruzar. Se sigue atendiendo a gente con secuelas de daño, por ejemplo, nervioso (cerebro, médula, nervios) por atropello, sobre todo ancianos.
3. No se debe meter la mano en un cubo de basura. Es frecuente la presencia insospechada de latas de conserva, y por este motivo se ha atendido en ocasiones a gente con sección, incluso completa y a veces ya irrecuperable, de nervios importantes, como el nervio mediano en la muñeca, por ejemplo. Este consejo incluye también el de no golpear con el puño o de modo similar paños de vidrio, otra causa relativamente frecuente de lesiones nerviosas importantes según observaciones personales.
4. No se deben cruzar las piernas al sentarse, o al menos no durante más de 15 minutos seguidos (**regla de los 15 minutos**). Con cierta frecuencia se atiende a gente, sobre todo mujeres jóvenes, con clínica de pie caído por esta causa, en ocasiones irreversible. Mucha gente desconoce la posibilidad de esta lesión tan frecuente. Por experiencia propia se ha observado que el tiempo crítico a partir del cual la compresión aguda de un nervio puede derivar en lesiones irreversibles podría ser de unos 15 minutos en personas sanas (**regla de los 15 minutos**); en personas con neuropatía tomacular y otras neuropatías con predisposición para la compresión podría ser menos.
5. No se deben mover muebles u otros objetos similares (barcas, camionetas) empujándolos con el hombro-brazo. En dicha zona se puede lesionar el nervio radial, provocando mano caída, reversible o no. Es un tópico en el cine de acción ver derribar puertas con esta peligrosa técnica consistente en empujar con el hombro-brazo (aparte del riesgo añadido de la luxación del hombro, que, sobre todo en la anterior, aunque también en la posterior, suele provocar daño del nervio circunflejo, con parálisis del hombro, o del plexo braquial, con parálisis más extensa del miembro).

6. No se debe dormir en malas posturas. No se debe dormir con el brazo doblado por el codo detrás de la cabeza. Es frecuente la lesión del nervio cubital en codo por dormir en esta postura. La **regla de los 15 minutos** (basada en observaciones personales) es aplicable también. Dormir en dicha postura también puede lesionar otros nervios, como el plexo braquial en el cuello, que tiene como consecuencia una parálisis más extensa que la del nervio cubital. Dormir sobre el brazo también puede provocar parálisis del nervio radial (como la que se ha visto en el punto 5). También es frecuente que al dormir con la muñeca flexionada (por ejemplo, apoyando la cara sobre el dorso de la mano) se produzca la compresión del nervio mediano y se lesione en la muñeca, llevando a confundir esta lesión compresiva del nervio mediano con el tan frecuente síndrome del túnel carpiano, que no es una lesión por compresión, sino por atrapamiento. El nervio mediano también se puede comprimir durmiendo de lado con la mano entre las rodillas. En personas ancianas y encamadas también es frecuente la parálisis del nervio peroneal en la rodilla por compresión mientras duermen, con el resultado de pie caído (como se ha visto en el punto 4).

7. No se debe doblar la espalda (la columna vertebral). Los seres humanos son bípedos por evolución en este sentido, pero esta verticalidad ha venido acompañada del dolor de espalda y la posibilidad del daño nervioso a la altura de las raíces nerviosas cervicales y lumbosacras, entre otras lesiones posibles. Lo de "no se debe doblar la espalda" se refiere a no doblarla en cualquier dirección según los tres ejes posibles, dos horizontales, uno anteroposterior y otro lateral, y uno vertical, y también a no doblarla al estar sentado o en cualquier otra posición, y se refiere tanto al cuello y al dorso como a la región lumbar.

8. No se deben levantar pesos excesivos. Este consejo complementa al punto 7 en la protección de la espalda. También interesa para prevenir lesiones del plexo braquial, sensible al daño por estiramiento traumático. Personalmente se ha visto el caso de un joven de 35 años que haciendo "dominadas" (elevaciones del cuerpo flexionando los codos sujeto a una barra horizontal por las manos) se arrancó el nervio espinal izquierdo por su raíz (en relación con una plexopatía braquial alta con plexo prefijado) con la consecuente parálisis de trapecio, y cinco años después se dañó de igual manera el plexo braquial derecho, a pesar de haber sido advertido. *Lehman* y *Jenkins* han referido también el caso de un joven de 13 años con denervación braquial en relación con la práctica brusca y vigorosa de *curl* o flexiones del codo con una mancuerna en la mano (Lehman CM, Jenkins JG. Denervation of bilateral brachialis and brachioradialis in a young weight lifter. Clinical Neurophysiology 2009; 120: 104-105).

9. No se deben consumir drogas. Varias de las lesiones citadas se producen durante el consumo de drogas. La posibilidad de lesiones nerviosas en relación con el consumo de drogas es diversa.

10. No se debe conducir con exceso de velocidad, sin respetar las normas de circulación, sin autocontrol, ni bajo los efectos del alcohol u otras drogas. La variedad de lesiones que puede producir un accidente de tráfico es diversa, incluye las citadas en esta lista y más, como lesiones del plexo lumbosacro, con

consecuencias sumamente incómodas para el que la padece (incluyendo incontinencia fecal y urinaria en ocasiones), encefalopatía, y otras diversas.

11. No se debe tener un perro de presa en una zona inapropiada y en condiciones inadecuadas (por ejemplo, suelto y sin bozal). Todos los años se atiende a varias personas víctimas de un ataque por perros de presa, con frecuencia con lesiones graves e incluso mortales.

12. Se debe tener cuidado al apoyar el codo mientras se usa el ordenador y en otro tipo de actividades parecidas (en el coche, en el cine, etc.), por la facilidad con la que se daña el nervio cubital. La **regla de los 15 minutos** es efectiva. Ésto quiere decir que hay que ir modificando la postura del cuerpo periódicamente si ciertas posiciones son inevitables.

13. No se debe cargar una mochila pesada, ni llevar objetos pesados al hombro, como vigas, por la posibilidad de comprimir el plexo braquial.

14. En caso de falta de equilibrio, no se debe caminar a oscuras, ni por terrenos resbaladizos o sin bastón. Es frecuente la producción de lesiones diversas por no respetar estas reglas aparentemente obvias. Por ejemplo, es frecuente atender a ancianos con plexopatía braquial por estiramiento traumático tras caídas por este motivo.

15. No se deben incumplir las normas de seguridad de una empresa. Es relativamente frecuente atender a trabajadores del andamio con plexopatía braquial por estiramiento traumático al agarrarse bruscamente de una mano tras precipitarse al vacío.

16. No debe haber exposición a ruidos intensos. Parece cierto que es posible que un ruido intenso produzca sordera en cuestión de tiempo. Una pista que hace pensar que es cierto es que en personas expuestas al ruido en un solo oído desarrollan sordera de ese oído solo.

17. No se debe utilizar la palma de la mano para ejercer presión, ni dar golpes con la palma de la mano. Es frecuente la lesión de la rama profunda del nervio cubital en la palma de la mano, a veces irreversible. La lesión se ha observado por ejemplo tras usar una grapadora de mesa, al cambiar el capuchón de una bombona de butano, al exprimir naranjas, al deshuesar animales con un cuchillo, al usar el cepillo de carpintero, al usar bastón o muleta, en ciclistas, etc. (entre ciclistas también se observa a veces lesión del nervio pudendo en periné, que puede producir disfunción eréctil). En algunos sitios esta lesión del nervio cubital se considera enfermedad profesional (enfermedad de Hunt). Una muleta también puede dañar el nervio mediano en muñeca-palma.

18. No se debe trabajar de cuclillas, o al menos no se debe permanecer en cuclillas más de 15 minutos (**regla de los 15 minutos** también aplicable). Esta es otra causa importante de lesión del nervio peroneal en la rodilla, con la consecuencia de pie caído.

19. No se debe llevar ropa excesivamente apretada en la cintura-ingle, para evitar la meralgia parestésica por lesión del nervio femorocutáneo lateral. El nervio se daña sobre todo al flexionar el muslo por la cadera usando este tipo de ropa, según se ha podido colegir mediante observaciones personales. También aparece por otras causas, como hernia inguinal, o exceso de volumen abdominal (compresión de la ingle por un abdomen abultado), o incluso, y

paradójicamente, por bajar o subir de peso (alrededor de 5-10 kilos) bruscamente.

CONSENTIMIENTO INFORMADO: rara vez los pacientes no dan su consentimiento para llevar a cabo un electromiograma. Según experiencia propia la cifra ha ido disminuyendo progresivamente durante los últimos años, siendo en la actualidad de aproximadamente 1 de cada 4000, y bajando. El 50% de los pacientes que rechazan un electromiograma lo hacen antes de empezar la exploración. El fenómeno es conocido en otros centros; Shook et al hacen referencia a un abandono de la exploración del electromiograma por parte de 194 pacientes de un total de 5031 investigados en su institución (Shook SJ, Shields R. Patients who quit their electrodiagnostic examination: Characteristics and implications. Clínical Neurophysiology 2008; 119: 63).

El consentimiento informado está definido en la Ley General de Sanidad (España). La Ley de Galicia 3/2001, de 28 de mayo, define el consentimiento informado como la conformidad expresa del paciente, manifestada por escrito, previa obtención de la información adecuada, para la realización de un procedimiento diagnóstico o terapéutico que afecte a su persona y que comporte riesgos importantes, notorios o considerables. Éste no es el caso de las exploraciones neurofisiológicas. El que se exija una manifestación por escrito del consentimiento informado en el caso de una actividad médica de riesgo es un requisito sólo a efectos de esta ley, y no tiene utilidad diagnóstica, ni terapéutica, ni en la prognosis.

El paciente debe consentir la exploración neurofisiológica antes de llevarla a cabo, de modo que debe existir, como en todo acto médico, un consentimiento informado como parte del contrato verbal entre médico y paciente. De este modo se cumplirá uno de los requisitos para que sea efectivo el contrato tácito entre médico y paciente. Los requisitos de este contrato son el consentimiento y la conformidad de voluntades entre contrarios, es decir, la oferta y aceptación de la relación contractual en función de la existencia de un objeto y una causa para el establecimiento de tal contrato.

Los profesionales sanitarios tienen el deber ético de evitar el mal y no dañar, actuar con justicia y sin discriminación, buscar el bien de los pacientes y respetar su autonomía, su voluntad y sus decisiones. El consentimiento informado se basa en estos preceptos. Por tanto, la información que se otorgue al paciente debe incluir datos acerca de la relación entre el riesgo y el beneficio de la exploración, así como sobre alternativas a la exploración, incluida la posibilidad de la denegación voluntaria de la asistencia médica por el paciente (con la excepción de que conlleve riesgo para la salud pública, porque, según las leyes vigentes en España, el derecho a la vida suele prevalecer sobre el derecho a la libertad).

En el caso de la exploración neurofisiológica es suficiente con un consentimiento informado verbal, dada la poca peligrosidad de las exploraciones llevadas a cabo.

Por norma el documento del consentimiento debe incluir las siguientes partes: un preámbulo que incluya el nombre del paciente; un cuerpo con la información técnica sobre la relación entre el riesgo y el beneficio de la exploración y las alternativas, y un apartado donde conste la aceptación. De acuerdo con la ley debe contar además con la identificación del centro, del procedimiento médico, del paciente o representante y del médico que informa del consentimiento; debe contar con una declaración de revocabilidad del consentimiento, con el lugar y fecha del consentimiento, y con la firma de las partes. Además debe constar una declaración según la cual el paciente comprende el documento y que conserva una copia del mismo.

A continuación se presenta un modelo de consentimiento informado por escrito para el caso del electromiograma de fibra simple, como ejemplo:

Sección de Neurofisiología Clínica del Complejo Hospitalario de Pontevedra.

Documento para el consentimiento informado (ley de Galicia 3/2001, de 28 de mayo)

Paciente: ....

Información: usted va a someterse a un electromiograma de fibra simple, solicitada por su médico, una prueba médica que ayudará a diagnosticar su enfermedad. Se explorará el funcionamiento de sus músculos, para lo que será necesaria la inserción de un electrodo de aguja estéril, normalmente en la zona de la frente, para detectar las señales eléctricas de sus músculos y así conocer su estado. La inserción de la aguja puede resultar molesta e incluso dolorosa, y la zona puede quedar dolorida unos días y con un pequeño hematoma. La prueba está contraindicada en trastornos importantes de la coagulación, como la hemofilia. En esta exploración no se inyectan sustancias ni se extraen muestras orgánicas. Debe informar al personal sanitario si puede transmitir alguna enfermedad contagiosa (hepatitis, VIH, etc.). La exploración puede ser cancelada por el paciente en cualquier fase de la misma, aunque, en caso de no completarse hasta el final, la información obtenida hasta entonces puede ser insuficiente. Existe otra prueba médica menos molesta que puede sustituir a ésta para obtener un resultado similar, que es la medición del "jitter" con electrodo concéntrico, también disponible en esta sección.

Consentimiento: manifiesto que he sido informado/a por el dr./dra................................. de la sección de neurofisiología clínica y que he comprendido la información proporcionada, tanto de los beneficios como de los riesgos de la prueba, y de las alternativas, que mis dudas han sido contestadas y que conservo copia de este documento, y, por tanto, doy mi consentimiento a los facultativos de la sección de neurofisiología clínica para que me practiquen la técnica electromiográfica indicada para el diagnóstico de mi enfermedad, sabiendo que en cualquier momento puedo revocar mi consentimiento.

Firmo ejemplar y copia en Pontevedra, a......... de..............., de 201......

Firma del paciente o representante,   *Firma del Facultativo*
por incapacidad o minoría de edad (DNI)

En la actualidad en las revistas médicas suelen exigir por sistema que en las investigaciones clínicas con pacientes estos hayan manifestado de antemano y por escrito su consentimiento para participar en dicha investigación, lo cual es un motivo para disponer de estos modelos para el consentimiento informado.

CONTRACTURA MUSCULAR: la contractura verdadera se caracteriza por correlacionarse con silencio eléctrico en el electromiograma. Ocurre en el déficit de fosforilasa, de fosfofructoquinasa, enfermedad de Lambert-Brody, etc. Personalmente se han visto 3 familias con varios miembros afectados por la enfermedad de MacArdle, pero no se ha observado contractura en ninguno de ellos, aunque por la anamnesis se infirió que alguno de ellos las sufría ocasionalmente (el diagnóstico de miopatía hereditaria se sospechó en estos pacientes por la presencia, en varios hermanos, de claudicación muscular transitoria en relación con ejercicio, como en miembros inferiores al subir escaleras o en un miembro superior al llevar la bolsa de la compra).

CONVULSIONES, ALGUNAS CAUSAS:
Insuficiencia respiratoria.
Encefalopatía lúpica.
Neurosarcoidosis.
Panarteritis nodosa.
Coma hiperosmolar (crisis jacksonianas y hemiplejía transitoria).
Hipoglucemia.
Hipoparatiroidismo.
Hiponatremia, hipernatremia.
Síndrome de abstinencia neonatal.
Toxoplasmosis congénita.
Citomegalia congénita.
Sífilis congénita tardía
Varicela congénita.
Hemorragia subaracnoidea por traumatismo obstétrico.
Hemorragia subdural.
Tos ferina complicada (encefalitis).
Fenilcetonuria.
Fucosidosis.
Homocistinuria.
Lentiginosis centrofacial neurodisráfica.
Leucinosis (enfermedad del jarabe de arce).
Leucodistrofia.
Enfermedad de Wilson.
Arteritis de Takayasu.
Encefalopatía hipertensiva.
Panencefalitis esclerosante subaguda.
Parálisis cerebral.
Síndrome de Reye.
Encefalitis por virus herpes simple.
Rabia.
Encefalitis a veces (encefalitis diencefálica con trastornos vegetativos graves).

Complicaciones neurológicas del SIDA.
Déficit de vitamina B1 (déficit de biotinidasa).
Déficit de vitamina B6.
Enfermedad de Tay-Sachs.
Enfermedad de Urbach-White.
Enfermedad celíaca.
Epilepsia.
Neurocisticercosis (*Taenia solium*).
Traumatismo craneoencefálico.
Alcohol.
Drogas.
Tóxicos.
Esclerosis tuberosa.
Esclerosis múltiple.
Neurofibromatosis.
Síndrome de Flynn-Aird.
Enfermedad de Fahr.
Síncope.
Espasmo del sollozo.
Síndrome de Hallervorden-Spatz.
Síndrome de los cabellos plateados.
Síndrome de Sturge-Weber-Dimitri.
Síndrome del cromosoma 20 en anillo (retraso mental y epilepsia; electroencefalograma de sueño).
Xantomatosis cerebrotendinosa.
Xeroderma pigmentosum.
Accidente vascular cerebral.

COREA, BALISMO: véase discinesias con origen subcortical.

COREOATETOSIS PAROXÍSTICA: véase discinesias con origen subcortical.

CPAP (CONTINUOUS POSITIVE AIRWAY PRESSURE):
Indicación en el SAHS (síndrome de apnea-hipopnea del sueño):
1. Índice de apneas/hipopneas (IAH) mayor de 30.
2. IAH menor de 30 (5-30) con síndrome de apnea/hipopnea del sueño (SAHS) sintomático.
3. IAH menor de 30 (5-30) y comorbilidad (enfermedad cardiovascular, hipertensión arterial, etc.).

La *CPAP* debe aplicarse como mínimo 3,5 horas por noche.
Presión basal: 4 centímetros de agua y subiendo según tolerancia hasta alcanzar la presión óptima.
Contraindicación: fístula de líquido cefalorraquídeo.
Presentada por Colin Sullivan (Sullivan CE et al. Reversal of obstructive sleep apnoea by continuous positive airway pressure applied through the nares. Lancet 1981; 1: 862-865).
Quizá no sea eficaz en el SAHS no sintomático (Barbé F et al. A treatment with continuous positive airway pressure is not effective in patients with

sleep apnea without daytime sleepiness. A randomized controlled trial Ann Intern Med 2001; 134: 1015-1023).

Quizá no sea muy eficaz en el SAHS leve, con IAH de 5–10 (Barbé et al. Tratamiento del SAHS. Cuándo y cómo tratar. Arch Bronconeumol 2002; 38: 28-33).

Hay algún acuerdo en utilizarla si el IAH es mayor o igual a 30, independientemente de la clínica, sobre todo por una cuestión ética, por el posible riesgo cardiovascular y de hipertensión arterial. Lógicamente no hay garantía de que la *CPAP* prevenga estos males en todo caso, al poseer con frecuencia un origen multifactorial, por tanto con frecuencia el tratamiento no debe limitarse a la *CPAP* (Lowbe DI et al. Indications for positive airway pressure treatment of adult obstructive sleep apnea patients. A consensus statement. Chest 1999; 115: 863-866).

La *APAP (auto CPAP)* no es tan útil como la *CPAP*, parece ser, para prevenir los trastornos cardiovasculares en el SAHS.

CPK: creatinfosfoquinasa. Tipos: MM, MB y BB. En caso de enfermedades musculares de larga evolución puede aumentar el tipo MB, lo cual puede plantear el diagnóstico diferencial con lesión de miocardio. Normal hasta 190 unidades internacionales (forma MM normal hasta 65-200 unidades internacionales aproximadamente –las cifras varían entre laboratorios-). La MM aumenta precozmente en niños con distrofia muscular progresiva (antes de que aparezcan las manifestaciones clínicas).

Las portadoras femeninas de la enfermedad de Duchenne pueden tener un pequeño aumento de la CPK sérica (se puede sospechar por un aumento de la CPK y asimetría de gemelos por seudohipertrofia asimétrica).

En las distrofias lentamente progresivas, como la distrofia de Landouzy-Dejerine, la CPK puede ser normal. Suele ser normal en neuropatías y trastornos de la unión neuromuscular.

Puede aumentar en grado diverso en: esclerosis lateral amiotrófica, amiotrofia espinal, trastornos de motoneurona, enfermedades neuromusculares, alcoholismo, psicosis, hipotiroidismo, práctica de electromiograma, hipoparatiroidismo, hipertrofia muscular, estado portador de algunas miopatías, ejercicio extenuante (hasta 6 horas tras el ejercicio), traumatismo muscular, infarto de miocardio, infarto cerebral, polimiositis, infarto muscular, mioglobinuria paroxística de Meyer-Betz, distrofias musculares de rápida evolución, elevación persistente idiopática, elevación persistente en persona sana, etc. Por observaciones personales pendientes de confirmación se sospecha que pueda estar elevada también en personas con una radiculopatía crónica con actividad denervativa persistente en el electromiograma.

CREATINA Y CREATININA: aminoácido. Fuente exógena o endógena en hígado a partir de *Gly, Arg, Met.* La creatinina es el anhídrido de creatina (es un producto de degradación con excreción urinaria).

Niveles normales de creatina sérica: varón: 0,2-0,6 miligramos/100 mililitros; mujer: 0,4-0,9 miligramos/100 mililitros.

Creatinina: niveles séricos normales: 0,8-1,4 miligramos/100 mililitros.

Excreción urinaria de 24 horas de creatina: 60-150 miligramos (varón); 100-300 miligramos (mujer).

Excreción urinaria de 24 horas de creatinina: 1-1,6 gramos/día.
Contenido normal de creatina en músculo normal: 150 miligramos/100 gramos de músculo seco.
Disminución del contenido de creatina en la fibra muscular y disminución de excreción de creatinina con aumento de excreción de creatina e hipercreatinemia: distrofia muscular progresiva, atrofia neurógena, polimiositis, hipertiroidismo, enfermedad de Addison, eunucoidismo masculino.
En el individuo de masa muscular reducida, la ingestión de 1-3 gramos de creatina provoca creatinemia y creatinuria (prueba de tolerancia a la creatina), pero no en el individuo sano, porque el músculo no está saturado de creatina.
Creatinina de 24 horas: cálculo de la masa muscular.
Disminución de masa muscular sin debilidad: envejecimiento, neoplasia, desnutrición, enfermedad hepática, enfermedad renal.
Disminución de creatinina: enfermedades neuromusculares.
Destrucción muscular aguda: aumento proporcional en la concentración sérica de creatinina.

CRISIS ADDISONIANA: véase síndrome de Addison.

CRISIS CEREBRALES NO EPILÉPTICAS:
1. Síncopes por vasodepresión o cardioinhibición: en el electroencefalograma va produciéndose progresivamente pérdida del ritmo alfa, actividad rápida de bajo voltaje, theta con voltaje en aumento, delta de alto voltaje, recuperación; puede observarse delta con voltaje en disminución (inicio de actividad convulsiva tónica), puede observarse silencio eléctrico con recuperación. Puede haber lentificación intercrítica por hipoxia. En el vasovagal pérdida de conocimiento con pródromo (sofoco, palidez, pérdida de vision, etc.), vómito, convulsión, recuperación completa (salvo consumo de betabloqueantes -bradicardia-), etc.
2. Espasmos del sollozo: véase más abajo.
3. Ataques de apnea: a veces en relación con toma de atropínicos.
4. Hipoglucemia: en el electroencefalograma: actividad paroxística. Puede desencadenar crisis en un epiléptico. Tipos: orgánica (tumor de páncreas, tumor no pancreático, hipofunción pituitaria anterior, hipofunción adrenocortical, enfermedad hepática extensa adquirida), defectos enzimáticos hepáticos específicos (glucogenosis, intoleración hereditaria a la fructosa, galactosemia, intoleración familiar a la fructosa y galactosa), funcional (reactiva o postprandial, reactiva a diabetes leve, alimentaria por gastroenterostomía o gastrectomía subtotal, idiopática en la infancia, por alcoholismo y desnutrición), exógena por sulfonilurea o insulina (iatrogénica o facticia).
5. Síndrome de hiperventilación: en el electroencefalograma no aparece delta, paradójicamente (quizá por compensación al cabo del tiempo).
6. Síndrome *dumping* (carcinoide, feocromocitoma): electroencefalograma normal.
7. Complejo narcolepsia-cataplejía-parálisis del sueño: electroencefalograma de vigilia normal.
8. Ataques psicógenos.
9. Crisis cerebrales no epilépticas en la infancia.
9.1. Anóxicas:

9.1.1. Espasmos del sollozo (tipos cianótico y pálido; electroencefalograma intercrítico normal casi siempre; fisiopatología: hiperventilación implica disminución de CO_2 que implica vasoconstricción cerebral por efecto Baileys e hipoventilación que conlleva autoasfixia y que implica pérdida del conocimiento, con o sin convulsiones). 6 meses-3 años, con factor precipitante, pródromos, pérdida de conciencia poco frecuente (algo más en el tipo pálido), escasas manifestaciones postcríticas, electroencefalograma normal y cuadro reproducible.

9.1.2. Síncope infanto-juvenil.

9.1.3. Síncope febril.

9.1.4. Síncope cardíaco: con Q-T prolongado (síndrome de Romano-Ward – autosómica dominante-; síndrome de Jerwell-Lange-Nielsen –autosómica recesiva, sordera-); síndrome del seno carotídeo; síndrome de Wolf-Parkinson-White (con o sin convulsiones); cardiopatía congénita (hiperpnea, cianosis, con o sin pérdida de conocimiento), miocarditis (taquicardia y palidez).

9.2. Psíquicas: rabietas, crisis de pánico, hiperventilación psicógena, histeria, síndrome de Munchausen por poderes. Si se muerde la lengua suele ser en la punta, mientras que en las crisis epilépticas suelen morderse los lados de la lengua.

9.3. Trastornos paroxísticos del sueño: terrores nocturnos (diagnóstico diferencial con pesadillas); sonambulismo; movimientos anormales (mioclonias fisiológicas, *jactatio capitis nocturna*); alucinaciones hipnagógicas; bruxismo; narcolepsia; pesadillas.

9.4. Trastornos motores paroxísticos: tics, coreoatetosis paroxística familiar (familiar o no familiar); discinesias paroxísticas iatrogénicas; tortícolis paroxística del lactante (menor de 1 año); *hiperekplexia* (síndrome de sobresalto; véase *hiperekplexia*); estremecimiento; síndrome de Sandifer (giros bruscos de la cabeza durante la toma, probablemente por esofagitis).

9. 5. Otros trastornos paroxísticos: masturbación; ensoñación o ensimismamiento; migraña; síndrome periódico (cefaleas, vómitos, dolor abdominal, fiebre y trastornos autonómicos; se asocia a migraña; diagnóstico diferencial con epilepsia abdominal, que consiste en: cólico, disminución de conciencia y automatismos); vértigo paroxístico (1-3 años, hasta los 11 años); síndrome de la desviación tónica paroxística de la mirada hacia arriba (5 meses-2 años; 10 minutos a 1 hora; sin pérdida de conciencia; electroencefalograma normal; autosómico dominante o esporádico; remite a los 4-5 años; ocasionalmente asociado a retraso psicomotor); mioclono benigno del lactante; hemiplejía alternante (descrita por Verret en 1971; posible alteración vascular primaria; menores de 12 meses; cursa con hemiplejía alternante, disminución de la conciencia, crisis tónicas, trastornos oculomotores y autonómicos, distonías, cefalea cuando pueden decirlo, etc.; los ataques duran de horas a días; deterioro neurológico; electroencefalograma crítico: lentificación asimétrica; tratamiento con antagonistas del calcio; posible epilepsia posterior); sobresaltos, estremecimientos; rubicundez hemifacial.

CRISIS COLINÉRGICA: véase *miastenia gravis*.

CRISIS FEBRIL, CONVULSIÓN FEBRIL: la crisis febril es la causa más frecuente de convulsión en el lactante.

-Tipos:
1. Típica o simple: electroencefalograma normal a los 10 días por regla general (aunque según experiencia propia, por ejemplo, en menores de 5 años en algunos casos se puede seguir detectando la lentificación postcrítica durante el segundo mes tras una crisis tonicoclónica generalizada de alrededor de 15 minutos). Edad: más de 3 meses y menos de 5 años. No antecedentes de enfermedad neurológica o crisis febriles en la familia antes de la crisis. No secuelas neurológicas tras crisis confirmada con electroencefalograma normal 10 días tras la crisis (el periodo de 10 días es para asegurar que desaparezca el posible edema cerebral, que conllevaría un falso positivo en algún caso, pero este periodo puede ser mayor de un mes en algunos casos). Crisis al comienzo de la fiebre y con temperatura alta. Fiebre mayor de 38,5 grados centígrados. Duración menor de 15 minutos. No se repite después del primer día de fiebre. Fiebre no originada por infección intracraneal. Tras la crisis ni parálisis ni sueño profundo. No convulsiones afebriles previas. Crisis generalizadas motoras (tónicas, tonicoclónicas, atónicas). Recurrencia del 30% (del 50% si el inicio se produce en menores de 1 año, 25% si el inicio se da en mayores de 1 año). Riesgo de epilepsia: 3%.
2. Atípica o compleja: lo contrario a la típica. Recurrencia del 50%. Riesgo de epilepsia del 10%.

-Causas: idiopática (¿inmadurez?), infecciones extracraneales, por ejemplo, exantema súbito (fiebre de los 3 días por herpes virus tipo 6), shigellosis (¿por toxina?), gastroenteritis por salmonella (¿por toxina?).
El diagnóstico en Pediatría clínica, dr. Fontoira Surís.

A partir de 1997 se viene considerando un nuevo ente clínico, la **epilepsia genética con crisis febriles plus**, asociada a una alteración del gen SCN1A, que codifica para la subunidad 1 alfa de ciertos canales de sodio dependientes del voltaje (el síndrome de Dravet también se asocia a esta alteración genética). En la epilepsia genética con crisis febriles plus las crisis febriles se prolongan más allá de los 6 años del periodo clásico, y en ocasiones se acompañan de crisis sin fiebre (Scheffer IE, Berkovic SF. Generalized epilepsy with febrile seizures plus. A genetic disorder with heterogeneous clinical phenotypes. Brain 1997; 120: 479-90).
Véase síndrome de Juberg-Hellman.

CRISIS MIASTÉNICA: véase *miastenia gravis*.

CRISIS OCULÓGIRAS ASOCIADAS A FÁRMACOS: no se observa actividad epileptiforme en el electroencefalograma. Asociadas a antipsicóticos, metoclopramida, cetiricina, litio, carbamazepina, tetrabenacina, lamotrigina. Se considera una distonía focal que en ocasiones puede plantear el diagnóstico diferencial con crisis epilépticas (Darling A et al. Crisis oculógiras asociadas a fármacos: descripción de cuatro casos y revisión de la bibliografía. Rev Neurol 2013; 56: 152-156).

CRISIS PARCIALES:
Crisis parcial simple: sin alteración de la conciencia. Manifestaciones motoras, sensitivas, autonómicas, psíquicas.
Crisis parcial compleja: con alteración de la conciencia. Puede venir precedida por aura (alucinación visual, olfatoria, etc., manifestaciones psíquicas, etc.). Compleja desde el inicio o precedida por crisis simple. Puede generalizarse secundariamente.

CRISIS UNCINADA: una lesión de *uncus,* amígdala (sistema límbico) o ambos puede conllevar crisis uncinadas: alucinaciones olfatorias, generalmente desagradables, movimientos de labios y lengua, expresión facial de ensoñación.
Amígdala: Al final de la cola del caudado está la amígdala, cuya función es, a partir de sus conexiones con el área subcallosa, la de intercalar estímulos olfatorios con hipotálamo y corteza cerebral en funciones de preservación del individuo, como reacciones de temor, afectivas intensas, intensificación de la actividad sexual, etc. Influye en respuestas vegetativas y endocrinas por sus conexiones con el hipotálamo. La información sensorial ya llega a la amígdala con su significado matizado.

CTENOIDS: véase electroencefalografía neonatal, generalidades.

DEBILIDAD MUSCULAR AGUDA/SUBAGUDA:
A. Motoneurona: poliomielitis y otras infecciones por enterovirus o herpesvirus. Debilidad asimétrica, arreflexia, fasciculaciones, atrofia. Puede requerir respiración artificial si hay afectación bulbar. Pleocitosis (hiperproteinorraquia tardía), virus en heces, anticuerpos en suero. Electromiograma: denervación en 3-4 semanas.

B. Nervio:
1. Síndrome de Guillain-Barré (debilidad ascendente; si no hay afectación sensitiva y no se alteran los reflejos el diagnóstico puede ser dificultoso).
Otras neuropatías periféricas (con posible alteración respiratoria), como:
2. Neuropatía del enfermo "crítico" (*critical,* es decir, grave): de predominio axonal (electromiograma), y en ocasiones también de predominio motor; puede detectarse miopatía acompañante. Véase síndrome del paciente "crítico".
3. Intoxicación por arsénico: véase: neuropatía por arsénico.
4. Porfiria aguda intermitente: autosómica dominante. Segunda y quinta décadas. Unos 100 casos en España. Dolor abdominal, timpanismo, náuseas, vómitos, estreñimiento. Neuropatía indistinguible del síndrome de Guillain-Barré. Encefalopatía, con manifestaciones psiquiátricas y convulsiones.
5. Difteria: infección faríngea seguida de neuropatía desmielinizante descendente (bulbar en dos semanas, pérdida de acomodación pupilar después, polineuropatía sensitivomotora tras 4-8 semanas; son características la visión borrosa y la afectación bulbar precoces, así como la afectación renal y de miocardio).
6. Parálisis por garrapata (*tick paralysis*): similar al síndrome de Guillain-Barré salvo que no aparecen alteraciones sensitivas. Neuropatía desmielinizante y axonal. Debe extirparse la garrapata. Los agentes más frecuentes son la

garrapata del perro *(Dermacentor variabilis)* y la carcoma *(Dermacentor andersoni).*

7. Hipofosfatemia aguda: suele deberse a hiperalimentación endovenosa. Dieta sin fósforo. Parestesias en boca, lengua, dedos. Debilidad arrefléxica en pocos días e hipoestesia.

8. Intoxicación por marisco: saxitoxina (en Japón, tetrodotoxina y ácido domoico). Dinoflagelado, sobre todo en moluscos bivalvos, crudos o cocidos. Neurotóxica, inodora, insípida, termoestable y estable en ácido. Inhibe la permeabilidad al sodio, bloqueando el potencial de acción. En minutos o media hora aparecen parestesias periorales que se extienden a extremidades, con tetraplejía en 12 horas. Cefalea, náuseas, vómitos, anuria. No alteración de conciencia ni de reflejos musculares profundos. Acidosis láctica. No alteraciones crónicas. *Exitus* 10%. Recuperación en menos de 1 semana. Electromiograma: latencias alargadas y velocidades sensitivomotoras lentificadas.

9. Fármacos: disulfiram, dapsona, nitrofurantoína, podofilino tópico, sales de oro, sales de litio, sales de talio, vincristina. Predominio motor.

10. Hexacarbonos (n-hexano, metil-n-butilcetona): fábricas de calzado, cuero, industrias de adhesivos, inhalación de pegamento o disolventes. "Neuropatía de la gamma-cetona". Polineuropatía progresiva subaguda sensitivomotora. Días o años tras exposición aguda o crónica. Parestesias-disestesias, con o sin debilidad motora. Distal y simétrica. En caso de inhalación adictiva se instaura antes y hay disautonomía (náuseas, vómitos), debilidad severa, oftalmoplejía y neuropatía. Cefalea, irritabilidad, insomnio, paraparesia espástica. Calambres. Visión borrosa, discromatopsia, constricción del campo, alteraciones retinianas-maculares. Pueden quedar secuelas (pie caído, atrofia mano). Recuperación lenta. Líquido cefalorraquídeo: normal. Las intoxicaciones con hexacarbonos se caracterizan por empeoramiento a pesar del cese de la exposición al tóxico (fenómeno del *coasting*). Electromiograma: polineuropatía axonal con desmielinización secundaria (Emre A et al. Peripheral and central conduction in n-hexane polineuropathy. Muscle and Nerve 1994; 17: 1416-1430).

11. Neuropatía por panarteritis nodosa u otras vasculitis, rara vez. (Esteve P et al. Parálisis arrefléxica dolorosa ascendente como síntoma inicial de una vasculitis. Rev Neurol 2012; 55: 443).

C. Unión neuromuscular (todos con potencial afectación respiratoria):
1. Miastenia gravis.
2. Botulismo.
3. Síndrome de Eaton-Lambert.
4. Hipermagnesemia.
5. Fármacos.
6. Mordedura de serpiente.
7. Organofosforados: inactivacion de la acetilcolinesterasa. Manifestaciones muscarínicas (colinérgicas) y nicotínicas (fasciculaciones, debilidad muscular más o menos grave). En 24-96 horas puede aparecer parálisis por bloqueo neuromuscular. En 2-3 semanas puede aparecer polineuropatía distal aguda. Neuropatía periférica tardía, coma, fasciculaciones.
8. Succinilcolina.

D. Músculo:
1. Miopatía del enfermo "crítico": véase síndrome del paciente "crítico".
2. Hipopotasemia.
3. Hiperpotasemia aguda.
4. Parálisis periódicas.
5. Rabdomiolisis generalizada y mioglobinuria. Véase mioglobinuria.
6. Miopatía necrotizante paraneoplásica (cáncer de pulmón).

E. Histeria. Parálisis histérica o conversiva.

F. Claudicación muscular. Aparece en la enfermedad de McArdle. Véase balance muscular.

DEBILIDAD MUSCULAR ASCENDENTE:
Hiperpotasemia.
Parálisis por garrapata (no alteraciones sensitivas).
Porfiria aguda intermitente (dolor abdominal).
Síndrome de Guillain-Barré (alteraciones sensitivas).

DEBILIDAD MUSCULAR DESCENDENTE:
Botulismo.
Neuropatía por difteria.

DEBILIDAD MUSCULAR, PATOCRONIA:
1. Aguda generalizada:
Menos de 1 hora (tóxica o metabólica, unión neuromuscular o músculo: sodio, potasio, magnesio, fósforo, calcio, botulismo, hipermagnesemia en unión neuromuscular, aminoglucósidos en unión neuromuscular).
24 horas (electrolitos, metabolismo, tóxicos, parálisis periódica, miopatías inflamatorias agudas, infección viral, parasitaria, polineuropatías agudas, enfermedades crónicas con empeoramiento).

2. Subaguda: días. Nervio periférico, unión neuromuscular, asta anterior, polineuropatía inflamatoria aguda (la debilidad puede ser proximal), neuropatía porfírica, diftérica, tóxica, polimiositis, trastornos endocrinos, toxinas musculares, poliomielitis y otros virus que afectan a asta anterior.

3. Lentamente progresiva:
Proximal, semanas o meses (polimiositis, endocrinopatía, síndrome de Addison -en el bocio tóxico multinodular, en la forma apática de Lahey-, predomina la clínica músculoesquelética-).
Proximal mayor de 1 año (distrofia, amiotrofia espinal, unión neuromuscular, neuropatía proximal –porfiria intermitente aguda y crónica, neuropatía porfírica, mononeuropatía diabética proximal-).
Distal lentamente progresiva (células asta anterior, nervio periférico, distrofia miotónica, distrofia muscular distal, miopatía centronuclear, miopatía nemalínica, miositis con cuerpos de inclusión, *acantosis nigricans*, enfermedad de Pompe).
Distal y proximal (distrofia facioescapulohumeral, distrofia escapuloperoneal).

Bulbar (células asta anterior, unión neuromuscular, miopatías, distrofia oculofaríngea, distrofia miotónica, polimiositis).

Músculos oculares y ptosis (no en enfermedad de motoneurona; raro en neuropatía periférica; sí en *miastenia gravis*, distrofia miotónica, distrofia oculofaríngea, oftalmoplejía externa progresiva o síndrome de Kearns-Sayre).

Véase síndrome postpoliomielítico.

DEBILIDAD MUSCULAR PROXIMAL: miopatía, trastorno de la unión neuromuscular, amiotrofia diabética, radiculopatía, plexopatía, enfermedad de neurona motora, alteración de primera neurona motora, atrofia por desuso en problemas ortopédicos de cinturas, etc.

DÉFICIT CONGÉNITO DE PROTEÍNA C: véase electroencefalografía, *PLED*.

DÉFICIT DE ACETILCOLINESTERASA: véase miastenia congénita.

DÉFICIT DE ATP-ASA: véase electromiografía, miotonía.

DÉFICIT DE SEUDOCOLINESTERASA: véase miastenia congénita.

DEFORMIDAD DE VOLKMANN: véase dolor.

DEGENERACIÓN CEREBELOSA SUBAGUDA: véase síndrome paraneoplásico.

DEGENERACIÓN COMBINADA SUBAGUDA MEDULAR: véase vitamina B12.

DEGENERACIÓN MACULAR SENIL: véase electrorretinografía, patología.

DEGENERACIÓN WALLERIANA Y MULLERIANA: cuando se secciona un axón, en sentido distal se produce la degeneración walleriana (Waller, 1851).
En sentido proximal, hacia el soma neuronal, se produce la degeneración mulleriana, que, en ocasiones, según experiencia personal, en nervios largos, también es medible neurofisiológicamente y puede tener algún valor clínico. La degeneración mulleriana puede derivar en degeneración incluso del soma neuronal de la segunda motoneurona en asta anterior medular, volviéndose entonces irreversible (no se debe confundir con una neuronopatía).
En una radiculopatía L5, sobre todo una de larga evolución, y de acuerdo con observaciones personales, la degeneración walleriana con frecuencia puede ser tan acusada como para que el *CMAP (compound muscle action potential)* registrado, por ejemplo, en tibial anterior, con estímulo en rodilla, presente un bloqueo similar al que se produce en una mononeuropatía compresiva de nervio peroneal en cabeza de peroné, o similar al observable en una enfermedad de segunda motoneurona, hechos a tener en cuenta en la práctica diagnóstica.

DELTA BRUSHES: véase electroencefalografía neonatal.

DEMENCIA: causas más frecuentes: causa desconocida (Alzheimer), demencia alcohólica (Korsakoff), multiinfarto, hidrocefalia con presión normal, masas intracraneales, corea de Huntington, toxicidad medicamentosa, postraumática, enfermedades cerebrales (hemorragia subaracnoidea, hipo e hipertiroidismo, encefalitis, hipoxia, anemia perniciosa, etc.), parademencia (esquizofrenia, depresión, manía), demencia dialítica (por aluminio; disartria, mioclonias, temblor, etc. Véase encefalopatía urémica). Harrison, Principios de Medicina Interna.

Escala de isquemia:
2 puntos, comienzo agudo de síntomas.
1, deterioro intelectual en brotes.
2, fluctuación de síntomas.
1, confusión nocturna.
1, personalidad conservada.
1, depresión.
1, síntomas corporales.
1, incontinencia emocional.
1, historia de hipertensión.
2, historia de accidente vascular cerebral.
1, evidencia de aterosclerosis asociada.
2, síntomas neurológicos focales.
3, signos neurológicos focales.
Menos de 4 puntos=demencia degenerativa primaria.
Más de 7 puntos=demencia multiinfarto.

Demencia y sueño:
Síndrome de Korsakoff: aumento de periodos de despertar nocturnos, disminución de latencia REM.
Alzheimer: desorganización de la estructura normal, aumento o disminución del sueño NREM, disminución de husos, disminución de complejos K, disminución de REM, disminución del sueño de ondas lentas (disminución del sueño delta), aumento de apneas del sueño.

Tipos de demencia:
1. Demencia y enfermedad neurológica o médica: enfermedad de Alzheimer; demencia senil; enfermedad de Pick.
2. Demencia y signos neurológicos: corea de Huntington (demencia, coreoatetosis), leucodistrofias (demencia, debilidad espástica, parálisis seudobulbar, ceguera, sordera), enfermedad de Schilder, adrenoleucodistrofia, leucodistrofia metacromática, enfermedades desmielinizantes afines, lipofuscinosis y otras lipidosis (demencia, convulsiones mioclónicas, ceguera, espasticidad, ataxia cerebelosa), epilepsia mioclónica (demencia, mioclonias difusas, convulsiones generalizadas, ataxia cerebelosa), enfermedad de Creutzfeldt-Jakob (demencia, mioclonias difusas, ataxia cerebelosa), degeneración cerebrocerebelosa (demencia, ataxia cerebelosa tipo olivopontocerebelosa y otras), degeneración de los ganglios basales (demencia, apraxia, rigidez), parálisis supranuclear progresiva (demencia, parálisis de la mirada vertical, distonía de cuello), demencia con paraplejía espástica, calcificación de ganglios basales idiopática o por hipoparatiroidismo,

enfermedad de Hallervorden-Spatz (demencia, signos piramidales, signos extrapiramidales), demencia con enfermedad de Parkinson (demencia, temblor, rigidez, bradicinesia), demencia con alucinaciones y trastornos vegetativos (síndrome talámico medial), demencia con afasia y hemiparesia (LEMP - leucoencefalopatía multifocal progresiva-).

3. Demencia con o sin otros signos neurológicos: arteriosclerosis cerebral con infarto isquémico, tumor cerebral (especialmente gliomas frontales, temporales o de cuerpo calloso) traumatismos cerebrales (contusión cerebral, hemorragia mesencefálica, hematoma subdural crónico), enfermedad de Marchiafava-Bignami (demencia con o sin apraxia, con o sin otros signos frontales; desmielinización de cuerpo calloso durante enolismo; demencia, disartria, temblor, paresias, convulsiones, coma; aguda, subaguda o crónica), hidrocefalia normotensiva (demencia con o sin ataxia , con o sin incontinencia de esfínteres), infecciones crónicas del sistema nervioso central (criptococosis, toxoplasmosis, SIDA, etc.), *HTLV-3* (demencia, mielopatía vacuolar, neuropatía periférica), encefalitis límbica paraneoplásica en cáncer microcítico (demencia y agitación).

4. Demencia con o sin otros signos de enfermedad médica: hipotiroidismo, enfermedad de Cushing, déficit nutricional (pelagra, síndrome de Wernicke-Korsakoff, degeneración combinada subaguda, neurosífilis con parálisis general o meningovascular (demencia y mioclonias), degeneración hepatolenticular familiar o adquirida, intoxicación crónica por medicamentos –barbitúricos, sedantes, etc.-, enfermedad de Behçet, demencia dialítica). Harrison, Principios de Medicina Interna.

Electroencefalograma en la demencia: en las demencias tiende a disminuir progresivamente la reactividad del ritmo alfa con la apertura y cierre de ojos, más de lo esperado por la mera añosidad. El electroencefalograma es útil para distinguir demencia de senilidad, y también de la depresión al detectarse organicidad, y si esta organicidad es focal o difusa. Patrón mioclonus-demencia-descargas trifásicas: Creutzfeldt-Jakob, Alzheimer.
Electroencefalograma en algunas demencias:

1. Alzheimer: progresivamente se va produciendo lentificación del alfa, desorganización, desaparición del alfa, lentificación difusa con predominio frontotemporal. Demencia senil (enfermedad de Alzheimer en ancianos).

2. La demencia con cuerpos de Lewy es la segunda demencia degenerativa en frecuencia tras la enfermedad de Alzheimer, consiste en fluctuación cognitiva, parkinsonismo y alucinaciones visuales. No debe confundirse con una asociación entre la enfermedad de Alzheimer y el parkinsonismo. El diagnóstico es clínico de momento. La atrofia cortical parece ser que es más difusa, no tan marcada en zonas temporales como en el Alzheimer. Las anomalías electroencefalográficas son similares a las que se observan en el Alzheimer pero probablemente más abundantes: lentificación de la actividad de fondo, actividad theta difusa, *FIRDA*, ondas lentas temporales transitorias, ondas agudas similares a las del Creutzfeldt-Jakob. En el electroencefalograma parece ser que aparece con más frecuencia la *FIRDA*, en una serie, un 17,2% frente a un 1,8% (Lee H et al. The EEG as a diagnostic tool in distinghuishing between dementia with Lewy bodies and Alzheimer's disease. Clin Neurophysiol 2015; 126: 1735-39).

3. Enfermedad de Pick: poco frecuente; degeneración lobular frontotemporal; a diferencia del Alzheimer el electroencefalograma es normal en estadios iniciales, después se produce un pequeño aumento de theta y delta, pero menor que en el Alzheimer, quizá por menor afectación de las vías neurotransmisoras colinérgicas al cerebro anterior. El electroencefalograma es normal en el 50% de los casos, y progresivamente va habiendo disminución del ritmo alfa y aumento de actividad theta.

(Degeneración subcortical: corea de Huntington, parálisis supranuclear progresiva, Parkinson).

4. Corea de Huntington: subcortical, progresiva disminución de amplitud y lentificación. Punta y punta-onda son más frecuentes en formas juveniles y en general raras (en formas juveniles el electroencefalograma suele ser normal durante un tiempo). La disminución de amplitud podría deberse a desorganización de la actividad, ya que la pérdida neuronal cortical no parece suficiente.

5. Parálisis supranuclear progresiva: demencia subcortical, olvidos, lentificación del proceso del pensamiento, apatía, depresión, alteración de la habilidad para manipular conocimientos (no aparecen alteraciones corticales como afasia, apraxia, agnosia, o sea, las alteraciones son en el *tempo*, más que en la calidad). El electroencefalograma se altera progresivamente: actividad rítmica bilateral de tipo delta, con predominio frontal, con o sin lentificación del alfa, con o sin disminución de husos y complejos K e hipersomnia y disminución de *REM* (o ausencia), quizá por alteración del *locus coeruleus* y de los núcleos del rafe pontino. No hay hallazgos específicos, a diferencia de la enfermedad de Creutzfeldt-Jakob.

6. Parkinson: subcortical, la demencia es una manifestación secundaria y aparece lentamente. Electroencefalograma: normal, en casos avanzados hay lentificación difusa. Sueño: alteración de los ciclos, disminuye *REM*, patrón en mitón, aumento de la latencia de sueño, despertares frecuentes, no disminución del tono muscular durante *REM*, disminución de *NREM*, aumento de husos. Cambios postquirúrgicos: actividad delta frontal rítmica y temporal. Levodopa: puede provocar encefalopatía, con ondas trifásicas y asterixis.

(Demencias progresivas en varios niveles):

7. Demencia multiinfarto: se conoce como enfermedad de Binswanger cuando afecta a la sustancia blanca (leucoaraiosis, encefalopatía aterosclerosa subcortical). Electroencefalograma: lentificación difusa con alteraciones focales (útil para diagnóstico diferencial con Alzheimer); actividad electroencefalográfica periódica, ondas agudas repetitivas, electroencefalograma asimétrico, actividad lenta localizada.

8. Hidrocefalia con presión normal: electroencefalograma desde normal hasta lentificación difusa.

Véase actividad periódica.

DEMENCIA DIALÍTICA: véase encefalopatía urémica.

DENSIDAD DE FIBRA: véase electromiografía de fibra simple.

DEPRESIÓN DEL VOLTAJE EN EL ELECTROENCEFALOGRAMA: depresión del voltaje del electroencefalograma en un área localizada: lesión orgánica. Electroencefalograma de bajo voltaje: suele ser fisiológico. El no fisiológico puede deberse a aprensión-ansiedad (fisiológico o patológico), traumatismo craneoencefálico, corea de Huntington, insuficiencia vascular vertebrobasilar, etc. No es lo mismo que el trazado casi isoeléctrico (patrón de bajo voltaje) de las hipoxias graves con gran depresión de voltaje.

DEPRESIÓN NERVIOSA Y POLISOMNOGRAMA: disminución de latencia *REM*, aumento del porcentaje de sueño *REM*, aumento de despertar temprano.

DERMATOMIOSITIS: véase polimiositis.

DESPRENDIMIENTO DE RETINA: véase electrorretinografía, patología.

DIÁLISIS: véase encefalopatía (insuficiencia renal crónica).

DIFTERIA: véase debilidad muscular aguda.

DINOFLAGELADO: véase saxitoxina.

DIPLOPIA, ALGUNAS CAUSAS:
Alfa-aminoaciduria (enfermedad de Hartnup).
Botulismo.
Esclerosis múltiple.
Encefalitis troncoencefálica paraneoplásica.
Miastenia gravis.
Síndrome miasténico congénito.
Alfa-aminoaciduria.
Arteritis de la temporal (tercer par).
Accidente vascular cerebral.

Diplopia por afectación del sexto par, algunas causas: hipertensión intracraneal, tumores de *cavum*, esclerosis múltiple, *diabetes mellitus*, otros trastornos endocrinometabolicotóxicos, *miastenia*, tumores de tronco encefálico (protuberancia), hemorragia cerebelosa (abomba contra el tronco encefálico), isquemia del territorio vertebrobasilar, tumores del ángulo pontocerebeloso, aneurisma de carótida cavernosa y otros procesos del seno cavernoso, meningitis aguda (infección crónica o neoplasia primaria o metastásica), vasculitis, colagenosis, hipotensión licuoral espontánea (véase), etc.
Véase oftalmoplejía. Véase parálisis oculomotora. Véase motilidad ocular.

DISARTRIA, ALGUNAS CAUSAS: ataxia telangiectasia, ataxia espástica de Charlevoix-Saguenay (ataxia espástica, disartria, nistagmo, amiotrofia), atrofia muscular bulbar (parálisis bulbar progresiva de Fazio-Londe), botulismo, degeneración cerebelosa subaguda, enfermedad de Kennedy, enfermedad de Wilson, esclerosis lateral amiotrófica, síndrome de Lesch-Nyhan.

DISAUTONOMÍA:
Manifestaciones: diarrea, hipotension ortostática, anhidrosis, disfunción eréctil, eyaculación retrógrada, cefalea, Raynaud, hiperhidrosis, hipertermia, taquicardia y otras alteraciones del ritmo (ausencia de cambio del ritmo en ortostatismo, pérdida de la arritmia respiratoria, etc.), hipertensión, alteración

en la salivación y el lagrimeo, alteraciones vesicales, alteraciones pupilares, etc.

Causas: cardiopatía, *diabetes mellitus*, neuropatía periférica, drogas y fármacos, disautonomía familiar, esclerosis múltiple, nefropatía, hepatopatía, etc.

Disautonomía con anhidrosis: síndrome de Ross, neuropatía autonómica y sensitiva hereditaria (*HSAN* tipo 4, con insensibilidad congénita al dolor y anhidrosis), síndrome de Riley-Day (*HSAN* tipo 3).
Véase amiloidosis (neuropatía del tipo portugués). Véase neuropatía hereditaria. Véase síndrome de Riley-Day. Véase síndrome de Shy-Drager. Véase respuesta autonómica. Véase respuesta parasimpática. Véase respuesta simpática cutánea. Véase síndrome de Ross.

DISCINESIA, DEFINICIÓN: trastorno del movimiento. Movimientos anormales, involuntarios y sin finalidad. El diagnóstico se hace mediante anamnesis y exploración.

DISCINESIAS CON ORIGEN CORTICAL, MIOCLONIAS CORTICALES Y ASTERIXIS:

1. Mioclonias corticales: movimientos involuntarios bruscos de corta duración por contracción muscular activa de 1 o varios grupos musculares. Espontáneas, durante acción o ambas (mioclonus intencional: síndrome de Lance-Adams, síndrome de Ramsay-Hunt, etc.). Pueden o no ser reflejas a estímulos propioceptivos o somestésicos. Con o sin epilepsia parcial continua. Descarga muscular breve. Precedidas de puntas en el electroencefalograma que a veces sólo se ven mediante análisis con computadora a través de una promediación de la señal. Las puntas en el electroencefalograma son de latencia corta. A veces potenciales evocados somatosensoriales gigantes. Si las mioclonias son generalizadas el orden de activación en principio sigue el sentido rostrocaudal con las latencias más largas en los músculos más alejados de la corteza motora.
Electroencefalograma en las mioclonias con origen cortical: según descripción en la literatura, mediante promediación retrógrada en el caso de movimientos voluntarios el electromiograma es precedido por un potencial negativo en el electroencefalograma o *bereitschaftspotential*, potencial largo de más de 1 segundo de duración, registrado con barrido de 2,5 segundos y filtros en 1-300 Hz; en cambio, en el caso de las mioclonias con origen cortical el electromiograma es precedido por un potencial bifásico rápido, de 30-50 milisegundos, con barrido de 250-500 milisegundos y filtros de 3-3000 Hz. Lo más frecuente es que en este segundo caso sea positivo-negativo, con máximo de amplitud en región rolándica o parietal contralateral, y que preceda a la mioclonia con una latencia equivalente al tiempo de conducción entre corteza y músculo (por ejemplo: 12-25 milisegundos para miembros superiores y el doble para miembros inferiores). Se desconoce si esta descripción académica posee utilidad clínica práctica.

2. Asterixis. discinesia con origen cortical. *Flapping tremor*, temblor aleteante, mioclonias negativas. El periodo de silencio electromiográfico en principio debería durar al menos 100 milisegundos. Lugar posible de la lesión: desde corteza hasta formación reticular. A veces, mediante promediación del electroencefalograma parece ser que se ha podido obtener en algún laboratorio un potencial cortical precediendo al silencio eléctrico con una latencia corta que quizá exprese la descarga cortical inhibitoria sobre las motoneuronas corticales o espinales causantes del silencio.

Algunas causas de asterixis:

1. Anticonvulsivantes.
2. Ataxia hereditaria de Ekbom.
3. Accidente vascular cerebral (unilateral).
4. Acciente vascular cerebral (oclusión bilateral de las arterias talamosubtalámicas paramedianas: alteración brusca de la conciencia, hipersomnia fluctuante, olfalmoplejía bilateral y sobre todo vertical, con o sin hipomnesia, apatía; signos congnitivos, piramidales y extrapiramidales, como hipofonía y asterixis).
5. Encefalopatía hepática.
6. Encefalopatía por levodopa (ondas trifásicas y asterixis).
7. Encefalopatía urémica.
8. Insuficiencia respiratoria (por la hipercapnia; la hipoventilación conlleva acidosis respiratoria, y esta hipercapnia implica vasodilatación cerebral, con encefalopatía hipercápnica, y por tanto inquietud, irritabilidad, cefalea, papiledema, confusión, asterixis, convulsiones, coma, etc., cuando la pCO_2 es mayor de 70 milímetros de mercurio).
9. Metrizamida.

Un posible tratamiento para la asterixis: talamotomía ventrolateral estereotáxica, excepcionalmente.

DISCINESIAS CON ORIGEN ESPINAL:

-Crisis tónica de la esclerosis múltiple: desencadenada por hiperventilación-alcalosis. Tratamiento con tegretol. Diagnóstico diferencial con espasmo carpopedal y distonía.

-Mioclonias con origen espinal: lo más frecuente es que sean focales y segmentarias, afectando al segmento de la lesión o a segmentos vecinos. Son rítmicas, con una frecuencia de 2 a 600/minuto, por ejemplo. Pueden persistir durante el sueño. A veces pueden ser reflejas. Latencia corta (origen espinal). Potenciales evocados somatosensoriales de amplitud normal o disminuida. Las mioclonias no están precedidas por potencial cortical en el electroencefalograma (promediación retrógrada).

-Hipertonía alfa: hiperexcitabilidad de las motoneuronas alfa, por aumento de los estímulos excitatorios o por disminución de los inhibitorios. Tumores, mielitis necrotizante, lesiones vasculares, etc. Contracción mantenida de los músculos del segmento afectado, con espasmos intensos, a veces dolorosos. El envenenamiento con estricnina, el tétanos y el síndrome del hombre rígido podrían ser catalogados como hipertonías alfa. La hipertonía alfa está mediada por los arcos reflejos.

-Tétanos: bloqueo de la inhibición postsináptica. Rigidez, espasmos, aumento con movimiento y emociones y con estímulos sensoriales. Electromiograma: hallazgos poco específicos, trazado interferencial con co-contracciones entre músculos antagonistas; y parece ser que no se produce un periodo de silencio con estímulo supramáximo de nervio mixto.

-Envenenamiento con estricnina: bloqueo de los receptores de glicina. Clínica y electromiograma como en el tétanos. Los espasmos son mayores que la rigidez basal y también aumenta con movimientos voluntarios, emociones y estímulos. Bloqueo de la inhibición postsináptica.

-Síndrome del hombre rígido: Enfermedad del armadillo. *Stiff man syndrome*: rigidez y espasmos. Aumenta con estímulos externos, emociones, movimientos voluntarios. Puede haber Babinski. Disminución durante el sueño profundo. Reflejos de estiramiento exaltados. No es el síndrome de Isaacs. En el síndrome de Isaacs la rigidez persiste durante el sueño y la anestesia, en el síndrome del hombre rígido, no. Hay varias formas: forma generalizada clásica, síndrome del miembro rígido, síndrome del hombre rígido con sacudidas y encefalomielitis progresiva con rigidez y mioclonus (*PERM*). Puede deberse a infección (encefalitis por picadura de garrapata, herpes zóster), intoxicación (disolventes), síndrome paraneoplásico (timoma, mieloma múltiple), o ser autoinmune. Electromiograma: descarga continua de potenciales de unidad motora con sincronía entre antagonistas y sin inhibición recíproca. Periodo de silencio presente. Véase neuromiotonía.

-Espasticidad: aumento de resistencia al estiramiento de un grupo o grupos musculares proporcional a la velocidad de estiramiento. Hiperexcitabilidad del arco reflejo monosináptico espinal, con aumento del reflejo H y reflejos de estiramiento de latencia corta. Disminución de la inhibición vibratoria, sobre el tendón, del reflejo H. Hiperexcitabilidad de los reflejos flexores. Babinski, etc.

-Rigidez: resistencia al desplazamiento pasivo de una articulación, no proporcional a la velocidad. Causa: exaltación de los reflejos tónicos de estiramiento. La rigidez no depende de la velocidad, sino de la longitud. También hay alteración de los reflejos cutáneos, aumento de la inhibición recíproca tónica, reacciones de acortamiento o respuesta refleja exagerada en el músculo acortado (fenómeno de Westphal). Electromiograma: a veces no se logra el reposo y se ven potenciales de unidad motora.

DISCINESIAS CON ORIGEN MUSCULAR:
-Miotonía. Véase electromiografía, miotonía.

-Contractura muscular. Véase contractura.

DISCINESIAS CON ORIGEN PERIFÉRICO Y MIXTO:
-Mioclonias con origen periférico: se había especulado con la posibilidad del origen periférico en algunos casos de mioclonias. En un caso atendido personalmente y en colaboración con médicos de otros servicios médicos (neurología y traumatología), se ha podido presentar pruebas de dicha etiología con origen en sistema nervioso periférico en un caso de mioclonias en un miembro superior, cuyo origen en concreto era probablemente una efapsis producida mediante compresión de un un nervio digital (comprimido por una banda cicatricial) del mismo miembro afectado por las mioclonias, y con posible mecanismo integrador central (en médula espinal). El bloqueo de dicho nervio

con anestésico local, y posteriormente la extirpación de la banda fibrosa, suprimieron las mioclonias, que no habían respondido previamente a tratamiento médico diverso y dirigido a sistema nervioso central (Seijo M, Fontoira M et al. Myoclonus of peripheral origin: case secondary to a digital nerve lesion. Movement disorders 2002; 5: 970-4).

-**Fasciculaciones:** véase electromiografía, fasciculaciones.

-**Mioquimia:** contracciones espontáneas, lentas, continuas y ondulantes en porciones del músculo. Descargas de potenciales de unidad motora con frecuencias uniformes a 2-60 Hz, por ejemplo, y en salvas periódicas.
Algunas correlaciones para mioquimia: esclerosis múltiple, glioma, tumores pontinos, mero cansancio y fatiga, neuropatía, infecciones, tirotoxicosis, esclerodermia, intoxicación, compresión de nervio periférico, plexopatía, radiculoneuropatía-síndrome de Guillain-Barré, veneno de serpiente, hemorragia subaracnoidea (Blumenthal D et al. Subarachnoid hemorrhage induces facial myokymia. Muscle & Nerve 1994; 17: 1484-5), síndrome de piernas inquietas, síndrome de calambre-fasciculación, enteropatía sensible al gluten, clozapina, plexopatía post radiación (65% de estas plexopatías), parálisis de Bell, compresión de pares craneales por vaso, rombencefalopatía isquémica anóxica, siringobulbia; mioquimia generalizada: síndromes neuromiotónicos, veneno de serpiente, *CIDP*, ataxia episódica con mioquimia. Diagnóstico diferencial: esclerosis múltiple, tumores de tronco encefálico, parálisis de nervio facial, espasmo facial, sincinesias, etc.
En la práctica, la mioquimia suele consistir clínicamente en lo que parece ser actividad muscular parecida a fasciculaciones, pues no se ha visto personalmente hasta ahora esa actividad del tipo del "saco lleno de gusanos" de las descripciones clásicas de mioquimia. Y en casi todos los casos de mioquimia vistos, se ha tratado de mioquimia facial, y se ha encontrado en relación con una esclerosis múltiple, o en relación con mero cansancio muscular en una mayoría de casos.
Persiste durante el sueño, no cambia con estímulos sensoriales ni movimientos voluntarios.
En casos de mioquimia se han descrito en la literatura, en fuentes diversas, dobletes, tripletes, brotes a 40-150 Hz, brotes a 12-30 Hz y 100-300 microvoltios, etc.
En el caso de un paciente de 32 años con una plexopatía braquial izquierda acusada idiopática desde la infancia se ha observado personalmente una mioquimia en forma de brotes de potenciales de unidad motora a 5 Hz siguiendo un patrón semiperiódico en supinador largo y tríceps (clínicamente parecían fasciculaciones, pero al estar organizadas según este patrón el conjunto correspondía más a una mioquimia que a fasciculaciones). Véase espasmo facial esencial.
Véase neuromiotonía.

-**Tetania:** alcalosis, hipocalcemia, hipomagnesemia. Síndrome de di George: hipoplasia de paratiroides; tetania por hipocalcemia. *Diplets, tríplets, multiplets* de potenciales de unidad motora en salvas de 5-25 Hz, por ejemplo, espontáneos, tras isquemia o tras hiperventilación. Durante el espasmo las descargas adquieren patrón interferencial.

-Neuromiotonía: véase neuromiotonía.

-Calambres: véase calambres.

-Contracción con origen periférico y participación central: síndrome de piernas dolorosas (dedos inquietos), a veces mejora con el bloqueo del simpático paravertebral lumbar (Rivero A. Neuromiotonía y mioquimia. Arch Neurol Neuroc Neuropsiquiatr 2007; 13: 65-72).

DISCINESIAS CON ORIGEN SUBCORTICAL (GANGLIOS BASALES, FORMACIÓN RETICULAR, NÚCLEO DENTADO):
-Mioclonias subcorticales: no se demuestra origen cortical ni espinal.

-Mioclonias rítmicas: con más frecuencia velopalatinas (síndrome de Unverricht). Origen en tronco encefálico con afectación de la vía dentorrubroolivar (triángulo de Mollaret), por causa desconocida o conocida (hemorragia, leucodistrofia, etc.), con degeneración hipertrófica de la oliva bulbar por pérdida de señales aferentes. Se oyen los chasquidos del elevador del velo del paladar (sobre todo) acercando el oído a la cara del paciente (*tinnitus* objetivo). Personalmente se ha visto un caso, y coincidía con esta descripción. En la actualidad tiende a denominarse temblor palatino, en vez de mioclono palatino.

-Mioclonias benignas familiares: algunas veces desencadenadas durante movimientos rápidos (balísticos).

-Mioclonias en la enfermedad de Parkinson, distonía de torsión, mioclonias oscilatorias, etc.

-Mioclonias reticulares (sobre todo núcleo reticular gigantocelular): mioclonias inducidas por implantes de cobalto; mioclonias secundarias a la infusión de urea en la rata; mioclonias inducidas por DDT; mioclonias reticulares reflejas de diversa etiología: estímulo externo, estímulo propioceptivo (sentido de la activación muscular: músculos de pares craneales bajos, pares altos, extremidades en sentido rostrocaudal).

-Distonía/atetosis: discinesia con origen subcortical (ganglios basales): movimiento o postura anormal por suma de contracción involuntaria, simultánea y excesiva de musculos antagonistas. La atetosis es una forma de manifestarse la distonía en la que hay predominio de la afectación de musculatura distal (menor inmovilización).

Tipos de distonía:
1. Distonía de torsión idiopática o generalizada; más rara que las distonías secundarias y focales. Hereditaria o esporádica; formas focal o segmentaria y generalizada, niños y adultos; en el electroencefalograma: artefacto muscular.

2. Otras distonías heredadas: distonía de Segawa, con respuesta a L-dopa; otras.

3. Distonía secundaria: parálisis cerebral, traumatismo craneoencefálico, esclerosis múltiple, encefalitis, enfermedad de Wilson, etc.

4. Distonías focales: blefaroespasmo, distonía cervical o tortícolis espasmódico, distonía oromandibular o síndrome de Meige, distonía de laringe o disfonía espasmódica, calambre del escribiente. Las distonías focales son más frecuentes que las de torsión.

En cuanto al **blefaroespasmo** (desinhibición del reflejo de parpadeo, quizá por falta de dopamina en la *pars reticulata* de la sustancia negra): Stenner encuentra tres tipos de blefaroespasmo, diferenciables con electromiograma:

A. Blefaroespasmo palpebral: afecta al orbicular de los párpados, con potenciales de unidad motora continuos en reposo e inhibición recíproca del elevador del párpado (*levator palpebrae superioris)* sincrónica con el cierre voluntario de los párpados.

B. Fallo en la inhibición recíproca entre orbicular del párpado y elevador del párpado.

C. Apraxia del elevador del párpado (Stenner A et al. The palpebral variety of blepharospasms-differentiation from apraxia of eyelid opening and from inhibition disorders via synchronous electromyographical recordings. Clinical Neurophysiology 2008; 120: 21-22). Básicamente la idea consiste en detectar co-contracción entre ambos (ausencia de inhibición recíproca) para demostrar la distonía, algo que no se detecta de manera fisiológica y que incluso permite predecir el blefaroespasmo (Pardal JM et al. Aportación del registro electromiográfico simultáneo del levator palpebrae y el orbicularis oculi como marcador diagnóstico precoz del blefaroespasmo. Rev Neurol 2012; 55: 658-662). El parpadeo dura menos de 130 milisegundos.

Aramideh encontró en su momento 5 patrones electromiográficos de blefaroespasmo: descargas distónicas del orbicular de los párpados sin cocontracción, descargas distónicas en ambos con co-contracción, descargas distónicas en el orbicular con postinhibición prolongada inmediata del elevador, descargas distónicas en el orbicular con dificultad para la apertura palpebral por inactivación del elevador y blefarocolisis o apraxia para la apertura palpebral por alteración selectiva del elevador (Aramideh M et al. Abnormal eye movements in blepharospasm and involuntary levator palpebrae inhibition. Clinical and pathophysiological considerations. Brain 1994; 117: 1457-74).

La distonía puede ser de reposo o de acción (por ejemplo, calambre del escribiente).

El tortícolis no distónico puede estar causado por un absceso retrofaríngeo (García-Pérez et al. Revista de Neurología 2000; 30: 1157-1160).

Necropsia en distonía: en la secundaria pueden aparecer lesiones focales de núcleo estriado y tálamo lateral.

Electromiograma en distonía: salvas electromiográficas de, por ejemplo, 1 segundo o más, sincrónicas en antagonistas y sinergistas; reclutamiento excesivo de musculos posturales durante un acto motor o fenómeno del *overflow*, que consiste en contracciones involuntarias que acompañan, aun siendo anatómicamente distintas, a los movimientos de un miembro distónico.

Si el movimiento lo desencadena el miembro contralateral durante una tarea concreta y en músculos homólogos se denominan movimientos en espejo, *mirror movements*.

Hay una situación intermedia que se denomina *contralateral overflow* (Armatas CA et al. Mirror movements in normal adult subjects. J Clin Exp Neuropsychol 1994; 16: 405-413).

Si el *overflow* afecta a la musculatura facial, oculomotora, o ambas, se denomina "sincinesia" (Espay A. Motor excess during movement: Overflow, mirroring, and synkinesis. Clinical Neurophysiology 2010; 121: 5-6).

Rara vez hay actividad electromiográfica rítmica lenta o salvas de corta duración.

Hay recuperación precoz, parece ser, del componente R2 ante un estímulo doble en *blink reflex* (mayor en blefaroespasmo, también en distonía cervical o de extremidades superiores).

-Corea y balismo: combinación incesante de movimientos de duración variable, sin una pauta fija, pero con una cadencia y continuidad características. El balismo es un corea más intenso y con localización concreta, es más amplio y brusco que el corea y de predominio proximal.

Sin parálisis, aunque puede haber disminución de fuerza, tono o ambos.

Hemibalismo: movimiento brusco e involuntario, de predominio proximal, secundario a lesión subtalámica contralateral (núcleo subtalámico de Luys y conexiones).

El corea puede estar relacionado con hipertiroidismo.

Electromiograma: salvas de duración variable en músculos posturales y distales, sin patrón concreto.

Algunos tipos de corea:

1. Corea de Huntington: coreoatetosis y demencia. Epilepsia mioclónica infantil (electroencefalograma: bajo voltaje, por ejemplo, menos de 10 microvoltios). Véase electroencefalografía, demencia.

2. Corea de Morvan: *chorée fibrillaire de Morvan* (*1890*). "Panadizo analgésico". Acroeritema doloroso y sudoroso con trastornos psíquicos. Enfermedad rara, de origen tal vez tóxico (sales de oro, mercurio) o vírico-priónico. Neuromiotonía, insomnio, hipersomnia, alucinaciones, mialgias, fasciculaciones (excepto cara, y no cesan con el sueño ni con anestesia general, *CMFA* o actividad continua de la unidad motora), eritema y edema en miembros inferiores, hiperhidrosis, pérdida de peso, diarrea, sialorrea, incontinencia vesical, etc. Es de evolución progresiva y fatal, pero se ha propuesto la plasmaféresis como opción terapéutica. Podría ser autoinmune. Diagnóstico diferencial con encefalitis límbica. Asociación con neoplasia (timoma). Anticuerpos anti-CASPR2: son unos de los que se analizan en los casos de sospecha de encefalitis paraneoplásica o autoinmune. El síndrome asociado puede presentarse por ejemplo como disartria, epilepsia y discinesia. También se han observado en algún caso de síndrome de Morvan atípico (Benedetti L et al. Atypical electromyographic features and FDG-PET hypermetabolism y Morvan´s syndrome. Journal of the peripheral nervous system 2014; 19: 2).

3. Corea de Sydenham: 10% en fiebre reumática. Con frecuencia es manifestación tardía (hasta 6 meses después). Cura sin secuelas en 2-6 meses. *Corea minor.* Baile de San Vito. Mal de San Vito. Fiebre reumática aguda (salvo excepción). Puede ser el único signo presente en la fiebre reumática.

4. Coreoatetosis paroxística (familiar): Las coreoatetosis paroxística cinegésica, no cinegésica (distónica), e intermedia son también conocidas hoy en día preferiblemente como distonía paroxística. Niños y adultos.

Cuatro tipos de distonía paroxística:

4.1. Cinesigénica o cinegésica: duración de ataques menos de 5 minutos; sintomática o idiopática; la idiopática puede ser familiar.

4.2. No cinegésica: duración de ataques entre 5 minutos y 4 horas; sintomática e idiopática; la idiopática también puede ser familiar.

4.3. Intermedia: duración entre 5 y 30 minutos tras ejercicio prolongado; aun más rara que las otras formas.

4.4. Distonía paroxística nocturna: esporádica, familiar, sintomática; la presentación puede ser en forma de coreoatetosis; parece ser que los ataques ocurren durante la fase *NREM.*

5. Síndrome de Lesch-Nyhan: Purinosis; herencia recesiva ligada al X. Cálculos de ácido úrico en la niñez, hiperuricemia con daño renal, coreoatetosis, retraso mental, tendencia a la automutilación (dedos, labios, por indiferencia al dolor), espasticidad, tetraplejía espástica.

Si el déficit de hidroxiglutarilfosforribosiltransferasa no es total aparece gota en la juventud, con o sin disartria, incoordinación y retraso mental. Electroencefalograma: lentificación.

6. Enfermedad de Lyme: produce mononeuritis múltiple (incluido nervio facial), que puede ser "migratoria" (en un caso visto personalmente la neuropatía "saltaba" de un nervio a otro conforme evoluciona la enfermedad a lo largo de meses; la neuropatía desaparecía en un nervio y reaparecía en otro). *Borrelia burgdorferi.* Exantema, y meses después, en una segunda fase, con meningismo y parálisis facial, aparece mononeuritis múltiple, encefalitis, corea, mielitis, radiculopatía y ataxia.

-Tics: estereotipia; inhibición voluntaria posible. Tipos: simples (balísticos, mioclónicos, distónicos) y complejos.

Síndrome de Gilles de la Tourette: tics múltiples y crónicos por consumo de estimulantes del sistema nervioso central, encefalitis, traumatismo, intoxicación por monóxido de carbono, fármacos.

Enfermedad de Gilles de la Tourette: afecta más a hombres que a mujeres, hallazgos neurológicos, anomalías electroencefalográficas, hiperfunción dopaminérgica postsináptica (mejoría con antagonistas dopaminérgicos; disminución de ácido homovanílico en líquido cefalorraquídeo). Electroencefalograma: artefacto muscular, lentificación y ondas agudas (por el haloperidol).

-Temblor: véase temblor.

DISCINESIAS PAROXÍSTICAS: grupo de las discinesias con presentación brusca, paroxística o intermitente. El temblor esencial, las mioclonias, la distonía de acción y las mioclonias reflejas aparecen con cierta postura, movimiento o estímulo, por lo que no se consideran paroxísticos. Raras, y con frecuencia familiares.

Distonía paroxística: ha recibido nombres diversos a lo largo de las décadas, "epilepsia extrapiramidal", "epilepsia estriatal", "epilepsia subcortical", "epilepsia tónica refleja", "coreoatetosis paroxística familiar", "coreoatetosis paroxística" (Lance, 1977, con 3 tipos: distónica, con ataques entre 2 minutos y 4 horas; intermedia, inducida por ejercicio, entre 5 y 30 minutos; cinesigénica, inducida por movimientos bruscos y menor de 5 minutos).

Coreoatetosis paroxística cinesigénica: distonía cinesigénica, desencadenada con movimiento, sobresalto, hiperventilación, estímulo táctil, etc. Idiopática o sintomática (esclerosis múltiple, traumatismo craneoencefálico, encefalopatía hipóxica, parálisis supranuclear progresiva, lesiones isquémicas, hipertiroidismo, hipoglucemia, hiperglucemia, etc.). 1-40 años.

Distonía paroxística nocturna: distonía durante el sueño *NREM*.

Ataxias paroxísticas o episódicas: ha recibido otros nombres antiguamente, como "ataxia periódica", "ataxia vestibulocerebelosa". Diagnóstico diferencial: esclerosis múltiple, enfermedad del jarabe de arce, enfermedad de Hartnup, déficit de piruvato descarboxilasa y otros errores metabólicos, migraña basilar, accidente isquémico transitorio vertebrobasilar, crisis parciales complejas y coreoatetosis paroxística.

Ataxia paroxística hereditaria con mioquimia entre crisis (o neuromiotonía) o ataxia episódica tipo 1: desencadenada por fatiga, ansiedad, menstruación, movimientos, etc. Menos de 15 minutos (a veces horas). Infancia-adolescencia. Canales de potasio, posiblemente. Autosómica dominante.

Ataxia paroxística cerebelosa hereditaria o ataxia episódica tipo 2: autosómica dominante. Responde a acetazolamida. De minutos a días. Fatiga, café, alcohol, ejercicio. Infancia-adolescencia. Brazo corto del cromosoma 19 (véase jaqueca, migraña hemipléjica familiar). Posible síndrome cerebeloso progresivo. Canales de calcio, posiblemente.

Ataxia paroxística vestibulocerebelosa hereditaria: autosómica dominante. Fatiga, estímulo optocinético, movimientos de la cabeza. Incluye vértigo, acúfenos, hipoacusia. De minutos a días. Entre tercera y sexta décadas. Hay alguna evidencia de que este ente clínico no es la ataxia episódica.

Temblor paroxístico: raro. Descrito algún caso en la esclerosis múltiple, en el caso de un bebé con déficit en la síntesis de biopterina. En algunos casos quizá podría preludiar un temblor esencial.

DISESTESIAS: véase dolor.

DISFAGIA, ALGUNAS CORRELACIONES: atrofia muscular bulbar (parálisis bulbar progresiva de Fazio-Londe), encefalitis troncoencefálica paraneoplásica (cáncer pulmonar microcítico, con nistagmo, vértigo, diplopia, ataxia, disfagia), enfermedad de Kennedy, enfermedad de Wilson, *miastenia gravis*, miopatías (distrofia muscular oculofaríngea, enfermedades mitocondriales, etc.), parálisis bulbar: motoneurona inferior (accidente vascular cerebral, esclerosis lateral amiotrófica, otros), parálisis seudobulbar (motoneurona superior), polimiositis, síndrome postpolio (Terré-Boliart R et al. Disfagia orofaríngea secundaria a síndrome postpolio. Rev Neurol 2010; 50: 570 - 571), enfermedad de Forestier-Rotés-Querol (véase dolor).

DISFONÍA, ALGUNAS CAUSAS: disfonía espasmódica por distonía de laringe; enfermedad de Farber; enfermedad de Urbach-White; enfermedad de Young-Harper; déficit de vitamina B1 (lactantes).

DISFUNCIÓN ERÉCTIL: véase nervio pudendo.

DISINERGIA CEREBELOSA MIOCLÓNICA: variante de la disinergia cerebelosa progresiva. Encefalopatía mioclónica progresiva. Epilepsia mioclónica. Disinergia cerebelosa mioclónica con epilepsia o síndrome de Ramsay-Hunt, o síndrome de Hunt: 6-20 años. Mioclonus intencional. Electroencefalograma: trazado basal normal, punta-onda, polipunta-onda, puntas; fotosensibilidad. Polipunta en *REM*.

DISPERSIÓN TEMPORAL: véase bloqueo axonal/dispersión temporal.

DISPLASIA SEPTOÓPTICA: véase síndrome de de Morsier.

DISQUERATOSIS CONGÉNITA: véase anemia de Fanconi.

DISRITMIA LENTA ANTERIOR: actividad delta bifrontal monorrítmica que aparece en el electroencefalograma entre las 34 y 37 semanas de *CA*, sobre todo en los periodos de transición del sueño. Dura hasta el periodo neonatal. Véase electroencefalografía neonatal, ontogenia.

DISTONÍA (Y ATETOSIS): véase discinesias con origen subcortical.

DISTONÍA HIPNOGÉNICA PAROXÍSTICA: en fase *NREM*.

DISTONÍA PAROXÍSTICA: véase discinesias con origen subcortical.

DISTROFIA MIOTÓNICA: véase miopatía, clasificación y características generales.

DISTROFIA MUSCULAR CONGÉNITA: véase miopatía, clasificación y características.

DISTROFIA NEUROAXONAL INFANTIL: véase lipidosis.

DISTROFIA SIMPÁTICA REFLEJA: véase dolor.

DISULFIRAM: electroencefalograma lentificado.

DOBLE INERVACIÓN: véase anastomosis.

DOLOR:
-Tipos:
1. Somático: estímulo nociceptivo identificado, localizado; el visceral puede referirse a sus dermatomas correspondientes y ser riguroso (casi insoportable, como en el cólico nefrítico); dolor conocido, y que mejora con antiinflamatorios o analgésicos.
2. Neuropático (neuralgia): sin estímulo nociceptivo obvio, mal localizado, dolor de características poco comunes, diferentes a las del somático; alivio parcial con analgésicos. Debido a traumatismo o irritacion de un nervio periférico, con dolor en el trayecto de un nervio, con o sin disfunción nerviosa.

-Clínica (Harrison, Principios de Medicina Interna):
1. Síntomas sensitivos focales o generalizados.
2. Disestesias: ardor o dolor continuo de fondo, con o sin paroxismos punzantes o lancinantes, con o sin hiperpatía (véase a continuación), con o sin causalgia (dolor ardoroso, alodinia, disfuncion simpática –edema, enrojecimiento, sudoración-, véase más abajo).
3. Hiperpatía (todos o alguno de los siguientes):
3.1. Hiperalgesia (aumento de respuesta ante estímulo nociceptivo, aun cuando pueda aumentar el umbral sensitivo).
3.2. Hiperestesia (aumento de respuesta al tacto).
3.3. Alodinia (dolor por estímulo no doloroso).
4. Causalgia (véase más abajo).

-Localización-causa: Neuropatías periféricas: dolor distal y simétrico, primero pies, después manos, disestésico, con o sin dolor paroxístico; durante las fases agudas son frecuentes la alodinia y la hiperalgesia. Lesión de vías aferentes en médula espinal, tronco encefálico, tálamo (síndrome de Dejerine-Roussy: dolor espontáneo por lesión del núcleo ventral posterolateral) y corteza: dolor espontáneo y continuo referido a la periferia, con frecuencia con anormalidades sensitivas superpuestas.

-Tratamiento: anticonvulsivos (dolor neuropático sin alteraciones simpáticas, se pueden añadir antidepresivos; por ejemplo, fenitoína, carbamacepina, clonacepam, sobre todo para neuralgias focales; son poco eficaces en molestias ardorosas como en la postherpética o en la diabética). Simpaticolíticos (causalgia traumática o por distrofia simpática, ya sea con simpatectomía o anestesia local para bloqueo simpático y después simpaticolíticos locales o intravenosos, como guanetidina). Antidepresivos tricíclicos (dolor tras lesión de nervio periférico; los derivados tricíclicos iminodibencílicos facilitan la transmisión de las monoaminas por inhibición de la recaptación del transmisor en la sinapsis y cambios en la sensibilidad de receptores adrenérgicos pre y postsinápticos). Estimulación eléctrica transcutánea (*TENS* en la región dolorosa o proximal; su efecto sólo dura mientras se estimula, por lo que puede crear hábito). Acupuntura (se estimula sobre el dermatomo del foco algógeno; parece ser que a 50 Hz: efecto rápido y poco duradero, y supuestamente bloquea la transmisión de impulsos algógenos a través de las neuronas de transmisión central, excitando fibras A delta; parece ser que a 3-5 Hz: efecto máximo en 30 minutos, y persistente durante días, y supuestamente actúa a través de los núcleos del rafe, provocando la liberación de encefalinas).

-Dolor muscular con fuerza (y electromiograma) normal: no suele ser miopatía.

-Indiferencia al dolor (congénita o adquirida), tipos:
1. Agenesia cortical focal: erosiones, úlceras, fracturas; motilidad normal.
2. Neuropatía sensitiva o síndrome de Thévenard: autosómica dominante. Rara; degeneración de ganglios raquídeos, primera-segunda décadas, disociación termalgésica con anestesia progresiva y ascendente, úlceras, etc. Alcanza miembros superiores. Conocido también como síndrome de Denny-Brown o síndrome de Nélaton.
3. Acropatía ulceromutilante de Bureau-Barriere: etilismo, similar al síndrome de Thevenard. La acropatía ulceromutilante aparece en la indiferencia al dolor por etilismo (enfermedad de Morvan o acropatía ulceromutilante de Bureau-Barriere). También se observa en: neuropatía sensitiva hereditaria tipo 1, siringomielia, síndrome de Thévenard, etc.
4. Síndrome trófico del trigémino: destrucción de fibras sensoriales por traumatismo, cirugía, herpes zóster, etc. Anestesia y parestesias (toqueteo), lesiones ulceromutilantes progresivas (personalmente se ha observado también en este tipo de lesiones lipoatrofia en la zona de la rama del trigémino afectada).
5. Síndrome de Lesch-Nyhan (automutilación).

-Células de Gierke: tipo celular presente en el núcleo gelatinoso. Las células de Gierke del núcleo gelatinoso inhiben a las células de los núcleos esponjosos del asta posterior de la médula espinal. Implicadas en el *gate control* en el control del dolor. Las fibras A delta excitan a las células de Gierke, y las fibras C las inhiben.

-Enfermedad o síndrome de Dejerine-Roussy: dolor espontáneo por lesión en el núcleo talámico ventral posterolateral heterolateral, sobre todo cara y manos (suele acompañarse de otras manifestaciones de *ictus*). Alteración de la sensibilidad superficial y profunda, etc.

-Síndrome doloroso regional complejo: consiste en la distrofia simpática refleja (Evans, 1945) y la causalgia:
1. Distrofia simpática refleja (atrofia o enfermedad de Sudeck, algodistrofia refleja, síndrome de Steinbrocker, etc.): traumatismo desencadenante, disestesia con hiperpatía no limitado al territorio de un nervio, edema y trastorno vasomotor, disfunción desproporcionada con el traumatismo, no lesión nerviosa demostrable (aunque después puede aparecer lesión nerviosa demostrable pero como consecuencia del síndrome compartimental), retracción tendinosa, descalcificación ósea. Etiología: traumática, neurológica, visceral, iatrogénica, idiopática. Clínica: dolor, edema, rigidez, trastornos vasomotores; posteriormente, alteraciones tróficas y retráctiles, y osteoporosis.
No debe confundirse con el síndrome de Volkmann, que es un síndrome compartimental en extremidad superior, con dolor en dedos, ausencia de pulso,

edema, cianosis, trastornos sensitivomotores en dedos, retracción de movimientos de celda profunda anterior del antebrazo, mioglobinuria y aparece por isquemia al interrumpirse la arteria braquial en fracturas supracondíleas de húmero. Deformidad de Volkmann: antebrazo en pronación, muñeca en flexión, mano en garra (pulgar en aducción, metacarpofalángicas en extensión, interfalángicas en flexión).

2. Causalgia: además de lo dicho, lesión nerviosa demostrable, manifestaciones limitadas a un territorio nervioso; la disestesia e hiperpatía pueden progresar más allá de su límite original. Dolor neuropático intenso y espontáneo (punzante, ardoroso) y continuo, normalmente en parte de un miembro, con edema, rubor, calor, alodinia, hiperalgesia, hiperestesia, hiperhidrosis, etc. y trastornos tróficos (por ejemplo, retraso del crecimiento ungueal y del recambio de la epidermis), debido a la lesión de las fibras vegetativas de un nervio (lógicamente, puede acompañarse de manifestaciones por lesión de fibras somáticas, como hipoestesia e hipotrofia muscular). Dependiendo de la zona del nervio lesionada, las manifestaciones se distribuyen por un territorio diferente, por ejemplo, si la lesión se produce sobre el trayecto del nervio mediano, la causalgia afectará a los dedos primero, segundo y tercero, si la lesión asienta en plexo bajo, afectará a toda la mano, etc. lo cual facilitará el diagnóstico topográfico. En la mayoría de los casos es secundaria a un traumatismo: estiramiento traumático de raíces cervicales o nervios, plexopatías, sección traumática de nervios, contusión nerviosa, etc. En cambio, rara vez se asocia a un síndrome de atrapamiento nervioso, o de compresión nerviosa, u otro tipo de causa. El diagnóstico es clínico y el electromiograma puede servir para confirmar, localizar, tipificar y cuantificar la lesión nerviosa. La causalgia puede cronificarse y tener una mala respuesta al tratamiento médico, por lo que en ocasiones acaba recurriéndose a la simpaticotomía segmentaria e incluso a la amputación del miembro. Diagnóstico diferencial con la acrodinia o enfermedad rosa, y con la distrofia simpática refleja. En un caso visto personalmente, una paciente, tras fractura de meseta tibial, presentó en pie disestesias de manera persistente, y lentificación o detención del crecimiento del pelo en la pierna. En el electromiograma las conducciones sensitivomotoras estaban dentro de límites fisiológicos. Se exploró la respuesta simpática cutánea en ambos miembros inferiores (electrodo activo en planta y el de referencia en empeine) encontrándose una latencia de 4 milisegundos en el lado afectado y de 2 milisegundos en el sano, y una amplitud de la respuesta de 0,1 milivoltios en el lado afectado y de 0,25 milivoltios en el sano, diferencias que en este caso se consideraron significativas y patológicas. Véase respuesta simpática cutánea.

-Acrodinia: enfermedad rosa, enfermedad propia de la infancia, quizá por hipersensibilidad al mercurio o por intoxicación con el mismo. El mercurio inhibe a la monoaminooxidasa y a la catecoloximetiltransferasa. Alteración del carácter, hipertonía, amiotrofia, taquicardia, hipertensión arterial; manos y pies edematosos, tumefactos, húmedos, rosados; fotofobia, conjuntivitis, queratitis; cursa en brotes; puede haber polineuropatía, alteraciones neuropsíquicas como encefalopatía, y exitus. Diagnóstico diferencial con causalgia. Electroencefalograma: lentificación, brotes beta, paroxismos.

-Sensibilidad protopática: es la sensibilidad termalgésica. Fibras A delta, dolor lento; fibras C, dolor rápido. Vía: receptor... terminaciones libres amielínicas... protoneurona en ganglio raquídeo... deuteroneurona en núcleos del asta posterior... tercera neurona en núcleo talámico ventral posterior... algognosia en área 3... algotimia en corteza orbitofrontal.

-Control del dolor: corteza cerebral, fibras inhibidoras a médula espinal por haz piramidal vía tálamo, desde donde llegan fibras a médula espinal por el haz central de la calota. *Gate control:* las células de Gierke del núcleo gelatinoso inhiben a las células de los núcleos esponjosos del asta posterior de la médula espinal. Las fibras A delta excitan a las células de Gierke y las fibras C las inhiben. La formación reticular produce endorfinas y encefalinas, como la metencefalina.

-Dolor lumbar (tipos): somático superficial (incluido herpes zóster), somático profundo o espondilogénico (escoliosis, espondilolistesis, fracturas-aplastamientos vertebrales, hiperlordosis lumbar, espondiloartrosis, espondiloartritis, enfermedad de Paget, osteomielitis, tumores óseos, lesiones musculares, lesiones ligamentosas, lesiones tendinosas, malformaciones locales, hernia discal, pinzamiento vertebral y compresión radicular, estenosis del canal raquídeo), radicular (discopatía, espondiloartrosis, estenosis de canal, neoplasias intramedulares y extramedulares, etc.), neurogénico (mononeuropatía diabética, neuralgia postherpética, etc., no aumenta con Valsalva), viscerogénico referido, psicógeno.
No es infrecuente que la ciática solo se refiera solo en la pierna, o solo en glúteo, sin dolor en muslo ni lumbago, o solo en muslo, etc.
Trastornos mecánicos de la columna lumbosacra: espondiloartrosis, artrosis interapofisaria, escoliosis, espondilolisis, espondilolistesis, enfermedad de Forestier-Rotés-Querol (hiperóstosis esquelética idiopática difusa; consiste en la osificación del ligamento longitudinal común anterior; si se afecta la columna cervical puede haber disfagia), sacralización de L5, lumbarización de S1, bloques vertebrales, espina bífida, estenosis de canal, hernia discal (no es infrecuente que la hernia discal se "reabsorba" y ya no aparezca en la resonancia y sin embargo la ciática siga estando presente así como también los signos electromiográficos neurógenos acusados, como los signos de pérdida de unidades motoras), fractura vertebral.
Espondiloartropatías inflamatorias seronegativas: espondilitis anquilopoyética (enfermedad de Pierre Marie Strümpel-Bechterew), artropatía psoriásica, artritis negativas (síndrome de Reiter), atropatías enteropáticas (colitis ulcerosa, enfermedad de Crohn, enfermedad de Whipple).
Espondiloartropatías inflamatorias seropositivas: infecciones vertebrales (estafilococo, brucela, mal de Pott, etc.), tumores vertebrales.

-Dolor en el talón: véase nervio calcáneo medial. Véase nervio plantar. Véase nervio tibial posterior.

DURACIÓN DE UNA EXPLORACIÓN: el tiempo que dura una exploración varía de un paciente a otro, y hasta cierto punto se puede prever y predecir dentro de unos límites,. El tiempo de exploración puede oscilar entre 10 y 90 minutos por regla general. Hay un artículo de 1998, por Fuglsang-Frederiksen, de Dinamarca, en el que se expone que se averiguó mediante encuesta en 6 unidades de neurofisiología clínica europeas que el número de pacientes vistos por médico y año oscila entre 150 y 1200 (media: 400) o 0,75-6 por día, con un tiempo de exploración por electromiograma de 30 a 90 minutos (media: 45 minutos). A pesar de los datos de este artículo, lo cierto es que algunos electromiogramas, la mayoría (síndrome del túnel carpiano, neuropatía del cubital, radiculopatías cervicales y lumbosacras), se pueden completar en 10 minutos generalmente, mientras que otros electromiogramas pueden prolongarse durante más tiempo e incluso días con otras exploraciones neurofisiológicas (como ocurre con los diversos tipos de monitorización, el vídeo-electroencefalograma, por ejemplo, que puede prolongarse durante días). Hay además situaciones impredecibles, como exploraciones que se prolongan de manera imprevista, o exploraciones no previstas que urge llevar a cabo fuera de agenda, por lo que conviene no desperdiciar los recursos (por ejemplo, el tiempo), no habiendo tenido en cuenta y previsto estas posibilidades a la hora de elaborar las agendas de consulta, y permitiendo por ello que surjan inconvenientes, como que aumenten las listas de espera cuando no se tiene en cuenta la posibilidad de gestionar la citación a largo plazo en función del tiempo de exploración considerado de manera particularizada. Por este motivo, debe acordarse la mejor manera de organizar la citación y circulación de pacientes, y debe otorgarse a cada facultativo cierta autonomía y flexibilidad, dentro de unos límites adscritos al reglamento y al sentido común, para autogestionar su consulta del modo más eficiente posible en lo que a los tiempos se refiere, y de manera coordinada con el resto del personal.

Fuglsang-Frederiksen, Johnsen B, et al. Variation in performance of the EMG examination at six European laboratories. Electroencephalography and Clinical Neurophysiology/Electromyography and Motor Control 1995; 97: 444-450.

Johnsen B, Fuglsang-Frederiksen A, et al. Differences in the handling of the EMG examination at seven European laboratories. Electroenceph Clin Neurophysiol 1994; 93: 155-58.

Johnsen B. Variation in performance and interpretation of electromyographyc studies in Europe. PhD theses, University of Copenhagen, 1997: 1-81.

ECLAMPSIA: lentificación generalizada en el electroencefalograma durante el periodo agudo (electroencefalograma normal fuera del periodo agudo). Puede haber actividad epileptiforme, si hay crisis.

ECLAMPSIA NUTANS: véase síndrome de West.

EFAPSIS: sinapsis eléctrica. Llamada "falsa sinapsis" cuando se detecta en el ser humano, pues suele tener carácter patológico, dado que la mayoría de las sinapsis en el ser humano son químicas. Parece ser que, según Ochoa, la descarga de un solo axón podría ser suficiente para que se desencadene la percepción consciente subjetiva del fenómeno. Origen de descargas ectópicas en nervios lesionados. Probablemente estaría detrás, entre otras situaciones clínicas, de las mioclonias de origen periférico, (Seijo, Fontoira et al, 2002), en algunos casos del síndrome del miembro fantasma, en algunos casos de dolor neuropático (Fontoira et al, 1999) (por ejemplo en relación con alodinia, dolor referido, etc.), etc. Véase mioclonias con origen periférico.

Ochoa JL, Torebjork HE: Paresthesiae from ectopic impulse generations in human sensory nerves. Brain 1980; 103: 835-53.

Ochoa JL, Torebjork HE: Sensations evoked by intraneural stimulation of single mechanoreceptor units innervating the human hand. J. Physiol 1983; 342: 633-54.

Ochoa JL, Torebjork HE: Sensations evoked by intraneural microestimulation of C nociceptor fibers in human skin nerves. J Physiol. 1989; 415: 583-99.

Torebjork HE, Ochoa JL, Schady W: Refered pain from intraneural stimulation of muscle fascicles in the median nerve. Pain 1984; 18: 145-56.

Seijo M, Fontoira M, Celester G et al. Myoclonus of peripheral origin: case secondary to a digital nerve lesion. Movement disorders 2002; 5: 970-4.

Fontoira M et al. Ciatalgia crónica rebelde al tratamiento. Revista de Neurología 1999; 28: 436-7.

EFECTO BAILEYS: véase crisis cerebrales no epilépticas.

ELA: esclerosis lateral amiotrófica.

ELECTRODOS ESFENOIDALES: en un 16% de los pacientes con epilepsia del lóbulo temporal no se encuentra actividad epileptiforme interictal con los electrodos en calota y sí con electrodos esfenoidales *(Cherian A et al. Do sphenoidal electrodes aid in surgical decision making in drug resistant temporal lobe epilepsy? Clin Neurophysiol 2012; 123: 463-470).* El electrodo se inserta en dirección hacia la lámina lateral de la apófisis pterigoides del esfenoides, entrando por el hueco entre el arco cigomático, la apófisis coronoides de la mandíbula y la cabeza de la apófisis condílea de la mandíbula. Se insertan a 2-3 centímetros por delante del trago, en dirección posterosuperior hacia el foramen oval. Se emplea anestesia local. Véase epilepsia del lóbulo temporal.

ELECTRODOS, GENERALIDADES: sirven para la detección de diferencias de potencial, que serán filtradas y amplificadas para obtener el registro de una señal bioeléctrica. Deben ser químicamente estables y establecer una resistencia con la zona de contacto en general menor de 10000 Ohmios.

Clorurado de electrodos de plata: se llevaba a cabo antiguamente para disminuir la polarización y la resistencia de los electrodos por reutilización prolongada (hoy en día no es preciso, entre otras razones, por ser desechables); se crea una película de cloruro de plata introduciendo el electrodo en una solución de cloruro sódico al 5%, conectado al polo positivo de una pila de 1,5 voltios cerrando el circuito con un hilo de plata al polo negativo durante menos de 1 minuto, de lo contrario aumenta la resistencia, ya sin remedio, por formación de hidróxido de sodio.

Un electrodo polarizado induce cambios estáticos del potencial; se puede intentar despolarizarlo frotándolo con agua jabonosa o haciendo pasar 3 voltios en el seno de una solución salina isotónica durante menos de 15 segundos (1 o 2 burbujas), aunque evidentemente también es otro método que ya no se usa.

ELECTROENCEFALOGRAFÍA ESTÁNDAR Y LÍNEAS DIRECTRICES: -

Calibración y condiciones de registro: se efectúan variaciones sobre este protocolo estándar en función del criterio clínico en cada caso particular.

-Calibración: 50 microvoltios/milímetro.

-Filtro de alta frecuencia: en general, 35 adultos, 15 niños, otras opciones según cada caso.

-Filtro de bajas frecuencias: en general, 0,5 (constante de tiempo 0,3), otras opciones.

-Correspondencias entre filtros de bajas frecuencias y constante de tiempo: Hz 50-constante 0,003; Hz 5-constante 0,03; Hz 1,5-constante 0,1; Hz 1-constante 0,16; Hz 0,5-constante 0,3; Hz 0,16-constante 0,1.

-Sensibilidad (amplificación, ganancia): 7 o 10 microvoltios/milímetro, otras opciones según cada caso en función del criterio clínico.

-Barrido: vigilia: 30 milímetros/segundo (10 segundos por página); sueño: 15 milímetros/segundo (a veces resultaba útil intercalar este barrido durante el registro en el diagnóstico de muerte encefálica, cuando se utilizaba papel). *EEG Holter,* personalmente se lleva a cabo a 30 milímetros/segundo, y este mismo barrido se recomienda también para el registro de sueño, dado que las anomalías se distinguen mejor con este barrido; evidentemente para medir las apneas en el registro poligráfico suele ser más recomendable otro barrido, como 160 o 300 segundos por página.

-Un montaje para EEG, con los electrodos colocados de acuerdo con el sistema estándar internacional basado en la regla 10/20 de Jasper desarrollada en los años 50 del siglo 20 (1. Jasper H, Penfield W. Electrocorticograms in man: effect of voluntary movement upon the electrical activity of the precentral gyrus. Arch Psychiat A Neurol 1949; 183: 163-174; 2. Jasper H y Andrews HL. Electroencephalography. III. Normal differentiation of occipital and precentral regions in man. Arch Neurol Psychiatr 1983; 39: 96-115) : **FP1-T3, T3-O1, FP1-C3, C3-O1, FP2-C4, C4-O2, FP2-T4, T4-O2, T3-C3, C3-CZ, CZ-C4, C4-T4, T3-Cz, Cz-T4.**

Este montaje de 14 canales de usos múltiples sirve para niños y adultos y en el diagnóstico de muerte encefálica. Como se ve, no se emplean todos los electrodos disponibles, y es que cuanto más separados están los electrodos mayor es la amplitud de la respuesta registrada y por tanto mayor es la sensibilidad de la exploración, según Niedermeyer (razón por la que hay un mínimo de separación entre electrodos recomendada para el diagnóstico de la muerte encefálica, en el que es precisa la mayor sensibilidad posible), de ahí que este tipo de montaje con menos electrodos aquí apuntado esté resultando tan útil en la práctica según experiencia personal. Supuestamente con menos electrodos se perdería capacidad de localización de la actividad patológica, pero el electroencefalograma ya no se considera tan importante hoy en día para la localización de lesiones en el encéfalo como antes (la localización había sido de hecho una de las razones de la implantación pionera del electroencefalograma en España, en los servicios de neurocirugía), desde que existen la resonancia magnética y la tomografía, por lo que cada vez se le encuentra menos utilidad a montajes con mayor número de electrodos en la práctica cotidiana, que además ni siquiera garantizan una mayor capacidad para localizar la lesión en todo caso (véase más datos al respecto más abajo, por ejemplo, en el apartado sobre monitorización con vídeo-electroencefalograma). Y es posible que menos electrodos y más separados en cambio permitan incluso mayor sensibilidad para la detección de ondas con significado patológico en un cierto número de casos, por lo dicho, por lo que finalmente se está optando por este tipo de montajes con menos electrodos. De todos modos, como ha hecho notar el profesor Peleteiro, algunas ondas solo se consiguen detectar, independientemente del número de electrodos utilizados, o de la separación entre ellos, si se colocan en el lugar preciso en ese caso en particular, o incluso con montajes diversos, lo cual es impredecible en algunos casos, como ocurre con la actividad patológica que solo se detecta con electrodos esfenoidales, o corticales, etc.

Otro montaje con más electrodos: FP1-F7, F7-T3, T3-T5, T5-O1, FP1-F3, F3-C3, C3-P3, P3-O1, FP2-F4, F4-C4, C4-P4, P4-O2, FP2-F8, F8-T4, T4-T6, T6-O2, F7-F3, F3-FZ, FZ-F4, F4-F8, T3-C3, C3-CZ, CZ-C4, C4-T4, T5-P3, P3-PZ, PZ-P4, P4-T6.

Hay numerosos y diversos montajes posibles aparte de estos. Se puede decir que cada laboratorio dispone de sus propias variantes, sin que se haya establecido un estándar al respecto.

La sensibilidad del electroencefalograma es de alrededor de un 70% para tumores subcorticales, y alrededor de un 90% para los corticales, por ejemplo. También existe la posibilidad en ocasiones de distinguir tumores de crecimiento lento, como meningiomas (foco lento) de tumores con crecimiento rápido, como glioblastomas (foco lento y signos irritativos, como thetas agudas, y descargas epileptiformes, como puntas y ondas agudas).

-Tipos de registro electroencefalográfico:
1. Monopolar (unipolar), o de Goldmann.
2. Referencia común, *average potential* de Offner: bipolar con referencia común (en Cz, por ejemplo). Es el que se suele emplear de manera prácticamente estándar para el registro.

-Duración del registro electroencefalográfico: por costumbre, o tradición (Nuwer MR. EEG in the emergency department: Speeding the patients towards the right treatment plans. Clinical Neurophysiology 2012; 123:

855) la duración mínima es de 20 minutos, duración que puede variar en función de las condiciones de registro y del paciente en cada caso, y del criterio del médico, yendo la duración en la práctica desde pocos minutos en algunos casos, como pueda ser con frecuencia el de los electroencefalogramas urgentes o aquéllos en los que se busca un resultado concreto que aparece inmediatamente, hasta una duración de días en el caso de la monitorización con vídeo.

-Monitorización electroencefalográfica ambulatoria, Holter: se realiza llevando un electroencefalógrafo portátil, con el amplificador en un cinturón con cartuchera, o *holster (holster* significa "cinturón con cartuchera" en inglés), o *Holter* (por NJ Holter, el inventor, en 1961, de la monitorización cardíaca o electrocardiograma *Holter).*

Es posible que tenga utilidad en algunos casos para caracterizar mejor, en particular, epilepsias no completamente diagnosticadas por otros medios o, en general, para completar el diagnóstico en el caso de crisis posiblemente cerebrales de origen incierto (en algunos de estos casos el Holter acaba siendo la clave para el diagnóstico, y he aquí, probablemente el interés de esta técnica; también resulta clave para el diagnóstico en pacientes con crisis solo nocturnas), para la evaluación prequirúrgica de pacientes con epilepsia parcial farmacorresistente (por su posible valor localizador de las crisis), y para pacientes con hipersomnia o trastornos del ciclo vigilia-sueño como complemento al test de latencias múltiples si no se dispone de unidad de poligrafía nocturna. No hay de momento evidencia comprobada de su posible utilidad en pacientes ya diagnosticados, en pacientes libres de crisis y en pacientes en pauta de retirada de medicación antiepiléptica.

El registro suele ser de 24 horas aproximadamente. Forma parte de las técnicas de monitorización de larga duración pero no es sinónimo de monitorización intraoperatoria ni de monitorización en UCI.

Aparte de canales para electroencefalograma puede incluir electromiograma, electrooculograma, electrocardiograma, flujo ventilatorio, etc.

Se pueden utilizar 8 o 16 canales, o el número de canales que se considere oportuno. La velocidad del registro habitual es de 2 milímetros/segundo (personalmente se emplea la de 30 milímetros/segundo o 10 segundos/página, es decir, similar al barrido en el registro ambulatorio de vigilia ordinario); la amplificación de 10 microvoltios/milímetro (o 5, o 7, o 15). El montaje mínimo, según algunos especialistas: A1-C4 o A2-C3; EOG, A1-ojo izquierdo, A1-ojo derecho (7 microvoltios/milímetro) y electromiograma submentoniano. Un montaje recomendado en algunos laboratorios es el siguiente: Fp1-F7, F7-T3, T3-T5, T5-O1, Fp2-F8, F8-T4, T4-T6, T6-O2.

Espinosa ML et al. Monitorización ambulatoria del EEG (A/EEG). Directrices, metodología e indicaciones. Rev Neurol 1998; 26: 417-419.

Padrino C et al. Monitorización ambulatoria del A/EEG en la evaluación prequirúrgica de la epilepsia parcial. Rev Neurol 1998; 26: 419 - 425.

El **montaje** utilizado personalmente para el Holter es el siguiente: FP1-T3, T3-O1, FP1-CZ, CZ-O1, FP2-CZ, CZ-O2, FP2-T4, T4-O2, T3-CZ, CZ-T4, T3-T4.

La colocación de los electrodos debe hacerse de acuerdo con los medios disponibles. Normalmente se lleva a cabo la fijación al cuero cabelludo de los electrodos de cucharilla, *gold cup,* con pasta conductora, gasa empapada en colodión encima de cada electrodo y recogido de los cables con media elástica que cubra el cráneo también; la retirada del colodión se lleva a cabo con acetona.

El *holster* o Holter sirve también como registro polisomnográfico sin necesidad de ingresar al paciente en el centro hospitalario, lo cual puede ser ventajoso, pues se le ahorra la molestia del ingreso al paciente y se abarata la técnica. Ésto es interesante porque en un porcentaje dado de pacientes con crisis cerebrales las anomalías epileptiformes solo aparecen durante el sueño.

Faulkner ha observado que en pacientes epilépticos, un 85% de éstos presentan anomalías interictales en las primeras 24 horas de registro Holter, un 95% en las primeras 48%, y cerca del 100% en 96 horas de registro Holter, por lo que tal vez el Holter debería durar al menos 48 horas en algunos casos y con cuatro normales un quinto Holter ya no tendría probablemente utilidad entonces (Faulkner HJ et al. Latency to first interictal epileptiform discharge in epilepsy with outpatient ambulatory EEG. Clin Neurophysiol 2012; 123: 1732-35).

-Monitorización prolongada con vídeo-electroencefalograma: útil para diferenciar crisis epilépticas de crisis seudoepilépticas al ser posible la observación directa de las crisis, y su registro, para correlacionarlas con el registro electroencefalográfico, así como para caracterizar los tipos de crisis epilépticas en algunos casos en los que pueda resultar clínicamente interesante (por ejemplo para elegir el tratamiento adecuado).

También posee utilidad en la evaluación prequirúrgica de la epilepsia.

En algunos laboratorios se reduce la medicación para provocar las crisis, y se recurre a la hiperventilación y la fotoestimulación (carece de sentido utilizar neurolépticos o antiserotoninérgicos para desencadenar crisis, pues también las desencadenan en no epilépticos). Lo que interesa en la evaluación prequirúrgica es el registro crítico, pues el intercrítico puede no ser tan fiable para la localización del foco. Para localizar el foco o los focos puede ser precisa la monitorización durante días y el recurso a electrodos esfenoidales. Si hay dos focos, y uno es silente, y se anestesia el hemisferio del foco principal, pueden producirse crisis por desinhibición del foco silente (fenómeno de las crisis durante el **test de Wada**).

En algún centro, como el *Royal Melbourne Hospital,* utilizan el pulsioxímetro durante el vídeo-electroencefalograma cuando se lleva a cabo una retirada brusca de la medicación, ante el riesgo de estatus epiléptico, arritmia cardíaca o apnea (Tan KM. Safety of inpatient video-EEG monitoring with aggressive withdrawal of anti-epileptic drugs. Clin Neurophysiol 2012; 123: e73).

También existe la alternativa de la monitorización nocturna con vídeo-electroencefalograma para los trastornos del sueño y la epilepsia con crisis nocturnas (Iriarte J et al. Monitorización prolongada del vídeo-EEG. Aplicaciones clínicas. Rev Neurol 1998; 26: 425-431).

Con electrodos intracraneales se obtienen mejores resultados en la **evaluación prequirúrgica** (Behrens E et al. Subdural and depth electrodes in the presurgical evaluation of epilepsy. Acta Neurochir 1994; 128: 84–87).

ELECTROENCEFALOGRAFÍA NEONATAL (se sigue la descripción clásica de Niedermeyer y cols):
-**Generalidades:** en neonatos puede ser preciso cambiar la constante de tiempo para ver mejor las ondas lentas.
La madurez del electroencefalograma es ontogenética, por lo que se habla de la edad desde la concepción, o *conceptional age*, o *CA* (contando desde la última menstruación), dado que el electroencefalograma de un prematuro en la semana 30 con 8 semanas de vida extrauterina es igual de maduro que el de un bebé recién nacido en la semana 38, por poner un ejemplo (*ontogenetic scheduling*). A partir del electroencefalograma se puede por tanto estimar la *CA* de un prematuro sano con una precisión de 1 o 2 semanas.
En niños **prematuros** aparecen tramos de supresión con largos tramos de silencio, asimetrías interhemisféricas y puntas y ondas agudas. No se puede distinguir entre vigilia y sueño, ni entre sueño tranquilo (*NREM*) y sueño activo (*REM*). No se pueden definir bien las anormalidades a veces (en ocasiones se hace necesario disponer de una adecuada correlación clínica para que sea posible llegar a conclusiones con significado clínico).
En prematuros son característicos los *ripples of prematurity* o *delta brushes,* que son brotes de ondas de bajo voltaje a 16 Hz (husos a 14-24 Hz, o a 8-22 Hz, según la serie consultada, y de amplitud variable: 20-150 microvoltios), que se entremezclan con delta a menos de 1 Hz (0,8-1,5 Hz y 50-200 microvoltios, dependiendo de la serie consultada); son el sello del prematuro y lo normal es que desaparezcan a término (no son los precursores de los husos del sueño).
En prematuros es característica la *clonic chin activity,* o *jaw jerking* o clonus **mandibular;** puede aparecer en recién nacidos a término, pero sobre todo durante el sueño tranquilo (*NREM*). El movimiento es similar al del castañeteo de los dientes por frío, y a veces es preciso aclarar a los padres su significado. El clonus mandibular podría ser el equivalente a la succión no nutritiva descrita por Wolff (1968).
Las puntas y las ondas agudas pueden ser normales en neonatos prematuros o a término, y deben ser distinguidas de las patológicas.
Seudoalfa: alfa sin distribución topográfica característica del alfa ni reactividad, que suele representar actividad ictal (también puede haber seudotheta y seudodelta con significado ictal).
Onda aguda positiva: aparece en prematuros y algunos bebés a término; puede ser normal o anormal.
Interesan los **electroencefalogramas sucesivos.** Hay buena correlación con el pronóstico en el periodo neonatal. El primer registro quizá debería demorarse hasta el tercer día tras el parto, en general, para que el bebé se recupere del mismo.
Es anormal: la asincronía acusada en los brotes en mayores de 36 semanas, la actividad aguda claramente focal (porque la actividad aguda puede ser normal), las ondas agudas positivas en prematuros con hemorragia intraventricular, las ondas agudas focales repetitivas coincidiendo con convulsiones (más frecuentes en parto a término), los patrones desorganizados prehipsarrítmicos en recién nacido a término con episodios ictales breves frecuentes, el trazado isoeléctrico o casi isoeléctrico en casos de daño grave (encefalitis herpética, asfixia, malformaciones, etc.), los trechos de actividad

rítmica en frecuencia alfa o beta (actividad epiléptica camuflada u otro problema en el sistema nervioso central).

Las crisis en neonatos pueden ser unilaterales o predominantemente unilaterales, e incluso alternando entre ambos hemisferios, de forma que la actividad puede ir cambiando de morfología y de lado sobre la marcha (esto es casi exclusivo de recién nacidos).

Paroxismos 14/6: puntas positivas durante 1 segundo o menos, a 14 Hz, 6 Hz, o ambos; se obtienen durante las fluctuaciones entre vigilia y sueño ligero; aparecen en región temporoparietooccipital; no suele ser simétrico; salta de un hemisferio a otro; antecedentes de encefalitis, meningitis, anoxia neonatal, traumatismo craneoencefálico; asociación con trastornos de conducta, cefaleas y dolor abdominal en niños, y con antecedentes de traumatismo craneoencefálico. En adolescentes normales también aparecen descargas 14/6 sin correlación clínica, existiendo el nombre de *ctenoids* para este hallazgo. Es raro en adultos.

La hipotermia corporal total utilizada en neonatos a término con encefalopatía hipóxicoisquémica no influye en la interpretación del electroencefalograma ni en su valor pronóstico (Hamelin S et al. Influence of hypothermia in the prognostic value of early EEG in full term neonates with hypoxic ischemic encephalopathy. Neurophysiologie Clinique/Clinical Neurophysiology 2011; 41: 19-27).

-Porcentaje de sincronía interhemisférica: se puede calcular considerando que hay sincronía interhemisférica en los brotes si el comienzo del brote en ambos hemisferios no se distancia más de 1,5 segundos (2 segundos según otras series), y si en ambos hemisferios la duración del brote es más o menos la misma. Mediante esta estimación, se obtiene la siguiente tabla con porcentajes de sincronía interhemisférica:
CA 26-28 REM 90-100
CA 29-30 REM 80-100
CA 31-32 REM 70-90 NREM 50-70
CA 33-34 NREM 60-80
CA 35-36 NREM 70-85
CA 37-39 NREM 80-100
CA 40-42 NREM 100
Véase electroencefalografía, coherencia interhemisférica.

-Estadios según comportamiento:
1: respiración regular, ojos cerrados, no movimiento: sueño tranquilo (*NREM*).
2: respiración irregular, ojos cerrados, pequeños movimientos: sueño activo (*REM*).
3: ojos abiertos, alerta pero inactivo.
4: ojos abiertos, movimientos amplios, no llanto.
5: ojos abiertos o cerrados, mucha actividad, llanto.

En las **primeras 24 horas** tras el nacimiento predominan *NREM* y vigilia sobre *REM*. Si no se puede clasificar en *NREM* o *REM* se denomina **sueño indeterminado o transicional.** Algunos autores denominan sueño indeterminado a la somnolencia (equivale al estadio 1 en el adulto), pero la somnolencia quizá no sea un estadio indeterminado, sino parte del estadio 3 de comportamiento. La vigilia no siempre se puede registrar en neonatos, excepto a veces el estadio 3 de comportamiento, que puede aparecer tras una toma. Un recurso útil es pautar el electroencefalograma tras la toma.

El **estadio 3**, de alerta con actividad motora mínima: presenta un electroencefalograma similar al del sueño *REM*, sobre todo si es un *REM* que sigue a un *NREM* previo; consiste en actividad theta-delta, en su mayoría de baja amplitud (15-60 microvoltios, por ejemplo), con algunos ritmos en la banda alfa distribuidos difusamente, sin discontinuidad con lo anterior; se distingue del *REM* por tener ojos abiertos y buscando (*scanning*) y por el resto del comportamiento y la actividad electromiográfica tónica. Algunos neonatos, sobre todo prematuros con disfunciones neurológicas, se duermen con los ojos abiertos. En la fase *REM* pueden aparecer fases de sonrisa o llanto breves, que pueden dificultar la identificación de la fase *REM*. El sueño suele seguir a la fase 3 en recién nacidos a término.

Sueño activo, o *REM*, o estadio 2: dormido, con actividad motora, sobre todo fásica, con algunos componentes afectivos (sonrisa, muecas, llanto); brotes de movimientos oculares rápidos, comúnmente bilaterales; respiración irregular, a menudo con periodos de apnea; disminución del tono, por lo menos en musculatura bulbar, facial y del cuello; otros fenómenos, como cambio en la frecuencia cardíaca y resistencia cutánea, o erecciones del pene. En el recién nacido a término predomina el sueño *NREM*, pero es normal el inicio del sueño por fase *REM*; el *REM* constituye 1/3 del sueño en el recién nacido a término; el electroencefalograma de esta fase *REM* que sigue a vigilia se caracteriza por actividad más o menos rítmica, difusa, continua, con theta dominante y algunas frecuencias delta, con voltajes de unos 50-150 microvoltios. La fase *REM* que sigue a *NREM* consiste en theta-delta entremezclado de menor voltaje (20-60 microvoltios), distribuidos difusamente y continuamente por el cráneo, con ondas ocasionales más rápidas.

Sueño tranquilo o *NREM* o estadio 1: el bebé yace tranquilo, con movimientos sólo ocasionalmente, que recuerdan a un susto (*startle*); rara vez hay movimientos oculares aislados (*single*); la respiración es regular; aumenta el tono muscular; el tono muscular es continuo; los sobresaltos o sustos pueden ir acompañados de breves irregularidades respiratorias, y a menudo encabezan (*herald*) un cambio de estadio. Si todos los parámetros coinciden con fase *NREM*, una respiración irregular puede reflejar algún problema respiratorio, que debe descartarse para no atribuir causas centrales al hecho.
En fase *NREM* en época neonatal se dan dos patrones:
1. *tracé-alternant*, que consiste en brotes de 1-6 Hz de ondas de 50-200 microvoltios mezcladas con ondas agudas, de 4-6 segundos de duración, separados por un periodo de similar duración de actividad entre los brotes más parecida al patrón de voltaje bajo propio de la fase *REM*. Al *tracé-alternant* se le llama también **sueño episódico o discontinuo**; en recién nacidos a término el *tracé alternant* muestra buena sincronía entre hemisferios en los periodos entre brotes, pero no entre ondas individuales, salvo por algunos ritmos delta posteriores.
2. ondas lentas continuas: actividad continua de 50-200 microvoltios, con tendencia a un gradiente de voltaje con máximo en cuadrantes posteriores;

aparenta ser el precursor del sueño de ondas lentas que aparecerá en niños de más edad.

Un recién nacido a término suele empezar con un 100% de *tracé alternant* y apenas ondas lentas continuas; a las 4-5 semanas de vida las ondas lentas continuas ya predominan durante el sueño *NREM*, aunque pueden seguir apareciendo breves periodos de *tracé-alternant* hasta las 8 semanas tras el nacimiento.

El patrón en brotes-supresión, que es patológico y del que debe diferenciarse el *tracé-alternant,* es constante, no transitorio, no reactivo e isoeléctrico o casi isoeléctrico en los trechos de supresión.

-Ontogenia:

Menos de 29 semanas: no se pueden identificar estadios; periodos de aumento de actividad alternan con periodos de quietud, los movimientos oculares son infrecuentes, la respiración es irregular, son frecuentes el clonus mandibular y las posturas tónicas lentas (que a veces plantean el diagnóstico diferencial con crisis); los movimientos tónicos parecen predominar hasta las semanas 32-34, momento en que comienzan a hacerse más frecuentes los movimientos fásicos; el clonus mandibular puede persistir en bebés mayores, pero sobre todo en el sueño *NREM*. El clonus mandibular podría ser el equivalente a la succión no nutritiva descrita por Wolff (1968). En ocasiones una mayor actividad corporal y algunos movimientos oculares sugieren una incipiente organización del sueño *REM*. Patrones discontinuos, brotes de frecuencias mezcladas (0,5-14 Hz; 50-300 microvoltios); a veces puede apreciarse un gradiente anteroposterior; también se entremezclan ondas agudas; actividad de fondo inactiva o de bajo voltaje de segundos a 2 minutos; trazado en definitiva discontinuo (puede seguir así en *NREM* hasta la semana 34-36). No se debe confundir la discontinuidad con brotes de supresión en *REM* y *NREM* en mayores de 34-36 semanas, que son anormales. Ya se ven *delta brushes* de alto voltaje, incorporados a los brotes de frecuencias entremezcladas. Se ven brotes de actividad theta aguda en regiones temporales. Poca sincronía entre hemisferios en menores de 29 semanas *CA*, y menos sincronía cuanto más prematuro sea el bebé y más discontinuo sea el trazado. Cuando se puede distinguir *REM* de *NREM*, la sincronía interhemisférica entre los brotes de trazado alternante disminuye, y aumenta progresivamente con la *CA*, hasta llegar al 100% a término.

A las 24-26 semanas desde la concepción (*CA*): no se pueden distinguir fases del sueño.

A las 28-30 semanas: se puede distinguir a veces el sueño activo.

Semana 29-31: las puntas y ondas agudas temporales pueden ser fisiológicas (y a más edad también, durante el periodo neonatal). Todavía no hay organización cíclica de los estadios, pero ya hay periodos con más movimientos corporales y oculares, y respiración más irregular (*REM* inicial). La respiración sigue siendo irregular, lo cual impide definir claramente una fase *NREM*, aunque sí se pueden llegar a ver breves periodos de quietud relativa con respiración regular. Periodos inactivos más cortos, *delta brushes* abundantes (más durante *REM*; la tendencia opuesta aparece a las 34-36 semanas); más adelante predominan en región occipital, pero a esta *CA* son difusos y se pueden confundir con theta temporal de alto voltaje, a veces de hasta 200 microvoltios, algo típico de esta *CA*.

A las **32-34 semanas**, durante el sueño tranquilo aparece actividad discontinua que alterna con tramos de silencio eléctrico; durante el sueño activo hay lentificación difusa irregular continua con *ripples* y alguna actividad oculográfica; durante vigilia hay actividad lenta continua. A partir de la semana 32 se suelen poder apreciar periodos de quietud en movimientos de ojos y cuerpo que preludian el sueño tranquilo.

A las **34-35 semanas** pueden aparecer puntas u ondas agudas frontales (*encochés frontales)*, o ambas, que pueden ser normales, y pueden persistir más de 4 semanas tras el nacimiento; pueden ser sincrónicas o asincrónicas, y con o sin componente lento; pueden coexistir con trenes de ondas a 2-4 Hz (*disritmia lenta anterior*); y si son constantemente unilaterales o excesivamente abundantes y persistentes en varios estadios y en registros seriados, se pueden considerar patológicas, sobre todo si aparecen anomalías electroencefalográficas de fondo y correlación clínica compatible. A las 34 semanas suele predominar el sueño activo. Los movimientos corporales se van haciendo más fásicos que tónicos, los movimientos oculares tienden a ir apareciendo en brotes. Se va diferenciando *REM* de *NREM*. Pueden ir apareciendo *epochs* cortos de respiración regular. En el electromiograma ya aparece disminución de actividad durante *REM*. Abundan los estadios transicionales. En el electroencefalograma: durante vigilia y *REM* hay algo de continuidad, aunque siguen apareciendo largos periodos de discontinuidad; predominan las frecuencias en la banda delta (30-120 microvoltios), con gradiente de organización espacial más claro, con predominio posterior de la amplitud, a menudo con sincronía bilateral; pueden interrumpir la base inactiva al azar; se ven ritmos más rápidos, por ejemplo: el huso de los *delta brushes*; los periodos de discontinuidad son ya más cortos que en prematuros menores; aumentan las puntas y ondas agudas multifocales, tanto en vigilia como en *REM* y *NREM*; empieza la reactividad a estímulos, que suele consistir en atenuación de la base (actividad de fondo, o *background*), y puede haber otros cambios, sobre todo a más edad; la falta de respuesta a estímulos es un signo desfavorable; abundan los periodos de sueño transicional, más que a mayor edad, pero no sirven para estimar la *CA*, porque son variables entre niños.

A las **34-37 semanas** se empiezan a identificar ya los ciclos vigilia-sueño y *REM-NREM*; en *REM* predominan movimientos oculares más vigorosos (incluidos los verticales), movimientos corporales fásicos (faciales, de miembros) y disminución del tono muscular; en fase *NREM*, la quietud motora, excepto algunos sustos o sobresaltos y algunos movimientos oculares infrecuentes, se acompaña por periodos más largos de respiración regular; las transiciones *REM-NREM* son frecuentes o infrecuentes, e impredecibles; si los patrones de las fases, y del electroencefalograma, permanecen invariables a partir de la semana 34 es signo de anormalidad en el sistema nervioso central; se van haciendo identificables los estadios: en el *REM* predomina el patrón continuo con actividad theta-delta mezclada (20-100 microvoltios); beta presente con gradiente anterior (delta: máximo posterior); los brotes delta siguen apareciendo, pero ahora son más frecuentes en *NREM*; en *REM* van disminuyendo de la 34 a la 37; en *NREM* aparecen brotes delta (*delta brushes*) más frecuentemente; persiste la discontinuidad, pero los periodos inactivos son más cortos; menos ondas agudas multifocales entre los brotes, y tienden a aparecer más con los brotes; las ondas agudas frontales son más frecuentes y de voltajes mayores (*encochés frontales*); comienza el patrón de trazado alternante (que predomina desde la semana 37 hasta postérmino), que reemplaza al trazado discontinuo de prematuros menores; la sincronía del trazado alternante varía desde el 60% de la semana 34 al 80-90% de la 37; reactividad inespecífica a estímulos presente en todas las fases; con los estímulos aparece disminución de la actividad de base, o, menos frecuentemente, aumento de la actividad de base; aumenta la probabilidad de registrar un estadio 3, que, a diferencia del *REM*, muestra electromiograma activo, y menos delta posterior (y de menor amplitud).

A las **36-38 semanas**, hay patrones difusos de voltaje bajo, lentificación difusa (mayoritariamente delta); brotes de actividad a 10-14 Hz; declinan y desaparecen los *ripples*. A las 36 semanas suele aparecer el sueño tranquilo, aunque desde la semana 32 se pueden apreciar periodos de quietud de los movimientos de ojos y cuerpo.

38-40 semanas: cambios cíclicos sueño-vigilia y *REM-NREM* establecidos, y con patrones diferenciados; los patrones perinatales terminan de aparecer a las 4-10 semanas postérmino o 44-50 semanas *CA*.

Recién nacido a término (38-42 semanas): durante el sueño tranquilo el trazado es discontinuo (*tracé alternant*; que es transitorio, y consiste en trechos de caída de voltaje, y desaparece en un mes; en cambio el patrón en brotes-supresión, que es patológico, es constante, con trechos de supresión de actividad o trazado casi isoeléctrico), con brotes de 1 a 10 segundos de actividad rápida y lenta mezclada, y descargas agudas y periodos de depresión de voltaje con frecuencias mezcladas de 6-10 segundos de duración; sin actividad oculográfica, o irrelevante; respiración regular; 2/3 del sueño total; despertares espontáneos: se producen sólo en el sueño activo (futuro *REM*); el sueño activo ocupa 1/3 del sueño; la vigilia ocupa 1/3 del día; el sueño puede empezar por *REM*; al cabo de un mes empieza a dominar el *REM* y a estructurarse el sueño.

-Patología; neonatos a término: las crisis, focales o generalizadas, son básicamente de 4 tipos: sutiles (succión, deglución, pedaleo, remo, boxeo, parpadeo, nistagmo, cianosis, apnea, fijación de mirada, postura anormal, etc.), tónicas, clónicas y mioclónicas. No siempre hay buena correlación entre clínica y electroencefalograma. Con frecuencia durante las crisis, por ejemplo en las focales, se observa seudoalfa, o seudotheta o seudodelta, o potenciales agudos y puntas focales.

Anormalidades en la actividad basal o de fondo en neonatos a término (probablemente sea el mejor índice pronóstico):
1. Patrón isoeléctrico, o casi isoeléctrico, o inactivo: actividad cerebral menor de, por ejemplo, 5 microvoltios, con altas ganancias y gran distancia interelectrodos, que ocurre continuamente a lo largo del registro y que no responde a estímulos. Puede no coincidir con muerte encefálica clínica en algunos casos (a diferencia de los adultos); por lo que es preciso correlacionar el electroencefalograma con la clínica en neonatos. Tiene mal pronóstico, excepto en presencia de: barbitúricos, diazepam, drogas depresoras, hipotermia, alteración grave de gases en sangre, o estado postictal. Puede aparecer en diversas circunstancias: hemorragia intraventricular masiva, asfixia (anoxia, déficit circulatorio), meningitis bacteriana, encefalitis herpética, síndromes metabólicos congénitos severos, anencefalia, etc. Puede haber

ondas breves de bajo voltaje, con más frecuencia posteriores, y puede haber descargas ictales (si quedan restos o islotes de neocórtex con tal capacidad). Los potenciales evocados auditivos de tronco podrían ayudar a aclarar la irreversibilidad del coma: ausencia de respuesta de tronco en presencia de un patrón isoeléctrico persistente así lo sugeriría.

2. Patrón paroxístico, o en brotes-supresión: periodos de inactividad variables (generalmente de más de 10 segundos), interrumpidos por brotes de actividad sincrónicos o asincrónicos. Los brotes de actividad son con más frecuencia de alto voltaje (pueden ser de bajo voltaje), pueden durar de 0,5 segundos a más de 10 segundos, y estar formados por ondas lentas irregulares, con ondas agudas entremezcladas o sólo actividad delta de alto voltaje, con o sin componentes agudos. No debe confundirse con el trazado discontinuo de prematuros (que es similar) ni con el trazado alternante del sueño *NREM*. Se puede distinguir conociendo la *CA* y porque el patrón en brotes-supresión presenta periodos de inactividad más largos en todos los estadios (*REM, NREM* y vigilia) y no hay cambios con estimulación (aunque haya cambios de comportamiento). En exploraciones sucesivas el patrón puede desaparecer a las 42-46 semanas. Puede reaparecer en la infancia tardía, como en el caso del patrón en brotes-supresión que aparece durante el sueño en bebés con espasmos infantiles e hipsarritmia. Puede aparecer el patrón en brotes-supresión unilateralmente en el síndrome de Aicardi (agenesia de cuerpo calloso, coriorretinitis y epilepsia). El patrón unilateral puede aparecer más tardíamente en forma de hemihipsarritmia.

3. Patrón de bajo voltaje durante todos los estadios: voltaje menor de 5-30 microvoltios, en forma más o menos continua en todos los estadios. Si no es totalmente continuo se distingue del patrón inactivo o isoeléctrico por el menor voltaje de éste, y del patrón paroxístico por la ausencia de brotes en el de bajo voltaje. Para confirmar este trazado deben hacerse registros sucesivos durante 3 semanas, y descartar hemorragia subdural bilateral, cefalohematoma, edema de *scalp* (cuero cabelludo), etc. Pueden aparecer anomalías ictales con un patrón basal de bajo voltaje: depresión postictal, alteraciones toxicometabólicas, drogas. La persistencia de este patrón tiene mal pronóstico (con excepciones). No se debe confundir con el patrón de asimetría de la amplitud interhemisférica descrito a continuación.

4. Patrón de asimetría de la amplitud interhemisférica: asimetría de voltaje invariable del 50% o más entre hemisferios. Las asimetrías de voltaje menores del 50%, o transitorias, tienen menor probabilidad de ser patológicas. Si la asimetría del 50% o más aparece en varios estadios, suele correlacionarse con anomalías estructurales en el hemisferio con el menor voltaje, por ejemplo: hemorragia intraparenquimatosa, quistes porencefálicos, accidente vascular cerebral pre o postnatal, tumores intraventriculares, malformaciones congénitas. No se debe confundir este patrón con el de bajo voltaje, ni con cefalohematoma, edema de *scalp*, ni con errores técnicos (electrodos mal colocados, cortocircuitos, etc.). Los hematomas subdurales unilaterales grandes que produzcan tal asimetría son raros a esta edad. Puede acompañarse de fenómenos ictales focales (lesión anatómica subyacente), que se describen más abajo.

5. Ondas agudas positivas: no se incluyen en el apartado de anomalías ictales porque no siempre se correlacionan con fenómenos ictales. Onda aguda: hemorragia subependimaria, intraventricular, intraparenquimatosa, subaracnoidea. Onda aguda con postpotencial lento: hemorragia subaracnoidea. La mayoría de las veces aparecen en bebés pretérmino. En las semanas 28-32 pueden pueden verse en forma aislada en ausencia de anomalías en el sistema nervioso central. Pueden aparecer en: hemorragias intraventriculares, otras hemorragias intracerebrales, hidrocefalia, asfixia con leucomalacia periventricular. Si son persistentes sugieren hemorragia intraventricular. Poco valor pronóstico en general.

6. Patrón delta difuso: actividad delta casi invariable, con actividad theta mínima, presente en vigilia y sueño, poco reactiva a estímulos. Si persiste más de 2 semanas en recién nacido a término indica mal pronóstico. No se debe confundir con la actividad delta normal en el recién nacido a término. Es un patrón infrecuente.

Anomalías ictales en neonatos a término:

1. Patrones ictales focales o unifocales: descargas focales en forma de trenes de alto voltaje de ondas agudas con origen focal (más frecuentemente rolándicos). Pueden extenderse lentamente a áreas adyacentes o al área homotópica del otro hemisferio, pero sin foco independiente. Frecuencia de descarga: 5-10 Hz. Las descargas tienden a ser monorrítmicas, con una pequeña disminución de frecuencia al final tan súbita como al inicio. Suelen correlacionarse bien con ataques clónicos focales periféricos. La actividad ictal no suele implicar daño cerebral focal en todo caso, sino que pueden verse por ejemplo en: hemorragia subaracnoidea, o en la hipocalcemia precoz o tardía (la tardía infrecuentemente). Puede haber discrepancia con la clínica, lo cual indicaría mal pronóstico en niños mayores, y pronóstico incierto en neonatos. Si la actividad basal es normal, este patrón suele tener buen pronóstico en general.

2. Patrones ictales seudobeta-alfa-theta-delta focales: puede empezar a alta frecuencia (12 Hz o más), generalmente con baja amplitud, o puede empezar a 8-12 Hz y pasar a 4-7 Hz y luego a 0,5-3 Hz. Se pueden combinar de maneras diversas. Si sólo aparece una banda de frecuencia puede resultar difícil identificar el carácter ictal del fenómeno. La manifestación clínica puede ser sutil: tónica, mioclónica... Fenómeno ictal tónico conlleva actividad tipo delta. Fenómeno ictal respiratorio puro (raro) conlleva alfa o beta. Pueden verse con frecuencia anomalías de la actividad de base, por ejemplo en caso de: postasfixia, síndromes disgenéticos (generalmente mal pronóstico en esta última circunstancia). No se debe confundir con los *delta brushes* típicos de los prematuros sanos.

3. Patrón ictal multifocal con actividad de base anormal: descargas ictales que se originan independientemente o simultáneamente en 2 o más focos (y que no sea dispersión de la descarga focal ni focos en localizaciones homotópicas). La frecuencia puede ser fija o variable. La actividad de base suele ser anormal (también la interictal), por ejemplo: de bajo voltaje, o con paroximos de brotes-supresión (menos frecuentemente), o con disrupción de estadios (por ejemplo, por labilidad). Ataques clínicos sutiles o clónicos fragmentarios. Es un patrón que suele requerir registros sucesivos para su confirmación (para confirmar el cambio de foco, se entiende), y el pronóstico suele ser incierto en numerosos casos.

4. Patrón de descarga a baja frecuencia sobre una actividad basal de baja amplitud: la anomalía de base corresponde al patrón de bajo voltaje durante todos los estadios. El patrón ictal consiste en ondas agudas que se repiten, a baja frecuencia (por ejemplo, de 1 Hz). Pueden ser de distribución focal o aparecer en localizaciones independientes. A veces la morfología es característica: morfología dicrótica (onda con dos "jorobas"). No se debe confundir con las ondas lentas que aparecen al comienzo o al final de cualquier otra descarga). Este patrón se correlaciona con daño cerebral, por ejemplo: en casos de asfixia (sobre todo tras hipotensión), tras encefalitis (herpética), meningitis bacteriana postnatal, meningitis vírica prenatal, accidente vascular cerebral y menos frecuentemente en casos de enfermedades congénitas del metabolismo en neonatos. Pronóstico malo, como en los patrones en brotes-supresión y de bajo voltaje en todos los estadios. La morfología dicrótica también se puede observar en el electroencefalograma patológico de neonatos prematuros con el patrón ictal de baja frecuencia.

Caso clínico: niña a término de 7 días de vida; hiperbilirrubinemia; episodios de hipertonía de hemicuerpo izquierdo con desviación contralateral de la mirada y la cabeza; en el electroencefalograma (gráfica a continuación) se observa actividad epileptiforme moderadamente abundante (potenciales agudos de alto voltaje) en región frontal derecha.

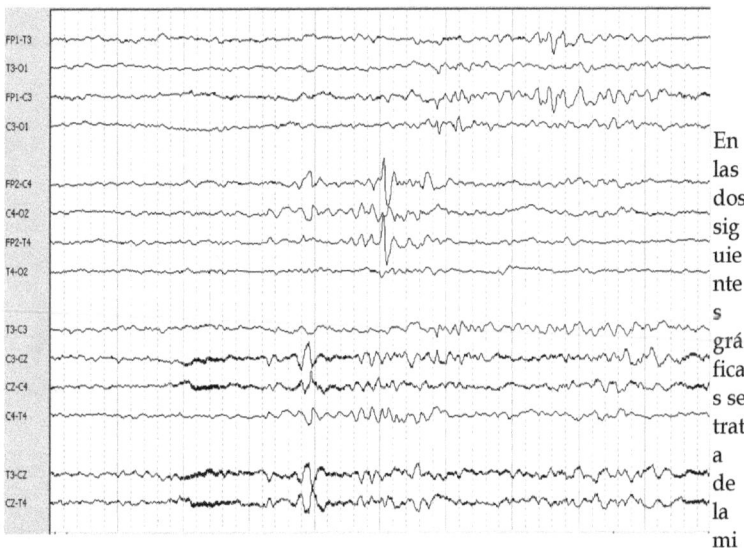

En las dos siguientes gráficas se trata de la misma niña con 28 días de vida. Presenta convulsiones. En el electroencefalograma se observa actividad epileptiforme en región frontotemporal izquierda (potenciales agudos y trenes de actividad seudotheta) coincidiendo con sacudidas clónicas en el miembro superior derecho. Se trata de un foco en espejo porque sigue habiendo actividad epileptiforme en la región frontotemporal derecha.

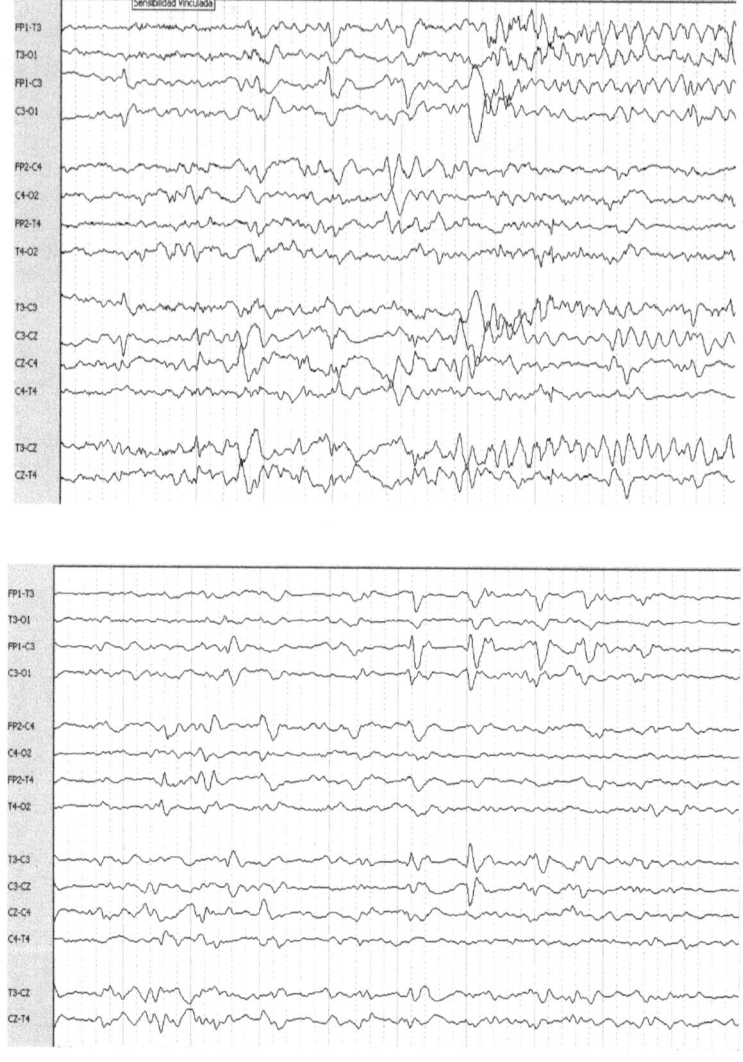

Caso clínico: niña de 3 días y medio de vida con *distress* respiratorio por hipertensión pulmonar, hiponatremia y depresión neurológica con hipotonía, ausencia de movimientos y coma. En el electroencefalograma (en las gráficas a continuación) se observa un trazado hipoactivo y arreactivo con brotes de actividad entre periodos de inactividad y bajo voltaje (patrón en brotes-supresión):

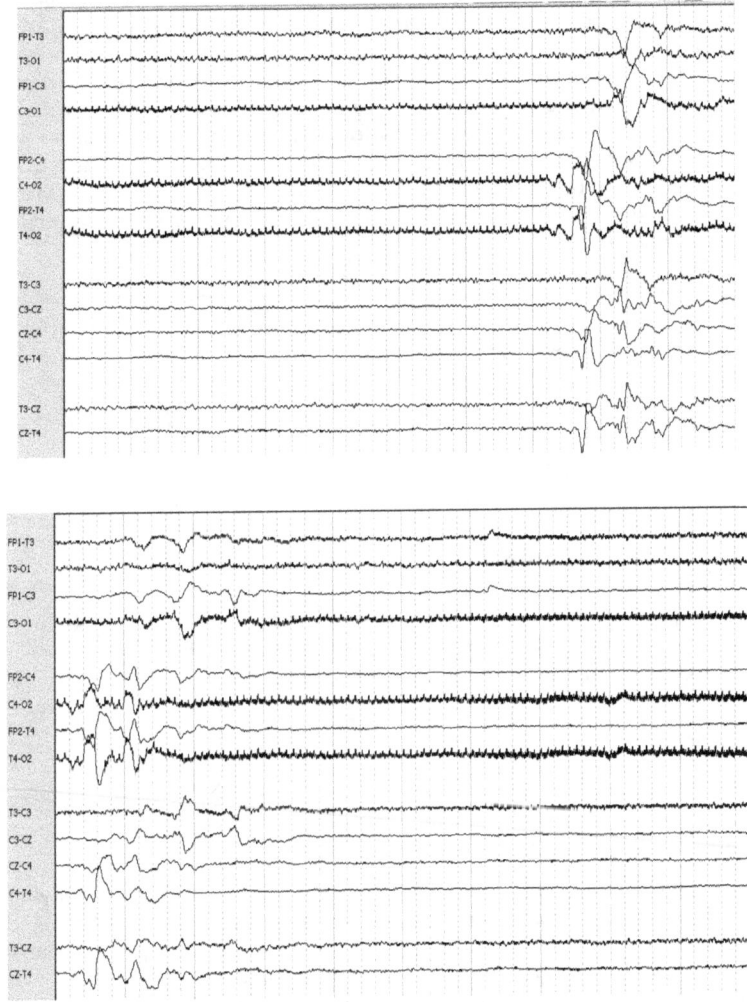

En la gráfica a continuación el mismo caso con 6 días de vida. Presenta depresión neurológica pero movimientos espontáneos, con hipertonía, opistótonos y mirada perdida. En el electroencefalograma persiste el patrón en brotes-supresión, con mayor actividad cortical entre los brotes y en los periodos de supresión. Los brotes son de mayor duración. También se observa actividad seudoalfa (incluso formando husos) en trenes prolongados en región temporoparietal izquierda (con inversión de fase alternando entre C3 y T3) que se correlaciona clínicamente con crisis tónicas subintrantes (**subintrante**

significa que se inicia la siguiente antes de que termine la anterior) en miembros derechos. El cuadro es compatible con un estatus convulsivo parcial izquierdo (obsérvese por tanto que en ocasiones el patrón en brotes-supresión puede interpretarse clínicamente como signo de una afectación cortical difusa muy acusada por una pérdida progresiva de la actividad bioeléctrica cortical, por ejemplo, en una situación preagónica de un paciente con una afectación neurológica grave, como una hemorragia intracraneal grave, y en otros casos se puede interpretar clínicamente como un estatus, por ejemplo si los brotes se correlacionan con crisis epilépticas, o se puede interpretar de ambas maneras a la vez):

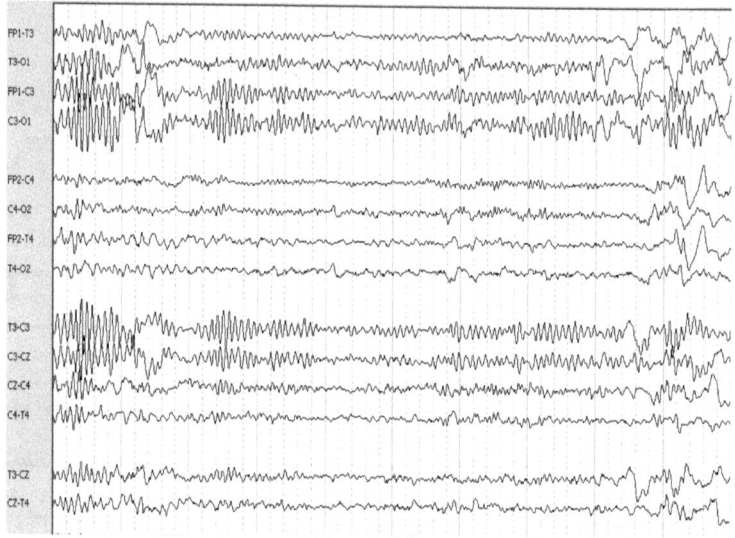

-**Patología, prematuros: generalidades sobre prematuros:** la **actividad electroencefalográfica discontinua** es característica e incluye tramos de inactividad bioeléctrica cortical, asimetrías interhemisféricas y puntas y ondas agudas; una de las claves para distinguirlo de la inactividad bioeléctrica cortical patológica es que responde a estímulos. Hacia la semana 37 va siendo sustitida por el *tracé alternant.*

Las puntas y las ondas agudas pueden ser normales en bebés prematuros y a término, por ejemplo las ondas agudas frontales (*encochés* frontales); las ondas agudas patológicas suelen ser localizadas, persistentes y correlacionalbes con crisis epilépticas.

No es fácil en todo caso **distinguir entre sueño y vigilia** ni entre sueño *REM* y *NREM.*

A veces **distinguir entre el electroencefalograma normal y el patológico** requiere una adecuada correlación clínica y registros sucesivos; las crisis epilépticas con frecuencia son sutiles, pequeños cambios corporales, chupeteo, etc.; en general los siguientes hechos **indican anormalidad en el**

electroencefalograma: asincronía excesiva entre brotes en mayores de 36 semanas, actividad aguda claramente focal, ondas agudas positivas en prematuros con hemorragia intraventricular, ondas agudas focales repetitivas coincidiendo con convulsiones, patrones desorganizados prehipsarrítmicos, patrón isoeléctrico o casi isoeléctrico en casos de daño grave, trenes de actividad rítmica seudoalfa, seudobeta, seudotheta o seudodelta, que habitualmente representan actividad ictal.

En prematuros son característicos los *ripples of prematurity (delta brushes)*, trenes de ondas de bajo voltaje a 16 Hz (8-22 Hz) y 20-150 microvoltios, entremezclados con delta (0,8-1,5 Hz y 50-200 microvoltios); no son los precursores de los husos del sueño y suelen desaparecer a término.

En prematuros es cáracterística la *clonic chin activity (jaw jerking,* clonus **mandibular),** que también puede observarse en recién nacidos a término (sobre todo durante el *NREM).* El movimiento es similar al del castañeteo de los dientes por frío, y puede persistir en bebés mayores, por lo que a veces es preciso aclarar a los padres su significado.

Las crisis pueden ser unilaterales y alternando entre hemisferios (también en bebés a término).

Anormalidades en la actividad de base en neonatos pretérmino:
1. Patrón isoeléctrico o inactivo: el diagnóstico acarrea dificultades, en comparación con el recién nacido a término.
2. Patrón paroxístico o en brotes-supresión (*burst-supression*): brotes casi periódicos de delta y theta de alto voltaje, con ondas agudas en todos los estadios y sin respuesta a estímulos. Se debe considerar anormal en *CA* de 30 o menos. Mal pronóstico.
3. Patrones de bajo voltaje en todos los estadios: frecuencias más o menos continuas, menores de 20-50 microvoltios en todo el registro. Pueden aparecer descargas de alta amplitud. Pueden faltar los *delta brushes* (disminución difusa o unilateral). Falta de reactividad. Pronóstico incierto.
4. Asimetría de amplitud interhemisférica: el hemisferio afectado suele ser el de la menor amplitud. Puede haber fenómenos ictales.
5. Ondas agudas positivas: pueden aparecer en prematuros normales. Si persisten en mayores de 32 semanas *CA* indican anormalidad. Si son muy repetitivas hacen pensar en hemorragia intraventricular o subependimaria. También aparecen en casos de: leucomalacia periventricular (asfixia importante), hidrocefalia no hemorrágica, otro tipo de hemorragias, otro tipo de encefalopatías. Pronóstico incierto.

Anormalidades ictales en prematuros:
1. Patrones ictales focales: poco frecuentes, aunque se pueden observan incluso en menores de 32 *CA.*
2. Patrones ictales focales seudobeta-alfa-theta-delta: este patrón no suele verse en prematuros. Episodios con ritmo beta de baja amplitud y actividad de base normal puede verse a veces en ciertos trastornos. No suelen acompañarse de crisis clínicas claras. Descargas ictales de seudodelta focal pueden verse en prematuros con anomalías congénitas y también con encefalopatías adquiridas. Trenes seudoalfa también pueden verse en prematuros con daño cerebral. Tanto el seudodelta como el seudoalfa pueden acompañarse de otras alteraciones. Descargas ictales focales de theta pueden

ser más benignas, sobre todo si el resto del electroencefalograma es normal para la CA (además, theta agudo temporal es normal en pretérmino entre 29-31 semanas CA).

3. Patrón ictal multifocal: se ve con más frecuencia en prematuros que en bebés a término. Los prematuros con ataques frecuentes a menudo presentan este patrón.

4. Patrón ictal de baja frecuencia: es frecuente en prematuros con ataques. Es similar al patrón de descarga a baja frecuencia sobre una actividad basal de baja amplitud descrito para neonatos a término, incluidas las ondas dicróticas, que pueden aparecer focalmente, lo cual no debe llevar a confusión con los patrones ictales focales, pues las etiologías y los pronósticos son distintos. Los ataques suelen ser sutiles y difíciles de reconocer durante las descargas. El pronóstico es difícil y precisa registros sucesivos.

Caso clínico: en la gráfica a continuación, una niña prematura de 27 semanas se presentó clínicamente con sacudidas en miembros. En el electroencefalograma se observa el patrón discontinuo característico del prematuro (sueño discontinuo). No se observan *ripples*. Los brotes de actividad presentan una sincronía interhemisférica del 90-100%, característico del prematuro de 26-28 semanas. No se observa actividad electroencefalográfica patológica salvo ligera disminución de la amplitud que podría estar en relación con la sedación que recibía (perfusión continua de midazolam). No se observa actividad epileptiforme en correlación con las sacudidas musculares que presentaba. Electroencefalograma dentro de límites fisiológicos. Las sacudidas musculares eran *sleep startles*.

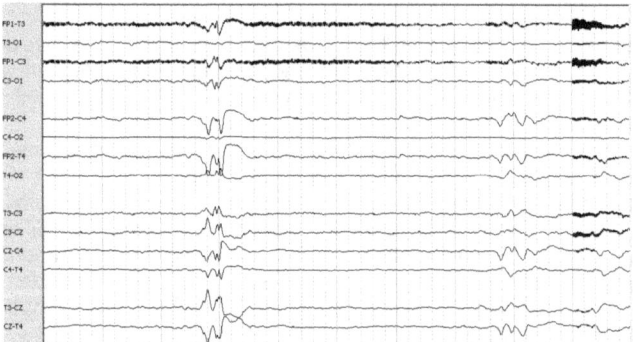

ELECTROENCEFALOGRAMA "PLANO": frase usada frecuentemente pero incorrecta desde el punto de vista técnico. Una denominación más correcta sería "electroencefalograma isoeléctrico" (isoeléctrico quiere decir sin carga eléctrica y por tanto sin descargas eléctricas, en referencia a las neuronas corticales inactivas), o "inactividad bioeléctrica cortical". En las líneas directrices para electroencefalografía publicadas en 1980 por la Sociedad Americana de Electroencefalografía se recomendaba desechar términos como "plano", "isoeléctrico" o "lineal" por no ser propios de la fisiología, y recomendaban en cambio emplear frases como "silencio electrocerebral" o "inactividad electrocerebral". Estas frases tampoco parecen tener interés desde el punto de vista técnico porque la inactividad eléctrica registrada con el electroencefalograma en principio se debe considerar cortical, más que cerebral, y tampoco parece correcto desde un punto de vista técnico o fisiológico calificar como silenciosa o no silenciosa la actividad bioeléctrica cortical ya que con un electroencefalograma no se registra sonido.

ELECTROENCEFALOGRAMA URGENTE: se podría definir, por ejemplo, como el practicado en el mismo día en el que se solicita (dentro de las primeras 24 horas, aproximadamente, desde que se solicita), tiene utilidad clínica en el caso del estatus epiléptico, tanto en el convulsivo como en el no convulsivo. En el caso del convulsivo, tras tratarlo, como ha señalado Praline, y previamente Thomas (Thomas P. Etats de mal convulsifs: indication de l'EEG d'urgence. Neurophysiol Clin 1997; 27: 398-405).

La utilidad del electroencefalograma en el estatus ha sido afirmada recientemente por Praline (Praline J et al. Emergent EEG in clinical practice. Clin Neurophys 2007; 118: 2149-2155) y ya se había venido confirmando como cierta por experiencia propia en diversas ocasiones a lo largo de los años.

Tal como ha planteado el profesor Peleteiro, de la Facultad de Medicina de Santiago de Compostela, en una reunión celebrada en el año 2012, quizá convendría distinguir entre la urgencia inmediata (por ejemplo, en el caso del estatus refractario) y la urgencia diferida (por ejemplo, en el caso del estatus no convulsivo).

Parece ser que el electroencefalograma urgente normal podría ser un factor de buen pronóstico. Parece ser que en niños con una primera crisis epiléptica el electroencefalograma practicado dentro de las primeras 24 horas es anormal en un 51% de los casos, y en un 34% de los casos si se practica pasadas las primeras 24 horas desde la primera crisis.

El estatus no convulsivo puede pasar desapercibido como tal clínicamente (durante semanas incluso), al poder imitar a una diversidad de cuadros psiquiátricos o neurológicos (síndrome confusional, demencia, ictus, etc.), por lo que, dada la experiencia propia con el electroencefalograma urgente en el estatus no convulsivo, se considera una técnica neurofisiológica de importancia creciente. Por ejemplo, a lo largo del año 2011 personalmente se le practicó un electroencefalograma a 10 pacientes en estatus eléctrico no convulsivo, de los cuales 5 fueron enviados a hacer el electroencefalograma con el diagnóstico de sospecha de estatus epiléptico no convulsivo, pero los otro 5 no (acudieron con diagnósticos de trastrorno del comportamiento, síndrome depresivo, deterioro cognitivo y disminución del nivel de conciencia de origen incierto), siendo en estos casos por tanto decisivo el papel del electroencefalograma.

Ziai et al (Ziai WC et al. Emergent EEG in the emergency department in patients with alterered mental states. Clinical Neurophysiology 2012; 123: 910-917) están investigando la figura clínica del electroencefalograma urgente, sobre el que afirman que no hay criterios establecidos de momento. Según estos autores, un 10% de los pacientes vistos en los Servicios de Urgencias presentan crisis cerebrales o un estado mental alterado (*altered mental status, AMS*). Está en discusión si debe haber un equipo de electroencefalografía en los Servicios de Urgencias y cuál debería ser el estatus del neurofisiólogo, por ejemplo, si debería estar pendiente de las llamadas de Urgencias mediante guardias localizadas o mediante otra fórmula, etc., y también la posibilidad de utilizar Internet y otros medios de telemetría similares para que el neurofisiólogo pueda ver el electroencefalograma hecho en Urgencias por un técnico desde la distancia. También está en discusión el plazo de tiempo necesario para responder a la llamada; en su artículo, Ziai et al han investigado los resultados obtenidos con un tiempo de respuesta menor de 30 minutos, obteniendo como resultado que en la mitad de los pacientes con *AMS*, el electroencefalograma ayudó a establecer el diagnóstico pero que en pocos casos influyó en el tratamiento aplicado, y también encontraron que un registro de 5 minutos, frente a los 20 minutos como mínimo acostumbrados, presenta una fiabilidad adecuada que podría facilitar la incorporación del electroencefalograma a las salas de Urgencias.

Camiña J et al (Camiña J et al. ¿Es el EEG urgente una prueba complementaria imprescindible en hospitales universitarios o, al menos, de tercer nivel? Análisis retrospectivo de los EEG urgentes realizados en 2013. Rev Neurol 2014; 59: 330-331) han encontrado que el electroencefalograma en Urgencias es útil desde el punto de vista diagnóstico y terapéutico en pacientes con alteración del nivel de conciencia cuando aparecen anomalías epileptiformes en pacientes sin antecedente conocido de epilepsia si existía la sospecha clínica previa de crisis epiléptica o focalidad transitoria, pero han encontrado menor utilidad diagnóstica y terapéutica del electroencefalograma urgente en pacientes que ya eran epilépticos conocidos.

Diversos autores han consignado las indicaciones del electroencefalograma urgente: estados confusionales, sospecha de estado de mal no convulsivo, coma de origen desconocido y crisis postraumáticas agudas (1. Pagoda A et al. The emergency department evaluation of the adult patient who presents with a first-time seizure. Emerg Med Clin North Am 2011; 29: 41-49. 2. Krumholz A et al. Practice parameter: evaluating an apparent unprovoked first seizure in adults (an evidence-based review). Report of the Quality Standards Subcommittee of the American Academy of Neurology and the American Epilepsy Society. Neurology 2007; 69: 1996-2007. 3. Gironés C et al. Primera crisis epiléptica en urgencias hospitalarias. Rev Neurol 2015; 60: 96).

ELECTROMIOGRAFÍA DE FIBRA SIMPLE O AISLADA O ÚNICA *(SFEMG)*:
descrita por Ekstedt y Stalberg (Ekstedt J, Stalberg E. Single fibre EMG (method and normal results). Electroencephalogr Clin Neurophysiol 1971; 30: 258-9).

Papathanasiou ha investigado la posibilidad de hacer el electromiograma de fibra simple con **electrodos desechables**, obteniendo buenos resultados (Papataniasiou ES et al. A comparison between disposable and reusable single fiber needle electrodes in relation to stimulated single fiber studies. Clin Neurophysiol 2012; 123: 1437-39).

Filtros: 500-10000 Hz.

Músculos que se exploran: fundamentalmente debería explorarse sólo cara (que es más sensible clínicamente que antebrazo, aunque sea más difícil de explorar) para confirmar el trastorno, y según la evolución, valorar si habría que repetir la exploración de cara y considerar según el caso si habría que explorar también antebrazo. Se han publicado resultados contradictorios sobre qué músculo de la cara es el más sensible para detectar un trastorno de la unión neuromuscular. En unos laboratorios se obtienen mejores resultados explorando el frontal, en otros el orbicular de los párpados, como es el caso de Kennett, del *John Radcliffe Hospital* en Oxford (Kennett R. Neurophysilogical markers of the neuro-muscular junction. Clin Neurophysiol 2012; 42: 262). Personalmente se obtienen buenos resultados explorando el *orbicularis oculi* y sobre todo el piramidal (en el entrecejo), por su especial riqueza en pares de fibras y su densidad de fibras, así como por la facilidad para su activación voluntaria.

Valores de referencia: la amplitud del potencial debe ser mayor o igual a 200 microvoltios, la pendiente menor o igual a 300 microsegundos, y el intervalo interpotencial mayor de 100 microsegundos.
Witoonpanich (Witoonpanich R et al. Electrophysiological and inmunological study in myasthenia gravis: Diagnostic sensitivity and correlation. Clinical Neurophysiology 2011; 122: 1873-77) utiliza filtros de 0,5 y 10 kHz, pendiente (*rise time*) de los potenciales seleccionados menor de 300 microsegundos, y amplitud de los potenciales de al menos 200 microvoltios. El mínimo de descargas consecutivas para medición del *MCD* utilizada por este autor es de 50. El criterio seguido es también el del *jitter* aumentado en un 10% de pares (2 de 20) o más. Los valores de referencia propuestos por Witoonpanich para el *MCD* son, para extensor común de los dedos, un valor máximo de 41 microsegundos (10-90 años), y para el orbicular del párpado de 43 microsegundos (10-70 años), utilizando por tanto los valores de referencia de Sanders y Stalberg (Sanders DB, Stalberg EV. Single-fiber electromyography. Muscle Nerve 1996; 19: 1069-83).
Normalmente la pendiente es menor de 200 microsegundos (depende de la proximidad del electrodo y de la velocidad de propagación del impulso a lo largo de la fibra).
La amplitud hasta 25 milivoltios (está en relación con el diámetro de la fibra, y normalmente se encuentra entre 1 y 7 milivoltios).
IPI: el intervalo interpotencial normal es de 1 milisegundo, y **debe ser mayor de 100 microsegundos** para poder medir el *jitter*.
En **músculo frontal,** y hasta los 70 años, los valores descritos para el *MCD* son de 20,4 +/- 8,8 (15,7-29,2) microsegundos, con un **límite superior normal en 1 par** de 20 pares (incluso con bloqueos) de **45 microsegundos** (mediana 3 *sd*). El límite en *orbicularis oculi* para el estimulado es de 30 microsegundos.
En **músculo extensor común de los dedos**: 24,6 +/- 10,6 (16,5-32) microsegundos, con **límite superior de 55 microsegundos para un par dado** (40 microsegundos en el estimulado).
Los valores de otros músculos se pueden consultar en la fuente correspondiente (Stalberg).

De acuerdo con observaciones personales los valores citados, aportados por Stalberg y su equipo, se ajustan a la realidad clínica.

Estos valores de referencia son válidos para intervalos entre potenciales (*IPI*) menores de 4 milisegundos. Para **IPI mayores de 4 milisegundos**, se ajusta del siguiente modo: si *MCD/MSD* mayor de 1,25: se toma *MSD* como valor del *jitter*, si es menor de 1,25: se toma *MCD* para el *jitter* (Stalberg E: single fiber emg, macro emg and scanning emg. New ways of looking at the motor unit. CRC Critical reviews in clinical neurobiology. Vol 2, iss. 2. Pp 125-165).

Si la temperatura intramuscular es menor de 35 grados centígrados, el *jitter* aumenta 1-3 microsegundos por grado.

El **número de pares de potenciales** de fibra que hay que explorar se considera que es 20 como mínimo hasta comprobar si aparecen 2 o más con aumento del *jitter*, pero si se han encontrado en seguida 2 pares alterados no suele ser necesario continuar la exploración hasta completar los 20.

El criterio clásico, que sigue vigente, para determinar la anormalidad en el resultado es el de 2 pares o más de 20 o más de un 10% de los pares con el *jitter* aumentado (o con bloqueos, o ambos), o un aumento del *jitter* medio, o ambos (AAEM Quality Assurance Committee. Practice parameter for repetitive nerve stimulation and single fiber EMG evaluation of adults with suspected myasthenia gravis or Lambert-Eaton myasthenic syndrome: summary statement. Muscle Nerve 2001; 24: 1236-8).

Sensibilidad y especificidad de la técnica: si no hay diferencias entre dos exploraciones sucesivas (por ejemplo, si en ambas aparecían 2 pares con *jitter* aumentado y bloqueos), pero clínicamente hay empeoramiento, debe tenerse en cuenta el empeoramiento clínico como indicador del empeoramiento, no el electromiograma. No obstante, el electromiograma es más sensible que la clínica para detectar el trastorno (no el estadio clínico), pues se puede detectar el trastorno antes de que aparezca la clínica, ya que puede no haber todavía fatigabilidad ni debilidad y ser detectable ya el aumento del *jitter*, dado que la debilidad aparece cuando aparecen los bloqueos, lo cual ocurre en una fase posterior al aumento del *jitter*, por tanto, el electromiograma de fibra simple permite detectar la alteración de manera subclínica.

La sensibilidad de la SFEMG en la *miastenia gravis* ocular es tal vez de alrededor del 88% (1. Witoonpanich R et al. Electrophysiological and inmunological study in myasthenia gravis: Diagnostic sensitivity and correlation. Clinical Neurophysiology 2011; 122: 1873-77. 2. Merioggioli MN, Sanders DB. Advances in the diagnosis of neuromuscular junction disorders. Am J Phys Med Rehabil 2005; 84: 627-38).

Es una técnica específica para la detección de un trastorno de la unión neuromuscular (1. Sanders DB, Stalberg EV. Single-fiber electromyography. Muscle Nerve 1996; 19: 1069-83. 2. Sanders DB. Clinical impact of single-fiber electromyography. Muscle Nerve 2002; 11: 15-20).

No es una técnica específica ni patognomónica para la *miastenia gravis*. Padua et al han encontrado una sensibilidad para el diagnóstico de la *miastenia gravis* del 98%, una especificidad del 70%, un valor predictivo positivo del 79% y un valor predictivo negativo del 97% (Padua L et al. Reliability of SFEMG in diagnosing myasthenia gravis: Sensitivity and specificity calculated on 100 prospective cases. Clinical Neurophysiology 2014; 125: 1270-73).

Witoonpanich también ha observado que el *jitter* está aumentado (en referencia al porcentaje de pares de fibras alterados, no al valor de *MCD* en el que sí hay diferencias entre el extensor común de los dedos y el orbicular del párpado en la forma ocular) en el extensor común de los dedos en pacientes con *miastenia gravis* ocular y generalizada por igual, por lo que el extensor común de los dedos, y al contrario de lo que se pensaba previamente (Weinberg DH et al. Ocular myasthenia gravis: predictive value of single-fiber electromyography. Muscle nerve 1999; 22: 1222-7), no parece servir para predecir la evolución de la forma ocular a la generalizada (observación compatible con lo observado personalmente también; y ésto también significa que la *miastenia gravis* ocular es, en el fondo, una forma generalizada con mayor o menor expresión clínica en cada caso, probablemente).

La detección del aumento del *jitter* en el extensor común de los dedos puede ser subclínica (Nemoto Y et al. Patterns and severity of neuromuscular transmission failure in seronegative myasthenia gravis. J Neurol Neurosurg Psychiatry 2005; 76: 714-18).

Densidad de fibras: es el número de potenciales de fibra simple que aparecen simultáneamente en pantalla sincronizados (pertenecientes a la misma unidad motora). En personas jóvenes suelen aparecer 1 o 2 potenciales, y a mayor edad van apareciendo más, lo cual facilita el cálculo del *jitter*, como es lógico, y así se puede acortar la duración de esta prueba. La densidad de fibra aumenta en la esclerosis lateral amiotrófica, Kugelberg-Welander, amiotrofia espinal, polimiositis crónica, Duchenne, denervación-reinervación crónica, siringomielia (en la siringomielia no aumenta necesariamente el *jitter*), etc. El interés de la densidad de fibras descansa en lo dicho: una mayor densidad de fibras acelera el término de esta exploración; en la práctica no se le ha encontrado personalmente mayor interés clínico que este a este parámetro. Los valores descritos de densidad de fibra oscilan entre el valor de 1,16 descrito para bíceps braquial en el rango de 10-25 años y el valor de 3,8 descrito para tibial anterior para mayores de 75 años. En la práctica, según observaciones personales, a pesar de estos valores citados, procedentes de diversas series publicadas (sobre todo de Stalberg), es frecuente encontrar en musculatura facial, por ejemplo, en *orbicularis oculi*, valores de 3 o 4 en personas sanas de más de 40 años, e incluso valores de 5 en personas sanas de más de 70 años, por lo que se cumple una vez más el viejo dicho en neurofisiología clínica: cada laboratorio debe tener sus propios valores de referencia. Además, personalmente no se suele hacer electromiograma de fibra simple en bíceps, ni en tibial anterior, sino que se explora la musculatura facial (orbicular del párpado y piramidal sobre todo), y para el diagnóstico de la *miastenia gravis* casi siempre, y rara vez por otro motivo (botulismo, síndrome de Eaton-Lambert, etc.); ocasionalmente también tiene interés explorar el extensor común de los dedos en los trastornos de la unión neuromuscular.

Jitter: *jitter* aumentado: en trastornos de la unión neuromuscular (*miastenia gravis*, botulismo, Eaton-Lambert, esclerosis lateral amiotrófica, poliomielitis antigua, distrofia miotónica, miopatías –personalmente se ha observado, por ejemplo, entre otras, en la miopatía por estatinas-).

Jitter axonal, con o sin bloqueo axonal: es preciso registrar simultáneamente 4 fibras para poder observarlo (se observa, por ejemplo, en la enfermedad de Duchenne y en la siringomielia).

Jitter bimodal: situación en la que en caso de detectarse una densidad de fibras de 3 (o mayor), dos de los potenciales de fibra (aparte del fijado por el *trigger*) presentan aumento del *jitter*. Puede aparecer en: sujetos normales, en el curso de la reinervación.

Jitter con bloqueos: aparecen bloqueos cuando el *jitter* supera los 80-100 microsegundos (o incluso más, si están afectadas ambas uniones neuromusculares; en general, y al igual que en otros laboratorios, se han observado personalmente bloqueos con *jitter* por encima de 100 en la mayoría de los casos). Salvo rara excepción el *jitter* aumenta antes de la aparición del bloqueo en el electromiograma de fibra simple y antes de la aparición de la debilidad y la fatiga en la exploración clínica. En mayores de 50 años pueden encontrarse bloqueos fisiológicos ocasionalmente de manera aislada. Stalberg (Stalberg E, Thiele B. Motor unit fibre density in the extensor digitorum communis muscle. Single fibre electromyographic study in normal subjects at different ages. J Neurol Neurosurg Psychiatry 1975; 38: 874-80) ha encontrado bloqueos en sujetos sanos de diferentes grupos de edad entre un 0-1,3%.

Jitter estimulado: parece ser que al disminuir la intensidad de estímulo en el músculo denervado, aumenta la latencia de los componentes y van desapareciendo individualmente, y que al disminuir la intensidad del estímulo en la enfermedad de Duchenne desaparecen varios componentes simultáneamente al haber mayor densidad de fibras.

Jitter menor de 5 microsegundos: indica fragmentación de la fibra (*fiber splitting*).

En los pacientes con *miastenia gravis antiMuSK (+)* se dice que el electromiograma de fibra simple tiende a ser normal, es decir, un falso negativo, pero hay diversidad de opiniones sobre esto según los autores.

Otros hallazgos descritos: dobletes y tripletes en tetania (con hiperventilación, más probables), de modo que el segundo potencial presenta menor amplitud y menor pendiente (mayor *rise time*) que el primero (esta descripción tampoco parece tener interés clínico en la práctica).

Test del tensilón: se hace una vez detectado un par con bloqueo; 2 miligramos intravenosos; en 90 segundos desaparece el bloqueo, en 150 segundos el bloqueo es intermitente y reaparece el *jitter*; en 180 segundos reaparece el bloqueo. Hace años que personalmente no se considera imprescindible esta técnica en la práctica, porque si el *jitter* está aumentado hay un trastorno de la unión neuromuscular.

Se ha descrito un aumento del *jitter* en la ataxia episódica tipo 2.

Véase *jitter*, medición con electrodo concéntrico.

Indicaciones: esta técnica electromiográfica en teoría podría ser utilizada para un amplio abanico de cuadros clínicos, pero en la práctica clínica se le encuentra utilidad en los trastornos de la unión neuromuscular, y en particular en la *miastenia gravis*. Esta técnica es útil en esta enfermedad pero no imprescindible (el diagnóstico de *miastenia gravis* suele ser clínico en la mayoría de los casos). Resulta útil para confirmar *miastenia gravis*, pero es menos útil para descartarla, por lo que debería indicarse preferentemente en el primer caso.

En la *miastenia gravis*, además de ser útil para confirmar un trastorno de la unión neuromuscular mediante la demostración de un aumento del *jitter* en 2 o más pares de 20 explorados, o en más del 10% de los explorados, puede ser útil para descubrir si el cuadro se generaliza (si en una exploración no aparecía afectación en extensor común de los dedos y en la siguiente sí), o si empeora la fatigabilidad (si en una exploración sólo aparecía aumento del *jitter* y en la siguiente además aparecen bloqueos), aunque el significado clínico de estos matices es discutible, como se ha visto más arriba. No es necesario explorar por sistema cara y antebrazo, pues es la clínica la que debería señalar el estadio de la enfermedad, no el electromiograma, pues esto último no ha sido establecido científicamente.

Otro trastorno de la unión neuromuscular citado con frecuencia es el síndrome de Eaton-Lambert. Personalmente solo se ha visto un caso confirmado; la paciente presentaba una clínica característica, y en este caso se apreció una potenciación postetánica del *CMAP* del 70-220%, en varios músculos, tras tetanización (mediante contracción máxima) de 10 segundos, que resultó útil para el diagnóstico; también presentó tres pares con aumento del *jitter* (95-105 MCD) en extensor común de los dedos.

También podría estar indicada la técnica de fibra simple en el botulismo, si se considerase necesario para el diagnóstico. Pero se ven pocos casos de botulismo, y su diagnóstico suele ser sobre todo clínico.

Según Stalberg, en trastornos de la transimisión neuromuscular los estudios del *jitter* son claramente superiores a la estimulación nerviosa repetitiva, algo confirmado una y otra vez durante años mediante observaciones personales también (Stalberg E, et al. Single fibre electromyography. Studies in healthy and diseased muscle. 3rd Ed. Fiskebackskil (Sweden): Edshagen Publishing House; 2010).

En la actualidad personalmente se ha sustituido el electromiograma de fibra simple por la de medición del *jitter* con electrodo concéntrico usando el programa de fibra simple (con lo cual lo que se está midiendo entonces es el *jiggle*) obteniéndose resultados hasta el momento superponibles a los obtenidos con el electrodo de fibra aislada pero con menos molestias para el paciente por el menor calibre del electrodo concéntrico utilizado y con la ventaja de usar electrodos desechables. Véase *jitter*, medición con electrodo concéntrico.

ELECTROMIOGRAFÍA LARÍNGEA: esta técnica la están investigando en algunos laboratorios, que incluso han publicado algunos resultados con posible aplicación clínica, pero de momento no es una técnica estándar ni se conocen marcadores clínicos fiables.

La inervación motora, sensitiva y secretora de la laringe depende del nervio vago, que a partir del segundo ganglio da los nervios laríngeo superior e inferior (o recurrente). Posee una musculatura extrínseca (músculos supra e infrahioideos y faringolaríngeos) e intrínseca (5 pares de músculos laríngeos, la mayoría insertados en el cartílago aritenoides y aductores de las cuerdas vocales; el único abductor es el cricoaritenoideo posterior).

El registro se puede llevar a cabo con electrodos superficiales, por vía transoral y por vía transcutánea (a ciegas, pero usando referencias). Es posible que en el caso de la disfonía permita en algunos casos distinguir entre signos neurógenos centrales y periféricos, y quizá podría tener algún interés en la distonía laríngea. Pero en general no se trata de una técnica excesivamente difundida todavía, en comparación con otras vías de abordaje como la telelaringoscopia.

Según la técnica de Yin se exploran los músculos tiroaritenoideo o cuerda vocal (detrás de tiroides; se explora emitiendo la vocal "e" mantenida en un tono y también mediante maniobra de Valsalva) y cricotiroideo (entre tiroides y cricoides; se explora emitiendo una escala tonal ascendente manteniendo la vocal "i", comprobando que no haya actividad electromiográfica al flexionar el cuello), accediendo entre tiroides y cricoides.

El riesgo de hematoma subcutáneo o intracordal es bajo (en este último caso, asociado a posibles lesiones vascularizadas previas en la cuerda vocal). Sí existe en cambio riesgo de laringoespasmo, en principio, leve, y en menos del 1% de los pacientes explorados con esta técnica, debido a parálisis del nervio laríngeo recurrente, que se puede prevenir con anestesia tópica (colutorios con 1 o 2 centímetros cúbicos de lidocaína al 2% durante 5 minutos). Como el electromiograma se hace "a ciegas", en un 3 o 5 % de los casos se obtendrá un falso negativo frente a la laringoscopia. Está contraindicado en las paresias o parálisis bilaterales de las cuerdas vocales en las que exista un antecedente de compromiso de la vía aérea previamente.

Weddel G et al. The electrical activity of voluntary muscle in man under normal and pathological conditions. Brain 1944; 67: 178-256.

Boemke W et al. Electromyography of the larynx with skin surface electrodes. Folia phoniatr 1992; 44: 220-30.

Yin SS et al. Major patterns of laryngeal electromyography and their clinical application. Laryngoscope 1997; 107: 126-36.

Dejonckere PH et al. Evoked muscular potentials in laryngeal muscles. Acta Otorhinolaryngol Bel 1988; 42: 494-501.

Thumfart WF et al. Electrophysiologic investigation of lower cranial nerve diseases by means of magnetically stimulated neuromyography of the larynx. Ann Otol Rhinol Laryngol 1992; 101: 629-34.

Elez F et al. The value of laryngeal electromyography in vocal cord paralysis. Muscle Nerve 1998; 552-3.

Correa et al. Electromiografía laríngea. Rev Otorrinolaringol Cir Cabeza Cuello 2000; 60: 91-98.

ELECTRONEUROGRAFÍA: las primeras electroneurografías motoras con objeto clínico, hechas a enfermos, las llevaron a cabo Hodes, Larrabee y German en 1948. Las primeras investigaciones de conducción sensitiva datan de 1949 (Dawson y Scout) y con aplicación clínica en 1958 (Gilliatt y Sears).

Las velocidades de conducción son menores en lactantes, alcanzándose cifras de adulto entre los 2 y 4 años de edad.

En la actualidad está aceptado internacionalmente que la palabra electromiografía englobe ya también al término electroneurografía, pues suelen hacerse una y otra en la práctica, y, en general, el estado de una electroneurografía suele estar relacionado con el resultado de una electromiografía, y viceversa (American association of Electrodiagnostic Medicine. Guidelines in electrodiagnostic Medicine. Muscle and nerve 1992; 15: 229-253).

En la práctica clínica diaria, antes o después acaba observándose la afectación de cualquier nervio del cuerpo, ya sea de manera aislada o en conjunto con otros nervios.

Algunos nervios son accesibles a la exploración neurofisiológica clínica y es útil explorarlos así, con un electromiograma.

Llevar a cabo la exploración neurofisiológica de manera complementaria a la exploración clínica resulta más útil que la exploración clínica sola con frecuencia en un número importante de nervios; por ejemplo: nervio óptico, nervio mediano, etc.

Algunos nervios sólo se pueden valorar clínicamente al no ser accesibles a la exploración neurofisiológica.

Otros nervios, aun siendo accesibles a las técnicas neurofisiológicas descritas, es preferible y más fiable valorarlos clínicamente, como en el caso del nervio femorocutáneo lateral en el diagnóstico de la meralgia parestésica, o como en el caso de la exploración clínica del reflejo aquíleo en el caso de una radiculopatía S1, que es por lo general más útil que la exploración neurofisiológica del reflejo H.

En cuanto a la temperatura y las latencias sensitivas, Ahmed (Ahmed T et al. Warming up the limbs for nerve conduction studies. Clinical Neurophysiology 2008; 119: 37) se fía más de alcanzar los 34 grados centígrados, mejor que los 33 grados centígrados (personalmente se ha observado que con alcanzar los 33 grados centígrados ya se vuelve la exploración fiable, pues no se han encontrado cambios significativos en las magnitudes de los parámetros a partir de esta temperatura, pero hay que hacerse eco de lo que ocurre en otros laboratorios).

Ahmed añade algo importante, y que ya se había observado también personalmente: **una vez calentado el miembro hay que esperar 5 minutos antes de ser fiables los resultados de las mediciones.** Lo que se ha observado personalmente sobre este detalle, en concreto, es que las amplitudes de las respuestas sensitivas siguen siendo las propias de temperaturas bajas (de amplitud y duración aumentadas) en personas con temperaturas normales pero que acaban de entrar en calor tras venir de la calle en días fríos con los miembros fríos, y que al cabo de un rato se normalizan las amplitudes y las duraciones, después de que lo haga la temperatura del miembro. **Ahmed ha observado algo similar pero para las latencias, encontrando una diferencia de 01 a 0,2 milisegundos en las latencias sensitivas a 34 grados centígrados transcurridos 5 minutos. Ahmed se pregunta si ésto es cierto también para otros parámetros, y ya** se le puede comunicar a Ahmed que también parece ser cierto para la amplitud.

Con la mano fría, en sujetos sanos la latencia motora distal y la DLEPM (véase nervio mediano) pueden aparecer falsamente alteradas, mientras la DLEPS (véase nervio mediano) sigue siendo normal. En vista de estos hechos, en caso de ser necesario calentar las manos para hacer la electroneurografía (por ejemplo, si no es posible obtener la DLEPS en el caso de la exploración del nervio mediano), **parece lógico recomendar el calentamiento de las manos durante al menos 10 minutos.**

En cuanto a la temperatura y la velocidad de conducción, Buchthal ha encontrado que la velocidad baja 2 metros/segundo por grado entre 21 y 36 grados centígrados (Buchthal F et al. Evoked action potentials and conduction velocity in human sensory nerves. Brain research 1966; 3: 1). McLeod (McLeod JG. Digital nerve conduction in the carpal tunnel syndrome after mechanical stimulation of the finger. J Neurol Neurosurg Psychiat 1966; 29: 12) ha encontrado que la velocidad baja de 2,4 a 2,8 metros/segundo por grado. Casey (Casey EB, Le Quesne PM. Digital nerves action potentials in healthy subjects, and in carpal tunnel and diabetic patients. J Neurol Neurosurg Phsychiat 1972; 35: 612) ha encontrado que la velocidad baja 1,2 metros/segundo entre 27,5 y 36 grados y 1,5 metros/segundo entre 23 y 27,5 grados.

ELECTROOCULOGRAFÍA: se registra con 2 canales; electrodos activos en el ángulo externo de ambos ojos, electrodos referenciales en entrecejo; el paciente mira a derecha e izquierda, con lo cual se obtiene una onda al variar el campo del dipolo formado por la retina, que es electronegativa, y el polo anterior del ojo, que es electropositivo, al moverse los ojos estando los electrodos fijos. Primero se registra en condiciones escotópicas, manteniendo al sujeto a oscuras durante 20 minutos previamente; la amplitud aumenta hasta un 50% a los 5 minutos tras volverse a condiciones fotópicas (electrooculografía dinámica), lo cual no se produce en caso de existir degeneración tapetorretiniana. Se registra con dos canales, con una ganancia de 200 microvoltios/división, filtros a 3 Hz-10000 Hz y barrido de 500 milisegundos/división. En la onda obtenida se calcula el **índice de Arden:** amplitud máxima fotópica (pico a pico)/amplitud mínima escotópica X 100. Valor normal: 170-180 (en general, mayor de 75); subnormal: 130-160; anormal: 110-130; apagado: menos de 110.

Hay un estándar propuesto (Brown M et al. ISCEV standard for clinical electrooculography (eog). Doc Ophthalmol 2006; 113: 205-12).

Esta técnica de valoración funcional de la retina se ha practicado durante años personalmente, y se ha encontrado que es poco sensible y poco específica en comparación con el electrorretinograma, presentando numerosos falsos positivos y falsos negativos, tantos que se ha ido desechando paulatinamente, conforme se ha ido comparando con el electrorretinograma, por el que se ha ido sustituyendo, de manera que en este momento ha quedado excluido, el electrooculograma, del protocolo utilizado personalmente para las retinopatías, no así en otros laboratorios.

En diversos textos científicos incluso se afirma que se considera al electrooculograma una técnica específica e indicación "imprescindible" (*sic*) para el diagnóstico en la **distrofia viteliforme de Best (síndrome de Best),** pero no se dice el porqué, aunque se da por cierto; lo recomendable en el síndrome de Best probablemente sería hacer un fondo de ojo, no un electrooculograma. Supuestamente el electrorretinograma sería normal en la distrofia macular viteliforme de Best, mientras que en el electrooculograma faltaría la elevación fotópica del potencial de manera notable (Holder, 2010, lo menciona, pero sin aportar referencias), lo cual ayudaría no a hacer el diagnóstico con el electrooculograma, sino a utilizar el electrooculograma para indicar el estudio genético, que sí llevaría al diagnóstico. En la práctica se puede observar esta falta de elevación fotópica en sujetos sin distrofia de Best, y posiblemente en sujetos normales, por lo que se trataría de una técnica demasiado grosera como para tenerla en tanta consideración en cuanto a su especificidad para indicar el estudio genético de esta enfermedad en concreto. No se considera por tanto que haya certeza en cuanto a ese carácter "imprescindible" del electrooculograma para la indicación del análisis genético en caso de sospecha de enfermedad de Best, por falta de evidencia científica conocida que lo demuestre. Según François et al., el electrooculograma está alterado en la distrofia viteliforme aun sin evidencia de alteración oftalmoscópica y en portadores asintomáticos también, y también en el lado supuestamente sano en pacientes con afectación unilateral. La detección de electrooculograma alterado serviría según estos autores por tanto, y en concreto, para el consejo genético de portadores asintomáticos. El electrooculograma sería incluso más sensible que el electrorretinograma según estos autores, pero la referencia es de 1966 y no se puede considerar vigente hoy en día, estando ya más desarrollado el electrorretinograma que entonces (François j et al. L'électro-oculographie Dans les dégénérescences vitelliformes de la macula. Bull Soc Belge Ophthal 1966; 143: 547). El electrooculograma sería por tanto hipotéticamente más sensible que el electrorretinograma según algunos autores clásicos en caso de distrofia viteliforme de Best, distrofias retinianas difusas, metalosis ocular, algunas retinopatías tóxicas, etc. Lo que pasa es que ésto no es lo que se ha venido observando después personalmente en la práctica diaria a lo largo de los años, y ésto dicho sin tener en cuenta, además, los falsos positivos del electrooculograma y el hecho de que estos autores encuentran que la utilidad de dicha mayor sensibilidad hipotética del electrooculograma sería la de orientar el consejo genético, simplemente, no la de confirmar el diagnóstico de una retinopatía, que sería lo propio si dicha técnica fuese tan útil como se afirmaba y que es algo que sí permite hacer el electrorretinograma. En conclusión: esta técnica de valoración funcional de la retina se ha practicado durante años personalmente, como ya se ha dicho, llegando finalmente a la necesidad de desecharla por ahora por haber observado excesiva falta de sensibilidad y especificidad como técnica con aplicación clínica en neurooftalmología, y dado que hay una técnica mejor, el electrorretinograma. Hay de hecho ya alguna referencia acerca de la inutilidad del electrooculograma en la distrofia de Best

(Bellido RM et al. Electrofisiología de la distrofia viteliniforme de inicio en la edad adulta. A propósito de un caso. Rev Neurol 2012; 55: 626-638).
No obstante, no se ha suprimido el electrooculograma en la **polisomnografía** en particular y en la **monitorización electroencefalográfica** en general, donde sigue siendo una técnica de importancia y utilidad.

ELECTRORRETINOGRAFÍA: el electrorretinograma es la suma algebraica del potencial fotorreceptor.
Los primeros intentos de obtener el electrorretinograma datan de 1942 (Motokawa K, Mita T. Uber eine einfactere untersuchungsmethode und eigenschaften der aktionsstrome der netzhaut des menschen. Tokohu J Exp Med 1942; 42: 114-133).

Componentes de la respuesta y correlaciones propuestas por diversos laboratorios:
1. *ERP*, o potencial precoz de receptor, deflexión hacia arriba (por convención: negativa), latencia menor de 3 milisegundos (se desconoce por ahora su utilidad clínica, además no suele ser fácilmente detectable por sistema siquiera y requiere un filtrado especial). Quizá se trate de la actividad de las células amacrinas.
2. a (a1 y a2), latencia menor de 10 milisegundos, a1 correspondería a los conos, y a2 a los bastones; es una deflexión rápida hacia abajo (por convención: positiva). La onda a tendría que ver con la fotorrecepción en retina externa (Hood DC, Birch DG. Rod phototransduction in retinitis pigmentosa: estimation of parameters from the rod a-wave. Invest Ohpthalmol Vis Sci 1994; 35: 2948-61).
3. Potenciales oscilatorios, po (que corresponderían a las células bipolares), aserramiento en la pendiente ascendente lenta hacia b, no suele poderse registrar tampoco en la práctica, ni tiene interés clínico evidente tampoco en la práctica de momento.
4. b (b1 y b2), latencia menor de 30-40 milisegundos, b correspondería a las células bipolares (sobre todo las *on*) y ganglionares en retina interna (Frishman LJ. Origins of the electroretinogram. In: Heckenlively Jr, Arden GB, editors. Principles and practice of clinical electrophysiology of vision. 2nd ed. Cambridge, MA: MIT Press; 2006. p 139-83), b1 serían conos predominantemente, b2 serían bastones predominantemente; latencia b2 hasta 50-100 milisegundos.
5. b (-) (deflexión hacia abajo rápida desde b).
6. c y d (pequeños postpotenciales con deflexión hacia arriba y hacia abajo) son fruto del metabolismo pigmentario.

En la gráfica siguiente se puede ver un potencial de electrorretinograma con flash de campo completo obtenido en un hombre de mediana edad con antecedente de traumatismo craneoencefálico y escotomas en el campo visual. Se utilizó un *Cadwell Sierra II wedge* y campana *ganzfeld*. La división vertical mide 2 microvoltios y la división horizontal 20 milisegundos:

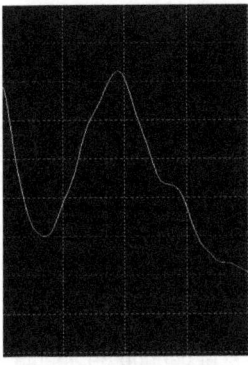

Indicaciones: el electrorretinograma es útil para el diagnóstico de retinopatías, como la retinitis pigmentaria, y otros cuadros con degeneración retiniana. La idea básica general es la de su utilidad para la distrofia de conos. En la práctica, aunque las retinopatías son diversas, se usa sobre todo para la retinitis pigmentaria (para confirmarla, y para cuantificar la respuesta de la retina, dado que los pacientes suelen venir ya diagnosticados clínicamente). También se utiliza para explorar la indemnidad funcional de la retina antes de indicar la cirugía ocular por cataratas. Últimamente también se está solicitando a pacientes que van a ser tratados con colchicina, quinidina, lamotrigina y otros fármacos que podrían afectar a la retina, antes de comenzar el tratamiento, y durante el mismo (por ahora rara vez se ha encontrado leve afectación de la retina en estos casos).

Electrorretinograma multifocal: hay 3 tipos de electrorretinograma (fotorreceptores y células bipolares), el de campo completo, el macular y el multifocal. El electrorretinograma multifocal es una técnica nueva, en desarrollo, y sin un estándar, que pretende medir la actividad de la zona central de la retina, los 30-50 grados centrales. Es posible que permita detectar lesiones difusas en retina y alteraciones focales, como maculopatías, ya que mide por áreas, no de forma global, como el electrorretionograma de campo completo, pero todavía no está comprobado. Tal vez tenga utilidad en cuadros como la enfermedad de Stargardt, algunos tipos de distrofia macular, la coroidopatía central serosa y la distrofia en patrón. El electrorretinograma no detecta la actividad de las células ganglionares, por lo que no permitiría medir la actividad del nervio óptico (Zalve G. Nuevas técnicas neurofisiológicas: electrorretinograma multifocal. Rev Neurol 2012; 55: 314-16).

Patología: el daño de la retina periférica en principio implica más afectación de bastones que de conos en el electrorretinograma.
-Acromatopsia congénita: *rod monochromatism*, afecta a conos selectivamente, visión en color ausente y disminución de agudeza visual. En el electrorretinograma escotópico (según la literatura consultada) ondas b normales pero sin oscilaciones de conos con flashes rojos, y en el fotópico ausencia de respuesta. No se dispone de datos sobre el mesópico.

-Ceguera cortical: electrorretinograma normal o liberado (amplitud aumentada), potenciales evocados visuales con damero sin respuesta. La agnosia visual por ceguera cortical bilateral se conoce como síndrome de Anton.

-Cirugía de la catarata: con frecuencia se explora la normalidad de la respuesta de la retina en caso de catarata antes de indicar la cirugía.

-Degeneración macular senil: electrorretinograma de flash normal en ausencia de trastorno retiniano difuso, electrorretinograma con *pattern* alterado.

-Desprendimiento de retina: disminución de amplitud y pérdida de componentes, o electrorretinograma sin respuesta (potenciales evocados visuales normales).

-Enfermedad de Batten: electrorretinograma abolido.

-Enfermedad de Oguchi: ceguera nocturna, fondo de ojo grisáceo de forma difusa, electrorretinograma escotópico, según bibliografía revisada, con b disminuida o ausente; pero si el periodo de adaptación se prolonga más de 12 horas se puede obtener una onda b de gran amplitud en respuesta a flash azul tenue (*dim blue flash*).

-Lesión de retina con fóvea intacta: electrorretinograma sin respuesta, potenciales evocados visuales con damero normales.

-Muerte encefálica: el electrorretinograma desaparece tardíamente.

-Nictalopia congénita: enfermedad autosómica dominante, no progresiva, afecta a bastones, fondo de ojo normal, electrorretinograma fotópico normal, electrorretinograma escotópico con onda b disminuida o ausente.

-Neuritis óptica: electrorretinograma normal, potenciales evocados visuales con flash normales, potenciales evocados visuales con damero anormales (P100 con latencia alargada).

-Oclusión de la arteria central de la retina: fotorreceptores intactos (circulación coroidea intacta), células de Müller dañadas (circulación retiniana dañada), onda a prominente, onda b disminuida o ausente.

-Oclusión de la vena central de la retina: isquemia retiniana, suele preceder al glaucoma neurovascular; parece ser que la amplitud de la onda b se correlaciona con el grado de isquemia y éste con el grado de avance hacia glaucoma, y por ello podría utilizarse el electrorretinograma para ayudar a indicar fotocoagulación para prevención del glaucoma.

-Retinitis pigmentaria: potencial de bajo voltaje, afectación precoz de bastones (electrorretinograma escotópico; *flicker* normal), los conos se afectan en formas avanzadas.

-Retinopatías: disminución de amplitud y pérdida de componentes.

-Retinopatía diabética: disminución de la amplitud del electrorretinograma, desaparición de potenciales oscilatorios.

-Sección de nervio óptico: b de alto voltaje.

-Traumatismo ocular: disminución de amplitud y pérdida de componentes.

-Traumatismo ocular con hemianopsia en un ojo: electrorretinograma con asimetría de voltaje entre ambos lados mayor del 50%; potenciales evocados visuales con flash normales.

Electrorretinograma con flash, de campo completo, condiciones técnicas para el registro, filtros, barrido, ganancia: 10-200 Hz (0,3-300); 20 milisegundos/división; 2-20 microvoltios/división. Impedancia menor de 5 Ohmios y diferencia entre ambos electrodos menor del 20%. Se utiliza la campana *ganzfeld*, que significa "campo completo" o *full-field*; un **flash** se define, según la *ISCEV* como **3 candelas por segundo cada metro cuadrado**; en electrorretinografía se considera convencionalmente que positivo significa hacia arriba; es posible que con más candelas, como 10 o 30, se vea mejor la onda a; personalmente se considera que el parámetro con utilidad clínica es la amplitud a-b; las amplitudes varían notablemente en función de las condiciones técnicas de registro, incluso en un factor de 100, por lo que cada laboratorio debe poseer sus propios valores de referencia; por ejemplo, personalmente se ha dispuesto de diversos aparatos para electrorretinograma, en alguno de ellos el valor de la amplitud que se obtiene es de alrededor de 10 microvoltios, y en otros, alrededor de 50 microvoltios; a continuación se van a presentar algunos resultados pero haciendo hincapié sobre todo en los obtenidos con un aparato, un *Cadwell Sierra II wedge*, que es con el que se dispone de más experiencia por el momento).

Electrorretinograma con flash de campo completo, valores de referencia haciendo el registro con lentilla (electrodo corneal), en condiciones escotópicas y fotópicas (un solo estímulo): escotópica: amplitud a mayor de 92 microvoltios amplitud b mayor de 220 microvoltios (se piensa que en condiciones escotópicas se mide sobre todo la respuesta de los bastones).
Fotópica (se usa *flicker* a 30 Hz que suprima a los bastones dada su baja resolución temporal, con 10 minutos de adecuación a 30 candelas, o bien se usan estímulos simples de 3 candelas también): amplitud a mayor de 8,5 microvoltios amplitud b mayor de 45 microvoltios. Se piensa que esta respuesta se genera en retina interna (Bush RA, Sieving PA. Inner retinal contributions to the primate photopic fast flicker electroretinogram. J Opt Soc Am A 1996; 13: 557-65). Las técnicas para separar los conos *on* y *off* todavía no forman parte del estándar de la *ISCEV*. Esta técnica con lentilla ya no se está usando personalmente en este momento, y tampoco la detección con electrodo de gancho en párpado inferior.

Electrorretinograma con flash de campo completo, valores de referencia haciendo la medición con electrodos monopolares de aguja (adultos; electrodo monopolar activo a 3 centímetros del ángulo externo del ojo sobre la horizontal, electrodo de referencia a 3 centímetros por debajo del ojo sobre la vertical de la pupila), o electrodos cutáneos adhesivos (niños), en condiciones mesópicas (1-10 estímulos con promediación de la respuesta; esta es la técnica que más se está usando personalmente en este momento, con el aparato *Cadwell Sierra II wedge*):
Menos de 10 años, amplitud a-b (10 sujetos): 11,7-26,1 microvoltios.
Menos de 20 años (6 sujetos): 13-51,1 microvoltios.
Menos de 30 años (5 sujetos): 9,5-18,1 microvoltios.
Menos de 40 años (12 sujetos): 9,2-30,7 microvoltios.
Menos de 50 años (14 sujetos): 9,2-22,9 microvoltios.
Menos de 60 años (16 sujetos): 9,2-28,1 microvoltios.
Menos de 70 años (10 sujetos): 9,2-29 microvoltios.
Menos de 80 años (7 sujetos): 11,3-17,2 microvoltios.

Estos valores se han obtenido sin utilizar la función *smooth* en el potencial promediado, lo cual requiere una buena línea de base previamente (aparte de eliminar el artefacto de la corriente alterna, es preciso que el paciente no apriete los dientes), así como tener activado el sistema de rechazo de artefacto. En conjunto **la amplitud normal encontrada en esta pequeña muestra va de 9,2 microvoltios (límite inferior) hasta 51,1 microvoltios** (la diferencia entre estos valores es demasiado amplia, por lo que en casos dudosos hay que recomendar, una vez más, la conveniencia de realizar controles evolutivos, para estimar la tendencia del resultado, más que su valor absoluto en una sola medición, pues si en un control el resultado es 30, y unos meses después es 15, aunque sea mayor que 9,2 la amplitud sí habría bajado en este supuesto que se plantea como ejemplo).

Es preciso repetir la medición en cada ojo, al menos 2 veces ("retest"), para confirmar el valor de la amplitud obtenido.

La diferencia de amplitud a-b entre ambos lados no ha sido mayor del 40% en ningún caso, valor aproximadamente igual al presentado por otros laboratorios (se disponía como referencia de otro laboratorio el valor de un 35%, y tanto este 35 como el 40 distan ligeramente de ese 50% de diferencia de magnitud de un parámetro entre ambos lados para la mayoría de las técnicas neurofisiológicas que valoran su simetría bilateral, por lo que es importante tenerlo en cuenta; para la mayoría de los parámetros en neurofisiología clínica, la diferencia aceptable entre ambos lados, sobre todo en lo referente a amplitudes, suele ser hasta un 50%, pero como se ve es algo menor en el caso del electrorretinograma).

Holder (Holder GE et al. International Federation of Clinical Neurophysiology: Recommendations for visual system testing. Clinical Neurophisiology 2010; 121: 1393-1409) **recomienda que cada laboratorio desarrolle sus valores de referencia y que el percentil 95% se determine a partir de valores absolutos desde la media, desaconsejando los cálculos de este percentil a partir de la desviación estándar,** opinión compartida personalmente y que se considera importante para el caso del electrorretinograma, y en otros tipos de mediciones neurofisiológicas también, como se explica en otras partes de este vademécum.

Estos valores de referencia difieren de los presentados por otros laboratorios, por variaciones en los detalles técnicos, por lo que una vez más se hace patente la necesidad de que cada laboratorio obtenga sus propios valores de referencia en espera de una época en que sea posible estandarizar estas medidas.

Por otro lado, posiblemente una reducción en la sofisticación de la técnica sea el camino más sensato a largo plazo, como con frecuencia recuerdan diversos autores con experiencia en el campo de la neurofisiología clínica y como también se ha observado personalmente con el paso de los años y la acumulación de experiencia tanto en electrorretinografía como en otras técnicas neurofisiológicas.

En niños es preferible intentar emplear electrodos cutáneos en vez de electrodos de aguja.

Los adultos toleran bien los electrodos de aguja, que producen menos artefactos que los cutáneos, al reducirse la impedancia cutánea, y por tanto

requieren menor promediación, lo cual acorta el tiempo de exploración y facilita la obtención de la señal. Para el registro con aguja se inserta el electrodo activo en el ángulo ocular externo, y el de referencia por debajo del párpado inferior. El registro se hace en condiciones mesópicas. Existe la alternativa de la adecuación escotópica, y del registro en condiciones escotópicas, y la alternativa además de no promediar la respuesta (para esta variante técnica se obtiene mejor resultado con el registro mediante lentilla con baño de oro). Pero en la práctica el registro en condiciones mesópicas con electrodo de aguja (técnica más sencilla que la de lentilla o gancho) y promediando la respuesta el número de veces que se estime oportuno (por ejemplo, hasta 10 veces como mucho, por regla general, aunque en el primer caso clínico de los expuestos a continuación hubo que hacer 76 estímulos, y en los casos tercero y cuarto hasta 100 repeticiones, dada la baja amplitud de la respuesta).

Como en toda obtención de este tipo de potenciales de baja amplitud (en la escala de los microvoltios), es importante que el paciente no apriete los dientes durante la promediación, para evitar el artefacto por electromiografía de maseteros y temporales, así como es importante evitar la proximidad a las diversas fuentes de corriente alterna, que también producen artefactos (un artefacto es una señal no buscada que aparece en la medición e interfiere la señal verdadera). Lo ideal es disponer de jaula de Faraday.

En algunos centros se lleva a cabo el electrorretinograma multifocal, mencionado más arriba, y que es el único que precisa dilatación de pupila. De momento no está estandarizado, aunque ya existen algunas líneas directrices (*guidelines*).

Electrorretinograma con flash de campo completo, casos clínicos (promediación de 76 estímulos en el caso 1 hasta integrarse una respuesta medible, 10 promediaciones en el caso 2, más de 100 estímulos en los casos 3 y 4, etc., a diferencia de lo ocurrido con los sujetos sanos, en cuyo caso ha sido suficiente con 1-10 estímulos):

1. Retinopatía degenerativa, 71 años, amplitud a-b, derecha-izquierda: 1,6 microvoltios (baja)-8,3 microvoltios (baja).

2. Retinitis pigmentaria, 54 años, amplitud a-b, derecha-izquierda: 6,7 (baja)-5,7 (baja).

3. Degeneración tapetorretiniana, 74 años, amplitud a-b, derecha-izquierda: 3,8 (baja)-4,3 (baja).

4. Retinitis pigmentaria, 38 años, amplitud a-b, derecha-izquierda: 1,6 (baja)-5,9 (baja).

5. Desprendimiento de retina izquierda, 8 años, amplitud a-b, derecha-izquierda: 13,9 (normal)-53,92 (alta).

6. Encefalopatía, epilepsia, tratamiento con vigabatrina, 32 años, amplitud a-b, derecha-izquierda: 10,4 (normal)-6,3 (baja, 3 electrorretinogramas previos normales los 3 años anteriores).

7. Glaucoma, 63 años, amplitud a-b, derecha-izquierda: 10,6 (normal)-7,7 (baja).

8. Quimioterapia por neoplasia, 54 años, amplitud a-b, derecha-izquierda: 8,5 (baja)-14,8 (normal).

9. Retinopatía degenerativa, 47 años, amplitud a-b, derecha-izquierda: 3,9 (baja)-5,3 (baja).

10. Maculopatía, 48 años, amplitud a-b, derecha-izquierda: 4 (baja)-6,3 (baja).

11. Enfermedad de Best, 49 años, amplitud a-b, derecha-izquierda: 9,1 (en el límite)-11,5 (por encima del límite).

12. Degeneración retiniana, 81 años, amplitudes: 5,5 y 6,6 (bajas ambas).

13. Degeneración tapetorretiniana, 81 años, amplitudes: 4,5 y 5,7 (bajas).

14. Retinopatía, 69 años, amplitudes: 4,9 y 5,2.

15. Pérdida aguda de visión en ojo derecho con fenómeno de "lluvia de estrellas" (probable desprendimiento de retina), amplitudes: 8,4 (baja) y 17,1.

16. Desprendimiento de retina, degeneración macular, cataratas, todo ello en ambos lados. 78 años. Lado derecho dentro de límites fisiológicos (amplitud: 16,6). Lado izquierdo amplitud algo disminuida (amplitud: 9; diferencia izquierda-derecha: 0,46). Potenciales evocados visuales dentro de límites fisiológicos (P100: 100 y 98 milisegundos).

17. Retinitis pigmentaria, 30 años, amplitudes: 3,7 y 3,9 (bajas).

18. Distrofia macular, 62 años, amplitudes: 7,2 (baja) y 10,2 (normal).

19. Atrofia macular, 62 años, disminución de agudeza visual desde los 40 años en relación con degeneración macular: 6,8 y 6,4 (bajas).

20. Paciente de 18 años con retinitis pigmentaria. Amplitudes: 5,1 y 5 (bajas).

21. Paciente de 44 años con ceguera y retinopatía adquiridas en relación con: lupus (retinopatía atrófica autoinmune), toma de cloroquina y síndrome antifosfolípido con infarto occipital. Amplitudes: 8,1 y 7,5 (bajas).

22: varón, 67 años, atrofia macular. Amplitudes: 7 y 6,5 (bajas).

23. Mujer, 62 años, atrofia retiniana bilateral, periférica, difusa. Amplitudes en el electrorretinograma: 5,1 y 4,9 (bajas). Potenciales evocados visuales dentro de límites fisiológicos (latencia onda p100: 100 y 100 milisegundos).

En estos casos clínicos no aparecieron falsos positivos ni falsos negativos con estos valores de referencia utilizados en cuanto a la correlación entre hallazgos y enfermedad.

Debe revisarse a cada paso el protocolo técnico del registro en cada paciente sobre la marcha, para evitar falsos positivos por un error técnico (como decía aquel médico antiguo: "Haz lo que haces"), y hay que hacer un *retest* al menos en cada ojo.

En los casos con retinitis pigmentaria vistos personalmente y que se han incluido en esta serie (enfermedad en la que degeneran los bastones, y por tanto debería explorarse en condiciones escotópicas, supuestamente), la respuesta en el electrorretinograma estaba significativamente reducida (más de un 50%) aun en condiciones mesópicas y tras promediación, de modo que en principio hay que considerar como hipótesis de partida que sería suficiente desde un punto de vista clínico, en la práctica, con hacer el registro mesópico descrito.

Electrorretinograma macular con damero reversible, *pattern reversal o PERG (lentilla, cuadrados de 25-50´): aplicable en lesiones limitadas a mácula: degeneración macular senil, retinopatías con afectación preferente de mácula, lesiones de nervio óptico con degeneración retrógrada de células ganglionares.

En lesiones maculares el electrorretinograma de *flash* es normal. El *flash* activa los detectores de luminosidad y color. El patrón con damero reversible activa los detectores de contraste y bordes.

A diferencia de lo común en electromiografía, en electrorretinografía y en potenciales evocados visuales positivo suele ser "hacia arriba" por convención (variable según autor).

Ya hay algún estándar para el *PERG* (Holder et al. ISCEV standard for clinical pattern electroretinography-2007 update. Doc Ophthalmol 2007; 114: 111-6).

Características de la onda en el *PERG*:

a: deflexión rápida hacia abajo (p50). Se supone que el 70% de esta onda se genera en las células ganglionares retinianas. Se supone que la p50 es el mejor indicador de la función macular y que la p95 es una medida directa de la función de las células ganglionares centrorretinianas.

b: deflexión lenta hacia arriba (n95).

Latencia p50: 44-59 milisegundos (otra serie: 52-65 milisegundos).

Amplitud p50: mayor de 1,8 microvoltios (otra serie: 0,81-2,3 microvoltios). Se mide de n35 a p50.

Latencia n95: 92-109 milisegundos (otra serie: 95-108,1 milisegundo).

Amplitud n95: 1-3 microvoltios (en general: mayor de 1,8 microvoltios; otra serie: 0,97-2,9 microvoltios). Se mide de p50 a n95.

Parámetros: ganancia 2 microvoltios/división Barrido: 10 milisegundos/división Filtros: 1-100 Hz (opcional: 0,5-300 Hz); el 99% de la señal está entre 1-40 Hz.

Estos valores de referencia para el *PERG* están sujetos a revisión.

Por experiencia propia se ha observado que el *PERG* es una técnica interesante para el estudio neurooftalmológico de la mácula, ya que se ha obsevado personalmente, y de acuerdo con lo descrito en las líneas directrices internacionales, que el electrorretinograma de campo completo puede ser normal y el electrorretinograma de mácula patológico en retinopatías limitadas a mácula (Holder GE et al. International Federation of Clnical Neurophysiology: Recommendations for visual system testing. Clinical Neurophisiology 2010; 121: 1393-1409), y por tanto el *PERG* es útil para identificar alteraciones circunscritas a mácula.

Está alterada la n95 en un 40% de pacientes con neuritis óptica, y casi nunca la p50 (Holder GE. The incident of abnormal pattern electroretinography in optic nerve demyelination. Electroenceph Clin Neurophysiol 1991; 78: 18-26).

ELECTROSHOCKS SUCESIVOS: electroencefalograma lentificado tras varias sesiones, y aparece actividad delta.

ELI: estimulación luminosa intermitente.

EMETINA: véase miopatía necrótica.

ENCEFALITIS: electroencefalograma lentificado, desorganizado, por ejemplo, con delta de voltaje y configuración irregular en todas las áreas, difuso y bilateral.

El electroencefalograma no suele tener valor pronóstico, aunque una investigación reciente destaca que el electroencefalograma normal se asocia a un menor riesgo de fallecimiento del enfermo con encefalitis aguda (Sutter R et al. Electroencephalography for diagnosis and prognosis of acute encephalitis. Clin Neurophys 2015; 126: 1524-31).

Convulsiones: en el electroencefalograma aparecen paroxismos (que pueden ser continuos, sobre todo en caso de estatus) y el electroencefalograma previo suele estar alterado.

Comienzo de clínica neurológica aguda con delta difuso y bilateral en ausencia de coma o convulsiones: sospecha de encefalitis.

Comienzo subagudo con foco: sospecha de encefalitis (foco alternante), o tumor, o *ictus*.

Complicaciones del sarampión: encefalitis (días 3 a 5, afecta a 2 de cada 1000, curso variable); panencefalitis esclerosante subaguda.

Complicaciones de la varicela: encefalitis postvaricelosa.

Otras causas diversas: enfermedad de Lyme, fiebre amarilla, mononucleosis infecciosa, neurosarcoidosis, encefalitis herpética, encefalitis límbica, encefalitis troncoencefálica, rabia, paraneoplásica.

Encefalitis de Bickerstaff: cuadro agudo, progresivo, de oftalmoplejía, ataxia, parestesias distales, y alteración de la conciencia o hiperreflexia, por alteración del tronco encefálico de probable origen inmunológico (variante atípica del síndrome de Guillain-Barré). Electroencefalograma: lentificado (ondas delta). *Blink reflex* alterado (ausencia de algunos componentes). Potenciales evocados somatosensoriales: puede haber ausencia de respuesta. Tratamiento: inmunoglobulinas (Larrauri-Abril B, et al. Encefalitis de Bickerstaff, a propósito de un caso. Rev Neurol 2003; 37: 995). Autoanticuerpos antigangliósido GQ1b (común al síndrome de Miller-Fisher). Electromiograma: neuropatía sensitivomotora axonal asociada.

Encefalitis de Hashimoto: encefalopatía en presencia de elevación de anticuerpos antiperoxidasa, con o sin enfermedad tiroidea. Epilepsia, seudoenfermedad vascular cerebral, coma, ataxia, mioclonias, etc. Electroencefalograma: lentificación, paroxismos (pueden ser continuos).

Encefalitis herpética: véase actividad periódica. Véase asimetría en el electroencefalograma.

Encefalitis límbica: agitación y demencia. Electroencefalograma anormal, con aumento irregular de theta y delta, con o sin lateralizaciones, con o sin componentes agudos, o bien periodos de actividad lenta alternando con depresiones de voltaje.

En un paciente visto personalmente, con encefalitis límbica, el electroencefalograma estaba en una primera exploración lentificado en grado leve-moderado (actividad theta difusa) y presentaba también actividad epileptiforme abundante (trenes frecuentes de ondas delta bifrontales, algunos de los trenes correlacionados con crisis en forma de sacudidas musculares del tronco). En una exploración posterior, 2 meses después, tras recibir tratamiento, estaba lentificado (actividad posterior a 7 Hz y actividad theta difusa), compatible con una afectación cortical difusa leve, y además presentaba signos de afectación cortical focal moderada (actividad delta) en región frontotemporal izquierda; no se observó actividad específicamente epileptiforme.

Un patrón electroencefalográfico con lentificación en un lado (theta difuso) y desorganización y bajo voltaje en el otro (que se ha descrito en la literatura como observable en la encefalitis límbica), se ha observado también personalmente en un paciente con una encefalitis herpética coincidiendo con una afectación en corteza izquierda (edema), según la resonancia magnética, en el mismo lado en el que aparecía el patrón de bajo voltaje. La encefalitis límbica suele ser paraneoplásica. Véase asimetría en el electroencefalograma.

Encefalitis troncoencefálica: nistagmo, vértigo, diplopia, ataxia, disfagia.

Encefalomielitis aguda diseminada: trastorno inflamatorio del sistema nervioso central, probablemente autoinmune y habitualmente precedido de un proceso infeccioso, sin marcador biológico específico conocido, más frecuente en la edad pediátrica, con desmielinización de la sustancia blanca en encéfalo y médula espinal. Diagnóstico clínico y radiológico. Pueden quedar secuelas y ser recurrente. Diagnóstico diferencial con la esclerosis múltiple y otros procesos desmielinizantes. Pueden estar alterados, o no, los potenciales evocados visuales (Tomás M et al. Perfil clinicorradiológico de la encefalomielitis aguda diseminada en la población infantil. Análisis retrospectivo de una serie de 20 pacientes de un hospital terciario. Rev Neurol 2014; 58: 11-19).

Encefalomielitis paraneoplásica: anticuerpos antiHu. Degeneración de la retina (fotorreceptores) en el cáncer microcítico, encefalitis límbica (agitación y demencia) en el microcítico, encefalitis troncoencefálica (nistagmo, vértigo, diplopia, ataxia, disfagia) en el microcítico, degeneración subaguda de córtex cerebeloso (ataxia, disartria) en el microcítico, de ovario, de mama, Hodgkin. En neuroblastoma, *opsoclonus-mioclonus*. Véase encefalitis asociada a anticuerpos antirreceptor de NMDA.

Encefalitis y anticuerpos antirreceptor de NMDA: como otras encefalitis, puede comenzar con una alteración de tipo psiquiátrico diversa. Relacionada con anticuerpos antirreceptor de N-metil-D-aspartato (Dalmau J. et al. Paraneoplastic anti-N-methyl-D-aspartate receptor encephalitis associated with ovarian teratoma. Ann Neurol 2007; 61: 25-36). Se trata de una encefalitis autoinmune que puede asociarse a un tumor (teratoma ovárico o testicular, neuroblastoma, carcinoma pulmonar microcítico), o no (no se encuentra tumor en un 63% de los casos –Greiner H et al. Anti-NMDA receptor encephalitis presenting with imaging findings and clinical features mimicking Rasmussen syndrome. Seizure 2011; 20: 266-70-). Puede observarse en niños a partir de los 2 años. Mejoría importante en el 75% de los casos. Recaída en el 25% de los casos aunque se extirpe el tumor.

Electroencefalograma: en el debut, lentificado, sin focalidad, o normal (Casanova N et al. Encefalitis asociada a anticuerpos antirreceptor de NMDA: descripción de dos casos en la población infantojuvenil. Rev Neurol 2012; 54: 475-478).

ENCEFALOPATÍA, ALGUNAS CORRELACIONES:
- **-Acidosis.**
- **-Abetalipoproteinemia.**
- **-Déficit de ácido nicotínico.**
- **-Acrodinia.**
- **-Afasia epiléptica.**
- **-Cefepime** (actividad electroencefalográfica periódica).
- **-Crisis addisoniana.**
- **-Citomegalovirus en el SIDA** (subaguda).
- **-Encefalopatía aterosclerótica subcortical** (enfermedad de Binswanger, leucoaraiosis).
- **-Encefalopatía de Wernicke** (encefalopatía de Gayet o de Gayet-Wernicke, síndrome de Wernicke-Korsakoff; clásicamente considerada como producida por falta de vitamina B1 en el curso de alcoholismo; la imagen clásica la asocia a la psicosis de Korsakoff o sindrome de Wernicke-Korsakoff, que incluye la clásica fabulación en relación con falta de memoria; en el síndrome de Korsakoff, electroencefalograma: lentificado, pero menos que en la encefalopatía de Wernicke; en el polisomnograma: más intervalos de despertar nocturno, y disminución de latencia *REM*).
- **-Encefalopatía espongiforme subaguda o síndrome de Jones-Nevin** (electroencefalograma: descargas de ondas agudas generalizadas, bilaterales y sincrónicas, repetitivas en forma periódica, actividad electroencefalográfica periódica).
- **-Encefalopatía en la vasculitis del sistema nervioso central** (Guerrero MD et al. Encefalopatía como primera manifestación de vasculitis. Rev Neurol 2012; 54: 312-16).
- **-Encefalopatía epiléptica neonatal con brotes de supresión (síndrome de Aicardi-Otahara):**
1. Encefalopatía mioclónica progresiva precoz: niños menores de 3 meses, encefalopatía mioclónica grave.
2. Encefalopatía epiléptica infantil precoz con paroximos de supresión: primeros meses, espasmos tónicos, grave.
- **-Encefalopatía por gabapentina.**
- **-Encefalopatías mioclónicas:**
1. No progresivas: la mayoría de origen hipóxico-isquémico. Crisis variadas.
2. Progresivas. La mayoría autosómicas recesivas:
2. 1. Enfermedad de Lafora: 6-19 años (pico a los 11,5 años). Crisis diversas, con progresión a deterioro mental y trastornos neurológicos. Paraparesia espástica. Epilepsia mioclónica. Posibilidad de estatus no convulsivo. Biopsia de músculo: cuerpos de Lafora. Electroencefalograma: lentificación progresiva, punta-onda, polipunta-onda generalizada; sensible a fotoestimulación; posteriormente anomalías multifocales y desorganización del sueño; *exitus* 4-10 años.

2. 2. Epilepsia mioclónica progresiva degenerativa: cuando no aparecen cuerpos de Lafora. Supervivencia más de 15 años.

2. 3. Disinergia cerebelosa mioclónica con epilepsia o síndrome de Ramsay-Hunt. 6-20 años. Electroencefalograma: trazado basal normal, punta-onda, polipunta-onda, puntas; fotosensibilidad. Polipunta en *REM*. Véase disinergia cerebelosa mioclónica.

2. 4. Síndrome de *mioclonus* con mancha rojo cereza, dos tipos:

2.4.1. Sialidosis con déficit aislado de neuraminidasa o tipo 1: con frecuencia en la adolescencia. Clínica parecida al síndrome de Ramsay-Hunt. Las mioclonias coinciden con la polipunta-onda. No fotoestimulación.

2. 4. 2. Mucolipidosis 1 y sialidosis 2: parecidos a sialidosis 1, pero con talla baja y dismorfia (parecida a la de las mucopolisacaridosis).

2. 5. Forma juvenil neuronopática de la enfermedad de Gaucher (tipo 3): 6-8 años. Crisis variadas. Deterioro neurológico. Electroencefalograma lentificación, paroxismos, fotoestimulación.

2. 6. Ceroidolipofuscinosis infantil precoz, enfermedad de Harberg-Santavuori: 5-18 meses. Mioclonias masivas. Electroencefalograma: progresión desde la lentificación hasta el trazado isoeléctrico.

2. 7. Ceroidolipofuscinosis infantil tardía, enfermedad de Jansky-Bielchowski: 2-4 años. Crisis mioclónicas, astáticas, atónicas. Diagnóstico diferencial: síndrome de Lennox. Electroencefalograma: lentificación, paroxismos, fotoestimulación a frecuencias bajas (fenómeno de Pampiglione).

2. 8. Ceroidolipofuscinosis juvenil, enfermedad de Batten-Spielmeyer-Vogt-SJögren: 6-8 años. Deterioro psicomotor y neurológico. Disminución de agudeza visual. Crisis variadas. Electroencefalograma: salvas de ondas lentas y punta-onda lenta. No fotosensibilidad. Potenciales evocados visuales: disminución de amplitud.

2. 9. Enfermedad de Huntington: 3 años. Deterioro mental y distonía. Crisis variadas. Electroencefalograma: punta-onda y polipunta-onda generalizada. Fotosensibilidad.

2 10. Síndrome de epilepsia mioclónica con *ragged red fibers* (*MERRF*): 9-15 años. Crisis variadas y deterioro multisistémico. Electroencefalograma: lentificación, paroxismos, fotosensibilidad notable.

-**Encefalopatía o leucoencefalopatía posterior reversible:** se asocia a preeclampsia, eclampsia, hipertensión arterial severa, alteraciones renales, inmunosupresión, postransplante, infección/sepsis/shock, enfermedades autoinmunes, quimioterapia y otras posibilidades diversas (hipomagnesemia, hipercalcemia, hipocolesterolemia, inmunoglobulina intravenosa, síndrome de Guillain-Barré, porfiria, efedrina, etc.). Se presenta en forma de convulsiones, encefalopatía, cefalea, alteraciones visuales, paresia, náuseas, alteración mental, de inicio brusco o progresivo, coma, etc. (Hinchey et al. A reversible posterior leukoencephalopathy syndrome. N Engl J Med 1996; 334: 494-500).

-**Esclerosis múltiple.**

-**Hepatopatía. Encefalopatía hepática.** patrones electroencefalográficos en la encefalopatía hepática: el patrón va desde electroencefalograma normal hasta el electroencefalograma isoeléctrico, con progresivo aumento de amplitud y disminución de frecuencia al principio, para después caer el voltaje hasta llegar a los brotes de supresión y el trazado isoeléctrico. Son típicas las ondas

trifásicas. Parece ser que la presencia de ondas trifásicas no influye en el pronóstico de la encefalopatía hepática.
Estadios en la encefalopatía hepática:
1. Subclínica.
2. Confusión, bradipsiquia, inversión del ritmo de sueño, trastornos del humor o comportamiento.
3. Desorientación temporoespacial, letargia, asterixis.
4. Más estuporoso, responde a órdenes sencillas, asterixis.
5. Coma con respuesta a estímulos dolorosos.
6. Coma sin respuesta a estímulos dolorosos.
-Hipertensión arterial con encefalopatía hipertensiva.
-Hipotiroidismo durante tiroiditis de Hashimoto con encefalopatía de Hashimoto (por ejemplo, encefalopatía mioclónica): responde a corticoides, y el electroencefalograma se correlaciona con la clínica (Vázquez et al. Encefalopatía de Hashimoto. Registro EEG de un caso. Rev Neurol 1998; 26: 485).
-Insuficiencia renal (electroencefalograma: brotes de punta-onda). - **Insuficiencia renal crónica** (electroencefalograma: lentificado y desorganizado, y a veces actividad epileptiforme):
1. Por insuficiencia renal crónica, por uremia (**encefalopatía urémica**), con alteraciones mentales y neuropatía (la neuropatía puede mejorar con diálisis, y suele ser el electromiograma un buen indicador de la eficacia del tratamiento).
2. Por la diálisis (por aluminio): encefalopatía, **demencia dialítica**, encefalopatía dialítica crónica (electroencefalograma: brotes sincrónicos de ondas lentas de predominio anterior), hiperexcitabilidad muscular, acatisia, hipo, disartria, mioclonias, temblor, etc. No se debe confundir con el **síndrome del desequilibrio** (electroencefalograma: lentificación generalizada y actividad epileptiforme, con buena correlación clínica-electroencefalograma), que consiste en edema cerebral por extracción rápida de urea de la sangre durante diálisis, y no es demencia dialítica.
-Intoxicación (puede encuadrarse dentro de la actividad electroencefalográfica periódica).
-*Kernicterus* o ictericia nuclear (encefalopatía bilirrubínica neonatal); patogenia: la permeabilidad de la barrera hematoencefálica aumenta por acidosis, hipoglucemia, hipoxia, aportes hiperosmolares. Clínica: hipotonía, abolición de reflejos, llanto agudo, evoluciona a hipertonía con opistótonos, coma y *exitus,* o secuelas como retraso mental, sordera nerviosa, hipertonía, parálisis cerebral coreoatetósica, displasia del esmalte y decoloración de los dientes.
-Levodopa (ondas trifásicas y asterixis).
-Linfoma (no Hodgkin) intravascular: encefalopatía progresiva subaguda con ondas trifásicas periódicas; diagnóstico diferencial con enfermedad de Creutzfeldt-Jakob (Mosqueira AJ et al. Falsa enfermedad de Creutzfeldt-Jakob. Rev Neurol 2011; 52: 567).
-Litio: véase fármacos y electroencefalograma.
-Lupus eritematoso sistémico (encefalopatía lúpica, convulsiones, alteración del comportamiento, coma).
-Neumonía por *legionella* (encefalopatía tóxica con cefalea y mialgias).
-*Opsomioclonus* (posible manifestación del neuroblastoma).

-Paludismo o malaria (encefalopatía difusa y simétrica en paludismo grave por *P falciparum*). Electroencefalograma: lentificación (actividad theta-delta difusa), actividad epileptiforme.

-Postanoxia (encefalopatía mioclónica postanóxica o síndrome de Lance-Adams). Suele producir de forma característica crisis mioclónicas, con puntas y polipunta-onda en el electroencefalograma, coincidiendo con las mioclonias. La polipunta puede superponerse a un trazado encefalopático, con gran depresión de voltaje, que puede llegar a una casi inactividad bioeléctrica cortical de manera transitoria. Puede encuadrarse dentro de actividad electroencefalográfica periódica. Electroencefalograma: lentificación, paroxismos, puntas o polipunta-onda con las sacudidas. El estatus mioclónico postanóxico precoz tiene mal pronóstico.

-Sarcoidosis.

-Síndrome de Leigh (encefalopatía necrotizante infantil subaguda): mitocondriopatía con encefalopatía, retinitis pigmentaria, cardiopatía, etc.

-Síndrome de Lennox (encefalopatía epiléptica infantil).

-Síndrome de Reye.

-Síndrome de Sjögren.

-Síndrome paraneoplásico (encefalitis troncoencefálica, encefalitis límbica, etc.).

-Trombosis del seno longitudinal superior (encefalopatía residual crónica, con punta-onda a 2 Hz).

-*VIH (demencia, encefalopatía difusa).*

ENCOCHÉS FRONTALES: véase electroencefalografía neonatal, ontogenia.

ENFERMEDAD CELÍACA: ataxia por anticuerpos antigliadina contra las células de Purkinje. Epilepsia.

Síndrome de Gobbi: enfermedad celíaca y epilepsia con calcificaciones occipitales.

ENFERMEDAD DE ADDISON: véase síndrome de Addison.

ENFERMEDAD DE ALZHEIMER: electroencefalograma en vigilia: progresiva lentificación y desorganización del trazado, de acuerdo con la siguiente secuencia temporal: se lentifica y disminuye el alfa; aumenta la actividad theta-delta (sin modificación con estímulos sensoriales, aumenta con hiperpnea, disminuye con somnolencia); actividad lenta irregular, polimorfa, de amplitud variable; descargas lentas frontales, punta-onda y trifásicas en fases tardías, potenciales negativos premioclónicos.

Patrón *mioclonus*-demencia-descargas trifásicas: se puede observar en el Alzheimer, pero es más característico del Creutzfeldt-Jakob (descargas de unos 200 milisegundos en intervalos de 0,5-1,2 segundos).

Registro polisomnográfico nocturno (poca relevancia clínica en la práctica, en comparación con el registro de vigilia, que sí es importante en el diagnóstico, para detectar organicidad): desorganización de la arquitectura del sueño, aumento o disminución del sueño *NREM*; disminución de ondas V, husos, complejos K, y *REM* (o aumento); disminución del sueño delta; aumento de apneas.

Potenciales evocados visuales: parece ser que podría haber aumento de latencia P100 (poca utilidad clínica en la práctica).

Alzheimer y *mioclonus*: (según la descripción encontrada en la literatura) potenciales negativos focales centrales contralaterales 20-40 milisegundos antes de la mioclonia (algo más que en el *mioclonus* cortical reflejo). En el registro electromiográfico: mioclonia de 40-80 milisegundos (algo más que en el *mioclonus* reflejo cortical). Son diferentes a las del Creutzfeldt-Jakob. Sin demasiada utilidad clínica en la práctica hasta ahora.

Apolipoproteína E y enfermedad de Alzheimer: 3 alelos (E2, E3, E4), brazo largo cromosoma 19. Fenotipos 4-4 y 4-3: los más frecuentes en el Alzheimer. Se especula con que la apoproteína E+betaproteína formen un complejo estable. La Apo E se asocia a la amiloidosis, pero la Apo E4 se asocia al Alzheimer de inicio tardío en las placas de amiloide según algunos autores (otros lo desmienten).

Amiloidosis, se encuentra en: enfermedad de Alzheimer, síndrome de Down (en el síndrome de Down el electroencefalograma suele ser normal), polineuropatía amiloidótica familiar, enfermedad de Creutzfeldt-Jakob.

No existe asociación clara entre la posesión de Apo E4 y el padecimiento de una demencia, porque el gen de la Apo E4 probablemente ocupa distintos *loci* en cada individuo, lo cual implicaría la variable expresividad de las demencias. Véase actividad periódica. Véase demencia.

ENFERMEDAD DE ANDERSEN: véase glucogenosis.

ENFERMEDAD DE BASSEN-KORNZWEIG: véase lipidosis.

ENFERMEDAD DE BATTEN: véase ceroidolipofuscinosis.

ENFERMEDAD DE BATTEN-SPIELMEYER-VOGT-SJÖGREN: véase ceroidolipofuscinosis.

ENFERMEDAD DE BAXTER: talalgia por neuropatía del ramo plantar para el abductor del dedo quinto. Véase nervio plantar.

ENFERMEDAD DE BINSWANGER: véase demencia multiinfarto.

ENFERMEDAD DE BLOCH-SULZBERGER: véase *incontinentia pigmenti achromians*.

ENFERMEDAD DE BOURNEVILLE-PRINGLE: véase esclerosis tuberosa.

ENFERMEDAD DE BRODY: véase déficit de ATP-asa.

ENFERMEDAD DE BROWN-VIALETTO-VAN LAERE: véase amiotrofia espinal.

ENFERMEDAD DE BUREAU-BARRIERE: véase acropatía ulceromutilante.

ENFERMEDAD DE CHAGAS: véase neuropatía en la enfermedad de Chagas.

ENFERMEDAD DE CHARCOT: véase esclerosis lateral amiotrófica. Véase amiotrofia espinal.

ENFERMEDAD DE CHARCOT-MARIE-TOOTH: véase neuropatía hereditaria.

ENFERMEDAD DE CHEDIAK-HIGASHI: hereditaria. Gránulos gigantes en los glóbulos blancos. Albinismo, inmunodeficiencia, neuropatía periférica, convulsiones, etc. Autosómica recesiva.

ENFERMEDAD DE CORI-FORBES: véase glucogenosis.

ENFERMEDAD DE CREUTZFELDT-JAKOB: enfermedad priónica; demencia, mioclonias, ataxia cerebelosa y actividad electroencefalográfica periódica. Familiar, adquirida o esporádica (85% de los casos).
Puede aparecer en niños (Armangué T et al. Enfermedad de Creutzfeldt-Jakob esporádica en una niña de 11 años. Rev Neurol 2012; 54: S67-S93). Véase actividad periódica.
Electroencefalograma: actividad periódica, descargas periódicas en fases avanzadas; ondas trifásicas; **patrón en ondas trifásicas, *mioclonus* y demencia** (descargas de 200 milisegundos en intervalos de 0,5-1,2 segundos): típico de la enfermedad de Creutzfeldt-Jakob y puede aparecer también en la enfermedad de Alzheimer.
Evolución del electroencefalograma: lentificación progresivamente mayor, ondas agudas generalizadas, semiperiódicas a veces, bajo voltaje previo al *exitus*; las descargas periódicas pueden persistir hasta el final, incluso apareciendo sobre un trazado casi isoeléctrico de fondo; las ondas agudas pueden aparecer también en fases precoces.
Este tipo de trazado electroencefalográfico puede observarse también en la encefalopatía hepática, encefalopatía disenzimática y en tumores talámicos simétricos.
El trazado electroencefalográfico bien constituido (lentificación con ondas agudas periódicas) es tan característico que se reconoce con relativa facilidad, y si además hay demencia y mioclonias, el diagnostico es factible.
Según Fernández (Fernández J et al. Enfermedad de Creutzfeldt-Jakob: ¿hay que esperar a la anatomía patológica para el diagnóstico definitivo? Rev Neurol 2011; 52: 565-66) la clínica más frecuente es el deterioro cognitivo (83%), mioclonias (67%), rigidez (25%), síndrome cerebeloso (25%), mano *alien* (17%) y distonía (8%); resonancia magnética anormal (67%), electroencefalograma anormal (83%), proteína 14.3.3 positiva en líquido cefalorraquídeo en el 87%; necropsia positiva en el 100%.
Un cuadro clínico similar a esta enfermedad, con deterioro cognitivo, ataxia y ondas trifásicas periódicas en el electroencefalograma y proteína 14.3.3 positiva, con evolución progresiva, puede observarse en el linfoma (no Hodgkin) intravascular (Mosqueira AJ et al. Falsa enfermedad de Creutzfeldt-Jakob. Rev Neurol 2011; 52: 567).
En relación con las mioclonias pueden aparecer potenciales evocados somatosensoriales gigantes.
SIRPD: stimulus induced periodic or ictal discharges. Descritas en el paciente "crítico" (*critically ill patients*) durante monitorización electroencefalográfica

(Hirsch et al, 2004), en enfermedades neurológicas y sistémicas agudas y en la enfermedad de Creutzfeldt-Jakob.
Variantes:
Variante de Heidenhain de la forma esporádica: con alteración visual.
Variante de Oppenheimer-Brownell de la forma esporádica: con ataxia.
Variante encefalítica de la forma esporádica (propia de Japón): manifestaciones cerebelosas y corticales.
Variante amiotrófica de la forma esporádica: debilidad muscular desde fases iniciales.

ENFERMEDAD DE CROHN: neuropatía opticoisquémica, neuropatía autonómica (más frecuente la pupilar que la cardiovascular), polineuropatía sensitivomotora axonal y desmielinizante, degeneración combinada subaguda, radiculopatía (por infiltración linfocitaria).
Por vasculitis o hipovitaminosis, o ambas.
También descrito el síndrome de Guillain-Barré en algún caso.
Miopatía (miositis necrotizante focal con infiltrado neutrofílico).
Asociación con polimiositis y dermatomiositis.
Asociación con síndrome de Melkersson-Rosenthal.
Santos S et al. Alteraciones neurológicas relacionadas con la enfermedad de Crohn. Rev Neurol 2013; 32: 1158-62.
Véase neuropatía desmielinizante inflamatoria crónica.

ENFERMEDAD DE DOBKIN-VERITY: véase amiotrofia espinal.

ENFERMEDAD DE FABRY: véase lipidosis.

ENFERMEDAD DE FAHR: rara. Alteración del metabolismo fosfocálcico. Calcificaciones en ganglios basales, cerebelo, corteza, etc. Edad media. Ferrocalcinosis vascular cerebral. Crisis convulsivas, demencia, piramidalismo, extrapiramidalismo, alteraciones cerebelosas (núcleo dentado), hipertensión intracraneal, síndrome paratiroideo, etc.

ENFERMEDAD DE FARBER: véase lipidosis.

ENFERMEDAD DE FAZIO-LONDE: véase amiotrofia espinal.

ENFERMEDAD DE FENICHEL: véase amiotrofia espinal.

ENFERMEDAD DE FOLLING: véase fenilcetonuria.

ENFERMEDAD DE FORESTIER-ROTÉS-QUEROL: véase dolor. Véase disfagia.

ENFERMEDAD DE FUKUHARA: enfermedad mitocondrial. Electroencefalograma: lentificación y ondas agudas.

ENFERMEDAD DE FURUKAWA: véase amiotrofia espinal.

ENFERMEDAD DE GAUCHER: lipidosis. Produce neuropatía. Autosómica recesiva. Ashkenazy. Depósito de glucocerebrósidos en sistema reticuloendotelial. Depósito en hígado, hueso y ganglios. Hiperpigmentación, hipertonía, disminución de sensibilidad, apatía, catatonia, etc.
Forma infantil: alteración neurológica, retraso mental. Electroencefalograma: las anormalidades pueden preceder a los ataques; los cambios son paralelos al empeoramiento. Encefalopatía mioclónica progresiva.
Forma juvenil neuronopática de la enfermedad de Gaucher, o tipo 3, o neuropática subaguda: 6-8 años. Hay una variante neuropática aguda (tipo 2). Hay una variante tipo 1 que es no neuropática. Crisis variadas. Epilepsia mioclónica. Deterioro neurológico. Electroencefalograma: lentificación, paroxismos, fotoestimulación.
Forma adulta: sin afectación neurológica; es la lipidosis más frecuente.

ENFERMEDAD DE GILLES DE LA TOURETTE: véase discinesias con origen subcortical.

ENFERMEDAD DE GRAVES-BASEDOW: tiroiditis autoinmune; nerviosismo, irritabilidad, inestabilidad emocional, temblor fino, hiperreflexia, fatigabilidad, miopatía proximal; la debilidad puede ser el único signo de la enfermedad; el hipertiroidismo puede producir corea.

ENFERMEDAD DE GULL: véase hipotiroidismo.

ENFERMEDAD DE HALLERVORDEN-SPATZ: parkinsonismo. Parece ser que en algunos de los casos falla un gen para la síntesis de la pantotenatocinasa 2, lo cual desemboca en acumulación de hierro en ganglios basales y otras partes del cerebro. Debuta en la niñez con distonía-coreoatetosis, rigidez, espasticidad, demencia, convulsiones, alteración de la visión (atrofia del nervio óptico, retinitis pigmentaria, o ambas), etc. Curso progresivo y degenerativo.
Signo del "ojo del tigre" en la resonancia magnética (menor intensidad focal en *globus pallidus* por depósito de hierro, en T2, con área más intensa alrededor). Electroencefalograma: ondas agudas y lentas.
Síndrome HARP: Variante de la enfermedad de Hallervorden-Spatz (parkinsonismo infantil degenerativo), que cursa con hipoprebetalipoproteinemia, acantocitosis, retinitis pigmentaria, degeneración palidal.

ENFERMEDAD DE HARBERG-SANTAVUORI: véase ceroidolipofuscinosis.

ENFERMEDAD DE HARTNUP: véase alfa-aminoaciduria.

ENFERMEDAD DE HERS: véase glucogenosis.

ENFERMEDAD DE HIRAYAMA: véase amiotrofia espinal.

ENFERMEDAD DE HORTON: cefalea en racimos.
Síndrome *cluster-tic:* enfermedad de Horton y neuralgia del trigémino (en ocasiones asociado a esclerosis múltiple).

ENFERMEDAD DE HUNT: lesión profesional consistente en el daño de la rama profunda del nervio cubital en la palma de la mano.

ENFERMEDAD DE HUNTINGTON: véase encefalopatía.

ENFERMEDAD DE JANSKY-BIELCHOWSKY: véase ceroidolipofuscinosis.

ENFERMEDAD DE KENNEDY: véase amiotrofia espinal.

ENFERMEDAD DE KRABBE: véase lipidosis.

ENFERMEDAD DE KUFS: véase lipidosis.

ENFERMEDAD DE KUGELBERG-WELANDER: véase amiotrofia espinal.

ENFERMEDAD DE LA BAHÍA DE HAFF EN KONIGSBERG: véase mioglobinuria.

ENFERMEDAD DE LA MOTONEURONA, CLASIFICACIÓN:
1.Enfermedad de la motoneurona:
Esclerosis lateral amiotrófica (esporádica, familiar, variantes geográficas).
Atrofia espinal progresiva.
Parálisis bulbar progresiva.
Esclerosis lateral primaria.
2. Atrofias musculares espinales (AME): tipo 1, 2, 3, 4, bulboespinal crónica (Kennedy) bulbar (Fazio-Londe), distal, escapuloperoneal, facioescapulohumeral, monomélica (Hirayama).
3. Secundaria o sintomática:
Infecciosa: poliomielitis, síndrome postpolio, herpes zóster, enfermedad de Creutzfeldt-Jakob.
Tóxica: plomo, mercurio, etc.
Metabólica: deficiencia de hexosaminidasa A, tirotoxicosis, hiperparatiroidismo.
Inmunológica: discrasia sanguinea (paraproteinemia, linfoma).
Agente físico: postirradiación.
Enfermedad degenerativa: espinocerebelosa (Friedreich), atrofia olivopontocerebelosa, enfermedad de Machado-Joseph, síndrome de Shy-Drager.

ENFERMEDAD DE LAFORA: véase encefalopatía.

ENFERMEDAD DE LAMBERT-BRODY: véase déficit de ATP-asa.

ENFERMEDAD DE LITTLE: véase parálisis cerebral.

ENFERMEDAD DE LOBSTEIN: osteogénesis imperfecta: síndrome de Ekbom-Lobstein, síndrome de Adair-Dighton, enfermedad de Lobstein. Sordera en el 50% (de conducción).

ENFERMEDAD DE LOM: véase neuropatía hereditaria (Charcot-Marie-Tooth 4D, 8q24).

150

ENFERMEDAD DE LOS CANALES IÓNICOS: canalopatías con afectación musculoesquelética: miotonías hereditarias (antes clasificadas entre las distrofias) y parálisis periódicas (antes clasificadas entre las miopatías metabólicas).

1. Canales de cloro; de miotonía congénita hay cuatro tipos: 1, fluctuante; 2, de Thomsen (afecta a ojos); 3, *levior*; y 4, de Becker (recesiva).

2. Canales de sodio, tres tipos: 1, parálisis periódica hiperpotasémica (Tyler, 1951) o adinamia episódica hereditaria de Gamstorp, con miotonía, sin miotonía, con paramiotonía (empeora con ejercicio y frío, que es paradójico en miotonía, y afecta a párpados); 2, paramiotonía congénita de Von Eulemburg; 3, miotonía de los canales de sodio (dos tipos: *fluctuans* y *permanens*).

3. Canales de calcio, dos tipos: parálisis periódica hipopotasémica y parálisis periódica hipopotasémica secundaria (tirotoxicosis, hiperaldosteronismo primario, intoxicación con regaliz, diuréticos, acidosis tubular renal, Sjögren, Fanconi, Schwartz-Jampel con actividad continua de la unidad motora, hipertermia maligna, recuperación de coma diabético, celiaquía, ureterocolostomía bilateral, etc.). (Tratado de Neurología de Micheli).

Síndrome de Cavaré-Romberg: parálisis hipopotasémica intermitente familiar (en algunas referencias aparece por error como hipocalcémica, en vez de hipopotasémica, probablemente por transcripción errónea de la palabra "hipocalémica", sinónimo de hipopotasémica y que se parece a "hipocalcémica", o también porque la parálisis hipopotasémica es una enfermedad de los canales del calcio; téngase en cuenta que la hipocalcemia se relaciona con tetania, no con parálisis periódica). Síndrome de Westphal, síndrome de Cavaré-Romberg, o de Cavaré-Westphal-Romberg.

Otras canalopatías de los canales de calcio con afectación neurológica: ataxia espinocerebelosa tipo 6; ataxia episódica tipo 2; migraña hemipléjica familiar; síndrome oculocerebrorrenal de Lowe (tubulopatía proximal, retraso mental, anomalías oculares y neurológicas, varones; electroencefalograma: ondas agudas multifocales).

4. Canales de potasio: síndrome de Andersen-Tawil, con parálisis periódica y arritmias ventriculares y anomalías en el electrocardiograma (en el intervalo QT o QTU). También presentan rasgos dismórficos, incluyendo talla baja e hipertelorismo. Debuta clínicamente en la infancia. Véase síndrome de Andersen-Tawil.

Véase miotonía. Véase discinesias paroxísticas. Véase miopatía.

ENFERMEDAD DE LOS PEROXISOMAS: las enfermedades de los peroxisomas cursan con desmielinización central; son dos: adrenoleucodistrofia y síndrome de Zellweger.

-El síndrome de Zellweger, o síndrome cerebrohepatorrenal, cursa con hepatomegalia, polimicrogiria, retinopatía, hipoacusia, retraso mental, etc. Diagnóstico diferencial con enfermedad de Refsum y adrenoleucodistrofia. Electroencefalograma en el síndrome de Zellweger: puntas bilaterales.

-Adrenoleucodistrofia: acúmulo de ácidos grasos con degeneración suprarrenal (síndrome de Addison; tratamiento: corticoides) y desmielinización del sistema nervioso central (tratamiento con antiepilépticos). Neuropatía sensivomotora. Véase síndrome de Addison.

Electroencefalograma en la adrenoleucodistrofia: en general, delta polimórfico de alto voltaje; actividad lenta, irregular, difusa, sin ondas agudas (a pesar de las convulsiones).

Formas de adrenoleucodistrofia:

1. Forma neonatal; *exitus* hacia los 5 años.
2. Forma infantil, o enfermedad de Schilder; se ha visto un caso personalmente: demencia, ceguera, sordera, *exitus* (con frecuencia precozmente). El electroencefalograma, los potenciales evocados visuales y los potenciales evocados auditivos mostraban importantes alteraciones. En fases avanzadas los potenciales evocados visuales con damero reversible ya no pudieron hacerse, al no poder fijar el paciente la vista en la pantalla de manera voluntaria en ese estadio avanzado de su enfermedad.
3. Forma del adulto: el deterioro neurológico puede ir precedido por síndrome de Addison durante años.
4. Forma asintomática: se suele detectar en mayores de diez años (la forma asintomática o presintomática parece ser que es la que podría presentar respuesta al tratamiento con aceite de Lorenzo).

ENFERMEDAD DE LOUIS-BARR: ataxia telangiectasia (enfermedad de Louis-Barr, síndrome de Louis-Barr; neuropatía hereditaria). Autosómica recesiva. Primera-segunda décadas. Neuropatía axonal, ataxia cerebelosa, apraxia de la mirada, coreoatetosis, telangiectasias en conjuntiva y piel, alteración de la inmunidad con neoplasias, bronquiectasias, diabetes, etc. Disminuyen IgA, IgE, IgG2, IgG4, OKT4 *helper* y linfopenia, aumenta alfafetoproteína, aumenta antígeno carcinoembrionario. Ataxia a los 1-2 años, disartria, nistagmo, hiperreflexia, retraso mental, telangiectasias, manchas café con leche, encanecimiento precoz, poiquilodermia, degeneración de la corteza cerebelosa, desmielinización de las columnas posteriores, degeneración de raíces y ganglios simpáticos posteriores. Linfoma, leucemia.

ENFERMEDAD DE LYME: véase discinesias con origen subcortical.

ENFERMEDAD DE MCARDLE: véase glucogenosis.

ENFERMEDAD DE MATSUGANA: véase amiotrofia espinal.

ENFERMEDAD DE MEADOWS-MARSDEN: véase amiotrofia espinal.

ENFERMEDAD DE MENKES: *kinky hair syndrome*, enfermedad del cabello ensortijado. Defecto en transporte de membrana de cobre en duodeno y yeyuno. Ligado al X. Disminuye el cobre en el suero, disminuye la ceruloplasmina. No anemia, pelo rizado, disminución de fibras de colágeno y elastina maduras, aneurismas disecantes, rotura cardíaca súbita, enfisema, osteoporosis, retraso mental, *exitus* a los 5 años.

Electroencefalograma: hipsarritmia, anomalías multifocales.

Electrorretinograma: normal.

Potenciales evocados visuales: parece ser que habría ausencia de respuesta (esto por ahora debe tomarse con prudencia en niños tan pequeños, a diferencia del electroencefalograma, al carecerse de un estándar para los potenciales visuales en los niños).

ENFERMEDAD DE MORVAN: véase acropatía ulceromutilante.

ENFERMEDAD DE NIEMANN-PICK: véase lipidosis.

ENFERMEDAD DE OGUCHI: véase electrorretinografía, patología.

ENFERMEDAD DE O´SULLIVAN-MCLEOD: véase amiotrofia espinal.

ENFERMEDAD DE PARKINSON: Electroencefalograma lentificado.

ENFERMEDAD DE PICK: Electroencefalograma lentificado.

ENFERMEDAD DE POMPE: véase glucogenosis.

ENFERMEDAD DE QUERVAIN: tendinitis del extensor corto y el abductor largo del pulgar, con signo de Finkelstein positivo: aumento de dolor (por tendinitis) en los tendones del extensor corto y el abductor largo del pulgar al extenderlos con el pulgar sujeto con el puño.

ENFERMEDAD DE SCHILDER: véase enfermedad de los peroxisomas.

ENFERMEDAD DE SEITELBERGER: véase lipidosis.

ENFERMEDAD DE SPIELMEYER-VOGT: véase lipidosis.

ENFERMEDAD DE STARK-KAESER: véase amiotrofia espinal.

ENFERMEDAD DE STEINERT: véase miopatía.

ENFERMEDAD DE SUDECK: véase dolor.

ENFERMEDAD DE TAKIKAWA: véase amiotrofia espinal.

ENFERMEDAD DE TANGIER: véase lipidosis.

ENFERMEDAD DE TARUI: véase glucogenosis.

ENFERMEDAD DE TAY-SACHS: véase lipidosis.

ENFERMEDAD DE THORNTON-GRIGGS-MOXLEY: véase miopatía, clasificación y características generales.

ENFERMEDAD DE UNVERRICHT-LUNDBORG: el síndrome de Hartung es la forma autosómica dominante.
Epilepsia mioclónica, mioclonias, convulsiones generalizadas, demencia. Familiar. Ataxia, disartria, etc. Autosómica recesiva, progresiva.

Electroencefalograma: polipunta, polipunta-onda, fotosensibilidad; reducción de ondas V y husos sigma.

ENFERMEDAD DE URBACH-WHIETHE: autosómica recesiva, depósito hialino en piel, mucosas y lengua; alteraciones fonación (llanto en susurro); macroglosia; lesiones cutáneas; calcificaciones simétricas en córtex, epilepsia, retraso mental, alteraciones oculares.

ENFERMEDAD DE VOGT-KOYANAGI-ARADA: autoinmune; vitíligo, uveítis, encanecimiento prematuro, afectación del sistema nervioso central (meningitis aséptica o linfocitaria), *tinnitus,* hipoacusia.

ENFERMEDAD DE VON BOGAERT-SCHERER-EPSTEIN: véase xantomatosis cerebrotendinosa.

ENFERMEDAD DE VON GIERKE: véase glucogenosis.

ENFERMEDAD DE VON RECKLINGHAUSEN: síndrome neurocutáneo discrómico, neurofibromatosis. Es el síndrome neuroectodérmico más frecuente (el segundo es la esclerosis tuberosa). Autosómica dominante o esporádica. Nódulos de Lisch: hamartomas en iris (en el 94% de los menores de 6 años, aunque no aparecen en la neurofibromatosis segmentaria). Manchas café con leche en axilas (signo de Crowe). *Molluscum fibrosum*: neurofibromas cutáneos. Elefantiasis neurofibromatosa: paquidermatocele o *tumor royale* por neurofibroma subcutáneo gigante en neurofibromatosis. Manchas café con leche en el 90-99%, en la mayoría desde el nacimiento, pueden aumentar en número y tamaño en la pubertad y estabilizarse en la segunda década. Los neurofibromas suelen aparecer tras las manchas café con leche y se pueden invaginar (signo del *button-holing*), suelen aparecer en mayores de 5 años y aumentar con el embarazo (sobre todo los periareolares), pueden aumentar con la edad. Xantogranuloma, *nevus* (múltiples), cutis laxa, prurito (neurofibromas), hipertrofia de papilas linguales, neuromas plexiformes en párpados, glioma del nervio óptico y del quiasma. Glaucoma, exoftalmos, lesiones retinianas como las de la esclerosis tuberosa, escoliosis y otras alteraciones óseas (seudoartrosis, lesiones quísticas, etc.). Estreñimiento. Oligofrenia de lenta instauración, trastornos del comportamiento, convulsiones, hidrocefalia. Gliomas de la vía óptica, neuromas del acústico con afectación de pares (8, 5, 7, etc.), feocromocitoma. Pubertad precoz (diagnóstico diferencial con el síndrome de McCune-Albright). Carcinoma medular de tiroides, hipoparatiroidismo, neurofibromas viscerales, tumores, trastornos del comportamiento, malformaciones cardíacas. Enfermedad de Von Willebrand, etc.

ENFERMEDAD DE VULPIAN-BERNHARDT: véase amiotrofia espinal.

ENFERMEDAD DE WERDNIG-HOFFMAN: véase amiotrofia espinal.

ENFERMEDAD DE WHIPPLE: confusión, oftalmoplejía, nistagmo, pérdida de memoria; los bastones PAS positivos aparecen en sistema nervioso central; la afectación puede ser del sistema nervioso central exclusivamente.

ENFERMEDAD DE WILLIS-EKBOM: véase sueño, anormalidades motoras.

ENFERMEDAD DE WILSON: metabolismo del cobre. Las manifestaciones neuropsiquiátricas son la forma de debut en el 40% de los casos. Incoordinación, temblores, disartria, disfagia, espasticidad, contracturas, convulsiones. Se asocia a condrocalcinosis.
Electroencefalograma: normal en un 50% de casos; delta irregular bilateral, mezclado con theta, sin ritmos fisiológicos, con máximo posterior; descargas paroxísticas de tipo comicial; buena correlación con la clínica; lentificación, ondas agudas; disminución de husos del sueño.

ENFERMEDAD DE YOUNG-HARPER: véase amiotrofia espinal.

ENFERMEDAD DE ZINSER-COLE-EGMAN: véase anemia de Fanconi.

ENFERMEDAD DEL ARMADILLO: véase discinesias con origen espinal.

ENFERMEDAD DEL CABELLO ENSORTIJADO: véase enfermedad de Menkes.

ENFERMEDAD DEL JARABE DE ARCE, LEUCINOSIS: electroencefalograma: lentificación y paroxismos (convulsiones).

ENFERMEDAD DEL PACIENTE "CRÍTICO": véase síndrome del paciente "crítico".

ENFERMEDAD MELANOLISOSOMAL NEUROECTODÉRMICA: véase síndrome de los cabellos plateados.

ENFERMEDAD MOYAMOYA: vasculopatía oclusiva crónica. En el electroencefalograma: lentificación y actividad epileptiforme por isquemia o crisis epilépticas (Frechette ES et al. Electroencephalographic features of moyamoya in adults. Clin Neurophys 2015; 126: 481-485).

ENFERMEDAD ROSA: véase dolor.

ENFERMEDAD VASCULAR CEREBRAL INFANTIL Y JUVENIL, ALGUNAS CAUSAS: homocistinuria, enfermedad de Fabry tipo 1, migraña hemipléjica familiar, tóxicos, síndrome MELAS, malformación arteriovenosa (probablemente la causa más frecuente).

ENGROSAMIENTOS FOCALES NORMALES ASINTOMÁTICOS: engrosamientos "gangliformes" o "tumefacciones fusiformes" de los clásicos, por fricción crónica aparecen en nervio circunflejo; en cara externa de porción tendinosa superior de cabeza larga del bíceps (tal vez de ahí el 25% de polifasia en deltoides); nervio mediano en muñeca; nervio interóseo posterior en antebrazo; rama terminal externa de nervio peroneo profundo en tobillo (escafoides); etc. Y pueden aumentar con la edad por probable fibrosis de la túnica media en relación con la endoteliosis de los *vasa nervorum* con el paso de los años.

ENURESIS NOCTURNA: la presente en mayores de 5 años sin enfermedad orgánica de fondo. Ocurre generalmente durante el sueño *NREM*, o al principio del sueño *REM*. Véase incontinencia urinaria.

EPILEPSIA ABDOMINAL: cólico, disminución de conciencia y automatismos. Diagnóstico diferencial con el síndrome periódico abdominal (migraña abdominal).

EPILEPSIA ALCOHÓLICA: suele ser generalizada tonicoclónica. Si fuera focal debería investigarse otra causa también. Se considera epilepsia alcohólica si aparece fuera del periodo de abstinencia, si no había epilepsia previa, si las convulsiones son generalizadas y si el electroencefalograma interictal es normal. Con frecuencia, el electroencefalograma es normal en la epilepsia alcohólica, lo cual permite en ocasiones ayudar a distinguirla de la epilepsia por otra causa.

EPILEPSIA BENIGNA DEL LÓBULO OCCIPITAL, DIAGNÓSTICO DIFERENCIAL:
-Síndrome de Lennox.
-Epilepsia postraumática con complejo punta-onda lenta (electroencefalograma parecido al del síndrome de Lennox, pero clínica diferente, con epilepsia psicomotora o gran mal).
-Epilepsia del lóbulo frontal con sincronía bilateral secundaria (dagnóstico diferencial difícil o imposible).
-Síndrome *ESES* (no hay máximo frontal, pero sí posterior o en vértex; ataques más leves).
-Síndrome afasia-convulsión de Landau-Kleffner (crisis más leves; electroencefalograma: punta-onda lenta, más en sueño, a menudo generalizada y continua, pero con máximo en área temporal media; enfermedad generalmente autolimitada).
-Epilepsia benigna del lóbulo occipital (electroencefalograma: punta-onda con máximo occipital o temporal, especialmente en vigilia y en relación con migraña: ataques visuales y luego dolor de cabeza).
-Síndrome de Rett (enfermedad degenerativa del sistema nervioso central; niñas; electroencefalograma: punta-onda lenta en estadios iniciales; máximo variable, temporal u occipital).
Véase afasia epiléptica.

EPILEPSIA, CIRUGÍA: véase cirugía de la epilepsia.

EPILEPSIA CON CRISIS FOCALES MIGRATORIAS DE LA INFANCIA: descrito por Coppola en 1995. Comienza en los primeros 6 meses de vida. Crisis focales frecuentes, resistentes al tratamiento, con descargas electroencefalográficas ictales multifocales y deterioro neurológico progresivo. Encefalopatía epiléptica grave, rara, de inicio precoz, causa desconocida, farmacorresistente y que con frecuencia cursa con estatus (García C et al.

Epilepsia con crisis focales migratorias de la infancia: registro vídeo-EEG. Rev Neurol 2014; 59: 133-34).

EPILEPSIA CON PUNTA-ONDA CONTINUA DURANTE EL SUEÑO, EPOCS, SÍNDROME *ESES, ELECTRICAL STATUS EPILEPTICUS DURING SLEEP:* véase afasia epiléptica.

EPILEPSIA DEL LÓBULO FRONTAL: parece ser que en la epilepsia del lóbulo frontal el 95% de las crisis son nocturnas (de ahí el creciente interés del Holter).
Crisis parciales simples, complejas, secundariamente generalizadas, crisis jacksonianas (motoras sin pérdida de conocimiento), otras. Las crisis pueden ser menores de un minuto y subintrantes (empieza la siguiente antes de que termine la anterior). Crisis motoras diversas, tónicas, clónicas, versivas, detención del lenguaje, gestuales, posturales, con automatismos, actividad vegetativa, emotiva, alucinatoria, vocalización, deglución, toqueteo, deambulación, lagrimeo, risa, llanto, pedaleo, ausencias (incluso con punta-onda a 3 Hz) etc.
Puede haber torpor poscrítico. Puede faltar la actividad epileptiforme intercrítica. La actividad epileptiforme suele ser frontal, al igual que la actividad crítica (la cual suele consistir en brotes continuos de actividad rápida o lenta de gran amplitud o baja amplitud, mezclada o no con puntas, punta-onda, etc.).
Diagnóstico diferencial con epilepsia del lóbulo temporal y con epilepsia rolándica benigna.
Véase epilepsia benigna del lóbulo occipital.

EPILEPSIA DEL LÓBULO TEMPORAL: se clasifica en epilepsia mesial y epilepsia lateral o neocortical, aunque esto no se distingue bien con el electroencefalograma de superficie.
Crisis parciales simples, complejas, otras, y puede haber generalización secundaria. Manifestaciones autonómicas, psíquicas, alucinatorias, motoras diversas, automatismos, molestia epigástrica, síncope cardiogénico, etc. Pueden durar más de un minuto, con torpor y confusión postictal.
Las crisis pueden afectar, con mayor frecuencia, a la zona medial o mesial, es decir, a hipocampo (y amígdala, con crisis rinencefálicas o límbicas mesiobasales), que son las que suelen cursar sin alucinaciones auditivas, o bien pueden ser temporales laterales, es decir, neocorticales, con aura auditiva, ensoñación, alucinaciones visuales, afasia, etc.
Electroencefalograma: actividad delta arrítmica, actividad delta rítmica intermitente, puntas, ondas agudas, descargas bitemporales sincrónicas o asincrónicas, actividad ictal theta-delta y lentificación focal postictal. La localización prequirúrgica del foco precisa de electrodos esfenoidales (o temporales anteriores –T1-T2-, o cigomáticos, o de la muesca mandibular, o "de la mejilla") e intracraneales (con rejillas –*grids*- o tiras –*strips*- subdurales o profundos, que detectan la actividad en un área de pocos milímetros, o con estereoelectroencefalografía, según técnica de Tailarach), aunque si hay congruencia entre electroencefalograma y resonancia (60-85% de los casos), los intracraneales presentan menos utilidad.

Tellez JF, Ladino LD. Epilepsia temporal: aspectos clínicos, diagnósticos y de tratamiento. Rev Neurol 2013; 56: 229-242.

Cardinali F et al. Stereoelectroencephalography: surgical methodology, safety and stereotactic application accuracy in five hundred procedures. Neurosurgery 2012; 72: 353-366.

El electroencefalograma intercrítico puede ser normal. Parece ser que las crisis que más se generalizan durante el sueño son las del lóbulo temporal, no las del lóbulo frontal. Personalmente se ha observado también que las anomalías electroencefalográficas epileptiformes en la epilepsia del lóbulo temporal, independientemente de si se generalizan o no, pueden ser notablemente más abundantes durante el sueño (de ahí el creciente interés del Holter), o puede que se observen solo durante el sueño, o incluso solo durante algunas fases del sueño, como se ha observado personalmente en algún caso, como el que se ilustra en la siguiente gráfica, en la que se ve un fragmento de un Holter en el que aparece abundante actividad epileptiforme (potenciales agudos), en región temporal izquierda, en la fase *NREM* del sueño:

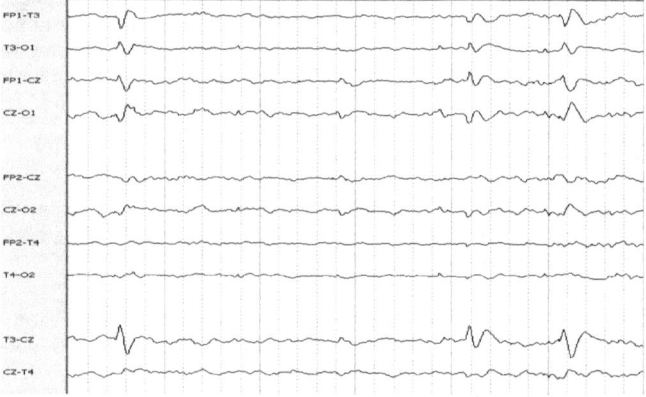

EPILEPSIA DEL SOBRESALTO: véase hiperecplexia.

EPILEPSIA DURANTE EL SUEÑO: véase ataques epilépticos durante el sueño.

EPILEPSIA FOTOSENSIBLE: idiopáticas o no (tumores, encefalitis, ceroidolipofuscinosis fotosensibles). 6-15 años.
-Tipos:
Pura, sin crisis espontáneas.
Con fotosensibilidad y crisis espontáneas.
Mioclonias palpebrales con ausencias.
Epilepsia autoinducida por fotosensibilidad (con o sin retraso mental).
Epilepsia provocada por patrones.
Crisis inducidas únicamente por fotoestimulación.

EPILEPSIA GENERALIZADA PRIMARIA: se tiende a descartar términos como "genuina", "esencial", o "idiopática". Puede ir precedida de convulsiones febriles o epilepsia mioclónica benigna de la infancia. No viene precedida por síndrome de Lennox ni por síndrome de West. Constituye el 28,5% de las epilepsias (11,3% gran mal, 9,9% pequeño mal, 4,1% mioclonias, 3,2% otros, total 28,5%). El sueño provoca ondas patológicas (complejo K epiléptico), sobre todo en estadio 2, y fluctuaciones del nivel de conciencia (*arousal*). La fotosensibilidad es más frecuente en casos de gran mal y *mioclonus*, y menos frecuente en *petit mal*. La epilepsia rolándica benigna quizá se podría considerar una epilepsia generalizada primaria, a pesar de la clínica y el electroencefalograma focales, ya que se superpone con la epilepsia generalizada primaria.

Diagnóstico diferencial: epilepsia de lóbulo frontal con sincronía bilateral secundaria (ausencias en mayores de 10 años, más o menos prolongadas, y ausencias con generalización tonicoclónica secundaria; electroencefalograma: difícil de interpretar, la presencia de brotes entremezclados de puntas rítmicas a 10 Hz refuerzan este diagnóstico); lesiones hipotalámicas (manifestaciones endocrinas, ausencias y punta-onda a 3 Hz); trastornos metabólicos (encefalopatía renal con brotes de punta-onda; abandono de barbitúricos con brotes de punta-onda, con o sin fotosensibilidad); síndrome de Lennox; síndrome de Rett (enfermedad degenerativa del sistema nervioso central, niñas; electroencefalograma: punta-onda lenta en estadios iniciales, con máximo variable temporal y occipital). Tratado de electroencefalografía de Niedermeyer.

EPILEPSIA GENÉTICA CON CRISIS FEBRILES PLUS: véase crisis febriles.

EPILEPSIA INFANTIL:
-Convulsiones neonatales.

-Epilepsia migratoria maligna del lactante: inicio en el primer semestre de vida. Crisis parciales casi continuas, polimorfas y refractarias, en ocasiones generalizadas, con deterioro psicomotor importante y electroencefalograma con descargas multifocales. Diagnóstico diferencial con otras encefalopatías epilépticas propias de esta edad, como el síndrome de West o el de Otahara.

-Encefalopatía epiléptica neonatal con brotes de supresión (síndrome de Aicardi-Otahara):
1. Encefalopatía mioclónica progresiva precoz: niños menores de 3 meses, encefalopatía mioclónica grave.
2. Encefalopatía epiléptica infantil precoz con paroximos de supresión: primeros meses, espasmos tónicos, grave.

-Convulsiones neonatales familiares benignas: clonias, apneas. Desde segundo-tercer día, durante los 3 primeros meses. 14% de epilepsia. Electroencefalograma: actividad theta aguda alternante. Clínica normal. Fenobarbital.

-Convulsiones neonatales benignas idiopáticas: cuarto-sexto día. Clínica normal, salvo estatus. Electroencefalograma: theta aguda alternante. Fenobarbital.

-Síndrome de West.

-Síndrome de Lennox-Gastaut.

-Epilepsia mioclónica infantil benigna: desde el tercer mes hasta el segundo año. Sin antecedentes clínicos. Con o sin antecedente familiar de epilepsia. Rara vez debuta por crisis febriles. Caídas de la cabeza, con o sin crisis tonicoclónicas generalizadas, en la adolescencia, con o sin trastornos de la personalidad y del aprendizaje. Depakine.
Diagnóstico diferencial: mioclonias infantiles benignas no epilépticas, síndrome de West, síndrome de Lennox, epilepsia mioclónica severa de la infancia.
Electroencefalograma: punta-onda generalizada, al principio del sueño más, y en fase *REM*. Actividad de fondo normal. Polipunta-onda. Fotosensible.

-Epilepsia mioclónica infantil severa o grave, síndrome de Dravet, epilepsia polimórfica: (Dravet CH. Les épilepsies graves de l'enfant. Vie Med 1978; 8: 543-8) 6-9 meses (media 5-6 meses). Con o sin antecedentes familiares. Previamente bien. Clónica generalizada, unilateral o no, mioclónica, crisis parciales complejas, ausencia atípica, estatus (más variada que la epilepsia mioclónica infantil benigna). Regresión psicomotora. Suele debutar como crisis febriles.
Diagnóstico diferencial: crisis febriles, epilepsia mioclónica infantil benigna, síndrome de Lennox, síndrome de Doose, epilepsia mioclónica.
Electroencefalograma: puede ser normal hasta los 2 años; lentificación severa, polipunta-onda, punta-onda a 3 Hz (2-3,5 Hz), paroxismos multifocales, paroxismos focales (también alteraciones en *NREM,* y variable en *REM* según el estadio), etc. Fotoestimulación, fotosensibilidad precoz.

-Epilepsia con crisis mioclonicoastáticas, o pequeño mal mioclónico, o síndrome de Doose. Véase síndrome de Doose.

-Encefalopatías mioclónicas. Véase encefalopatía.

-Epilepsia infantil con ausencias (picnolepsia, *petit mal; piknos* significa frecuente, al ser los ataques frecuentes): predisposición genética. 15% de crisis febriles. Pico 6-7 años (3-13 años, antes de la pubertad). Ausencias, con o sin crisis tonicoclónicas generalizadas, en la adolescencia. Estatus excepcional. Electroencefalograma: punta-onda a 3 Hz, actividad de fondo normal, con o sin actividad lenta posterior (en *NREM*, polipunta onda; en *REM* actividad escasa); privación de sueño, hiperventilación, fotoestimulación. Parece ser que la actividad lenta posterior tras la punta-onda a 3 Hz sería un signo de buen pronóstico.

-Epilepsia juvenil con ausencias: adolescencia, alrededor de la pubertad (límite inferior: 10 años). Crisis como en picnolepsia, pero con menor retropulsión. Puede haber crisis tonicoclonicogeneralizadas. Mioclonias infrecuentes. Crisis al despertar. Estatus menos excepcional. Electroencefalograma: punta-onda a 3 Hz. Privación de sueño. Hiperventilación. Fotoestimulación (menos eficaz). La punta-onda a 3 Hz puede empezar a 4 Hz, pasar a 3 Hz en segundos y terminar a 2 Hz; polaridad negativa en línea media. Comienzo y final bruscos (sobre todo el comienzo); dura de 1 segundo a 1 minuto (media: 8-10 segundos). En los raros casos en los que el voltaje es mayor en áreas parietooccipitales, la apertura de los ojos puede suprimir la descarga, según algunos autores. Suele asociarse a alteración de la conciencia. La hiperpnea es el método de activación más eficaz para provocar la aparición de los brotes, si no aparecen espontáneamente. En las ausencias atípicas, en vez de punta-onda a 3 Hz aparece una descarga de ondas de mediano o bajo voltaje a unos 10 Hz, bilateral y generalizada.

-**Epilepsia con ausencias mioclónicas:** peor pronóstico que epilepsia juvenil con ausencias y picnolepsia, por resistencia al tratamiento. Posible deterioro mental y evolución a síndrome de Lennox. 2-17 años (media: 7 años). Antecedente familiar de epilepsia, posibles antecedentes personales de retraso mental. Posibles crisis tonicoclonicogeneralizadas. Posibles ausencias. Electroencefalograma: descargas mioclónicas a 3 Hz, muchas al día, más al despertar; estatus raro; lentificación; salvas punta-onda; crisis: punta-onda a 3 Hz. Punta en el electroencefalograma implica mioclonia en el electromiograma en menos de 70 milisegundos (sin relevancia clínica). Hiperventilación. Fotoestimulación.

-**Epilepsia con crisis tonicoclónicas generalizadas:** en la adolescencia hay asociación frecuente entre crisis tonicoclónicas generalizadas y epilepsia mioclónica juvenil benigna, o también con epilepsia ausencia de la adolescencia, dando lugar a una epilepsia generalizada primaria de la adolescencia y adulto joven. Formas reconocibles: una forma consiste en crisis tonicoclónicas generalizadas en el niño, o gran mal infantil: posibles antecedentes de crisis febriles, con crisis tonicoclónicas generalizadas, posibles mioclonias a veces, y en el electroencefalograma paroxismos generalizados, no focales, y crisis heterogéneas.
Otra forma consiste en crisis tonicoclónicas generalizadas de la adolescencia, o gran mal del despertar: 9-18 años (máximo: 14-16 años), posibles antecedentes familiares y de crisis febriles, el 90% de las crisis en las 2 horas tras el despertar, o en la relajación vespertina. Posibles mioclonias y ausencias; cuando los grafoelementos son a 4-6 Hz se consideran específicos de epilepsia primaria generalizada (aumento de descargas en fase *NREM*). Diagnóstico diferencial: crisis parciales con generalización secundaria, síncope convulsivo, espasmo del sollozo con componente convulsivo, crisis histéricas. Electroencefalograma: punta-onda o polipunta-onda aisladas, o a 3 Hz, más o menos, generalizadas y sincrónicas. Hiperventilación. Fotoestimulación.

-**Epilepsia mioclónica juvenil:** pubertad (8-26 años; media: 14-16 años). No pérdida de conocimiento. Posibles crisis tonicoclónicas generalizadas, ausencias, antecedentes familiares de epilepsia generalizada y antecedentes familiares de crisis febriles. Inmadurez e inestabilidad.

Diagnóstico diferencial: mioclonías fisiológicas del sueño, epilepsia mioclónica progresiva de Unverricht-Lundborg, epilepsia mioclónica-astática, epilepsia ausencia juvenil, ausencias mioclónicas.

Electroencefalograma: punta-onda y polipunta-onda generalizada, más al despertar o con adormecimiento. Estimulación luminosa intermitente, privación de sueño, hiperventilación, cierre de párpados, sueño espontáneo.

-Epilepsia y síndromes epilépticos parciales idiopáticos: 2-12 años (4-9 años); indemnidad neurológica. Posibles crisis febriles. Posibles antecedentes familiares de crisis febriles o de epilepsia.

Electroencefalograma: fondo normal, punta-onda o puntas aisladas o en brotes, focales, o bilaterales, presentes en sueño.

Criterios clínicos: no déficit neurológico, historia familiar de epilepsia benigna, primera crisis después de los 18 meses de edad, crisis breves e infrecuentes, a veces frecuentes al principio, buena respuesta al tratamiento, semiología no polimórfica en un mismo paciente (no crisis tónicas ni atónicas), no déficit postcrítico prolongado.

Tipos:

1. Epilepsia parcial benigna con paroxismos rolándicos: epilepsia rolándica benigna de la infancia. 3-13 años (6-10 años). Potenciales agudos, puntas o punta-onda centrotemporales, que se activan con el sueño y cambian de lado. Síntomas sensitivos que progresan a manifestaciones motoras, posibles vómitos, posibles crisis tonicoclónicas generalizadas, posible estatus. Nocturnas o diurnas. Puede reaparecer más adelante, con frecuencia en relación con el consumo de alcohol. 5-10% de los epilépticos menores de 15 años. En el 70% de los niños aparecen las crisis, pero en un 30% se manifiesta de otras maneras (por ejemplo, como trastorno del comportamiento). **Epilepsia rolándica maligna:** secuencias interminables de descargas agudas ictales.

Electroencefalograma en la epilepsia rolándica benigna: actividad de fondo normal; la privación de sueño es eficaz para activar el electroencefalograma y entonces las descargas pueden volverse bilaterales, sincrónicas y semiperiódicas; aparecen puntas, punta-onda, u ondas agudas en área central mediotemporal; las puntas pueden ser sustituidas por ritmo mu con el tiempo (que tal vez podría incluso ser un indicador de la normalización del trazado en estos casos, y también indicaría una remisión la desaparición de paroxismos en fase *REM;* en sueño *NREM* y *REM* paroxismos, más focales en fase *REM*).

2. Epilepsia parcial benigna con paroxismos occipitales: punta-onda occipital que se bloquea con apertura de ojos. 15 meses-11 años (4-8 años). Migraña postcrítica. Diagnóstico diferencial: migraña basilar, epilepsia parcial sintomática del lóbulo occipital, epilepsia temporal, epilepsia lobar occipital benigna.

Electroencefalograma interictal: punta-onda con máximo occipital, 1,5-3 Hz, bilateral (interictal), también temporales, unilaterales o bilaterales, también ondas agudas, y bloqueo con apertura palpebral (paroxismos en fase *NREM*, menor en fase *REM*), y actividad de fondo normal. Electroencefalograma ictal: punta-onda continua unilateral.

Epilepsia occipital benigna idiopática de inicio temprano, síndrome de Panayiotopoulos: variedad de la epilepsia infantil idiopática occipital benigna con crisis focales, vómitos ictales, desviación de la mirada, con posible generalización secundaria. Electroencefalograma: ondas agudas occipitales (y posiblemente en otras áreas en poligrafía nocturna); puntas localizadas en región occipital o multifocales (por probable propagación desde región occipital). Posible estatus epiléptico autonómico, con vómitos ictales, o *ictus emeticus* (Leal A, Ferreira JC, Días A, Calado E: Origin of frontal lobe spikes in the early onset benign occipital lobe epilepsy (Panayiotopoulos syndrome).

3. Epilepsia parcial benigna con paroxismos temporales: epilepsia parcial primaria con sintomatología afectiva, 2-10 años. Diagnóstico diferencial: vértigo paroxístico, crisis de angustia (de día), terrores nocturnos (*NREM*), crisis de lóbulo temporal sintomáticas.

4. Epilepsia primaria de la lectura: pubertad tardía (10-20 años). Electroencefalograma: punta y punta-onda, parietotemporal o generalizada.

5. Epilepsia parcial primaria con paroxismos frontales: 4-8 años.

6. Epilepsia parcial benigna de la adolescencia: 10-20 años.

7. Epilepsia parietal benigna: aumento en *NREM*. Puntas en región parietal, desencadenadas por estímulo contralateral táctil. Posibles trastornos de conducta.

-Síndromes epilépticos parciales no idiopáticos: epilepsia de lóbulo temporal.

-Epilepsia tumoral (media: 3-6 años) **y postraumática** (precoz y tardía).

-Epilepsia y síndromes epilépticos focales, generalizados, o ambos:
1. crisis neonatales.
2. Afasia epiléptica o síndrome de Landau-Kleffner, síndrome de afasia-convulsión. Véase afasia epiléptica.
3. EPOCS: epilepsia con punta-onda continua durante el sueño. Véase afasia epiléptica.
4. Epilepsia parcial benigna atípica de la infancia: crisis parciales motoras durante el sueño y generalizadas (mioclónicas y atónicas, diagnóstico diferencial con síndrome de Lennox). 2-6 años. No deterioro mental. No trastorno del comportamiento. Remite antes de la pubertad.
Diagnóstico diferencial: síndrome de Lennox (en la epilepsia parcial benigna atípica faltan las crisis tónicas, y aparecen crisis parciales motoras nocturnas; no deterioro mental, electroencefalograma focal en vigilia, contraste entre electroencefalograma de vigilia y sueño); EPOCS (en EPOCS deterioro, y la POCS no remite).
Electroencefalograma: como en la epilepsia parcial benigna con paroxismos rolándicos; punta-onda a 3 Hz con microausencias, POCS a 1-1,5 Hz.

-Estado de mal epiléptico. Síndrome HH, síndrome HHE y epilepsia parcial continua; estados de mal parciales somatomotores con clínica propia:
1. Síndrome HH: 6-18 meses. Raro en mayores de 4 años. Antecedente familiar de crisis febriles, epilepsia, o ambos. Antecedentes personales de lesión cerebral. Crisis convulsiva o estado de mal convulsivo hemigeneralizado, con déficit motor hemicorporal transitorio o permanente.
2. Síndrome HHE: HH con crisis epilépticas con frecuencia farmacorresistentes. Crisis convulsiva unilateral o estado de mal unilateral de la

primera infancia, seguido de hemiplejía transitoria o permanente y, tras periodo libre variable, seguido de epilepsia, generalmente parcial.

3. Epilepsia parcial continua, dos tipos:

3.1. Síndrome de Kojewnikow: crisis parciales motoras, mioclonias localizadas. Cualquier edad.

3.2. Síndrome de Rasmussen: 2-10 años; crisis parciales motoras, hemigeneralizadas, generalizadas, mioclonias de localización variable.

-Epilepsias reflejas: crisis inducidas por un estímulo sensitivo específico (no se debe confundir con factor desencadenante). Véase epilepsia refleja.

-Crisis epilépticas ocasionales: crisis febriles, infecciones intracraneales, trastornos metabólicos, encefalopatías agudas, hipertensión, etc.

-Crisis cerebrales no epilépticas.
Epilepsia y síndromes epilépticos en el niño, por M Nieto y E Pita. Ed Universidad de Granada, 1993.

EPILEPSIA MIOCLÓNICA, ALGUNAS CORRELACIONES:
Corea de Huntington.
Enfermedad de Unverricht-Lundborg (síndrome de Hartung: forma autosómica dominante).
Enfermedad de Lafora.
Sialidosis.
Síndrome de Knudd-Krabbe (enfermedad de Krabbe, leucodistrofia).
Síndrome de Ramsay-Hunt: disinergia cerebelosa mioclónica.
Síndrome de Rabot.
Síndrome de Lance-Adams.
Enfermedad de Gaucher juvenil.
Síndrome *MERRF*.
Ceroidolipofuscinosis.
Lipofuscinosis neuronal ceroidea juvenil.
Enfermedad de Jansky-Bielchowski.

EPILEPSIA POLIMÓRFICA: síndrome de Dravet.

EPILEPSIA POSTRAUMÁTICA, DIAGNÓSTICO DIFERENCIAL: síndrome de Lennox; epilepsia postraumática con complejo punta-onda lenta (electroencefalograma parecido al del síndrome de Lennox, pero clínica diferente, con epilepsia psicomotora o gran mal); epilepsia del lóbulo frontal con sincronía bilateral secundaria (dagnóstico diferencial difícil o imposible); síndrome *ESES* (no hay máximo frontal, pero sí posterior o en vértex; ataques más leves); síndrome afasia-convulsión de Landau-Kleffner (crisis más leves, electroencefalograma: punta-onda lenta, más en sueño, a menudo generalizada y continua, pero con máximo en área temporal media; enfermedad generalmente autolimitada); epilepsia benigna del lóbulo occipital (electroencefalograma: punta-onda con máximo occipital o temporal, especialmente en vigilia y en relación con migraña: ataques visuales y luego dolor de cabeza); síndrome de Rett (enfermedad degenerativa del sistema nervioso central; niñas; electroencefalograma: punta-onda lenta en estadios iniciales; máximo variable –temporal u occipital-).

EPILEPSIA REFLEJA: crisis inducidas por un estímulo sensitivo específico (que no se debe confundir con un factor desencadenante):
1. Epilepsias fotosensibles: idiopáticas o sintomáticas (tumores, encefalitis, ceroidolipofuscinosis fotosensibles). 6-15 años. Tipos: pura, sin crisis espontáneas; con fotosensibilidad y crisis espontáneas; mioclonias palpebrales con ausencias; epilepsia autoinducida por fotosensibilidad (puede haber retraso mental); epilepsia provocada por patrones; crisis inducida únicamente por fotoestimulación.
2. Epilepsia sobresalto: lesión cerebral (incluso gangliosidosis). Carbamacepina.
3. Crisis inducidas por el movimiento.
4. Crisis inducidas por estímulos sensitivos.
5. Epilepsias reflejas complejas: musicógena; por comida (posible lesión cerebral); por lenguaje; por pensamiento.

EPILEPSIA ROLÁNDICA: véase epilepsia infantil.

EPILEPSIA Y ALTERACIONES PSÍQUICAS:
Psicosis epiléptica: comprende el estado de ausencia, el estado de mal de lóbulo temporal y el fenómeno de Landolt.
Fenómeno de Landolt: normalización del electroencefalograma a pesar de seguir con la clínica. Fenómeno propio de la psicosis epiléptica. En psicosis y epilepsia del lóbulo temporal, la psicosis interictal puede tener origen epileptógeno. Si no tiene origen epileptógeno se puede observar psicosis interictal de origen no epileptógeno con "normalización forzada" del electroencefalograma o fenómeno de Landolt, a pesar de seguir con la clínica o con la exacerbación psicótica; podría deberse a sobredosificación medicamentosa. Es un asunto abierto a investigación al no quedar claro en todos los casos de psicosis epiléptica si la psicosis está relacionada o correlacionada con la epilepsia.
Angustia: de forma excepcional una crisis de angustia supuestamente podría llegar a plantear el diagnóstico diferencial con una epilepsia parcial primaria con sintomatología afectiva.

EPOCS: véase epilepsia con punta-onda continua durante el sueño. Véase síndrome *ESES*. Véase afasia epiléptica adquirida. Véase epilepsia infantil.

EQUIVALENTE MIGRAÑOSO: focalidad sin cefalea.

ESCALA DE GLASGOW: escala ideada para el coma por traumatismo craneoencefálico, para uso por personal de enfermería, pero empleada ya convencionalmente en cualquier tipo de coma por todo el personal sanitario.
1. Apertura del ojo: espontánea (4 puntos), por voz alta (3), por dolor (2), no (1).
2. Respuesta motora: obedece órdenes (6), localiza el dolor (5), retirada en flexión por dolor (4), postura anormal en flexión (3), postura anormal en extensión (2), no (1).
3. Respuesta verbal: orientada (5), confusa-desorientada (4), palabras

inadecuadas (3), sonidos incomprensibles (2), no (1).
Menor de 3 o 4 puntos: 85% de *exitus* o estado vegetativo.
Mayor de 11: 85% de incapacidad moderada o buena recuperación.
Jennett B, Bond M. Assessment of outcome after severe brain damage. Lancet 1975; 1: 480-4.
Esta escala incorpora el término **"estado vegetativo"** y a partir de este momento el uso de este término se generaliza.

ESCALA DE ISQUEMIA: véase demencia, escala de isquemia.

ESCALA DE SYNEK (SEGÚN GRADOS DE ANORMALIDAD EN EL ELECTROENCEFALOGRAMA):
1. Alfa dominante con alguna actividad theta dispersa.
2. Actividad theta dominante, generalmente reactiva.
3. Actividad delta dominante, dispersa, de baja amplitud, irregular, no reactiva.
4. Patrón brotes/supresión, descargas epileptiformes, actividad de bajo voltaje, actividad no reactiva, patrón coma alfa, patrón coma theta.
5. EEG isoeléctrico.
Synek V. Prognostically important EEG coma patterns in diffuse anoxic and traumatic encephalopathies in adults. J Clin Neurophysiol. 1988; 5: 161-74.

ESCÁPULA ALADA: véase músculo serrato anterior.

ESCLERODERMIA: se ha descrito atrofia por desuso, miopatía sin aumento de enzimas, miositis con aumento de enzimas, debilidad proximal, etc. Personalmente se ha observado en algún caso atrofia muscular con poca actividad muscular en el electromiograma (desde ausencia de actividad motora voluntaria hasta trazados simplificados de amplitud normal), pero sin signos electromiográficos miopáticos ni neuropáticos en los potenciales de unidad motora, ni actividad patológica en reposo.

ESCLEROSIS LATERAL AMIOTRÓFICA, ATROFIA MUSCULAR PROGRESIVA, ENFERMEDAD DE CHARCOT:
Criterios diagnósticos de El Escorial (El Escorial World Federation of Neurology. Criteria for the diagnosis of amyotrophic lateral sclerosis. J Neurol Sci 1994; 124: 96-107), están en permanente revisión (Mamede de Carvalho et al. Electrodiagnostic criteria for diagnosis of ALS. Clinical Neurophysiology 2008. 119: 497-503):
-Presencia de:
1. Signos clínicos, electromiográficos y patológicos de afectación de segunda motoneurona.
2. Signos clínicos de afectación de primera motoneurona.
3. 1 y 2 con carácter progresivo, con afectación sucesiva de diferentes regiones anatómicas.
-Ausencia de:
1. Signos electromiográficos o patológicos de enfermedades que pudieran explicar la afectación de motoneurona superior o inferior.
2. Neuroimagen que pueda explicar la clínica y la electromiografía.

-Categorías diagnósticas:
1. "Definida" (o sea, comprobada): 3 regiones anatómicas con afectación de motoneurona superior e inferior.
2. Probable: 2 regiones anatómicas con afectación de motoneurona superior e inferior, y una de las regiones con afectación de motoneurona superior debe estar por encima de cualquiera con afectación de motoneurona inferior.
3. Posible: 2 o más regiones con afectación de motoneurona superior o 1 región con afectación de motoneurona superior e inferior.
4. Sospechada: 2 o más regiones con afectación de motoneurona inferior.

-Criterios contrarios a esclerosis lateral amiotrófica: trastornos sensitivos, esfinterianos, de sistema nervioso autónomo, de vías visuales, parkinsonismo, de funciones superiores, antecedentes de polio.

Diagnóstico diferencial:
-Comienzo por la mano (forma de Aran-Duchenne): síndromes centromedulares; amiotrofia focal de Hirayama (juvenil, varones más que mujeres), neuropatía motora multifocal con bloqueos; afectación de segunda motoneurona y linfoma (no se afecta primera motoneurona); síndrome postpoliomielítico.
-Comienzo proximal (Vulpian-Bernhardt): miopatías inflamatorias (la CPK puede aumentar en la esclerosis lateral amiotrófica); miopatía por hipotiroidismo o hipertiroidismo; *miastenia gravis* (el test del tensilón y el electromiograma de fibra simple también pueden dar positivo en la esclerosis lateral amiotrófica); amiotrofia espinal progresiva.
-Forma crural-seudopolineurítica (Pierre-Marie-Patrikios): mononeuritis múltiple, síndrome postpoliomielitis; polineuropatía; amiotrofias espinales distales.
-Forma bulbar (afecta sobre todo a fonación) y seudobulbar (afecta sobre todo a deglución): infartos lacunares múltiples; parálisis bulbar progresiva (esclerosis lateral amiotrófica); parálisis bulbar progresiva infantil de Fazio-Londe; parálisis hereditaria de Kennedy (ligada al cromosoma X, cuarta-quinta décadas, no piramidalismo, no síndrome seudobulbar, esterilidad, ginecomastia, *diabetes mellitus*, etc.); encefalomielitis paraneoplásica (anti-Hu); meningitis crónica (por ejemplo, carcinomatosa); síndrome de Guillain-Barré; parálisis aguda idiopática del hipogloso; síndrome de Arnold-Chiari; tumores de tronco encefálico; *miastenia gravis*; miopatías con signos electromiográficos neurógenos; hipertiroidismo; miopatías inflamatorias (por ejemplo, miositis con cuerpos de inclusión); distrofia miotónica; distrofia oculofaríngea.
-Forma piramidal: para o hemiespasticidad por latirismo, paraparesia espástica tropical, HTLV-2, adrenoleucomieloneuropatía, paraplejía espástica familiar (autosómica dominante o recesiva), esclerosis lateral primaria (esclerosis lateral amiotrófica), otras.
-Afectación exclusiva (auténtica o aparente) de segunda motoneurona: amiotrofia espinal progresiva; atrofia muscular progresiva (esclerosis lateral amiotrófica); síndrome de Kennedy; amiotrofia espinal distal, neuropatía sensitivomotora hereditaria (sobre todo tipo 2), miopatías distales, miopatía con síndrome distrófico escapuloperoneal, glucogenosis.
-Linfoma: afectación de segunda motoneurona (diagnóstico diferencial en esclerosis lateral amiotrófica). En ocasiones resulta difícil determinar en qué grado la afectación de segunda motoneurona se debe a desmielinización

periférica (polineuropatía) o a daño de soma neuronal en asta anterior (neuronopatía); si en el electromiograma predomina la lentificación de la conducción motora, orienta más a polineuropatía, si predomina la actividad denervativa con distribución polirradicular y relativa conservación de velocidades motoras, orienta más a neuronopatía.

ESCLEROSIS LATERAL PRIMARIA, CRITERIOS DE PRINGLE:
-Clínica:
Inicio insidioso de paresia espástica en extremidades inferiores, o bulbar, o superiores.
Generalmente de la quinta década en adelante.
No historia familiar.
Curso progresivo.
Duración de tres o más años.
Generalmente sólo disfunción corticoespinal.
Distribución simétrica y finalmente paresia espinobulbar espástica severa.

-Laboratorio:
Química en suero normal (incluida B12).
Serología negativa para sífilis, Lyme y HTLV-1.
Líquido cefalorraquídeo normal (incluyendo bandas oligoclonales).
En el electromiograma, no actividad denervativa.
En la resonancia magnética, no signos de compresión de médula espinal o *foramen magnum*.

-Adicionales:
Función de la vejiga normal.
Conducción central alterada (estimulación magnética transcraneal).
Conducción periférica normal.
Atrofia focal de la circunvolución precentral (resonancia magnética).
Disminución del consumo de glucosa en región pericentral (tomografía por emisión de positrones).
Pringle CE et al. Primary lateral sclerosis clinical features, neuropathology and diagnostic criteria. Brain 1992; 115: 495-520.

ESCLEROSIS MÚLTIPLE (EM): puede debutar en forma de epilepsia.
Las formas de presentación más frecuentes son la neuritis óptica y las parestesias en miembros (Aghamollaii V et al. Sympathetic skin response (SSR) in multiple sclerosis and clinically isolated syndrome: A case-control study. Clinical Neurophysiology 2011; 41: 161-171).
Signo de Uthoff: disminución de agudeza visual con ejercicio en la esclerosis múltiple.
Signo de Lhermitte: aparece en esclerosis múltiple u otros trastornos de médula espinal (traumatismos, degeneración artrósica, tumores, etc.).
Síndrome de Behçet: meningoencefalitis recurrente, parkinsonismo, demencia, afectación de haces piramidales, hipertensión intracraneal benigna; diagnóstico diferencial con esclerosis múltiple.
Crisis tónica de la esclerosis múltiple: véase discinesia con origen espinal.

El 50% de las neuritis ópticas evolucionan a esclerosis múltiple en un plazo de 15 años.

La parálisis ocular más frecuente es la del sexto par.

En la esclerosis múltiple también se puede producir una oftalmoplejía internuclear, sobre todo bilateral.

Síndrome *Cluster-tic:* véase enfermedad de Horton.

Electroencefalograma: normal, o lentificación focal o difusa, o asimetrías. En electroencefalogramas sucesivos las anomalías pueden mejorar en breve plazo (días) en el caso de la esclerosis múltiple, a diferencia de lo que ocurre en caso de neoplasia intracraneal. Los signos electroencefalográficos de afectación cortical focal (actividad delta, más o menos persistente) se correlacionan con la presencia de placas de desmielinización en la resonancia magnética en la misma zona del cráneo; si aparecen varias placas de desmielinización cortical o subcortical, se observa actividad delta asincrónica en cada región correspondiente en el electroencefalograma también.

Potenciales evocados visuales (con damero reversible): alterados en casi todos los pacientes, en uno o en los dos lados, incluso de manera subclínica (es una de las exploraciones neurofisiológicas más sensibles y específicas en esta enfermedad por este motivo), por aumento de la latencia de la onda P100 (límite superior normal obtenido personalmente para el valor de la latencia de la onda P100: 116 milisegundos; si en un lado la P100 aparece por ejemplo a 90 milisegundos y en el otro lado aparece por ejemplo a 115 milisegundos en una persona con sospecha de neuritis óptica en este lado, este valor de 115 milisegundos puede ser anormal aunque no supere los 116 milisegundos; para detectar esta anormalidad se debe conocer el límite superior normal para la diferencia entre las latencias de ambos lados; el valor obtenido personalmente es de 12 milisegundos en general, aunque pueda ser superior a esta cifra en caso de miopía grave unilateral sin relación con neuritis). Para el pronóstico es interesante que en caso de producirse un brote los potenciales evocados visuales sean normales. Aparte de alteración de los potenciales evocados visuales por aumento de latencia P100, la alteración puede producirse por desincronización de la respuesta, incluso con desaparición de la misma, haciendo imposible la medición de la latencia, aun conservándose visión. Según experiencia propia esta exploración no da falsos positivos. Es una técnica complementaria aparentemente insustituible de momento en la esclerosis múltiple.

Potenciales evocados auditivos: alterados en un elevado número de pacientes, en uno o en los dos lados, desvelando posibles lesiones en tronco que pueden no ser detectables con resonancia magnética ni con audiometría, razones por las que esta técnica está indicada. La alteración de la respuesta suele consistir en una desincronización de la misma, incluso con abolición de la respuesta (que no necesariamente se acompaña de cofosis, de forma paradójica, ya que se deberá a una acusada desincronización de la respuesta, no a un bloqueo de la misma), sobre todo de los componentes de tronco. No da falsos positivos. También es una técnica con notable interés clínico en la esclerosis múltiple.

Potenciales evocados somatosensoriales: alterados en pocos pacientes, personalmente se le ha encontrado utilidad en pocos casos. De hecho, con frecuencia aportan información complementaria poco interesante en la esclerosis múltiple, por varias razones: uno, pueden ser normales aun con afectación clínica clara de la vía somatosensorial, piramidal, o ambas, y con evidencia de ello en la resonancia; dos, pueden estar aparentemente alterados (falso positivo) sin correlación con la clínica (ya que de manera idiosincrásica hay respuesta con amplitud en el límite inferior normal y aparentemente incluso por debajo en algunas personas); por tanto, hay con frecuencia una mala correlación entre las alteraciones detectables en los potenciales evocados somatosensoriales y la clínica, siendo lo único destacable un ocasional alargamiento de la latencia de la onda P40, que se detecta rara vez en la práctica, por lo que es una técnica con menor interés clínico en general, salvo que en algún caso en particular se concluya que podría tener algún interés intentarlo, como en un paciente con piramidalismo, aunque, aun en estos casos, en la práctica no hay con frecuencia una satisfactoria correlación entre la clínica y estos potenciales, por lo que parece una exploración "grosera", poco sensible y específica (amén de que ya sería obvio clínicamente en este caso que el paciente padecería un piramidalismo).

Blink reflex: se le ha encontrado utilidad a esta técnica en pocos casos, por lo que se considera indicada en pocas situaciones clínicas. En concreto, se ha encontrado alteración en algún caso de esclerosis múltiple con mioquimia facial, aunque con alteraciones consistentes en alargamiento de latencias, con poco peso clínico, o consistente en ausencia de componentes, que en ocasiones se debe a falsos positivos. Tampoco se considera preciso incluirlos en el protocolo de rutina en la esclerosis múltiple.

Estimulación magnética transcraneal: se ha utilizado durante unos 15 años, cuando surgió como técnica alternativa novedosa, hasta retirada del equipo por fatiga de materiales, sin habérsele encontrado excesiva utilidad clínica tras 15 años de ensayos. Únicamente se ha observado que en efecto la latencia motora se alarga en la fase aguda de los brotes de una esclerosis múltiple, es decir, la estimulación magnética transcraneal confirma que en una persona con un piramidalismo durante un brote agudo por esclerosis múltiple la latencia motora probablemente se alarga en relación con ese piramidalismo, que ya ha sido diagnosticado previamente, motivo por el que personalmente no se considera de excesiva utilidad a esta técnica en la esclerosis múltiple por el momento.

ESCLEROSIS TUBEROSA: enfermedad de Bourneville-Pringle. Autosómica dominante. Puede ser transmitida por enfermos de modo subclínico. Es la segunda enfermedad neurocutánea en frecuencia después de la neurofibromatosis. Se puede hacer el diagnóstico prenatal (cromosoma 9).

Retraso mental. Convulsiones focales o espasmos infantiles frecuentes en menores de 1 año. *Nevus* despigmentado, en "hoja de fresno", en recién nacidos. En mayores de 4 años: angiofibromas faciales. Piel *chagrin* ("de cerdo") en región lumbosacra (fibrosis subepidérmica). Fibromas subungueales (tumor de Koenen) hacia la pubertad. Fibromas gingivales. Convulsiones (motivo de consulta más frecuente). Síndrome de West (el 25% de los síndromes de West son por esclerosis tuberosa). Hamartomas tuberosos en corteza cerebral (tubérculos cerebrales). Nódulos subependimarios calcificados en ventrículos laterales. Astrocitomas de retina (hamartomas astrocíticos). Despigmentación de iris. Retinopatía hemorrágica. Retinitis exudativa. Atrofia óptica y papiledema. Coloboma de iris. Oftalmoplejía. Megalocórnea. Rabdomioma cardíaco. Angiolipoma renal, etc.

Electroencefalograma: normal, o lentificación difusa o focal, paroxismos, hipsarritmia (forma de debut a veces).

ESES: véase epilepsia con punta-onda continua durante el sueño.

ESPASMO DEL SOLLOZO: crisis cerebral anóxica.
Fisiopatología: hiperventilación implica disminución de CO_2, que implica vasoconstricción cerebral por efecto Baileys e hipoventilación, que conlleva autoasfixia, y que implica pérdida del conocimiento, convulsiones o ambas.
Tipos: cianótico y pálido.
Electroencefalograma intercrítico normal casi siempre.

ESPASMO FACIAL ESENCIAL: espasmo hemifacial. Hemiespasmo facial.
Clínica: sobre todo mujeres mayores de 45 años. Se afectan músculos de un nervio común. Progresa y empeora en cuestión de semanas o meses. Persiste en sueño. Movimientos voluntarios normales. Empeora con fatiga. Puede haber sincinesias como las postparalíticas.

Causas: 80% vaso aberrante; también tumores del ángulo pontocerebeloso, malformaciones de la charnela, síndrome de Guillain-barré, enfermedad de Paget.

Diagnóstico diferencial: espasmo facial secundario postparalítico (sincinesias postparalíticas, paresia residual, *blink reflex* hiperactivo, persiste en sueño); espasmo facial secundario por compresión del séptimo par (colesteatoma, neurinoma del séptimo par, aracnoiditis, estrechez del conducto del nervio facial); mioquimia facial (persiste en sueño; esclerosis múltiple, síndrome de Guillain-Barré, parálisis de Bell, fallo cardiopulmonar); crisis focales; distonía facial; blefaroespasmo; tétanos cefálico.

Electromiograma:
1. Los potenciales de unidad motora que descargan espontáneamente en reposo son normales, sincrónicos, casi rítmicos, potenciales de unidad motora o brotes de potenciales de unidad motora en brotes seguidos pero sin llegar a continuos. En el espasmo hemifacial las descargas son repetitivas pero más irregulares que en la mioquimia facial.
2. Conducción motora a *orbicularis oculi* sin anomalías (no secuela de parálisis facial).

3. *Blink reflex* hiperactivo y sincinesias; R1c: indica hiperexcitabilidad del reflejo. Aparece en el síndrome del hombre rígido, y en el hemiespasmo facial; R1 en *orbicularis oris*: aparece en la sincinesia postparalítica y en el hemiespasmo facial. Ambos cursan con sincinesias, pero en la postparalítica suelen poderse detectar secuelas de parálisis en el electromiograma, o antecedentes en la anamnesis.

La ausencia de sincinesias y de R1 en *orbicularis oris* puede permitir diferenciar las sincinesias postparalíticas y el hemiespasmo facial de: blefaroespasmo, distonías faciales, mioquimias, y crisis focales, en los que no hay sincinesias en *orbicularis oculi, oris*, o ambos, ni R1 en *orbicularis oris*. Este hallazgo se ha podido comprobar personalmente como cierto en los diversos casos de hemiespasmo facial que se han ido viendo, hallazgo sin falsos positivos y con pocos falsos negativos en la experiencia personal acumulada hasta el momento.

De todos modos, hallar R1 es lo mismo que detectar sincinesias con el electromiograma, de modo que detectar sincinesias es suficiente en la práctica para este fin, por lo que no se considera necesaria la exploración del *blink reflex* en este caso. Las sincinesias se exploran en orbicular de los párpados con este músculo relajado pidiendo al paciente que contraiga el orbicular de los labios (haciendo que frunza y a la vez proyecte hacia delante los labios), y en orbicular de los labios con este músculo relajado y pidiendo al paciente que cierre con fuerza los ojos para ver si en este músculo aparece actividad muscular involuntaria. Se puede explorar en otros músculos evidentemente, pero suele ser suficiente con estos dos.

Según observaciones personales en el hemiespasmo la presencia de una mioquimia en el orbicular de los párpados o de los labios puede aparecer aislada y preceder a las sincinesias en meses o incluso años, por lo que están indicados los controles electromiográficos sucesivos en el caso de una mioquimia facial con la sospecha de que se trate de un hemiespasmo pendiente de confirmación.

ESPASTICIDAD: véase discinesias con origen espinal.

ESPECIFICIDAD Y SENSIBILIDAD EN NEUROFISIOLOGÍA CLÍNICA: los hallazgos neurofisiológicos no son patognomónicos, sino más o menos específicos (y sensibles).

S=VP/VP+FN (sensibilidad, probabilidad de identificar enfermos; cuanta mayor sensibilidad menos falsos negativos, pero más falsos positivos).

E=VN/VN+FP (especificidad, probabilidad de identificar sanos; cuanta mayor especificidad menos falsos positivos, pero más falsos negativos).

VPRP=VP/VP+FP (valor predictivo del resultado positivo, probabilidad de estar enfermo si el resultado es positivo, un 100% indica que no hay falsos positivos).

VPRN=VN/VN+FN (valor predictivo del resultado negativo, probabilidad de estar sano si el resultado es negativo, un 100% indica que no hay falsos negativos).

ESTADO DE MÍNIMA CONCIENCIA: véase coma, no es coma.

ESTADO VEGETATIVO: véase coma, no es coma. Véase coma, escala de Glasgow.

ESTATINAS Y MIOPATÍA: véase miopatía y estatinas.

ESTATUS EPILÉPTICO O ESTADO EPILÉPTICO: estado de mal, actividad epiléptica continua, una única crisis o crisis repetidas sin recuperación total de la conciencia. Al menos 30 minutos de duración, por ejemplo, por convención, aunque en la práctica el diagnóstico suele estar hecho sin que se cumpla esa cantidad de tiempo arbitraria (Maganti R et al. Nonconvulsive status epilepticus. Epilepsy Behav 2008; 12: 572-86). La conciencia no se recupera entre acceso y acceso. No es lo mismo que crisis repetitivas, o prolongadas, o subintrantes. Puede estar provocado por privación de sueño, lesiones, infecciones, drogas (isoniacida, benzodiacepinas -las benzodiacepinas provocan en el electroencefalograma aumento beta, paroxismos frontales de ondas lentas, estatus epiléptico tónico en niños tratados por vía intravenosa por estatus de ausencia-), etc.

Según se ha visto en el diccionario de la Real Academia en español se escribe "estatus", no *status* (y además en español se escribe *statu quo*, y no *status quo*).

Estatus convulsivo tónico-clónico: electroencefalograma desorganizado, con puntas y ondas agudas aisladas que suelen ser sincrónicas y generalizadas, y tienden a presentarse en secuencias rítmicas de voltaje cada vez mayor (tónicas), luego punta-onda generalizada (tonicoclónicas), luego periodo postictal (desorganización), y vuelta a empezar. *Exitus* por colapso circulatorio. El estado de mal sólo tónico es más frecuente a menor edad, con puntas repetitivas bilaterales seguidas de ondas lentas tras las crisis. El estado de mal mioclónico es más raro aun, con descargas polipunta-onda bilaterales y generalizadas o polipunta generalizada con las mioclonias o antes de estas. El estatus electroconvulsivo puede presentarse en forma de patrón en brotes/supresión (por ejemplo, en el estatus mioclónico postanóxico).

Estatus no convulsivo, con confusión o sin confusión. Dos tipos: el primer tipo es el **generalizado o de ausencia,** con confusión, automatismos, somnolencia, etc., a veces mioclonias generalizadas, electroencefalograma con anomalías generalizadas, que puede ser típico, atípico (que suele afectar a pacientes con encefalopatía previa, lo cual dificulta su diagnóstico), y tardío o de novo (en ancianos habitualmente, sin epilepsia previa); el segundo tipo es el **parcial o focal,** con alteraciones de la personalidad, automatismos, fluctuación de alerta, afasia, amnesia, etc. (en el electroencefalograma actividad continua o cíclica, y pudiendo ser lateralizada también), y que puede ser **simple o complejo,** con disminución del nivel de conciencia (Kaplan PW. Non convulsive status epilepticus in the emergency room. Epilepsia 1996; 37: 643-650). En la práctica el estado no convulsivo generalizado y parcial pueden superponerse en un mismo paciente, por lo que esta categorización de ambos por separado podría ser más académica que clínica (Gómez-Ibáñez A et al. Estado epiléptico no convulsivo en el siglo XXI: clínica, diagnóstico, tratamiento y pronóstico. Rev Neurol 2012; 54: 105: 113). En el no convulsivo generalizado suele haber epilepsia generalizada previa y puede estar provocado por privación de sueño, incumplimiento de la medicación, menstruación, fiebre, fotoestimulación, hipoglucemia, hiperventilación, abstinencia alcohólica, carbamazepina, fenitoína, vigabatrina o tiagabina (Gómez-Ibáñez A et al. Estado epiléptico no convulsivo en el siglo XXI: clínica, diagnóstico, tratamiento y pronóstico. Rev Neurol 2012; 54: 105: 113). En el no convulsivo parcial simple el electroencefalograma puede ser normal (Maganti R et al. Nonconvulsive status epilepticus. Epilepsy Behav 2008; 12: 572-86). En el no convulsivo parcial complejo suele haber antecedente de epilepsia focal y desencadenante (abandono de medicación, alcohol, etc.). Hay desconexión del medio. Los **temporales** cursan con automatismos. Los **frontales** pueden cursar con desinhibición e indiferencia afectiva (**tipo 1**), o con alteración del comportamiento y mayor disminución del nivel de conciencia que en el tipo 1 (**tipo 2**) (Thomas P et al. Nonconvulsive status epilepticus of frontal origin. Neurology 1999; 52: 1174-83). En el estatus complejo puede fluctuar el nivel de conciencia (Williamson PD. Complex parcial status epilepticus. In Engel J Jr, Pedley Ta, eds. Epilepsy: a comprehensive textbook. Philadelphia: Lippincott-Raven; 1997. p. 681-99). Así como el diagnóstico definitivo de embarazo lo constituye el parto de un niño, el **diagnóstico** definitivo del estatus no convulsivo podría considerarse, según Kaplan, que se basa en la desaparición de las anomalías electroencefalográficas con el tratamiento antiepiléptico (Kaplan PW. The clinical features, diagnosis, and prognosis of nonconvulsive status epilepticus. Neurologist 2005; 11: 348-61). Sin embargo el electroencefalograma también puede normalizarse con tratamiento antiepiléptico en la encefalopatía hepática (Kaplan PW. Prognosis in nonconvulsive status epilepticus. Epileptic Disord 2000; 2: 185-93), con la que habría que hacer el **diagnóstico diferencial** ocasionalmente. Y téngase también en cuenta que el tratamiento antiepiléptico puede no ser eficaz, o incluso ser el desencadenante de un estatus (Van Ruckevorsel K et al. Standards of care for non-convulsive status epilepticus: Belgian consensus recommendations. Acta Neurol Belg 2006; 106: 117-24). A veces es difícil discernir en pacientes que presentan una alteración del estado mental aguda o subaguda entre el estatus y la lentificación del electroencefalograma por encefalopatía con presencia de actividad epileptiforme muy abundante, o continua, etc. En estos casos la desaparición de la actividad epileptiforme y la recuperación correlativa del estado mental suelen permitir confirmar que se trataba de un estatus. Obviamente en algunos casos resulta difícil el diagnóstico definitivo basado en la desaparición de la actividad epileptiforme y la alteración del estado mental con el tratamiento. Por ejemplo si un paciente presenta de forma aguda o subaguda alteración del estado mental, lentificación del electroencefalograma y actividad epileptiforme continua o casi continua la sospecha de estatus no convulsivo será difícil de confirmar con el tratamiento si no hay respuesta al mismo. En estos casos la causa suele ser una encefalopatía grave, como pueda ser la enfermedad de Creutzfeldt-Jakob. En otros casos la respuesta positiva al tratamiento puede llegar a producirse, aclarando que se trataba de un estatus, pero la causa subyacente puede seguir presente y provocando todavía una lentificación del electroencefalograma que hará sospechar la presencia de una encefalopatía de fondo, como ocurre a veces en el curso de ciertas encefalitis, como en la encefalitis límbica.

Fernández ha encontrado mayor índice de mortalidad en el estatus epiléptico no convulsivo comatoso que en el no comatoso (Fernández-Torre JL et al. Nonconvulsive status epilepticus in adults: Electroclinical differences between proper and comatose forms. Clinical Neurophysiology 2012; 123: 244-251).

Estado epiléptico no convulsivo sutil: paciente en coma (diagnóstico diferencial con torpor postcrítico). Con frecuencia es el resultado de la evolución inadecuada de un estatus convulsivo. Puede haber convulsiones motoras sutiles.

El **electroencefalograma urgente** tiene utilidad clínica en el caso del estatus epiléptico, tanto en el convulsivo como en el no convulsivo. En el caso del convulsivo, tras tratarlo, como han señalado Praline y previamente Thomas (Thomas P. Etats de mal convulsifs: indication de l´EEG d´urgence. Neurophysiol Clin 1997; 27: 398-405). La utilidad del electroencefalograma en el estatus ha sido afirmada recientemente por Praline (Praline J et al. Emergent EEG in clinical practice. Clin Neurophys 2007; 118: 2149-2155) y ya se había venido confirmando como cierta por experiencia propia en diversas ocasiones a lo largo de los años. El estatus no convulsivo puede pasar desapercibido como tal clínicamente, al poder imitar a diversos cuadros psiquiátricos y neurológicos (síndrome confusional, demencia, enfermedad vascular cerebral, etc.). El diagnóstico puede retrasarse días. Dada la experiencia propia con el electroencefalograma urgente en el estatus epiléptico, se considera personalmente que es una técnica neurofisiológica importante en el diagnóstico de este cuadro, opinión compartida con Praline (Praline J et al. Emergent EEC in clinical practice. Clin Neurophysiol 2007; 118: 2149-55). Por ejemplo, a lo largo del año 2011 personalmente se le practicó un electroencefalograma a 10 pacientes en estatus eléctrico no convulsivo, de los cuales 5 fueron enviados para hacer el electroencefalograma ya con el diagnóstico clínico de estatus epiléptico no convulsivo, pero en los otros 5 casos no se sospechaba (acudieron con diagnósticos de trastrorno del comportamiento, síndrome depresivo, deterioro cognitivo-demencia y disminución del nivel de conciencia de origen incierto, algunos estando previamente bien, y otros en el curso de cuadros previos complejos, como encefalopatía postanóxica, enfermedad de Alzheimer o parálisis cerebral, todo lo cual dificulta el diagnóstico del estatus si no se hace un electroencefalograma), siendo en estos casos por tanto decisivo el papel del electroencefalograma. Seidel también ha encontrado que en un 53% de los pacientes no se sospecha el estatus no convulsivo (Seidel S et al. The yield of routine electroencephalography in the detection of incidental nonconvulsive status epilepticus – A prospective study. Clin Neurophysiol 2012; 123: 459-462).

El estatus no convulsivo puede tener origen en una epilepsia previa, o surgir como consecuencia de una amplia variedad de **factores causales:** enfermedad vascular cerebral, tumor encefálico, encefalopatía, meningoencefalitis, Creutzfeldt-Jakob, carcinomatosis meníngea, neurosífilis, síndrome paraneoplásico, terapia electroconvulsiva, hipoglucemia, hiperglucemia, hipocalcemia, hiponatremia, hiperamoniemia, uremia, hipertiroidismo, porfiria aguda, síndrome serotoninérgico, síndrome neuroléptico maligno, cefalosporinas, isoniazida y otros antibióticos, ciclosporina y otros inmunosupresores, quimioterápicos, psicotrópicos, antiepilépticos (carbamazepina, vigabatrina, fenitoína, tiagabina, etc.), cocaína, anfetaminas, heroína, enfermedades autoinmunes con afectación del sistema nervioso central, etc.

Estatus unilateral: niños pequeños. Lo más frecuente son los accesos mioclónicos o las hemiconvulsiones tonicoclónicas, con descargas de puntas en el lado afectado, ondas generalizadas o ambas.
Síndrome de Kojewnikow: estado de mal de lóbulo temporal (estatus parcial).
Niños: hay secuelas (hemiplejía, etc.). Electroencefalograma: ondas delta monomorfas, puntas positivas, complejos punta-onda irregulares, paroxismos de ondas sinusoidales a 6-10 Hz.

Estatus epiléptico autonómico: las alteraciones autonómicas son importantes durante el ataque (por ejemplo, náuseas, vómitos, desviación ocular, incontinencia urinaria, palidez mucocutánea, hiperventilación, cefalea, etc.). No hay alteración del nivel de conciencia. Se puede observar, por ejemplo, en el síndrome de Panayiotopoulos en niños (*ictus emeticus*), y en epilepsia de lóbulo temporal en adultos. El electroencefalograma puede consistir en punta-onda occipital a 3 Hz, y con fotosensibilidad.

Estatus epiléptico durante el sueño lento: véase EPOCS.

Estatus bioeléctrico: estado de descargas permanentes, estado de mal eléctrico. Incluye hipsarritmia, puntas sincrónicas y generalizadas ("bisincrónicas") en Creutzfeldt-Jakob, puntas en lipidosis, epilepsia parcial continua de Kojewnikow, estado de pequeño mal y paroxismos-supresión en anoxia. Puede haber descargas permanentes sin evidencia clínica (a veces sí la hay pero es sutil), tanto en vigilia como en sueño (en este último caso no se altera el ciclo biológico e incluso las descargas pueden cesar durante el sueño *REM*).

Estado de ausencia: descrito por Lennox (Lennox WG. The treatment of epilepsy. Med Clin N Am 1945; 29: 1114-28).

Estado parcial complejo: descrito por Gastaut (Gastaut H et al. Sur la signification de certaines fugues épileptiques: états de mal temporal. Rev Neurol –Paris- 1956; 94: 298-301).

Estatus epiléptico en la infancia: véase epilepsia infantil.

Estatus epiléptico orofacial: véase afasia epiléptica.

ESTENOSIS DE CANAL LUMBAR: estrechez del canal medular con riesgo de compresión medular con repercusiones clínicas. La estrechez congénita no suele tener repercusiones clínicas salvo que se sobreañada nuevo estrechamiento. No es precisa estrechez congénita previa para que una estenosis de canal adquirida tenga repercusiones clínicas.

Causas adquiridas: degeneración artrósica, sindesmofitos, calcificación del ligamento amarillo, discopatía degenerativa, pinzamientos discales y abombamientos discales a varios niveles, etc., y otras lesiones vertebrales agudas, subagudas o crónicas, hernias discales, espondilolisis/espondilolistesis, fracturas/aplastamientos, etc.

Clínica: claudicación neurógena de la marcha (peor cuesta abajo, o escaleras abajo, a diferencia de la claudicación vascular), con paradas cada vez cada menor número de metros. Peor cuesta abajo porque la extensión de la columna empeora el estrechamiento. Al producirse la claudicación muchos pacientes se encorvan o prosternan, o se sientan, instintivamente, para descomprimir la columna agrandando el canal en lo posible. La claudicación es provocada por el dolor, las parestesias, y más adelante también por paresia. En una primera fase probablemente se produce sólo la compresión de la arteria medular anterior, de poco calibre y sin coadyuvantes, que enseguida desemboca en isquemia medular. La prosternación y el reposo permiten que el gasto se vuelva a adecuar a la demanda de oxígeno. Algunos pacientes caminan prosternados por sistema. En una segunda fase el tejido osteofibroso estenosante probablemente comprime directamente la médula, dañando el tejido nervioso de forma irreversible.

Electromiograma: es la técnica neurofisiológica que, según experiencia propia, parece tener más utilidad en la práctica para valorar el grado de daño medular. En la "fase vascular" en principio no se observan alteraciones electromiográficas. En la "fase medular" se detectan signos neurógenos agudos o crónicos (signos de pérdida de unidades motoras en diferentes estadios, por ejemplo, trazados simplificados de baja amplitud en fase aguda y simplificados de gran amplitud en fase crónica), y en casos severos dichos signos neurógenos se encuentran en actividad (actividad denervativa en forma de fibrilaciones y ondas positivas y reinervativa en forma de polifasia inestable). Pueden aparecer potenciales de unidad motora gigantes, indistinguibles de los que aparecen en la esclerosis lateral amiotrófica. La compresión de la médula suele ser extensa, por lo que los signos neurógenos suelen ser observables en varios niveles radiculares, incluso con tendencia a la simetría. Como es lógico, es preciso correlacionar los hallazgos con la clínica y la neuroimagen de la zona. La actividad denervativa puede desvelar un empeoramiento agudo, y suele ser abundante en estos casos, con fibrilaciones, ondas positivas, y con frecuencia hay descargas seudomiotónicas también (que indican cronificación de la actividad denervativa). Está indicado explorar varios niveles, por ejemplo, L4 L5 S1 bilateral, para reconocer la extensión del daño. Esta actividad denervativa puede aparecer sola o en compañía de los otros signos neurógenos crónicos descritos (por ejemplo, trazados simples de amplitud aumentada), o con otros signos neurógenos agudos (por ejemplo, trazados simples de amplitud reducida), y por supuesto también se pueden añadir signos de piramidalismo. Estos hallazgos pueden ayudar al cirujano a tomar una decisión para indicar una intervención quirúrgica.

ESTIMACIÓN DEL NÚMERO DE UNIDADES MOTORAS FUNCIONANTES (*MUNE, MOTOR UNIT NUMBER ESTIMATION*); MÉTODO BASADO EN EL RECUENTO DE POTENCIALES DE UNIDAD MOTORA EN EL MÚSCULO PARÉTICO DURANTE LA CONTRACCIÓN MÁXIMA: se ha observado personalmente (Fontoira M. Estimación del número de unidades motoras. Raleigh (USA): Ed. Lulu; marzo/2013. ISBN: 978-1-291-35359-4) que para realizar la estimación del número de unidades motoras funcionantes (*MUNE*) en el músculo tibial anterior en pacientes con clínica de pie caído (paresia o plejía de músculo tibial anterior), con causa localizada en segunda neurona motora, es más práctico estimar el porcentaje de unidades motoras funcionantes que el número estimado de unidades motoras funcionantes, mediante una técnica desarrollada personalmente, a partir de una serie propia, que parece ser fiable, precisa, rápida, y fácilmente reproducible para que tenga utilidad clínica. La técnica consiste en el recuento del número de potenciales de unidad motora (PUM) individuales (y distintos) que se pueden detectar en barrido libre durante el registro del trazado de máxima contracción en el músculo parético, encontrándose una vinculación directa entre este número y la *MUNE*.

La *MUNE*, de acuerdo con el número de potenciales de unidad motora distintos observados en barrido libre en el tibial anterior parético, se lleva a cabo con esta técnica del modo siguiente:
PUM=0 indica *MUNE*=0%.
PUM=1 indica *MUNE*=10%.
PUM=2 indica *MUNE*=10% con una probabilidad de 0,66 y 20% con una probabilidad del 0,33 (siendo el valor más probable el determinado por el resto de los parámetros compatibles con el valor de los PUM en cada caso clínico particular).
PUM=3-5 indica *MUNE*=20%.
PUM=6, no se ha dado ningún caso en esta serie.
PUM=7 indica *MUNE*=50%.
PUM mayor de 7 u 8 (los PUM individuales se vuelven incontables uno a uno al volverse el trazado interferencial) con trazado simplificado indica *MUNE*=50%.

A partir de un número de PUM de 7 u 8 resulta imposible contabilizar los PUM individuales, dado que el trazado se vuelve interferencial.
El número de PUM utilizado para obtener la *MUNE*, considerado aisladamente como parámetro, ha demostrado un valor predictivo del 100% en esta serie, frente a un valor predictivo del 78% para el valor de la razón de amplitudes

entre el *CMAP* (potencial de acción motor compuesto) del lado enfermo y el *CMAP* del lado sano, lo cual implica que la técnica del número de PUM, aunque es tan precisa como la de la razón de amplitudes (cuando esta última no está contraindicada) en cuanto a la capacidad para afinar el valor de la *MUNE* en tanto por ciento, hasta un factor de 0,1 (+/- 10% de *MUNE*), sin embargo carece de falsos positivos, al menos en esta serie y en lo que a la *MUNE* se refiere (no así la razón de amplitudes), por lo que probablemente debería ser considerada la técnica de elección para la *MUNE*, siendo los demás parámetros (amplitud del *CMAP* en el lado enfermo y razón de amplitudes entre el lado enfermo y el sano, balance muscular, trazado de máxima cotracción y actividad patológica en reposo) complementarios a este nuevo parámetro, no excluyentes entre sí, y por tanto deberían todos ellos incluirse en el protocolo de la *MUNE*, cuando no estén contraindicados.

El balance muscular también presenta un buen valor predictivo, del 95%.

Los valores que ha sido posible obtener en la práctica para la *MUNE* en esta serie solo han sido 4: 0%, 10%, 20% y 50%. Con la técnica de medición de la *MUNE* empleada no han aparecido otros valores, y posiblemente sea preferible que haya sido así y no haya surgido una excesiva sofisticación de los resultados con esta técnica, pues esta afortunada simplificación facilita su aplicación clínica, tanto para el diagnóstico del grado de afectación actual como para el pronóstico a medio y largo plazo (el pronóstico depende también del grado de axonotmesis, y para ir precisando el pronóstico serán necesarias electromiogramas sucesivos a lo largo de las semanas o meses siguientes).

Dados los resultados obtenidos, es aconsejable, en el protocolo electromiográfico para la exploración del pie caído con origen en una alteración de segunda neurona motora, incluir los cuatro parámetros en la exploración por sistema: número de PUM, razón de amplitudes, balance muscular y trazado de reclutamiento (y actividad en reposo), siendo el más importante, de acuerdo con los resultados de esta serie, el número de PUM, que además es un parámetro de nueva descripción.

Se confirma además que el número de PUM es la manera de compatibilizar entre sí los demás parámetros vinculados a la *MUNE*.

Esta nueva técnica electromiográfica probablemente sea extrapolable tal cual para la *MUNE* de otros músculos, como el orbicular de los párpados durante la parálisis facial periférica, o como el tríceps braquial en el caso de una radiculopatía C7 paralizante, o una plexopatía braquial, o una siringomielia, etc. Personalmente ya se esta utilizando de ese modo en esos otros casos con buen rendimiento diagnóstico.

En los casos de pie caído por compresión aguda tras mantener la pierna afectada cruzada sobre la otra, o por haber permanecido en cuclillas, una característica común es que en todos los casos en los que se ha podido determinar el tiempo de exposición al agente causal (la compresión del nervio peroneal a la altura de la cabeza del peroné), dicho tiempo ha sido en todo caso superior a 15 minutos ("**regla de los 15 minutos**"), por lo que, en principio, esta cantidad de tiempo tiene un probable interés clínico (por ejemplo, para evitar en lo posible que haya más casos de pie caído por estas causas). Estudios posteriores podrían tener como consecuencia la variación de esta cifra, que podría pasar a ser, a lo mejor, 14 minutos, u otra, usando series mayores, pero lo importante es que podría haber un tiempo límite a partir del cual la compresión conllevaría un bloqueo axonal persistente a medio plazo (sea o no irreversible a largo plazo).

En el balance muscular, una fuerza de 0 no ha implicado una *MUNE* del 0% en varios casos, por lo que el balance muscular presenta fallos, de ahí que se considere el electromiograma indicado en todos estos pacientes, para complementar el diagnóstico clínico, con el fin de llevar a cabo un diagnóstico y un pronóstico lo más fiables y precisos que sea posible.

En principio, ante una fuerza de 0, una *MUNE* del 10% presentará posiblemente un mejor pronóstico que una *MUNE* del 0%, sobre todo al tercer mes tras el debut del pie caído, dado que al tercer mes, por término medio, empieza a ser posible la detección de la actividad reinervativa.

Casó clínico: en la gráfica siguiente se puede observar el trazado de máxima contracción simple en tibial anterior izquierdo de un paciente con pie caído izquierdo por compresión del nervio peroneal en la rodilla contra la cabeza del peroné.

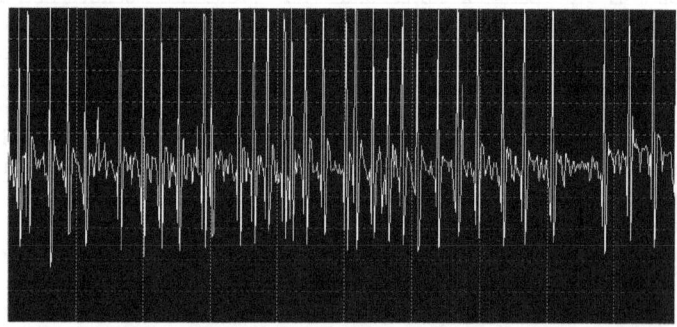

En la gráfica siguiente, del mismo paciente que la anterior, se puede observar el *CMAP* en tibial anterior izquierdo obtenido con una estimulación proximal a la zona de bloqueo de la conducción. La división vertical mide 200 microvoltios (0,2 milivoltios) y la división horizontal 5 milisegundos. La conducción motora está parcialmente bloqueada de manera acusada y algo desincronizada.

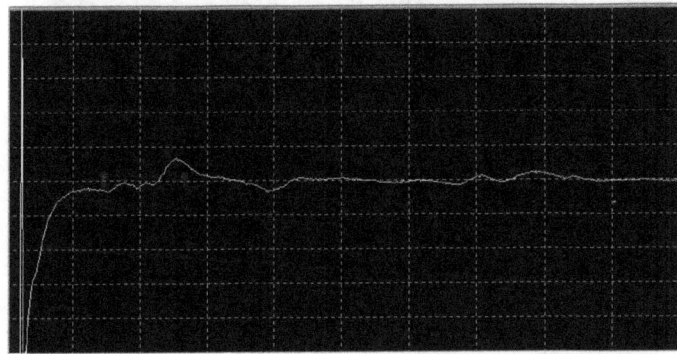

En la gráfica siguiente el *CMAP* del mismo paciente, con una estimulación más distal en la que se observa reducción del bloqueo en comparación con la gráfica anterior, al obtenerse en una zona con menor bloqueo, y se aprecia mejor la desincronización del *CMAP*. La división vertical ahora mide 2000 microvoltios (2 milivoltios).

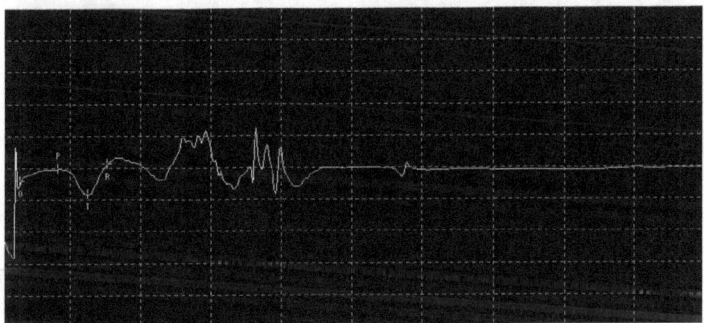

En la gráfica siguiente, del mismo paciente, se observa el trazado de máxima contracción con el programa de análisis de unidad motora para contar potenciales de unidad motora individuales y hacer la estimación del número de unidades motoras funcionantes. La división horizontal está en 10 milisegundos y la vertical en 200 microvoltios. El paciente activa un potencial de unidad motora haciendo el máximo esfuerzo por levantar la punta del pie, lo cual significa que el bloqueo es del 90% y la *MUNE* del 10%.

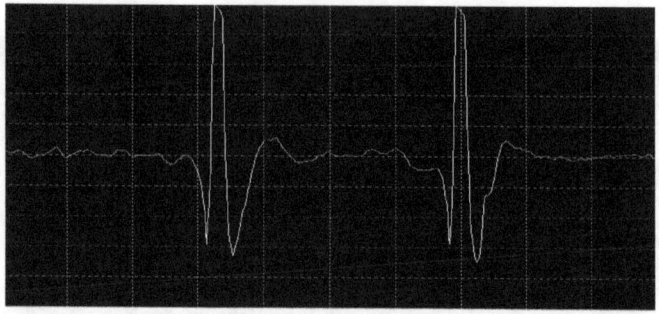

Caso clínico: en este otro caso, el paciente presenta pie caído derecho por compresión del nervio peroneal en la rodilla. En la gráfica siguiente se puede ver el trazado de reclutamiento con un esfuerzo máximo, que está simplificado. División vertical 200 microvoltios y 100 milisegundos la horizontal. También presentaba actividad denervativa en tibial anterior.

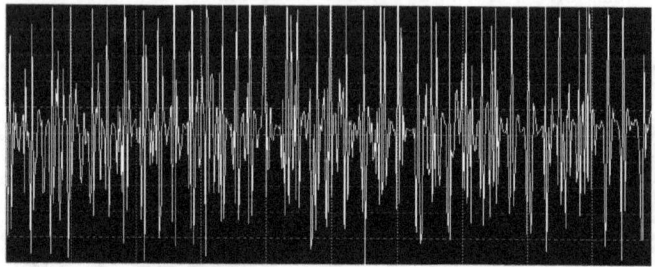

En la gráfica siguiente, del mismo paciente que la anterior, se puede ver el *CMAP* obtenido en tibial anterior derecho con electrodo concéntrico y estímulo proximal a la zona de bloqueo, con filtros entre 100-10000 Hz. La división horizontal está en 5 milisegundos y la vertical en 1 milivoltio. El potencial es de amplitud reducida y algo desincronizado.

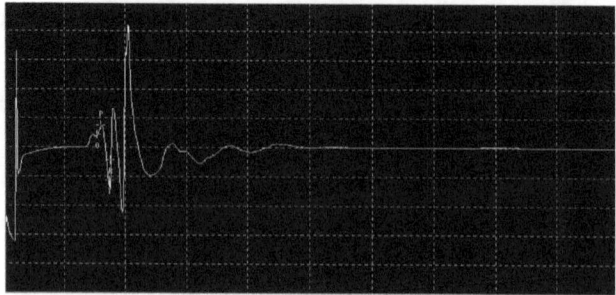

En la gráfica siguiente, del mismo paciente que la anterior, se puede observar el número de potenciales de unidad motora individuales diferentes que se pueden contar en barrido libre con un esfuerzo máximo (de 3 a 5) y que permiten concluir de manera objetiva que el paciente activa como máximo un 20% de las unidades motoras de este músculo aproximadamente y por tanto el bloqueo de la conducción motora del nervio peroneal en la rodilla por compresión aguda del mismo es del 80% aproximadamente. La división vertical es de 0,5 milivoltios y la horizontal mide 10 milisegundos. Los filtros están en 100-10000 Hz.

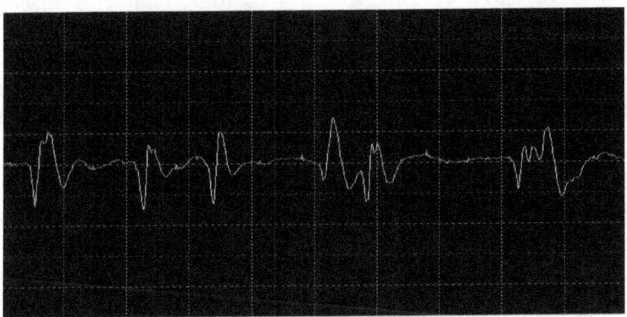

ESTIMULACIÓN LUMINOSA INTERMITENTE, FOTOESTIMULACIÓN, ELI: véase métodos de activación en electroencefalografía.

ESTIMULACIÓN MAGNÉTICA TRANSCRANEAL (EMTC): Barker A T et al. Non-invasive magnetic stimulation of human motor cortex. Lancet 1985; 1: 1106-7.

Es una de las técnicas neurofisiológicas que despierta más interés en diversos laboratorios. Se publican numerosos artículos sobre esta técnica cada mes. Personalmente se ha tenido experiencia propia con esta técnica durante años, hasta quedar fuera de servicio el aparato por fatiga de los materiales. En este tiempo se ha encontrado que la conducción central estaba lentificada en algunos casos de brotes agudos de esclerosis múltiple con desmielinización de la vía piramidal. No se le ha encontrado utilidad reseñable, de momento, en otros cuadros clínicos para los que se invoca su posible utilidad diagnóstica, como en el piramidalismo, radiculopatías, esclerosis múltiple, esclerosis lateral amiotrófica, *ictus*, discinesias, mielopatía, etc. (Groppa S et al. A practical guide to diagnostic transcranial magnetic stimulation: Report of an ICFN committee. Clinical Neurophysiology 2012; 123: 858-882). La técnica de elección para diagnosticar el piramidalismo sigue siendo la clínica, y el electromiograma convencional la forma de explorarlo desde el punto de vista neurofisiológico, llegado el caso, dada su utilidad para distinguir afectación de primera, segunda neurona motora o ambas. En cuanto al piramidalismo y demás posibles aplicaciones, no está claro qué utilidad clínica podría tener llevar a cabo una EMTC para confirmar en un paciente con piramidalismo que la EMTC está alterada. Y, sin embargo, el uso de esta técnica está extendido por todo el mundo y en algunos sitios se la considera una técnica establecida, con líneas directrices y en busca de un estándar, y se le presta una atención llamativa teniendo en cuenta que todavía está en desarrollo el conjunto de sus posibles aplicaciones y su posible utilidad clínica.

De todos modos, podría haber una serie de posibles aplicaciones para esta técnica, incluso terapéuticas (Lefaucheur JP et al. Recommandations françaises sur l'utilisation de la stimulation magnétique transcrânienne répétitive (rTMS): règles de sécurité et indications thérapeutiques. Clinical Neurophysiology 2011; 41: 221-295), ya en estudio en numerosos laboratorios del mundo, que generan numerosos artículos sobre la materia en revistas especializadas, miles, literalmente, pero son técnicas que están en desarrollo, no estandarizadas. Una de las mayores desventajas de la aplicación terapéutica de la estimulación magnética transcraneal por ahora es el carácter parcial y temporal del efecto terapéutico, y también del carácter con frecuencia subjetivo de este resultado, y por tanto meramente placebo en ocasiones. Se invoca su posible aplicación terapéutica en diversas situaciones patológicas: depresión, ansiedad, epilepsia, temblor, "accidente" vascular cerebral, acúfenos, dolor, discinesias, etc.

Donde sí parece que se le está encontrando cierta utilidad a la estimulación magnética y también a la eléctrica es en la monitorización intraoperatoria, pero es una técnica que también está en pleno desarrollo.

Condiciones de registro: barrido: 5-10 milisegundos/división

Ganancia: 0,2-10 milivoltios/división

Filtros: 1-5000 Hz (2000 Hz o mayor).

Estímulo sobre vértex (no sobre corteza motora contralateral, ya que la despolarización se produce, probablemente, desde cuerpos semiovales).

Estimulador al 80% como mínimo.

Una ligera contracción del músculo favorece la aparición de la respuesta.

Algunos valores de referencia propuestos (sujetos a revisión por cada laboratorio): latencia desde *vertex* con registro en *abductor pollicis brevis*; límite: 22,8 milisegundos.

Tiempo de conducción vértex-C7; límite: 8,3 milisegundos (9,2 milisegundos según Chu –Chu NS. Motor evoked potentials with magnetic stimulation: correlations with height. Electroencphalogr Clin Neurophysiol 1989; 74: 481-5-).

También se puede hacer el registro en tibial anterior, y la comparación entre ambos lados, así como la medición de la amplitud de la respuesta.

La latencia normal en tibial anterior es de alrededor de 32 milisegundos +/- 3

Cacchio A et al. Reliability of transcranial magnetic stimulation-related measurements of tibialis anterior muscle in healthy subjects. Clinical Neurophysiology 2009; 120: 414-419.

Rossi S et al. Safety, ethical considerations, and application guidelines for the use of transcranial magnetic stimulation in clinical practice and research. Clinical Neurophysiology 2009; 120: 2008-2039.

Esta técnica presenta la desventaja del riesgo de provocar ataques epilépticos (y síncope), tanto en pacientes epilépticos como en no epilépticos, sobre todo con factores de riesgo, como *ictus*, enolismo, etc. (Gómez L et al. Seizure

induced by subthreshold 10 Hz rTMS in a patient with multiple risk factors. Clinical Neurophysiology 2011; 122: 1057-58).
Véase esclerosis múltiple.

ESTIMULACIÓN REPETITIVA Y MEDICIÓN DE LA POTENCIACIÓN POSTETÁNICA (MPP): la estimulación repetitiva consiste en la estimulación de un nervio en trenes regulares de pulsos cuadráticos (100-200 microsegundos) con intensidad supramáxima, obteniéndose trenes de potenciales evocados motores con un electrodo superficial. Estos potenciales en situación normal son iguales en amplitud y área (con un error despreciable en la práctica). El área es más fiable, dado que la amplitud puede variar engañosamente por artefactos en relación con movimientos del electrodo, del miembro, o ambos, dada la intensidad de las descargas (no todos los electromiógrafos permiten el cálculo del área).

Permite distinguir entre trastornos de la unión neuromuscular pre y postsinápticos. En los trastornos presinápticos el potencial basal es de baja amplitud, y la estimulación a alta frecuencia (20-50 Hz) provoca un aumento progresivo de la amplitud, leve en botulismo (por ejemplo, alrededor de un 40%) y notable en síndrome de Eaton-Lambert (por ejemplo, alrededor de un 100%).

En los trastornos postsinápticos la estimulación a baja frecuencia (3 o 5 Hz) en trenes de 9 estímulos provoca una caída de amplitud del cuarto potencial mayor de un 10%, y un aumento de amplitud del noveno potencial.

Para la *miastenia gravis* la estimulación repetitiva se hace preferiblemente a 3 Hz en trenes de 9 estímulos (la *AAEM* recomienda estímulos a 2-5 Hz cada 30-60 segundos), con estímulo sobre nervio facial en mastoides y detección en orbicularis oculi. La reducción igual a un 10% o mayor en la amplitud del cuarto potencial es un resultado positivo. Algunos aparatos traen programas para medir el área, que es preferible (AAEM Quality Assurance Committee. Practice parameter for repetitive nerve stimulation and single fiber EMG evaluation of adults with suspected myasthenia gravis or Lambert-Eaton myasthenic syndrome: summary statement. Muscle Nerve 2001; 24: 1236-8).

Posteriormente se tetaniza la musculatura de 10 a 60 segundos (se puede llevar a cabo con estimulación eléctrica, pero es excesivamente molesto, o directamente insoportable, por lo que es preferible llevarla a cabo mediante una contracción máxima voluntaria, una contracción muscular vigorosa mantenida durante ese mismo tiempo).

Tras la tetanización se repite el tren a 3 Hz antes de 2 minutos para comprobar si se produce potenciación postetánica (inapreciable en músculo normal, apreciable ligeramente en *miastenia* y notablemente en el síndrome de Eaton-Lambert).

Según observaciones personales se obtienen mejores resultados si la tetanización dura 10-15 segundos para desenmascarar un síndrome de Eaton-Lambert (una tetanización de 20 segundos o más puede dar lugar a un falso negativo).

Se repite por tercera vez pasados los 2 minutos para comprobar si hay agotamiento postetánico, que si aparece dura unos 15 minutos, con vuelta al estado basal después (aquí podría hacerse un cuarto tren). El agotamiento postetánico no aparece en el músculo normal, salvo en neonatos y prematuros; es típico de la *miastenia gravis*, aunque también puede observarse en el síndrome de Eaton-Lambert (recientemente ha habido nueva confirmación de esto -Hatanaka, 2008-).

En esta fase de agotamiento postetánico en la *miastenia* hay más bloqueos, por lo que puede ser mayor la caída del cuarto potencial que en la primera fase.

En el síndrome de Eaton-Lambert se puede observar una menor amplitud en el potencial motor basal pretetanización.

Se obtienen mejores resultados en miastenia si la tetanización dura 60 segundos.

La tetanización con estimulación eléctrica es demasiado molesta, por lo que es preferible llevar a cabo la tetanización mediante contracción vigorosa del músculo a tetanizar, y así lo recomienda ya también Nogués (Tratado de Neurología Clínica Micheli, Nogués, Asconapé, Fernández, Biller eds. Editorial Panamericana, 2002, p 1215), en referencia en concreto a la aplicación de esta técnica en el diagnóstico del síndrome de Eaton-Lambert.

Se obtienen mejores resultados en los músculos afectados clínicamente en el caso de la miastenia para buscar la caída del cuarto potencial.

En cambio, en el síndrome de Eaton-Lambert se encuentra la potenciación postetánica en cualquier músculo.

Se puede encontrar una alteración en la unión neuromuscular en miopatías, enfermedades de la motoneurona, neuropatías, etc., algo que conviene tener en cuenta para interpretar correctamente los hallazgos.

A 3 Hz se puede observar caída del cuarto potencial en *miastenia gravis*, síndrome de Eaton-Lambert, enfermedad de motoneurona, neuropatía desmielinizante, botulismo, polimiositis, reinervación, niños pequeños, miotonía (en la miotonía la amplitud cae progresivamente, con recuperación posterior, más en la congénita que en la de Steinert, a diferencia de la *miastenia*, en la que cae en el cuarto y asciende en el noveno; en la paramiotonía empeora con el frío), etc.

Se puede observar aumento de amplitud por potenciación postetánica en síndrome de Eaton-Lambert, botulismo, *miastenia gravis*, distrofia muscular, toxicidad por antibióticos, hipocalcemia, hipermagnesemia, veneno de serpiente, hipopotasemia, etc.

En la enfermedad de McArdle la amplitud cae con estimulación a altas frecuencias en el músculo contracturado.

En la parálisis periódica la amplitud aumenta a altas frecuencias.

En la *miastenia gravis* son frecuentes los falsos negativos (y algunos falsos positivos), y la prueba no da positiva en casos subclínicos necesariamente, dando positivo sobre todo en los casos clínicamente evidentes en los que en el electromiograma de fibra simple ya aparecen bloqueos ademas de aumento del *jitter*. Con tal motivo, personalmente hace años que no se considera indicada la estimulación repetitiva en el caso de la *miastenia gravis*, aunque en diversos laboratorios se sigue considerando técnica de elección. La técnica de elección en este caso se considera personalmente en la actualidad que es la medición del *jitter* con electrodo concéntrico.

En general estos hallazgos referidos sobre la potenciación postetánica, salvo para el caso del síndrome de Eaton-Lambert, probablemente posean escaso valor diagnóstico, y su interés reposa sobre todo en que pueden generar falsos positivos para el síndrome de Eaton-Lambert.

Personalmente se le ha encontrado utilidad clínica a la medición de la potenciación postetánica en el caso del síndrome de Eaton-Lambert, partiendo de un potencial basal de baja amplitud, y teniendo en cuenta que la tetanización se lleva a cabo mediante contracción máxima voluntaria de 10-15 segundos (y no mediante estimulación eléctrica repetitiva, que es excesivamente molesta para la gran mayoría de las personas, y por tanto carece de sentido someterlas a este sufrimiento habiendo una técnica alternativa probablemente igual de válida, a la que se podría denominar medición de la potenciación postetánica o MPP, para distinguirla de la estimulación repetitiva a altas frecuencias). Para las demás situaciones clínicas es preferible recurrir a la clínica, las pruebas de laboratorio pertinentes y el electromiograma convencional o a la medición del *jitter*, según el caso.

Diversos autores han establecido que para la *miastenia gravis* el electromiograma de fibra simple es más sensible que la estimulación repetitiva: Kelly JJ et al. The laboratory diagnosis of mild myasthenia gravis. Ann Neurol 1982; 12: 238-32.

Oh SJ et al. Diagnostic sensitivity of the laboratory tests in myasthenia gravis. Muscle nerve 1992; 15: 720-4.

Sanders DB. Clinical neurophysiology in disorders of the neuromuscular junction. J Clin Neurophysiol 1993; 10: 167-80.

Gilchrist JM et al. Single fiber EMG and repetitive stimulation of the same muscle in myasthenia gravis. Muscle nerve 1994; 17: 171-5.

Sonoo M et al. Single fiber EMG and repetitive nerve stimulation of the same extensor digitorum communis muscle in myasthenia gravis. Clin Neurophyslol 2001; 112: 300-3.

Mesut aplicó un test de estimulación repetitiva para obtener mayor sensibilidad con la estimulación repetitiva, obteniéndose una buena sensibilidad en comparación con el electromiograma de fibra simple y los títulos de anticuerpo, y por tanto, lo recomendable es seguir el camino de utilizar la medición del *jitter* y los títulos de anticuerpo para confirmar *miastenia gravis* (Çagri Mesut T et al. Diagnostic value of double-step nerve stimulation test in patients with myastenia gravis. Clinical Neurophysiology 2010; 121: 556-560).

Personalmente a la estimulación repetitiva no se le ha encontrado al cabo de los años excesiva utilidad para la *miastenia gravis*, al disponer de la medición del *jitter*, pero sí para los trastornos presinápticos, sobre todo para el síndrome de Eaton-Lambert, aunque ya no se utiliza la estimulación repetitiva tal cual, si no una variante técnica inspirada en ella y mejorada a partir de lo expuesto y según se ha explicado más arriba, consistente en obtener un potencial basal, comprobar si es de baja amplitud, después se lleva a cabo una tetanización como se ha dicho (contracción vigorosa 10 segundos) y posteriormente se explora la posible existencia de una potenciación postetánica del modo descrito.

Por tanto a esta variante técnica se la podría llamar, como ya se ha dicho: comprobación o medición de la potenciación postetánica (MPP).

La comprobación del cuarto potencial en caso de miastenia se considera personalmente una técnica a desechar, en beneficio de la clínica y la medición del *jitter* (y la resonancia de timo, la medición de autoanticuerpos, etc. como se sobreentiende). De todos modos, no hay por qué desconocer la descripción de la técnica de la estimulación repetitiva.

No se trata solo de observaciones personales: en trastornos de la transimisión neuromuscular la medición del jitter es de hecho más sensible que la estimulación nerviosa repetitiva (Stalberg E, et al. Single fibre electromyography. Studies in healthy and diseased muscle. 3rd Ed. Fiskebackskil (Sweden): Edshagen Publishing House; 2010). La medición del jitter, con electromiograma de fibra simple o con electrodo concéntrico, es más sensible que la estimulación repetitiva en los trastornos de la unión neuromuscular, aunque la estimulación repetitiva también es sensible en el caso de la miastenia gravis acusada, el síndrome miasténico y en algunas formas de miastenia congénita (Kennett R. Neurophysiological markers of the neuro-muscular junction. Clin Neurophysiol 2012; 42: 262).

ESTRICNINA, INTOXICACIÓN: véase discinesias con origen espinal.

FÁRMACOS Y ELECTROENCEFALOGRAMA: no hay una correlación exacta entre la respuesta clínica al tratamiento y la evolución del registro electroencefalográfico con el tratamiento antiepiléptico, pudiéndose asociar ambos hechos en cualquier combinación. Con tal motivo, se deben tratar las crisis del paciente, no su registro electroencefalográfico. La lentificación difusa o focal y el fenómeno de Landolt pueden significar sobredosificación medicamentosa, no sólo encefalopatía o lentificación postcrítica.

La **carbamacepina** induce un aumento de la actividad focal a pesar de la mejoría clínica. Provoca lentificación del trazado electroencefalográfico y aumento de descargas paroxísticas, especialmente patrones generalizados sincrónicos, sin correlación entre estas descargas y la intensidad de las crisis desde el punto de vista clínico.

El **levetiracetam (Keppra)** produce lentificación de presentación diversa (incluyendo *FIRDA -fronta intermitent rythmic delta activity-*), incluso en relación con encefalopatía inducida, que mejora tras la retirada del fármaco.

Barbitúricos, electroencefalograma: producen actividad beta abundante de predominio anterior. Con niveles tóxicos: disminuye la actividad beta. Suspensión: hiperexcitabilidad cortical, que se puede desenmascarar con fotoestimulación y acompañarse de sacudidas mioclónicas (posible falso positivo con fotoestimulación). Con dosis creciente de barbitúricos se produce progresivamente: beta, lentificación, ondas trifásicas, brotes de supresión, trazado isoeléctrico. Puede provocar actividad epileptiforme en el síndrome de abstinencia, que puede persistir durante 4 semanas tras corregirlo.

Disulfiram: lentificación, puntas generalizadas.

Fenitoína: electroencefalograma: lentificación del ritmo alfa a dosis altas, aparición de theta (máximo anterior). Una reaparición de puntas puede preludiar una posible entrada en estatus. En sueño disminución de sigma con posible actividad rítmica extensa a 8-10 Hz o menos. Toxicidad crónica:

coreoatetosis, distonía, opistótonos, tics faciales (*grimacing*), lentificación difusa (electroencefalograma).

Valproato: lentificación a dosis altas. Suprime la punta-onda generalizada a 3 Hz (**etosuximida y clonacepam** también). El valproato rara vez se relaciona con encefalopatía, sobre todo en casos de hiperamoniemia o hepatopatía, con lentificación en el electroencefalograma y sin signos de sobredosificación o toxicidad, y con o sin empeoramiento de las crisis (Raspall M et al. Encefalopatía reversible por ácido valproico en un adolescente con epilepsia generalizada idiopática. Rev Neurol 2012; 55: 663-668).

Gabapentina, tagabina y vigabatrina: pueden asociarse a actividad epileptiforme y empeoramiento de crisis. La gabapentina puede asociarse a encefalopatía.

Meprobamato, electroencefalograma: lentificación y paroxismos.

Neurolépticos: no suele haber cambios. Ocasionalmente actividad epileptiforme e incluso estatus (mayor riesgo en caso de intoxicación), lentificación (según observaciones personales: posibilidad de actividad theta continua o intermitente, focal o asimétrica, por ejemplo, frontal en el caso de intoxicación, fenómeno observable también con **otros psicofármacos**).

Analgésicos: morfina y opiáceos, pocos efectos en el electroencefalograma salvo en caso de intoxicación.

Anestésicos: lentificación progresiva. Algunos pueden provocar actividad epileptiforme (**eflurano, ketamina**).

Propofol: el propofol (agonista del *GABA*) o el **midazolam** se usan con frecuencia para tratar el estatus. No consta que sea preciso llegar al patrón en brotes-supresión para que dicho tratamiento sea eficaz, sino que probablemente sea suficiente con provocar una lentificación de fondo. Puede inducir crisis focales o generalizadas, o motoras sutiles (*seizure like phenomena, SLP*) durante inducción, mantenimiento, emergencia, o posteriormente. El consenso actual es el de evitar usar propofol en pacientes epilépticos a ser posible. El propofol induce lentificación progresiva en minutos, con brotes intercalados de actividad beta de amplitud variable, como los de los barbitúricos y los husos de sueño generados en tálamo y detectables en corteza vía conexión talamocortical. En cierto porcentaje de casos induce la desaparición de la actividad interictal (San Juan D et al. Propofol and the electroencephalogram. Clinical Neurophysiology 2010; 121: 998-1006).

Benzodiacepinas: aumento de beta... lentificación... disminución de amplitud... coma alfa, coma huso, brotes-supresión, isoeléctrico. En pacientes con el síndrome de Lennox puede emperorar las crisis tónicas. Actividad epileptiforme en síndrome de abstinencia y respuestas fotomiogénica y fotoparoxística. El **clonazepam (rivotril)** produce un aumento de las crisis nocturnas. Electroencefalograma: aumento beta, paroxismos frontales de ondas lentas, estatus epiléptico tónico en niños tratados por vía intravenosa por estatus de ausencia.

Antidepresivos: lentificación. Actividad epileptiforme.

Anfetaminas: aumento de alfa y beta... disminución de amplitud y de actividad paroxística... lentificación generalizada.

Litio: lentificación, actividad epileptiforme, ondas trifásicas, actividad periódica a base de ondas delta, ondas trifásicas o ambas (Peñaranda N et al. Patrón electroencefalográfico en encefalopatía farmacológica. Rev Neurol

2012; 55: 314-16). La intoxicación puede relacionarse con encefalopatía tóxica y estatus epiléptico no convulsivo (Kaplan PW, Birbeck G. Lithium induced confusional states: Nonconvulsive status epilepticus or triphasic encephalopathy? Epilepsia 2006; 47: 2071-4). Esta encefalopatía puede plantear el diagnóstico diferencial con la enfermedad de Creutzfeldt-Jakob, si aparecen complejos de ondas agudas periódicas (*periodic sharp wave complexes, PSWC*) (Fernández JL. Creutzfeldt-Jakob-like syndrome secondary to severe lithium intoxication: A detailed follow-up electroencephalographic study. Clin Neurophys 2014; 125: 2315-17).
Nicotina y cafeína: aumento de actividad beta.
Marihuana: lentificación.
Cocaína: actividad rápida y epileptiforme.
Isoniacida: a dosis altas lentificación y actividad epileptiforme, llegando incluso a estatus (lo mismo puede ocurrir con la **penicilina**).
Difenhidramina: a dosis altas, lentificación.
Teofilina y aminofilina: a dosis altas, lentificación, actividad epileptiforme (*PLED -persistent lateralized epileptiform discharge-*), estatus.
Corticoides: a dosis altas, lentificación.
Disulfiram y alcohol: lentificación y actividad epileptiforme.
Levodopa: puede provocar encefalopatía, con ondas trifásicas y asterixis.

FASCICULACIÓN: discinesia con origen periférico. En relación con irritación radicular, fatiga muscular (deportistas desentrenados que entrenan otra vez vigorosamente), enfermedad de motoneurona, radiculopatía, neuropatía, causa idiopática, poliomielitis, siringomielia, encefalopatía hipercápnica, intoxicación con organofosforados, etc. Diagnóstico diferencial con temblor por escalofrío, y con hipocalcemia (3-5 fases). En la esclerosis lateral amiotrófica con frecuencia las fasciculaciones, aparte de ser abundantes y presentes en músculos de diversos niveles, presentan además carácter neuropático (por ejemplo, polifasia larga, de más de 20 milisegundos , y gran amplitud). Las fasciculaciones prolongadas pueden provocar hipertrofia muscular asimétrica. Puede haber fasciculaciones "masivas" (Acute femoral neuropathy secondary to an iliacus muscle hematoma. Seijo M, Castro M, Fontoira E, Fontoira M. Journal of the neurological sciences 2003; 209: 119-22).

FATIGABILIDAD: no es falta de fuerza, sino pérdida progresiva de fuerza. Sirve para distinguir los trastornos de la unión neuromuscular, en los que hay fatigabilidad, de la falta de fuerza con otro origen.

FENILCETONURIA: enfermedad de Folling. Oligofrenia fenilpirúvica. Autosómica recesiva. Déficit de fenilalanina hidroxilasa. Se acumula y excreta por orina fenilalanina, fenilpiruvato, fenilacetato, acetilglutamina. Déficit de tirosina con disminución de síntesis de melanina. Piel, ojos y pelo claros. Dermatitis atópica, retraso mental, agitación, hipertonía, hiperreflexia, alteración de marcha y habla, epilepsia, etc.
Electroencefalograma: suele ser anormal y puede normalizarse al disminuir la fenilalanina; trazado desorganizado; descargas comiciales focales o generalizadas; hipsarritmia en algunos pacientes; trazado desde normal hasta hipsarritmia.

Potenciales evocados visuales: con frecuencia alterados por aumento de la latencia de la onda P100 (afectación de la sustancia blanca).
Potenciales evocados somatosensoriales: pueden ser anormales.

FENÓMENO DE ARRASTRE: véase estimulación luminosa intermitente.

FENÓMENO DE LANDOLT: véase epilepsia y alteraciones psíquicas.

FENÓMENO DE PAMPIGLIONE: véase ceroidolipofuscinosis.

FENÓMENO DE LANDOLT: véase epilepsia y alteraciones psíquicas.

FENÓMENO DE VERKENUNG: véase amnesia.

FENÓMENO DE WESTPHAL: véase discinesias con origen espinal.

FENÓMENO DEL *COASTING*: véase neuropatía por hexacarbonos.

FENÓMENO DEL *OVERFLOW*: véase discinesias con origen subcortical.

FETOPATÍAS:
-Alcohol: retraso mental, bajo peso, comunicación interauricular, comunicación interventricular, genitales, surcos palmares, uñas hipoplásicas, labio superior.
-Fenobarbital y fenitoína: retraso mental, uñas hipoplásicas, alteraciones faciales y cardíacas, neuroblastoma.
-Herpes: intrauterina: microcefalia; canal del parto: meningoencefalitis.
-Leptospirosis: daño fetal o aborto.
-Rubéola: retraso mental.
-Sífilis: precoz: síndrome meníngeo; tardía: paraplejía espástica, convulsiones, tabes dorsal, parálisis general progresiva.
-Tabaco: bajo peso.
-Valproato sódico: mielomeningocele, espina bífida, ganancia de peso.

FIBRILACIÓN: los potenciales de fibrilación suelen aparecer más o menos a los 7-25 días tras el daño axonal (aparentemente, cuanto más corto el nervio afectado, menos tarda en aparecer, pero este extremo está pendiente de confirmación). La frecuencia es de unos 1-30 Hz; su duración de alrededor de 1-5 milisegundos y la amplitud de unos 20-1000 microvoltios. Disminuyen con el frío. Los potenciales de fibrilación tienen buena correlación con la clínica en la práctica.
Se ha dicho que existe la posibilidad de observar **fibrilaciones sin significado patológico en pedio**, pero este extremo no ha sido observado personalmente tras docenas de miles de exploraciones, lo cual lleva a preguntarse si no habrán tomado por fibrilaciones a otro tipo de potenciales, o si no habrán subestimado la situación clínica de dichas personas en el caso de tratarse de verdaderas fibrilaciones. Esto es importante porque se está extendiendo la idea según la cual sería posible encontrar fibrilaciones en pedios normales, y además en un número elevado de ocasiones, e incluso tal vez en otros músculos, y esto podría ser falso (Morgenlander J C, Sanders DB: Spontaneous emg activity in the

extensor digitorum brevis and abductor hallucis muscles in normal subjects. Muscle and Nerve 1994; 17: 1346-47).

Se observan de manera característica en procesos neurógenos (por desconexión de sus axones del músculo que fibrila). En procesos neurógenos lentos y progresivos, como en la enfermedad de Charcot-Marie-Tooth, curiosamente suelen registrarse con una frecuencia de descarga relativamente lenta.

Se observan también típicamente en procesos miógenos como las distrofias musculares (en estos procesos, las fibrilaciones suelen registrarse también con una frecuencia de descarga relativamente lenta, por ejemplo, en la enfermedad de Duchenne), miositis (fibrilaciones relativamente abundantes), miopatías graves con destrucción muscular activa (como en miopatía esteroidea grave), etc.

También se observan en músculos tratados con toxina botulínica, probablemente en relación con la dosis empleada.

En las lesiones de nervio radial, las fibrilaciones en extensor común de los dedos suelen ser abundantes y descargar con frecuencia relativamente alta (también se ha observado que el trazado de máxima contracción en este músculo es más rico y con más frecuencia, con mayor sumación temporal, que en otros músculos).

Resulta difícil distinguir las fibrilaciones en musculatura facial, en lengua y en esfínter anal ocasionalmente, pero habitualmente es posible detectarlas cuando son abundantes y hay suficiente relajación muscular.

Según Thesleff las fibrilaciones y las ondas positivas reflejan la irritabilidad de las fibras nerviosas denervadas, siguiendo la ley de Cannon y Rosenblueth (Thesleff S, Sellin LC. Denervation supersensitivity. Trends Neurosci 1980; 4: 122-126).

Es una posible fuente de confusión denominar fibrilaciones musculares a los movimientos caóticos y arrítmicos, o más o menos rítmicos, que con frecuencia se aprecian a simple vista en la superficie de las masas musculares, y que corresponden a cualquiera de las siguientes situaciones clínicas: fasciculaciones, mioquimia, calambres, temblor, mioclonias, clonus, tiritona, etc. El término fibrilación se refiere a un tipo de actividad muscular no apreciable a simple vista (casi nunca), y que se registra en el músculo esquelético mediante un electromiograma, obteniéndose el trazado característico de la fibrilación muscular: los potenciales de fibrilación, las ondas positivas o ambos. Por tanto, el término fibrilación debería reservarse para un tipo de registro electromiográfico, no para la descripción de una situación clínica, como ocurre con la llamada: corea "fibrilar" de Morvan.

La presencia de fibrilaciones (y ondas positivas) son la clave para la confirmación de la existencia de una axonotmesis, de importancia clínica en diversos procesos neurógenos, como neuropatías, radiculopatías, neuronopatías, etc. Por ejemplo, la presencia de actividad denervativa es importante para la confirmación del diagnóstico de un síndrome postpoliomielítico.

En las dos gráficas siguientes se pueden observar fibrilaciones y ondas positivas:

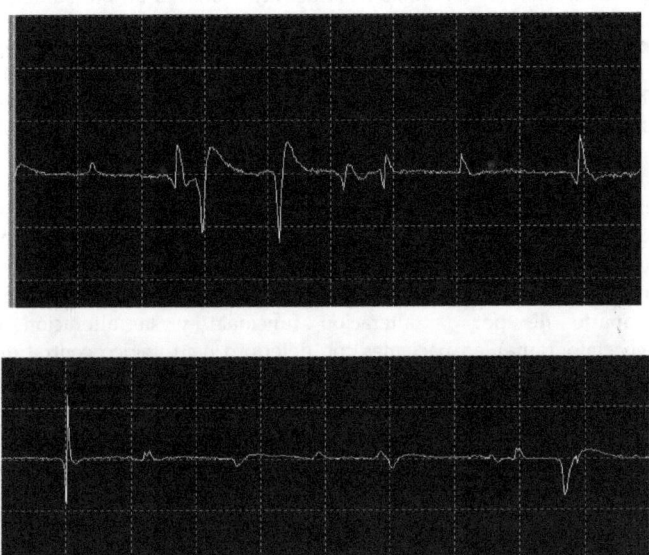

FIEBRE AMARILLA: flavivirus. Fiebre, bradicardia, cefalea, albuminuria, ictericia, hemorragia, encefalitis.

FIEBRE REUMÁTICA: electroencefalograma normal, o actividad lenta focal o difusa, o descargas punta-onda.

FILTROS, BARRIDOS, SENSIBILIDAD (AMPLIFICACIÓN, GANANCIA): sensibilidad en microvoltios/división, filtros en Hz, barrido en milisegundos/división, algunos valores orientativos: **electromiograma, reposo:** sensibilidad 100-200; filtros 100-10000; barrido 10; **reclutamiento:** sensibilidad 200-5000; filtros 100-10000; barrido 100; **potenciales de unidad motora:** sensibilidad 100; filtros 100-10000; barrido 5; **fibra simple:** sensibilidad 100; filtros 500-15000; barrido 1.
Electroneurograma sensitivo: sensibilidad 5-7,5; filtros 100-2000; barrido 1; **motor:** sensibilidad 2000; filtros 10-10000; barrido 5.
Respuesta simpática cutánea: sensibilidad 200-500; filtros 0,1-1000; barrido 1000.
Potenciales evocados visuales: sensibilidad 5; filtros 1-100; barrido 20.
Potenciales evocados auditivos: sensibilidad 0,2; filtros 100-3000; barrido 1.
Electrorretinograma: sensibilidad 3; filtros 1-2000; barrido 20.
Potenciales evocados somatosensoriales: sensibilidad 10; filtros 10-3000; barrido 10-20.
Los filtros de altas frecuencias (de paso bajo) y de bajas frecuencias (de paso alto) de un aparato deberían ser capaces de filtrar dentro del siguiente rango: filtros de paso bajo: 30 Hz-20000 Hz; filtros de paso alto: 0,01 Hz-500 Hz .

FIRDA: *frontal intermitent rythmic delta activity:* Consiste en brotes delta en el electroencefalograma en el polo anterior en procesos con deterioro neuronal orgánico (más progresivo en demencias o encefalopatías y más fluctuante en daño neuronal por accidente vascular cerebral o arteriosclerosis cerebral).

Delta focal indica, entre otras posibilidades, tumor, accidente vascular cerebral, epilepsia, traumatismo craneoencefálico, hematoma, aleraciones metabólicas, etc.

Según experiencia propia la *FIRDA* se ve con frecuencia en la práctica clínica cotidiana, varios casos cada semana, y aparte de tener un posible origen talámico en algunos casos, en otros resultan útiles para deslindar lo funcional (de causa orgánica pero indemostrable) de lo orgánico (con repercusión funcional también, pero cuya base estructural dañada es demostrable de algún modo aparte de por la alteración funcional y la alteración en el electroencefalograma), en pacientes con deterioro neurológico central del tipo que sea (demencia, depresión, encefalopatía, accidente vascular cerebral, etc.). Según observaciones personales presenta un voltaje variable (sin significado conocido), y en conjunto suele correlacionarse con una afectación cortical o corticosubcortical difusa que va desde leve hasta acusada (grado que queda determinado en la práctica en función de la situación clínica correlativa, ya que la *FIRDA* por si sola no parece permitir especificar este extremo hasta ahora).

Si aparece *FIRDA* (no se debe confundir la *FIRDA* con otros tipos de actividad delta generalizada sincrónica parecida, como la bitemporal, que también es frecuente y se correlaciona con otro tipo de cuadros, y tampoco debe confundirse con una punta-onda rudimentaria). En la mayoría de los casos la *FIRDA* se correlaciona con una afectación corticosubcortical, la mayoría de las veces en relación con un problema vascular (hemorragia parenquimatosa, infartos encefálicos, leucoaraiosis, etc.). También se observa la *FIRDA* en relación con la atrofia encefálica de origen diverso, así como con una serie de cuadros diversos con afectación corticosubcortical difusa que incluyen el Alzheimer, meningitis, hidrocefalia, hipovitaminosis B12, lentificación postcrítica, meningioma, migraña, etc. También se observa en la sedación profunda, y precediendo al comienzo de la aparición de periodos de supresión.

En mayores de 60 años lo más relacionado con la FIRDA son los problemas de tipo vascular, y de éstos, la mitad aproximadamente habrán fallecido en los siguientes 2 años tras la observación de la FIRDA, según observaciones personales, por lo que es probable que la FIRDA en esas circunstancias sea un factor de mal pronóstico. Véase lentificación.

En niños parece ser que podrían ser más frecuentes la *OIRDA*, cuya diferencia es que aparecen en región occipital y con frecuencia en relación con epilepsia tipo pequeño mal, aunque también se observan en adultos. Véase lentificación. Véase onda delta.

FLAPPING TREMOR: véase asterixis.

FORMACIÓN RETICULAR: recibe aferencias de las vías sensitivas, con información inespecífica, para mantener la actividad cortical. La regulación de la actividad del sistema nervioso central depende de las exigencias. Recibe información de la actividad de los órganos sensoriales, tanto de la sensibilidad general como de la especial por tanto, integra respuestas reflejas en tronco encefálico y médula espinal (respuestas somáticas, vegetativas y somatovegetativas) y activa la corteza cerebral para que un área concreta reciba un estímulo específico. El córtex puede modular la actividad de la formación reticular, y por ello el tono muscular y el grado de excitabilidad de las neuronas de transmisión central, con lo cual se controla el paso de información desde la médula espinal. Centro internuncial entre las vías aferentes y eferentes de los reflejos del tronco encefálico y con capacidad de integrar respuestas, con lo que pone en relación centros efectores separados con aferentes de otros centros, para tener en cuenta la situación global del sistema nervioso central. Participa en el control del tono muscular, actividad de neuronas sensitivas del tronco encefálico y de la médula espinal y regulación del ritmo vigilia-sueño y de la actividad cortical.

FÓSFORO: véase debilidad muscular aguda.

FOTOESTIMULACIÓN: véase estimulación luminosa intermitente.

FRAGMENTACIÓN DEL SUEÑO: interrupción de un estadio por otro, o por *arousal*, por ejemplo, de fase *REM* por estadio 2, o de *REM* por *arousal*.

FRDA: véase ataxia de Friedreich.

FUCOSIDOSIS: acúmulo de glucoesfingolípidos y glucoproteínas. Cuadro cutáneo parecido al angioqueratoma. Retraso psicomotor, convulsiones, ataxia, anhidrosis, anomalías óseas.

GANGLIOS BASALES: forman parte del sistema extrapiramidal. Participan en la percepción sensorial, especialmente la dolorosa, por sus conexiones entre córtex sensoriomotor y núcleos inespecíficos de tálamo, como el centromedial, y la existencia de receptores opiáceos, por ejemplo en núcleo caudado.
La destrucción del cuerpo estriado imposibilita la formación de reflejos condicionados y lleva a la desaparición de los ya formados; también implica la aparición de discinesias en forma de movimientos involuntarios y sin finalidad, como corea (como en la corea de Sydenham, o la corea de Huntington, en cuyo caso comienza por el neoestriado y después progresa), o movimientos atetoides (por traumatismo obstétrico, malformaciones congénitas, etc.), que son movimientos lentos de partes acras.
Al final de la cola del caudado está la amígdala, cuya función es, a partir de sus conexiones con el área subcallosa, la de intercalar estímulos olfatorios con hipotálamo y corteza cerebral en funciones de preservación del individuo, como reacciones de temor, afectivas intensas, intensificación de la actividad sexual, etc. Influye en respuestas vegetativas y endocrinas por sus conexiones con hipotálamo. La información sensorial ya llega a la amígdala con significado matizado.
Los ganglios basales tienen función motora acompañante. Presentan organización somatotópica y necesidad de aprendizaje motor por entrenamiento. Es un circuito motor asociativo (subsidiario) y límbico, con función motora e intelectual.

Véase síndrome rígido acinético. Véase asimetría en el electroencefalograma.

GARRAPATA: véase debilidad muscular aguda.

GILLIAT-SUMNER HAND: síndrome de estrechez torácica superior. Atrofia indolora de la mano, básicamente. Veáse síndrome de estrechez torácica superior.

GLAUCOMA: véase electrorretinografía, patología.

GLIOMA DEL NERVIO ÓPTICO: síndrome diencefálico o de Russell. Lesión del hipotálamo anterior por glioma del nervio óptico. Niños con adelgazamiento progresivo a pesar de comer con normalidad. Hipercinesia, vómitos, euforia y nistagmo.

GLUCOGENOSIS: afectación sistémica, miopatía, o ambas.

Electroencefalograma: alteraciones inespecíficas.

Se citan a continuación las glucogenosis en las que parece ser que hay mayor afectación muscular (en el resto de las glucogenosis es poco probable que se solicite un electromiograma, al ser rara la miopatía):
-Tipo 2 o enfermedad de Pompe: alfa 1,4 glucosidasa. Déficit de maltasa ácida. Autosómica recesiva. Alteración del almacenamiento lisosomal (acumulación de glucógeno). Debilidad muscular y retraso mental. Poca supervivencia en la lactancia. Diagnóstico diferencial con Werdnig-Hoffmann. Hay diversos subtipos, una infantil grave, la forma de Hers menos grave, la forma juvenil o del adulto joven, la forma asintomática, etc. En la enfermedad de Pompe: cardiopatía y macroglosia. El electromiograma en la de Pompe en niños pequeños es similar al electromiograma en la de Werdnig-Hoffmann debido a los depósitos en astas anteriores en Pompe. En niños mayores el electromiograma es miopático, con mayor afectación proximal. Lactante: grave; infantil: seudohipertrofia y *exitus* segunda-tercera décadas; adulto: cinturas, facial no, y miotonía en el electromiograma (a veces sólo en la musculatura paravertebral). Hay diversas formas de presentación: debilidad proximal simétrica, debilidad de cinturas, debilidad escapuloperoneal e incluso debilidad distal (Bandyopadhyay S et al. Novel presentation of Pompe disease: Inclusion-body myositis-like clinical phenotype. Muscle & Nerve 2015; 52: 466-67).

-Tipo 3 o enfermedad de Cori-Forbes: autosómica recesiva; tercera-cuarta décadas, miopatía. Diagnóstico diferencial con enfermedad de motoneurona a veces. Miopatía leve en adultos.

-Tipo 4 o enfermedad de Andersen: puede haber miopatía.

-Tipo 5 o enfermedad de McArdle: autosómica recesiva o dominante; lactante: grave; infantil: moderada; adulto: leve; déficit de miofosforilasa, dolor muscular y rigidez con ejercicio vigoroso que mejora con descanso (fenómeno del "segundo aliento", y también hay mejoría con azúcar); si persiste el esfuerzo hay dolor e hinchazón y mioglobinuria; aumento de CK, no aumento de lactato x 3 o x 5 tras 1 minuto de ejercicio anóxico; debuta con más frecuencia en la adolescencia; la atrofia muscular aparece lenta y progresivamente. Debut en la infancia tardía, hipotonía, contractura verdadera, etc. Diagnóstico diferencial: déficit de fosfofructoquinasa (enfermedad de Tarui o tipo 7). En tipos 5 y 7: mioglobinuria. Diagnóstico diferencial: enfermedad de Brody (déficit de ATPasa en retículo sarcoplásmico). Electromiograma miopático. A pesar de su rareza, personalmente se ha visto 3 familias en las cuales el diagnóstico patológico fue de enfermedad de McArdle; no presentaban debilidad muscular generalizada, sino claudicación de un grupo muscular concreto tras ejercicio moderadamente intenso con recuperación posterior (por ejemplo, de flexores del codo tras cargar la bolsa de la compra desde la tienda, o de extensores de miembro inferior tras subir 3 plantas de un edificio); en el electromiograma de estos pacientes se encontraron claros signos miopáticos en el trazado de reclutamiento y en los potenciales de unidad motora aislados (potenciales de unidad motora "miopáticos"), e incluyendo actividad patológica en reposo (fibrilaciones y ondas positivas) en los músculos más afectados.

-**Tipo 7 o enfermedad de Tarui:** déficit de fosfofructoquinasa. Debilidad, contractura dolorosa, mioglobinuria, epilepsia, ceguera cortical, opacidades corneales. No hay fenómeno del "segundo aliento" para la claudicación muscular que además empeora con azúcar. No aumenta lactato. Sí aumenta CPK. Diagnóstico diferencial con el tipo 5. Electromiograma: normalmente sin hallazgos de interés.

-Las **otras glucogenosis,** en las que la afectación muscular parece ser que no es relevante, son: tipo 0, tipo 1 o de Von Gierke, tipo 6 o de Hers, y tipo 8 (ligada al X; diagnóstico diferencial con tipo 5). Parece ser que hay afectación muscular en los tipos 13 y 14.

HEMIBALISMO: véase discinesias con origen subcortical.

HEMIESPASMO FACIAL: véase espasmo facial esencial.

HEMIPLEJÍA ALTERNANTE: véase crisis cerebrales no epilépticas.

HERNIA DISCAL LUMBAR:
L4-L5; el abombamiento medial afecta a S1.
L4-L5; abombamiento posterolateral afecta a L5.
L4-L5; abombamiento lateral afecta a L4.
L5-S1; abombamiento posterolateral afecta a S1.
L5-S1; abombamiento lateral afecta a L5.

HERNIA TRANSTENTORIAL: véase onda delta.

HERPES ZÓSTER:
-**Herpes zóster geniculado, ganglio geniculado, síndrome de Ramsay-Hunt (zóster ótico):** vértigo, acúfenos, hipersialorrea, disfonía, ojo seco, ausencia de reflejo corneal; lesiones en pabellón auditivo, conducto auditivo externo, paladar blando y pilares anteriores; a veces parálisis facial con peor pronóstico que la de Bell, pues suele producir acusada destrucción axonal; complicaciones: neuralgia postherpética, afectación neurológica; puede ser causa de abdomen agudo.
-**Herpes zóster oftálmico,** ganglio de Gasser.

HETEROCRONÍA MADURATIVA: electroencefalograma lentificado para la edad del niño. Puede correlacionarse con inmadurez, o con retraso psicomotor, o con una encefalopatía, o con un consumo de fármacos.

HEXACARBONOS, INTOXICACIÓN: véase debilidad muscular aguda.

HIDROCEFALIA: durante la fase *REM* aumenta la presión del líquido cefalorraquídeo, lo cual hipotéticamente tal vez podría empeorar la hidrocefalia en algún caso.

-**Tipos:**
1. **Obstructiva:** malformación, postencefalitis, cisticercosis, tumores, etc.
2. **Comunicante:** aumento de secreción por papiloma o meningitis, o disminución de absorción por hemorragia subaracnoidea, meningitis tuberculosa o trombosis de senos.
3. **Con presión normal: síndrome de Hakim-Adams;** causa desconocida, quizá inflamación crónica o hemorragia de senos. Ataxia frontal, síndrome piramidal, demencia, incontinencia de esfínteres. Diagnóstico diferencial: enfermedad de Creutzfeldt-Jakob, encefalopatía por bismuto, tumor frontal, enfermedad de Pick, enfermedad de Wernicke (motilidad ocular), neuropatía, parálisis seudobulbar (no demencia). Electroencefalograma: lentificado.

-**Índice bicaudado, A/B.**
A=distancia caudado a caudado.
B=distancia calota a calota por ecuador.
Valores normales (límites superiores): 0-30 años: 0,16
30-50 años: 0,18
50-60: 0,19
60-80: 0,21
Más de 80: 0,25

HIPERACUSIA: hiperacusia e hiperosmia: hipercortisolismo.

HIPERALDOSTERONISMO PRIMARIO: síndrome de Conn; hiperaldosteronismo primario; debilidad mucular por hipopotasemia.

HIPERALGESIA: véase dolor.

HIPERECPLEXIA *(HYPEREKPLEXIA)*: síndrome o enfermedad del sobresalto, reacciones motoras involuntarias (sobresalto breve o hipertonía más prolongada, sin pérdida de conciencia) con estímulo visual, táctil o auditivo. El sobresalto es un reflejo fisiológico, la hperecplexia es un sobresalto exagerado. Sin habituación (no se agota con el estímulo repetido). Familiar o esporádico. Autosómico dominante o recesivo. Hay una forma mayor (**síndrome del bebé rígido**), con rigidez asociada (hipertonía) y una forma menor. Comienzo en lactancia, infancia o pubertad. Evolución variable; en las formas graves hay riesgo de apnea del sueño, que conlleva peligro si la apnea es prolongada, especialmente en niños (se trata flexionando el tronco; Vigevano F et al: Startle disease: an avoidable cause of sudden infant death. Lancet 1989; 1: 216). Diagnóstico diferencial con epilepsia refleja, tics, coreoatetosis, etc. Electroncefalograma normal.

En algunos pacientes se acompaña de crisis epilépticas (**epilepsia del sobresalto,** con pérdida de conciencia, actividad epileptiforme en el electroencefalograma y resistencia al tratamiento).

HIPERESTESIA: véase dolor.

HIPERGLICEMIA NO CETÓSICA: electroencefalograma: brotes de supresión en el neonato; lentificación y focalidad.

HIPERMNESIA: criptemnesia (no se pierde la orientación).
Ecmnesia (se pierde la orientación).

HIPERPARATIROIDISMO PRIMARIO: letargia, depresión, función mental alterada, coma, debilidad, miopatía proximal, hipotonía.

HIPERPATÍA: véase dolor.

HIPERPIREXIA MALIGNA: véase miastenia congénita.

HIPERSOMNIA:
-**Idiopática:** 10-16 horas de sueño, o incluso 20 horas al día. Difíciles de despertar; sueño profundo. En el 50% hay borrachera del sueño al despertarse por la mañana. Somnolencia diurna excesiva, siestas largas no reparadoras. Generalmente no hay verdaderos ataques de sueño irresistible. Familiar o esporádico. Electroencefalograma: ciclos normales, pocos despertares. Falta un periodo de *REM* temprano. Puede observarse taquicardia relativa. Latencia menor de 10 minutos. Suele acompañarse de disfunción del sistema nervioso autónomo, con cefaleas, hipotensión ortostática y fenómeno de Raynaud. Comienzo en segunda-tercera décadas. Diagnóstico diferencial: depresión, hidrocefalia, traumatismo craneoencefálico, hematoma o higroma subdural, quiste aracnoideo, epilepsia, meningitis crónica, luxación atlantoaxoidea. Puede mejorar con metisergida.

-**Narcolepsia:** Véase narcolepsia.

-Hipersomnias recurrentes:
1. Hipersomnia menstrual: afecta al sueño *REM* y *NREM*. Se relaciona con el aumento cíclico de progesterona. Suele desaparecer horas antes de la menstruación.
2. Síndrome de Kleine-Levin: ataques de varios días o semanas de hipersomnia, hiperfagia, hipersexualidad, desinhibición sexual, irritabilidad, apatía. Casi exclusivo de adolescentes varones. Normalidad entre ataques. Quizá por disfunción hipotalámica episódica.
3. Hipersomnia en el síndrome afectivo bipolar: abarca al *REM* y *NREM*. Aparece en la fase depresiva. Disminuye latencia *REM* y ligera reducción del sueño de ondas lentas. Si las fases maníacas no son muy llamativas, la hipersomnia puede ser el único signo clínico.
4. Hipersomnia *NREM*: aumento excesivo del *NREM*, sobre todo fases 3 y 4. Puede ser causado por lesiones o disfunciones (traumatismo craneoencefálico, metabólicas, tóxicas) de la formación reticular mesencefálica, hipotálamo posterior, etc. Otras: encefalitis letárgica de Von Ecconomo, tripanosomiasis (invasión del sistema nervioso en fase 2, con cuadro neurológico insidioso y polimorfo; pleocitosis e IgM alta en el líquido cefalorraquídeo), estados relacionados con fármacos (hipnóticos, sedantes, tranquilizantes, etc.). Algunos autores consideran la narcolepsia monosintomática (con ataques exclusivos de sueño *NREM*) como una forma de hipersomnia *NREM*.
5. Seudohipersomnia: neuróticos con sueño nocturno normal, seguido de somnolencia matinal prolongada. También sucede en sujetos normales que duermen mucho y nada más, sin más signos de hipersomnia idiopática. Gente normal que simplemente precisa 10-12 horas de sueño y consultan al médico preocupados por ésto. También se puede considerar seudohipersomnia a la hipersomnia con apnea del sueño obstructiva, el *mioclonus* nocturno, el síndrome de las piernas inquietas, y otros trastornos que provocan una fragmentación el sueño.

HIPERTELORISMO: véase neuralgia amiotrófica. Véase enfermedad de los canales iónicos (síndrome de Andersen-Tawil).

HIPERTENSIÓN ARTERIAL: alteración de conciencia, aumento de tensión intracraneal, retinopatía hipertensiva con papiledema, convulsiones.
La hipertensión sistólica y diastólica puede estar producida por hipertensión intracraneal, polineuropatía, síndrome de Riley-Day, sección medular, y puede tener origen psicógeno.
La hipertensión arterial puede producir: cefalea occipital pulsátil, mareos, inestabilidad, vértigo, *tinnitus*, hemorragia cerebral por rotura de aneurismas de Charcot-Bouchard, hipertensión intracraneal y encefalopatía hipertensiva.

HIPERTENSIÓN INTRACRANEAL, ALGUNAS CAUSAS:
Hipervitaminosis A.
Hipovitaminosis A.
Síndrome de la vena cava superior.
Idiopática (con o sin obesidad).
Craneofaringioma (niños).
Síndrome de Behçet.
Encefalopatía hipertensiva.

Aumento de la masa encefálica (tumores, abscesos, quistes, granulomas, edema postraumático, o exudado, o transudado).

Aumento de sangre (hemorragia cerebral, o subaracnoidea, hematoma extra, sub o epidural, *cor pulmonale* –en el caso del *cor pulmonale*, hay aumento de la presión yugular que implica aumento de la presión en seno longitudinal que a su vez implica disminución de reabsorción de líquido cefalorraquídeo; la insuficiencia también supone una retención de dióxido de carbono que conlleva vasodilatación que también contribuye a la hipertensión-).

Aumento de líquido cefalorraquídeo (aumento de secreción, disminución de reabsorción o ambas, meningitis, hemorragias, hidrocefalia obstructiva).

La hipertensión intracraneal puede causar: hipertensión sistólica y diastólica, cefalea (intensa, difusa, rebelde, nocturna, aumenta con Valsalva), vértigo, acúfenos, somnolencia, obnubilación, papiledema (rápido, por aumento de presión en la vena central de la retina; la papila abomba y se borra su perfil, pero no disminuye la agudeza visual porque el nervio óptico resiste el aumento de presión), disminución progresiva de conciencia (formación reticular), alteraciones vegetativas (vómito en escopetazo, sin náuseas, alteraciones respiratorias y cardiovasculares como Cheyne-Stokes, bradicardia, aumento o disminución de presión arterial, hiper o hipoproteinemia, etc.), náuseas.

HIPERTERMIA: electroencefalograma lentificado.

HIPERTERMIA MALIGNA: véase miastenia congénita.

HIPERTONÍA ALFA: véase discinesias con origen espinal.

HIPERTROFIA MUSCULAR, ALGUNAS CAUSAS:
1. Miopatía hipertrófica en hipotiroidismo severo de larga evolución, con debilidad y dolor muscular: síndrome de Hoffmann.
2. En el hipotiroidismo congénito exite también una forma de miopatía hipertrófica denominada síndrome de Debré-Hocher-Semelaigne ("niño Hércules", niño hercúleo).
3. Acromegalia: hipertrofia muscular al comienzo de la enfermedad. Hipotrofia, debilidad proximal y astenia más adelante. En el electromiograma de los 2 casos vistos personalmente no se encontraron signos miopáticos en la fase de hipotrofia.
4. Ejercicio.
5. Espasticidad prolongada, crónica.
6. Fasciculaciones prolongadas (se puede observar a veces, por ejemplo, en el gemelo de un lado en personas con fasciculaciones crónicas por radiculopatía S1 de ese lado).
7. Miotonía.
8. Hipertrofia muscular *vera* (la hipertrofia muscular verdadera parece ser que podría ser familiar); un solo caso (mujer) visto personalmente, en la que tras un seguimiento de 15 años no se ha encontrado otra causa para su estado, ni antecedente familiar, y que últimamente refería lo que podría interpretarse como claudicación muscular (aunque el balance muscular fue normal, ni parecía haber fatigabilidad tampoco); el electromiograma ha sido

constantemente normal a pesar de la hipertrofia, con trazados de reclutamiento en bíceps de 1 milivoltio y potenciales de unidad motora no "miopáticos", de 6 a 12 milisegundos, sin signos de hipertrofia, es decir, potenciales de unidad motora de duración también normal (la biopsia, y el estudio genético y general también normales; el estudio genético incluyó el SCN4A para canales de sodio y se descartaron ciertos tipos de miotonía o parálisis periódicas familiares); también presentaba una distrofia adiposa progresiva, y un gran desarrollo venoso, con congestión venosa desproporcionada con el grado de esfuerzo muscular llevado a cabo, lo que ha llevado a pensar si se trataría de esto último, y no de una hipertrofia *vera*.

9. Síndrome Bruck-de Lange (hipertrofia muscular congénita, retraso mental y movimientos anormales).

-Seudohipertrofia muscular:

1. La seudohipertrofia puede, o no, acompañarse de hipertrofia verdadera.

2. Distrofia de Duchenne (las madres portadoras del Duchenne pueden presentar seudohipertrofia asimétrica de gemelos; en madres portadoras con confirmación genética es posible encontrar signos miopáticos en el electromiograma, por ejemplo, según experiencia propia, potenciales de unidad motora "miopáticos" en tibial anterior, menores de 6,8 milisegundos y aumento de la sumación temporal en psoas)), distrofia de Becker, distrofia muscular de cinturas (rara), enfermedad de Pompe, miopatía amiloide seudohipertrófica, amiotrofia espinal a veces, enfermedad de Kennedy, distrofia miotónica tipo 2, etc. (Pou A. Amiotrofias espinales juveniles y del adulto. Neurología 1996; 11: 48-49).

3. Miopatía mitocondrial: la seudohipertrofia que se observa puede ser de deltoides, en vez de lo que típicamente se observa en diversas enfermedades neuromusculares que es la seudohipertrofia de pantorrillas.

4. Aumento de tamaño muscular: amiloidosis, cisticercosis, etc.

5. Aumento de tamaño muscular local: inflamación, calcio, rotura de tendón (la rotura del tendón del bíceps es relativamente frecuente, por ejemplo en trabajadores de la construcción; el electromiograma del bíceps es normal en este caso si la lesión se limita a la rotura del tendón), atrofia desigual (amiotrofia espinal, distrofia muscular), neoplasia, miositis local, sacoidosis, osificación ectópica.

6. No hay que confundir la hipertrofia muscular con la hipertrofia del miembro, por ejemplo, en la angiomatosis osteohipertrófica, o síndrome de Klippel-Trenaunay-Weber: hemangiomas en médula espinal, con angiomas vasculares en el dermatoma, y con hipertrofia del miembro (el síndrome de Parkes-Weber consiste en angiomatosis osteohipertrófica y fibrilación auriculoventricular).

HIPERVENTILACIÓN: métodos de activación.

HIPO: encefalopatía urémica, encefalitis.

HIPOACUSIA:
Algunas causas:

En la displasia vestibular y coclear, con dilatación del saco endolinfático (en la resonancia magnética), el debut clínico puede ser en la infancia, en la forma de una cofosis unilateral o bilateral, brusca, por ejemplo, tras un traumatismo craneoencefálico anodino, con o sin hipoacusia previa, y con desintegración completa de las ondas en los potenciales evocados auditivos.

Síndrome de Refsum juvenil.

Osteogénesis imperfecta: síndrome de Ekbom-Lobstein, síndrome de Adair-Dighton, enfermedad de Lobstein. Sordera en el 50% (de conducción).

Síndrome de Michel (aplasia laberinto óseo y membranoso).

Síndrome de Mondini (aplasia cóclea).

Síndrome de Scheibe (aplasia coclea media y distal).

Síndrome de Alexander (aplasia base coclear).

Síndrome de Wanderburg (hipoacusia y retinitis pigmentaria).

Albinismo.

Síndrome de Usher (retinitis y sordera neurosensorial).

Síndrome de Alstrom (hipoacusia coclear, *diabetes mellitus*, obesidad, degeneración retiniana, insuficiencia renal, autosómica recesiva).

Síndrome de Alport (glomerulonefritis crónica, 10% cataratas, hipoacusia 100%, hematuria, esferofaquia, lenticono, trombocitopatía, hiperprolinemia, disfunción cerebral).

Síndrome de Klippel-Feil: fusión congénita de vértebras cervicales y otras alteraciones, como sordera, afectación de pares craneales, trastornos sensitivomotores del miembro superior, etc.

Enfermedad de Paget.

Síndrome de Treacher-Collins y Franceschetti.

Enfermedad de Apert (acrocefalosindactilia).

Enfermedad de Crouzon (disóstosis craneofacial).

Síndrome de Turner.

Deformidad de Madelung.

Enfermedad de Albers-Schönberg (osteopetrosis).

Enfermedad de Pyle (displasia craneometafisaria).

Enfermedad de Engleman (displasia diafisaria progresiva).

Enfermedad de Van Bunchen (hiperóstosis cortical generalizada).

Enfermedad de Vogt-Koyanagi-Arada: vitíligo, uveítis, encanecimiento prematuro, afectación del sistema nervioso central (meningitis aséptica o linfocitaria), *tinnitus*, hipoacusia.

Síndrome de Pierre-Robin (fisura palatina, *micrognatia*, *glosoptosis*).

Mucopolisacaridosis (hipoacusia coclear).

Tesaurismosis de glicosaminoglicanos (8 formas): síndrome de Hurler (mucopolisacaridosis, autosómica recesiva, piel basta, de naranja, deterioro mental progresivo, alteraciones corneales, hipoacusia, déficit de alfa-lambda iduronidasa); síndrome de Hunter (mucopolisacaridosis, recesiva ligada al X, déficit de iduronato sulfatasa, piel basta, sordera, disminución progresiva de la vista, afectación neurológica y cardiovascular).

Síndrome de Hallgren (coclear y retinitis pigmentaria).

Enfermedad de Sanfilippo (coclear).

Hipotiroidismo.

Kernícterus.

Síndrome de Richards-Rundle (coclear; ataxia, hipogonadismo, retraso mental).

Síndrome de Down.

Trisomía 18.

Trisomía 13-15.

Anemia de Fanconi (anemia aplásica; manchas café con leche, disminución del crecimiento, retraso puberal y mental, microcefalia, hiperreflexia, hipoacusia, leucemia).

La disqueratosis congénita cursa con anemia de Fanconi: enfermedad de Zinser-Cole-Egman; recesiva ligada al X; poiquilodermia precoz en cuello, alteraciones ungueales, queratodermia palmoplantar, leucoplasia, carcinomas en mucosas, alteraciones hematológicas (anemia de Fanconi), retraso mental, microcefalia, calcificaciones intracraneales.

Síndrome de Heerfordt.

Síndrome de Bing-Fog-Neel.

Enfermedades de los peroxisomas.

Síndrome de Flynn-Aird (malformación congénita; atrofia cutánea, ictiosis, calvicie, sordera, demencia, convulsiones, ataxia, neuropatía periférica).

Enfermedad de Schilder (adrenoleucodistrofia).

Sarcoidosis.

Síndrome de Brown-Vialetto-Van Laere (amiotrofia espinal; forma localizada bulboespinal, bulbopontina asociada a sordera).

Síndrome de Coats: distrofia muscular facioescapulohumeral, hipoacusia y retinopatía.

Síndrome de Cojan: síntomas vestibuloauditivos, queratitis, intersticial, vasculitis sistémica y afectación de válvula aórtica.

Síndrome de Heerfordt: parálisis facial, uveítis, parotiditis, hipoacusia y meningoencefalitis en el curso de una sarcoidosis.

Síndrome de Kearns-Sayre: oftalmoplejía externa progresiva (mitocondriopatía), retinitis pigmentaria, miopatía, hipoacusia, ataxia.

Síndrome *LEOPARD*: lentiginosis, alteraciones electrocardiograma, hipertelorismo, estenosis pulmonar, anomalías genitales, retraso crecimiento, sordera. Síndrome de Moynaham.

Xeroderma pigmentosum.

Siderosis superficial por hemorragia subaracnoidea crónica (ataxia cerebelosa progresiva, hipoacusia neurosensorial con *tinnitus* y mielopatía).

Neonatos en unidades hospitalarias de vigilancia intensiva (UCI-UVI neonatal): por hipoxia, hipertensión pulmonar persistente y oxigenación con membrana extracorpórea, hiperbilirrubinemia, medicamentos ototóxicos.

Niños: meningitis, infección congénita (citomegalovirus, herpes simple, rubéola, sífilis, toxoplasmosis, síndrome tóxico prenatal), otitis media, sustancias ototóxicas, ruido, traumatismo craneoencefálico, parotiditis, hipotiroidismo.

Criterios de riesgo en la hipoacusia infantil: hipoacusia infantil familiar, infección perinatal congénita, malformaciones anatómicas en cabeza y cuello, peso menor de 1500 gramos, hiperbilirrubinemia, asfixia (pH menor de 7,1 o Apgar menor de 4 a los 10 minutos, no ventilación espontánea en 10 minutos, hipotonía mayor de 2 horas), meningitis bacteriana, estancia en UCI mayor de 48 horas, síndrome de alcoholismo fetal, hemorragia intracraneal fetal,

septicemia neonatal, hipertensión pulmonar fetal persistente, consanguinidad paterna.
Joint Committee of Hearing Children, 1982.
Healy GB. Common problems in pediatric otolaringology. YB. Medical Publishers. Chicago 1990.
Identificación antes de 3 meses y tratamiento antes de 6 meses (American Speech-Language-Hearing Association: Joint Committee of Infant Hearing 1994 Position Statement Aha, 1994; 36: 38-41).

Tipos de hipoacusia neurosensorial infantil:
1. Hereditaria:
Esporádica-recesiva: degeneración coclear; hipo o aplasia del laberinto (tomografía axial por computadora). Tipos: Michel (ausencia de oído interno); Mondini (sólo 1,5 vueltas de cóclea, no detecta agudos); Scheibe (ausencia de laberinto membranoso, alteración en tonos agudos); Alexander (aplasia de la base de la cóclea).
Dominante: debut en pubertad. Tipos: síndrome de Waardenburg (malformación craneofacial, *distopia canthorum*, blefarofimosis –epicanto-, alteraciones pigmentarias de los ojos, cabello –mechón- y piel –albinismo-, heterocromía); síndrome de Usher (hipoacusia hereditaria progresiva con retinitis pigmentaria); síndrome de Refsum (hipoacusia, retinitis, ataxia y polineuropatía, debut 10-20 años); síndrome de Alport (hipoacusia bilateral progresiva, normalmente asimétrica, desde la segunda década, glomerulonefritis intersticial crónica inespecífica con mal pronóstico, la lesión del oído podría ser nefrógena, 1 : 20000); síndrome de Muckle-Wells (función renal); síndrome de Herrmann (función renal); acidosis tubular renal (función renal); síndrome de Jervell-Lange-Nielsen (hipoacusia y síndrome de Stokes-Adams; QT largo con síncopes y sordera); síndrome de Lewis (electrocardiograma); síndrome de Pendred (hipoacusia y bocio eutiroideo).
Otras: hiperlipidemias; síndromes pediátricos diversos.
Cromosomopatía: trisomía 13; trisomía 18; síndrome 5p (*cri du chat*).
2. Adquirida prenatal: rubéola, lúes (triada de Hutchinson: degeneración oído interno, queratitis intersticial y alteraciones dentarias), toxoplasmosis, parotiditis epidémica, herpes zóster, poliomielitis, *influenza*, citomegalovirus, quinina, aminoglucósidos, talidomida, *diabetes mellitus* materna, hipoxia fetal, irradiación. Déficit de biotinidasa (autosómica recesiva, cursa con déficit de biotina –vitamina H o B7-, convulsiones, ataxia, alopecia, dermatitis, retraso psicomotor, etc.).
3. Adquirida perinatal: hipoxia, prematuridad (hemorragia cóclea), *kernicterus*, traumatismo, rubéola, ototoxicidad.
4. Adquirida postnatal: meningitis, lúes (triada de Hutchinson –diente de Hutchinson, queratitis y sordera-), parotiditis, sarampión, otitis media, gripe, borreliosis.

Prueba de Rinne: compara vía aérea y vía ósea. Positiva cuando la audición por vía aérea es mejor. Positiva en oído sano implica hipoacusia neurosensorial, y, negativa, de conducción. Falso negativo si oye por el contralateral por vía ósea en caso de cofosis.

HIPOCAMPO: conservación de recuerdos recientes, regulación de funciones hipotalámicas, endocrinas y viscerales (por ejemplo: ritmo nictameral de secreción de *ACTH*, movimientos instintivos como falsa rabia, etc.). Relacionado con lóbulo temporal y amígdala. Puede estar relacionado con crisis epilépticas y estados confusionales. Relacionado con sistema límbico (llamado límbico por su disposición como un *limbo* o corona).

HIPOGLUCEMIA: nerviosismo, agresividad, temblor, palidez, sudoración fría, taquicardia, hambre, disminución de agudeza mental, trastornos de memoria y visión, cefaleas, letargo, convulsiones, semiparálisis, pérdida de conocimiento, coma.
Tipos: orgánica (tumor de páncreas, tumor no pancreático, hipofunción pituitaria anterior, hipofunción adrenocortical, enfermedad hepática extensa adquirida), defectos enzimáticos hepáticos específicos (glucogenosis, intolerancia hereditaria a la fructosa, galactosemia, intoleración familiar a la fructosa y galactosa), funcional (reactiva o postprandial, reactiva a *diabetes* leve, alimentaria por gastroenterostomía o gastrectomía subtotal, idiopática en la infancia, por alcoholismo y desnutrición), exógena por sulfonilurea o insulina (iatrogénica o facticia).
Electroencefalograma: sucesivamente se produce lentificación, patrón isoeléctrico y recuperación. Actividad paroxística. Puede desencadenar crisis en un epiléptico.

HIPOMELANOSIS DE ITO: enfermedad neuroectodérmica con leucoderma (variedad de acromia); retraso mental, epilepsia, manchas café con leche.

HIPOMELANOSIS OCULOCEREBRAL: síndrome de Cross. Autosómica recesiva. Hipopigmentación generalizada. Fibromatosis gingival. Microftalmia. Microcórnea. Nistagmo. Atetosis. Oligofrenia.

HIPOPARATIROIDISMO: irritación, depresión, psicosis, aumento de **irritabilidad neuromuscular** (parestesias peribucales y en yemas, tetania con signos de Trousseau –espasmo carpopedal durante presión con manguito, "mano de partero"-, Lust –flexión tobillo al golpear cabeza peroné-, Chvostek –contracción orbicular labios al golpear nervio facial-, Weiss –contracción del orbicular de los párpados al golpear el facial-, Erb –reducción del umbral de estimulación motora-, etc., espasmo laríngeo, espasmo carpopedal, tetania con hiperventilación, crisis de gran mal).
Síndrome de Di George: hipoplasia de paratiroides (tetania hipocalcémica).
Seudohipoparatiroidismo: retraso mental.

HIPOPLASIA CONGÉNITA DE EMINENCIA TÉNAR: síndrome de Cavanagh.

HIPOPNEA: disminución de los movimientos ventilatorios en más de un 50%, sin aceleración de la ventilación pero con disminución del nivel de oxígeno transcutáneo (en la enfermedad pulmonar obstructiva crónica puede haber disminución de oxígeno en ausencia de apneas o hipopneas). Algunas hipopneas no se acompañan de hipoxemia. Disminución de la amplitud de la onda de flujo mayor del 30% en algunos laboratorios (del 50% en otros laboratorios y también para la edad infantil), desaturación del 3% o más (2-4%

según autores), ERAM (esfuerzos respiratorios asociados a microdespertares). Estos criterios varían algo en función de las diversas academias y asociaciones. Descrita por Kurtz y Krieger (Kurtz D, Krieger J. les arrets respiratoires a tours du sommeil. Faits et hypothéses. Rev Neurol 1978; 134: 11-22). Si no es claramente sintomática indican SAHS si son 10 o más por hora, con ERAM, y con descenso de la saturación de oxígeno por debajo del 3%. Indican SAHS cuando el IAH es 5 o mayor si es claramente sintomático.

HIPOTÁLAMO:

Diencéfalo: el hipotálamo controla los centros vegetativos de tronco encefálico y médula espinal; por ejemplo: el hipotálamo estimula el centro de la micción, como el espinal, pero el hipotálamo además implica un comportamiento, como el sexual, el alimentario, el sueño, etc. El hipotálamo realiza la integración neurovegetativa y somatovegetativa de respuestas complejas. Por ejemplo: la conducta instintiva que relaciona lo somático y lo visceral, como la micción, la defecación, la copulación, la conducta de ataque, etc. La médula espinal en cambio sólo integra reflejos, y el telencéfalo realiza una integración más compleja.

Control de la regulación térmica, de la frecuencia cardíaca, de la presión arterial, de los movimientos peristálticos, del vaciamiento vesical, de la ingesta, de la conducta instintiva (micción, defecación, alimentación, copulación, ataque). Participa en la integración de las emociones.

Síndrome hipotalámico anterior bilateral: diabetes insípida, hipertermia, edema pulmonar.

Síndrome hipotalámico medial: distrofia adiposogenital (síndrome de Fröhlich).

Síndrome hipotalámico posterior: trastornos de memoria (el hipotálamo es una estación de relevo en el circuito de Papez), trastornos psicoemocionales, disminución de la actividad cortical (pudiendo llegar a coma irreversible), poiquilotermia.

Síndrome hipotalámico lateral: anorexia de causa orgánica demostrable, úlceras gastrointestinales (por alteración de la inervación vascular).

HIPOTENSIÓN LICUORAL ESPONTÁNEA: cefalea ortostática, rigidez de nuca, vértigo, náuseas, acúfenos, hipoacusia, diplopia o nistagmo sobre todo por afectación del sexto par, visión borrosa, ptosis fluctuante (por afectación del tercer par, quizá por cambios anatómicos en relación con la ley de Monroe-Kellie). (Schaltenbrand G. Neuere anschauungen zur pathophysiologie der liquorzirkunation. Zentralbl Neurochir 1938). Véase ley de Monroe-Kellie.

HIPOTIROIDISMO: enfermedad de Gull. Entre otras cosas: lentificación de funciones intelectuales, ataxia cerebelosa, depresión, paranoia, ceguera nocturna, sordera, reflejo aquíleo "majestuoso" (lentificación de la fase de recuperación), depilación en la cola de las cejas, intolerancia al frío, estreñimiento, lentificación de movimientos, síndrome seudomiotónico (las descargas seudomiotónicas en el electromiograma son características), aumento de CPK, miopatía de cinturas con signos electromiográficos miopáticos (en hipertiroidismo también es posible).

Cretinismo: temblor, espasticidad, incoordinación, retraso mental.

En el hipotiroidismo es frecuente la **polineuropatía**, sobre todo la de predominio desmielinizante, según observaciones personales, y aumenta el riesgo de las neuropatías por atrapamiento (posiblemente por lentificación de la reparación nerviosa, como en la diabetes).

Coma mixedematoso: hipotiroidismo, anciano, invierno. Espontáneo o precipitado por frío, infección, insuficiencia respiratoria, intoxicación acuosa, hipoglucemia, traumatismos, narcóticos. Coma e hipotiroidismo, con hipotermia, disminución de secreción acuosa, hiponatremia dilucional y trastornos ventilatorios. Electroencefalograma en el coma mixedematoso: lentificación bilateral (actividad delta).

Miopatía hipertrófica (aumento del volumen muscular) en hipotiroidismo severo de larga evolución, con debilidad y dolor muscular: **síndrome de Hoffmann**. En el **hipotiroidismo congénito** existe también una forma de miopatía hipertrófica denominada síndrome de Debré-Hocher-Semelaigne (niño Hércules, niño hercúleo).

Hipotiroidismo durante tiroiditis de Hashimoto: **encefalopatía de Hashimoto**. Responde a corticoides, y el electroencefalograma se correlaciona con la clínica (Vázquez et al. Encefalopatía de Hashimoto. Registro EEG de un caso. Rev Neurol 1998; 26: 485).

HIPOTONÍA NEONATAL: si es **secundaria a una enfermedad de base**, puede tratarse por ejemplo de prematuridad (menos de 37 semanas de CA), infección, "sufrimiento" fetal, cardiopatías congénitas, encefalopatía hipóxica, hemorragias intracraneales, fármacos maternos, síndrome de Down.

Siguiendo a Dubowitz se dividen en las de **origen central** y las de **origen periférico** (Dubowitz V. The floppy infant. Philadelphia: JB Lippincott; 1980).

La de **origen encefálico** puede deberse a **anomalías cromosómicas** (síndrome de Down, lisencefalia, síndrome de Prader-Willi, síndrome del cromosoma X frágil, síndrome de Lowe u oculocerebrorrenal, síndrome de Kabuki, etc.), **anomalías metabólicas** (hiperglicemia no cetósica, hipotiroidismo, hipertiroidismo, hipoparatiroidismo, hiperparatiroidismo, síndrome cerebrohepatorrenal, adrenoleucodistrofia, etc.), **encefalopatía** (hipoxicoisquémica, gangliosidosis, degeneración neuroaxonal de origen desconocido, etc.), **infección del sistema nervioso, síndromes malformativos diversos** (síndrome de Prader-Willi, etc.).
También puede deberse a **mielopatía obstétrica alta** (cursa con retención urinaria). Las de **origen medular** pueden deberse a lesiones medulares.
Las de **origen cerebeloso** pueden deberse a malformación de Chiari, síndrome de Dandy-Walker, síndrome de Joubert y romboencefaloclasis (fusión de hemisferios cerebelosos).

Dentro de las **formas paralíticas** puede deberse a **anomalías de la motoneurona** (enfermedad de Werdnig-Hoffman; atrofia pontocerebelosa tipo

1, que es una amiotrofia espinal con atrofia de cerebelo, protuberancia, tálamo y nervio periférico con microcefalia; poliomielitis, etc.), **anomalías musculares primarias** (enfermedad de Steinert neonatal, con diplejía facial; miopatías congénitas, nemalínica, centronuclear o miotubular, etc.; distrofias musculares congénitas, a veces asociada a hiperlaxitud distal o forma hipotonicoesclerótica de Ulrich, etc.; miopatías metabólicas, como las miopatías mitocondriales, o el déficit de maltasa ácida o enfermedad de Pompe; por último, puede haber una hipotonía congénita benigna y no ser la etiología clara, y de estos últimos algunos pueden no tener un curso benigno); **anomalías de la placa motora** (*miastenia gravis* neonatal; miastenia congénita incluyendo el síndrome del canal lento; botulismo en el que es importante para el diagnóstico el estreñimiento); **anomalías en el nervio periférico** (polineuropatía hipomielinizante congénita, neuropatía de Dejerine-Sottas con imagen en bulbo de cebolla, síndrome de Guillain-Barré que desde la erradiación de la poliomielitis es la principal causa de parálisis flácida en el niño, polineuropatía desmielinizante inflamatoria crónica, porfiria que puede simular un síndrome de Guillain-Barré, neuropatía axonal gigante, etc.).

Según Dubowitz, en un tercio de los casos está en relación con **trastornos neuromusculares**, siendo los **más frecuentes** los siguientes: amiotrofia espinal infantil intermedia y severa, distrofia miotónica congénita y *miastenia gravis* neonatal y congénita; y los menos frecuentes: miopatías congénitas, miopatías metabólicas (glucogenosis, mitocondriopatías, lipidosis, parálisis periódicas), neuropatías (hereditarias, hipomielinización congénita, Guillain-Barré, poliomielitis, etc.), síndrome de Joubert, botulismo, etc.

Se **sospecha trastorno neuromuscular** en caso de: antecedente familiar, consanguinidad, abortos previos, hidramnios, hipotonía uterina, presentación en podálica, trastorno de deglución y succión (por ejemplo: distrofia miotónica), disminución de la mímica facial (por ejemplo: distrofia miotónica, distrofia muscular congénita), ptosis u oftalmoplejía (por ejemplo miopatía congénita), *distress*, luxación de cadera, criptorquidia, etc.

HIPSARRITMIA:
-**Algunas causas:** síndrome de West (*eclampsia nutans*, espasmos en flexión, tic de Salaam, *infantile spasms,* etc.).
Síndrome de Aicardi.
Esclerosis tuberosa.
Encefalopatías.
Fenilcetonuria (raro): enfermedad de Folling; oligofrenia fenilpirúvica.
Traumatismo craneoencefálico en niños (desde leves a graves; raro).
Enfermedad de Menkes: *kinky hair syndrome*, enfermedad del cabello ensortijado.
-**Seudohipsarritmia;** enfermedad de Krabbe.
-**Diagnóstico diferencial:** *spasmus nutans* (nistagmo y cabeceo autolimitados en bebés y niños pequeños, idiopático y benigno, electroencefalograma normal, rara vez relacionado con neoplasia encefálica), *jactatio capitis nocturna* (electroencefalograma normal), espasmos salutatorios (espasmo de Moro; no hipsarritmia), encefalopatía mioclónica (no hipsarritmia).

HOLTER O HOLSTER: véase electroencefalograma estándar.

HOMOCISTINURIA: hábito marfanoide, subluxación del cristalino, retraso mental, *livedo reticularis*, etc. Enfermedad vascular cerebral infantil. Homocistina en orina. Pelo fino y escaso. Rubor malar. Hernia inguinal. Crisis epilépticas. Paraparesia espástica. Electroencefalograma: variable, hallazgos patológicos diversos.

HOSPITALISMO: síndrome de Spitz.

IATROGENIA EN ELECTROMIOGRAFÍA: se han descrito, como problemas asociados a la práctica de un electromiograma: hemorragia, hematoma, infección, daño nervioso, neumotórax, urticaria y síndrome doloroso regional complejo (1. Al-Shekhlee A et al. Iatrogenic complications and risks of nerve conduction studies and needle electromyography. Muscle & Nerve 2003; 27: 517-526. 2. Lynch SL et al. Complications of needle electromyography: hematoma risk and correlation with anticoagulation and antiplatelet therapy. Muscle & Nerve 2008; 38: 1225-1230. 3. Tankisi H et al. A complex regional pain syndrome as a complication to electroneuronography. Clin Neurophys 2010; 121: 980-83).
También se han descrito reacciones alérgicas al metal de los electrodos de aguja (acero, platino, paladio). Como los iones metálicos son haptenos y se consideran antígenos incompletos, deben unirse a péptidos o proteínas para actuar como alergenos, lo cual puede ser favorecido por la existencia de eccemas o inflamación local en la zona explorada (por lo que obviamente una vez más se recomienda no pinchar la piel si se observan trastornos cutáneos diversos). Evidentemente para una reacción alérgica de este tipo es necesaria la sensibilización previa (Kleiter I et al. Allergic granulomatous skin reaction to electromyography needle. Muscle & Nerve 2014; 50: 867-868).

ICTERICIA NUCLEAR: *kernicterus*. Véase encefalopatía.

IDIOCIA AMAURÓTICA: enfermedad de Tay-Sachs.

INACTIVIDAD BIOELÉCTRICA CORTICAL: electroencefalograma isoeléctrico. Véase electroencefalograma plano.

Algunas causas:
1. Síncope: reversible.
2. Hipoglucemia: reversible.
3. Intoxicación barbitúrica y por otros sedantes: reversible.
4. Brotes-supresión: trazado discontinuo con periodos de silencio eléctrico en neonatos a término.
5. Neonatos pretérmino: trazado discontinuo con periodos de silencio eléctrico durante el sueño tranquilo.
6. Muerte encefálica: irreversible.
7. Hipotermia por debajo de 25 grados centígrados (Guérit JM. Consensus on the use of neurophysiological tests in the intensive care unit (ICU):

Electroencephalogram (EEG), evoked potentials (EP), and electromyoneurogram (ENMG). Clinical Neurophysiology 2009; 39: 71-83).
8. Hipoxemia sin hipercapnia, irreversible en minutos, o hipercapnia sin hipoxemia, reversible en minutos (experimentos con animales, Tratado de EEG de Niedermeyer, p 23, 24 y 25, tercera edición).
Véase muerte encefálica.

INCONTINENCIA FECAL: véase nervio pudendo.

INCONTINENCIA PIGMENTARIA: *incontinentia pigmenti achromians.*

INCONTINENTIA PIGMENTI ACHROMIANS: incontinencia pigmentaria, enfermedad de Bloch-Sulzberger. Dominante ligada al X. Afecta a mujeres (en varones incompatible con vida extrauterina). Alteraciones de la piel, anejos, dientes, estrabismo, ceguera, cataratas, atrofia nervio óptico, pigmentación retiniana, seudoglioma, microftalmos, desprendimiento de retina, convulsiones, retraso mental, parálisis espástica, retraso motor. Electroencefalograma: alterado.

INCONTINENCIA URINARIA: véase nervio pudendo.

ÍNDICE ALFA: porcentaje de alfa en 100 centímetros de trazado electroencefalográfico a 3 centímetros/segundo:
Alfa dominante: 75-100%.
Alfa subdominante: 50-74%.
Alfa mixto: 25-49%.
Alfa raro: menos del 24%.

ÍNDICE DE ARDEN: véase electrooculografía.

INDIFERENCIA AL DOLOR: véase dolor.

INFARTO TALÁMICO BILATERAL: véase actividad periódica.

INFLIXIMAB: véase artritis reumatoide.

INSOMNIO:
-**Concepto:** alteración de inicio, o mantenimiento del sueño, o despertar temprano, o todos ellos; sueño nocturno reducido o fragmentado.
En la manía siendo estrictos no hay insomnio, sino oligohipnia, ya que el sueño, aunque breve (3-4 horas) es reparador.
Algunas causas raras: pelagra, corea fibrilar de Morvan.

-**Insomnio situacional agudo: insomnio psicofisiológico transitorio**, desencadenado por duelo, divorcio, exámenes, etc. Sin alteraciones del humor. Otro ejemplo es el efecto de la primera noche en el laboratorio de polisomnografía. Electroencefalograma: aumento de latencia de sueño nocturno, disminución de fases 3 y 4, aumento de latencia *REM*, disminución del porcentaje de *REM*, aumento del número de transiciones entre fases, aumento del número de despertares.

-Insomnio psicofisiológico crónico: duración mayor de 3 semanas. El agudo puede volverse crónico en individuos susceptibles. Se debe descartar, al igual que en el agudo, insomnio por tóxicos, fármacos, drogas, etc. La mayoría parecen desarrollar respuesta condicionada al insomnio inicial relacionado con el estrés. El exceso de preocupación por dormirse prolonga la vigilia, o el propio entorno puede ser un estímulo condicionante asociado al sueño pobre. Electroencefalograma: similar al insomnio transitorio.

-Depresión: neurótica (reactiva): aumenta la latencia de sueño; disminuyen fases 3 y 4; cantidad de *REM* variable; frecuentes despertares y transiciones de fase; con frecuencia despertar matinal temprano.

-Depresión mayor (psicótica) y bipolar: gran trastorno del sueño; hipomanía y manía: posible situación de insomnio extremo y completo; depresión: hipersomnia; depresión psicótica y endógena aguda: sueño fragmentado, con disminución de 3 y 4, y disminución de latencia *REM* (marcador biológico).

-Insomnio relacionado con fármacos: estimulantes de forma crónica o al final del día relacionados con insomnio. Metilfenidato, anfetaminas, cafeína, nicotina, betabloqueantes, corticoides, alcohol (abuso o abandono), preparados de tiroides, drogas oncoterapéuticas, inhibidores de la monoaminoxidasa, *ACTH*, alfametildopa, contraceptivos orales, propranolol, etc. Como estas sustancias desarrollan tolerancia se aumenta la dosis y esto lleva a urgencia súbita para dormir durante el día (*crashes*), incluso con reacciones tóxicas o psicóticas. Sueño nocturno fragmentado: disminución de *REM*, disminución del sueño de ondas lentas.

-Insomnio familiar fatal: degeneración bilateral de núcleos anterior y dorsomedial del tálamo. Autosómico dominante. Insomnio progresivo, disautonomía (hiperhidrosis, hipertermia, taquicardia, hipertensión, etc.), alteraciones motoras (ataxia progresiva, mioclonias, distonía, Babinski), disartria, deterioro progresivo de la atención, amnesia. Comienzo quinta o sexta décadas, con *exitus* en 1 año. Electroencefalograma: falta el sueño *NREM* desde el principio.

-Seudoinsomnio: quejas de padecer insomnio con polisomnograma normal.

-Psicosis cicloides: subgrupo de psicosis esquizofrénicas independiente de las esquizoafectivas. Estas psicosis expresan una invasión del estado de vigilia por el sueño *REM*. El insomnio precede a la eclosión del cuadro clínico y es constante, intenso y a veces total. Hay 2 cuadros: durante 40 días puede haber algunos trastornos del sueño con síntomas discretos que pueden pasar desapercibidos, después hay insomnio intenso 2 o 3 días, seguido por un episodio psicótico brusco (*like a bolt from the blue*). En el otro cuadro: insomnio intenso, sin pródromos, de 3-4 días, seguido del episodio psicótico; al principio del episodio puede haber dificultad para diferenciar vigilia y sueño. Tras el episodio este se recuerda sólo parcialmente y como si fuera un sueño. Durante la fase de psicosis (tras el insomnio) no recuerdan los sueños del día anterior. Tratamiento: fisostigmina (la fisostigmina produce aumento del sueño *REM*). Si se controla el insomnio en la fase prodrómica con neurolépticos e hipnóticos no aparece la psicosis.

-Anormalidades motoras:

1. Síndrome de las piernas inquietas: discinesias en extremidades inferiores durante la inmovilidad, acentuadas por la somnolencia, con urgencia irresistible por mover las piernas, e insomnio del inicio del sueño. Con frecuencia se asocia a movimientos periódicos durante el sueño, lo cual puede llevar al despertar y vuelta a las piernas inquietas. Síndrome de Ekbom y *mioclonus* nocturno, es frecuente, en cambio, el *mioclonus* nocturno y síndrome de Ekbom es poco frecuente. La mayoría tienen enfermedad vascular o del sistema nervioso periférico. Es más frecuente durante el embarazo. Mejora durante procesos febriles. Tratamiento: clonazepam, dosis nocturna de 0,5-2 miligramos, descansando fines de semana y vacaciones. Se debe descartar: esclerosis lateral amiotrófica, trastornos circulatorios, ferropenia, falta de folato, falta de vitaminas, cafeinismo, uremia, diabetes, carcinoma, polio. Empeora con la edad, con la privación de sueño y el embarazo. En un tercio de los casos parece haber incidencia familiar.

2. Movimientos periódicos durante el sueño: movimiento semejante a Babinski, puede incluir miembro superior. Puede acompañarse de *arousal* (alfa, complejo K). En algunas ocasiones produce fragmentación del sueño, por lo que el insomnio puede ser la causa de consulta. Diagnóstico: más de 5 movimientos/hora de sueño. Suelen repetirse cada 20-40 segundos. Aumenta con privación de sueño y con antidepresivos tricíclicos.

3. *Mioclonus* generalizado hipnagógico: es un *mioclonus* generalizado, breve, normal, al inicio del sueño (*nocturnal startle*). En somnolencia, en fase 1. Si aumenta intensidad y frecuencia puede producir insomnio del inicio del sueño.

-Apnea del sueño: la central es la que con más frecuencia produce insomnio. Si aparece en la fase de somnolencia altera el inicio del sueño. Si aparece en fases más profundas altera el mantenimiento del sueño.

-Lesiones del sistema nervioso central: alteración de la inducción por problema en cerebro anterior (preóptico) y bulbo (tracto solitario). Alteración del mantenimiento del sueño por problema en núcleos del rafe de la línea media y otros. Causas: traumatismo craneoencefálico, encefalitis, cirugía, vascular. Por ejemplo: corea miofibrilar de Morvan (insomnio severo, tratamiento con 5-hidroxitriptófano). Otras: tálamo, etc.

-Insomnio y enfermedades: síndrome del túnel carpiano, neuropatías compresivas, calambres nocturnos, dolores de crecimiento, distrofia miotónica, hipertiroidismo, síndrome de Cushing, síndrome de Addison, nefropatía, hepatopatía, enfermedad gastrointestinal, enfermedad pulmonar (por ejemplo: disnea nocturna paroxística). Las siguientes son incluidas por algunos autores entre las parasomnias: síndrome de la deglución anormal en relación con el sueño, reflujo gastroesofágico, asma nocturna, fenómenos del sueño *REM* (*cluster headache*, angina nocturna, erecciones dolorosas).

-Insomnio de inicio en la infancia: gente sensible a cafeína, te, chocolate, etc. Electroencefalograma: similar al insomnio psicofisiológico crónico.

-Queja de insomnio sin hallazgos objetivos: ausencia de hipocondría; fenómeno disociativo (vigilia mental relativa y sueño fisiológico y comportamiento de sueño: duerme).

-Gente que duerme poco por naturaleza: no se quejan de somnolencia diurna excesiva ni sueño, etc. Electroencefalograma: sueño eficiente; latencia corta; paso rápido a 3 y 4; pocos despertares, cantidad de *REM* variable.

INSUFICIENCIA RENAL: según observaciones personales, la velocidad de conducción motora, por ejemplo, por nervio peroneal, es un marcador tanto de la neuropatía urémica como de la eficacia de la diálisis en la mejoría de dicha neuropatía urémica y por tanto probablemente en relación con la eficacia en el tratamiento de la insuficiencia renal, ya que la disminución de velocidad de conducción motora por nervio peroneal probablemente va en general paralela al grado de insuficiencia renal, y así mismo sirve como marcador de la recuperación, algo observado personalmente y por otros autores previamente también.

Van Der Most Van Spijk RA et al. Conduction velocities compared and related to degrees of renal insufficiency. New developments in electromyography and clinical neurophysiology, ed. JE Desmedt, vol 2, pp. 381-389 –Karger, Basel 1973.

Ashbury AK et al. Uremic polyneuropathy. Arch Neurol 1963; 8: 413-428.

Blagg CR et al. Nerve conduction velocity in relationship to the severity of renal disease. Nephron 1968; 5: 290-299.

INTEGRACIÓN NEUROENDOCRINA: es importante tener en cuenta la existencia de una integración neuroendocrina, pues no hay que olvidar que los neurotransmisores son neurohormonas, integración que se pone de manifiesto en numerosas situaciones; por ejemplo: es interesante la integración en el caso del ajuste del balance hidrosalino en el caso de los barorreceptores del aparato yuxtaglomerular, de corazón y de arterias de gran calibre, que desembocan en una modulación del sistema nervioso simpático y así mismo una modulación del sistema renina-angiotensina-aldosterona, con el efecto conjunto del ajuste del gasto cardíaco, la resistencia vascular periférica y el balance de sodio.

INTEGRACIÓN SOMATOVEGETATIVA: la inervación vegetativa mantiene la conexión entre lo visceral y lo somático. Los sistemas vegetativo y somático comparten neurotransmisores (por ejemplo: acetilcolina). Más aspectos comunes: las fibras nociceptivas son finomielínicas, amielínicas, o de ambos tipos, las neuronas ganglionares del sistema autónomo proceden de la médula. El sistema autónomo no actúa con independencia de los hemisferios cerebrales. En definitiva: la integración vegetativa no es ajena a la integración de los fenómenos de la vida de relación.

Médula espinal: la mayoría de los reflejos provocan respuestas somatovegetativas, por ejemplo: defecación y micción (eferentes somatovegetativas), reflejos cutáneos a la temperatura (aferente somática, eferente vegetativa), reflejo miotático, de retracción, de la marcha (eferente somática), retirada intestinal (eferente vegetativa), acupuntura para calmar el dolor visceral. La integración en médula ocurre en neuronas intercalares (lámina 7).

Tronco encefálico: respuestas somatovegetativas se integran en la formación reticular, común a los dos sistemas; por ejemplo: reflejo respiratorio (aferente vegetativa, eferente somática), reflejo del vómito (aferente vegetativa, eferente somatovegetativa), reflejo de la tos, reflejo de acomodación (aferente somática, eferente somática a músculos rectos internos y vegetativa a músculos ciliares). Integración somatovegetativa, ejemplos: reflejo de la tos, reflejo cardioinhibidor (coordina la actividad cardíaca con las necesidades circulatorias), reflejos vestibulares (coordina movimientos oculares con los de la cabeza y mantiene el equilibrio del cuerpo ante los desplazamientos de la cabeza), reflejo del vómito (movimientos antiperistálticos y prensa abdominal), reflejo de salivación, reflejo de lagrimeo.

Diencéfalo: el hipotálamo controla los centros vegetativos de tronco encefálico y médula espinal; por ejemplo: el hipotálamo estimula el centro de la micción, como el espinal, pero el hipotálamo además implica un comportamiento, como el sexual, el alimenticio, el sueño, etc. El hipotálamo realiza la integración neurovegetativa y somatovegetativa de respuestas complejas. Por ejemplo: la conducta instintiva que relaciona lo somático y lo visceral, como la micción, la defecación, la copulación, la conducta de ataque, etc. Control de la regulación térmica, de la frecuencia cardíaca, de la presión arterial, de los movimientos peristálticos, del vaciamiento vesical, de la ingesta, de la conducta instintiva (micción, defecación, alimentación, copulación, ataque). Participa en la integración de las emociones. La médula espinal en cambio sólo integra reflejos, y el telencéfalo realiza una integración más compleja.

Telencéfalo: la corteza controla el comportamiento instintivo, porque tiene en cuenta la información inmediata y la experiencia. La integración ocurre en el sistema límbico (memoria, afectos) y en neocórtex. Por ejemplo: reflejos condicionados pueden influir en la actividad cardíaca, renal, gastrointestinal, etc. estableciendo un nexo entre dos aferentes, una somática y otra vegetativa, que se asocian a una respuesta, pudiendo ser el estímulo condicionado somático o vegetativo. Por ejemplo: hipnosis, que es otra forma de influir en lo visceral desde lo somático, pues consiste en conseguir que la conciencia y la capacidad de percepción se centren en el hipnotizador, que sugiere evocaciones memorísticas que provocan reacciones somatovegetativas, y esas evocaciones no provocan reacciones fuera el estado de hipnosis, al no haber tanta atención a la situación evocada (ya que entonces ya no sería la única información recibida). Autosugestión y yoga: dominio voluntario del sistema visceral mediante aprendizaje; se consigue fijando la atención en sensaciones corporales en estado de relajación, recordando luego esa sensación para provocar relajación. La integración es cortical. Por tanto, la corteza puede provocar al menos tres respuestas vegetativas: reflejos condicionados, yoga e hipnosis.

Amígdala: Al final de la cola del caudado está la amígdala, cuya función es, a partir de sus conexiones con el área subcallosa, la de intercalar estímulos olfatorios con hipotálamo y corteza cerebral en funciones de preservación del individuo, como reacciones de temor, afectivas intensas, intensificación de la actividad sexual, etc. Influye en respuestas vegetativas y endocrinas por sus conexiones con el hipotálamo. La información sensorial ya llega a la amígdala con significado matizado. Lesión de uncus, amígdala (sistema límbico), o ambos, implica crisis uncinadas: alucinaciones olfatorias, generalmente desagradables, movimientos de labios y lengua, expresión facial de ensoñación.

Formación reticular: recibe aferencias de las vías sensitivas, con información inespecífica, para mantener la actividad cortical. La regulación de la actividad del sistema nervioso central depende de las exigencias. Recibe información de la actividad de los órganos sensoriales, tanto de la sensibilidad general como de la especial, por tanto, integra respuestas reflejas en el tronco encefálico y en la médula espinal (respuestas somáticas, vegetativas y somatovegetativas) y activa la corteza cerebral para que una área concreta reciba un estímulo específico. El córtex puede modular la actividad de la formación reticular, y por tanto el tono muscular y el grado de excitabilidad de las neuronas de transmisión central, con lo cual se controla el paso de información desde la médula espinal. Centro internuncial entre las vías aferentes y eferentes de los reflejos del tronco encefálico y con capacidad de integrar respuestas, con lo que pone en relación centros efectores separados con aferentes de diversos centros, para tener en cuenta la situación global del sistema nervioso central. Participa en el control del tono muscular, acitividad de neuronas sensitivas del tronco encefálico y de la médula espinal y en la regulación del ritmo vigilia-sueño y de la actividad cortical.

INVESTIGACIÓN: la neurofisiología utiliza técnicas cuantitativas y objetivas, lo cual favorece la investigación científica para mejorar el rendimiento médico de la especialidad. Hay numerosos aspectos controvertidos que requieren aclaración en aras de la veracidad, algunos de los cuales son comentados a lo largo de este vademécum. Así mismo, hay numerosas técnicas que requieren un perfeccionamiento en su aplicación clínica concreta así como la confirmación objetiva, veraz y fehaciente de las diversas opiniones que puedan existir sobre cada asunto, de modo que hay múltiples caminos para la investigación y el cercioramiento; por ejemplo, podría resultar clínicamente interesante investigar alguno de los siguientes asuntos:

-La correlación entre la audiometría hecha por un otorrino y los hallazgos en la exploración con potenciales evocados auditivos de tronco cerebral (PEAT).

-Las correlaciones clínicas de la respuesta simpática cutánea y la posibilidad de su registro en diversas partes del cuerpo, tanto en los cuatro miembros con en el área genital.

-El porcentaje de afectación aislada de un músculo en caso de radiculopatía, ya que con frecuencia se detecta un solo músculo afectado, ya sea el pedio, el peroneo lateral largo, el extensor largo del dedo gordo, el tibial anterior, el cuádriceps, el psoas, el gemelo, los paravertebrales, etc.

-El tiempo que tardan en aparecer la actividad denervativa y la reinervativa en el daño nervioso, y si tiene que ver con factores como la longitud del nervio, etc.

-El posible valor clínico de la frecuencia de descarga de las fibrilaciones y ondas positivas, dadas las peculiaridades que se observan en la práctica, como la aparentemente obvia mayor frecuencia de descarga en caso de denervación en ciertas zonas, como el extensor común de los dedos del antebrazo, o la aparentemente obvia menor frecuencia de descarga en las distrofias musculares crónicas.

-El grado de especificidad del aumento de la latencia de la onda F en el síndrome de Guillain-Barré, dado que se supone que la disminución de su amplitud no lo es.

-La posible relación entre el fenómeno de desaferentación nocturna durante el sueño y los síntomas nocturnos en el síndrome del túnel carpiano.

-El posible valor de la DLEPS menor o igual a 1,5 milisegundos en el síndrome del túnel carpiano como punto de corte a partir del cual sería posible la remisión espontánea del síndrome del túnel carpiano por debajo de ese valor, y por lo mismo el uso de dicho valor como punto de corte a la hora de la decisión quirúrgica.

-La confirmación de la insuficiencia venosa periférica como una causa de neuropatía periférica.

-La frecuencia del retraso en la aparición de las sincinesias en un espasmo facial esencial ya clínicamente manifiesto.

-La utilidad clínica del electrodo concéntrico para la medición del *jitter* en comparación con el electrodo de fibra simple.

-El posible aumento de la CPK en relación con radiculopatías crónicas con actividad denervativa persistente.

-La posibilidad de distinguir entre bloqueo axonal y desmieilinización focal a partir de la duración del *CMAP*, de modo que cuanto mayor la duración menor la influencia del bloqueo y más de la desmielinización, con su posible cuantificación y aplicación clínica. Así mismo, la posibilidad de cuantificar con mayor precisión qué parte del bloqueo se debe a axonotmesis y qué parte a neurapraxia mediante exploraciones sucesivas y determinación de los parámetros clave.

-La verdadera utilidad, o no, de la electroneurografía del nervio femorocutáneo lateral o de los potenciales evocados somatosensoriales en la meralgia parestésica frente a la anamnesis y la exploración clínica, etc.

-La utilidad o no de la exploración de la respuesta sensitiva por el nervio plantar tanto en polineuropatías como en el síndrome del túnel tarsiano o el neuroma de Morton, dado que en sujetos sanos puede no ser técnicamente detectable esta respuesta en ocasiones y tampoco se dispone de información suficiente acerca de lo que ocurre con esta respuesta en polineuropatías, en el síndrome del túnel tarsiano, en el neuroma de Morton, etc.

IONES DE AMONIO CUATERNARIO: véase agentes bloqueantes competitivos.

JAQUECA:
-Tipos:
1. común: sin aura; dolor 2-72 horas, unilateral, pulsátil, náuseas, vómitos, sono y fotofobia, posibles antecedentes familiares, posible influencia del ciclo hormonal, posible ansiedad-depresión.
2. Clásica: con aura; manifestaciones neurológicas focales, irritativas o deficitarias, visuales, sensitivas (incluye alucinaciones olfatorias, en un 1% de

los casos de migraña con aura; diagnóstico diferencial con crisis uncinadas), motoras, lenguaje. Prodrómica (antes de cefalea), acompañada (tras cefalea), complicada (la focalidad dura más de 24 horas).
3. Oftalmopléjica.
4. Retiniana.
5. Equivalente migrañoso (focalidad sin cefalea; incluye el tortícolis paroxístico benigno de la infancia).
6. Complicaciones: estatus migrañoso, infarto migrañoso.
7. Migraña basilar o síndrome de Bickerstaff: dolor occipital, sintomatología visual binocular, vértigo, trastornos oculomotores, zumbidos de oído o trastorno de audición, paresias o parestesias bilaterales, trastornos de conciencia (al menos 3 de estas manifestaciones).
8. Migraña hemipléjica familiar: autosómica dominante, hemiplejía transitoria durante el aura de una migraña. Brazo corto del cromosoma 19. Posible desarrollo de un síndrome cerebeloso progresivo con atrofia vermiana (véase discinesias paroxísticas, ataxia paroxística cerebelosa hereditaria).

-**Electroencefalograma en la jaqueca:** labilidad con la hiperventilación, lentificación, brotes, respuesta occipital de arrastre que se extiende más allá de los 20 Hz (respuesta H), theta focal o generalizada.
Las alteraciones electroencefalográficas se correlacionan bien con la gravedad clínica.
Durante un ataque: normal, disminución de alfa, anormal.
Hemiplejía o afasia: actividad theta o delta.
Migraña infantil: puntas focales benignas (más rolándicas).
Dolor abdominal agudo: descargas frecuentes de puntas positivas a 14-6 Hz entre ataques. Cefaleas paroxísticas y dolores abdominales recurrentes en niños con descargas 14-6: es considerado un síndrome electroclínico por algunos autores.
Migraña basilar: normal, lentificación difusa tras ataque (diagnóstico diferencial con epilepsia parcial benigna con paroxismos occipitales).
Migraña acompañada o complicada: ondas lentas focales, lentificación difusa, ondas agudas, ondas lentas.
Migraña hemipléjica u oftalmopléjica: si el déficit motor es evidente, pueden verse ondas delta hasta quince días tras la crisis.
Epilepsia benigna del lóbulo occipital: ataques visuales y dolor de cabeza con punta-onda generalizada con máximo occipital o temporal.
Epilepsia psicomotora benigna: ondas agudas temporales, migraña o ambas.

JAW JERKING: véase *clonic chin activity.*

JIGGLE: parámetro utilizado en electromiografía en el análisis de unidad motora.
Aumento del *jiggle:* aumento de la inestabilidad "interna" de un potencial de unidad motora fijado con el *trigger*, en concreto, aumento, de un potencial de una unidad motora dada al siguiente, de la variabilidad de la amplitud (y también de la duración, de la pendiente y del número de partes móviles en el potencial, es decir, una medida del cambio de la forma del potencial de unidad motora en definitiva) .

Si se aumenta el barrido y se pone un filtro de 500 Hz se aprecia más la variabilidad en la duración.

El aumento del *jiggle* se observa, por ejemplo, en potenciales de unidad motora de unidades en proceso de reinervación, polifásicas e inestables (inmaduras), tanto en procesos neurógenos (axonotmesis, enfermedad de motoneurona, etc.) como miógenos (fragmentación de fibras, polimiositis, etc.).

El *jiggle* reflejaría el distinto grado de madurez de las distintas uniones neuromusculares (que a su vez sería un reflejo de la plasticidad) de las fibras de una unidad motora, y por tanto la mayor desincronización entre estas fibras, lo cual daría lugar a un potencial cuya morfología es más inestable de lo normal.

En miopatías el aumento del *jiggle* quizá esté también en relación con el aumento de la diferencia entre los diámetros de las fibras (y por tanto podría no estar estrictamente en relación con la denervación solamente).

En la *miastenia gravis* aumenta el *jiggle* sin polifasia. El *jiggle* es mayor cuanto mayor sea el *jitter*, los bloqueos en la unidad motora explorada, o ambos.

No se valora adecuadamente a veces en unidades motora gigantes en las que el resto de las fibras oculten o cancelen la inestabilidad.

Valores normales: variabilidad de la amplitud del 0-28%.

Stalberg E, Sonoo M: Assesment of variability in the shape of the motor unit action potential, the "jiggle", at consecutive discharges. Muscle and Nerve 1994. 17: 1135-44.

Lindsley había descrito cambios en la morfología de la unidad motora durante esfuerzo en la *miastenia gravis* (Lindsley DB. Myographic and electromyographic studies of myasthenia gravis. Brain 1935; 58: 470-479).

Véase *jitter*, medición con electrodo concéntrico.

JITTER, MEDICIÓN CON ELECTRODO CONCÉNTRICO: poco a poco se va extendiendo el uso del electrodo concéntrico en vez de la aguja de fibra simple para medir el *jitter*, por ser menos molesto y por ser desechable (1. Ertas M, et al. Concentric needle electrode for neuromuscular jitter analysis. Muscle Nerve 2000; 23: 715-9. 2. Benatar M et al. Concentric-needle single-fiber electromyography for the diagnosis of myasthenia gravis. Muscle nerve 2006; 34: 163-8. 3. Stalberg E, Sanders DB. Jitter recordings with concentric needle electrodes. Muscle Nerve 2009; 40: 331-9).

Se han encontrado proteínas priónicas en músculo esquelético (Glatzel M et al. Extraneural pathologic prion protein in sporadic Creutzfeldt-Jakob disease. N Engl J Med 2003; 349: 1812-1820), y se ha observado que hay dificultad para eliminar las proteínas de las superficies metálicas por esterilización (Taylor DM. Preventing accidental transmission of human transmissible spongiform encephalopathies. Br Med Bull 2003; 66: 293-303). Por estos motivos en algunos centros, como el *Oxford Radcliffe Infirmary*, han decidido contraindicar el electromiograma de fibra simple y en su lugar llevar a cabo la exploración con electrodo concéntrico (Sarrigiannis PG et al. Single-fiber EMG with a concentric needle electrode: Validation in myasthenia gravis. Muscle Nerve 2006; 33: 61-65). Personalmente se ha tomado la misma decisión.

Stalberg, Ertas, etc. han propuesto los términos *jitter recording with CNE* o *CNE jitter* (y *ASFAP* o *apparent single fiber action potentials*) para evitar confusión de este tipo de análisis con el *jiggle*, aunque con esta técnica, *CNE jitter*, precisamente lo que se hace es eso, medir el *jiggle* (véase *jiggle*), dándole la apariencia del *jitter* con electrodo de fibra simple usando el electrodo concéntrico con el programa del *jitter* pero colocando el filtro bajo, en vez de a 500 a 1-2 kHz (Benatar M, Hammad M. Concentric-needle single-fiber electromyography for the diagnosis of myasthenia gravis. Muscle Nerve 2006; 34: 163-168).

Kouyoumdjian y Stalberg (2011) recomiendan filtros de 1000 Hz-10 kHz al utilizar electrodo concéntrico para medir el *jitter* (Kouyoumdjian JA, Stalberg EV. Concentric needle jitter on stimulated orbicularis oculi in 50 healthy subjects. Clinical Neurophysiology 2011; 122: 617-622). Este filtrado selectivo suprime componentes lentos y reduce la amplitud, lo cual aumenta la captación visual de la variabilidad mediante este filtrado de la señal, hecho conocido como *blanket principle* (Payan J. The blanket principle: A technical note. Muscle Nerve 1978; 1: 423-426).

Cambios en los filtros bajos no influyen en el valor medio de la *MCD* (Patel A et al. The effect of different low-frequency filters on concentric needle jitter in stimulated orbicularis oculi. Muscle & Nerve 2016; 54: 317-319).

Benatar et al. han obtenido con esta técnica una sensibilidad de 0,62 para la forma ocular de la *miastenia gravis* y de 0,75 para la forma generalizada, o de 0,67 para ambas combinadas, frente a una sensibilidad de 0,79 a 0,95 referidas previamente para el electromiograma de fibra simple, aunque probablemente la cifra de 0,79 sea más fiable debido a que en algunas investigaciones se han empleado valores de referencia relativamente bajos para determinar el valor patológico del *jitter* (Sanders D, Howard J. Single-fiber electromyography in myasthenia gravis. Muscle Nerve 1986; 9: 809-819), y una especificidad para ambas de 0,96, y un valor predictivo positivo y negativo de 0,93 y 0,76.

Se han obtenido sensibilidades altas con esta técnica en más series en *miastenia gravis*, por ejemplo, Sarrigianis (2006) ha obtenido una sensibilidad de 0,96 (similar al clásico 0,99 de Sanders para el electromiograma de fibra simple: Sanders DB. Clinical imapct of single-fiber electromyography. Muscle Nerve 2002; 11: 15-20). De todos modos es probable que la sensibilidad de la técnica sea mayor cuando se utilice para confirmar *miastenia gravias* (cuando haya un diagnóstico clínico de *miastenia gravis*, títulos elevados de anticuerpo antirreceptor de acetilcolina, y respuesta al tratamiento), en vez de para descartarla, por lo que lo más recomendable es indicar esta exploración para confirmar *miastenia gravis*, no para descartarla, como ya se ha propuesto para el caso del electromiograma de fibra simple (véase electromiografía de fibra simple).

Sarrigianis (2006), que utiliza el filtro de 2 kHz, también recurre al criterio de medir sólo potenciales agudos con una pendiente alta, y el criterio de la amplitud mínima aplicada en su caso es de 100 microvoltios (relativamente baja en comparación con otros autores). Al igual que otros autores, Sarrigianis rechaza en las mediciones del *jitter* los potenciales superpuestos (*overlapping potentials*), que parece ser que son más frecuentes que en el electromiograma de fibra simple.

En la medición del *jitter* con electrodo concéntrico también se observan bloqueos, como en el electromiograma de fibra simple.

Sanders (2001) hacía notar que la sensibilidad del electromiograma de fibra simple no es del 100%, y que el músculo a explorar debería ser el fatigable clínicamente para obtener una mayor sensibilidad (a diferencia de lo que ocurre en el síndrome de Eaton-Lambert), que no tiene por qué ser uno de los habitualmente explorados, el extensor común de los dedos o el orbicular del párpado, cuya exploración puede por tanto dar un resultado negativo en algunos pacientes con fatigabilidad en otros músculos vecinos, hecho a tener en cuenta también en el caso de la exploración con electrodo concéntrico, como resalta Sarrigianis (2006) en su artículo con el fin de lograr la mayor sensibilidad posible de la técnica.

Benatar et al. (2006) han obtenido en músculo *frontalis* un valor para el *jiggle* medido de esta manera de 17,1-41,1 microsegundos para sujetos normales (media: 29,1 microsegundos), y un valor medio de 47,3 microsegundos para sujetos con *miastenia gravis* (valores similares a los obtenidos en electromiograma de fibra simple), e incluso mayor (73 microsegundos) en sujetos con *miastenia gravis* y títulos elevados de anticuerpos anti receptor de acetilcolina. Para determinar el estado patológico, Benatar et al han utilizado como criterio el de encontrar más de un 10% de pares alterados, o encontrar un *jitter* medio de 20 pares alterado.

Kouyoumdjian y Stalberg han encontrado los siguientes valores de referencia: un límite superior de 31 microsegundos del *jitter* medio para extensor común de los dedos (y un límite superior de 57 microsegundos para pares individuales). Han excluido los pares cuyo *IPI* fuese mayor de 4 milisegundos. El *IPI* medio (*MIPI*) que obtuvieron es similar al obtenido en el electromiograma de fibra simple (normalmente menor de 3,4 milisegundos). El límite superior del *jitter* medio para orbicular del párpado fue de 32 microsegundos, con un límite superior del *MCD* para un par individual de 45 microsegundos. No encontraron diferencias en función de la edad (Kouyoumdjian JA, Stalberg EV. Reference jitter values for concentric needle electrodes in voluntarily activated extensor digitorum communis and orbicularis oculi muscles. Muscle Nerve 2008; 37: 694-9).

Estos autores también recomiendan reducir en lo posible el área de registro del electrodo concéntrico, recomiendan utilizar una área de 0,019 milímetros cuadrados (es decir, los electrodos habitualmente utilizados para musculatura facial). Cuanto menores los electrodos, mayores las amplitudes, al irse reduciendo el efecto *shunt* del campo eléctrico.

El *jitter* medio con esta técnica parece ser que es menor que con la técnica clásica utilizando aguja de fibra simple, probablemente debido a que el primer componente del par con electrodo concéntrico es complejo, y, por tanto, con menor frecuencia (estadística) de variabilidad que el primer componente de un par utilizando electrodo de fibra simple.

Con esta técnica no se puede medir la densidad de fibra.

Según Kouyomdjian y Stalberg, un filtro de paso alto mayor de 1 kHz da menores amplitudes, pérdida de componentes de una señal compleja (el potencial resultado de la integración de potenciales de fibra simple) y fases extra sin valor en la medición.

Stalberg y Trontelj han encontrado, a partir de simulaciones, que el *jitter* sumado es menor que el de componentes indiviuales (Stalberg FV, Trontelj JV. Single fiber electromyography. Studies in healthy subjects and diseased muscle, 2nd ed. New York: Raven Press; 1994. p 45-82). Esto es lógico, ya que las partes sin aumento del *jitter* en la señal compleja tendrían más probabilidad de amortiguar el *jitter* aumentado en alguna de sus partes al integrarse la señal compleja, lo que no ocurriría con las señales simples, y esto haría pensar a priori que esta técnica podría ser algo menos sensible que el electromiograma de fibra simple, extremo que sin embargo no se está confirmando en la práctica por el momento.

En una serie reciente, Kouyoumdjian y Stalberg recomiendan precaución con los valores de referencia, y a partir de una serie de sujetos normales establecen un valor medio para el *MCD* en extensor común de los dedos para todos los pares de 23,5 +/- 7,3 microsegundos (máximo: 38,2) y un *MCD* en extensor común de los dedos de 31,4 +/- 4,9 (máximo: 41,2) para el grupo de pares con mayor *MCD* en *extensor digitorum comunis*. Y en *orbicularis oculi* encuentran un *MCD* de 24,7 +/- 7,1 (máximo: 39) y para el grupo de pares con mayor *MCD*, un *MCD* de 32,7 +/- 4,1 (máximo: 40,9), valores algo diferentes a los de series anteriores, y que al ser más bajos pueden dar lugar a falsos positivos, por lo que deben ser sometidos a continua revisión con el fin de obtener series suficientemente grandes para lograr la mayor sensibilidad y especificidad posibles (Kouyoumdjian JA, Stalberg EV. Concentric needle jitter in extensor digitorum communis and orbicularis oculi. Clinical Neurophysiology 2009; 120: 89).

Kokubun et al (Kokubun N et al. Reference values for voluntary and stimulated single-fibre EMG using concentric needle electrodes: A multicentre prospective study. Clin Neurophysiol 2012; 123: 613-20) recomiendan para la medición del *jitter* con electrodo concéntrico que el potencial tenga más de 100 microvoltios de amplitud, con pendiente de 0,3 milisegundos o menos y un *IPI* de 2 milisegundos o menos, aunque aceptan potenciales menores de 100 microvoltios si son suficientemente agudos y permiten una medición fiable del *jitter*. Utilizan los mismos criterios para el *jitter* estimulado. Utilizan el *MSD (mean sorted difference)*, cuando la razón *MCD/MSD* es mayor de 1,25, siguiendo el criterio clásico de Stalberg y Trontelj (Stalberg E, Trontelj JV. Single fiber electromyography. Miravalle press, Surrey, England, 1979). Excluyen los pares con *MCD (mean consecutive difference)* de 5 microsegundos o menos. Consideran anormal un músculo si un 10% o más de los pares son anormales. Consideran que un falso positivo requiere más de un 10% de los pares alterados. Han encontrado que los valores de referencia para la medición del *jitter* con electrodo concéntrico son similares a los existentes para la medición del *jitter* con electrodo de fibra simple, afirmando además que en principio no habría ninguna razón para que de hecho esto no fuera así.

En una investigación multicéntrica reciente, Stalberg et al recomiendan, para que la señal sea aceptable, los siguientes criterios: los potenciales individuales deben tener al menos un pico negativo y uno positivo; la primera pendiente debe ser constante y sin irregularidades en su forma aunque aceptan una pequeña irregularidad; los potenciales deben tener picos bien definidos y constantes en su forma; en descargas consecutivas no debería haber variación en su amplitud salvo ligeras modificaciones con la recolocación del electrodo; la línea de base antes y después de la señal debe ser constante en descargas consecutivas. En esta revisión dan como valor superior para un valor individual del *jitter* el de 45 microsegundos para el orbicular del párpado, 38 microsegundos para el frontal y 43 microsegundos para el extensor común de los dedos. El valor máximo obtenido para la media del *MCD* ha sido de 31 microsegundos para orbicular del párpado, 28 para el frontal y 30 para el extensor común de los dedos. Si la técnica se realiza bien, el rendimiento diagnóstico para la *miastenia gravis* es igual que con el electrodo de fibra simple. Recalcan que es recomendable hacer la exploración en el orbicular del párpado y menos recomendable en el extensor común de los dedos, aunque personalmente en el extensor común de los dedos también se obtiene buen rendimiento en muchos casos, y personalmente también se obtiene buen rendimiento en el músculo piramidal (Stalberg E et al. Reference values for jitter recorded by concentric needle electrodes in healthy controls: A multicenter study. Muscle & Nerve 2016; 53: 351-362).

K-ALFA: *microarousal* formado por complejo K seguido de varios segundos de ritmo alfa (en fase *REM*).

KERNICTERUS: véase encefalopatía.

KINKY HAIR SYNDROME: véase enfermedad de Menkes.

LASER EVOKED POTENTIALS (LEP): el láser produce un estímulo doloroso, de modo que se supone que podría servir para explorar las fibras nociceptivas. El registro se lleva a cabo como con los potenciales somatosensoriales, en cráneo. Los investigadores que indagan con esta técnica realizan series de estímulos tras buscar la intensidad tolerada por el paciente. Por ejemplo, llevan a cabo series de 20 estímulos (moviendo ligeramente el punto de estímulo para evitar lesión en piel y agotamiento de la vía por sobreestímulo). Es una técnica sin aplicación clínica clara de momento (Tomasso M et al. Laser evoked potentials and carpal tunnel syndrome. Clinical Neurophysiology 2009; 120: 353-359).

LCR: líquido cefalorraquídeo.

LEMP: leucoencefalopatía multifocal progresiva.

LEMS: síndrome miasténico de Eaton-Lambert, síndrome miasténico.

LENTIFICACIÓN DEL ELECTROENCEFALOGRAMA, ALGUNAS CORRELACIONES: afectación cortical, o subcortical, o corticosubcortical, focal o difusa.
Según experiencia propia, con frecuencia suele ser precisa la neuroimagen y la clínica para establecer totalmente una correlación específica entre el electroencefalograma en cada caso particular, porque la afectación cortical focal puede corresponder a un electroencefalograma con signos de lentificación difusa, como pueda ser actividad posterior lentificada (5-7 Hz, sobre todo) y

actividad theta o theta-delta difusa, ocasionalmente con predominio en alguna región, como la bitemporal), por ejemplo, en casos de accidente vascular cerebral con afectación corticosubcortical multifocal, o en casos de pacientes con un meningioma.

La lentificación del electroencefalograma suele implicar a todas las ondas que se puedan observar. Por ejemplo, si el electroencefalograma está lentificado, las ondas agudas se irán degradando en proporción con la lentificación de fondo, hecho importante a tener en cuenta a la hora de detectar dichas ondas agudas, especialmente en casos de estatus. En estas situaciones las ondas agudas conservan su morfología característica pero presentan mayor duración, pudiendo llegar a presentar una morfología roma. Como la lentificación suele implicar a todo tipo de actividad electroencefalográfica, una actividad beta de origen medicamentoso, por ejemplo, durante una sedación, puede irse lentificando progresivamente, pudiendo pasar, por ejemplo, de 15 Hz a 7 Hz, conforme se va profundizando en el grado de sedación.

La afectación cortical difusa (encefalopatías diversas, edema, atrofia, etc.) suele corresponder a un electroencefalograma con signos de lentificación difusa, pero ocasionalmente también aparecerán solamente signos de lentificación focal, excepciones que hay que tener en cuenta.

La afectación corticosubcortical difusa, a diferencia de la focal, suele corresponder a una lentificación difusa en el electroencefalograma, y rara vez a una lentificación sólo focal. Si aparece *FIRDA* (no se debe confundir la *FIRDA* con otros tipos de actividad delta generalizada sincrónica parecida, como la bitemporal, que también es frecuente y se correlaciona con otro tipo de cuadros, y tampoco debe confundirse con una punta-onda rudimentaria), en una mayoría de los casos la *FIRDA* se correlaciona con una afectación corticosubcortical, la mayoría de las veces en relación con un problema vascular (hemorragia parenquimatosa, infartos encefálicos, leucoaraiosis, etc.). También se observa la *FIRDA* en relación con la atrofia encefálica de origen diverso, así como con una serie de cuadros diversos con afectación corticosubcortical difusa que incluyen el Alzheimer, meningitis, hidrocefalia, hipovitaminosis B12, lentificación postcrítica, meningioma, migraña, etc. También se observa en la sedación profunda, y precediendo al comienzo de la aparición de periodos de supresión.

En mayores de 60 años lo más relacionado con la *FIRDA* son los problemas de tipo vascular, y de éstos, la mitad aproximadamente habrán fallecido en los siguientes 2 años tras la observación de la *FIRDA*, según observaciones personales, por lo que es probable que la *FIRDA* en estas circunstancias sea un factor de mal pronóstico.

Acidosis.

Adrenoleucodistrofia.

Alucinosis delirante (lentificación frontal).

Amnesia global transitoria.

Coma mixedematoso (actividad delta bilateral).

Corea de Huntington.

Déficit de ácido nicotínico.

Déficit de vitamina B12 (electroencefalograma: actividad lenta difusa, theta/delta continuo y en trenes, mala correlación electroencefalograma/clínica, el electroencefalograma mejora con B12; lo más frecuente es theta generalizada, o delta generalizada, continua o paroxística, y a veces focal).
Demencia multiinfarto.
Disulfiram.
Eclampsia.
Electroshock seriado.
Encefalitis.
Encefalopatías en general, indicando afectación cortical difusa (con o sin afectación focal).
Encefalopatía por acrodinia (enfermedad rosa, por hipersensibilidad al mercurio; electroencefalograma: lentificación, trenes de beta, paroxismos).
Encefalopatía postanóxica.
Enfermedad de Alzheimer.
Enfermedad de Batten-Spielmeyer-Vogt-Sjögren.
Enfermedad de Creutzfeldt-Jakob.
Enfermedad de Fukuhara (enfermedad mitocondrial. electroencefalograma: lentificación y ondas agudas).
Enfermedad de Lafora (paraparesia espástica, biopsia de músculo, electroencefalograma: lentificación; puntas occipitales bilaterales, etc).
Enfermedad de Parkinson.
Enfermedad de Pick.
Enfermedad de Tay-Sachs.
Enfermedad de Wilson.
Enfermedad del jarabe de arce (electroencefalograma: lentificación y paroxismos).
Fiebre reumática (electroencefalograma: normal, o actividad lenta focal o difusa, o descargas punta-onda).
Epilepsia.
Fiebre.
Hidrocefalia con presión normal.
Hiperglicemia no cetósica (electroencefalograma: brotes de supresión en neonato; lentificación y focalidad).
Hipertermia.
Hipoglucemia.
Hipotiroidismo.
Intoxicación barbitúrica.
Intoxicación por bismuto (electroencefalograma: lentificación y paroxismos).
Jaqueca.
Leucodistrofia.
Leucoencefalopatía multifocal progresiva.
Litio (electroencefalograma: lentificación y actividad paroxística; toxicidad: actividad delta paroxística con máximo anterior y alto voltaje).
Lupus eritematoso sistémico.
Macroglobulinemia de Waldenstrom (electroencefalograma desorganizado).
Manganeso (electroencefalograma: lentificación y paroxismos).
Meningitis.
Meprobamato.

Mononucleosis infecciosa (complicaciones neurológicas: encefalitis, mielitis transversa, síndrome de Guillain-Barré, etc. electroencefalograma: normal, lentificación difusa o focal, paroxismos).

Monóxido de carbono (electroencefalograma: lentificación y paroxismos).

Neurolépticos (lentificación, estatus, síndrome neuroléptico maligno: puede aparecer lentificación del electroencefalograma, o no).

Neurosífilis (electroencefalograma: lentificación, sobre todo frontal, buena correlación entre el electroencefalograma, la gravedad del proceso y la respuesta terapéutica).

Panencefalitis esclerosante subaguda.

Parálisis supranuclear progresiva.

Pelagra (ondas lentas en secuencias repetitivas de predominio temporal, a veces asimétricas).

Plomo (lentificación y paroxismos).

Síncopes por vasodepresión o cardioinhibición.

Síncope vaso-vagal.

Síndrome de Addison.

Síndrome de Gilles de la Tourette (tics múltiples y crónicos, incluyendo coprolalia, discinesia, electroencefalograma: artefacto muscular, lentificación y ondas agudas; haloperidol).

Síndrome de Lesch-Nyhan.

Síndrome de Knud Krabbe.

Síndrome de Hallervorden-Spatz (electroencefalograma: ondas agudas y lentas).

Síndrome de Korsakoff (electroencefalograma: lentificado, pero menos que en la encefalopatía de Wernicke; en el polisomnograma más intervalos de despertar nocturno, y disminución de latencia REM).

Síndrome de Lesch-Nyhan.

Síndrome de Wernicke-Korsakoff (electroencefalograma: en la encefalopatía de Wernicke la lentificación aumenta progresivamente, lo cual podría tener valor pronóstico).

Síndrome neuroléptico maligno (electroencefalograma: lentificación inespecífica; puede haber o no lentificación).

Trastorno por déficit de atención (lentificado, o heterocronía, o normalidad).

Trastornos del ciclo de la urea (lentificación y puntas).

Trastornos del comportamiento (heterocronía, alfa lento, paroxismos, theta dominante).

Traumatismo craneoencefálico. Véase.

Uremia (lentificado).

Xantomatosis cerebrotendinosa.

Véase *FIRDA*. Véase onda delta. Véase ritmo alfa.

LENGUA: véase músculo geniogloso.

LENTIGINOSIS CENTROFACIAL NEURODISRÁFICA: véase síndrome de Touraine.

LEP: laser evoked potentials.

LEPTOSPIROSIS: fase leptospirémica: gérmenes en líquido cefalorraquídeo, fiebre, cefalea, malestar, artralgias, hemorragias subconjuntivales.
Fase inmune: fiebre, meningismo, neuritis óptica, fetopatía.
Síndrome de Weil: forma severa por *L icterohemorrhagiae*, con daño neurológico.
Puede haber meningitis aséptica.

LESIÓN NERVIOSA:

Potenciales de acción motores en el músculo denervado: en caso de denervación, la amplitud de la respuesta evocada motora, tomada en su valor absoluto, no está en proporción con el grado o porcentaje de bloqueo axonal en todo caso, por lo que es preciso integrar los hallazgos de diversos parámetros neurofisiológicos y clínicos para llegar a una conclusión sobre el estado de un nervio dado en cada caso particular. Véase bloqueo axonal.

Modificaciones por desuso en el músculo estriado (Sunderland, 1985): no signos de denervación; disminuyen peso y tamaño, no fibrilaciones; no aumento de sensibilidad a acetilcolina; no aumento de cronaxia. La experiencia acumulada personalmente hasta el momento confirma que ciertamente no aparecen signos de denervación en la atrofia por desuso, lo cual, por cierto, ayuda a diferenciarla de la atrofia por denervación. Denervación implica atrofia, degeneración y sustitución. Si el sarcolema está intacto parece ser que el músculo se atrofia pero no degenera.

Factores que influyen en la **atrofia muscular por denervación** (Sunderland, 1985): **hasta el momento la estimulación eléctrica parece carecer de efecto sobre el crecimiento axonal y no acelera el comienzo de la reinervación** (personalmente se ha intentado durante 15 años desmentir esta conclusión, y no se ha logrado; hasta ahora se ha confirmado que en efecto la estimulación axonal no parece modificar en ningún sentido el crecimiento axonal posterior a una denervación en ningún caso; en concreto se ha probado en docenas de casos de parálisis facial periférica, sin obtener ningún resultado a favor ni en contra de la estimulación, ni diferencias con los casos en los que no se utilizó, por lo que se ha desechado de momento como posible técnica de estimulación de la reinervación); **la estimulación axonal influye en el trofismo muscular** (de ahí su uso por los rehabilitadores), aunque una vez que comienza la reinervación, la contracción voluntaria parece ser más eficaz para la progresión de la recuperación de la fuerza que la estimulación eléctrica; la atrofia muscular no suele ser irreversible hasta pasados 12 meses, aproximadamente.

Reacción de degeneración de Erb: lo normal es que un impulso menor de 1 milisegundo de corriente farádica (alterna rápida) de lugar a una contracción. Tras denervación, el impulso debe ser de varios milisegundos y de corriente galvánica (reacción de degeneración de Erb). Antiguo método electrofisiológico, en desuso, para valorar la existencia de denervación.

Degeneración walleriana y mulleriana: Cuando se secciona un axón, en sentido distal se produce la degeneración walleriana (Waller, 1851). En sentido proximal, hacia el soma neuronal, se produce la degeneración mulleriana, que en ocasiones, en nervios largos, también es medible neurofisiológicamente y posee algún valor clínico (por ejemplo, si se detecta una lentificación proximal, de hecho, ocasionamente es posible la detección de una lentificación sensitiva proximal en el síndrome del túnel carpiano, en cambio, en el atrapamiento de nervio cubital en codo es menos probable, según observaciones personales). La degeneración mulleriana puede derivar en degeneración incluso del soma neuronal de segunda motoneurona en asta anterior medular, volviéndose entonces irreversible (no se debe confundir ésto con una neuronopatía, como en el síndrome de Thévenard, o también llamado síndrome de Denny-Brown, es decir, la degeneración de los ganglios posteriores en relación con un carcinoma broncogénico). **En una radiculopatía L5, la degeneración walleriana puede ser tan acusada como para que el CMAP registrado en tibial anterior con estímulo en rodilla presente un bloqueo similar al que se produce en una mononeuropatía compresiva de nervio peroneal en cabeza de peroné, bloqueo que puede llegar a ser incluso del 100%, hecho a tener en cuenta en la práctica.** También se ha referido una caída de la amplitud de la respuesta sensitiva en un 7% de las radiculopatías (Mondelli M et al. Sensory nerve action potential amplitude is rarely reduced in lumbosacral radyculopathy due to herniated disc. Clin Neurophysiol 2013; 124: 405-409).

Gran parte de la información de este apartado se ha extraído del tratado de Sunderland sobre el nervio periférico.

Sunderland S. Nervios periféricos y sus lesiones. Salvat, Barcelona, 1985.

Los nervios incluyen fibras motoras, sensitivas y vegetativas. Se organizan desde el punto de vista estructural, yendo de mayor a menor escala, en troncos, fascículos y fibras. Todos ellos siguen trayectorias onduladas y paralelas al nervio cuando este no está estirado.

La velocidad de conducción del impulso nervioso depende del diámetro axonal, del diámetro total de la fibra, del espesor de la mielina, de la estructura de la mielina, y de la longitud internodal. La longitud internodal es constante en las fibras que están sufriendo regeneración. Una fibra gruesa conduce con mayor velocidad que una fina. La velocidad de conducción es proporcional al diámetro del "alambre", hecho conocido como "modelo pasivo de Lillie".

Algunos nervios presentan en condiciones normales unos **engrosamientos focales, asintomáticos** desde el punto de vista clínico, conocidos antiguamente como "engrosamientos gangliformes" o "tumefacciones fusiformes". Se piensa que podrían deberse a fricción crónica, **fricción no patológica,** al menos en parte. Ocurre por ejemplo con el **nervio circunflejo en la cara externa de la porción tendinosa superior de la cabeza larga del bíceps braquial** (la conjetura hipotética que se deriva inmediatamente de este hecho, según opinión personal, es que **tal vez** este engrosamiento focal asintomático del circunflejo podría ser una posible causa del 25% de potenciales de unidad motora polifásicos que en condiciones fisiológicas se

pueden observar en el electromiograma del deltoides de algunas personas, porcentaje mayor que el observable en la mayoría de los músculos), o como ocurre con **el nervio mediano en la muñeca, o con el nervio interóseo posterior en el antebrazo, o con la rama terminal externa del nervio peroneo profundo en el tobillo (en el escafoides), etc.**
Los engrosamientos nerviosos focales asintomáticos pueden aumentar con la edad, probablemente por una fibrosis de la túnica media, en relación con la endoteliosis de los *vasa nervorum* con el paso de los años.

Los vasos sanguíneos de los troncos nerviosos presentan un calibre que no es mayor que el de las arteriolas, con la excepción de los nervios mediano y ciático. Hay constancia en los patrones anatómicos de irrigación entre diferentes individuos y entre ambos lados en cada individuo. Los vasos, como los nervios, presentan una "reserva de longitud" (tortuosidad). Las arteriolas se disponen longitudinalmente por el epineuro y rara vez se anastomosan.
Una disminución transitoria del aporte sanguíneo se acompaña de una lentificación de la velocidad de conducción nerviosa sin que se llegue a producir una lesión histológica irreversible. El caudal del aporte sanguíneo depende del sistema autónomo y de la temperatura, y se reduce por debajo de 35 grados centígrados.

Nervi nervorum: los troncos nerviosos están inervados por fibras sensitivas y simpáticas.

Los troncos nerviosos poseen **propiedades mecánicas**. Los nervios poseen un límite de elasticidad según una relación lineal que sigue la ley de Hooke (descrita por una curva que se caracteriza por poseer un punto crítico de ruptura). Los nervios presentan resistencia al estiramiento o tensión, a la compresión y a la fragmentación, y, por ello, presentan elasticidad, flexibilidad, dureza y tenacidad. La deformación depende de la velocidad de aplicación de la carga (hecho importante en las plexopatías por estiramiento traumático). El epineuro resiste fuerzas de compresión y ondulación. El perineuro resiste fuerzas de tracción. De todos modos, en un estiramiento suficientemente rápido los haces nerviosos empiezan a romperse ya antes de que lo haga el perineuro.

El **endoneuro** es la vaina que cubre las fibras nerviosas (las fibras axonales o axones). Posee capilares sanguíneos, pero no vasos linfáticos. Parece ser que no posee elastina. Las fibras nerviosas siguen trayectos ondulantes en el endoneuro, por lo que también soportan así algún estiramiento adicional. La rotura de esta vaina puede ocasionar la aparición de *efapsis*, dado que es posible que el endoneuro actúe como barrera para la difusión del potasio desde el espacio periaxonal al líquido extracelular. Si se **rompe el endoneuro** la regeneración nerviosa se vuelve caótica y aparece el **neuroma** (nódulo, bulbo), o masa desorganizada de fibroblastos y células de Schwann. Esta tumefacción indica que hay lesión del endoneuro, indica lesión al menos de grado 3 por tanto. En nervios no seccionados, si está **intacto el perineuro**, el neuroma se produce **con forma de huso**, por aumento de las cubiertas como resultado de **fricción crónica**. La **fricción** puede ser **patológica** por tanto, como en los siguientes casos por ejemplo: **neuroma de Morton, nódulos en ligamento**

inguinal en meralgia parestésica, pulgar de los jugadores de bolos, etc. En el estadio final de una gran colagenización pueden verse comprimidos los axones y producirse incluso **degeneración walleriana**. En otra parte de su tratado Sunderland a estos **engrosamientos de los nervios por fricción, o neuromas**, los denomina también **fibrosis intraneural o neuritis intersticial** (página 796), sobre todo cuando se trata de engrosamientos dolorosos como ocurre en la **parálisis cubital tardía**, aunque un poco más adelante (página 800) vuelve a denominar neuroma al engrosamiento por lesión del nervio en continuidad (sin sección), aunque sea doloroso.

El **perineuro** es la cubierta de los haces o fascículos. Los haces son variables y se anastomosan entre ellos. El perineuro está constituido por células mesoteliales y también por fibroblastos, colágeno, mastocitos y macrófagos. Termina a 1-1,5 micras de la unión neuromuscular. Protege a las fibras. Hay más perineuro en las articulaciones. El perineuro es el probable responsable de la mayor parte de la resistencia de los troncos a la deformación y al estiramiento. A más haces, es decir, a más perineuro, más resistencia. Tiene que ver también con la resistencia a la diseminación de la lepra. **Las raíces nerviosas carecen de vaina perineural, por eso en las plexopatías por estiramiento traumático o tracción los plexos braquial y lumbosacro se dañan sobre todo por la zona de las raíces.** La **destrucción del perineuro** conlleva la formación de **neuromas laterales** (en vez de neuromas fusiformes).

El **epineuro** es la cubierta de los troncos. Los troncos están formados por fibras, fascículos, tejido conjuntivo, vasos sanguíneos, vasos linfáticos y *nervi nervorum*. La menor proporción de epineuro, del 22%, se observa en el nervio cubital en la zona del epicóndilo interno del húmero. La mayor proporción de epineuro, del 88%, se observa en el nervio ciático en la región glútea. El porcentaje promedio oscila entre el 30% y el 75%. El porcentaje es mayor, en general, en la zona de las articulaciones. Es un tejido elástico, formado por colágeno y elastina, en haces longitudinales. El epineuro proporciona una matriz laxa para los fascículos. Este tejido hace posibles las ondulaciones, y que se sigan cursos tortuosos y por tanto el estiramiento hasta cierto punto, sin dañar los fascículos si no se superan el límite de elasticidad del epineuro y el margen extra de elasticidad de los fascículos debido al perineuro. Esta elasticidad asegura la integridad durante movimientos cotidianos sin tensión excesiva.

Dentro de las **relaciones anatómicas de los nervios** interesan las **relaciones de superficie**. Por ejemplo, el nervio cubital es más superficial en el codo, de ahí su mayor susceptibilidad a la lesión en esa zona. En la **relación de los nervios con el hueso**, cuando se produce, este ofrece una superficie dura y tenaz sobre la que puede ocurrir la compresión de los nervios, como cubital en codo y peroneal en rodilla. En la **relación con las articulaciones**, en general la tensión es mayor en la cara extensora. Los nervios están casi todos situados en cara flexora y así están más protegidos. El nervio ciático en la cadera y el cubital en el codo se sitúan en la cara extensora de sus articulaciones. (se sospecha que esta disposición peculiar del ciático y el cubital se podría deber a la rotación filogenética de los miembros al adquirirse la bipedestación).

Las **adherencias,** que se relacionan con una menor movilidad, los cambios del tejido conjuntivo, que se relacionan con una menor elasticidad, las deformidades, que se relacionan con una mayor distancia para recorrer el nervio, y las suturas terminoterminales tensas disminuyen el umbral de resistencia al estiramiento.

El **curso sinuoso** que sigue un nervio implica que es más largo que la distancia que ocupa. El estiramiento de un nervio elimina estas ondulaciones. El perineuro resiste el estiramiento hasta el límite de su elasticidad.

Las bandas de tejido fibroso y los tabiques que existen en los **trayectos que siguen los nervios,** como cambian el curso del nervio, pueden influir en la patogenia de algunos procesos clínicos. Hay diversos ejemplos de esto, como es el caso del nervio cubital, que al atravesar el tabique intermuscular medial se inclina hacia atrás para situarse en una posición posterior respecto del epicóndilo interno del húmero, lo cual influye en la patogenia de las lesiones de este nervio en el codo, ya que en esta disposición peculiar se vuelve, por ejemplo, especialmente susceptible a la compresión.

El **grosor de perineuro y epineuro** es mayor en las articulaciones, sobre todo por la cara flexora, con la excepción del nervio cubital a la altura del epicóndilo interno del húmero, donde es mayor el grosor por la cara extensora. Además el nervio cubital en el codo, aparte de ocupar la cara extensora, presenta en el codo relativamente pocos fascículos. La norma es que en una articulación los nervios presenten numerosos fascículos, lo cual les confiere mayor resistencia, y que presenten relativamente menos epineuro. Cuantos más haces y más perineuro haya, mayor será la resistencia al estiramiento y a la compresión, y menor lesión se producirá. Por ejemplo, la rama externa del ciático se lesiona más que la interna, en relación con la colocación de prótesis de cadera, posiblemente debido a que está formada por menos haces.

La **disposición de las fibras nerviosas** también influye en la resistencia al estiramiento y a la compresión. Las fibras más superficiales son más susceptibles a la compresión. Por ejemplo, personalmente se ha observado que en la compresión del nervio cubital en el codo se afectan más las fibras sensitivas que las motoras, e incluso puede haber afectación de fibras sensitivas con indemnidad aparente de las motoras. Por otro lado, en todos los casos en los que se ha observado afectación motora por compresión había afectación sensitiva también.

Los **mecanismos de la lesión nerviosa** son la deformación mecánica por compresión, el estiramiento o tracción y la fricción.
1. Compresión: puede producirse mediante contusión, aplastamiento, presión continua, etc. Suele haber un componente isquémico que se relaciona con una cicatrización endoneural. La compresión puede ser desde máxima hasta mínima, lo cual se relaciona con lesiones desde primero hasta quinto grado. La compresión puede ser instantánea o prolongada y por tanto aguda o crónica. La compresión puede ser continua o intermitente, la intermitente por ejemplo en

relación con movimientos de flexión-extensión de una articulación. La compresión puede ser localizada o extensa. Hay zonas anatómicas más susceptibles a la compresión, como la muñeca, el codo, la rodilla, etc. La disposición multifascicular confiere protección. Las fibras lesionadas son más susceptibles a la isquemia que las normales. En personas con menor panículo adiposo los nervios están menos protegidos.

Diversos agentes causales pueden estar implicados en la compresión nerviosa, como la posición en cuclillas, las piernas cruzadas, los codos apoyados, la presión sobre la palma de la mano, la presión de las tijeras en un dedo, una mala postura corporal durante un estado de inconsciencia o durante un parto, una férula mal puesta, un yeso mal ajustado, un callo de fractura, una banda fibrosa, un aneurisma, un tumor, una adenopatía, el atrapamiento nervioso, la presencia de huesos luxados, osificaciones viciosas, hematomas, etc.

Durante una compresión aguda transitoria puede haber complicación secundaria por edema, hemorragia, infección, fibrosis peri e intraneural, adherencias y complicaciones durante el desbridamiento.

Durante una compresión aguda y prolongada el nervio puede transformarse en una banda de tejido fibroso isquémico, como en el caso del nervio peroneal cuando se tiene la pierna enyesada.

2. Atrapamiento: puede tener lugar en un espacio con las paredes rígidas o inextensibles. El mecanismo de lesión tiene que ver con una disminución del espacio ocupado por el nervio en un punto dado de su trayecto, con o sin edema del nervio, como ocurre en el túnel carpiano, como ocurre con las raíces vertebrales y como pasa con el nervio facial.

El mecanismo de lesión consiste en la irritación mecánica del nervio, con fibrosis del mismo por fricción, a lo que se pueden añadir adherencias restrictivas (por ejemplo en el síndrome del túnel carpiano, en la meralgia parestésica o en el atrapamiento del nervio occipital mayor) e hipoxia-anoxia-isquemia (por ejemplo en el síndrome del túnel carpiano o en la parálisis de Bell).

El atrapamiento nervioso no es lo mismo que la compresión nerviosa. Dentro de las diversas formas de dañarse un nervio de manera focal, el atrapamiento consiste en un daño focal de un nervio debido a un daño mecánico local del nervio con origen en una causa no externa al nervio dentro del canal que ocupa, sino que la patogenia de la lesión se explica mediante un origen intracanalicular de la lesión. Por ejemplo, el nervio mediano puede quedar atascado o atrapado en el túnel carpiano, por diversos motivos, y en tal circunstancia sufrir el nervio un estrangulamiento progresivo que conlleva la presentación clínica típica del síndrome del túnel carpiano.

El atrapamiento se distingue de la otra causa de estrangulamiento local de un nervio, que es la compresión nerviosa, que se diferencia del atrapamiento en que la causa es externa al nervio, extracanalicular, por ejemplo, puede comprimirse el nervio cubital en el codo al apoyarlo de mala manera sobre una mesa mientras se utiliza el ordenador.

3. Estiramiento traumático: la rotura se produce con un estiramiento o tracción que oscila entre el 6 y el 30%, según Sunderland. Cuanto mayor sea la velocidad de estiramiento mayor es el daño.

4. Fricción del nervio: este agente causal está implicado, por ejemplo, en la lesión del nervio mediano en el túnel carpiano, del cubital en el codo, del femorocutáneo lateral en la meralgia parestésica, del interóseo posterior en antebrazo, del plexo braquial bajo por angulación del mismo, etc.

5. Otros: combinaciones de los anteriores pueden sumarse como agentes causales en un mismo caso. Hay múltiples causas que pueden estar implicadas en la lesión de un nervio, como puedan ser proyectiles, fracturas, traumatismos diversos, tumoraciones, luxaciones cerradas, pudiéndose en este caso producir la lesión tanto durante la luxación como durante la reducción de la misma. La parálisis cubital tardía, las parálisis obstétricas, y las lesiones al poner anestesia también deben tenerse en cuenta. La caquexia también puede estar implicada, dado que puede relacionarse con la presencia de una menor cantidad de epineuro, así como con una neuropatía de fondo. La congelación conlleva un edema, con necrosis axonal y del endoneuro (lesión de primero a tercer grado), mientras que el perineuro y el epineuro suelen resistir. Otras causas son las quemaduras y las descargas eléctricas. La isquemia es un factor importante, ya sea traumática o no traumática, o ya sea sola o asociada a compresión o a estiramiento. En la contractura isquémica de Volkmann no es raro que se vea implicado el nervio cubital. Otros hechos relacionables con lesión nerviosa son el abuso de drogas, intoxicaciones diversas, la exposición a radiación, infecciones como la lepra, y por supuesto la sección del nervio con un objeto cortante, etc.

Los **mecanismos del dolor en la lesión nerviosa** están en relación los siguientes factores:

1. Factores de tipo vascular, que conlleven anoxia, isquemia, suelta de metabolitos, descargas espontáneas dolorosas por alteración de la irrigación, etc.

2. Fricción, que conlleve inflamación, fibrosis, alteraciones vasculares consecuentes, etc. Esto se observa, por ejemplo, en la meralgia parestésica, en el neuroma de Morton, en la neuralgia occipital, etc.

3. Fibrosis constrictiva y tracción deformadora, con la consecuencia de alteraciones de la irrigación, *efapsis* algógenas, etc.

4. Causalgia.

Grados de lesión nerviosa: Campbell ha comparado los 3 grados de lesión nerviosa clásicos de Seddon, neurapraxia, axonotmesis y neurotmesis, de 1943, con los 5 grados de Sunderland de 1951 y con los de Wyke de 1974. Campbell W. Evaluation and management of peripheral nerve injury. Clinical Neurophysiology 2008; 119: 1951-1965.

La **lesión de primer grado** equivale a la neurapraxia de Seddon. Si se produce por compresión nerviosa e isquemia (en un círculo vicioso) un bloqueo de la conducción axonal sin rotura axonal tiene lugar esta lesión que se denomina de primer grado. Las causas son la compresión y la isquemia que se produce por la propia compresión. Puede ser reversible a lo largo de 3 meses o irreversible, y en este último caso con un bloqueo estable o intermitente, y con una posible evolución hacia una lesión de segundo grado. Consiste en un bloqueo focal de la conducción axonal, que salvo complicación es en general reversible y puede acompañarse o no de desmielinización focal. La función simpática no suele estar afectada. Se trata de una lesión en principio no dolorosa. En el electromiograma no deberían aparecer fibrilaciones y tampoco debería haber atrofia muscular. Probablemente haya diferente susceptibilidad entre las fibras motoras y sensitivas, por razones diversas. La recuperación debería producirse en 3 o 4 meses. En caso contrario habría que sospechar una lesión de mayor grado. El bloqueo es reversible pero si se vuelve estable o intermitente puede evolucionar a una lesión de segundo grado.

La **lesión de segundo grado** implica la sección del axón, es decir, el bloqueo axonal con rotura axonal, y con degeneración walleriana del nervio, pero con el endoneuro intacto, con degeneración retrógrada variable y con destrucción de la vaina de mielina del axón. Hay afectación simpática. Los músculos proximales son reinervados antes que los distales. La regeneración nerviosa fue descrita por Ramón y Cajal hacia 1909. El tiempo de recuperación, de meses, es mayor que en las lesiones de primer grado, que se produce en semanas. Es una forma infrecuente de lesión.

Si se produce un bloqueo axonal con rotura axonal el axón desaparece en un plazo que va de 12 a 35 días. La mielina también desaparece, por fagocitosis, sobre todo por la acción de los macrófagos. El comienzo de la degeneración walleriana es detectable en un plazo de tiempo entre 12 y 48 horas. La degeneración de la mielina comienza en 2 horas y abarca a todo tipo de fibras en 36-48 horas, aunque degeneran antes las fibras mayores. Los cambios degenerativos podrían tener lugar simultáneamente a lo largo de toda la fibra, no obstante (dato de Ramón y Cajal, de 1909, citado por Sunderland). La región más lábil es la unión neuromuscular. Las células de Schwann forman una línea en el tubo endoneural vacío y estrechado en 2-4 semanas. Estas líneas se denominan bandas de Büngner.

El crecimiento axonal precisa la maduración del brote, fenómeno que puede demorarse un año (dato de Rexed y Swensson, de 1941, citado por Sunderland), aunque personalmente se ha llegado a observar **cambios electromiográficos regenerativos en el músculo, en forma de polifasia inestable, incluso hasta 2 años tras una sección nerviosa.** Como esto último es el resultado de observaciones personales en un limitado número de pacientes concretos, se desconoce cuál sería el límite superior de tiempo para que sea posible observar este fenómeno, que hipotéticamente podría ser superior 2 años.

José María Fernández ha observado **signos de reinervación, en la forma de un aumento de la duración de los potenciales de unidad motora en musculatura facial, hasta 1 año o más después de una parálisis facial periférica.**

Fernández JM. Parálisis facial periférica. Estudio clínico y electrofisiológico de 400 casos. Actas Sociedad Española de Neurología; 1980: 13-14.

El endoneuro mantiene la capacidad de encarrilar el brote axonal hacia la periferia durante 12 meses. El brote axonal avanza a 1 milímetro al día.

El signo de Hoffman-Tinel, es decir, las parestesias distales al tocar la zona lesionada, señala el comienzo de la regeneración sensitiva.

Hoffmann, P: Ueber eine Methode, den Erfolg einer Nerveunaht zubeurteilein. Med Klin, 1915; 11: 856.

Tinel J: Le signe du "fourmillement" dans les lésions des nerfs péripheriques. Presse méd, 1915; 23 : 388.

Según Sunderland, en la zarigüeya, tras la denervación, hay un máximo de pérdida de peso muscular, alrededor de un 70% del peso, en 90 días, y después la pérdida se estabiliza.

La **degeneración muscular tras la atrofia** aparece a partir del sexto mes, con fibrosis y adherencias que sustituyen al tejido muscular degenerado. Parece que uno de los factores más importantes para la degeneración es el empeoramiento de la circulación local tras la denervación, hecho con un origen multifactorial.

En caso de producirse la denervación, la amplitud de la respuesta evocada motora, tomada en su valor absoluto, no está en proporción con el grado o porcentaje de bloqueo axonal en todo caso, por lo que es preciso integrar los hallazgos de diversos parámetros neurofisiológicos y clínicos para llegar a una conclusión correcta sobre el estado de un nervio dado, por ejemplo, sobre su grado de bloqueo (el porcentaje de fibras bloqueadas) en cada caso particular. Para más detalles sobre este extremo, consúltese la obra citada: Fontoira M. Estimación del número de unidades motoras. Raleigh (USA): Ed. Lulu; marzo/2013. ISBN: 978-1-291-35359-4.

Ochoa, en 1974, describió que la compresión transitoria y breve de un nervio, con la intususcepción o invaginación de la mielina en ambos sentidos desde el punto de presión, produce un bloqueo nervioso recuperable y sin secuelas.

Personalmente se ha observado hasta la fecha, a partir de la anamnesis, que la compresión produce un bloqueo no recuperable en un grado variable si la presión se mantiene más de 15 minutos aproximadamente (**regla de los 15 minutos**).

La **lesión de tercer grado** es intrafascicular. El segundo y el tercer grado equivalen a la axonotmesis de Seddon. En la de tercer grado se dañan el axón y el endoneuro. Puede producirse una mínima desorganización del perineuro pues se rompen las fibras nerviosas pero no los fascículos. Los posibles mecanismos de la lesión son la tracción y la compresión. La compresión puede ser directa o indirecta por isquemia. En la compresión y el atrapamiento crónicos puede haber sustitución local de tejido nervioso por tejido fibroso. La degeneración retrógrada es notable, y mayor cuanto más proximal sea la lesión, y a su vez con mayor degeneración retrógrada de neuronas incluyendo el soma neuronal, lo cual reduce el número de axones disponibles para la posterior regeneración nerviosa. La **regeneración se ve retrasada** por la degeneración de cuerpos neuronales, la fibrosis fascicular, que bloquea axones y retrasa o dirige mal a los que brotan, la pérdida de continuidad del tubo endoneural, el aumento relativo del tiempo que permanecen denervados los tejidos, y cuanto mayor sea la distancia al punto en el que debe producirse la reinervación.

En la **lesión de cuarto grado** hay afectación del perineuro. El tronco conserva su continuidad pero es fácil que se forme un neuroma. Suelen ser necesarias la extirpación quirúrgica del neuroma y la sutura terminoterminal, porque la recuperación no es buena.

La **lesión de quinto grado** consiste en la pérdida de continuidad del tronco nervioso. Los grados 3 grave, 4 y 5 corresponden a la neurotmesis de Seddon. Es característica la figura en haltera (*dumbbell*) del neuroma, por la formación de un neuroma proximal y distal en ambos cabos. Tiene mal pronóstico si no se sutura y algo mejor si se sutura.

Las lesiones en un mismo nervio pueden ser parciales y mixtas.

Ante una lesión nerviosa con manifestaciones clínicas irritativas debe descartarse también afectación central.

Los síntomas irritativos pueden ser la única manifestación asociada a una lesión nerviosa. Los síntomas irritativos pueden estar asociados a una pérdida funcional lenta y progresiva, e incluso intermitente, o pueden estar asociados a una fase de recuperación tras una interrupción funcional completa, el signo de Hoffman-Tinel mencionado más arriba. Pueden acompañarse de dolor local.

LEUCINOSIS: véase enfermedad del jarabe de arce.

LEUCOARAIOSIS: véase enfermedad de Binswanger.

LEUCODISTROFIAS: desmielinización (involución psicomotora, deterioro progresivo, niño hipotónico, ataxia, espasticidad, retraso mental, crisis, atrofia óptica, neuropatía hereditaria *plus*, etc.).
-Tipos:
Globoide: enfermedad de Krabbe.
Adrenoleucodistrofia.
Enfermedad de Alexander: alteración de astrocitos por degeneración fibrinoide; macrocefalia.
Enfermedad de Canavan: déficit de aspartoacilasa; macrocefalia.
Síndrome de Zellweger.
Leucodistrofia metacromática (enfermedad de Scholz-Greenfield): déficit de arilsulfatasa A, enfermedad de los lisosomas, déficit de cerebrosidosulfatasa, debut a cualquier edad; forma infantil (enfermedad de Greenfield) 4 años, juvenil 4-6 años, juvenil tardía y adulto más de 16 años; disfunción nerviosa; neuropatía periférica. Electroencefalograma: normal, frecuencias rápidas sobre fondo lento, trazado desorganizado, ondas agudas multifocales, no actividad periódica, alterado más bien en fases finales.
Síndrome de Siemerling-Creutzfeldt: recesivo ligado al X. Leucodistrofia con retraso mental, atrofia adrenal e hiperpigmentación cutánea.
Síndrome CACH (*childhood ataxia with central demyelination*).
Enfermedad de Refsum.
Leucodistrofias indeterminadas.
Enfermedad de Pelizaeus-Merzbacher.

LEUCOENCEFALOPATÍA MULTIFOCAL PROGRESIVA (LEMP): virus polioma o JC. Desencadenantes frecuentes: leucemia crónica, enfermedad de Hodgkin, tuberculosis miliar, sarcoidosis, carcinomatosis.
Con el uso de natalizumab (tysabri, un anticuerpo para la esclerosis múltiple) hay riesgo de LEMP.

Enfermedad desmielinizante, progresiva y letal, más frecuente en linfoma, leucemia y SIDA (inmunodeficiencia celular), con afectación difusa y simétrica de hemisferios y vías piramidales; comienzo insidioso, hemiparesia, afasia, demencia; virus en tejido cerebral, alteraciones electroencefalográficas y en la tomografía axial (disminución de sustancia blanca), líquido cefalorraquídeo normal.
Electroencefalograma: variable, anormal, delta abundante, voltaje irregular, sin ritmos fisiológicos.

LEVODOPA: puede provocar encefalopatía, con ondas trifásicas y asterixis.

LEY DE MONROE-KELLIE: el volumen intracraneal, formado por el encéfalo, el líquido cefalorraquídeo y la sangre, es constante. Al disminuir alguno de ellos, aumenta algún otro.

LEY DE SHERRINGTON: véase maduración de la visión.

LIPIDOSIS:
-Algunas lipidosis: leucodistrofias (metacromática, de células globoides, adrenoleucodistrofia, etc.), déficit de lipoproteínas (enfermedad de Tangier, enfermedad de Bassen-Kornzweig, enfermedad de Seitelberger), acúmulo de ácido fitánico (enfermedad de Refsum), leucodistrofia metacromática (sulfátidos, autosómica recesiva, desmielinizante), enfermedad de Krabbe (galactosilceramida, autosómica recesiva, desmielinizante), enfermedad de Fabry (triexosilceramida, deficiencia de alfa-galactosidasa, ligada al X, neuronopatía), enfermedad de Gaucher (glucosilceramida), enfermedad de Niemann-Pick (esfingomielina).
-Clínica: demencia, ataxia, neuropatía periférica (neuropatía hereditaria *plus.*), etc.
-Síndrome de Knudd-Krabbe (enfermedad de Krabbe, leucodistrofia): lipidosis de galactocerebrósidos. Leucodistrofia de células globoides. Enfermedad lisosomal con afectación de mielina (central y periférica): irritabilidad, hipertonía, opistótonos, hipotonía. Inicio: 1-7 meses de edad. Puede aparecer polineuropatía. Electroencefalograma: lentificación, paroxismos, seudohipsarritmia, isoeléctrico.
-Enfermedad de Gaucher: lipidosis. Produce neuropatía. Autosómica recesiva. Ashkenazy. Depósito de glucocerebrósidos en sistema reticuloendotelial. Depósito en hígado, hueso y ganglios. Hiperpigmentación, hipertonía, disminución de sensibilidad, apatía, catatonia, etc. Forma infantil: alteración neurológica, retraso mental. Forma adulta: no afectación neurológica, y es la lipidosis más frecuente. Tipo 1 no neuropática, tipo 2 neuropática aguda y tipo 3 neuropática subaguda. Electroencefalograma: las anormalidades pueden preceder a los ataques. Los cambios electroencefalográficos son paralelos al empeoramiento.
-Enfermedad de Fabry: se manifiesta con más frecuencia en la edad adulta. Autosómica recesiva. Alteración en la síntesis de glicolípidos, con acumulación de ceramidas en riñón, sistema nervioso central, etc. Lesiones vasculares de tipo angioqueratoma, polineuropatía, fiebre irregular, opacidades corneales, vasos retinianos tortuosos, enfermedad vascular cerebral a edad temprana, insuficiencia cardíaca y renal. Denominaciones: enfermedad de Fabry,

síndrome de Ruiter-Pompen-Wyers, síndrome de Fabry, síndrome de Anderson-Fabry, *angioqueratoma corporis diffusum*. Según Marchesoni, la mayoría de los pacientes con enfermedad de Fabry debutan con acroparestesias, y la mayoría presentan polineuropatía, empezando por fibras pequeñas (A delta y C), siendo el test más sensible según Marchesoni el sensorial cuantitativo (como el *termotest* y otros similares). Y añade que la neuropatía se detecta tanto en homocigóticos como en heterocigóticos (Marchesoni CL et al. An evaluation of peripheral neuropathy in Fabry disease. Clinical Neurophysiology 2009; 120: 101-102).

-Enfermedad de Niemann-Pick: esfingomielinasa. Se acumula esfingomielina y colesterol en el sistema retículoendotelial, con hepatoesplenomegalia y adenomegalia. Piel amarillenta, hiperhidrótica, cérea. Espasticidad, convulsiones, apatía, hipoacusia, ceguera, retraso mental. El tipo A es el más frecuente (retraso mental y mancha rojo cereza). A: clásica. B: visceral (la única sin manifestaciones neurológicas). C: juvenil. D: Nueva Escocia. E: adulto. Electroencefalograma: pocas alteraciones.

-Enfermedad de Tay-Sachs: gangliosidosis; idiocia amaurótica. Retraso mental, convulsiones, ceguera, mancha rojo cereza en mácula. *Exitus* 3-5 años. Ashkenazi. Déficit de hexosaminidasa con acúmulo de GM2. Formas: forma temprana, forma juvenil o de Spielmeyer-Vogt, forma tardía o de Bielchowsky, forma del adulto o de Kufs. Síndrome de Batten-Kufs: lipidosis del adulto, forma del adulto de la enfermedad de Tay-Sachs. Hipertonía, ataxia cerebelosa, amnesia, extrapiramidalismo, etc. Electrorretinograma: normal. Electroencefalograma: desde normal hasta brotes delta de alto voltaje y potenciales agudos, con electroencefalograma de bajo voltaje durante las crisis mioclónicas; lentificación, delta bilateral sobre fondo desorganizado, ondas agudas generalizadas con tendencia repetitiva, a veces de aspecto trifásico sobre fondo lento irregular; diagnóstico diferencial con enfermedad de Schilder y otras enfermedades con epilepsia y oligofrenia; la ausencia de este trazado en electroencefalogramas sucesivos descarta Tay-Sachs; las ondas agudas tienden a volverse semiperiódicas; las manifestaciones electroencefalográficas pueden ser leves en fases iniciales.

-Lipogranulomatosis: enfermedad de Farber. Acúmulo de ceramida. Irritabilidad, disfonía, ronquera, estridor, respiración estertorosa, deformidad articular, artralgias, retraso psicomotor. Electroencefalograma: puntas.

-Enfermedad de Tangier: alfalipoproteína. Analfalipoproteinemia. Autosómica recesiva o secundaria a insuficiencia hepática. Disminuye *HDL*, etc. Polineuropatía recurrente. Linfadenopatías, amígdalas anaranjadas y de tamaño aumentado, hepatoesplenomegalia, disminución de *HDL*.

-Enfermedad de Bassen-Kornzweig; abetalipoproteinemia: Enfermedad o síndrome de Bassen-Kornzweig, ataxia sensorial hereditaria, retinitis pigmentaria atípica (electrorretinograma) y nistagmo, abetalipoproteinemia. Neuropatía hereditaria. Autosómica recesiva. Rara. Debut clínico en la primera-segunda década de la vida, 70% varones, 30% mujeres. Retraso mental. Carencia de apoproteína B.

Mutación en el gen de la apolipoproteína B (APOB) o, en otra forma descrita, mutación en el gen de la proteína de transferencia de triglicérido microsómico (*MTP*) en el cromosoma 4. Disminución en la producción de lipoproteínas, *LDL* y *VLDL* y quilomicrones, *HDL* normal.

Hay formas secundarias a malabsorción intestinal, insuficiencia hepática, hipertiroidismo, etc.

Tratamiento: vitaminas A y E; parece ser que podrían lentificar la progresión de la enfermedad en algunos casos.

Acantocitosis y carencia de betalipoproteína (lipoproteína) en sangre. Absorción intestinal incompleta de lípidos, con esteatorrea, diarrea y retraso en el crecimiento.

Daño en las neuronas de los ganglios de las raíces dorsales: afectación propioceptiva, ataxia sensorial, neuropatía.

La neuropatía cursa con hipo o arreflexia, y con hipotrofia muscular, y con disminución de fuerza, tanto por neuropatía como por desnutrición.

Electromiograma: parece ser que la neuropatía en principio es de predominio desmielinizante, aunque hay poca experiencia al respecto, al ser un síndrome raro.

-Enfermedad de Seitelberger (esfingolipidosis), distrofia neuroaxonal infantil: hay también una variedad de leucodistrofia con este mismo nombre. Electroencefalograma: actividad rápida de alto voltaje que persiste durante el sueño; no complejo K; los cambios electroencefalográficos se desarrollan a partir del tercer año.

LIPOATROFIA FOCAL: véase amiotrofia falsa.

LIPOATROFIA SEMICIRCULAR: véase amiotrofia falsa.

LIPOFUSCINOSIS NEURONAL CEROIDEA: véase ceroidolipofuscinosis.

LIPOGRANULOMATOSIS: véase lipidosis.

LÍQUIDO CEFALORRAQUÍDEO:
-Leucocitos: 0-5/milímetro cúbico.
-Proteínas: 0-30 miligramos/decilitro (0-0,3 gramos/litro).
-ADA: menos de 6 unidades internacionales/litro.
-Proteína 14.3.3.: se utiliza en el diagnóstico de la enfermedad de Creutzfoldt-Jakob.

LITIO: véase fármacos y electroencefalograma.

LUPUS ERITEMATOSO SISTÉMICO: el lupus produce mononeuritis múltiple sensitivomotora (debut diverso, en forma de pie caído, por ejemplo), disfunción psíquica mínima (la manifestación más frecuente), depresión, ansiedad, convulsiones, psicosis, seudotumor cerebral, síndrome mental orgánico, hemorragia subaracnoidea, neuritis óptica, secreción inadecuada de hormona antidiurética, encefalopatía lúpica (convulsiones, alteraciones del comportamiento, coma; indica gravedad), parálisis diafragmática, miopatía. Mejora con tratamiento.

Resonancia magnética: alterada.

Líquido cefalorraquídeo: aumento de proteínas en el 50%, aumento de mononucleares en el 30%.

Electroencefalograma: alteraciones en el 70% de los casos (lentificación difusa o alteraciones focales).

Síndrome de Hughes (síndrome antifosfolípido) asociado al lupus eritematoso sistémico: un caso visto personalmente; el paciente presentaba clínica y signos electromiográficos miopáticos moderados.

LUXACIÓN GLENOHUMERAL: véase plexo braquial.

MACROGLOBULINEMIA DE WALDENSTRÖM: electroencefalograma desorganizado.

MADURACIÓN DE LA VISIÓN: incluye maduración de la fijación del objeto con la mirada en la mácula (tono muscular) según "premio"; reflejos de fijación; acomodación del cristalino; fusión en corteza de la imagen binocular para la percepción estereoscópica (percepción en relieve hacia los 10 años; reforzada por información propioceptiva; la fusión mantiene a los ojos paralelos); desarrollo de los puntos equivalentes en ambas retinas.
La visión incluye la capacidad de detectar forma (depende de la agudeza visual, la normal es 20/20), color y luz (depende del campo visual).
Ley de Sherrington: el movimiento conjugado de los ojos conlleva una variación del tono de los músculos antagonistas de cada ojo del modo adecuado. El tono adecuado mantiene el paralelismo y favorece la maduración correcta de la visión.

MAGNESIO:
Hipermagnesemia: insuficiencia renal crónica, aporte exógeno; parálisis flácida si es mayor de 9-10 miliequivalentes/litro.
Hipomagnesemia: cursa con debilidad muscular, pues disminuye la liberación de acetilcolina en la placa motora; también cursa con confusión, por depresión del sistema nervioso central.

MAGNETOELECTROENCEFALOGRAFÍA: en la epilepsia por ahora no se ha demostrado una sensibilidad y una capacidad de localización interesantes desde el punto de vista clínico (Pastor J. Revisión bibliográfica sobre la utilidad de la magnetoencefalografía en la epilepsia. Rev Neurol 2003; 37: 951-961).

MANCHA ROJO CEREZA EN MÁCULA: lípidos en células ganglionares (en fóvea no hay células ganglionares). Enfermedades de Tay-Sachs y Niemann-Pick, leucodistrofia metacromática, sialidosis. Véase mioclonus y mancha rojo cereza.

MANCHAS CAFÉ CON LECHE: no se deben confundir con manchas hiperpigmentadas.
Neurofibromatosis.
Síndrome de McCune-Albright (displasia fibrosa poliostótica y pubertad precoz).
Esclerosis tuberosa.
Melanosis neurocutánea (*nevus*: gigantes, o numerosos, o ambos).
Enfermedad de von Hippel-Lindau (angiomas en retina, hemangioblastomas en sistema nervioso central, etc.).

Hipomelanosis de Ito (enfermedad neuroectodérmica con leucoderma, variedad de acromia; retraso mental, epilepsia).
Ataxia telangiectasia (síndrome de Louis-Barr; comienza hacia los 2 años).
Anemia de Fanconi.

MANGANESO: electroencefalograma: lentificación y paroxismos.

MANO EN GARRA SEUDOCUBITAL: consiste en la caída selectiva de los dedos cuarto y quinto por afectación del nervio interóseo posterior.
Si la caída de estos dedos se debe a radiculopatía cervical, entonces se trataría de la **mano en garra seudo-seudo cubital** (Campbell WW et al. Selective finger drop in cervical radiculopathy: the pseudopseudoulnar claw hand. Muscle and Nerve 1995; 18: 108-110).

MARCHA DE DROMEDARIO: véase camptocornia.

MARCHA TABÉTICA: aparece en la **ataxia sensorial** por alteraciones de los cordones medulares posteriores, como en la neurosífilis (tabes dorsal) o también en el déficit de vitamina B12 (la vitamina está presente en la carne de cerdo, vísceras y cereales).
El equilibrio depende de tres sistemas: la vista, el oído y el tacto. El equilibrio se altera de manera grave cuando faltan dos de los anteriores.
Si falta la aferencia sensitiva en miembros inferiores se produce el signo de la "danza tendinosa" al tratar de permanecer de pie, y la **marcha tabética** (caminar taloneando con vigor, levantando exageradamente las rodillas, y con el paciente mirando hacia el suelo), interesantes en la práctica para el diagnóstico clínico de dicho trastorno.
Signo de la danza tendinosa: movimiento caótico de los tobillos al permanecer de pie para no perder el equilibrio debido a la falta de aferencia sensitiva en el caso de una neuropatía sensitiva importante (por ejemplo, por etilismo). La danza tendinosa se ve en la práctica, por ejemplo acompañando a una ataxia sensitiva, por lo que es un signo útil para el diagnóstico clínico.
La ataxia sensitiva aparece también en el síndrome de Bassen-Kornzweig.

MARISCO: véase saxitoxina.

MÉDULA ESPINAL:
-Anatomía: varón: 45 centímetros (columna: 70 centímetros); mujer: 42 centímetros. Cono medular en L1. Cola de caballo en lumbares y sacras. Filamento pial (*filum terminale*) alcanza cóccix. Desfase segmento medular-vértebras: C7-C7, T4-T6, T11-L3, T12-L5 (la raíz sale por debajo de L5). Raíces: 8 cervicales, 12 dorsales, 5 lumbares, 5 sacras, 1 coxígea. El espacio epidural entre duramadre y vértebras es real, al contrario que en el cráneo, y con grasa y plexos venosos. Fondo de saco dural en S2, seguido en cada raíz por el epineuro al salir del agujero de conjunción. Los ligamentos dentados (piamadre) fijan la médula a la duramadre. La vascularización es más pobre en la región mediotorácica (sobre todo T2-T4) y en el ensanchamiento lumbar (T1-L2). En S2-S4 se encuentran las neuronas intermediolaterales parasimpáticas (núcleo de Onuf).

-Actividad refleja: reflejo miotático: dos neuronas (aferente y eferente).
Reflejo muscular profundo.
Reflejo del huso muscular (importante en musculatura antigravitatoria).
Reflejo flexor: retracción ante estímulo doloroso, con integración homolateral o bilateral de varios mielómeros.
Reflejo de la marcha: con integración bilateral y plurisegmentaria.
Reflejos vegetativos: como el reflejo de retirada de la pared intestinal, contrayendo la zona previa a la herida.
Reflejos somatovegetativos: como el de micción, mediante integración somatovegetativa, porque la contracción del detrusor es vegetativa y la relajación del esfínter externo es somática.

-Clínica:
Raíz posterior: la irritación supone dolor por dermatoma, parestesias, Valsalva positivo (más dolor al hacer la maniobra de Valsalva, por ejemplo, al defecar, o al toser); la sección supone anestesia (o hipoestesia por superposición de dermatomas), disminución de tono y reflejos.
Raíz anterior: disminución de fuerza, atrofia, denervación, hiporreflexia, hipotonía, trastornos vegetativos simpáticos/parasimpáticos (región cervical baja: trastornos vasomotores y sudomotores en las manos, síndrome de Bernard-Horner por afectación de centro simpático cilioespinal en T1; región lumbosacra: trastornos urinarios y sexuales).
Cauda equina: síndrome de la cola de caballo, paraparesia flácida, arrefléxica, asimétrica, con disfunción vesical e intestinal, anestesia en silla de montar, dolor en periné o muslos; puede combinarse con afectación de cono y dar manifestaciones de primera neurona motora con hiperreflexia y Babinski.
Cono medular: menos dolor que en cauda equina, disfunción vesical e intestinal más temprana; sólo disminuye el reflejo aquíleo.
Agujero occipital: debilidad de hombro y brazo, luego pierna ipsilateral, luego pierna contralateral, luego brazo contralateral (presentación clásica), posible dolor suboccipital irradiado a cuello y hombros, posible Horner (por encima de T2).
Mielopatía apopléctica: hemorragia epidural, hematomielia, infarto de médula espinal, embolia de núcleo pulposo, subluxación espinal.
Síndrome de sección medular completa aguda: aunque no haya sección puede haber interrupción funcional completa, y en tal caso puede haber recuperación; etiología: traumatismos, infecciones (mielitis), infartos (malacia), hematomas (hematomielia), abscesos, tumores (más lento o también debut de forma aguda); fisiopatología: paraplejía (dorsal o lumbar), tetraplejía (cervical), diafragma (T3, T4);
Síndrome de sección medular, hemisección o completa, con fase de **shock medular** de 4-6 semanas con abolición de funciones vegetativas, anestesia o parestesias ascendentes (por encima del nivel) y parálisis de segunda motoneurona por debajo del nivel de sección, posibles mioclonias; atonía, arreflexia musculocutánea, distensión abdominal, íleo, distensión vesical con globo, priapismo, hipotensión arterial con secuestro en miembros inferiores y abdomen pudiendo llegar a shock hipovolémico; también puede haber hipertensión sistólica y diastólica por sección medular; fase de automatismo medular de 1-6 semanas cuando la médula aislada recupera o exalta

transitoriamente sus funciones y se rehacen los reflejos medulares nociceptivos distales a la sección, con parálisis de segunda neurona motora en la sección y de primera neurona motora por debajo de la sección, con reflejos otra vez e incluso hiperreflexia e hipertonía (y falsa sensación de curación); distrofia por aislamiento; retención, espasticidad, nivel: sospecha médula; si no se recupera: plejía y atrofia en flexión, alteración del tropismo, úlcera por decúbito, infección urinaria.

Síndrome de hemisección medular (síndrome de Brown-Sequard): afectación vía piramidal y cordón posterior ipsilaterales (se decusan por encima); afectación termalgésica heterolateral a la lesión (decusan por debajo de ésta, siendo el nivel de pérdida 1 o 2 niveles por debajo de la lesión).

Síndrome de compresión medular, irritación con fasciculaciones, dolor y parestesias (el dolor puede ser radicular) o déficit con paresia de primera motoneurona excepto en el nivel de compresión e hipoestesia-anestesia.

En el síndrome medular se altera la **onda F**, como en la fase inicial del síndrome de Guillain-Barré.

Síndrome centromedular: banda de hipoestesia disociada y "colgada" ("suspendida"), con dolor urente mal localizado, parálisis y amiotrofia, dolor y anestesia de tipo radicular, arreflexia, alteraciones sudorales y vasomotoras, síndrome de Horner (cervicodorsal), hipoestesia profunda, piramidalismo; en médula espinal cervical: debilidad del brazo, disociada, en esclavina; suele respetar propiocepción y región perineal y sacra.

Cualquier combinación: esclerosis múltiple (vibración, propiocepción, estereognosia, Romberg, Lhermitte —el signo de Lhermitte también aparece en otros trastornos de cordones posteriores aparte de la esclerosis múltiple, como traumatismos de la médula espinal, tumores y compresión artrósica-); esclerosis lateral amiotrófica (amiotrofia y piramidalismo pero sin alteración de la sensibilidad ni de esfínteres); mielosis funicular (cordón posterior y piramidalismo, polineuropatía); enfermedades degenerativas (paraplejía espástica familiar con síndrome del haz corticoespinal; ataxia de Friedreich con afectación de cordón posterior y cerebelo, etc.).

No es raro el síndrome medular agudo. Si debuta por ejemplo en forma de paresia aguda y asimétrica de ambos miembros superiores, la clave para orientar el diagnóstico, aparte de la clínica, la puede dar el electromiograma, al observarse una disminución de la sumación temporal en los músculos afectados en la fase aguda, que posteriormente podrá confirmarse con resonancia magnética. En la evolución de estos pacientes podrán observarse posteriormente en algunos músculos signos de afectación de segunda motoneurona (actividad denervativa, atrofia), si se afecta el asta anterior medular también.

En una paciente vista personalmente con mielopatía por aplastamiento vertebral presentaba piramidalismo en ambos miembros inferiores (espasticidad, hiperreflexia y clonus agotable). En el electromiograma presentaba ligera reducción de la sumación temporal por L4 L5 S1 de ambos miembros inferiores. El hallazgo más llamativo en el electromiograma era la presencia de plejía selectiva de gemelo derecho solamente, no de otros músculos (de sóleo tampoco).

En las lesiones medulares bajas con paraparesia, con frecuencia hay signos de primera y segunda neurona motora, pie cavo (que a veces se observa en pacientes en los que no es posible detectar signos electromiográficos de afectación de segunda neurona motora pero sí claramente de primera neurona motora), reflejo plantar en extensión y signos electromiográficos neurógenos de primera y segunda neurona motora (actividad denervativa y trazados simples con sumación temporal reducida).

-Algunas mielopatías:
Esclerosis lateral amiotrófica.
Parálisis espinal espástica.
Amiotrofia espinal.
Mielosis funicular (cordón posterior y vía piramidal).
Siringomielia (primera y segunda neuronas motoras y vía espinotalámica).
Ataxia de Friedreich (cordón posterior, vía espinocerebelosa, primera, segunda o ambas neuronas motoras).
Tabes dorsal (cordón posterior, primera, segunda motoneurona, o ambas).
Enfermedad de Lyme (mielitis).
Síndrome paraneoplásico.
Mielitis transversa extendida longitudinalmente (más de 3 niveles): síndrome de Devic, esclerosis múltiple (variante asiática), encefalomielitis aguda diseminada, *miastenia gravis, lupus,* radioterapia medular, esclerosis múltiple (cuando las lesiones "coalescen"), esclerosis múltiple pediátrica, neurosarcoidosis.
Mielopatía hepática: paraparesia espástica progresiva que aparece en ocasiones en relación con hepatopatía crónica, y que parece ser que se corrige con transplante hepático.

MENINGITIS: puede causar parkinsonismo e hidrocefalia. Puede cursar en forma de abdomen agudo.
Electroencefalograma en meningitis aguda: lentificación, delta irregular y difuso, paroxismos si convulsiones; más alteraciones en niños y en la tuberculosa.
Electroencefalograma en meningitis leve: lentificado o normal.
Valor pronóstico de los electroencefalogramas sucesivos: en caso de meningitis posee valor pronóstico, parece ser (en caso de encefalitis, no, parece ser); si el electroencefalograma no mejora en 2 semanas de tratamiento: deben revisarse el diagnóstico y el tratamiento, o sospechar complicaciones sobreañadidas.

MEPROBAMATO: electroencefalograma lentificado.

MERALGIA PARESTÉSICA: síndrome de compresión nerviosa del nervio femorocutáneo lateral. Es un trastorno frecuente; personalmente se ve más de un caso al mes. El diagnóstico es clínico, por la presencia del trastorno sensitivo en el territorio del nervio (la zona cutánea del vasto externo, o cara externa del muslo, con mayor o menor extensión, pero sin sobrepasar sus límites), con hipoestesia, neuralgia, alodinia, hiperestesia, etc., con molestias continuas o intermitentes, durante días o incluso meses, y con frecuencia en relación con ropa apretada en cintura, abdomen abultado, o variación reciente de peso ya sea aumento o curiosamente también disminución de, por ejemplo, 5 o 10 kilos, apreciables en abdomen sobre todo (se supone que es el abdomen prominente lo que podría comprimir el nervio en la ingle, aunque no hay pruebas definitivas, y el hecho es que también aparece, paradójicamente, al perder peso). A veces aparece en relación con masas en la ingle, por donde pasa el nervio con mayor estrechez. También se ha relacionado con inyecciones en la parte alta del muslo (Laguney A et al. Meralgia paresthetica after subcutaneous injection of glatiramer acetate. Muscle & Nerve 2015; 52: 150). Puede ser bilateral. No produce hiporreflexia ni alteración del balance muscular. Algunos pacientes refieren la aparición de los síntomas en relación con la permanencia de pie durante un tiempo. El diagnóstico diferencial se hace con la radiculopatía lumbar, que debe ser excluida en caso de sospecharse (por ejemplo por la presencia de lumbociatalgia).

Hay en la literatura una técnica electromiográfica descrita para la exploración del nervio femorocutáneo lateral (estímulo a 1,5 centímetros de espina ilíaca, y registro a 20 centímetros sobre línea imaginaria entre espina ilíaca y borde lateral de rótula, promediando la respuesta), pero en la práctica no es aplicable, al menos personalmente no se ha conseguido encontrarle rendimiento clínico al electromiograma en este síndrome en la práctica, al asociarse a un exceso de falsos positivos y negativos tal que obliga a descartar la técnica en su aplicación clínica, pues probablemente es menos útil que las meras anamnesis y exploración clínica neurológica, por lo que dicha técnica no se utiliza personalmente, y es preferible la anamnesis y exploración clínica para el diagnóstico de este trastorno, opinión compartida en otros laboratorios, que también consideran limitada la utilidad del electromiograma en este síndrome. Esteban, por ejemplo, cifra la cantidad de falsos positivos en un número superior al 50% de los casos por lo que propone descartar la exploración de la conducción sensitiva periférica para diagnosticar la meralgia parestésica, aunque propone usar potenciales evocados somatosensoriales, pero con tres derivaciones craneales, a C'1, C'z y C'2, para aumentar la facilidad de interpretación de la respuesta y la fiabilidad del resultado, citando que los hallazgos con valor diagnóstico son sobre todo el aumento de la latencia, por ser el más frecuente, seguido por la abolición de la respuesta, con la pega de la imprecisión en la localización de la lesión y también los correspondientes falsos positivos y negativos. Esteban A. Neuropatía cutánea lateral femoral: meralgia parestésica. Diagnóstico neurofisiológico. Rev Neurol 1998; 26: 414-415 También la exploran algunos colegas con estímulo en muslo y registro en espina ilíaca, pero el resultado es el mismo.

Podría parecer sorprendente que en el síndrome del túnel carpiano, por poner un ejemplo, el electromiograma sea tan útil y en otro síndrome similar, la meralgia parestésica, no. La razón para esta aparente contradicción, que no lo es, probablemente sea que en el síndrome del túnel carpiano el nervio se explora a lo largo del tramo de nervio cuya conducción está bloqueada, a través del túnel carpiano, en cambio en la meralgia parestésica se explora la zona del nervio distal al punto en el que podría estar bloqueada su conducción. Es más, una exploración electromiográfica normal del nervio femorocutáneo lateral en muslo no descarta meralgia parestésica, precisamente por ese motivo probablemente, y una exploración supuestamente anormal, por ejemplo, la ausencia de un potencial sensitivo por el nervio en muslo, tampoco descarta ni confirma meralgia parestésica, porque a veces no se consigue encontrar la respuesta del nervio en sujetos normales. Por otro lado no hay tampoco un estándar en un sentido u otro que permita interpretar correctamente estas situaciones dudosas. En estos hechos podría estar la explicación de por qué personalmente no se le encuentra utilidad clínica al electromiograma en este síndrome en la práctica frente a la mera anamnesis y a la exploración física, salvo que alguien demuestre fehacientemente lo contrario.

En la meralgia parestésica, el electromiograma está indicado de todos modos, pues se utiliza principalmente para descartar radiculopatía L4 concomitante.

Esteban propone como alternativa, ante la poca utilidad del electromiograma en este síndrome, el recurso a los potenciales evocados somatosensoriales desde el área cutánea de este nervio, potenciales evocados somatosensoriales por dermatoma, a los que personalmente también se considera menos interesantes que la mera anamnesis y exploración clínica para diagnosticar a los pacientes con este síndrome.

Gihan sí encuentra utilidad a los potenciales evocados somatosensoriales por dermatoma, estimulando en el tercio inferior externo de muslo, con detección 2 centímetros detrás de Cz y referencia a Fz, obteniendo una respuesta normal con latencia de 33,9 +/- 1 milisegundos y una amplitud de 2,1 microvoltios, e informan de una sensibilidad del 81% para estos potenciales somatosensoriales por dermatoma, pero hay un pega: no incluyen en los resultados a los sujetos en los que los potenciales somatosensoriales fueron inobtenibles, con lo cual, de nuevo vuelve a ser más fiable la mera clínica que la exploración neurofisiológica para este síndrome, pues la exploración clínica incluye a todos los sujetos (Gihan A et al. Reliability of sensory nerve conduction and somatosensory evoked potentials for diagnosis of meralgia paraesthetica. Clinical Neurophysiology 2009; 120: 1346-1351).

Ya se verá en el futuro si los potenciales somatosensoriales son útiles o no para este síndrome, habrá que comprobarlo científicamente primero, antes de tener una opinión definitiva al respecto.

MERCURIO: véase acrodinia.

MÉTODOS DE ACTIVACIÓN EN ELECTROENCEFALOGRAFÍA:
-**Apertura y cierre de ojos:** el alfa, si aparece, debe ser reactivo y atenuarse con la apertura.

-**Hiperpnea:** el trazado se lentifica de manera fisiológica en menores de 28 años, aproximadamente, dependiendo quizá de la madurez cerebral y del grado de hiperventilación ansiosa previa, apareciendo actividad theta-delta generalizada; la recuperación debe tener lugar en menos de 45 segundos aproximadamente; el *petit mal* puede requerir hasta 5 minutos de hiperventilación. Labilidad con hiperventilación: suele desaparecer hacia los 21 años, aunque dependiendo quizá de la edad a la que se alcance la madurez cerebral fisiológica puede prolongarse la labilidad hasta los 28 años aproximadamente, tal vez en relación con inmadurez, neurastenia, jaqueca, ansiedad, etc.

-Fotoestimulación o estimulación luminosa intermitente o ELI: estímulos de 1 a 20 Hz durante 5 segundos, con ojos abiertos y cerrados.

Respuesta de arrastre: potenciales con la misma frecuencia que los del *flash* en regiones occipitales. Se observa desde el tercer mes de vida, aunque se puede observar desde el nacimiento. El arrastre (*driving response*) suele ser más eficaz cuando la frecuencia de estimulación coincide con la dominante, y es por tanto una forma de conocer la frecuencia dominante si no es fácilmente apreciable en el trazado basal, por ansiedad del sujeto, por ejemplo.

Respuesta fotomioclónica (fotomiogénica): aparece con 6-15 Hz y es fisiológica. Abolida con apertura de ojos o con la de uno solo, mientras el otro sigue recibiendo estímulos. Aumenta con la tensión emocional. Consiste en contracciones de cabeza, de párpados, ojos, etc. con puntas correspondientes a electromiograma en el electroencefalograma. Se observa en un 0,1-0,3 % de los individuos.

El fenómeno de arrastre (*driving response*) e incluso la respuesta fotomiogénica se consideran normales. La primera aparece en la mayoría de los individuos y la segunda ocasionalmente (0,1-0,3 %). No obstante la respuesta fotomiogénica podría ser patológica en ocasiones: se ha publicado el caso de una paciente de 77 años con hipocalcemia e hipomagnesemia y con respuesta fotomiogénica a 4 Hz que desapareció tras corregir su problema metabólico (Bax-aan de Stegge BM et al. A patient with transient photomyogenic response. Clinical Neurophysiology 2010; 121: 118-120).

Respuesta fotoconvulsiva: respuesta patológica a la fotoestimulación. Más frecuente a 15 Hz, con ojos cerrados y a 20 Hz con ojos abiertos. Punta-onda y polipunta onda bilateral y sincrónica, simétrica y generalizada; puede persistir unos segundos tras el cese del estímulo. Es más frecuente en epilepsia generalizada primaria, y menos frecuente en la epilepsia focal. Puede aparecer hasta en un 2% de sujetos sanos, pero en este caso, la respuesta no persiste tras el cese del estímulo. La apertura y cierre de ojos puede reforzar la respuesta fotoconvulsiva.

Aparecen respuestas patológicas en la epilepsia mioclónica y fotosensible, neurosis, Klinefelter, privación de sueño, abstinencia alcohólica y al suprimir barbitúricos; la frecuencia más útil es 12-16 Hz, alternando ojos abiertos y cerrados, de hecho, el propio acto de abrir o cerrar los ojos durante la fotoestimulación puede desencadenar la respuesta; se suelen utilizar frecuencias de 1 a 20 Hz (interesa que el estimulador incluya frecuencias en decimales, pues la respuesta fotosensible patológica puede aparecer a 8,3 Hz, por poner un ejemplo).

La respuesta fotomiogénica (fotomioclónica) consiste en puntas anteriores sincronizadas con la estimulación, en cambio la respuesta fotoparoxística (fotoconvulsiva) consiste en descargas generalizadas de punta y punta-onda no sincronizadas con la fotoestimulación y que pueden derivar en una crisis generalizada tonicoclónica si se persiste con la estimulación, y, así mismo, estas descargas fotoparoxísticas pueden continuar produciéndose cuando se cesa la fotoestimulación (Niedermeyer E et al. Electroencephalography, basic principles, clinical applications and related fields. 4th ed. Baltimore: Lippincot Williams & Wilkins; 1999. p. 264, 548).

Con estimulación a bajas frecuencias se provoca la respuesta en la enfermedad de Jansky-Bielchowski, hecho conocido como fenómeno de Pampiglione.

Reactividad del alfa a la apertura y cierre de ojos: parece ser que disminuye en demencia más de lo esperado por la mera añosidad (sucede lo mismo con la fotoestimulación, fenómeno conocido como **reacción H**).

-Privación de sueño: consiste en la reducción del número de horas de sueño de una noche en niños pequeños, o la privación de todas las horas de sueño de una noche en jóvenes o adultos antes de realizar el electroencefalograma; esta técnica aumenta la sensibilidad del electroencefalograma para la detección de anomalías epileptiformes, debido, supuestamente, a que los mecanismos neuronales inhibitorios de dichas anomalías actúan menos por el cansancio derivado de la privación de sueño (o tal vez debido a que la privación de sueño produce un aumento de la secreción de hormonas excitadoras neuronales, como el cortisol o la insulina); la privación de sueño se puede combinar con hiperpnea e incluso con un breve registro de siesta, pues el paciente suele entrar en fase 1 en menos de 20 minutos (de hecho, esto le ocurre a un alto porcentaje de los pacientes que acuden a realizar un electroencefalograma, alrededor de la mitad de los pacientes, y sin necesidad de privación de sueño), lo cual permite utilizar la propia entrada y salida de sueño como mecanismo de activación adicional, pues ocasionalmente las anomalías aparecen en dichos momentos, o asociadas a los complejos K; la privación de sueño probablemente sea el mejor método de activación para la epilepsia, y con frecuencia desencadena crisis, e incluso estatus epiléptico en ocasiones, por lo que debe emplearse de manera juiciosa (por ejemplo, carecería de sentido utilizarla en un encefalópata con mal control de las crisis), y cuando esté indicado (por ejemplo, no tendría sentido utilizarla si ya hay anomalías críticas, intercríticas, o ambas, sin recurrir a la privación de sueño y si el diagnóstico clínico es claro).

El electroencefalograma con privación de sueño (aunque la privación sea parcial, por ejemplo, despertándose 1-3 horas antes de lo habitual) es tan o más eficaz que la polisomnografía (Janz, 1962), y según experiencia propia así parece ser.

No precisa reducción previa de la medicación.

-Polisomnografía como método de activación: tiene utilidad en algunos casos contados de epilepsia, y en algunos trastornos del sueño, como pueda ser la narcolepsia (en la que resulta especialmente útil el test de latencias múltiples, más que la polisomnografía).

-Otros métodos de activación (poco usados en la actualidad o en desuso): ketamina, cardiazol, bemeguida, indoklon, inducción de hipoglucemia con tolbutamida o insulina, aumento de presión intracraneal con presión de yugulares o maniobra de Valsalva, activación sensorial, inducción de hipertermia, que lentifica el trazado, activación sónica, activación emocional, inhalación de nitrógeno que disminuye el oxígeno cerebral, ingestión de alcohol.

La aplicación de los diversos métodos de activación, en cada caso particular, dependerá del criterio clínico del médico responsable de la exploración, no siendo sensato ni recomendable la aplicación de un protocolo técnico rígido para la realización de la exploración, por ejemplo, en lo referente a los métodos de activación (ni en lo referente a ningún otro de los gestos clínicos relacionados con la exploración electroencefalográfica), sino individualizado para cada paciente, de modo que ante una sospecha fundamentada de *petit mal* en un niño de, por ejemplo, 6 años, es lógico tratar de provocar las descargas de punta-onda a 3 Hz, si no han aparecido en el electroencefalograma sin hiperventilación, con una hiperventilación, incluso vigorosa; en cambio, carecería de sentido pretender otorgar valor clínico a la práctica de la hiperventilación en un paciente de, por ejemplo, 78 años, estuporoso, ictérico y con asterixis, historia de enolismo crónico, varices esofágicas, y con sospecha clínica de encefalopatía hepática por cirrosis, pues con un registro electroencefalográfico sin necesidad de emplear ningún método de activación, ni de prolongar excesivamente la exploración, será suficiente, por regla general, para llevar a cabo una exploración completa desde el punto de vista clínico en este otro caso.

MIALGIA, CAUSAS RARAS: triquinosis, cisticercosis, corea de Morvan, neumonía por *Legionella* (encefalopatía tóxica con cefalea y mialgias), psitacosis, micoplasmosis.

MIASTENIA CONGÉNITA: síndromes miasténicos congénitos. Ausencia de características autoinmunes (diferencia con *miastenia gravis*). Grupo heterogéneo. Defecto genético de algún tipo en la transmisión neuromuscular. En grado variable: debilidad muscular, fatigabilidad, ptosis, alteración en la deglución, diplopia, hipotonía.

-Tipos:
1. Presinápticos (5%): síndrome miasténico congénito con apnea episódica (o miastenia infantil familiar). Parece ser que es detectable el agotamiento postetánico en este síndrome. Parece ser que habría otros procesos incluidos en este apartado de los síndromes congénitos presinápticos, como la ataxia episódica paroxística en correlación con alteraciones en canales de calcio dependientes de voltaje.
2. Sinápticos (15%). Déficit congénito de acetilcolinesterasa: síndrome miasténico congénito sináptico; debut clínico al nacer; existe una variante con déficit parcial que debuta hacia los 6 años; ausencia de características autoinmunes (diferencia con *miastenia gravis*); defecto en la transmisión neuromuscular de origen genético (déficit de acetilcolinesterasa); en grado variable: debilidad muscular, fatigabilidad, ptosis, alteración de la deglución, diplopia, hipotonía; aparte de la debilidad o fatigabilidad, de presentación variable, destaca el reflejo pupilar fotomotor "lento".
No hay que confundir el déficit de acetilcolinesterasa con el déficit de seudocolinesterasa, ni con la hipertermia maligna.

Hiperpirexia o hipertermia maligna: succinilcolina, halotano, etc. mioglobinuria, convulsiones, etc., miotonía implica riesgo; parece ser que podría tener un origen genético; no hay que confundirlo con el déficit de seudocolinesterasa.

El déficit de seudocolinesterasa consiste en una sensibilidad a la succinilcolina; apnea, bradicardia, hiperpotasemia, etc., en relación con el uso de este anestésico; suele ser asintomática en ausencia de este uso. La acetilcolinesterasa, colinesterasa tipo e, o específica, o eritrocitaria, está en las neuronas. La seudocolinesterasa, o colinesterasa tipo s, o butirilcolinesterasa, o plasmática, está en otros tejidos y es más escasa en neuronas.

3. Postsinápticos (80%): síndrome del canal lento (éste, a diferencia del resto, rara vez, o nunca, empieza en la edad pediátrica); déficit de receptor de acetilcolina; síndrome del canal rápido; otros.

-**Electromiograma:** son síndromes raros. Parece ser que en algún laboratorio les ha llamado la atención en el electromiograma la presencia de potenciales motores repetitivos tras un solo estímulo, que desaparecen con activación voluntaria y reaparecen al cabo de un rato, y que no aparecen en todos los músculos. Se desconoce la importancia o utilidad clínica de este posible hallazgo (según parece es posible que ésto ocurra especialmente en los síndromes por trastorno sináptico y en el postsináptico de canal lento, y en este último parece ser que, a diferencia del anterior, las repeticiones aumentan en amplitud y número con los anticolinesterásicos).

Es posible que la estimulación repetitiva (no se debe confundir con el potencial motor repetitivo que aparece con un solo estímulo y que se acaba de mencionar en el párrafo anterior) resulte de utilidad para el diagnóstico en estos síndromes, para confirmar la debilidad y caracterizar su origen presináptico (decremento con estimulación a 3 Hz durante exacerbaciones en miastenia familiar infantil), sináptico (respuesta repetitiva con estímulo único en déficit de acetilcolinesterasa), postsináptico (respuesta repetitiva con estímulo único y decremento a bajas frecuencias en síndrome de canal lento), y en el déficit de receptor de acetilcolina (decremento a bajas frecuencias).

Martin MA, Prats JM, Garizar C, Ruiz C: Síndromes miasténicos congénitos. Valoración clínica y electromiográfica. Anales Españoles de Pediatría; 56-1, 2002 p. 36-42.

MIASTENIA GRAVIS:
-**Una clasificación:**
1: localizada, no progresiva.
2: generalizada, evolución lenta.
2 b: generalizada grave, afectación de ventilación y deglución.
3: generalizada, aguda, grave.
4: tardía, a los 2 años tras tipos 1 o 2; simula estadio 3.
5: atrofia muscular progresiva en 6 meses, con frecuencia evolución a partir del estadio 2.
-**Antibióticos** que se pueden usar: penicilina, cloranfenicol, vancomicina, cefalosporinas.
-**Crisis miasténica:** pupilas midriáticas; la miosis es parasimpática y el sistema parasimpático es colinérgico; al faltar los receptores postsinápticos de la acetilcolina, eliminados por los anticuerpos antirreceptor, la colina no

desencadena la miosis, y el simpático no encuentra oposición, por lo que la midriasis es notable. No se debe confundir con crisis colinérgica.

-**Crisis colinérgica:** pupilas mióticas; el exceso de inhibidores de la colinesterasa provoca un exceso de acción colinérgica y por tanto un predominio de la miosis, mediada por el parasimpático, que es colinérgico, sobre la midriasis, mediada por el simpático. No se debe confundir con crisis miasténica.

-*Miastenia gravis* **frente a síndrome de Eaton-Lambert:**
Patogenia autoinmune: anticuerpos antirreceptor de acetilcolina postsinápticos frente a disminución de liberación presináptica de acetilcolina mediada por calcio.

Epidemiología: cualquier edad, con más frecuencia mujer, frente a mayores de 40 años con igualdad varón-mujer.

Músculos predominantemente afectados: proximal, extraocular, bulbar, frente a proximal pero ocular no y bulbar no.

Reflejos: normales, frente a musculares profundos y pupilares disminuidos.

Manifestaciones autonómicas: no frente a sí, con sequedad de boca.

Mejora con: reposo y anticolinesterásicos, frente a ejercicio y guanidina.

Peor con: ejercicio, emociones, infecciones, embarazo, menstruación, cirugía, frente a tubocurarina y dexametonio.

Asociaciones: hiperplasia folicular, timoma, enfermedades autoinmunes, frente a *oat-cell*.

-**Diagnóstico:** para confirmar el diagnóstico clínico de *miastenia gravis* se utiliza el electromiograma (medición del *jitter* con electrodo concéntrico), la detección de anticuerpos antirreceptor de acetilcolina, también la de anticuerpos *antiMuSK* positivos. Parece ser que en la *miastenia gravis* con *antiMuSK* positiva el electromiograma de fibra simple podría ser negativo (sin aumento del *jitter*) con más frecuencia que en la *antiMusSK* negativa (además, esta forma no se presenta como *miastenia gravis* ocular pura); por ahora se desconoce qué ocurre con el *jitter* medido con electrodo concéntrico en este caso.

Anticuerpos antirreceptor de acetilcolina (normal menos de 0,5 milimoles/litro), aparecen en el 75% de *miastenia gravis* ocular y en el 90% de *miastenia gravis* generalizada.

Anticuerpos antimúsculo estriado (normal, título menor de 1/120), sobre todo positivo en *miastenia gravis* con timoma (en el 80% de *miastenia gravis* con timoma). Negativo en la mayoría de la *miastenia gravis* sin timoma.

Anticuerpos antiquinasa específica muscular (*MUSK*), cifra normal menor de 0,05 milimoles/litro.

Ácido láctico, cifra normal, 0,4-2 milimoles/litro.

Ácido pirúvico en plasma, cifra normal menor de 0,5 miligramos/decilitro (también aparece en la oftalmoplejía de Kearns-Sayre y en la parálisis periódica familiar).

Hay que añadir, en referencia al diagnóstico diferencial, que es preciso hacer, en presencia de un patrón electromiográfico miopático (incluso con potenciales de unidad motora de baja amplitud y duración corta) y una clínica compatible con miopatía (por ejemplo, debilidad de cinturas sin afectación de cabeza), el diagnóstico diferencial con *miastenia gravis,* dado que existe la posibilidad de esta forma de presentación para la *miastenia gravis* (Mongiovi P et al. Neuromuscular junction disorders mimicking myopathy. Muscle $ Nerve

2014; 50: 854-856) y esto incluye tanto a una miopatía proximal como a una miopatía distal (Fearon C et al. Distal myasthenia gravis presenting as isolated distal myopathy. Muscle & Nerve 2015; 52: 308-309).

-Agentes bloqueantes competitivos: iones de amonio cuaternario. Ocupan los receptores de acetil-colina en el músculo (es un mecanismo que recuerda al de los autoanticuerpos contra los receptores de la placa terminal en la *miastenia gravis*).

-Miastenia gravis neonatal: *miastenia gravis* transitoria por paso de anticuerpos de la madre al bebé por el cordón umbilical. Puede producirse incluso en madres seronegativas.

-Anticolinesterásicos: neostigmina (prostigmina), piridostigmina (mestinón), edrofonio (tensilón), fisostigmina (eserina), succinilcolina, decametonio, diisopropilfluorofosfato (dfp), tetraetilpirofosfato (tepp), gases e insecticidas del pirofosfato (organofosforados). Mantienen la placa despolarizada mediante diversos mecanismos moleculares, refractaria a la activación por potenciales de acción adicionales o a la llegada de cuantos de acetil-colina y por tanto mantienen el músculo paralizado.

Véase respuesta simpática cutánea. Véase electromiografía de fibra simple. Véase *jitter*.

MICROPOTENCIALES AGUDOS: véase actividad epileptiforme específica.

MIELITIS: véase médula espinal.

MIELOPATÍA: véase médula espinal.

MIELOSIS FUNICULAR: véase vitamina B12.

MIGRAÑA: véase jaqueca.

MIOCARDIOPATÍA DILATADA: véase cardiopatía dilatada.

MIOCLONIAS:
Benignas familiares: véase discinesias con origen subcortical.
Con origen periférico: véase discinesias con origen periférico.
Corticales: véase discinesias con origen cortical.
Espinales: véase discinesias con origen espinal.
Negativas: véase asterixis.
Palpebrales: véase síndrome de Jeavons.
Reticulares: véase discinesias con origen subcortical.
Rítmicas: véase discinesias con origen subcortical.
Subcorticales: véase discinesias con origen subcortical.
Y enfermedad de Alzheimer: véase enfermedad de Alzheimer.
Y potenciales evocados somatosensoriales: véase potenciales evocados somatosensoriales.

MIOCLONUS GENERALIZADO HIPNAGÓGICO: *mioclonus* generalizado, breve y normal, al inicio del sueño (*nocturnal startle*), aparece en somnolencia (fase 1). Si aumenta en intensidad y frecuencia puede llegar a provocar insomnio de conciliación.

MIOCLONUS INTENCIONAL: véase discinesias con origen cortical.

MIOCLONUS Y MANCHA ROJO CEREZA:
-Síndrome de mioclonus con mancha rojo cereza (encefalopatía mioclónica progresiva, epilepsia mioclónica), dos tipos:
1. Sialidosis con déficit aislado de neuraminidasa, o tipo 1: más frecuente en la adolescencia. Clínica parecida al síndrome de Ramsay-Hunt. Las mioclonias coinciden con la polipunta-onda. No fotoestimulación.
2. Mucolipidosis 1 y sialidosis 2: parecidos a sialidosis 1, pero con talla baja y dismorfia (parecida a la de las mucopolisacaridosis). Según parece, pocas alteraciones electroencefalográficas.
-**Electroencefalograma:** además de lo ya dicho, trazado de bajo voltaje con ondas agudas rítmicas en vértex (positivas) que aumentan en sueño. La punta precede al mioclonus.

MIOGLOBINURIA, ALGUNAS CAUSAS:
-Miopatía necrótica: rabdomiolisis generalizada y mioglobinuria (riesgo de necrosis tubular renal, hiperpotasemia, hiperfosfatemia, hipocalcemia, shock, coagulación intravascular diseminada).
Causas de miopatía necrótica: hipopotasemia crónica, toxoplasmosis, triquinosis, polimiositis, sarcoidosis, paraneoplásica, alcohólica, emetina, betabloqueantes, clofibrato, estatinas, drogas, tóxicos, autoinmunidad, neoplasias, VIH (Ducci R et al. Necrotizing myopathy: An uncommon initial manifestation of human immunodeficiency virus. Muscle & Nerve 2016; 54: 334-335) etc.
Patrón miopático en el electromiograma.
Véase miopatía necrótica. Véase anticuerpos anti-HMGCR.

-Síndrome de Meyer-Betz (mioglobinuria paroxística recurrente familiar). Mioglobinuria paroxística, tras ejercicio físico (50% de los casos), calambres, debilidad, orina mioglobinúrica, oliguanuria, dolor abdominal, fiebre, shock, aumento de mioglobina sérica.

-Otras formas familiares de mioglobinuria (con o sin miopatía, o distrofia crónica o difusa).

-Glucogenosis.

-Enfermedades del metabolismo lipídico.

-Insuficiencia hepática.

-Herida contusa.

-Esfuerzo excesivo (por ejemplo, síndrome pretibial en el caso de una miositis previa, vírica o de otra causa -por ejemplo por el virus de la gripe-).

-Infarto muscular extenso.

-Polimiositis idiopática y vírica, por ejemplo, por el virus de la gripe (puede asociarse, por ejemplo, al síndrome pretibial hasta conseguir desencadenar la mioglobinuria en este caso).

-Toxinas marinas (serpiente de mar de Malasia, pescado envenenado con residuos de resinas o enfermedad de la bahía de Haff en Konigsberg).

-Miopatía alcohólica.

-Trastornos de la glucolisis muscular.

-Hipertermia maligna, hiperpirexia maligna. Succinilcolina, halotano, etc. Mioglobinuria, convulsiones, etc. La miotonía implica riesgo. Véase miastenia congénita.

MIOPATÍA:
Algunas causas:
-Corticoterapia crónica o reciente, pero a altas dosis (también parece influir el que la corticoterapia sea diaria). Se ve un caso al mes por lo menos.
-Enfermedades reumatológicas (polimiositis, artritis reumatoide, lupus eritematoso, síndrome de Hughes, polimialgia reumática, dermatomiositis-polimiositis, etc.), 1 caso cada 2 meses aproximadamente.
-Síndrome de Hughes (síndrome antifosfolípido) asociado al lupus eritematoso sistémico: un caso visto personalmente; la paciente presentaba clínica y signos electromiográficos miopáticos moderados.
-Enfermedad de Steinert (1 caso al año).
-Etilismo (1 caso cada 6 meses). Aguda, crónica, subclínica, en relación con hipopotasemia.
-Hipolipemiantes.
-Miopatía del paciente "crítico" o grave (*critical illnes syndrome*). Véase síndrome del paciente "crítico" o grave.
-Paraneoplásica (neoplasia de pulmón, sobre todo). Síndrome paraneoplásico.
-Síndrome de Refsum.
-Antipalúdicos (artritis reumatoide).
-Hiperparatiroidismo primario y osteomalacia.
-Resistencia a la vitamina D (1 caso visto personalmente).
-Esclerodermia (atrofia, miopatía sin aumento de enzimas, miositis con aumento de enzimas, debilidad proximal).
-Enfermedad de Graves-Basedow.
-Hipotiroidismo: enfermedad de Gull.
-Neurosarcoidosis.
-Síndrome de Cushing.
-Síndrome de Kearns-Sayre: oftalmoplejía externa progresiva (mitocondriopatía), retinitis pigmentaria, miopatía, hipoacusia, ataxia.
-Miopatías hereditarias.
-Síndrome paraneoplásico.
-Desnutrición (electromiograma miopático parece ser, biopsia normal).
-Insuficiencia renal (osteomalacia por hiperparatiroidismo).

-Síndrome carcinoide.
-Hipermagnesemia mayor de 10 miliosmoles por litro (normal: 1,5-2,5).
-Enfermedad de Whipple (mayor afectación fibras tipo 2).
-Hipovitaminosis E.
-Infrección por el virus de la hepatitis C (inflamatoria o necrotizante).
-Algunos medicamentos que producen miopatía: ácido nicotínico, bezafibrato, clofibrato, ciprofibrato, fenofibrato, gemfibrozil, atorvastatina, cerivastatina, fluvastatina, lovastatina, pravastatina, simvastatina, entecavir (análogo de nucleósido utilizado en la hepatitis B crónica).
Véase anticuerpos anti-HGMCR.

Biopsia de músculo: hay un 50% de cada tipo de fibra muscular, tipos 1 y 2, en el músculo normal, aproximadamente, con predominio del tipo 1 en músculos tónicos y del tipo 2 en músculos fásicos. Las fibras tipo 1 son iguales en varones y mujeres (+/- 60 micras). Las de tipo 2 son mayores en varones (+/- 50 y 70 micras en mujeres y varones). Las fibras tipo 1 son más numerosas en miembros inferiores, y las de tipo 2 más abundantes en miembros superiores. Las células musculares, en función de las circunstancias, pueden cambiar de tipo.
En una biopsia muscular por miopatía las fibras tipo 1 pueden ser más pequeñas que las de tipo 2 en: desproporción congénita de fibras, enfermedad de Krabbe, hipoplasia cerebelosa, síndrome alcohol-fetal, enfermedad de Pompe, enfermedad de Steinert, artritis reumatoide (algunos autores dudan de que sea cierto en este caso), leucodistrofia (Werner RA et al. Fiber type disproportion in metachromatic leudodystrophy. Muscle and Nerve 1994; 16: 1352-53). En el resto de las miopatías en general suelen afectarse más las de tipo 2, o ambas por igual.

Clasificación y algunas características de las miopatías (el tipo de herencia referido es el más frecuente, no el único posible):
1. Miopatías congénitas o estructurales (autosómica dominante o recesiva; menos graves en general; debilidad leve y no progresiva; electromiograma anormal; a veces fallo respiratorio): grupo heterogéneo de enfermedades con debut clínico en los primeros meses de la vida (niño hipotónico al nacer o durante los primeros meses, debilidad sobre todo proximal, debilidad facial (puede haber paladar ojival), debilidad de cuello, oftalmoparesia y ptosis, dificultad para la toma y para ventilar, curso lentamente progresivo o no progresivo) y alteraciones específicas en la biopsia muscular. Hay ya múltiples mutaciones genéticas descritas. **Diagnóstico diferencial** de las miopatías congénitas con la distrofia muscular congénita (sin paresia facial, hipertrofia de gemelos, *CK* aumentada), distrofia miotónica congénita (diplejía facial, miotonía materna), miopatías metabólicas (visceromegalia), síndromes miasténicos congénitos (ptosis, oftalmoplejía, debilidad bulbar, paresia facial), atrofia muscular espinal, neuropatía hipomielinizante congénita, síndrome de Prader-Willi (hipotonía de predominio axial, ojos almendrados, manos y pies pequeños, alteración bulbar).
1.1. Miopatía centronuclear: desde leve hasta grave, oftalmoplejía externa, debilidad en cinturas y nuca; posibles descargas miotónicas. Autosómica dominante, recesiva o recesiva ligada al X (la ligada al X, *XLMTM,* se denomina

"miotubular", con frecuencia es grave y sólo afecta a varones). Hay una forma por mutación del gen *RYR1*.

1.2. Desproporción congénita de fibras (atrofia de fibras tipo 1 sin otras alteraciones asociadas a las demás miopatías congénitas): deformidad esquelética, dismorfia, escoliosis, contracturas.

1.3. Miopatía nemalínica (con acúmulos de proteínas en forma de hilos, *nema* en griego): de leve a grave y presentación variable en el tiempo y en la extensión de los músculos afectados; debilidad facial-oral-faringoglosa; deformidad esquelética, dismorfia; posible insuficiencia respiratoria. *CK* normal o ligeramente elevada. La de inicio precoz se denomina **"miopatía nemalínica"**, las formas del adulto se denominan **"miopatía con *rods"*** aunque sin relación con la hipertermia maligna (también se observan *rods* en las **miopatías por defectos del receptor de la rianodina** –*RYR1*-, que se denominan **"miopatías *rod-core"***, las que tienen que ver con el gen *RYR1* sí se relacionan con la hipertermia maligna*)*. Se han descrito **formas clínicas** diversas: congénita grave, congénita intermedia, congénita típica, leve de inicio en la niñez, de inicio en la etapa adulta, formas atípicas, forma esporádica de inicio tardío (*SLONM,* con insuficiencia respiratoria, *head drop,* camptocornia y origen autoinmune), formas distales. Se está rehaciendo la clasificación en función del análisis genético.

1.4. Miopatía de núcleos centrales: *central core disease* (posible afectación facial; hipertermia maligna; *CK* normal o elevada de 6 a 14 veces; debilidad desde leve, con mialgias, calambres, o claudicación muscular, hasta grave, con acinesia fetal; posible escoliosis, luxación de caderas, etc.); ***multiminicore** (*formas clásica, forma con oftalmoplejía externa, forma moderada con afectación de manos y forma neonatal grave); ***multicores; minicores.***

Erazo R. Miopatías estructurales congénitas. Rev Neurol 2013; 57: 53-64.

1.5. *Citoplasmic body myopathy*: escoliosis.

1.6. Distrofia muscular congénita; cajón de sastre para: distrofia muscular congénita autosómica recesiva o esporádica (hipotonía, "contracturas", retraso psicomotor), incluye la **distrofia muscular congénita merosín positiva** (autosómica recesiva; un caso visto personalmente, con hipotonía y atrofia muscular, y en algunos islotes de músculo remanente: trazado electromiográfico miopático con aumento de la sumación temporal y disminución de la sumación espacial, y potenciales de unidad motora "miopáticos" con duraciones menores de 5 milisegundos), y la **distrofia muscular de Fukuyama** (Japón).

Las distrofias musculares congénitas son en su mayoría autosómicas recesivas. De comienzo en la infancia o en el periodo neonatal. Niño hipotónico, débil, con "contracturas", escoliosis, dificultad para la toma, dificultad respiratoria, luxación de caderas, mayor o menor dificultad para adquirir y mantener la marcha, etc. Patrón distrófico en la biopsia muscular (degeneración fibroadiposa, necrosis y regeneración celular). Clasificación en permanente revisión, más aun con el advenimiento del análisis genético. Antiguamente se dividían en formas sin afectación del sistema nervioso central ni ocular y alfa-distroglicanopatías. Hoy se dividen en **formas con merosina y sin merosina**. Hay 3 grupos principales:

1.6.1. Formas con alteración de las proteínas ligadas a la matriz extracelular: distrofia con déficit primario de merosina (mutación del gen

LAMA2 para la laminina, miopatía, no suelen lograr la marcha, baja frecuencia de afectación cardíaca, *CPK* aumentada unas cinco veces, alteraciones en sustancia blanca en la resonancia, **neuropatía periférica desmielinizante**; el déficit parcial de proteína da formas leves, tardías, de presentación variable como miopatía de cinturas); distrofia tipo Ullrich por déficit de colágeno 6 (3 genes: *COL6A1, 2* y *3*; clínicamente se trata de un espectro continuo que va desde la **miopatía de Ullrich**, autosómica recesiva y más grave, hasta la **miopatía de Bethlem**, autosómica dominante y menos grave; incluye hiperqueratosis folicular y tendencia a formar queloides; la *CPK* puede ser normal, patrón "atigrado" en los músculos en la resonancia); formas con mutaciones en los genes de la integrina.

1.6.2. Alfa-distroglicanopatías: formas con reducción de la glicosilación de alfa-distroglicanos. Autosómica recesiva. Se han identificado varios genes implicados. Algunas formas conllevan retraso psicomotor grave, epilepsia intratable, microcefalia, hipotonía, *CPK* elevada y cardiopatía. Amplio espectro clínico, desde formas más graves (**síndrome de Walker-Warburg, enfermedad músculo-ojo-cerebro, distrofia de Fukuyama**) hasta formas leves de inicio en el adulto (**miopatía de cinturas 1C y 1D**). Un mismo fenotipo puede tener origen genético diverso, y una misma mutación genética puede asociarse a fenotipos diversos. Se distinguen varias formas desde el punto de vista fenotípico: **síndrome de Walker-Warburg** (forma congénita; agiria, lisencefalia, hidrocefalia, ausencia de cuerpo calloso, cataratas, microftalmia, afectación de cerebelo, etc.), **síndrome músculo-ojo-cerebro** (congénita, menos grave que el anterior, paquigiria, polimicrogiria, afectación de cerebelo, glaucoma, miopía, atrofia retiniana, cataratas, etc.), **distrofia con afectación cerebelosa** (congénita), **distrofia con retraso mental** (congénita), **distrofia sin retraso mental** (congénita), **miopatía de cinturas con retraso mental** (no congénita), **miopatía de cinturas sin retraso mental** (no congénita).

1.6.3. Otras formas de distrofia: distrofias relacionadas con *SEPN1* (gen para la selenoproteína; debilidad axial, en cuello y tronco, *head lag* o *dropped head,* voz nasal, paresia facial, escoliosis, espina rígida, afectación del diafragma, que hace recomendable el polisomnograma, hiperlaxitud de muñecas y manos, resistencia a insulina; las contracturas obligan al **diagnóstico diferencial** con la distrofia de Emery-Dreifuss, la enfermedad de Pompe, las colagenopatías y formas con espina rígida; patrón anatomopatológico heterogéneo; en la resonancia, afectación selectiva del sartorio, músculo clave para el diagnóstico diferencial en etapas tempranas de miopatías con espina rígida que son las relacionadas con *LMNA* y con *FHL1*), **distrofias relacionadas con *LMNA*** (amplio espectro fenotípico que incluye la **distrofia muscular de Emery-Dreyfuss** y la **distrofia muscular de cinturas tipo 1B**; debilidad axial, *dropped head,* y distal; contracturas axiales precoces con espina rígida, retracción aquílea, codos, dedos, etc., puede llegar a adquirirse la marcha y perderse, afectación respiratoria, cardiopatía); **formas con alteraciones mitocondriales (*CHKB*); formas con defecto de dinamina 2; formas con defecto en la teletonina.**

Scavone C, Barros G. Distrofias musculares congénitas en el niño. Rev Neurol 2013; 57: 47-52.

2. Distrofias musculares progresivas (determinadas genéticamente):

2. 1. Distrofinopatías (Duchenne y Becker): distrofia muscular grave ligada al X (enfermedad de Duchenne; sólo varones, las mujeres fallecen intraútero; también mujeres con síndrome de Turner; incidencia 30x100000; prevalencia 3x100000; debut 2-6 años; Duchenne benigno con afectación tardía de cuello en el 15% de los casos seudohipertrofia, y seudohipertrofia asimétrica en madres portadoras (en madres portadoras con confirmación genética es posible encontrar signos miopáticos en el electromiograma, por ejemplo, potenciales de unidad motora miopáticos en tibial anterior, menores de 6,8 milisegundos y aumento de la sumación temporal en psoas); comienzo en pelvis; ausencia de marcha a los 12 años; *exitus* hacia los 22 años; posible oligofrenia; atrofias, cardiopatía); **distrofia muscular benigna ligada al X (enfermedad de Becker**; incidencia 3x100000; seudohipertrofia, debut 5-25 años; variantes: miopatía del cuádriceps, síndrome calambres-mialgias, cardiopatía con miopatía subclínica; varones; comienzo pelvis; ausencia marcha hacia los 50 años; no oligofrenia).

2. 2. Distrofia muscular ligada al X con "contractura" precoz (enfermedad de Emery-Dreyfuss; primera década; escapuloperoneal, posible afectación facial; autosómica dominante; Xq28; seudohipertrofia, no; miocardiopatía).

2. 3. Otras distrofias musculares ligadas al X (Mabuy, McLeod): distrofia muscular tardía ligada al X (Duchenne tardío, o forma de Mabuy); forma de McLeod (acantocitosis, antígeno Kell, ligada al X, no disminución de fuerza, no seudohipertrofia, subclínica).

2. 4. Distrofia muscular rizomélica o de cinturas: autosómica recesiva o dominante, seudohipertrofia rara. Ambos sexos. Segunda-tercera década; comienzo escapulohumeral (forma de Erb), comienzo pelvifemoral (forma de Leyden-Moebius), aunque algunos autores dudan de la existencia auténtica de estas formas; no afectación facial; brazo de Popeye; ambos sexos; comienzo 10-20 años por cintura escapular y luego pelviana; contracturas tardías. Se conocen más de 20 subtipos de la distrofia muscular de cinturas (*LGMD, limb girdle muscular dystrophy*), desde el punto de vista genético. La edad de comienzo de la enfermedad así como su evolución son impredecibles; en general cuanto más tardío el debut más lenta la progresión. No hay afectación intelectual y puede haber afectación cardíaca.

2. 5. Distrofia muscular facioescapulohumeral (forma de Landouzy-Dejerine): primera-tercera décadas; no seudohipertrofia; puede ser asimétrica; miocardiopatía no; autosómica dominante; 4q35; puede alcanzar a miembros inferiores; hay formas infantiles severas, **síndrome de Coats** (se asocia a hipoacusia y retinopatía); facies típica (facies de Landouzy-Dejerine); incidencia: 0,4/100000; prevalencia: 6/100000; comienzo 10-15 años, cara y cintura escapular, luego pelvis.

2. 6. Distrofia muscular escapuloperoneal: rara; X (descrita por Emery-Dreyfuss) o autosómica dominante; posibilidad de afectación asimétrica, facial y de miocardiopatía; primera década.

2. 7. Miopatías distales (posible cardiopatía): raras; **tipo 1, forma adulta tardía de Welander** (autosómica dominante, con mayor afectación de varones y de miembros superiores); **forma adulta tardía tipo 2, de Markesbery-Griggs-Udd**, autosómica dominante, con mayor afectación de miembros inferiores; **forma adulta temprana (miembros inferiores, tipo 1 de Nonaka,**

tipo 2 de Miyoshi, tipo 3 de Laing); **forma infantil** (rara, autosómica dominante, 2 años).

2. 8. Miopatía ocular: ptosis unilateral, alteración de la mirada hacia arriba, posible ptosis bilateral, tercera década, herencia variable; electromiograma: signos miopáticos en las extremidades.

2. 9. Distrofia muscular oculofaríngea: oftalmoplejía externa progresiva y disfagia; tercera-cuarta década; autosómica dominante; no cardiopatía. En un caso visto personalmente, confirmado genéticamente, se observaron signos miopáticos acusados en orbicular de los párpados (presentaba ptosis bilateral importante y en el electromiograma trazado intermediario de 0,2 milivoltios, con aumento de la sumación temporal, y potenciales de unidad motora "miopáticos", de 2 a 3 milisegundos y baja amplitud) y signos miopáticos leves en deltoides (aumento de la sumación temporal, trazado completo de 1 milivoltio, y potenciales de unidad motora "miopáticos", con duraciones entre 4 y 5 milisegundos).

En otro caso clínico visto personalmente, un paciente de 71 años con disfagia para líquidos y sólidos, hipofonía, debilidad muscular oculofaríngea con ptosis palpebral y oftalmoparesia, sin antecedentes familiares, en el electromiograma se observaron descargas repetitivas de alta frecuencia en el primer interóseo dorsal de ambos lados, así como trazados simplificados de amplitud aumentada por los territorios radiculares C7 a T1 de ambos lados; en el orbicular de los párpados y **en la lengua (geniogloso bilateral) se observaron signos miopáticos (aumento de la sumación temporal, con trazados completos de amplitud baja).** En el análisis genético se confirmó el diagnóstico de distrofia oculofaríngea con un 99% de sensibilidad y un 100% de especificidad. **Destaca el hecho de haberse observado signos electromiográficos miopáticos en la lengua.**

3. Enfermedades miotónicas:

3.1. Síndrome de Lambert-Brody: raro; disminución de ATPasa; la miotonía empeora con el ejercicio.

3.2. Distrofia miotónica.

3.2.1. Enfermedad de Steinert: distrofia miotónica tipo 1; autosómica dominante, cromosoma 19; incidencia: 13,5/100000; prevalencia: 5,5/100000; 50% disfagia; cardiopatía; madre enferma implica hijo con riesgo del 5% de distrofia congénita (facies de tiburón e hipotonía; miotonía a los 5 años); madre con un hijo enfermo implica riesgo del 30% para otro hijo. Alopecia frontal, cataratas, retraso mental, afectación distal (pie caído, amiotrofia en manos), cardiopatía, facies típica, miotonía, etc. Puede debutar en forma de escápula alada (Aishabarati M. Myotonic dystrophy type 1 presenting with asymmetric winged scapulae. Muscle & Nerve 2016; 54: 339-340).

3.2.2. Distrofia miotónica tipo 2: síndrome Mox-Pox. Enfermedad de Thornton-Griggs-Moxley. Distrofia miotónica atípica: rara, comienzo cuarta-quinta década, posible calvicie, cataratas, posible facies miotónica, posibles esternocleidomastoideos pequeños, posible miotonía clínica, no fenómeno miotónico, sí miotonía con percusión, posible miotonía en el electromiograma, electromiograma miopático, no fibras en anillo, sí bloqueo cardíaco, no debilidad distal, sí debilidad proximal, sí seudohipertrofia de pantorrillas

(Rowland L. Thornton-Griggs-Moxley disease: myotonic dystrophy type 2. Annals of Neurology 1994; 5: 803-4).

3.3. Miotonía congénita, enfermedad de Thomsen: autosómica dominante; cualquier edad; prevalencia 4/100000; 7q35; canales de cloro; hercúleo, empeora con frío; calambres; hipertermia maligna.

3.4. Miotonía de Becker: autosómica recesiva; prevalencia: 2/100000; 4-12 años (más tardía que la de Thomsen); hipertrofia al principio e hipotrofia al final. Miotonía congénita. Enfermedades de los canales iónicos: enfermedad de los canales de cloro.

3.5. Paramiotonía congénita de Von Eulenburg: autosómica dominante, rara; prevalencia: 0,4/100000; empeora con el frío; posible miotonía paradójica; canales de sodio.

3.6. Adinamia hereditaria episódica o de Gamstorp: autosómica dominante; rara; miotonía e hiperpotasemia.

3.7. Otras miotonías: miopatía centronuclear; 20-25 diazocolesterol; desenmascaramiento por betabloqueantes.
Véase miotonía.

4. Miopatías metabólicas congénitas: en su mayoría autosómicas recesivas. Mialgias, calambres, claudicación muscular, debilidad muscular con o sin afectación de órganos (corazón, hígado, cerebro, alteración del equilibrio ácido-base). Aumento de *CPK*. Mioglobinuria.

4.1. Miopatías mitocondriales: el trastorno del metabolismo de los lípidos (de la oxidación de los ácidos grasos) puede deberse a un déficit de carnitina-palmitol-transferasa 2 o a un déficit de acil-CoA deshidrogenasa. Otros problemas mitocondriales son el **síndrome de Kearns-Sayre, epilepsia mioclónica con *ragged red fibers*,** y la **oftalmoplejía externa progresiva**. Afectación muscular, sistémica o ambas; en el caso de tratarse de una alteración de enzimas de la cadena respiratoria, la presentación posible es variopinta; en caso de tratarse de un déficit de carnitina, la presentación es autosómica recesiva, 12-38 años, en cinturas, con mialgias, mioglobinuria, polineuropatía, fallo respiratorio y en el electromiograma: patrón de miopatía inflamatoria, neuropatía o ambas; puede ser secundaria a valproato.

En un caso de miopatía mitocondrial visto personalmente, confirmado genéticamente y ya de larga evolución al acudir a consulta (en la tercera década de la vida), el paciente presentaba importante hipotrofia muscular, sobre todo en miembros superiores, en brazo y antebrazo principalmente, con llamativa **seudohipertrofia de deltoides (no de pantorrillas)** y signos miopáticos acusados en todos los músculos; también presentaba en manos descargas miotónicas o seudomiotónicas en manos (difícil de aclarar si eran miotónicas o seudomiotónicas, pues algunas de las descargas repetitivas de alta frecuencia eran claramente seudomiotónicas mientras que otras parecían miotónicas, y en todo caso eran abundantes) y fenómeno miotónico desde el punto de vista clínico, que en un primer momento había hecho pensar en distrofia miotónica, al presentar el paciente calvicie frontal además de esta presentación. Debe evitarse el ejercicio físico.

4.2. Glucogenosis. Véase, glucogenosis.

4.3. Parálisis periódicas primarias: hipocalémicas (de Westphal, autosómica dominante, segunda década); hiperpotasémicas (adinamia episódica hereditaria de Gamstorp); normopotasémica (de Poskanzer y Kerr; autosómica dominante; menores de 10 años; aumenta con frío, ejercicio y potasio); paramiotonía congénita (de Von Eulemburg; autosómica dominante; empeora con ejercicio); parálisis periódica tirotóxica.

En un caso visto personalmente de **parálisis periódica hipopotasémica** hereditaria, confirmado genéticamente, la paciente, una joven de 13 años, presentó pie caído bilateral tras una ingesta excesiva de glúcidos, con claudicación muscular al caminar; en el **electromiograma** no se observó actividad denervativa-reinervativa ni signos miopáticos, únicamente se observaron trazados simplificados en correlación con la pérdida de fuerza (4/5); tampoco se observaron alteraciones en la conducción motora por los nervios peroneales.

Véase enfermedad de los canales iónicos. Véase síndrome de Andersen-Tawil.

4.4. Parálisis periódicas secundarias: potasio mayor de 7 miliequivalentes/litro.

4.5. Miopatía amiloide seudohipertrófica: paresia, aspecto hercúleo y macroglosia, posible seudohipertrofia.

4. 6. Miopatía por déficit de xantinooxidasa.

5. Miopatías adquiridas.

6. Mioglobinuria.

7. Miopatías endocrinas: hipertiroidismo, hipotiroidismo, hiper e hipoparatiroidismo, síndrome de Cushing, cortisólica, postadrenalectomía, hipopotasemia por síndrome de Conn, enfermedad de Addison, hipófisis. **Miopatía hipertrófica:** en el hipotiroidismo severo, de larga evolución, con debilidad y dolor muscular, **síndrome de Hoffmann.** En el hipotiroidismo congénito existe también una forma de miopatía hipertrófica denominada **síndrome de Debré-Hocher-Semelaigne ("niño Hércules", niño hercúleo)**.

8. Miopatías tóxicas. Diversas, por ejemplo: **mlopatía y estatinas:** las estatinas producen desde mialgias hasta rabdomiolisis severa. La miotoxicidad es autolimitada, pero en ocasiones se desarrolla miopatía necrotizante autoinmune, con anticuerpos anti 3-hidroxi-3-metilglutaril-coenzima A reductasa (*HMGCR*), que es la diana farmacológica de las estatinas. Estos anticuerpos pueden aparecer en miopatía autoinmune sin consumo de estatinas, y no aparecen en la mayoría de los pacientes expuestos a estatinas, incluyendo aquellos pacientes con intolerancia autolimitada (por tanto, la presencia de anticuerpos permite distinguir la intolerancia autolimitada de la miopatía autoinmune en pacientes expuestos a estatinas). Payam M et al. Statin-associated autoinmune myopathy and anti-HMGCR autoantibodies. Muscle and Nerve 2013; 48: 477-483. La miopatía por estatinas se observa cada vez con mayor frecuencia.

9. Miopatías inflamatorias (diagnóstico diferencial con esclerosis lateral amiotrófica de comienzo proximal): **polimiositis, dermatomiositis, miositis con cuerpos de inclusión** (la camptocornia o "marcha de dromedario" ha sido descrita en este cuadro por miositis de musculatura paravertebral, la miositis con cuerpos de inclusión tiene una presentación clínica heterogénea que puede incluir disfagia; recientemente se ha descrito la diplejía facial: Ghosh P et al. Inclusion-body myositis presenting with facial diplegia. Muscle and Nerve 2014; 49: 287-89; recientemente se ha planteado el diagnóstico diferencial con la enfermedad de Pompe: Bandyopadhyay S et al. Novel presentation of Pompe disease: Inclusion-body myositis-like clinical phenotype. Muscle & Nerve 2015; 52: 466-67; véase glucogenosis), **medicamentos, virus, piomiositis multifocal** (abscesos múltiples por infección bacteriana; inmunodeprimidos, diabéticos, neoplasias, procesos reumatológicos, traumatismos, etc.; estafilococo áureo, estreptococos, etc.; electromiograma similar al de otras miopatías inflamatorias; Spolter Y et al. Electromyographic diagnosis of multifocal pyomyositis. Muscle Nerve 2015; 51: 293-295), **etc.**

Miopatía por síndrome paraneoplásico: polimiositis, miopatía necrotizante (debilidad proximal de rápida progresión, disfagia, disnea, neoplasia de pulmón).

Miopatía-miositis secundaria a enfermedad de injerto contra huésped crónica por alotransplante hematopoyético: miopatía-miositis subaguda y progresiva de cinturas, con ptosis palpebral sin fatigabilidad y diplopia. *Jitter* sin anomalías. (Martínez C et al. Miositis secundaria a enfermedad de injerto contra huésped crónica. Rev Neurol 2015; 60: 183).

Está descrita la miositis de músculos extensores del cuello en el **síndrome de la cabeza caída** (*dropped head syndrome)*, con respuesta a corticoterapia (Raimondi MR et al. A patient with a dropped head: A rare presentation of isolated posterior neck extensor, steroid-responsive myositis. Clin Neurophysiol 1012; 123: e101-e114). Otras causas del síndrome de la cabeza caída, aparte de miositis: miopatías diversas (miopatía mitocondrial, déficit de carnitina, miopatía congénita, distrofia facioescapulohumeral, síndrome de Cushing, miopatía hipotiroidea, etc.), enfermedad de la neurona motora (esclerosis lateral amiotrófica, síndrome postpolio, etc.), enfermedad de Parkinson, *miastenia gravis,* hipotiroidismo, polineuropatía inflamatoria crónica, debilidad extrema por causas diversas, idiopática, etc.

10. Miopatía del enfermo "crítico" o grave: véase síndrome del paciente "crítico".

11. Miopatía necrótica: rabdomiolisis generalizada y mioglobinuria (riesgo de necrosis tubular renal, hiperpotasemia, hiperfosfatemia, hipocalcemia, shock, coagulación intravascular diseminada). Causas de miopatía necrótica: hipopotasemia crónica, toxoplasmosis, triquinosis, polimiositis, sarcoidosis, paraneoplásica, alcohólica, emetina, betabloqueantes, clofibrato, estatinas, drogas, tóxicos, autoinmunidad, neoplasias, VIH (Ducci R et al. Necrotizing myopathy: An uncommon initial manifestation of human immunodeficiency virus. Muscle & Nerve 2016; 54: 334-335) etc. Patrón miopático en el electromiograma. Véase anticuerpos anti-HMGCR. Véase mioglobinuria. Véase *SANM.* Véase miopatías inflamatorias. Véase miopatías tóxicas.

MIOPATÍA NECRÓTICA: véase miopatía.

MIOQUIMIA: véase discinesias con origen periférico. Véase espasmo facial esencial. Véase neuromiotonía.

MIOSITIS CON CUERPOS DE INCLUSIÓN: véase miopatía, clasificación y características.

MIOSITIS SECUNDARIA A ENFERMEDAD DE INJERTO CONTRA HUÉSPED CRÓNICA POR ALOTRANSPLANTE HEMATOPOYÉTICO: miopatía-miositis subaguda y progresiva de cinturas, con ptosis palpebral sin fatigabilidad y diplopia. *Jitter* sin anomalías. (Martínez C et al. Miositis secundaria a enfermedad de injerto contra huésped crónica. Rev Neurol 2015; 60: 183). Véase miopatía.

MIOTONÍA: la frecuencia de descarga se produce alrededor de 10-150 Hz, aumenta con frío. Para no confundirlas con las seudomiotónicas, hay que recordar que las seudomiotónicas no presentan patrón ascendente-descendente (*waxing-waning)*, aunque a veces no se distinguen tan fácilmente en la práctica.

Las descargas seudomiotónicas a veces son indistinguibles de las miotónicas, por más que supuestamente no debiera ser así. En tal caso, es preciso correlacionar las descargas con la clínica, por ejemplo, en caso de ser el único hallazgo en un hipotiroidismo, debe pensarse que lo más probable es que se trate de descargas seudomiotónicas; o, si el paciente presenta el fenotipo de la enfermedad de Steinert, debe pensarse que lo más probable es que se trate de descargas miotónicas, sobre todo si son ascendentes-descendentes, abundantes y en diversos grupos musculares; en algunos casos de denervación-reinervación crónicas pueden aparecer descargas seudomiotónicas indistinguibles de las miotónicas, pero la clínica, y tal vez la distribución de las descargas, pueden orientar a su carácter seudomiotónico, por ejemplo, si están localizadas en un solo músculo en un paciente con sospecha de siringomielia, probablemente estarán en relación con este proceso.

Se ha descrito miotonía en:
1. Miotonía congénita o de Thomsen.
2. Distrofia miotónica o de Steinert (tal vez haya un tipo 2 o de Thornton-Griggs-Moxley). Enfermedad de Steinert: autosómica dominante, cromosoma 19; incidencia: 13,5/100000; prevalencia: 5,5/100000; 50% disfagia; cardiopatía; madre enferma implica hijo con riesgo del 5% de distrofia congénita (facies de tiburón e hipotonía; miotonía a los 5 años); madre con un hijo enfermo implica riesgo del 30% para otro hijo.
3. Distrofia miotónica tipo 2: síndrome Mox-Pox. Enfermedad de Thornton-Griggs-Moxley. Distrofia miotónica atípica: rara, comienzo cuarta-quinta décadas, posible calvicie, cataratas, posible facies miotónica, posibilidad de esternocleidomastoideos pequeños, posible miotonía clínica, no fenómeno miotónico, sí miotonía con percusión, posible miotonía en el electromiograma, electromiograma miopático, no fibras en anillo, sí bloqueo cardíaco, no debilidad distal, sí debilidad proximal, sí seudohipertrofia de pantorrillas

(Rowland L. Thornton-Griggs-Moxley disease: myotonic dystrophy type 2. Annals of Neurology 1994; 5: 803-4).
4. Paramiotonía congénita de Von Eulemburg (aumenta con frío; parece ser que podría ser la parálisis periódica hiperpotasémica).
5. Distrofia osteocondromuscular o condrodistofia de Schwartz-Jampel (miotonía clínica, pero seudomiotonía en el electromiograma, parece ser).
6. Enfermedad de Pompe (miotonía en el electromiograma).
7. Glucogenosis (tipos 2 y 3 al menos).
8. Déficit de maltasa ácida: debilidad muscular, de cinturas, respiratoria, escapuloperoneal, axial, etc.; autosómica recesiva; niños y adultos; fenotipo variable; electromiograma: descargas miotónicas, fibrilaciones, potenciales de unidad motora "miopáticos" de presentación variable, más frecuente en musculatura paraespinal y en el tensor de la fascia lata (Kassardjian D et al. Electromyographic findings in 37 patients with adult-onset acid maltase deficiency. Muscle Nerve 2015; 51: 759-761).
9. Hipertiroidismo.
10. Hiperpirexia maligna.
11. Diazocolesterol (hipolipemiante).
12. Miopatía miotubular o centronuclear (y en otras miopatías congénitas parece ser que también).
13. Miositis por cuerpos de inclusión.
14. Reticulocitosis multicéntricas.

No se ha podido verificar personalmente hasta el momento que esta lista de procesos en los que supuestamente se podrían observar descargas miotónicas, recogida de la literatura internacional, sea correcta, y que en algunos casos no se estén confundiendo descargas miotónicas con descargas seudomiotónicas u otro tipo de descargas repetitivas de alta frecuencia, dado lo fácil que es confundirlas en la práctica en algunos casos, a pesar de ser dos tipos de descarga distintos a priori. **La razón, según observaciones personales, para la posible confusión en la práctica entre descargas seudomiotónicas y miotónicas, es que las descargas seudomiotónicas, típicas de algunos procesos (y que ayudan a su diagnóstico), si son más de una y simultáneas, con frecuencia se interfieren entre sí, dando lugar a tonos crecientes y decrecientes difíciles de distinguir de los tonos crecientes-decrecientes de las descargas miotónicas puras, sobre todo en procesos neurógenos graves de larga evolución (como pueda ser una siringomielia importante), o una polimiositis grave, o un hipotiroidismo grave, o una plexopatía braquial post irradiación (por tanto, es importante la correlación con la clínica, evidentemente, y es importante interpretar correctamente el electromiograma en estos casos).**
Al tratarse de enfermedades raras en su mayoría, las de la lista precedente, resulta difícil saber si se trata de descargas seudomiotónicas o miotónicas lo que diversos autores hayan podido encontrar en algunas de ellas; personalmente solo se ha observado descargas miotónicas en la enfermedad de Steinert, que es relativamente frecuente, y suele cursar con descargas miotónicas durante cierta etapa de la enfermedad; en los casos de enfermedad de McArdle que se han visto personalmente no se ha observado miotonía.

Algunas enfermedades miotónicas:
1. **Síndrome de Lambert-Brody:** raro; disminución de ATP-asa; la miotonía empeora con el ejercicio. Enfermedad de Brody. Déficit de ATP-asa en retículo sarcoplásmico. Calambres y fallo en relajación muscular con ejercicio. Autosómica recesiva o dominante.
2. **Distrofia miotónica, enfermedad de Steinert.**
3. **Miotonía congénita, enfermedad de Thomsen** (1876): autosómica dominante o recesiva (recesiva o enfermedad de Becker, más severa); cualquier edad, sobre todo menores de 3 años (Becker); prevalencia 4/100000; 7q35; canales de cloro; hercúleo, empeora con frío; mejora con ejercicio (fenómeno del calentamiento); calambres; hipertermia maligna.
4. **Miotonía de Becker:** autosómica recesiva; prevalencia: 2/100000; 4-12 años (más tardía que la de Thomsen); hipertrofia al principio e hipotrofia al final. Miotonía congénita autosómica recesiva. Enfermedades de los canales iónicos: enfermedad de los canales de cloro.
5. **Paramiotonía congénita de Von Eulenburg:** autosómica dominante, rara; prevalencia: 0,4/100000; los calambres y la parálisis empeoran con el frío y con ejercicio; pueden estar más afectadas la lengua y las manos; la miotonía puede ser breve y la debilidad durar días; hipertrofia en el 30%; posible miotonía paradójica; canales de sodio.
6. **Adinamia hereditaria episódica o de Gamstorp:** autosómica dominante; rara; miotonía e hiperpotasemia.
7. **Otras miotonías:** miopatía centronuclear; 20-25 diazocolesterol; desenmascaramiento por betabloqueantes.
8. **Miotonías no distróficas, enfermedades de los canales iónicos del músculo esquelético:** miotonía congénita (diagnóstico diferencial con distrofia miotonica tipo 2; la miotonía congénita presenta alteración en el gen del canal del cloro), paramiotonía congénita (gen para el canal de sodio; como en la parálisis hiperpotasémica, pero en esta domina la parálisis) y miotonías de los canales de sodio (dos grandes grupos: grupo de la paramiotonía congénita, en el que la miotonía empeora con el frío y hay episodios claros de debilidad, y grupo de la miotonía del canal de sodio, sin episodios de debilidad, pero con sensibilidad al frío también; este segundo grupo incluye los fenotipos puramente miotónicos, y también las miotonías que emperoan con la ingesta de potasio).

Rigidez muscular, dolor, debilidad y fatiga. En algunos casos de miotonía no distrófica puede aparecer miopatía.

Electromiograma: en la miotonía del canal de cloro recesiva la amplitud del CMAP (compound muscle action potential) cae con ejercicio con rápida recuperación (a temperatura normal), pero este patrón (patrón 2 de Fournier) también se observa en la dominante y en la distrofia miotónica 1 y 2; en la miotonía congénita recesiva el enfriamiento no cambia este patrón; en la miotonía congénita dominante la caída del CMAP puede que sólo se vea con enfriamiento; a veces en la miotonía congénita el CMAP es normal, como ocurre en la miotonía del canal de sodio (patrón 3); en la paramiotonía el CMAP cae con ejercicio (patrón 1) o con ejercicio y frío; en las miotonías de canal de sodio el único hallazgo suele ser la miotonía (y tambien en algunos casos de miotonía congénita dominante); no hay un test descrito para la distrofia miotónica tipo 2; los párpados se afectan con miotonía con más frecuencia en la paramiotonía y en la miotonía de canal de sodio (1. Matthews E et al. The non-dystrophic myotonias: molecular patogenesis, diagnosis and treatment. Brain 2012; 133: 9- 22. 2. Rivero A. Neuromiotonía y mioquimia. Arch Neurol Neuroc Neuropsiquiatr 2007; 13: 65-72). Véase enfermedad de los canales iónicos. Véase seudomiotonía.

MIRROR MOVEMENTS: véase discinesias con origen subcortical.

MONITORIZACIÓN EN NEUROFISIOLOGÍA:
-**Monitorización intraoperatoria con electroencefalograma:** útil en cirugía carotídea y *bypass* cardiopulmonar.
Explicación de su utilidad: posiblemente se debe a que con el electroencefalograma se puede valorar la hipoxemia cerebral. Además, la amplitud del electroencefalograma depende de la sincronización de la actividad eléctrica cortical.
Aplicación concreta: se puede utilizar por ejemplo para detectar si la hipotensión arterial induce una disminución del flujo sanguíneo cerebral. También para determinar la dosis mínima de barbitúricos necesaria para obtener el máximo efecto de disminución del metabolismo cerebral (abolición de la actividad eléctrica).
Anestésicos: a dosis bajas pueden producir aumento de ritmos rápidos; a dosis altas aparece una lentificación difícil de distinguir de la relacionada con isquemia, la cual se puede identificar al retirar los anestésicos; en caso de lentificación por dosis altas de anestésicos puede recurrirse a los potenciales evocados somatosensoriales que en este tipo de monitorización parece ser que son más útiles que los potenciales evocados auditivos, según algunos autores.
-**Monitorización intraoperatoria de pares craneales:**
Segundo par: ¿potenciales evocados visuales? Indicaciones: tumores pituitarios, tumores del seno cavernoso, aneurismas.
Octavo par: potenciales evocados auditivos.
Momento de hacer la promediación con potenciales evocados visuales y adutivos (en lo posible): preoperatorio, tras la inducción de la anestesia y la colocación del paciente, antes de la manipulación de los nervios, durante la manipulación de los nervios, durante los cambios en la anestesia o en los signos vitales, durante el cierre de la herida.
Séptimo par: cirugía del nervio facial (neuroma).
Nervio laríngeo superior: cirugía de la tiroides.
Noveno par: paladar blando.
Décimo par: cuerdas vocales falsas (para no dañar a las verdaderas).
Duodécimo par: lengua.
Respuestas electromiográficas en monitorización de pares craneales (debe tenerse en cuenta la anestesia local y el bloqueo neuromuscular): silencio eléctrico (indica ausencia de estímulo, lesión grave, transección completa); actividad tónica sostenida (indica estiramiento de nervio); actividad tónica (indica irritación leve durante disección); actividad en brotes fásicos transitorios (indica irritación o contacto no traumático). Se puede incluir estimulación eléctrica para, por ejemplo: diferenciar si un nervio es motor, valorar extensión de la degeneración neuronal, detección de traumatismo neuronal.

-Cirugía espinal: hay descrita monitorización mediante potenciales evocados somatosensoriales del nervio tibial posterior y mediante estimulación magnética transcraneal y otras variantes técnicas para valorar el riesgo medular.
Cirugía con riesgo para las raíces: se ha descrito el uso de potenciales evocados somatosensoriales y del electromiograma.
La estimulación eléctrica transcraneal tiene poca difusión, y la magnética se ve afectada por la anestesia, aunque se publican cada vez más artículos sobre esta técnica (con objeciones: en ratas se ha observado microvacuolización del neuropilo con más de 2,8 teslas o más de 100 repeticiones). Monitorización con electromiograma: descargas "neurotónicas" (descargas de potenciales de unidad motora en brotes irregulares) por irritación del nervio (aparecen incluso con un bloqueo del 50%).
-Cirugía del plexo braquial: potenciales evocados somatosensoriales para prevenir lesión por mala postura.
-Cirugía de la escoliosis: potenciales evocados somatosensoriales. Registro bipolar epidural en T1/T3. Pulsos de 200 microsegundos, 9,9 Hz, 256 *sweeps*. Criterios: amplitud menor del 50%, latencia mayor del 10%. Temperatura y presión arterial controladas. *INM (intra-operative neurophysiological monitoring). INM events:* una caída de la amplitud o un aumento de la latencia puede corresponder a un verdadero positivo o a un falso positivo. Los potenciales evocados somatosensoriales parecen menos sensibles que los potenciales evocados motores, pero no habría que desecharlos, sino buscar la manera de combinarlos con los potenciales evocados motores. El criterio del 50% podría no ser el óptimo, dados los falsos positivos. El criterio óptimo debe de estar entre 50 y 75, aunque no sería ético marcar dicho límite con exactitud (Daya et al. Intervention mechanisms and outcomes in somatosensory evoked potential monitoring during scoliosis surgery. The internet journal of neuromonitoring). Si se usa el 75% como criterio se reducen los falsos positivos, pero aumentan inaceptablemente los falsos negativos (Noorden MHH et al. Spinal cord monitoring in operations for neuromuscular scoliosis. The Journal of bone and Joint surgery 1997; 79: 53-57).
-Potenciales evocados somatosensoriales intraoperatorios: potenciales evocados y tensión arterial: la presión arterial se baja para disminuir la hemorragia y evitar transfusiones. Si la presión media es mayor o igual a 60 milímetros de mercurio no hay cambios en los potenciales, y viceversa (una presión menor de 50 es peligrosa). La hipotermia y la anestesia pueden alterar también los potenciales (de hecho, los anestésicos pueden provocar una disminución de la amplitud de los potenciales, en comparación con el registro basal, de un 75%, por ejemplo, de ahí que convenga, lógicamente, obtener una nueva amplitud basal de partida una vez anestesiado; Worth RM et al. Intraoperative somatosensory evoked response monitoring during spinal cord surgery. Clinical applications of evoked potentials in neurology. Ed. J Courjon, F Mauguiere and M Revol. Raven Press, New York, 1982). El suministro sanguíneo de los cordones es posterior (el de las vías motoras es anterior). Hay que determinar el umbral de estimulación antes de que se provoque el bloqueo neuromuscular. La anestesia provoca disminución de la amplitud y aumento de la latencia, incluso con desaparición de la respuesta (más en niños y adolescentes). Con una presión arterial media menor de 70

milímetros de mercurio disminuye la amplitud. Interesa un aumento en más del 10% en la latencia o una disminución en más del 50% de la amplitud.

-Monitorización intraoperatoria con potenciales evocados auditivos en cirugía de fosa media y posterior: de acuerdo con los artículos revisados a este respecto, la desaparición completa reversible de la respuesta es compatible con una recuperación neurológica completa, pero la pérdida persistente de los potenciales suele asociarse a una hipoacusia prolongada con posible déficit permanente.

-Neurocirugía supratentorial: la estimulación eléctrica transcraneal, todavía poco utilizada en cirugía supratentorial, podría tener alta sensibilidad y especificidad para la monitorización de la cápsula interna. La técnica empleada en algún centro consiste en detección en orbicular de los labios, extensor común de los dedos, abductor del quinto dedo, tibial anterior y abductor del primer dedo del pie contralaterales, con trenes de 4-6 pulsos de 50 microsegundos a 500 Hz, con un voltaje de unos 235 voltios y unos 370 miliamperios (filtros para electromiograma: 50-3000 Hz). Pueden aparecer alteraciones reversibles de latencia y amplitud, en principio con buen pronóstico postquirúrgico, y en algún caso se ha correlacionado la caída brusca y completa de la respuesta motora con una lesión postquirúrgica (Pastor J et al. Estimulación eléctrica transcraneal hemisférica en cirugía supratentorial: resultados clínicos. Rev Neurol 2010; 51: 65-71).

-Monitorización en la cirugía del aneurisma cerebral: desde hace unos 30 años se viene aplicando la monitorización con potenciales evocados somatosensoriales (se monitorizan las vías motora y sensitiva, ya que suelen afectarse simultáneamente), últimamente complementada con la monitorización motora (útil en la afectación motora pura, indetectable con los somatosensoriales), que presenta la desventaja de verse afectada por la anestesia, y que se puede hacer de dos maneras: estimulación eléctrica transcraneal (*TES*) y estimulación cortical directa (*DCS*) que detecta mejor la posible afectación subcortical y provoca menor artefacto motor (Guo L, Gelb AW. The use of motor evoked potentials monitoring during cerebral aneurysm surgery to predict pure motor defects due to subcortical ischemia. Clinical Neurophysiology 2011; 122: 648-655).

Se considera significativa la alteración de los somatosensoriales si en un test y un retest se observa una caída en la amplitud del 50% o un aumento de latencia del 10% (Toleikis JR. Intraoperative monitoring using somatosensory evoked potentials. A position statement by the American Society of Neurophysiology Monitoring. J Clin Monit Comput 2005; 19: 241-58).

Puede haber isquemia sin alteración en los somatosensoriales (*Krayenbühl N et al. Symptomatic and silent ischemia associated with microsurgical clipping of intracranial aneurysms: evaluation with diffusion-weighted MRI. Stroke 2009; 40: 129-33*).

La alteración intraoperatoria de los somatosensoriales se comunica al cirujano para que modifique la estrategia quirúrgica (Wiedemayer H et al. The impact of neurophysiological intraoperative monitoring on surgical decisions: a critical analysis of 423 cases. J Neurosurg 2002; 96: 255-62).

-Monitorización con vídeo-electroencefalograma, véase: electroencefalografía estándar.

-**Monitorización electroencefalográfica ambulatoria, electroencefalograma Holter**, véase: electroencefalografía estándar.

MONONEUROPATÍA MÚLTIPLE, ALGUNAS CAUSAS: lepra, vasculitis (poliarteritis nodosa, artritis reumatoide, lupus, granulomatosis de Wegener), neuropatía desmielinizante multifocal, neuropatía hereditaria con facilidad para las parálisis por compresión, enfermedad de Lyme (mononeuropatía "migratoria"), etc.

MONONUCLEOSIS INFECCIOSA: complicaciones neurológicas: encefalitis, mielitis transversa, síndrome de Guillain-Barré, etc. Electroencefalograma: normal, lentificación (difusa, focal), paroxismos.

MONÓXIDO DE CARBONO: electroencefalograma: lentificación y paroxismos.

MORFEA: se ha visto personalmente el caso de una niña de 7 años con morfea (esclerodermia localizada) en el codo derecho, con calambres musculares y disestesias en la mano, en el territorio del nervio cubital, y que en el electromiograma presentaba un bloqueo parcial de la conducción sensitiva por el nervio cubital desde el codo, y sin alteraciones en la conducción motora.

MORFOLOGÍA DICRÓTICA: véase electroencefalografía neonatal, patología.

MOTILIDAD OCULAR:
-**Ley de Sherrington:** el movimiento conjugado de los ojos implica variación del tono de los músculos antagonistas de cada ojo del modo adecuado. El tono adecuado mantiene el paralelismo y favorece la maduración correcta de la visión.
-**Fisiología de la mirada:** la acomodación pupilar a la luz es un reflejo (integración subcortical).
La acomodación pupilar a la distancia es un mecanismo automático (interviene el córtex en dicha integración).
-**Sistemas supranucleares para la mirada "sacádica":**
Área 8, para los movimientos voluntarios (campo ocular frontal cortical).
Región occipitoparietal, para movimientos iniciados en fóvea heterolateral, como respuesta a estímulos visuales.
Formación reticular paramediana de la protuberancia (*pprf*), para movimientos conjugados "sacádicos". Son centros supranucleares del tronco encefálico desde donde se proyectan al área 8 y la región occipitoparietal, estando modulado el *pprf* también por el cerebelo y el complejo vestibular.
Fascículo longitudinal medial ascendente: mirada horizontal conjugada. Su lesión produce la **oftalmoplejía internuclear**, con parálisis del que aduce y nistagmo del que abduce. Lesión del fascículo longitudinal medial unilateral: infarto, enfermedad desmielinizante; retraso en la aducción o parálisis homolateral a la lesión y nistagmo horizontal con fase rápida hacia fuera, contralateral a la lesión; es frecuente la desviación oblicua de la mirada (*skew deviation*), con divergencia vertical homolateral a la lesión. Lesión bilateral: desmielinización, tumor, infarto, malformación arteriovenosa, etc. Se produce debilidad de aducción bilateral y nistagmo bilateral con la abducción, y

movimientos verticales con nistagmo, vestibulares y de seguimiento, con o sin convergencia en lesión del fascículo longitudinal medial del mesencéfalo anterior. Véase respuesta simpática cutánea.

Núcleo intersticial anterior del fascículo longitudinal medial (*rimlf*), en el mesencéfalo. Centro supranuclear de la mirada vertical. Recibe señales desde el *pprf*, y el *pprf* es estimulado a su vez desde corteza centrocortical en región occipitoparietal homolateral. Para el seguimiento uniforme o movimiento de rastreo. Si se lesiona se pierde el nistagmo optocinético.

-**Conexiones desde formación reticular mesencefálica** a neuronas de músculo recto medio: movimientos de "vergencia".

-**Sistemas supranucleares para la mirada fija:** centro integrador neuronal del tronco encefálico, en protuberancia, por detrás del sexto: velocidad, integración, posición del ojo.

Reflejo oculocefálico: ojo, gravitación, aceleración (sistema vestibular).

-**Parálisis de la mirada:**

Músculos oculares: 3, 4, 6.

Área 8: parálisis de la mirada voluntaria horizontal contralateral. Ojos de muñeca.

Pprf caudal: parálisis horizontal de la mirada homolateral. No reflejos oculocefálicos.

Rimlf: síndrome de Parinaud (parálisis supranuclear no progresiva), con parálisis supranuclear de la mirada conjugada hacia arriba, disminución de la respuesta a la luz, contracción activa en la acomodación, posible parálisis de convergencia. Tumores en región pineal, infarto, esclerosis múltiple, hidrocefalia. Véase síndrome de Parinaud.

Parálisis aisladas de la fijación conjugada hacia abajo: rara; infarto mesencefálico bilateral; arteria penetrante.

Disminución de movimientos en todas las direcciones: corea de Huntington, parálisis supranuclear progresiva.

Parálisis mixta de mirada fija y músculos oculares: lesiones en mesencéfalo y protuberancia; lesión en fascículo longitudinal medial (oftalmoplejía internuclear).

Véase oftalmoplejía. Véase diplopia. Véase parálisis oculomotora.

MOTILIDAD VOLUNTARIA E INVOLUNTARIA:

-**Vía piramidal:** es un concepto anatómico. Incluye a todas las fibras que pasan por la pirámide bulbar (se podría incluir a los haces corticotroncoencefálicos). Incluye todo tipo de fibras corticófugas con órdenes motoras denominadas con sentido práctico voluntarias (las involuntarias corresponden a la vía extrapiramidal) que modifican la actividad de todos los centros inferiores a la corteza. La vía piramidal se origina en su 60% en las neuronas de la corteza central, y en el 40% en las neuronas de la corteza parietal; las células de Betz constituyen el 3% de las fibras piramidales. La vía piramidal cruza el diencéfalo, el mesencéfalo, el puente, el bulbo y la médula espinal. El haz directo es el 20% de la vía, no suele ir más allá de la médula torácica y se decusa en la médula. El 60% de las fibras piramidales están mielinizadas; el 40% son finomielínicas o amielínicas. El 20% de las fibras sinaptan con motoneuronas del asta anterior, el resto con neuronas de las láminas 4, 5, 6 y 7.

-**Fibras corticófugas:** son las que pasan por la cápsula interna; las relacionadas con la motilidad constituyen la vía piramidal y extrapiramidal.

Terminan en núcleos motores, sensitivos y reticulares del diencéfalo, tronco encefálico y médula espinal.

-Sistema motor piramidal: es un concepto funcional, no anatómico; no es sinónimo de vía piramidal. Comprende centros corticales, haces y centros efectores que intervienen en la realización de los movimientos voluntarios. Transmite impulsos voluntarios que regulan movimientos categorizables en la práctica como intencionados (como la mímica y la manipulación). Es de carácter monosináptico.

-Sistema motor extrapiramidal: "retoca" la acción del sistema piramidal, por ejemplo, en movimientos posturales automáticos y estereotipados que armonizan los movimientos voluntarios.

-Haz piramidal: es el tracto corticoespinal. Origen en corteza; curso longitudinal; termina en asta anterior. Importancia en los movimientos voluntarios y de precisión. También incluye fibras de tipo vegetativo, de regulación sensitiva, y extrapiramidales.

-Piramidalismo: las manifestaciones clínicas son variables y dependen de a qué altura se lesione la vía piramidal, por tanto, el piramidalismo es debido a lesión de la vía piramidal en cualquier punto de su trayecto, incluido el haz piramidal, y no a lesión del sistema motor piramidal, que es un concepto funcional, no anatómico.

El signo de Babinski es característico de la lesión del haz piramidal en cualquier punto.

Reflejo de Babinski: no es patológico en el recién nacido, y se puede encontrar en niños pequeños sanos también.

Reflejo de Gondon: Babinski sucedáneo, frotando tibia.

Signo de Hoffman: equivale a signo de Babinski en miembros superiores; indica piramidalismo; para obtenerlo se sujeta el dedo tercero con el resto de la mano flácida, y se pellizca la uña del dedo tercero; si no hay respuesta, sujeto sano y tranquilo; si se produce aproximación de dedos, piramidalismo, sobre todo si es unilateral, aunque si es bilateral interesa descartar ansiedad, hipervigilancia, juventud, etc. (no se debe confundir con el signo de Hoffman-Tinel).

Signo de Puusepp· se provoca igual que el de Babinski, y la repuesta es la abducción tónica lenta del dedo pequeño del pie, e indica piramidalismo (Puusepp, 1923).

Otros: maniobras de Babinski, Gondon, Chaddock, Oppenheim (Babinski sucedáneo estimulando gemelo), Rossolimo, Mendel-Bechterew, Zhukovski, sincinesias de Marie-Foix, fenómeno de Strümpell, etc.

La espasticidad, la hiperreflexia y el clonus agotable o inagotable son interesantes desde el punto de vista clínico en la práctica.

-Motilidad voluntaria, patología: inervación contralateral.

Trastornos irritativos de primera motoneurona: convulsiones.

Trastornos irritativos de segunda motoneurona: fasciculaciones.

Trastornos deficitarios de primera motoneurona: polimuscular; curso agudo o subagudo, atrofia infrecuente, no actividad denervativa en el electromiograma, hiperreflexia e hipertonía por lesión de fibras extrapiramidales inhibidoras del arco reflejo miotático, o quizá por lesión del área promotora o área 6; Babinski positivo.

Trastornos deficitarios de segunda motoneurona: curso crónico o progresivo, atrofia frecuente, denervación, hipo o arreflexia, hipo o atonía, Babinski negativo.

-Motilidad involuntaria (tono y reflejos), patología:
Tono: estimulación del tono por vía piramidal, formación reticular, cerebelo, sistema vestibular, sistema extrapiramidal; inhibición del tono por sistema extrapiramidal; hipotonía: mismas causas que hiporreflexia y además síndrome cerebeloso al perderse aferencias positivas a motoneuronas gamma (lo mismo ocurre en el síndrome vestibular) (el síndrome coreico se debe a daño extrapiramidal); hipertonía: espasticidad y rigidez; lesión de haces extrapiramidales por lesión de vía piramidal entre cápsula interna y asta anterior (hipertonía-espasticidad y plejía o paresia; la espasticidad afecta a músculos antigravitarorios al efectuar movimientos, no en reposo, por lo que los miembros superiores aparecen en flexión y los inferiores en extensión; y signo de la navaja de muelle con menor resistencia al final del movimiento por acción de los receptores tendinosos de Golgi); hipertonía por lesión de núcleos extrapiramidales en ganglios basales, con hipertonía en reposo (rigidez) y también al efectuar movimientos, afectando a toda la musculatura, incluyendo movimientos finos, con rigidez cérea (signo de la cañería de plomo) y signo de la rueda dentada (signo de Negro).
Reflejos: hiperreflexia por síndrome piramidal con lesión entre cápsula interna y asta anterior, con lesión de vía extrapiramidal y exaltación funcional del sistema nervioso central; hipo o arreflexia por disminución funcional del sistema nervioso central durante el sueño, coma, pérdida de conciencia, fármacos, tóxicos, de modo transitorio y funcional por ejercicio intenso y otros, lesión de vía piramidal en primera motoneurona desde corteza prerrolándica hasta cápsula interna, lesión de arco reflejo miotático por radiculopatía anterior o posterior, neuropatía periférica, placa motora, músculos, cordones y astas posteriores (tabes, anemia perniciosa, Friedreich), cordones y astas anteriores (poliomielitis, hemisíndrome medular –sección, compresión-).

MOVIMIENTOS EN ESPEJO: véase discinesias con origen subcortical.

MUCORMICOSIS O FICOMICOSIS: forma rinocerebral en cetoacidosis (mucosa, senos, órbita, cerebro, pares craneales, de todos modos, es un cuadro tan grave que hasta ahora no se ha llegado a ver ningún caso al que se le pudiese pedir una prueba neurofisiológica), semicomatoso, mortal en menos de una semana. Radiografía: senos opacificados. Tomografía axial: extensión. Hidróxido de potasio: micelios sin tabiques.

MUERTE ENCEFÁLICA:
-Generalidades: lo que en términos imprecisos se conoce como muerte cerebral, técnicamente se denomina muerte encefálica. Siendo rigurosos y precisos con el uso de los términos, lo que se determina clínicamente es la muerte encefálica, no sólo la cerebral, aunque el término común extendido sea el de "muerte cerebral" en el uso cotidiano.
No se debe confundir la muerte encefálica con el coma, el estado vegetativo, el mutismo acinético o el síndrome *locked-in*.
Muerte encefálica no es coma (coma es pérdida de conciencia patológica, reversible o irreversible, por parálisis funcional neural, más o menos grave) sino muerte neural, definitiva (irreversible en todo caso, sin posibilidad ya de resucitación ni reanimación).

La determinación de la muerte encefálica supone la determinación de la muerte de un ser humano (aunque su corazón siga latiendo durante algún tiempo más), al demostrarse clínicamente el cese irreversible de las funciones del encéfalo.

Desde 1902, con el uso de la ventilación "asistida", Cushing y otros médicos observaron que el paciente, que estaba en lo que hasta entonces se consideraba un coma irreversible, permanecía "vivo" (porque el corazón latía) algún tiempo.

El trabajo de Mollaret y Goulon de 1959 sobre "coma irreversible" llevó a replantearse en serio estos extremos y su significado, y llevó a la toma de conciencia del concepto de muerte encefálica (Mollaret P, Goulon M. Le coma dépassé. Rev Neural 1959; 101: 3–15).

La importancia de la pérdida irreversible de las funciones del tronco encefálico la añadieron Mohandas y Chou en 1981 (Mohandas A, Chou SN. Brain death. A clinical and pathological study. J Neurosurg 1971; 35: 211-18).

Este concepto traería consigo tres ventajas: el final de la incertidumbre sobre el pronóstico para los familiares, el final del encarnizamiento terapéutico en la unidad de cuidados intensivos y mayor eficacia en la donación de órganos (Greer DM, Varelas PN, Haque S, Wijdicks E. Variability of brain death determination guidelines in leading US neurologic institutions. Neurology 2008; 70: 284-89).

La muerte encefálica ha quedado establecida como fenómeno médico caracterizado, y aceptado como tal, en el informe del Harvard Medical School Ad Hoc Comittee hace 40 años.

Wijdicks EFM. Brain death worldwide: accepted fact but no global consensus in diagnostic criteria. Neurology 2002; 58: 20–25.

Ad Hoc Comittee. A definition of irreversible coma: report of the Ad Hoc Comittee of the Harvard Medical School to Examine the Definition of Brain Death. JAMA 1968; 205–337-340.

No hay varios tipos de muerte. El diagnóstico de muerte encefálica se usa para determinar la muerte del individuo cuando, ocasionalmente, en una minoría de casos, no hay todavía parada cardiorrespiratoria al estar recibiendo el paciente ventilación positiva traqueal (ventilación "asistida"). En la mayoría de las personas la muerte se determina por el cese de la actividad cardiorrespiratoria, que si precede a la muerte encefálica evidentemente enseguida deriva en muerte encefálica. Y del mismo modo, si se produce la muerte encefálica antes que la parada cardiorrespiratoria, la parada cardiorrespiratoria sigue a la muerte encefálica también en cuestión de tiempo, incluso aunque se mantenga la ventilación "asistida" y diversas maniobras de reanimación, y el hecho ocurre en minutos, horas, y rara vez en días u otra secuencia temporal.

Como el individuo ya ha fallecido tras la muerte encefálica, si era donante de órganos se mantiene entonces la ventilación "asistida" y el corazón latiendo el mayor tiempo posible de manera artificial para retrasar la inevitable parada cardíaca y que así dé tiempo a extraer los órganos para transplante, de ahí también parte de la importancia de la determinación precoz de este diagnóstico de muerte encefálica, pues aunque el individuo ya ha fallecido, otros órganos son temporalmente útiles para salvar otras vidas, ya que como el corazón ha seguido latiendo y los pulmones ventilando les ha seguido llegando el oxígeno y demás nutrientes, que ya no llegan a las neuronas, y pueden ser salvados para otro individuo que los necesite, aunque al cerebro del fallecido, y por tanto al fallecido, ya no se le pueda salvar.

Por tanto la muerte se puede determinar clínicamente, a efectos clínicos y legales (en el certificado de defunción correspondiente) por parada cardiorrespiratoria o por muerte encefálica (Bernat JL. The whole brain concept of death remains optimum public policy. J Law Med Ethics 2006; 34: 35–43).

Existen diversos *standards* clínicos para el diagnóstico de muerte encefálica, con pocas diferencias entre ellos (American Academy of Neurology Quality Standards Subcommittee. Practice parameters for determining brain death in adults [summary statement]. Neurology 1995; 45: 1012-1014).

Estos *standards* están en permanente revisión y actualización en todo el mundo.

Bernat J. How can we achieve uniformity in brain death determinations? Neurology 2008; 70: 252-253.

Greer DM, Varelas P, Haque S, Widjicks E. Variability of brain death determination guidelines in leading US neurologic institutions. Neurology 2008; 70: 284-89.

Los criterios generalmente aceptados son aplicables a personas de 18 años o más.

No se sabe que se hayan referido casos de recuperación clínica tras un diagnóstico de muerte encefálica.

Puede haber movimientos complejos espontáneos, de origen no encefálico, y también un falso disparo positivo del ventilador en casos de muerte encefálica (por ello la apnea debe explorarse con el ventilador apagado o desconectado).

No hay una conclusión sobre cuánto es el tiempo necesario para determinar que la función encefálica ha cesado de manera irreversible.

No es concluyente la seguridad de los tests de apnea.

Básicamente para el diagnóstico de muerte encefálica debe haber coma irreversible de causa conocida (que se sepa que puede provocar muerte encefálica), ausencia de reflejos de tronco, y apnea.

No hay evidencia de que tests nuevos (potenciales evocados somatosensoriales, análisis biespectral, etc.), aparte de los habituales (electroencefalograma, etc.) sean útiles.

La muerte encefálica se define, según la UDDA (*Uniform Determination of Death Act*; definición propuesta con fines legales) como el cese de todas las funciones del encéfalo, incluido el tronco encefálico (Wijdicks EFM, Varelas PN, Gronseth GS, Greer DM. Evidence-based guideline update: Determining brain death in adults: Report of the Quality Standards Subcommittee of the American Academy of Neurology 2010; 74: 1911-18).

El diagnóstico de muerte encefálica es clínico. La exploración complementaria instrumental depende del criterio clínico en cada caso, aunque se utiliza por sistema en la mayoría de los casos como técnica de confirmación, entre otros motivos, para acortar la espera (sobre todo ante la incertidumbre de las familias), y sobre todo el electroencefalograma (84% de los casos).

El electroencefalograma puede volverse inactivo por debajo de los 25 grados centígrados (Guérit JM et al. Consensus on the use of neurophsysiological tests in the intensive care unit (ICU): Electroencephalogram (EEG), evoked potentials (EP), and electroneuromyography (ENMG.). Clinical Neurophysiology 2009; 39: 71-83).

-Diagnóstico de muerte encefálica:
Se deben excluir: intoxicación, sedantes, bloqueantes neuromusculares, envenenamiento, hipotermia (la temperatura debe ser mayor de 32 grados centígrados, según el Real Decreto 2070/1999; según Wijdicks et al es importante que sea mayor de 36 grados centígrados para el test de apnea - Wijdicks EFM, Varelas PN, Gronseth GS, Greer DM. Evidence-based guideline update: Determining brain death in adults: Report of the Quality Standards Subcommittee of the American Academy of Neurology 2010; 74: 1911-18.-), hiperpirexia, trastornos electrolíticos, trastornos ácido-base, trastornos endocrinos, hipoglucemia, causa desconocida, shock hipovolémico (el criterio más extendido es: presión arterial sistólica mayor o igual a 90 milímetros de mercurio, variando entre 80 y 100 según la institución, o media mayor de 55), coma metabólico, coma endocrinológico, encefalitis, encefalopatía anóxica, recién nacidos, lactantes y niños menores de un año, niños con empiema, intolerancia al test de apnea, reflejos troncoencefálicos inexplorables.
Funciones cerebrales ausentes (aferentes/eferentes); coma profundo sin sedación, arreactivo, sin movimientos espontáneos o provocados, sin ventilación espontánea, sin posturas de decorticación ni descerebración.
Daño neurológico irreversible (coma de causa determinada y suficiente; irrecuperable; prolongado); confirmación con electroencefalograma isoeléctrico, compatible con el estado clínico, y con una ausencia de flujo sanguíneo cerebral (Ramos-Zúñiga R. Muerte cerebral y bioética. Rev Neurol 2000; 30: 1269-1272), con un consumo de oxígeno por el encéfalo menor de un 10% de lo normal; parada circulatoria: gammagrafía o angiografía (dependiendo del país); en algunos centros angiografía convencional (la más usada), escintigrafía con radionúclidos, test de atropina, otros (cuestionados): doppler transcraneal, angiografía resonancia magnética, angiografía-tomografía axial, perfusión-tomografía axial; suele incluirse también como criterio la demostración del daño encefálico irreversible (tomografía axial). Electroencefalograma, scanner y angiograma cerebral son los preferidos generalmente para complementar la clínica (el diagnóstico es clínico), sobre todo si el test de apnea no es concluyente. Si la clínica y las pruebas no son concluyentes hay que diferir el diagnóstico (Wijdicks et al).
Funciones de tronco encefálico ausentes, arreflexia troncoencefálica (reflejos pupilar, orofaríngeo, corneal, oculocefálico, oculovestibular y respiratorio). pupilas medias o midriáticas arreactivas (fijas a 4-9 milímetros según Wijdicks et al); no reflejo oculocefálico (ojos de muñeca); no reflejo corneal, ni faríngeo (nauseoso y tusígeno), ni vestibular (prueba calórica; el reflejo oculovestibular puede estar abolido por uso de anticonvulsivantes, agentes tricíclicos y quimioterápicos); no regulación de frecuencia cardíaca; no ventilación espontánea (test de apnea); en conjunto, arreflexia troncoencefálica

(fotomotor, corneal, oculocefálicos -ojos de muñeca-, oculovestibulares, nauseoso y tusígeno).

No reflejos musculares profundos ni cutáneos (*Harvard Medical School*).

Posible conservación de reflejos espinales por liberación de actividad medular refleja (*Plum Memorial Hospital*).

Otros: hipotonía muscular e inmovilidad; presión ocular sin efecto sobre frecuencia cardíaca; no respuesta a estimulación, no respuesta al dolor (tórax, cabeza).

Test de apnea: apnea hasta una presión parcial de dióxido de carbono mayor de 50 milímetros de mercurio, o con más frecuencia 60 (según países), o inestabilidad (durante el test de apnea debe faltar la ventilación espontánea). De acuerdo con el *Tratado de Neurología de Codina* para el test de apnea la temperatura debe ser mayor de 36 grados centígrados, la presión sistólica mayor de 90 milímetros de mercurio (mayor de 100 milímetros de mercurio según Wijdicks et al), las presiones parciales de oxígeno y dióxido de carbono arteriales normales de partida, y debe haber normovolemia; se desconecta el respirador y se coloca una cánula endotraqueal hasta la carina con oxígeno al 100% a 6 litros/minuto, durante 10 minutos hasta que la presión parcial de oxígeno sea mayor de 200 milímetros de mercurio (Wijdicks et al); observación 8 minutos; si la presión parcial de dióxido de carbono aumenta en 20 milímetros o es mayor de 60 milímetros de mercurio la prueba es positiva; si la presión sistólica es menor de 90 milímetros, hay arritmias o la saturación de oxígeno es menor del 90% la prueba es inválida y debe repetirse. La prueba puede ser difícil si hay hipocapnia basal. Según Wijdicks et al el test de apnea se lleva a cabo así: 10 minutos de oxigenación con oxígeno al 100% hasta una presión parcial de oxígeno mayor de 200 milímetros de mercurio; entonces se reduce la *PEEP* (*positive end-expiratory pressure*) a 5 centímetros de agua (la desaturación de oxígeno con *PEEP* en aumento puede conllevar dificultad con el test de apnea). Si la oximetría de pulso permanece mayor del 95%, se obtienen gases (presión parcial de oxígeno y dióxido de carbono, pH, bicarbonato, exceso de base). Se desconecta al paciente del ventilador. Se mantiene la oxigenación (100% de oxígeno a 6 litros/minuto). Se buscan movimientos respiratorios 8-10 minutos. Se cesa si la presión arterial sistólica es menor de 90 milímetros de mercurio. Se cesa si la saturación de oxígeno es menor del 85% más de 30 segundos. Se reintenta con *CPAP* en "T" con 10 centímetros de agua, oxígeno al 100% y 12 litros/minuto. Si no hay movimiento respiratorio se repiten los gases a los 8 minutos. Si los movimientos respiratorios están ausentes y la presión parcial de dióxido de carbono es mayor o igual a 60 (o hay un aumento de 20 en la presión parcial de dióxido de carbono arterial sobre una presión basal normal) el test es positivo. Si no es concluyente pero el paciente está hemodinámicamente estable, se debe repetir en 10-15 minutos tras preoxigenar otra vez.

Test de atropina (ausencia de respuesta cardíaca a la infusión intravenosa de 0,04 miligramos/kilo de sulfato de atropina);

Número de examinadores: de 1 a 3 (varía según países; en España son 3 en la actualidad).

En **recién nacidos y lactantes** la exploración debe incluir además de lo dicho los reflejos de succión y búsqueda, y en recién nacidos, especialmente los recién nacidos pretérmino, la exploración debe repetirse varias veces, dada la posible ausencia temporal o debilidad temporal de algunos reflejos por inmadurez.

-Criterios neurofisiológicos: confirmación con **electroencefalograma** isoeléctrico y compatible con el estado clínico (Ramos-Zúñiga R. Muerte cerebral y bioética. Rev Neurol 2000; 30: 1269-1272); inactividad bioeléctrica cortical en un paciente diagnosticado clínicamente de muerte encefálica con arreflexia troncoencefálica confirmada clínicamente, electroencefalograma isoeléctrico, silencio eléctrico cortical, electroencefalograma "plano"; 2 electroencefalogramas de más de 10 minutos en 6 horas (*comité Silverman*), aunque dependiendo del país se llevan a cabo 1 o 2 electroencefalogramas entre 6 a 24 horas; el registro debe ser lo suficientemente prolongado (30 minutos según Wijdicks et al); 8 o más electrodos a más de 10 centímetros entre ellos; resistencias de 100 a 10000 ohmios; 2 microvoltios/milímetro en parte del registro (personalmente durante casi todo el registro); a la máxima ganancia las oscilaciones de la línea de base deben ser menores de 2 microvoltios para confirmar la inactividad (oscilaciones menores de 1 milímetro a 2 microvoltios/milímetro), hallazgo que debe correlacionarse con la clínica y el resto de los datos disponibles; filtros a más de 30 Hz (personalmente se coloca a 35 Hz aunque ocasionalmente es preciso dejarlo en 15 Hz si hay demasiada interferencia en la UCI por corriente alterna) y a menos de 1 Hz (personalmente se coloca a 0,53 Hz por sistema); se deben tocar los electrodos para confirmar el correcto funcionamiento de los canales, al tocarlos se provoca un artefacto que confirma su integridad funcional; estímulos/pruebas de reactividad; monitorización aconsejable; potenciales evocados auditivos, somatosensoriales, estimulación magnética transcraneal y electromiograma no imprescindibles; el electrorretinograma desaparece tardíamente (depende del país, en algunos, los auditivos son obligatorios; desparecen las ondas 3, 4 y 5).

Tiempos de espera entre electroencefalogramas sucesivos: adultos, de 6-12 horas (lesión primaria, el rango se debe a que países distintos aplican criterios distintos) a 72 horas (lesión secundaria); niños, 24 horas, recién nacidos hasta cuarta semana, 12-72 horas (la nueva ley vigente en España deja al criterio del equipo clínico, los tres médicos especialistas que deben certificar el diagnóstico, estas decisiones, así como el número de electroencefalogramas que se deben realizar y el periodo de tiempo entre ellos; se recomienda un periodo de 6 horas si se trata de una causa destructiva conocida, de 24 horas en caso de una encefalopatía anóxica, y variable en caso de intoxicación). Neonatos pretérmino: 2 electroencefalogramas separados por 48 horas; recién nacido a término hasta 2 meses de edad: 2 electroencefalogramas separados por 48 horas; recién nacido de 2 meses hasta un año: 2 electroencefalogramas separados por 24 horas; entre 1 y 2 años: electroencefalograma opcional (espera clínica: de 12 horas –si lesión destructiva- a 24 horas –si encefalopatía anóxica-). El uso de la medición del flujo sanguíneo puede acortar estos periodos, e incluso suprimir el segundo electroencefalograma en mayores de 2 meses.

-Certificado de defunción, hora de la muerte (Wijdicks et al): momento en el que la presión parcial de dióxido de carbono alcanza el valor diana, o también,

momento en el que con el electroencefalograma, u otra prueba, se confirme oficialmente la muerte.
Véase inactividad bioeléctrica cortical.

MUNE: *motor unit number estimation.* Véase estimación del número de unidades motoras funcionantes.

MÚSCULO
Abdominal:
Abdominal Inferior: raíces T10-L1.
Abdominal superior: raíces T6-T9.
Iznaola refiere un caso con actividad denervativa en musculatura abdominal tras laparotomía con **lesión de nervio intercostal** (Iznaola et al. Rectus abdominis muscle paralyse after thoracothomy: Report of a case. Clinical Neurophysiology 2009; 120: 14).
Ocasionalmente podrá encontrarse parálisis de estos músculos en una **neuropatía troncular** por diabetes (que suele acompañarse de dolor y alteración sensitiva en abdomen salvo por la zona paravertebral), y también en la sarcoidosis y la enfermedad de Lyme, así como en el herpes zóster, por lo que quizá se podría indicar un electromiograma en estos casos para tratar de localizar en lo posible dichas lesiones.

Abductor corto del dedo gordo del pie: raíces S1 S2. Nervio tibial posterior. A veces está afectado de modo aislado, por ejemplo, en el síndrome del túnel tarsiano, para cuyo diagnóstico es crucial su exploración electromiográfica (lo más característico en este síndrome, de acuerdo con observaciones personales, es la aparición de actividad denervativa, la simplificación del trazado y la baja amplitud del potencial motor, ya sea amplitud absoluta, o relativa en comparación con la contralateral; a veces su desincronización también es la clave en la confirmación diagnóstica; en cambio, es infrecuente, según experiencia propia, que aumente la latencia motora distal en este síndrome; la utilidad de la exploración de la conducción sensitiva por el nervio plantar todavía no está aclarada).
Rara vez es útil en la exploración de radiculopatías, y suele ser útil en polineuropatías como complemento a la exploración de los nervios peroneales, sobre todo si no está claro si una afectación motora detectada en nervios peroneales se debe a polineuropatía, o a mononeuropatía compresiva bilateral de nervios peroneales en cabeza de peroné, o a ambas.

Abductor corto del pulgar: raíces C8 T1. Nervio mediano. Músculo de elección para la exploración del síndrome del túnel carpiano. Útil también en el diagnóstico de la radiculopatía C8, junto con el cubital posterior, según observaciones personales, a pesar de que para algunos autores reciba inervación mayoritariamente de T1 (Takashi C et al. C8 and T1 innervation of forearm muscles. Clinical Neurophysiology 2015; 126: 837-842).

Abductor del meñique: raíces C8 T1(Takashi C et al. C8 and T1 innervation of forearm muscles. Clinical Neurophysiology 2015; 126: 837-842). Nervio cubital.

Abductor largo del pulgar: raíces C7 C8. Nervio interóseo posterior. Es útil en el diagnóstico de las lesiones de nervio interóseo posterior. Puede ser el único músculo afectado en este caso.

Aductor del muslo: raíces L2 L3 L4 L5, sobre todo L3 L4. Nervio obturador/nervio ciático. *Adductor magnus.* Inervado por nervio ciático, pero ocasionalmente inervado también por nervio obturador, o por ambos. Se explora pocas veces con electromiograma, en algún caso de lesión de nervio obturador o de disminución de fuerza en la aducción de muslos. Lo más práctico es explorarlo como el psoas, mediante elevación de la rodilla desde la posición de sentado.

Ancóneo: raíces C6 C7 C8. Nervio radial. Alternativa a tríceps. Su exploración electromiográfica resulta algo más dolorosa que en otros músculos. Clínicamente (balance muscular) se puede explorar mediante palpación preferiblemente.

Bíceps braquial: raíces C4 C5 C6 C7, sobre todo C5 C6. Nervio músculocutáneo. En la rotura del tendón del bíceps, relativamente frecuente, el electromiograma del bíceps es normal si no hay otra lesión más. Se afecta con más frecuencia en plexopatías que en radiculopatías, y también se afecta en lesiones del nervio musculocutáneo. La afectación de bíceps ayuda a distinguir lesión pura de nervio circunflejo de lesión radicular C5, C6 o C5 C6, cuando hay afectación simultánea de deltoides y bíceps. Es un músculo útil también para la exploración de miopatías.
Personalmente se ha oído decir a algún profesor de anatomía que es un músculo sobre todo supinador y que su función de flexor del codo es menos importante, considerándose que es un flexor más importante el braquial anterior, y que por tanto la función del braquial anterior sería "vicariante". Sin embargo, en la práctica se ha observado repetidas veces que la rotura del tendón del bíceps deja a la flexión del codo a 4/5 de fuerza, o incluso a 3/5, por lo que el bíceps diríase que sí es un flexor del codo importante.

Bíceps crural: raíces L5 S1 S2, sobre todo S1. Nervio ciático. En el lado interior respecto del semitendinoso y semimembranoso. A veces tiene utilidad para distinguir entre afectación de nervio peroneal y afectación del nervio ciático común o de la raíz S1.

Coracobraquial: raíces C4 C5 C6 C7. Nervio musculocutáneo. Este músculo no se ha tenido que explorar personalmente hasta ahora, sólo clínicamente en alguna ocasión. Es el músculo de la brazada al nadar al estilo *crawl.*

Cuádriceps: raíces L2 L3 L4, sobre todo L3 L4. Nervio femoral (crural). La mejor manera de valorar la fuerza de este músculo consiste en tratar de flexionar contra resistencia la rodilla del paciente totalmente estirada, con el paciente sentado, que en condiciones normales en general no debe ser posible para el explorador excepto ocasionalmente en niños pequeños o en caso de senilidad (del paciente).

En la exploración electromiográfica interesa tener en cuenta que puede haber afectación de un solo vasto, por lo que se debe valorar si hay que explorar un vasto o ambos, e incluso el recto anterior.

Es un músculo útil en la exploración de miopatías, por ejemplo, en la miopatía esteroidea, o en la enólica. También es útil en la plexopatía diabética y otras plexopatías y en radiculopatía L3 L4, así como en la neuropatía femoral. Puede ser el único músculo afectado en la radiculopatía L4.

Cubital anterior: raíces C7 C8 T1, sobre todo C8. Nervio cubital. *Flexor carpi ulnaris*. Se explora pocas veces, no tiene mucha utilidad su exploración en lesiones de nervio cubital. Al tener C8 puede permitir distinguir entre radiculopatía y neuropatía de cubital o radial (cubital anterior: nervio cubital y raíz C8; cubital posterior: nervio radial y raíz C8) usando un algoritmo mediante dos ecuaciones de primer grado y tres incógnitas (incógnitas: raíz C8, nervio radial, nervio cubital; ecuaciones: la afectación de cubital anterior puede deberse a raíz C8 o nervio cubital, la afectación de cubital posterior puede deberse a raíz C8 o nervio radial; se despeja la incógnita adecuada en función de cuál esté alterado y cuál indemne, y se obtiene la solución buscada: raíz C8, nervio cubital o nervio radial).

Cubital posterior: raíces C7 C8. Nervio interóseo posterior. *Extensor carpi ulnaris*. Útil en el diagnóstico de la radiculopatía C8 y en la neuropatía del radial.

Deltoides: raíces C5 C6. Nervio circunflejo (axilar). Lleva a cabo la abducción lateral del miembro superior a partir de los 15 grados de arco (de 0 a 15 grados la lleva a cabo el supraespinoso). Se afecta con frecuencia en situaciones diversas, ya sea aisladamente (como en plexopatías, radiculopatías o neuropatías) o con otros músculos. Es frecuente la afectación exclusiva del deltoides en la luxación anterior de la cabeza humeral, y personalmente también se ha observado este mismo hecho en la luxación posterior. A veces resulta útil también en las miopatías.

En el electromiograma hay que tener en cuenta que de manera fisiológica, y al igual que ocurre con psoasilíaco y supinador largo según observaciones personales, este músculo presenta un porcentaje de polifasia mayor que el resto de los músculos, alrededor de un 25%.

En las lesiones del nervio circunflejo por luxación del hombro también hay que tener en cuenta que puede afectarse solo una de las tres porciones del músculo deltoides (el músculo deltoides consta de tres porciones, anterior, media y posterior), por lo que hay que explorar por sistema las tres porciones. Esto último, la afectación de ramas del nervio circunflejo aisladamente, ha sido descrito también en el caso de la neuralgia amiotrófica (Landau ME et al. Neuralgic amyotrophy manifested by severe axillary mononeuropathy limited only to the anterior branch. Muscle & Nerve 2015; 52: 143-145).

Rotación externa: deltoides posterior, infraespinoso y redondo menor.
Abducción: supraespinoso (hasta 15 grados) y deltoides (desde 15 grados).
Rotación interna: deltoides y pectoral mayor.

Diafragma: nervio frénico. Ráices C3 C4 y C5. A veces las lesiones de nervio frénico producen parálisis uni o bilateral del diafragma. Se conocen varias descripciones bibliográficas para la exploración electromiográfica de este músculo, que no se han conseguido reproducir con éxito en su aplicación clínica personalmente en ningún caso hasta ahora las veces que se ha intentado, ni con electrodos cutáneos, ni con electrodos de aguja (en este segundo caso con más motivo, puesto que no se puede saber a qué altura se encuentra el diafragma en un momento dado), ni con más éxito que la exploración clínica convencional del diagragma, por lo que **se duda de la utilidad clínica de la exploración electromiográfica del diafragma,** de modo que por sistema no se está incluyendo por ahora como indicación clínica, a pesar de una posible demanda de la misma. Con tal motivo, en caso de sospecha de parálisis del diafragma, se recomienda recurrir a la exploración clínica y a la clásica placa de tórax en decúbito para observar el estado de la cúpula diafragmática durante la ventilación, o aun mejor, la prueba de la capacidad vital en supinación y sentado combinada con mediciones usando ultrasonografía en modo B (Van Eijk et al. Electrodiagnostic studies for neuralgic amyotrophy, reply. Muscle & Nerve 2016; 54: 342-343).

Dorsal ancho: raíces C6 C7 C8, sobre todo C7. Nervio toracodorsal. Pocas veces se explora este músculo, prácticamente sólo en lesiones del nervio toracodorsal, y rara vez, o nunca, en caso de radiculopatía.

Esfínter anal: véase nervio pudendo.

Esplenio: a veces puede resultar útil en **distonías y temblor** (temblor cefálico, lógicamente, y téngase en cuenta que a veces el temblor observable en miembros superiores no se debe a la contracción de músculos de miembros superiores sino cervicales).

Esternocleidomastoideo: tiene interés su exploración en el **temblor, las distonías y en la enfermedad de motoneurona,** así como en **lesiones de nervio espinal.**

Extensor común de los dedos: raíces C7 C8, sobre todo C7. Nervio interóseo posterior. Útil sobre todo en lesiones de nervio radial, que son frecuentes (es el músculo de elección para exploración de lesiones de nervio radial, incluidas las lesiones aisladas de nervio interóseo posterior). Músculo útil en la medición del *jitter*.
En el electromiograma de este músculo hay que tener en cuenta que presenta, de manera fisiológica y peculiar, según observaciones personales, **mayor sumación temporal que el resto,** y hay que tenerlo en cuenta por ejemplo al hacer la estimación del numero de unidades motoras funcionantes.

Es un músculo útil también para la exploración del temblor, con un canal en el electromiógrafo para este músculo y otro para uno antagónico, por ejemplo, el flexor superficial de los dedos.

Extensor corto del pulgar: raíces C6 C7 C8, sobre todo C7 C8. Nervio interóseo posterior. Pocas veces se explora.

Extensor del cuello: raíces cervicales C1-T1. Como pasa con los músculos flexores del cuello, tienen poco interés práctico en la exploración electromiográfica en general según la experiencia propia.

Extensor del índice: raíces C7 C8, sobre todo C8. Nervio interóseo posterior. Hay que explorarlo a veces cuando hay afectación exclusiva de su rama.

Extensor del meñique: raíces C7 C8, sobre todo C8. Nervio interóseo posterior. Hay que explorarlo a veces cuando hay afectación exclusiva de su rama.

Extensor largo del pulgar: raíces C7 C8. Nervio interóseo posterior. Hay que explorarlo a veces cuando hay afectación exclusiva de su rama.

Extensor largo del dedo gordo del pie: raíces L4 L5 S1, sobre todo L5. Nervio peroneal. Puede ser el único músculo afectado en una radiculopatía L5 (según ha expresado Fernández en su capítulo sobre neurofisiología clínica en el *Tratado de Neurología de Codina*, se le conoce como "centinela de L5"), y **para el diagnóstico de la radiculopatía L5 es aparentemente más sensible que el pedio o el tibial anterior, o el peroneo lateral largo, por lo que es músculo de elección en toda exploración de radiculopatía lumbosacra, aunque debe tenerse en cuenta la proximidad de la arteria de la pierna al músculo, cuyo pinchazo resulta doloroso, amén de la hemorragia consecuente, por lo que la inserción de la aguja debe ser a su altura correspondiente pero en el tercio externo de la misma, no en el centro, para evitar a la arteria. También es útil en la neuropatía del peroneal, y también en polineuropatías cuando la conducción a pedio ya esté bloqueada pero no al extensor largo del dedo gordo.** Para explorarlo, tanto para hacer el balance muscular como el electromiograma, lo más conveniente es que el pie esté totalmente apoyado en el suelo en todo momento al levantar el dedo gordo, para que en dicha elevación el paciente disponga del punto de apoyo adecuado para hacer palanca, aunque esto no es en absoluto imprescindible y en la práctica suele ser más fácil **explorarlo con el paciente sentado y los pies colgando. En condiciones normales el explorador, con el dedo gordo de su mano, no debe ser capaz de desplazar hacia abajo el dedo gordo del pie dirigido hacia arriba al hacer el balance muscular.**

Extraocular: en algunos centros sanitarios se exploran para el diagnóstico de miositis, distrofias musculares y neuropatías focales (Galldiks N, Haupt WF.

Diagnostic value of the electromyography of the extraocular muscles. Clin Neurophys 2008; 119: 2785-2788).

Flexor del cuello: raíces cervicales C1-C6. En las patologías médicas se invoca su posible importancia para la valoración clínica de las variantes de la enfermedad de Duchenne. Hasta el momento no ha sido preciso llevar a cabo personalmente la exploración electromiográfica de estos músculos.

Flexor largo del pulgar: raíces C7 C8 T1, sobre todo C8 T1 (más T1 que C8 según algunos autores -Takashi C et al. C8 and T1 innervation of forearm muscles. Clinical Neurophysiology 2015; 126: 837-842-). Nervio interóseo anterior.

Flexor profundo de los dedos segundo, tercero, cuarto y quinto de la mano: dedos segundo y tercero de la mano: raíces C7 C8 T1, sobre todo C8 según algunos autores o solo T1 según otros autores (Takashi C et al. C8 and T1 innervation of forearm muscles. Clinical Neurophysiology 2015; 126: 837-842); nervio interóseo anterior. Dedos cuarto y quinto de la mano: raíces C7 C8 T1, sobre todo C8 T1 (o solo C8 -Takashi C et al. C8 and T1 innervation of forearm muscles. Clinical Neurophysiology 2015; 126: 837-842-); nervio cubital. Este músculo tiene utilidad a veces para distinguir entre lesión de raíz T1, nervio cubital y nervio radial. Se explora colocando el brazo en flexión y supinación para insertar el electrodo de electromiografía y después cerrando el puño con fuerza, sobre todo con atención a la correcta flexión de las falanges distales.

También es útil para localizar una lesión de nervio interóseo anterior, que algún caso se ve, casi siempre en relación con un traumatismo en la zona, o un "bultoma". En la lesión de nervio interóseo anterior hay afectación de flexor profundo de los dedos y pronador cuadrado, e indemnidad del flexor superficial de los dedos y palmares.

Flexor superficial de los dedos de la mano: raíces C7 C8 T1, sobre todo C8 según algunos autores o solo T1 según otros autores (Takashi C et al. C8 and T1 innervation of forearm muscles. Clinical Neurophysiology 2015; 126: 837-842). Nervio mediano. Se explora a veces para descartar lesiones de nervio interóseo anterior (este músculo está inervado por el mediano pero no por la rama interósea anterior). Flexiona las falanges proximales. También es útil en la exploración del temblor, con un canal para este músculo (o palmares) y otro canal para extensor común de los dedos, en reposo y durante la maniobra de oposición de índices.

Gemelo: raíces L5 S1 S2, gemelo interno sobre todo S1 S2 y gemelo externo sobre todo L5. Nervio tibial posterior. La mejor manera de valorar clínicamente este músculo, al ser tan potente, consiste en **observar la marcha de puntillas, para observar la claudicación o no del músculo. Aunque se supone que la pérdida de fuerza se aprecia clínicamente cuando fallan a partir del 50% de las unidades motoras, en este músculo tan potente y en gente joven puede**

apreciarse fuerza normal clínicamente con fallo de más de un 50% de unidades motoras, por lo que ante la duda está indicado el electromiograma, que en esta situación probablemente será más sensible que la exploración clínica, según experiencia propia.

En la **exploración electromiográfica** lo más práctico es sentar al paciente con el pie en el suelo, preferiblemente calzado, con la rodilla por encima de 90 grados para poder hacer buena palanca con el pie al levantar el talón, y con la aguja insertada pedirle que levante el talón contra resistencia (apoyando la mano del explorador en el pie o sobre la rodilla, incluso poniendo encima de la rodilla el peso del explorador, dada la potencia de este músculo). Para conseguir un trazado completo es preciso que el paciente tenga buen apoyo para hacer palanca, para lo cual es conveniente que el pie esté algo adelantado, es decir, que la rodilla esté ligeramente por encima de 90 grados. Otra maniobra incluso más útil consiste en sentar al **paciente con los pies colgando y con la rodilla a 180 grados pedirle que baje la punta del pie** (para esta maniobra con frecuencia ni siquiera es necesario que el explorador ofrezca resistencia con su mano pues el músculo se contrae habitualmente de manera adecuada en esta posición).

Sobre todo es útil para detectar radiculopatía S1. Es interesante destacar que **ocasionalmente puede detectarse radiculopatía S1 importante aun con reflejo aquíleo normal, y viceversa: en caso de radiculopatía S1 sensitiva con arreflexia aquílea el electromiograma de gemelo puede ser normal, por lo que en ambos casos debe hacerse el diagnóstico correctamente.**

La afectación aislada de gemelo no debida a radiculopatía S1 rara vez se debe a neuropatía del tibial posterior, y con más frecuencia se deberá a neuropatía del ciático común, algo que se ha observado personalmente en diversos casos de traumatismo del nervio en muslo o cadera, por fractura de fémur, disparo de bala, atropello, compresión, empalamiento, etc., o por traumatismo en cadera por fractura de cadera o colocación de prótesis, etc. En algunos de estos casos es difícil aclarar si la lesión es en el ciático común propiamente dicho o en las fibras de este nervio a la altura de la raíz, es decir, por una plexopatía debida a un estiramiento traumático de las raíces.

Geniogloso: es un músculo interesante en diversos cuadros, como en los casos con atrofia de lengua, incluyendo los síndromes bulbares con origen periférico, como en las enfermedades de la motoneurona, y también en las lesiones del hipogloso. La lengua debe dirigirse en sentido contrario al punto de inserción, para valorar el trazado de reclutamiento, ya que así es como actúa este músculo, o aun más fácil, simplemente sacando la lengua al frente. Con frecuencia es posible detectar fibrilaciones y ondas positivas cuando están presentes aparte de otros signos electromiográficos neurógenos con origen en segunda neurona motora, agudos y crónicos, como simplificación de trazados de reclutamiento, cambios en la amplitud del trazado de reclutamiento y polifasia estable e inestable. **En las disartrias con origen en primera neurona motora con frecuencia es posible detectar una disminución de la sumación temporal** también.

En un caso clínico visto personalmente, **un paciente de 71 años con disfagia para líquidos y sólidos, hipofonía, debilidad muscular oculofaríngea con ptosis palpebral y oftalmoparesia, sin antecedentes familiares, en el electromiograma se observaron descargas repetitivas de alta frecuencia en el primer interóseo dorsal de ambos lados, así como trazados simplificados de amplitud aumentada por los territorios radiculares C7 a T1 de ambos lados; en el orbicular de los párpados y en la lengua (geniogloso bilateral) se observaron signos miopáticos (aumento de la sumación temporal con trazados completos de amplitud baja). En el análisis genético se confirmó el diagnóstico de distrofia oculofaríngea con un 99% de sensibilidad y un 100% de especificidad. Destaca el hecho de haberse observado signos miopáticos en la lengua.**

Glúteo mayor: raíces L5 S1 S2, sobre todo S1 S2. Nervio glúteo inferior. Es un músculo con poca utilidad clínica en general, salvo cuando se produce atrofia del mismo por causas diversas y aparece actividad denervativa. Hay diversas maniobras descritas para medir el trazado de reclutamiento pero ninguna parece definitivamente más eficaz que otras, es un parámetro difícil de valorar en este músculo con frecuencia. Una maniobra que a pesar de todo parece que podría ser más eficaz que otras consiste en tumbar al **paciente boca abajo, con la rodilla flexionada a 90 grados, insertar el electrodo y medir el trazado elevando contra resistencia el muslo.**

Glúteo medio: raíces L4 L5 S1, sobre todo L5. Nervio glúteo superior. Se explora en decúbito lateral, pidiendo al paciente la abducción lateral del miembro inferior. Es interesante su exploración en el signo de Trendelemburg, al ser el responsable directo de este signo. **Se observa ocasionalmente atrofia aislada de este músculo** por causas diversas.

Glúteo menor: raíces L4 L5 S1. Nervio glúteo superior.

Grácilis: raíces L2 L3 L4, sobre todo L3 L4. Nervio obturador. Para hacer el electromiograma lo más práctico es explorarlo como el psoas, mediante elevación de la rodilla desde la posición de sentado.

Infraespinoso: raíces C5 y C6, sobre todo C5. Nervio supraescapular. Con este músculo se han de tener en cuenta las mismas consideraciones que en lo referido para el supraespinoso: **puede aparecer atrofiado de manera aislada o en compañía de otros músculos dependiendo de la causa,** y hay que recordar que hay un síndrome de atrapamiento del nervio supraescapular en la escotadura de la escápula que se observa en la práctica ocasionalmente. Para la valoración clínica de este músculo se mide la fuerza para la rotación externa del miembro superior colocándolo flexionado hasta 90 grados por el codo.
Los músculos sinérgicos para la rotación externa son la porción posterior del deltoides y el redondo menor.
La rotación interna del brazo la efectúan el pectoral mayor, deltoides anterior, dorsal ancho y redondo mayor. **No hay que confundir la rotación interna del**

brazo con la pronación del antebrazo, y, ante la duda, el electromiograma permite aclararlo; por ejemplo, y de acuerdo con observaciones personales: en una parálisis de los pronadores del antebrazo, a lo largo de la evolución los rotadores internos del brazo pueden compensar el defecto y dar la falsa impresión clínica de estarse produciendo la reinervación del antebrazo; un electromiograma permite aclarar estos extremos.

Intercostal: raíces T1-T11. Debido a la existencia de las **neuralgias intercostales** y cuadros similares, ocasionalmente se solicita un electromiograma de estos músculos, que en la mayoría de los casos explorados personalmente hasta la fecha con esta clínica no han aportado en general hallazgos con excesivo interés diagnóstico ni pronóstico para los pacientes, excepto en algunos casos con una indicación bien definida, como en un caso en el que claramente se encontraron signos neurógenos en la musculatura intercostal de un paciente al que le habían extirpado dos costillas tras un traumatismo.

Para valorar los trazados de reclutamiento y los potenciales de unidad motora en esta musculatura el paciente debe realizar la maniobra de Valsalva, por ejemplo, tosiendo, o se puede intentar explorarlos llevando a cabo una inspiración forzada.

En otro paciente con **siringomielia**, dificultad para ventilar y neuralgia en tórax se encontraron en ambos lados signos neurógenos crónicos acusados (trazados simples de amplitud aumentada con polifasia larga estable e inestable) en musculatura intercostal, así como descargas irregulares de potenciales de unidad motora formando una mioquimia, más que fasciculaciones (el paciente se quejaba también de lo que clínicamente parecían fasciculaciones).

Interóseo dorsal: raíces C8 T1. Nervio cubital.

Palmar mayor: raíces C6 C7 C8, sobre todo C6 C7. Nervio mediano.

Palmar menor: raíces C7 C8 T1, sobre todo C8. Nervio mediano.

Paraespinal o paravertebral: se encuentran signos de degeneración artrósica en el 80% de los mayores de 55 años. La polifasia es mayor en esta musculatura que la media. En región cervical y torácica el mayor porcentaje de polifasia no depende de la edad, en región lumbar, sí (Travlos A et al. Monopolar needle evaluation of paraspinal musculature in the cervical, thoracic and lumbar regions and the effects of aging. Muscle and Nerve 1995; 18: 196-200).

La presencia de fibrilaciones posee significado patológico, aunque pueden faltar las fibrilaciones aun habiéndolas en musculatura de miembros. Según experiencia propia no suele ser necesaria la exploración de estos músculos en las radiculopatías de L2 a S2, aunque sí para las radiculopatías dorsolumbares L1 o superiores. Para activar la descarga y reclutamieto de potenciales de unidad motora suele resultar útil la maniobra de Valsalva, por ejemplo, pidiendo al paciente que tosa.

Puede ser el único músculo alterado en el debut clínico de una polimiositis, por ejemplo, puede ser el único músculo en el que se encuentren descargas seudomiotónicas.

Puede ser el único músculo en el que aparezcan descargas miotónicas en la enfermedad de Pompe.

Pectoral mayor: porción clavicular: raíces C4 C5 C6 y C7 (sobre todo C6). Nervio pectoral externo.
Porción esternal: raíces C6 C7 C8 T1 (sobre todo C7 y C8). Nervio pectoral externo e interno.
Tiene interés su exploración en lesiones de dichos nervios y ocasionalmente en la esclerosis lateral amiotrófica. En general no es necesaria su exploración para una valoración de C6, C7 y C8. A veces se observa agenesia de pectoral mayor. En la esclerosis lateral amiotrófica aparecen calambres en músculos en los que los calambres son infrecuentes, como en pectoral mayor. **Se explora pidiendo la paciente que junte las palmas con fuerza.**

Pedio: raíces L4 L5 S1, sobre todo L5. Nervio peroneal. Músculo de elección para la exploración sistemática de las polineuropatías, por su sensibilidad y especificidad en este caso, aunque hay que evitar confundirlo con la mononeuropatía del peroneal, que es también frecuente. También se considera importante incluirlo por sistema en la "batida muscular protocolaria" en el caso de radiculopatía, dado que **puede ser el único músculo afectado en un caso de radiculopatía L5, S1 o ambas.** El pedio es útil para valorar S1 cuando el gemelo no es explorable por algún motivo, y también es útil para L5 cuando extensor largo del dedo gordo no lo sea por algún motivo.

El pedio está en ocasiones atrofiado en personas añosas, sin que se detecte polineuropatía ni otra causa aparente; podría deberse a compresión o atrapamiento del nervio peroneal en la garganta del pie (en tobillo, en cuyo caso la respuesta motora estará alterada en pedio, por ejemplo con amplitud baja, desincronización o ambas, y no en extensor común del dedo gordo, con velocidad de conducción normal por el nervio en la pierna), y en otras ocasiones podría deberse a atrofia por desuso o a caquexia. La causa podrían ser sin embargo los "engrosamientos focales normales asintomáticos".

Los **engrosamientos focales normales asintomáticos,** engrosamientos "gangliformes" o "tumefacciones fusiformes" de los clásicos, por fricción crónica aparecen en nervio circunflejo; en cara externa de porción tendinosa superior de cabeza larga del bíceps (tal vez de ahí su 25% de polifasia); nervio mediano en muñeca; nervio interóseo posterior en antebrazo; rama terminal externa de nervio peroneo profundo en tobillo (escafoides); etc. Y pueden aumentar con la edad por probable fibrosis de la túnica media en relación con la endoteliosis de los *vasa nervorum* con el paso de los años.

Se ha notificado en ocasiones, desde otros laboratorios, la posibilidad de hallar **actividad denervativa en pedio en sujetos sanos,** sin embargo, personalmente se han explorado decenas de miles de pedios sin que se diera en ningún caso esta situación, de modo que de acuerdo con observaciones personales todo hallazgo patológico en pedio hasta la fecha se ha podido correlacionar con una situación clínica compatible, por lo que personalmente se duda de la veracidad de esa notificación que se ha visto publicada en alguna ocasión. Habría que preguntarse si habrán tomado por fibrilaciones a otro tipo de potenciales, o si habrán subestimado la situación clínica de dichas personas en el caso de tratarse de verdaderas fibrilaciones. Ésto es importante porque se está extendiendo la idea según la cual es posible encontrar fibrilaciones en pedios normales, e incluso tal vez en otros músculos, y podría ser falsa, y por tanto llevar a errores diagnósticos, por ejemplo, a falsos negativos (Morgenlander JC, Sanders DB: Spontaneous emg activity in the extensor digitorum brevis and abductor hallucis muscles in normal subjects. Muscle and Nerve 1994; 17: 1346-47).

Peroneo lateral largo: raíces L5 S1, sobre todo L5. Nervio peroneal superficial. **En la exploración electromiográfica la maniobra más útil es la misma que la utilizada con el gemelo,** aunque a priori pudiera parecer que la maniobra para tibial anterior sería más útil. **Puede ser el único músculo afectado, como ocurre con el resto de los músculos, por ejemplo por neuropatía peroneal o incluso por radiculopatía L5, hecho a tener en cuenta.**

Piriforme: hay que sospechar un síndrome del músculo piriforme, aunque raro, ante una ciática con atrofia glútea.

Primer interóseo dorsal: causas de amiotrofia de este músculo **(Fontoira M et al. Diagnóstico del paciente con amiotrofia del músculo primer interóseo dorsal: a propósito de 15 casos clínicos. Rehabilitación 2002; 36: 50-58):**
1. Afectación de primera motoneurona en corteza, vía piramidal o ambas: desuso, *ictus.*
2. Afectación de segunda motoneurona en médula espinal: enfermedad de la motoneurona (siringomielia, esclerosis lateral amiotrófica, atrofia muscular espinal, etc.).
3. Afectación de segunda motoneurona en plexo braquial: por traumatismo, proceso inflamatorio o síndrome compresivo. Se debe a lesión de las raíces nerviosas C8/T1, o por lesión del tronco inferior, o del cordón medial.
4. Afectación de tronco nervioso (nervio cubital) de manera localizada en sección traumática, compresión, atrapamiento; de manera difusa en polineuropatías o mononeuropatías múltiples.
5. Unión neuromuscular: principalmente botulismo y *miastenia gravis* de larga evolución (situación infrecuente, pero posible: personalmente se ha visto el caso de algún paciente con amiotrofia de primer interóseo dorsal por *miastenia gravis* de larga evolución).
6. Músculo: miopatías con afectación distal (las miopatías distales, hereditarias o esporádicas, son raras; la miositis por cuerpos de inclusión es rara, y los hallazgos electromiográficos son similares a los de la polimiositis; la enfermedad de Steinert es más frecuente, se observan personalmente 2 casos al año, y es característica la amiotrofia en partes acras).
7. **Miscelánea:** varias de las causas anteriores pueden concurrir en un mismo enfermo. **Aparte de esto, existe un síndrome autosómico dominante, raro,**

conocido como *syndrome of muscle wasting of hands and sensorioneural deafness*, que afecta a niños y cursa con amiotrofia bilateral en manos, asociada a hipoacusia neurosensorial que puede ser unilateral (Buyse ML. Birth deffects enciclopedia. Dover, Blackwell, 1990. p 1176).

8. Por último, hay que recordar que la causa de la amiotrofia puede ser externa al sistema neuromuscular, y estar asociada al envejecimiento, a la desnutrición o ambos.

Pronador cuadrado: raíces C7 C8 T1, sobre todo C8 y T1. Nervio interóseo anterior.

Pronador redondo: raíces C6 C7 C8, sobre todo C6 C7. Nervio mediano. Su exploración resulta algo más molesta que la de otros músculos, según observaciones personales, como ocurre también con el ancóneo, el extensor largo del dedo gordo del pie, el trapecio y el supraespinoso.

Psoasilíaco: raíces L1 L2 L3 L4, sobre todo L2 L3. Nervio femoral y ramas del plexo. Es músculo de elección en la valoración de las miopatías, sobre todo en caso de sospecha de miopatía inflamatoria, dado que es el músculo que parece tener mayor sensibilidad para la detección de signos electromiográficos de miopatía en caso de polimiositis.

Ocasionalmente aparecen **radiculopatías L2 o L3**, lo cual también hay que tener en cuenta, pues **el psoasilíaco puede ser el único músculo afectado** en esos casos.

Como ocurre con deltoides y supinador largo (y paravertebrales), en este músculo se observa de modo fisiológico, según experiencia propia, mayor porcentaje de polifasia que en el resto: alrededor del 25%.

Durante su exploración electromiográfica se debe evitar pinchar la arteria femoral, que se localiza por su pulso; la regla mnemotécnica para localizarla y evitarla es, yendo de la derecha a la izquierda del paciente, empezando por el miembro inferior derecho del paciente (de izquierda a derecha del explorador): NAVVAN (nervio, arteria, vena, vena, arteria, nervio).

Lo más práctico para explorarlo al hacer el electromiograma es mediante la elevación de la rodilla desde la posición de sentado.

Radial del antebrazo: raíces C4 C5 C6 C7, sobre todo C6 C7. Nervio radial.

Redondo mayor: raíces C5 C6 C7. Nervio subescapular.

Redondo menor: raíces C5 C6. Nervio circunflejo. Puede ser el único músculo afectado en el **síndrome del cuadrilátero** (García B et al. Síndrome del cuadrilátero bilateral con afectación exclusiva del músculo teres minor. Hallazgos en estudios de neuroimagen y electromiografía: a propósito de un caso. Rev Neurol 2014; 59: 283). Véase síndrome del cuadrilátero.

Romboides: raíces C4 y C5. Nervio escapular dorsal. Tiene que ver con el diagnóstico de **escápula alada,** como el trapecio y el serrato. Ocurre como con el supraespinoso: hay que asegurarse de traspasar el trapecio para explorarlo. El romboides se explora valorando la fuerza para aproximar los codos por la espalda.

Semimembranoso: raíces L4 L5 S1 S2, sobre todo L5 S1. Nervio ciático. Debajo del semitendinoso.

Semitendinoso: raíces L4 L5 S1 S2, sobre todo L5 S1. Nervio ciático. Encima del semimembranoso. Por la parte exterior respecto del bíceps crural. El semimebranoso y el semitendinoso tienen utilidad en ocasiones para distinguir entre afectación del nervio peroneal y del nervio ciático común, o de la raíz L5.

Serrato anterior: raíces C5 C6 C7. Nervio torácico largo (dorsal largo). Su parálisis produce **escápula alada,** que se pone de manifiesto con la abducción anterior del miembro superior, y se detecta característicamente en la punta del omóplato (a diferencia de la escápula alada por parálisis de romboides o trapecio, que se detecta en el borde interno del omóplato y mediante abducción lateral). La escápula alada por parálisis aislada de serrato es relativamente frecuente, y puede deberse a causas diversas: desde plexopatía braquial (incluido el síndrome de Parsonage-Turner, del que se ven unos dos casos al año), hasta hernia discal. La **parálisis aislada del serrato** puede ser el único signo clínico tanto del síndrome de Parsonage-Turner como de una hernia discal (en ambos casos habrá además dolor como síntoma); esta situación se ha comprobado más de una vez en la práctica, por lo que el diagnóstico no es evidente a simple vista en todo caso.

Por supuesto hay otras causas diversas que pueden relacionarse con parálisis del serrato. Por ejemplo, se ha descrito la escápula alada de un lado como la forma de presentación de la distrofia miotónica tipo 1 (Aishabarati M. Myotonic dystrophy type 1 presenting with asymmetric winged scapulae. Muscle & Nerve 2016; 54: 339-340).

El serrato anterior también tiene que ver con la **seudoescápula alada,** que consiste en una seudoparálisis no patológica del serrato en ciertas posiciones del miembro superior, generalmente por vicios posturales de diversa causa (suele afectar a gente joven y niños), con una relajación selectiva de este músculo. En este caso la exploración electromiográfica del serrato es normal, y clínicamente se observa cómo el vértice inferior del omóplato finalmente vuelve a su sitio sobre la parrilla costal cuando se lleva a cabo la abducción anterior del miembro superior.

El serrato puede explorarse insertando la aguja en el vértice inferior del omóplato y pidiendo al paciente que realice la abducción anterior del brazo, aunque suele ser más fácil explorarlo si se pide al paciente que ponga la mano del lado a explorar sobre su otro hombro (el contralateral), insertando después la aguja en la zona de la parrilla costal (sobre la costilla, para eliminar el riesgo de alcanzar el pulmón) y pidiendo a continuación al paciente que eleve el codo hacia delante. Con la exploración electromiográfica suele ser suficiente para valorar el estado del serrato (signos, o no, de axonotmesis y porcentaje de unidades motoras funcionantes, así como la evolución del cuadro en el tiempo, la reinervación, etc.), pero existe también la opción de explorar además la conducción si se estima necesario, estimulando en cuello, para valorar el estado del nervio (grado de bloqueo, grado de desmielinización focal, etc.) en función del criterio del explorador en cada caso.

Subescapular: raíces C5 C6 C7, sobre todo C5 C6. Nervio subescapular. Rotación interna del miembro. Hasta ahora sólo se ha explorado este músculo en un paciente, con sospecha de lesión del nervio subescapular tras cirugía artroscópica del tendón del subescapular; el músculo se exploró insertando la aguja por delante de la escápula, y se encontró en el músculo actividad denervativa y trazado simplificado, que confirmó la axonotmesis parcial del nervio.

Supinador largo: raíces C4 C5 C6 C7, sobre todo C5 C6. Nervio radial. Este músculo es útil durante la exploración sistemática de las radiculopatías cervicales, en concreto, radiculopatía C6 o C5 C6 (**la radiculopatía C6 es infrecuente, en cambio, la C5 se ve de vez en cuando; la más frecuente es la radiculopatía C7, las radiculopatías C8 y T1 también se ven de vez en cuando**), y también ocasionalmente en lesiones de nervio radial.
Como ocurre con los paravertebrales, deltoides y psoasilíaco, presenta de modo fisiológico, según observaciones personales, mayor porcentaje de polifasia que el resto de los músculos, alrededor del 25%.

Supinador corto: raíces C5 C6 C7. Nervio interóseo posterior.

Supraespinoso: raíces C5 y C6, sobre todo C5. Nervio supraescapular. El nervio supraescapular es susceptible de atrapamiento a su paso por la escotadura de la escápula, y este síndrome se observa ocasionalmente (cuatro casos vistos personalmente). Además, el supraespinoso puede atrofiarse por causas diversas, incluso de manera aislada (**no es rara la presentación de atrofia aislada de supraespinoso, infraespinoso o ambos**). Su fuerza se valora comprobando la abducción lateral del miembro superior de 0 a 15 grados de arco (a partir de los 15 grados la abducción corresponde a deltoides). Además hay que tener en cuenta que **en caso de fallo del supraespinoso otros músculos del cuello, sobre todo el trapecio, compensan esta falta de abducción de 0 a 15 grados (pero elevando el hombro, no abduciendo el miembro, que es el modo de detectarlo).** Para explorar el supraespinoso mediante un electromiograma hay que tener en cuenta que hay que atravesar primero el trapecio en toda su espesura, lo cual resulta algo más doloroso de lo habitual.

Tensor de la fascia lata: raíces L4 L5 S1. Nervio glúteo superior. Útil para distinguir radiculopatía L5 de neuropatía del peroneal en caso de duda razonable.

Tibial anterior: raíces L4 L5 S1, sobre todo L4 (80% según alguna serie). Nervio peroneal profundo. **Puede ser el único músculo afectado en radiculopatías L4 y también el único afectado en radiculopatías L5,** pues tiene en general un 80% de L4 y un 20% de L5; no obstante, es frecuente observar en el electromiograma un trazado simple de gran amplitud, y solo en el músculo tibial anterior, en pacientes con lumbociática crónica y con reflejo rotuliano normal, todo lo cual sugiere más bien una radiculopatía L5, lo cual hace pensar que esa descripción del 80% de L4 quizá no se cumpla por sistema.

Y **puede ser el único músculo afectado en plexopatías** como consecuencia de colocación de prótesis de cadera, probablemente por la distribución somatotópica de las fibras para tibial anterior en el nervio ciático entre otros motivos (véase lesión nerviosa). También **puede ser el único músculo afectado en una neuropatía focal.**

Es un músculo útil para la exploración de miopatías, tal vez por no ser ni proximal ni distal.

La exploración electromiográfica se puede realizar con el paciente sentado y los pies en el suelo (como la del gemelo), o con los pies colgando, y levantando la punta del pie contra resistencia (el puño del explorador), doblando el pie por el tobillo.

Tibial posterior: raíces L5 S1 S2, sobre todo S1 S2. Nervio tibial. **Útil en algún algoritmo diagnóstico cuando las "incógnitas" son: raíz L5, raíz S1, nervio tibial y nervio peroneal (si hay afectación de músculo tibial posterior y no de tibial anterior no se trata de nervio peroneal; si hay afectación de tibial anterior y posterior no se trata de L5 o no solo de L5, etc.).**

Trapecio: raíces C3-C4. Nervio espinal o accesorio. Se explora valorando la fuerza en la maniobra de "encogerse de hombros".

Su parálisis produce escápula alada con abombamiento del borde interno del omóplato mediante abducción lateral de miembro superior (en ésto se diferencia de la escápula alada por parálisis de serrato anterior, que produce abombamiento del polo inferior del omóplato mediante abducción anterior de miembro superior). Véase músculo serrato anterior.

La lesión de nervio espinal es frecuente, suele ser una consecuencia inevitable de las intervenciones quirúrgicas en la zona, como extirpación de adenopatías o neoplasias que obligatoriamente hay que extirpar, por lo que hay que contar con esta secuela en dichos casos.

Ocasionalmente aparecen parálisis de trapecio uni o bilaterales por otras causas, ya sean de tipo traumático o de otro tipo. Y hay que tener en cuenta la posibilidad de situaciones inesperadas. Por ejemplo: en una ocasión un hombre joven debutó con hipotrofia unilateral de trapecio, y tras descartarse neoplasias, adenopatías, hernia discal y demás posibilidades, hubo que concluir que se trataba de un estiramiento traumático de C3-C4 tras practicar dominadas (un tipo de ejercicio gimnástico consistente en colgarse de una barra horizontal por las manos, flexionando a continuación los brazos y elevando el cuerpo repetidas veces, tocando la barra con la barbilla) durante lo cual el paciente había oído un "clic" en su cuello en el lado de la hipotrofia. En la literatura existen casos descritos de esta situación, del estiramiento traumático del nervio espinal en el gimnasio (Seok J et al. Spontaneous spinal accesory nerve palsy: The diagnostic usefulness of ultrasound. Muscle nerve 2014; 50: 149-150).

Las **plexopatías traumáticas por estiramiento traumático** de las raíces cervicales son relativamente frecuentes (un caso cada 2 meses, aproximadamente), siendo la forma de plexopatía más frecuente según observaciones personales, por encima de otras (como la neonatal, la compresiva por mochila, etc.), presentándose por ejemplo en obreros de la construcción que se precipitan al vacío y se agarran de un brazo para detener la caída, o en ancianas que caen de rodillas y ponen las manos por delante para frenarse, y también es frecuente en accidentes de moto y coche, sobre todo si dan vueltas de campana. Las plexopatías braquiales traumáticas casi siempre afectan a algunas o a todas las raíces que van de C5-T1. En cambio, en el paciente de este caso que se está describiendo estaban afectadas las raíces C3 y C4, que es raro que se afecten de este modo. Pero a veces está el **plexo prefijado** (también puede estar postfijado), y éste pudo haber sido el caso, tal vez, para explicar el daño de C3 y C4 (en las plexopatías por estiramiento suele "romperse" el plexo por las raíces al no haber perineuro en esa zona).

La exploración con aguja es suficiente para valorar el estado del músculo en caso de lesión de nervio espinal, tanto para valorar la presencia, o no, de signos de axonotmesis del nervio (verificada por la presencia de actividad denervativa, básicamente: fibrilaciones y ondas positivas, en un contexto neurógeno), como el porcentaje de pérdida de unidades motoras.

Por supuesto se puede recurrir también, si se considera oportuno, a la estimulación de nervio espinal en cuello, factible desde el punto de vista técnico, con lo cual se puede valorar el grado de bloqueo axonal del nervio, y de su dispersión temporal, con el fin de ajustar el perfil evolutivo del proceso (**en las primeras fases de una reinervación, además de observarse polifasia inestable en el electromiograma, también se puede apreciar importante desincronización de la respuesta motora, probablemente como reflejo del desigual grado de maduración de los axones reinervantes**).

En la exploración electromioráfica la inserción debe ser poco profunda, para no llegar al supraespinoso (porción superior de trapecio) o a romboides (porción media e inferior de trapecio). De todos modos, al atravesar la fascia del supraespinoso se nota al tacto el resalte de la misma, por lo que no suele haber duda al respecto (en el caso del romboides puede ser un poco más difícil discriminar entre ambos en caso de hipotrofia severa de uno o ambos).

Por supuesto que la exploración del trapecio podrá aportar información de interés en diversos cuadros clínicos, aparte de las lesiones de nervio espinal, como puedan ser diversos cuadros neurógenos, por ejemplo, la siringomielia, la escleoris lateral amiotrófica, y diversas miopatías.

Tríceps braquial: raíces C6 C7 C8, sobre todo C7. Nervio radial. El músculo tríceps es el que con más frecuencia se afecta en miembro superior, sobre todo por radiculopatías C7 o lesiones proximales de nervio radial. Se explora como el cuádriceps, tratando de flexionar el codo del paciente contra resistencia mientras éste trata de dejarlo totalmente estirado; lo normal es que el explorador no sea capaz de flexionarlo, o como mucho unos 15 grados, salvo en niños pequeños, gente poco musculada, o en caso de senilidad (del paciente).

NARCOLEPSIA-CATAPLEJÍA: síndrome de Gélineau (narcolepsia, cataplejía, parálisis del sueño, alucinaciones hipnagógicas, hipnopómpicas, o ambas). *HLA-DR2.* Comienzo en adolescencia. Transición directa de vigilia a sueño *REM* (disminución de latencia *REM*). Cataplejía (disminución súbita del tono). Alucinaciones hipnagógicas. Parálisis hipnagógica (la hipnopómpica es fisiológica). Hipersomnia. Ataques diurnos de sueño inapropiado, más o menos irresistibles, junto a somnolencia diurna excesiva. Sueño nocturno normal o prolongado. Incidencia: 4/100000 (varón igual a mujer).
Ataques diurnos de sueño: inicio por sueño *REM* en la narcolepsia monosintomática. Hay quien lo considera hipersomnia idiopática en vez de narcolepsia (puede haber inicio por sueño *NREM)*, pero puede evolucionar a narcolepsia-cataplejía.
Inicio por *REM*: si en el 50% de las ocasiones comienzan o consisten solo en sueño *REM*.
Narcolepsia compuesta: ataques de sueño, somnolencia diurna excesiva, cataplejía, parálisis del sueño, alucinaciones hipnagógicas vívidas, sueño nocturno no reparador, despertares frecuentes, sueños terroríficos.
Hay casos familiares: *HLA-DR2*. La incidencia familiar implica una multiplicación del riesgo por 60. Se da en otros mamíferos.
No aumenta la cantidad total de sueño en 24 horas, pero está fragmentado de noche y distribuido a lo largo del día, por lo que algunos lo consideran una disomnia, más que una hipersomnia.
Los ataques de sueño suelen ocurrir toda la vida, el resto de las manifestaciones pueden desaparecer.
En la narcolepsia puede haber trastornos del sueño *REM* y *NREM*, y *subwakefulness*, lo cual puede hacer a esta enfermedad difícil de tratar con éxito.

Electroencefalograma: disminución de latencia *REM* o comienzo por *REM*; fragmentación del sueño, sobre todo del *REM*; mala conservación de los ciclos del *REM*; los ataques de sueño también contienen inicios por sueño *REM* o disminución de latencia *REM*; 20-100% de los ataques son de inicio por *REM*; en registros diurnos también se observa adormecimiento recurrente con vigilancia menguante y creciente, y pueden contener microsueños.

Para el diagnóstico:
1. Latencia del sueño menor de 10 minutos (o menor de 5 minutos, dependiendo del autor, últimamente: latencia media menor o igual a 8 minutos en el test de latencias múltiples).
2. Latencia *REM* menor de 20 minutos (o menor de 15 minutos, dependiendo del autor).
3. Latencia media del sueño menor de 5 minutos (menor o igual a 8 minutos según otros autores) en el test de latencias múltiples (el usar el valor de 5 minutos como punto de corte aumenta los falsos negativos).
4. 2 o más inicios por *REM* (*SOREM*) en el test de latencias múltiples.

5. Somnolencia diurna excesiva, movimientos periódicos de las piernas (con o sin apneas de sueño), 2 o más inicios por fase REM (con o sin sueño nocturno fragmentado, con o sin depresión, etc.); podría no ser narcolepsia, la clave la da la cataplejía.

6. Polisomnograma nocturno (7 horas) y test de latencias al día siguiente (comienzo por REM quiere decir: REM a los 0-15 minutos desde el comienzo del adormecimiento).

7. Sin medicación al menos 21 días antes.

8. Los pacientes narcolépticos con cataplejía y 2 o más adormecimientos en REM son los que tienen más posibilidades de ser DR2 DQ1 positivos. Esta positividad puede ser útil en el caso de ausencia de cataplejía. Puede ser necesario recurrir al electroencefalograma de 24 horas. 24-28% de las personas son DR2 DQ1 positivas y hay pacientes narcolépticos que no son positivos.

9. El diagnóstico puede tardar 10 años en concretarse. El diagnóstico es menos probable después de los 30 años. El diagnóstico se basa en la presencia de somnolencia y ataques de sueño. Cataplejía: aparece en el 60% de los casos. La parálisis del sueño sugiere narcolepsia cuando es hipnagógica, ya que la hipnopómpica es fisiológica. Alucinaciones hipnagógicas: periodos cortos de conductas automáticas o amnesia.

Diagnóstico diferencial:
1. Comienzo por REM: depresión, síndrome de apnea-hipopnea del sueño (SAHS), síndrome de Kleine-Levin, narcolepsia (todos ellos con somnolencia diurna excesiva), síndrome de Prader-Willi.
2. Disminución de latencia REM: depresión primaria, síndrome de Prader-Willi, cuadros obsesivocompulsivos, trastorno borderline de la personalidad, psicosis, esquizofrenia, privación de sueño, abstinencia de anfetaminas u otros fármacos supresores de REM, durante una siesta.
3. Cataplejía no: narcolepsia, hipersomnia idiopática, hipersomnias recurrentes, SAHS, hipersomnias orgánicas, psicógenas.
4. Cataplejía sin hipersomnia: narcolepsia, mioclonias, crisis atónicas, drop attacks, cataplejía congénita familiar, enfermedad de Niemann-Pick tipo C, encefalitis paraneoplásica anti-Ma2.
5. Hipersomnia idiopática: ataques de sueño más prolongados y no reparadores, sueño nocturno más profundo, borrachera del despertar, somnolencia diurna, no cataplejía, comienzo del sueño por NREM, no HLA DR2.

Tratamiento: modafinil... metilfenidato y antidepresivos tricíclicos. Metilfenidato: 20 miligramos/12 horas. Imipramina: 25 miligramos/8 horas. 2 o 3 siestas de 20 minutos. El metilfenidato sólo debe darse cuando haga falta por algún motivo, como un viaje, ya que produce tolerancia. Protriptilina: para la cataplejía. El 18% de los narcolépticos desarrolla síndrome de apnea del sueño (SAHS), lo cual contraindica el uso de simpaticomiméticos o imipraminas (por la hipertensión y las arritmias).
Véase sueño, test de latencias múltiples.

MUTISMO ACINÉTICO: véase coma, no es coma.

NARP: neuropatía asociada a mitocondriopatías. Neuropatía y enfermedad mitocondrial: puede aparecer neuropatía en *MELAS, MERRF* (ataxia hereditaria de Ekbom, síndrome de Ekbom, epilepsia mioclónica y *ragged red fibers*; Calabresi et al 1994, ataxia, lipomas y neuropatía), síndrome de Leigh, síndrome de Kearns-Sayre, encefalopatía mioneurogastrointestinal y oftalmoplejía externa progresiva, síndrome *LHON* (neuropatía óptica hereditaria de Leber). Esta neuropatía es un componente fundamental del NARP (neuropatía, ataxia, retinitis pigmentaria), y ocasionalmente puede ser subclínica cuando aparece. Parece ser que habría un predominio de la neuropatía motora axonal en estos pacientes, aunque habría diversas formas de presentación. No hay buenas correlaciones entre fenotipo y genotipo (Colomer J, Iturriaga C, Bestué M, et al. Caracterización de la neuropatía en las enfermedades mitocondriales. Rev Neurol 2000; 30: 1117-1121).

NATALIZUMAB: tysabri, un anticuerpo usado en esclerosis múltiple. Riesgo de LEMP.

NEONATO: desde el nacimiento hasta los 28 días de vida extrauterina en el recién nacido a término. Hasta las 44 semanas de *CA* en los prematuros.

NERVIO ABDOMINOGENITAL MAYOR O ILIOHIPOGÁSTRICO Y NERVIO ABDOMINOGENITAL MENOR O ILIOINGUINAL: el nervio abdominogenital mayor o iliohipogástrico (L1) es mixto, atraviesa el psoas y el cuadrado lumbar e inerva el oblicuo interno y el transverso del abdomen; presenta dos ramas cutáneas para la zona externa de la cadera y la región suprapúbica.
El nervio abdominogenital menor (L1) o ilioinguinal es mixto; discurre paralelo al abdominogenital mayor hasta la cresta ilíaca, inerva el oblico interno y el transverso del abdomen, atraviesa el conducto inguinal y el anillo inguinal superficial y da inervación cutánea por la zona medial de la parte inferior del muslo, el ligamento inguinal y los genitales externos. El síndrome ilioinguinal cursa con disestesias en la ingle.

NERVIO ACCESORIO O ESPINAL: véase músculo trapecio.

NERVIO, ANATOMÍA, FISIOLOGÍA, FISIOPATOLOGÍA Y PATOGENIA: en la práctica clínica, **antes o después se acaba observando afectación de cualquier nervio,** aislado o en conjunto con otros.
Algunos nervios son accesibles a la exploración neurofisiológica y es útil explorarlos así, e incluso más útil que la clínica sola (nervio óptico, nervio mediano, etc.), otros sólo se pueden valorar clínicamente al no ser accesibles a la exploración neurofisiológica. Otros nervios, aun siendo accesibles a las técnicas neurofisiológicas descritas, es preferible y más fiable valorarlos clínicamente (como el nervio femorocutáneo lateral).
Axoplasma: 0,2-20 micras; axolema: 65-80 amstrongs; neurotúbulos: 200 amstrongs; neurofilamentos: 70-100 amstrongs (Sunderland, 1985).
Concepto de crecimiento en espiral y sustitución neurotubular continua (Weiss y Mayr, 1971).

Predominio de neurotúbulos en fibras no mielinizadas y de neurofilamentos en las mielinizadas (Friede y Samorajski, 1970).

Flujo proteico y transporte axonal continuo (Ramón y Cajal, 1928). Flujo a 1,5 milímetros/día (Droz y Lebland, 1963).

Flujo a otras velocidades y retrógrado (Sunderland, 1985).

Fibras: motoras, sensitivas y vegetativas. Estructura en: troncos, fascículos, fibras; todos ellos siguen trayectos ondulados y paralelos al nervio no estirado.

Ramificación de las fibras: zonas extensas pueden estar inervadas por una misma neurona (Ramón y Cajal, 1928).

Bandas espirales de Fontana (Fontana, 1781), aparecen al hacer incidir luz oblicua y se deben al trayecto ondulado de las fibras y haces.

Tipos de fibras nerviosas:
A: mielinizadas, de nervios somáticos. En nervio muscular o nervio cutáneo.

Nervio muscular, aferentes: grupo 1 (12-21 micras), grupo 2 (6-12 micras), grupo 3 (1-6 micras), grupo 4 (fibras C).

Nervio muscular, eferentes: motoneurona alfa, motoneurona gamma.

Nervio cutáneo, aferentes: alfa (6-17 micras), delta (1-6 micras).

B: preganglionares mielinizadas de nervios autonómicos.

C: amielínicas de nervios somáticos o autonómicos.

sC: eferentes postganglionares de nervios autonómicos.

drC: aferentes de raíz dorsal y nervio periférico.

Aparato subneural de Couteaux: minúsculas espículas que tapizan las ramificaciones del cilindro-eje (telodendria) al entrar en los surcos del sarcoplasma granular en la unión neuromuscular (placa motora terminal).

Entre axolema y sarcolema se encuentra la **hendidura sináptica,** donde se libera la acetil-colina, hecho facilitado por el calcio y dificultado por la toxina botulínica y por el magnesio.

Órgano tendinoso de Golgi: el huso neurotendinoso u órgano de Golgi (propioceptivo) participa en el reflejo miotático y en el miotático inverso (movimientos suaves). El órgano tendinoso de Golgi envía fibras 1b a las interneuronas de Renshaw en la médula espinal (la célula de Renshaw es inhibitoria y actúa sobre la motoneurona cuando el estiramiento es peligroso). El órgano de Golgi envía fibras 1a a la motoneurona, y la motoneurona inerva al músculo del que proceden las fibras del órgano tendinoso de Golgi.

Vainas: diámetro crítico para la mielinización: 1-2 micras, común a mamíferos (Duncan, 1934); fibras no mielinizadas: una capa de células de Schwann (membrana basal y endoneuro –tejido conjuntivo-) para varios axones; fibras mielinizadas: una célula de Schwann por axón (el núcleo abomba en el axón); las células de Schwann parecen un sincitio al microscopio óptico, pero se ven separaciones con el electrónico; incisuras de Schmidt-Lanterman: probablemente previenen la ruptura de los segmentos de mielina (Glees, 1943), porque al estirar la fibra las incisuras se abren; cuanto más grueso el axón, más gruesa es la capa de mielina (Buchthal y Rosenfalck, 1966); el axón puede presentar constricción en los nodos de Ranvier (Glees, 1943).

Endoneuro: cubierta de fibras (axones). Posee capilares sanguíneos, pero no vasos linfáticos. Parece ser que no posee elastina. Las fibras siguen trayectos ondulantes en el endoneuro, por lo que también soportan así cierto estiramiento adicional. La rotura de esta vaina puede ocasionar la aparición de **efapsis**; es posible que el endoneuro actúe de barrera a la difusión del potasio desde el espacio periaxonal al líquido extracelular (Seneviratne y Peiris, 1970). Si se rompe el endoneuro, la regeneración se vuelve caótica y aparece el **neuroma** (nódulo, bulbo) o masa desorganizada de fibroblastos y células de Schwann. La tumefacción indica lesión de endoneuro (indica lesión al menos de grado 3).

Neuromas en nervios no seccionados: perineuro intacto implica neuroma en huso por aumento de cubiertas por fricción crónica. La fricción puede ser patológica (neuroma de Morton, nódulos en ligamento inguinal en meralgia parestésica, pulgar de los jugadores de bolos, etc.). En el estadio final de una gran colagenización pueden verse comprimidos los axones y producirse incluso degeneración walleriana.

Engrosamientos focales normales asintomáticos (engrosamientos "gangliformes" o "tumefacciones fusiformes" de los clásicos) por fricción crónica: nervio circunflejo en cara externa de porción tendinosa superior de cabeza larga del bíceps (tal vez de ahí el 25% de polifasia en condiciones fisiológicas en el deltoides); nervio mediano en muñeca; nervio interóseo posterior en antebrazo; rama terminal externa de nervio peroneo profundo en tobillo (escafoides); etc. Y pueden aumentar con la edad por probable fibrosis de la túnica media en relación con una endoteliosis de los *vasa nervorum* con el paso de los años.

Perineuro: cubierta de haces o fascículos (los haces cambian y se anastomosan); células mesoteliales y también fibroblastos, colágeno, mastocitos y macrófagos, termina a 1-1,5 micras de la unión neuromuscular (Saito y Zacks, 1969); protege a las fibras; hay más perineuro en las articulaciones; el perineuro es el probable responsable de la mayor parte de la resistencia de los troncos a la deformación y al estiramiento (a más haces, es decir, más perineuro, más resistencia); resistencia a diseminación de la lepra; las raíces nerviosas carecen de vaina perineural (por éso en las **plexopatías por estiramiento traumático** los plexos braquial y lumbosacro se dañan sobre todo por la zona de las raíces). **La destrucción del perineuro conlleva neuromas laterales.**

Epineuro: cubierta de troncos (los troncos están formados por: fibras, fascículos, tejido conjuntivo, vasos sanguíneos, vasos linfáticos y *nervi nervorum*). La menor proporción de epineuro (22%) se observa en nervio cubital en la zona del epicóndilo interno del húmero; la mayor proporción (88%) en nervio ciático en región glútea. El porcentaje promedio oscila entre 30-75% (mayor en zona de cruce de articulaciones en general). Es un tejido elástico (colágeno, elastina, en haces longitudinales) que hace posible las ondulaciones y seguir cursos tortuosos y por tanto el estiramiento hasta cierto punto sin dañar los fascículos si no se supera la elasticidad del epineuro y posteriormente el margen extra de elasticidad de los fascículos (perineuro). Esta elasticidad asegura la integridad durante movimientos cotidianos sin tensión anormal. El epineuro proporciona matriz laxa para fascículos.

Vasos sanguíneos de troncos nerviosos: calibre no mayor que el de arteriolas (excepto nervios mediano y ciático). Bastante constancia en los patrones anatómicos de irrigación entre individuos y entre lados. Los vasos también presentan reserva de longitud (tortuosidad). Las arteriolas se disponen longitudinalmente por el epineuro y rara vez se anastomosan. La disminución transitoria de aporte sanguíneo se acompaña de lentificación de la velocidad de conducción sin lesión histológica. El aporte depende del sistema autónomo y de la temperatura (se reduce por debajo de 35 grados centígrados).

Nervi nervorum: los troncos están inervados por fibras sensitivas y simpáticas.

Propiedades mecánicas de los troncos nerviosos: poseen un límite de elasticidad según una relación lineal que sigue la ley de Hooke (sigue una curva con un punto crítico de ruptura). Tienen resistencia a estiramiento o tensión, compresión y fragmentación; por tanto, presentan elasticidad, flexibilidad, dureza y tenacidad. La deformación depende de la velocidad de aplicación de la carga (importante en plexopatías por estiramiento traumático). El epineuro resiste compresión y ondulación. El perineuro resiste tracción (Sunderland y Bradley, 1961). De todos modos, en un estiramiento rápido los haces nerviosos empiezan a romperse ya antes de que lo haga el perineuro.

Las adherencias (menor movilidad), los cambios del tejido conjuntivo (menor elasticidad), las deformidades (mayor distancia para el nervio), y las suturas terminoterminales tensas disminuyen el umbral de resistencia al estiramiento.

Resistencia a estiramiento y compresión: cuantos más haces y más perineuro, mayor resistencia y menor lesión (por ejemplo, la rama externa del ciático se lesiona más que la interna posiblemente por estar formado por menos haces – lesión frecuente en relación con prótesis de cadera-).

Velocidad de conducción; depende de: diámetro axonal, diámetro total de la fibra, espesor de la mielina, estructura de la mielina, longitud internodal (en fibras en regeneración es constante); una fibra gruesa conduce con mayor velocidad que una fina (Göthlin, 1907, 1017); la velocidad de conducción es proporcional al diámetro del "alambre", "modelo pasivo de Lillie" (Lillie, 1925).

Relaciones anatómicas: en su **relación de superficie** el nervio cubital es más superficial en codo, de ahí su mayor susceptibilidad a la lesión en esa zona; en la **relación con el hueso**, donde la haya, el hueso ofrece una superficie tenaz sobre la que puede ocurrir el efecto compresivo; en la **relación con articulaciones**, la tensión es mayor en la cara extensora. Los nervios están casi todos situados en cara flexora y están más protegidos. El nervio ciático en la cadera y el cubital en el codo se sitúan en la cara extensora (se sospecha que su disposición peculiar se debería a la rotación filogenética de los miembros al adquirirse la bipedestación). La luxación de una articulación puede afectar a un nervio cercano (nervio ciático, nervio circunflejo).

Curso del nervio: el curso sinuoso que sigue un nervio implica que es más largo que la distancia que ocupa. El estiramiento elimina estas ondulaciones, el perineuro resiste el estiramiento hasta el límite de su elasticidad. Las bandas de tejido fibroso y los tabiques al cambiar el curso pueden influir en la patogenia, por ejemplo: el nervio cubital, al atravesar el tabique intermuscular medial, se inclina hacia atrás para situarse posterior respecto del epicóndilo interno del húmero. Curso en espacios limitados: por ejemplo en el caso del túnel carpiano.

Grosor del nervio: el espesor del perineuro y epineuro es mayor en articulaciones (cara flexora), con la excepción del nervio cubital a la altura del epicóndilo interno del húmero (cara extensora). Además el nervio cubital en codo (aparte de ocupar la cara extensora) presenta en codo pocos fascículos (la norma es que en una articulación los nervios presenten numerosos fascículos, que confiere mayor resistencia) y menor epineuro (relativamente).

Paquetes neurovasculares: la asociación de estas estructuras puede influir en la patogenia, por ejemplo, en el caso de aneurismas.

La **disposición de las fibras** también influye: las más superficiales son más propensas a la compresión (por ejemplo, personalmente se ha observado que en la compresión del nervio cubital en el codo se afectan más las fibras sensitivas que las motoras, dado que incluso puede haber afectación de fibras sensitivas con indemnidad aparente de las motoras, y que en todo caso en que se ha observado afectación motora había afectación sensitiva también).

Bloqueo axonal sin rotura axonal: lesión de primer grado. Causa: compresión, isquemia (por compresión) o ambas. Reversible (hasta en 3 meses) o irreversible con bloqueo estable o intermitente y con posible evolución a segundo grado.

Bloqueo axonal con rotura axonal: el axón desaparece en 12-35 días (y la mielina también, por fagocitosis, sobre todo por macrófagos). El comienzo de la degeneración walleriana se detecta en 12-48 horas. La degeneración de la mielina comienza en 2 horas y abarca a todo tipo de fibras en 36-48 horas (degeneran antes las fibras mayores). Los cambios degenerativos podrían tener lugar simultáneamente a lo largo de toda la fibra, no obstante (Ramón y Cajal, 1909). La región más lábil es la unión neuromuscular. Las células de Schwann forman una línea en el tubo endoneural estrechado (el endoneuro posee elasticidad) y vacío en 2-4 semanas (bandas de Büngner). El crecimiento axonal precisa la maduración del brote, que puede tardar un año (Rexed y Swensson, 1941). Personalmente se ha llegado a observar cambios electromiográficos regenerativos, polifasia inestable, incluso hasta 2 años tras una sección nerviosa, pero esto es el resultado de observaciones en pacientes, por lo que se desconoce cuál sería el límite de tiempo para que este hecho siga siendo observable; José María Fernández ha observado signos de reinervación, aumento de la duración de los potenciales de unidad motora en musculatura facial, hasta 1 año o más después de una parálisis facial periférica (Fernández JM. Parálisis facial periférica. Estudio clínico y electrofisiológico de 400 casos. Actas Sociedad Española de Neurología; 1980: 13-14). El endoneuro mantiene la capacidad de encarrilar el brote axonal hacia la periferia durante 12 meses. El brote axonal avanza a 1 milímetro/día. El signo de Hoffman-Tinel (Hoffmann, 1915 y Tinel, 1915) señala el comienzo de la regeneración sensitiva.

Hoffmann, P: Ueber eine Methode, den Erfolg einer Nerveunaht zubeurteilein. Med Klin, 1915; 11: 856.

Tinel J: Le signe du "fourmillement" dans les lésions des nerfs péripheriques. Presse méd, 1915; 23 : 388.

Véase bloqueo axonal/dispersión temporal. Véase lesión nerviosa.

NERVIO CALCÁNEO MEDIAL: técnica según Park (para el dolor en el talón): rama sensitiva con origen en el nervio tibial, o en el nervio plantar medial o en el nervio plantar lateral. Estímulo en tibial posterior en maléolo interno y registro en cara interna de calcáneo con referencia en planta. Latencia 0-0,4 milisegundos; amplitud: 0-17 microvoltios *(Park TA et al. The medial calcaneal nerve: anatomy and conduction technique. Muscle and Nerve 1995; 18: 32-8).*

Personalmente se ha intentado obtener esta respuesta varias veces sin obtener una reproducibilidad que justifique la aplicación clínica de esta técnica de momento. De hecho, en el propio artículo de Park se reconoce que la amplitud de la respuesta normal puede ser de cero.
Neuropatía calcánea: enfermedad de Baxter.

NERVIO CIÁTICO: aductor mayor, semitendinoso y semimembranoso, bíceps femoral; el ciático común da después los nervios peroneal común (L4-S2) y tibial (L4-S3); el músculo aductor mayor (L4 L5 S1) puede estar inervado por el nervio obturador, el ciático, o ambos.

NERVIO CIGOMÁTICO FACIAL: este nervio sensitivo es una rama del nervio cigomático, que a su vez es una rama del nervio maxilar superior, que es la segunda rama del trigémino. Sale por el orificio cigomático facial del hueso cigomático y recoge la sensibilidad del pómulo.
Caso clínico: paciente con el pómulo insensible tras un codazo, compatible con una compresión aguda del nervio cigomático facial. Se recuperó completamente tras dos meses. Para el diagnóstico clínico no se recurrió a un electromiograma, entre otras razones, por ser un nervio inaccesible a la exploración neurofisiológica, aunque tampoco era necesario en este caso para el diagnóstico. Este caso clínico ilustra un hecho ya mencionado en otras partes de este vademécum: cualquier nervio del cuerpo puede sufrir una lesión, y antes o después, a lo largo de los años, existe la posibilidad de acabar comprobándolo en la práctica clínica cotidiana.

NERVIO CIRCUNFLEJO O AXILAR: su lesión es frecuente, de manera aislada o con afectación simultánea de otros nervios. Las causas de su lesión son la afectación directa del nervio por causas diversas (sección, compresión, inflamación, etc.) o por afectación del plexo. En la luxación glenohumeral anterointerna de la cabeza humeral es característica la afectación aislada del circunflejo (también se ha observado en la luxación posterior), pero en el electromiograma hay que explorar también bíceps, y, dependiendo de la clínica, otros músculos, para descartar afectación más extensa en este caso (C5 o C5 C6, etc.). En las lesiones del nervio circunflejo por luxación del hombro también hay que tener en cuenta que puede afectarse solo una de las tres porciones del músculo deltoides (el músculo deltoides consta de tres porciones, anterior, media y posterior), por lo que hay que explorar por sistema las 3 porciones. También se puede dañar en el espacio cuadrilateral del hombro por colocación de un peso sobre el hombro sin que llegue a haber luxación.
En el deltoides es característico (como en psoasilíaco, supinador largo y paravertebrales, de acuerdo con observaciones personales) que sea relativamente mayor el porcentaje fisiológico de polifasia, llegando hasta el 25% aproximadamente.

NERVIO CUBITAL:
El nervio cubital **inerva los siguientes músculos:**
El músculo cubital anterior.
La mitad interna del flexor común profundo de los dedos.

El abductor del meñique.

El flexor corto del pulgar en el fascículo profundo. Es una rama profunda y es motora pura.

El aductor del pulgar, aunque es inervado por el nervio mediano en un 2% de los casos.

Los interóseos dorsales y ventrales (por la rama profunda. El primer interóseo dorsal está inervado por el nervio mediano en un 1% de los casos, y rara vez por el nervio radial (nervio de Froment-Rauber).

En un 15-31% de sujetos aparece la anastomosis mediano-cubital de Martin Gruber.

Stewart JD. The median nerve. In: Focal peripheral neuropathies. New York, Raven press 1993. p. 159.

Se suele considerar convencionalmente que el nervio cubital se encarga de la pinza prensora, mientras que el nervio mediano se ocuparía de la pinza de precisión.

Bowden REM et al. The assesment of hand function after peripheral nerve injuries. J Bone Jt Surg 1961; 43: 481.

Arcada aponeurótica humerocubital (túnel cubital; canal epitrocleolecraniano): en el codo el nervio cubital pasa de superficial a profundo atravesando las porciones humeral y cubital del músculo cubital anterior, un orificio osteofibroso que constituye el canal o túnel cubital o arcada aponeurótica humerocubital, punto de atrapamiento del nervio, compresión nerviosa, o ambos. Es un punto con otro interés clínico también, al ser uno de los lugares óptimos para hacer la estimulación eléctrica del nervio al obtener el *CMAP* o potencial de acción muscular compuesto (rutinariamente al hacer un electromiograma se suelen obtener dos *CMAP* estimulando desde codo, uno con estimulación distal al epicóndilo y otro con estimulación proximal al epicóndilo, lo cual es necesario para medir la velocidad de conducción motora a través del codo; un tercer *CMAP* suele obtenerse desde muñeca, para medir la velocidad de conducción nerviosa en el antebrazo, desde la muñeca hasta la parte distal del codo, y así poder comparar la velocidad en el codo con la velocidad en el antebrazo y poder identificar una lentificación de la velocidad de conducción motora en el codo en relación con una lesión en el codo).

Se considera convencionalmente que el túnel o canal cubital en el codo está a 1,5-4 centímetros distal al epicóndilo, en la entrada para el nervio en el músculo cubital anterior. Supuestamente sería un punto de inicio de un posible atrapamiento en codo distinto al canal epitrocleolecraniano, que sería otro punto de inicio de una neuropatía focal. De acuerdo con la experiencia propia, **en la práctica del electromiograma del nervio cubital no parece existir utilidad clínica verdadera entre distinguir o no distinguir al túnel cubital del canal epitrocleolecraniano como origen del atrapamiento.** En la práctica clínica diaria no parece posible distinguir clínicamente si, por ejemplo, el neuroma que se palpe en el codo se habría debido a un problema en el canal cubital o en la corredera cubital, y además no parece tener utilidad clínica preocuparse excesivamente por este asunto. Entre otras cosas, el tratamiento debería ser el mismo en ambos casos: la cirugía, y por ahora no se ha comprobado que el tratamiento quirúrgico deba ser distinto en ambas situaciones.

Dawson también pone en duda la necesidad de la distinción entre lesión del nervio en el túnel cubital o en la corredera cubital (*ulnar groove* o surco postcondíleo), y lo considera "sometido a debate".

Dawson DM et al. Entrapment neuropathies. Philadelphia, Lippincot-Raven 1999.

El canal o túnel cubital, la entrada para el nervio cubital en el antebrazo entre las dos cabezas del músculo cubital anterior, donde el nervio pasa de superficial a profundo, fue denominado así por Feindel y Stratford.

Feindel W et al. Cubital tunnel compression in tardy ulnar palsy. Can Med Assoc J 1958; 78: 351-53.

El túnel cubital había sido descrito previamente como posible lugar de atrapamiento por Buzzard.

Buzzard FE. Some varieties of traumatic and toxic ulnar neuritis. Lancet 1922; 1: 317.

El túnel cubital consiste en un ligamento arqueado o arcada aponeurótica humerocubital, una aponeurosis que va de epicóndilo a olécranon y en la que se originan las fibras del cubital anterior. Buzzard identificó esta zona como posible punto de atrapamiento. En el codo el nervio discurre entre el epicóndilo humeral interno y el olécranon, pasando por encima del ligamento cubital colateral y por debajo de la aponeurosis que une las dos cabezas del *flexor carpi ulnaris*. Atraviesa después el músculo cubital anterior, para discurrir sobre el flexor de los dedos. La aponeurosis o retináculo que une las cabezas humeral y cubital del cubital anterior quizá se debería denominar preferiblemente arcada aponeurótica humerocubital, antes que túnel cubital.

Campbell WW et al. Variations in anatomy of the ulnar nerve at the cubital tunnel: Pitfalls in the diagnosis of ulnar neuropathy at the elbow. Muscle and Nerve 1991; 14: 733-738.

Cantidad de epineuro en el codo y su relación con la lesión: el nervio cubital no presenta más cantidad de epineuro en el codo, a diferencia de la mayoría de los nervios en el cruce de una articulación. A veces incluso presenta menos epineuro en el codo que en otros tramos del nervio. No obstante, en un 50% de los individuos el nervio está engrosado en el codo, pero por un aumento local del tejido conjuntivo. Esta falta de epineuro lo hace más vulnerable a la lesión en el codo que otros nervios en otras articulaciones.

Patogenia de una lesión del nervio en el codo: se puede deber a una compresión contra el hueso por un agente externo, al estar en situación superficial, o a un atrapamiento en el canal, o se puede deber a desgaste por fricción en un surco rugoso, o a una distensión excesiva en relación con una postura inadecuada, o a una distensión excesiva en posturas adecuadas o inadecuadas por fijación previa del nervio por causas diversas, como cicatrices, etc.

Gowers y Osborne señalaron que la flexión del codo tensa el canal de la arcada aponeurótica humerocubital, y viceversa. Tal vez también la contracción del músculo cubital anterior lo estreche, según Sargent, o incluso el nervio podría quedar atrapado entre ambas cabezas.

Gowers WR. A manual of diseases of the nervous system. London: Churchill 1899.

Osborne G. Compression neuritis of the ulnar nerve at the elbow. Hand 1970; 2: 10.

Sargent P. Discussion on ´Some varieties of traumatic and toxic ulnar neuritis´in Section of Neurology. Lancet 1922; 1: 325.

Feindel y Stratford también señalaron que en el atrapamiento en el canal cubital no suele afectarse clínicamente el músculo cubital anterior, hecho comprobado personalmente con frecuencia en el caso del atrapamiento del nervio cubital en codo.

Feindel W et al. The role of the cubital tunnel in tardy ulnar palsy. Can J Surg 1958; 1: 287-300.

Wadsworth y Williams han señalado que en la práctica lo más frecuente es identificar una patogenia compleja para el atrapamiento del nervio cubital en el codo, con una combinación de los mecanismos de distensión y compresión en el surco por un lado y la compresión en el canal por otro lado, con hincapié en el riesgo de la flexión extrema y prolongada del codo en los pacientes encamados, hecho, este último, que probablemente es de importancia clínica, sobre todo para la prevención de las neuropatías del cubital en el codo tan frecuentes en pacientes encamados.

Wadsworth TG et al. Cubital tunnel external compression syndrome. Br Med J 1973; 1: 662.

Como se sabe desde antiguo, las lesiones del nervio cubital con frecuencia precisan la suma de varios factores causales o predisponentes. Por ejemplo, por observaciones personales se sabe que es frecuente que un atrapamiento crónico subclínico debute clínicamente tras un episodio de compresión aguda, y no es raro que esta compresión aguda sea leve pero desencadene la clínica a pesar de ello por la predisposición previa a la compresión debida al daño del nervio crónico subclínico previo, subclínico en cuanto a síntomas, pero detectable con un electromiograma con frecuencia.

Propedéutica y semiología de las lesiones del nervio cubital: la descripción en la literatura de la exploración clínica del nervio cubital incluye una extensa lista de posibilidades, incluyendo varios signos específicos, algunos con nombre propio, por ejemplo: signo de Pitres de la mano, en el que el dedo medio no puede moverse en dirección sagital; signo de la visera o incapacidad para colocar la mano en la frente en forma de visera; signo de la parrilla o mano de esqueleto por atrofia de interóseos; signo de Sicard o de la doble tabaquera anatómica; signo de Froment, o imposibilidad para sujetar una hoja de papel haciendo la pinza con el borde radial del índice y el borde cubital del pulgar, que se ve obligado a sujetar el papel con la yema (el signo de Froment puede dar un falso negativo si la compensación la realiza el extensor largo del pulgar en vez del flexor largo), etc.

Froment J. La prehénsion dans les paralysies du nerf cubital et le signe du pouce. Presse méd 1915; 23: 409.

Froment J. La paralysie de l´adducteur du pouce et le signe de la préhension. Revue Neurol 1915; 28: 1236.

En la práctica clínica diaria la anamnesis y la exploración física son lo más útil para el diagnóstico de las lesiones del nervio cubital.

En la **anamnesis** hay que tener en cuenta los **factores de riesgo**, como diabetes, alcoholismo, traumatismos, VIH, hepatitis, fármacos como interferón o vincristina, ciertos oficios, como el de carpintero, hipotiroidismo, lepra, etc.

También hay que tener en cuenta en la anamnesis las posibles **causas directas**, como los golpes directos contra el nervio, con o sin sección traumática del mismo, la compresión directa del nervio por apoyo prolongado del codo en circunstancias diversas, como puedan ser el encamamiento, la cirugía mayor, la inconsciencia profunda, la posición inadecuada en el cine o utilizando el ordenador, en relación con un síndrome del sábado noche, etc. Otras posibilidades son las fracturas-luxaciones del codo, fracturas antiguas del codo con o sin codo en valgo, la flexión y extensión prolongadas del codo, como en carpintería, al usar el cepillo de carpintero, etc.

En la anamnesis también interesa la **cronopatía de la lesión:**

1. Evolución aguda en el caso de una sección o compresión aguda, o del empeoramiento brusco de un atrapamiento o compresión previos del nervio por causas diversas.

2. Evolución subaguda o crónica, como en el síndrome de atrapamiento en el codo, que puede aparecer en meses o años, o como en la parálisis cubital tardía, que suele aparecer tras decenas de años.

El atrapamiento en el codo suele debutar clínicamente con parestesias en el territorio del nervio cubital, aunque algunos pacientes demoran la visita hasta que empiezan a notar falta de fuerza con hipotrofia progresiva.

El atrapamiento del nervio cubital en el codo puede ser crónico y subclínico durante un tiempo prolongado, y debutar clínicamente de forma aguda por motivos diversos.

A diferencia de lo que ocurre con el atrapamiento en el codo, la parálisis cubital tardía suele debutar clínicamente en forma de amiotrofia de primer interóseo dorsal.

El atrapamiento bilateral sugiere una posible predisposición congénita (Miller, 1979).

En algunos casos se detectan cambios patológicos en el contralateral asintomático (Neary, Ochoa, Gilliatt, 1975), aunque Sunderland aceptaba al neuroma como algo fisiológico en algunos casos.

En cuanto a los **síntomas**, interesan **las parestesias en el dedo meñique y el dolor local.**

Las **causas de las parestesias en el dedo quinto** pueden ser las siguientes:

A. Afectación del nervio cubital.

B. Afectación de las raíces cervicales C8-T1, del plexo braquial (tronco inferior, cordón medial, o ambos), o de ambos.

C. Afectación del sistema nervioso central (médula, encéfalo, o ambos).

D. Combinaciones de varios de los anteriores.

E. Otros, como tetania por hipocalcemia, etc. (hay diversas causas posibles en relación con unas parestesias).

En cualquier cuadro con afectación del nervio en el codo, y posiblemente en relación con la inflamación del mismo (neuritis) se añade a la clínica **dolor local** espontáneo, a la palpación del nervio, o ambos. En el caso del atrapamiento de nervio cubital en el codo, y a diferencia de lo que ocurre en el síndrome del túnel carpiano (cuadro en el que el dolor es característico), el dolor en el codo es más raro (y quizá sea esta la razón de por qué acuden a consulta con atrofia muscular en la primera consulta con más frecuencia que en el caso del síndrome del túnel carpiano, en el que con frecuencia acuden a consulta por el dolor, no por las parestesias nocturnas).

En la **exploración de la sensibilidad** debe comprobarse el tacto en el dedo quinto, el borde cubital de dedo cuarto y el borde cubital de la mano (eminencia hipoténar). Puede faltar la hipoestesia en la mano, o en el dedo cuarto, o en el quinto, o en ambos. La hipoestesia en los dedos puede limitarse a las yemas. No debe haber hipoestesia, ni otras alteraciones de la sensibilidad, en la parte proximal del antebrazo, algo propio de una radiculopatía.

La compresión aguda del nervio en el codo suele afectar más a las fibras sensitivas que a las motoras, según experiencia personal.

En la **exploración física** interesan el trofismo muscular, la palpación del nervio, la existencia de deformidades en el codo y el balance muscular.

El **trofismo muscular** se refiere al grado de hipotrofia de interóseos. La hipotrofia del músculo primer interóseo dorsal se aprecia mejor abduciendo el pulgar en sentido palmar.

Las **causas de la amiotrofia del músculo primer interóseo dorsal** son las siguientes:

A. **Afectación de primera motoneurona** en corteza, vía piramidal o ambas: desuso, *ictus*.

B. **Afectación de segunda motoneurona en médula espinal:** enfermedad de la motoneurona (siringomielia, esclerosis lateral amiotrófica, atrofia muscular espinal, etc.).

C. **Afectación de segunda motoneurona en plexo braquial:** por traumatismo, proceso inflamatorio o síndrome compresivo. Se debe a lesión de las raíces nerviosas C8/T1, o por lesión del tronco inferior, o del cordón medial.

D. **Afectación del tronco nervioso (nervio cubital)** de manera localizada en una sección traumática, por compresión, atrapamiento; de manera difusa en polineuropatías o mononeuropatías múltiples.

E. **Unión neuromuscular:** principalmente botulismo y *miastenia gravis* de larga evolución (situación infrecuente, pero posible: personalmente se ha visto el caso de algún paciente con amiotrofia de primer interóseo dorsal por *miastenia gravis* de larga evolución).

F. **Músculo:** miopatías con afectación distal (las miopatías distales, hereditarias o esporádicas, son raras; la miositis por cuerpos de inclusión es rara, y los hallazgos electromiográficos son similares a los de la polimiositis; la enfermedad de Steinert es más frecuente, se observan personalmente 2 casos al año, y es característica la amiotrofia en partes acras).

G. **Miscelánea:** varias de las causas anteriores pueden concurrir en un mismo enfermo. Aparte de esto, existe un síndrome autosómico dominante, raro, conocido como *syndrome of muscle wasting of hands and sensorioneural deafness*, que afecta a niños y cursa con amiotrofia bilateral en manos, asociada a hipoacusia neurosensorial que puede ser unilateral.

Buyse ML. Birth deffects enciclopedia. Dover, Blackwell, 1990. p 1176.

H. **Otras causas.** Por último, hay que recordar que la causa de la amiotrofia puede ser externa al sistema neuromuscular, y estar asociada al envejecimiento, a la desnutrición o ambos.

Fontoira M et al. Diagnóstico del paciente con amiotrofia del músculo primer interóseo dorsal: a propósito de 15 casos clínicos. Rehabilitación 2002; 36: 50-58.

Además es importante la **palpación** de los músculos del miembro y del nervio en el codo. En el caso del nervio hay que comprobar si está engrosado. El nervio es aplanado en condiciones normales, y cilíndrico o fusiforme y endurecido en el caso de un atrapamiento crónico. También puede estar subluxado o luxado, o adherido a planos profundos en algún punto, o todo ello. Es importante la comparación con el nervio contralateral. En condiciones normales el nervio es desplazable dentro del surco, pero no subluxable o luxable mediante la palpación o la flexión del codo. **Subluxación** quiere decir desplazamiento del nervio sobre el epicóndilo durante la flexión del codo. **Luxación** quiere decir desplazamiento más allá del epicóndilo durante la flexión del codo. La **luxación traumática** es dolorosa, y la luxación recidivante, con compresión sobreañadida, puede derivar en neuritis (Osborne, 1970). En el caso de un **atrapamiento prolongado** el nervio dañado suele presentar forma cilíndrica o fusiforme, y suele estar fijo a planos profundos al penetrar en el músculo cubital anterior, y también adherido a planos profundos en su corredera en un elevado número de casos. Puede estar subluxado en un lado y adherido en el otro, o en otras y diversas combinaciones posibles.

Interesa comprobar si hay **deformación en el codo**, como pueda ser codo en valgo, codo inextensible hasta los 180 grados, extensible por encima de los 180 grados, o la presencia de un "mazacote" artrósico en el codo que afecten al nervio.

En algunos casos de atrapamiento primario en codo no se palpan ninguna de estas anomalías. Por este motivo desde un punto de vista práctico carece de sentido tratar de distinguir entre el síndrome del túnel cubital y el síndrome del canal epitrocleolecraniano, porque además desde el punto de vista electromiográfico son también indistinguibles, a pesar de existir literatura médica en la que se afirma que cada uno tiene signos propios característicos, extremos que no se han podido reproducir ni confirmar personalmente hasta ahora.

La comprobación de la fuerza mediante el **balance muscular** es importante, sobre todo la comprobación de la abducción-aducción de los dedos segundo y quinto.

El atrapamiento del nervio en el codo podría ser subclínico a veces, pues hay evidencia de signos de atrapamiento en autopsias de sujetos asintomáticos.

Neary D et al. Sub-clinical entrapment neuropathy in man. J Neurol Sci 1975; 24: 283-98.

Incluso se han descrito posibles alteraciones electromiográficas en sujetos asintomáticos.

Eisen A. Early diagnosis of ulnar nerve palsy. Neurology 1974; 24: 256-62.

La **neuritis** en el codo, con signos irritativos del nervio (dolor, parestesias, signo de Tinel positivo) puede aparecer aisladamente, sin otros signos de afectación del nervio, y suele deberse a compresión aguda o golpe en la zona. Ocasionalmente evoluciona a un atrapamiento, con signos neurológicos deficitarios entonces (hipoestesia, amiotrofia).

El **signo de Tinel** suele ser positivo en las neuropatías en el codo (el signo de Tinel es positivo en el 65% de los pacientes con atrapamiento unilateral de nervio cubital en el codo). Según observaciones personales el signo de Tinel en las neuropatías del cubital en el codo es importante clínicamente sobre todo cuando la neuropatía es unilateral y el signo de Tinel es positivo y unilateral en el mismo lado que la lesión (esto no es válido en el caso de un atrapamiento bilateral).

La **afectación de la rama profunda en la palma** de la mano (conocida como enfermedad de Hunt, cuando es categorizable como lesión profesional) no incluye la afectación sensitiva (es una rama motora pura) lo que permite distinguirla de la afectación en la muñeca (en el canal de Guyon) y en el codo, que sí conllevan afectación sensitiva en casi todos los casos. Además por lo general la afectación de la rama profunda implica la afectación del primer interóseo dorsal pero no del abductor del meñique, mientras que en la muñeca o en el canal de Guyon se afecta por regla general el abductor del meñique también.

Personalmente no se ha observado hasta ahora la afectación primaria del nervio en el canal de Guyon, es decir, sin una causa traumática previa.

Atrapamiento del nervio cubital en el codo, criterios diagnósticos electromiográficos clásicos: Young afirma que la exploración motora es la técnica neurofisiológica más útil para localizar el lugar de atrapamiento (Young Bradshaw D, Shefner JM. Ulnar neuropathy at the elbow. Neurologic clinics 1999; 17: 447-461), algo que coincide en parte con lo observado personalmente.

Tan encuentra que la medición de la conducción motora mediante *inching* con detección en abductor del meñique es la técnica electromiográfica más sensible (y más sensible que la resonancia magnética) en el atrapamiento en codo (Tan II et al. Utility of magnetic resonance imaging and nerve conduction study in diagnosing ulnar neuropathy at the elbow. Clinical Neurophysiology 2010; 121: e1-e4).

Según Campbell (AAEM, Campbell WW. Guidelines in electrodiagnostic medicine. Practice parameter for electrodiagnóstico studies in ulnar neuropathy at the elbow. Muscle Nerve 1999; 8: 171-205), uno de los siguientes hallazgos en la conducción motora de nervio cubital sugiere lesión focal en el codo: velocidad de conducción menor de 50 metros/segundo; aumento de velocidad en antebrazo, en comparación con el codo, de 10 metros/segundo o más; caída de amplitud en el codo (pico negativo) mayor del 20%; desincronización significativa en codo.

Criterios clásicos propuestos por Kimura (Kimura J. Electrodiagnosis in diseases of nerve and muscle. Principles and practice. FA Davis/Philadelphia, 1989), basándose en Eisen y Odusote:

1. Velocidad de conducción motora en el codo 10 o más metros/segundo menor que en el antebrazo. Como se verá a continuación (véase nervio cubital, conducción motora), en 12 de 92 sujetos normales (serie propia) este signo era positivo sin haber atrapamiento, por lo tanto, es un criterio discutible.

2. Ausencia del potencial sensitivo antidrómico en la mano con estímulo en la muñeca: es cierto que en algunos pacientes con atrapamiento en el codo acaba desapareciendo la respuesta sensitiva antidrómica con estímulo en muñeca, aparte de la habitual desaparición de la respuesta sensitiva con estímulo en codo, que desaparece en casi todos los pacientes con atrapamiento de nervio cubital en codo. La conclusión de ésto es que **el criterio debería ser la desaparición del potencial sensitivo estimulando en codo, y no la desaparición de la respuesta estimulando en muñeca**, que parece ser una anécdota, más que un criterio diagnóstico en la práctica. Lo que indicaría un alargamiento de la latencia en muñeca o incluso un bloqueo en muñeca es que la desmielinización focal, la degeneración axonal, o ambas, se habrían extendido ya más allá del codo.

3. Latencia motora con registro en la mano y estímulo desde la zona proximal al epicóndilo mayor de 8,8 milisegundos (Eisen A. Early diagnosis of ulnar nerve palsy. Neurology 1974; 24: 256-62): **se trata de otro criterio clásico que no sirve en la práctica,** como se verá con la serie normal mostrada más abajo, por los falsos positivos. El límite superior normal en esta serie propia de sujetos sanos es de 10,8 milisegundos. Eisen (1974) consideraba que una latencia motora desde codo mayor de 9 milisegundos con registro en abductor de meñique indicaba lesión. En observaciones personales se ha encontrado una latencia normal en codo con un límite superior de 10,8 milisegundos, por ejemplo en esta serie de 92 sujetos, lo cual es lo esperable, por ejemplo, en personas con el antebrazo más largo. De hecho, otros autores se han fijado en que **es preciso tener en cuenta la longitud del miembro al pretender disponer de valores de referencia para la latencia motora desde el codo**, como es el caso de Lee (Lee S et al. Latency values correlated to arm length as a screening tool for ulnar neuropathy. Clinical Neurophysiology 2008; 119: 48-49).

4. Latencia motora desde muñeca mayor de 3,4 milisegundos: otro criterio discutible, nótese que el límite superior normal en la serie normal que se ha presentado más abajo fue de 4,3 milisegundos.

5. Ausencia de respuesta sensitiva ortodrómica de quinto dedo a muñeca: personalmente hace años que las mediciones se hacen antidrómicamente en quinto dedo por sistema. Se trata de otro criterio discutible.

6. Velocidad de conducción motora en el codo: Jebsen (1967) consideraba diagnóstica una velocidad en codo menor de 40 metros/segundo, pero hay que añadir que sin compararla con la velocidad en el antebrazo puede ser un falso positivo si se confunde el atrapamiento en codo con una polineuropatía, por ejemplo. Aparte de ésto, téngase también en cuenta que una velocidad menor de 48 metros/segundo se puede considerar anormal, por lo que este criterio de los 40 metros/segundo supone muchos falsos negativos en potencia y por tanto debe ser descartado también (ténganse en cuenta las fechas de muchas de estas propuestas y lo que han mejorado los aparatos de electromiografía desde entonces, aparte de la cantidad de experiencia acumulada desde entonces en tantos laboratorios del mundo).

Según Kincaid en 1986, citado por Osselton (Osselton JW. Clinical Neurophysiology. EMG, Nerve conduction and EP. Butterworth Heinemann. Oxford. 1996. p. 181-183), el límite inferior para la velocidad en codo con el codo flexionado es de 49 metros/segundo, aunque **en la serie propia presentada más abajo se verá que el límite inferior de 48 metros/segundo parece ser el más sensible.**

Valls (Valls J et al. Posición del codo en el estudio electrofisiológico de la neuropatía cubital. Rehabilitación 1997; 31: 339-342) consideraba que la técnica más fiable para el diagnóstico de la neuropatía del cubital en el codo es el valor absoluto de la velocidad en codo, más que la lentificación relativa en codo respecto de antebrazo, algo que coincide con lo observado personalmente. Recomendaba Valls también que cada laboratorio tuviera sus propios valores de referencia, sin darle importancia a que el codo estuviese a 90 o 180 grados, siempre que las condiciones de medición fuesen las mismas en todo caso y en cada laboratorio se dispusiese de valores de referencia para cada caso (**personalmente sí se le da importancia a que el codo esté a 90 grados,** como se razona más abajo). Sin embargo, propone como valor mínimo normal para la velocidad motora en codo a 90 grados el de 42 metros/segundo, que personalmente se considera un valor patológico, ya que no se ha observado en personas sanas en la práctica de hecho.

La solución de Eisen (Eisen A. Early diagnosis of ulnar nerve palsy. An electrophysiologic study. Neurology 1974; 24: 256) y Odusote (Odusote K, Eisen A. An electrophysiological quantitation of the cubital tunnel syndrome. J Neurol Sci 1979; 6: 403) para estas incongruencias e incompatibilidades entre los criterios electromiográficos clásicos para el diagnóstico de atrapamiento en codo consistía en no dar valor al electromiograma en los casos leves, y considerar que el electromiograma poseería una sensibilidad del 40% en casos moderados y de un 80% en casos acusados.

Eisen y Danon (1974), por citar otro ejemplo, consideraban que una latencia en codo mayor de 10,2 milisegundos o una velocidad en codo menor de 41 metros/segundo eran motivo de indicación quirúrgica.

Según Payan (1969) lo más útil es la detección de la lentificación sensitiva, motora, o ambas, en codo, encontrando poco útil (Payan, 1970) el grado de lentificación distal al codo. Evidentemente el tramo distal también puede estar lentificado (Gilliatt y Thomas, 1979) si la desmielinización se extiende, por lo que algo de razón tiene Payan. Pero, como ya se ha dicho y se irá viendo, **el criterio más importante parece ser el valor de la velocidad de conducción motora en el codo.**

Según Pickett y Coleman (1984) una caída de amplitud mayor del 25% en codo (o mayor del 30%, según Aminoff, 1980) localiza la lesión en codo.

Según Miller (Miller RG. The cubital tunnel syndrome. Diagnosis and precise localicalization. Ann Neurol 1979; 6: 56-59) la estimulación en el codo en varios puntos permite localizar la lesión con precisión. Es posible que la clave en esta afirmación esté en la definición de "precisión" en este caso. Por otro lado, Miller quizá fuera de los primeros en empezar a darse cuenta de que **el atrapamiento y la compresión aguda del nervio cubital en el codo probablemente son dos cuadros distintos**, al darse cuenta de que el síndrome del túnel cubital (como se le llamaba entonces) podía aparecer sin traumatismo previo o deformidad, y no ser por tanto una parálisis cubital tardía ni otro cuadro por el estilo.

Brown et al (Brown WF, Ferguson GG, Jones MW et al. The location of conduction abnormalities in human entrapment neuropathies. Can J Neurol Sci 1976; 3: 111-122) fueron quizá los primeros en dejar por escrito que el atrapamiento daba la impresión de localizarse a veces en el túnel cubital y otras veces en la corredera cubital, proximal al túnel, lo cual empezó a generar la idea de la posibilidad de dos tipos de atrapamiento.

Criterio de Osselton (1986), basándose en Kincaid: límite inferior normal para la velocidad motora en codo, con codo flexionado, de 49 metros/segundo. Muy bien, pero, ¿qué ocurre con el diagnóstico de neuropatía focal del cubital en el codo cuando la velocidad de conducción motora en el codo es más de 10 metros/segundo más lenta que en el antebrazo y la velocidad en codo es mayor de 49 metros/segundo, como se ve en la práctica? Ésto daría lugar a una incompatibilidad entre dos criterios clásicos al ser contradictorios. O también, ¿qué pasa con el diagnóstico cuando la velocidad es menor de 49 metros/segundo pero la velocidad en codo no es 10 o más metros/segundos más lenta que en antebrazo? De nuevo dos criterios clásicos serían incompatibles al ser incoherentes entre sí. En la práctica estos supuestos se dan, porque la velocidad puede ser menor de 49 metros/segundo pero no ser 10 o más metros/segundos más lenta que en antebrazo si, por ejemplo, la desmielinización se extiende al antebrazo (desmielinización que es más acusada cuando hay degeneración walleriana del nervio). El caso es que, por lo visto, los criterios clásicos presentan algunos problemas de congruencia y compatibilidad.

Exploración electromiográfica de la conducción motora: Según algunas descripciones clásicas, la velocidad de conducción motora del nervio cubital es mayor en el segmento proximal que en el distal; por ejemplo, según Bolzani 9 metros/segundo mayor, o según Magladery y McDougal 10-20 metros/segundo mayor. Personalmente se ha comprobado que esto no se cumple por sistema, e incluso al contrario.

Según descripción clásica la velocidad de conducción motora por el nervio cubital es más lenta en el codo que en el antebrazo (Payan, 1969). Según observaciones personales esto es cierto en algunos casos, pero no en otros.

Kincaid acepta una diferencia de velocidad entre codo y antebrazo de hasta 11,4 metros/segundo (pero nótese que una velocidad en codo de 49, con una velocidad en antebrazo de 60,5 sería una situación normal, y sin embargo según este criterio de Kincaid sería anormal, y probablemente un falso positivo, por lo que se trata de un criterio discutible, sobre todo teniendo en cuenta que el tratamiento es quirúrgico, y no tiene sentido indicar la cirugía si no está indicada).

Personalmente, para la medición de la velocidad motora en codo se emplea por sistema el músculo abductor del meñique (menos frecuentemente el primer interóseo dorsal), con electrodos cutáneos o de aguja, según convenga más (conviene intentarlo primero con cutáneos, para causar la menor molestia posible para un mismo resultado final). No obstante téngase en cuenta que **en un atrapamiento en codo u otro tipo de lesión el primer interóseo dorsal puede estar afectado y no el abductor del meñique, y viceversa.**

Según descripción clásica la velocidad de conducción motora es mayor en mujeres que en hombres (La Fratta y Smith, 1969).

Según descripción clásica existen diferencias en la velocidad de conducción motora de hasta el 5-10% entre ambos lados (Trojaborg, 1964); según observaciones personales pueden ser aun mayores.

Latencia motora con registro en mano y estímulo proximal al codo, límite superior normal: hasta 9,6 milisegundos para Kimura, con una diferencia entre ambos lados de hasta 0,9 milisegundos.

Estas cifras en concreto, tomadas en sus valores absolutos, probablemente son poco recomendables como referencia, porque en una persona con el miembro superior corto una latencia superior a 8 milisegundos podría ser anormal (la comparación con el otro lado podría ser necesaria en este caso, suponiendo que el otro lado fuera normal), por lo que no es suficiente con la latencia en valor absoluto para una confirmación diagnóstica, dado el rango de normalidad, siendo preciso realizar otras mediciones complementarias para obtener un valor relativo.

Por ejemplo, si la clínica es compatible con un atrapamiento del nervio en el codo, la latencia en codo es larga y la respuesta sensitiva está ausente por bloqueo sensitivo, deben valorarse también otros parámetros como la velocidad motora en codo, la diferencia de velocidad motora entre codo y antebrazo, la caída en la amplitud en codo y la desincronización del potencial motor, la actividad electromiográfica neurógena en primer interóseo dorsal, la *MUNE*, etc., para una valoración más precisa del grado de atrapamiento en particular, o de afectación por otra causa distinta al atrapamiento.

Hay que tener en cuenta que **en la afectación de nervio cubital en el codo por causas diversas puede haber alteración sensitiva, motora, o ambas, por lo que la normalidad de una de ellas no descarta la anormalidad de la otra medición;** por ejemplo, en un atrapamiento en codo la conducción sensitiva puede ser normal y la motora puede estar lentificada en codo, y en la compresión aguda en codo la conducción sensitiva puede estar bloqueada en codo y la conducción motora puede ser normal.

Según observaciones personales **la amplitud de la respuesta motora medida en abductor del meñique oscila en general entre 7 y 30 milivoltios en condiciones fisiológicas, siendo más frecuentes los valores de 10-15 milivoltios,** tanto con electrodos cutáneos como con electrodo bipolar de aguja.

En las **lesiones del nervio cubital en la palma de la mano** interesa la latencia motora por la rama profunda desde muñeca, con registro en abductor del meñique, cuyo valor normal presenta un límite superior de aproximadamente 4 milisegundos (Bhala y Goodgold, 1968), siendo la diferencia en un mismo lado entre primer interóseo dorsal y abductor del meñique de hasta 2 milisegundos (Olney RK, Wilbourn AJ. Ulnar nerve conduction study of the first dorsal interosseus muscle. Arch Phys Med Rehabil 1985; 66: 16-18), y siendo la diferencia entre ambos lados con registro en abductor del meñique de hasta 1,3 milisegundos (Olney y Wilbourn, 1985).

Para **distinguir entre lesiones en palma y en canal de Guyon** interesa esa diferencia entre la latencia a abductor del meñique y a primer interóseo dorsal en una misma mano estimulando en muñeca, que es de hasta 2 milisegundos. Esta técnica resulta útil en el caso de una afectación de la rama profunda, y también es útil la detección de anomalías electromiográficas en primer interóseo, con el electromiograma de abductor del meñique y la conducción sensitiva a dedo quinto normal en caso de lesión de rama profunda en palma, y con un antecedente clínico compatible en todo caso. De todos modos hay casos limítrofes en los que no se puede determinar si la lesión es en palma o en canal de Guyon, por ejemplo, en un paciente visto personalmente la latencia motora a primer interóseo dorsal era de 12,7 milisegundos, y a abductor del meñique de 2,7 milisegundos; el primer interóseo dorsal presentaba una acusada hipotrofia y activaba un 20% de sus unidades motoras, además de presentar actividad denervativa, mientras que el abductor del meñique era normal; además la conducción sensitiva al quinto dedo era normal y sin embargo el paciente (que no era capaz de recordar un antecedente traumático concreto) refería disestesias en el dedo meñique.

Velocidad de conducción motora en codo, la posición del codo: Kincaid, Phillips y Daube (Kincaid JC et al. The evaluation of suspected ulnar neuropathy at the elbow Arch Neurol 1986; 43: 44-47) recomiendan una posición del codo entre 90 y 135 grados porque al estirar el codo (más o menos 180 grados) el nervio se despliega y por tanto la distancia medida es más fiable si no se despliega. Personalmente se explora con el codo a 90 grados en todo caso, y la razón es la siguiente: con frecuencia se ha observado que a menos de 90 grados aparecen parestesias e incluso hipoestesia, como una especie de signo de Phalen en el codo), lo cual ha llevado a pensar que a menos de 90 grados de arco podría haber un estiramiento excesivo del nervio en algunos pacientes (en sujetos con el nervio tal vez más corto que la media, o atrapado y por tanto menos extensible, algo que se puede comprobar a veces observando la facilidad para subluxarse e incluso luxarse sobre la espina del epicóndilo al flexionar el codo, tal vez por ser el nervio más corto, lo cual, por cierto, también falsearía el resultado de la medición de la distancia si no se tuviera en cuenta la luxación, por lo que no debería ser menor de 90 grados el ángulo del codo; y otra razón para no subir de 90 grados es la de hacer la técnica en igualdad de condiciones en todo caso.

Diversas investigaciones apoyan la conveniencia de hacer la técnica con una flexión de 90 grados (Kothari MJ, Preston DC. Comparison of the flexed and extended elbow positions in localizing ulnar neuropathy at the elbow. Muscle and Nerve 1995; 18: 336-340).

En una serie propia de 92 sujetos sanos con edades entre la segunda y octava décadas, se obtuvieron los siguientes **valores de referencia para la exploración electromiográfica de la conducción motora por el nervio cubital:**
Latencia motora con estímulo en muñeca: de 1,9 a 4,3 milisegundos.
Latencia motora desde codo (estímulo proximal al túnel cubital): **6,8 a 10,8 milisegundos** (en personas con miembro superior largo se alcanzan estas cifras: 10,8 milisegundos, que como se ve es superior a la cifra presentada por Kimura, que es 9,6 milisegundos, como se recordará).
Obsérvese que uno de los criterios posiblemente considerado como clásico para el diagnóstico positivo de atrapamiento en codo es una latencia desde codo superior a 8,8 milisegundos, y ya en esta serie propia 34 de los 92 sujetos presentaban una latencia mayor de 8,8 milisegundos, y estaban sanos, lo cual personalmente se considera que invalida el criterio de los 8,8 milisegundos.
Velocidad de conducción motora en codo: de 48 a 79,9 metros/segundo. La distancia se midió con el **codo a 90 grados** con una cinta métrica flexible apoyada sobre el epicóndilo para medir la distancia con la cinta métrica en "L", siendo la distancia por término medio de unos 12 centímetros, aunque hay que tener en cuenta que, como dijo Kimura, **cuanto menor sea el segmento explorado en el caso de una neuropatía focal, mayor será la posibilidad de detectarse la anormalidad, a diferencia de lo que ocurre en las polineuropatías, en las que la sensibilidad del electromiograma aumenta cuanto mayor sea el tramo de nervio explorado** (Kimura J. The carpal tunnel syndrome: localization of conduction abnormalities within the distal segment of th median nerve. Brain 1979; 102: 619-35), a pesar de lo cual existe cierto convencionalismo en cuanto a procurar que esta distancia en codo no sea menor de 10 centímetros.
La velocidad fue mayor en codo que en antebrazo en 46 de los 92 (la mitad justa). La velocidad en codo fue 10 o más metros/segundo más lenta que en antebrazo en 12 de los sujetos normales, que por tanto podrían haber dado lugar una vez más a 12 falsos positivos para el diagnóstico de atrapamiento en codo en caso de haber empleado el criterio clásico de los 10 metros/segundo, sin haber atrapamiento.
La velocidad motora en codo fue menor de 49 metros/segundo en 2 sujetos de esta serie de 92, lo cual también podría haber dado lugar a un falso positivo de haber seguido ciegamente el criterio clásico de los 49 metros/segundo. De estos 2 sujetos con velocidad menor de 49 metros/segundo, en uno de ellos la latencia en codo era de 8,9 milisegundos (superior a 8,8 milisegundos) y en el otro la latencia fue de 10,2 milisegundos, y estaban sanos. En cambio, en ninguno de los 92 sujetos sanos la velocidad motora en codo fue menor de 48 metros/segundo, incluyendo estos dos sujetos en los que la velocidad fue menor de 49 metros/segundo.
La velocidad fue mayor en codo que en antebrazo en 46 de los 92 (la mitad justa). La velocidad en codo fue 10 o más metros/segundo más lenta que en antebrazo en 12 de los sujetos normales, que por tanto podrían haber dado lugar una vez más a 12 falsos positivos para el diagnóstico de atrapamiento en codo en caso de haber empleado el criterio clásico de los 10 metros/segundo, sin haber atrapamiento.

La velocidad motora en codo fue menor de 49 metros/segundo en 2 sujetos de esta serie de 92, lo cual también podría haber dado lugar a un falso positivo de haber seguido ciegamente el criterio clásico de los 49 metros/segundo. De estos 2 sujetos con velocidad menor de 49 metros/segundo, en uno de ellos la latencia en codo era de 8,9 milisegundos (superior a 8,8 milisegundos) y en el otro la latencia fue de 10,2 milisegundos, y estaban sanos. En cambio, en ninguno de los 92 sujetos sanos la velocidad motora en codo fue menor de 48 metros/segundo, incluyendo estos dos sujetos en los que la velocidad fue menor de 49 metros/segundo.

En cuanto a la técnica de obtención de la velocidad motora en codo, hay algún detalle interesante más a tener en cuenta: un estímulo submáximo en codo (en los dos puntos del codo en los que se estimula, uno proximal y otro distal a epicóndilo) puede dar lugar a una velocidad falsamente lenta, y un estímulo supraumbral excesivo puede dar lugar a una velocidad falsamente rápida, por lo que **es preciso buscar con detenimiento la intensidad de estimulación supramáxima óptima.**

Y es importante repetir uno a uno con minuciosidad los pasos de la técnica si la velocidad está lentificada en un primer intento (por tanto, es recomendable el *retest*, paso a paso, incluyendo la remedición de las distancias y el remarcaje de los puntos de estímulo óptimos, recordando que la distancia mínima entre los puntos de estímulo en codo debe ser de 10 centímetros por sistema).

También hay que recordar que es preciso no confundir una lentificación en codo, antebrazo, o ambos, por atrapamiento, con una lentificación en codo por polineuropatía o por enfriamiento del miembro (la **temperatura de la piel** debe estar al menos a 33 grados centígrados, aunque, como es lógico, si está a menos de 33 grados centígrados y la velocidad en codo es de, por ejemplo, 60 metros/segundo pues evidentemente ya no hace falta calentar el miembro para repetir la prueba).

La duración del potencial motor es ligeramente superior desde codo que desde antebrazo, y en una situación normal no está desincronizado en codo, por lo que la **desincronización** es un signo de anormalidad en todo caso, y aun más: **puede ser el único parámetro alterado en un atrapamiento en codo.**

El **bloqueo de la conducción motora** en codo suele ir acompañado de simplificación del trazado en abductor del meñique o primer interóseo dorsal o ambos (sobre todo si el bloqueo es al menos del 50%), y en ocasiones de fibrilaciones y ondas positivas, pistas importantes para confirmar si dicho bloqueo incluye algún grado de axonotmesis.

Exploración electromiográfica de la conducción sensitiva antidrómica: la **velocidad de conducción sensitiva antidrómica normal a dedo quinto desde muñeca** (midiendo la latencia en la primera "deflexión" de la línea de base), obtenida por observaciones personales, con una temperatura cutánea de 33 grados centígrados, es de **44-60 metros/segundo.**

La **diferencia entre las velocidades sensitivas antidrómicas de los nervios cubital y mediano de un mismo lado,** obtenidas con registro en los dedos quinto y tercero respectivamente, en condiciones normales, **no debería ser mayor de 13 metros/segundo, o de un 20%.**

Una velocidad de conducción sensitiva por el nervio cubital menor de 44 metros/segundo es anormal de todos modos, aunque **en personas añosas es posible aceptar un límite inferior de 42 metros/segundo** ocasionalmente, y este límite de 42 metros/segundo será además aceptable como tal en función del resto de las velocidades relativas (las de radial y mediano).

Las **amplitudes de las respuestas sensitivas antidrómicas** dependen de la temperatura (de 33 a 28 grados centígrados las amplitudes pueden aumentar en un factor de 10 en una misma persona, por ejemplo, pasando de 6 microvoltios a 60 microvoltios) por lo que en todo caso las amplitudes no deben valorarse en su valor absoluto, sino que deben valorarse por ejemplo en función de la diferencia entre muñeca y codo, y en su comparación con las amplitudes de otros nervios sensitivos, y con el otro lado, antes de llegar a conclusiones, sobre todo si no ha habido corrección de la temperatura, aunque en general se puede afirmar que en condiciones normales las amplitudes sensitivas antidrómicas de nervio cubital son **mayores de 6 microvoltios** como mínimo desde muñeca (hace años que personalmente ha dejado de practicarse la exploración de la conducción sensitiva por el nervio cubital ortodrómicamente, por no ser más útil en la práctica, aunque sí por ser un procedimiento más lento y laborioso que la medición antidrómica).

Murashima et al (Murashima H et al. Spread to the dorsal ulnar cutaneous branch: A pitfall during the Soutine antidromic sensory nerve conduction study of the ulnar nerve. Clin Neurophysiol 2012; 123: 973-978) han observado que la dispersión del estímulo de nervio cubital en muñeca para obtener la respuesta sensitiva antidrómica hacia la rama cutánea dorsal puede aumentar el valor de la amplitud de esta respuesta antidrómica en quinto dedo y tomarse este valor equivocadamente por el del cubital, por lo que recomiendan tener en cuenta esta posible fuente de errores.

Se ha obtenido una muestra para presentar estos valores de referencia. Se exploró la **conducción sensitiva antidrómica** en 60 sujetos de 22 a 81 años de edad. Los valores obtenidos fueron los siguientes (los valores máximos aparecieron en la franja de los 45-50 años, quizá por ser la franja con el mayor número de sujetos en esta ocasión):

latencia desde muñeca a dedo quinto: 1,9 a 3,3 milisegundos (el potencial antidrómico es difásico, y la latencia fue medida en la "deflexión" del primer pico).

Latencia desde codo (proximal al túnel cubital): **5,5 a 8,8 milisegundos** (en la latencia influye de manera importante la longitud del antebrazo, aparte de la velocidad de conducción).

Amplitud del potencial sensitivo con estímulo en muñeca: 8,7 a 68 microvoltios (las amplitudes se han medido de pico a pico).

Amplitud estimulando en codo: 4,6 a 40 microvoltios (el límite inferior de 4,6 se repite varias veces en la serie, y a varias edades, incluyendo edades extremas).

Caída en la amplitud de la respuesta sensitiva estimulando proximalmente al codo en comparación con la amplitud de la respuesta estimulando en muñeca:

de un 20 hasta un 73%. Este dato es destacable: en un sujeto normal, la amplitud del potencial sensitivo antidrómico estimulando en codo puede ser hasta un 73% menor que la amplitud del potencial obtenido estimulando en muñeca, lo cual es casi un 75%, es decir, las tres cuartas partes, de manera que no será sencillo interpretar este parámetro para determinar un bloqueo sensitivo en el codo en los casos en los que haya bloqueo pero sea menor del 73% la caída en amplitud, ni determinarlo con gran precisión en estos casos tampoco; de hecho, es un dato importante, ya que en general en neurofisiología clínica suelen considerarse significativas las caídas en amplitud mayores del 50% aproximadamente, utilizando diversas técnicas, regla que no se puede generalizar para este caso, dado que el rango de caída normal va del 20% al 73%; por tanto, hay que tener en cuenta las magnitudes de otros parámetros además de la amplitud del potencial estimulando en codo si la caída no llega al 73% pero hay sospecha de bloqueo, por ejemplo: en caso de hipoestesia limitada al territorio del nervio cubital, la sospecha de bloqueo de nervio cubital será alta aunque la caída de la amplitud sea menor del 73%, por lo que habrá que valorar más parámetros en ese caso, como se verá.

Diferencia de amplitud entre ambos lados: osciló entre el 5% y el 30%, dato que puede ser crucial para decidir si una caída de amplitud estimulando en codo en un lado es patológica aunque no sea más de un 73% más baja que estimulando en muñeca (dado el amplio margen de caída fisiológica entre muñeca y codo homolaterales, que llega hasta el 73%, de modo que si por ejemplo en caso de hipoestesia cubital en un lado tras compresión aguda y conducción motora normal la caída de amplitud en codo respecto de muñeca fuera del 65%, pero la diferencia con el codo contralateral fuese mayor del 30%, podría confirmarse que la amplitud en codo habría caído, a pesar de no haber caído por encima del 73%, y así explicar la hipoestesia en este caso).

En principio, parece más útil, clínicamente, sobre todo, la desaparición del potencial con estímulo en codo, más que el alargamiento de la latencia sensitiva o la caída de la amplitud, por las razones aducidas y por otras, por ejemplo, porque además en la práctica es más frecuente que la alteración sensitiva se manifieste en el electromiograma por la desaparición del potencial que por los otros dos parámetros citados, el aumento de latencia y la caída de amplitud, o por otros parámetros, como el aumento de duración o la disminución de la relación amplitud/duración, que indicaría desincronización del potencial y no sólo bloqueo; y otra razón es que en personas sanas el potencial está presente de manera constante en todo caso estimulando en codo, o al menos ésta es la experiencia propia hasta el presente, aunque en algunas personas sea precisa la promediación de la respuesta para hacer visible el potencial sensitivo antidrómico.

La velocidad sensitiva no sólo se puede medir entre codo y muñeca (lo habitual), sino que se puede obtener también en codo si se considerase necesario, y también en el tramo que va de axila a codo. Por ejemplo, en el bloqueo sensitivo en codo no aparecerá con frecuencia respuesta sensitiva distal al codo, pero sí puede aparecer la proximal al codo, entre codo y axila, si no se ha producido la degeneración mulleriana. En la práctica es innecesaria esta sofisticación para el diagnóstico en general, salvo rara excepción, y en la actualidad ya hace años que personalmente no se ha vuelto a explorar la conducción sensitiva entre codo y axila (estimulando en axila y registrando antidrómicamente en codo proximal, o al revés ortordómicamente).

Atrapamiento del nervio cubital en el codo, criterios electromiográficos diagnósticos y la solución del problema de la incompatibilidad de los criterios clásicos en algunos casos: para el diagnóstico es fundamental la clínica y el uso racional del electromiograma, y su compatibilización con la clínica, sobre todo en casos dudosos. En una situación ideal, el paciente presentará una clínica compatible con atrapamiento en codo, una latencia motora en codo proximal mayor de 10,8 milisegundos, un potencial motor de baja amplitud en codo, con una caída de amplitud de más de un 50% en comparación con la amplitud del potencial registrado estimulando en muñeca en el mismo lado, y en comparación con el codo del otro lado, y además el potencial motor estará desincronizado, y habrá ausencia del potencial sensitivo desde codo, y la velocidad motora en codo será menor de 48 metros/segundo, y más de 10 metros/segundo más lenta que en antebrazo, y en el electromiograma aparecerán signos neurógenos en primer interóseo dorsal y abductor del meñique, y a veces también en cubital anterior en casos severos, e incluso un potencial sensitivo normal en brazo (entre axila y parte proximal del codo) y ausente en antebrazo.

El atrapamiento de nervio cubital en codo puede ser crónico y subclínico durante un tiempo prolongado, y debutar clínicamente de forma aguda por motivos diversos.

En ocasiones los hallazgos, basándose de manera literal en los criterios clásicos que se acaban de exponer, serán incompatibles, paradójicos e incongruentes, como se acaba de decir, y ya no sólo incongruentes con la clínica, sino también entre sí, lo cual supone un problema diagnóstico que hay que resolver para evitar falsos positivos y falsos negativos, y no sólo por el diagnóstico en sí, sino también porque de ello depende la correcta indicación quirúrgica.

Para tratar de encontrar una **solución para el problema de los criterios clásicos**, durante unos 16 meses (por ejemplo) se han registrado personalmente los resultados obtenidos de los pacientes con atrapamiento de nervio cubital en codo a los que se les ha hecho un electromiograma en ese periodo. En total se han visto **49 casos de atrapamiento del nervio cubital en el codo** en ese periodo, obteniéndose los siguientes **resultados:**

1. **Respuesta sensitiva antidrómica (estímulo en parte proximal del codo y registro con electrodos de anilla en quinto dedo): ausente desde codo** en 47 pacientes (**96% de los pacientes**). En los otros dos pacientes, en uno la respuesta sensitiva desde codo presentaba una **caída de amplitud** del 83%, que se puede considerar patológica (**2% de los pacientes**). El otro paciente presentaba una **respuesta sensitiva normal** (**2% de los pacientes**), a pesar de tener un atrapamiento en codo y la respuesta motora claramente alterada. Ésto es interesante y revelador, sobre todo porque todos los pacientes presentaron alterada la conducción motora, los 49, de modo que la **exploración motora** fue

un poco más sensible que la sensitiva en los casos de atrapamiento, al revés que en la neuropatía del cubital en codo por compresión, del que se verá también una serie de casos más abajo. Ya se conoce desde hace años el interés de la exploración sensitiva en este síndrome, por su utilidad diagnóstica debido a su alta sensibilidad, pues suele estar alterada en casi todos los pacientes con atrapamiento (Valls J et al. Diferentes parámetros electroneurográficos en la neuropatía cubital en el codo. Interés de la conducción sensitiva antidrómica. Neurología 1994; 9: 24-27).

2. La amplitud motora con estímulo en codo (proximalmente a epicóndilo) estaba **reducida** significativamente (**entre un 50% y un 90%**) en 15 de los 49 casos (**31% de los pacientes**), por tanto, **la caída de la amplitud motora no es un criterio tan importante como otros para el diagnóstico del atrapamiento de nervio cubital en codo (sensibilidad del 31%),** lo cual contradice resultados previos en otros laboratorios, que otorgan más valor clínico a este parámetro que el que se le otorga aquí. Además **tiene una alta especificidad para el bloqueo motor en codo, pero no para el bloqueo por atrapamiento en particular,** pues el bloqueo también puede deberse a compresión, polineuropatía, etc. En esta serie de sujetos con atrapamiento en codo no hubo ningún caso con **bloqueo motor del 100% en codo (menos del 1% de los pacientes),** pero, por supuesto, se puede producir también, y desde luego se ha observado en diversos pacientes con atrapamiento en codo al margen de los recogidos para esta serie concreta presentada aquí.

3. Latencia motora desde muñeca: de 2,6 a 7,9 milisegundos. En 9 de los 49 casos (**18% de los pacientes**) la latencia era **mayor de 4,3 milisegundos** (el límite superior encontrado en la serie expuesta con sujetos sin atrapamiento de nervio cubital en codo), algo con un **valor sobre todo anecdótico** y que como mucho indicaría una mayor severidad del atrapamiento, que ya queda mejor determinada con otros parámetros más sensibles y específicos.

4. Latencia motora desde codo (proximalmente a epicóndilo): de 8,4 a 22,3 milisegundos. La latencia desde codo fue mayor que 8,8 milisegundos (el criterio clásico) en 47 de los 49 sujetos con atrapamiento (96% del total de pacientes), pero también en 34 de los 92 sujetos sin atrapamiento (véase), por lo que el criterio de los 8,8 milisegundos es un criterio a desechar. 24 de los 92 sujetos (**26% de los pacientes**) presentaron una **latencia mayor de 10,8 milisegundos,** que implica una **alta especificidad para este criterio, pero una baja sensibilidad,** por lo que todavía no es el método electromiográfico definitivo que se está buscando y que zanje este asunto de la incompatibilidad entre los criterios clásicos.

5. Velocidad de conducción motora en codo 10 o más metros/segundo más lenta que en antebrazo: apareció en 14 de los 49 (**28% de los pacientes**), que no son muchos, pero **también se observó en 12 de los 92 sujetos sanos (13%),** lo cual es preocupante, y sigue sin ser por tanto el criterio definitivo. De hecho, parece otro criterio a desechar. Nótese que, de esos 14 pacientes con atrapamiento, todos presentaron en codo una velocidad motora menor de 48 metros/segundo, lo cual, una vez más, deja en mejor lugar al criterio de los 48 metros/segundo que al de los 49 metros/segundo.

6. La velocidad motora en antebrazo fue desde 24,2 metros/segundo a 69,5 metros/segundo, y la velocidad motora en codo osciló desde 19,6 metros/segundo hasta 47,7 metros/segundo. Es decir, en todos los sujetos con atrapamiento en codo (100% de los pacientes de esta serie) la velocidad motora en codo fue menor de 49 metros/segundo, y lo que es más importante, en todos (al menos en esta serie) fue la velocidad motora en codo menor de 48 metros/segundo.

Por tanto, la solución al problema es clara: la anamnesis y la exploración deben ser lo más completas que sea posible, pero el criterio más fiable y seguro para el diagnóstico de atrapamiento de nervio cubital en codo, el más sensible y específico, con una sensibilidad del 100%, una especificidad del 100% y un valor predictivo del 100%, al menos en esta serie (una vez descartada la polineuropatía, la temperatura baja, y siendo la clínica compatible), es la obtención de una velocidad motora en codo menor de 48 metros/segundo, por lo que este criterio debería ser incorporado por sistema en la exploración electromiográfica en la neuropatía del cubital por atrapamiento en codo como el más importante desde el punto de vista clínico en la práctica.

Peculiaridades técnicas del electromiograma en su uso para el diagnóstico de lesiones del nervio cubital en el codo: Aminoff (1980) recomienda llevar a cabo la **exploración en los dos lados,** porque a veces el atrapamiento es bilateral.

Personalmente no se ha conseguido de manera fiable y fehaciente lograr hacer **la distinción entre el síndrome del túnel cubital y el síndrome de la corredera cubital mediante un electromiograma,** un hecho que no parece factible en la práctica por tanto, por lo que en ambos casos, suponiendo que los haya, personalmente se hace mención, en la conclusión del informe electromiográfico correspondiente a cada paciente, a la observación de: signos electromiográficos compatibles con un atrapamiento de nervio cubital, derecho o izquierdo, en el codo, en grado leve, moderado o acusado. Se considera que el atrapamiento es acusado cuando hay solo afectación sensitiva con bloqueo sensitivo completo, desde codo al menos, o solo afectación motora con *MUNE* del 50% o menos y fuerza de 4/5 o menos (y atrofia si se ha producido), o afectación motora y sensitiva en esos valores (es raro que haya solo afectación motora o solo afectación sensitiva en caso de atrapamiento).

Se considera que el tratamiento debe ser la cirugía (si el cirujano la considera indicada) tanto para el túnel como para la corredera, sea o no cierta la distinción entre síndrome del túnel cubital y síndrome de la corredera cubital. Matizar si el atrapamiento se ha producido por estrechez del canal o por adherencias en la corredera parece carecer de sentido en la práctica. Clínicamente es fácil palpar la movilidad del nervio normal, o atrapado, o subluxado justo en el canal, y también es fácil palpar la adherencia a planos profundos del nervio en la corredera, y categorizar por separado ambos tipos de atrapamiento, pero no se conoce ninguna garantía científica sobre si esta categorización respondería a la verdad de los hechos, por lo que parece más sensato hablar de atrapamiento en el codo en general, sin hacer referencia a canal o corredera en particular, y unificar en todo caso el tratamiento de ambas categorías clínicas en una sola técnica terapéutica que se demuestre eficaz: liberación del nervio, transposición anterior (la transposición en función, tal vez, de si hay o no subluxación) o ambos.

En el atrapamiento en el codo, el **debut clínico** suele consistir en las manifestaciones sensitivas antes que en las motoras (**primero parestesias y después atrofia**), y según Payan (1969) **en el electromiograma suelen ser detectables antes las alteraciones sensitivas que las motoras, pero no siempre.** Personalmente se ha venido observando en algunos casos lo contrario, e incluso se puede comprobar en la serie de 49 casos clínicos expuesta. A diferencia de lo que ocurre con el atrapamiento en el codo, **en la compresión aguda del nervio cubital en el codo se comprueba en el electromiograma que la afectación sensitiva es mayor que la motora y que le precede.** Esta es pues una llamativa **diferencia entre el atrapamiento y la compresión del cubital en el codo: en el atrapamiento parece haber una tendencia a una ligera mayor afectación motora, mientras que en la compresión parece haber claramente una tendencia a una mayor afectación sensitiva.**

El caso de la parálisis cubital tardía es distinto al del atrapamiento y al de la compresión aguda, porque suele debutar clínicamente por atrofia muscular, y, desde el punto de vista del electromiograma, generalmente se detecta acusada afectación motora y sensitiva del nervio desde el principio. En la parálisis cubital tardía suele haber más atrofia que en el atrapamiento, y además, en caso de atrofia, la amplitud motora en la parálisis cubital tardía puede ser normal o alta de una manera incongruente con la atrofia, debido a compensación crónica por las fibras musculares restantes, por hipertrofia, reinervación colateral, o ambas, a diferencia de lo que se observa en el atrapamiento, en el que la amplitud motora suele ser baja en correlación con el grado de atrofia, al ser un cuadro menos evolucionado en el tiempo; pero estos detalles técnicos tiene un interés más académico que clínico, ya que en la parálisis cubital tardía el claro antecedente traumático suele hacer innecesaria tanta sofisticación técnica del electromiograma a la hora de confirmar el diagnóstico.

En general, en los síndromes compresivos de otros nervios mixtos, aparte del cubital, se observa en la práctica electromiográfica que se afectan antes las fibras sensitivas que las motoras, y que cuando el bloqueo sensitivo ya ha empezado a producirse empieza entonces a detectarse el bloqueo motor, a diferencia del atrapamiento del nervio cubital en el codo, que en la mayoría de los casos afecta tanto a las fibras motoras como a las sensitivas desde el principio, y, a veces, incluso más a las motoras que a las sensitivas.

En el atrapamiento de nervio mediano en la muñeca, a diferencia del atrapamiento del nervio cubital en el codo, se afectan las fibras sensitivas antes que las motoras desde el punto de vista electromiográfico en casi todos los casos, ocurriendo lo contrario rara vez. De hecho, cuando se observa mayor afectación motora que sensitiva del nervio mediano en casi todos estos casos la lesión del mediano en muñeca ha sido traumática, no por atrapamiento.

En un **atrapamiento del nervio cubital en el codo de larga evolución, la velocidad motora** por el nervio cubital, aparte de estar lentificada, **puede ser más lenta en el antebrazo que en el codo.** Es decir, se puede acabar invirtiendo la tendencia inicial, lo cual debe ser tenido en cuenta a la hora de aplicar los criterios electromiográficos para el diagnóstico del atrapamiento en el codo, pues este hecho inutilizaría una vez más el criterio de los 10 metros/segundo de reducción de la velocidad motora en codo en comparación con antebrazo (pero no del de los 48 metros/segundo, como límite inferior para la velocidad motora en codo.

En cuanto al **tratamiento quirúrgico**, a priori lo más lógico sería no modificar la técnica quirúrgica en función del túnel o el canal, siendo lo más lógico utilizar en todo caso una sola técnica en caso de haber manifestaciones clínicas de un atrapamiento con evidencia electromiográfica: la liberación quirúrgica del nervio, y tal vez añadir la transposición anterior del mismo, evitando rizos (*kinking*) disecando por el borde cubital, ya que las ramas se originan por el borde radial.

Kopell HP, Thompson WAL. Peripheral entrapment neuropathies. Chapter 18: Ulnar nerve. The William and Wilkins company. Baltimore 1963.

De todos modos, la técnica quirúrgica todavía es un asunto discutido, por ejemplo, Bimmler y Meyer prefieren recomendar la descompresión sin transposición anterior para el atrapamiento sin subluxación o sin luxación, reservando la descompresión con transposición submuscular anterior para los casos con atrapamiento y subluxación o con atrapamiento y luxación.

Bimmler D et al. Surgical treatment of the ulnar nerve entrapment neuropathy: submuscular anterior transposition or simple descompression of the ulnar nerve? Annals of hand and upper limb surgery 1996; 15: 148-156.

El **diagnóstico diferencial de las lesiones del nervio cubital** se hace fundamentalmente con los procesos clínicos en los que haya, básicamente, amiotrofia de primer interóseo dorsal, parestesias en el meñique, o ambos. Por tanto en el diagnóstico diferencial hay que tener en cuenta: una polineuropatía diabética, una radiculopatía cervical, una esclerosis lateral amiotrófica, una enfermedad de Charcot-Marie-Tooth, una siringomielia, un síndrome del canal de Guyon, una plexopatía braquial, una mononeuritis, un síndrome del estrecho torácico superior, un síndrome de los hombros caídos (clavículas horizontales), una hiperventilación por neurosis ansiosa (o unas parestesias en las manos por otras de las diversas causas que se puedan relacionar con parestesias), etc. Estos cuadros clínicos se pueden confundir con un atrapamiento de nervio cubital en el codo, y también el síndrome del túnel carpiano (**un atrapamiento o una compresión del cubital en codo puede cursar con parestesias nocturnas también**). Y, además, una neuritis aislada del cubital en el codo, al cursar con dolor en el codo, Tinel positivo y parestesias en dedo quinto, también se puede confundir con un atrapamiento en el codo, y téngase en cuenta que durante un atrapamiento puede haber neuritis, y que una neuritis puede complicarse con un atrapamiento.

En cuanto al tópico de la confusión con el síndrome del túnel carpiano, o la posible **afectación del cubital en el curso del síndrome del túnel carpiano en ausencia de atrapamiento de nervio cubital,** hay diversos trabajos al respecto, por ejemplo: Gianneschi concluye que podría haber compresión en el canal de Guyon en relación con la compresión en el túnel carpiano por el atrapamiento del nervio mediano.

Ginanneschi F et al. Evidence of altered motor axon properties of the ulnar nerve in carpal tunnel syndrome. Clilnical Neurophysiology 2007; 118: 1569-1576.

Según la experiencia propia sobre este asunto de la **posible afectación del nervio cubital en el canal de Guyon al aparecer parestesias en dedo meñique coincidiendo con una afectación del nervio mediano del mismo lado en el túnel carpiano,** la afectación del nervio cubital en el canal de Guyon es un hecho raro de ver, y en todos los pocos casos vistos hasta ahora, con alteraciones electromiográficas del nervio cubital, ha resultado ser secundaria a algún tipo de traumatismo en el canal de Guyon. En cambio, las parestesias por el territorio del cubital en el curso de un síndrome del túnel carpiano sí son frecuentes (y acompañadas de normalidad del electromiograma del nervio cubital). La **explicación más probable para la presencia de síntomas sensitivos en el territorio de nervio cubital en el curso de un síndrome del túnel carpiano ha de ser otra: probablemente se deba a la existencia de una doble inervación del dedo quinto por nervio mediano y cubital, ya sea por una auténtica doble inervación del dedo quinto, o bien por una falsa doble inervación por la existencia de una posible anastomosis de cubital a mediano proximal al túnel (anastomosis que no habría que confundir con la de Martin-Gruber).**

Patología al margen del atrapamiento: hay varios tipos raros de compresión del nervio cubital descritos: compresión por un músculo ancóneo accesorio (ancóneo epitroclear que vaya desde olécranon hasta epicóndilo medial) en surco postcondíleo (Van der Pool et al, 1968); compresión por un músculo cubital anterior hipertrofiado (Harrelson et al, 1975); compresión contra cresta supracondílea al flexionar codo y quedar el nervio estirado (Fragiadakis y Lamb, 1970); compresión en la arcada de Struthers, etc.

Otros cuadros clínicos interesantes aparte del atrapamiento son también estos otros:

Parálisis cubital tardía: descrita por Panas (Panas P. Sur une cause peu connue de paralysie du nerf cubital. Arch Gen Med 1878; 2: 5-7). Es una lesión del nervio asociada a una lesión articular en el codo (el atrapamiento suele ir asociado a una importante afectación articular con frecuencia también, por ejemplo por artrosis, siendo en ocasiones difícil distinguir el atrapamiento de la parálisis cubital tardía, concepto clínico, este último, que quizá convenga reservar entonces sobre todo para los casos en los que haya un claro antecedente de fractura ósea en el codo; y por otro lado tal vez habría que utilizar el concepto de atrapamiento también para los casos con artrosis severa en codo, o quizá habría que desarrollar el concepto de compresión crónica para estos últimos casos en caso de que no se quiera considerar un atrapamiento). La parálisis cubital tardía suele empezar tras más de 10 años desde la fractura de codo. No es imprescindible el cúbito valgo para que aparezca. Algunos casos pueden producirse por una neuritis crónica complicada. Puede ser subclínica durante décadas y debutar clínicamente en cuestión de días tras un traumatismo en codo que incluso puede ser mínimo (por ejemplo, una compresión aguda relativamente leve, como pueda ser el acto de apoyar el codo mientras se usa el ordenador). La mayor parte de los casos debutan clínicamente entre 20 y 30 años tras el traumatismo.

Mientras se registró la serie de 49 casos de atrapamiento de nervio cubital en codo expuesta más arriba, se atendió también a 5 pacientes con parálisis cubital tardía, con edades de 35 a 79 años, 3 varones y 2 mujeres. En los 5 había bloqueo completo de la conducción sensitiva (ya fuera estimulando en codo o en muñeca) y bloqueo motor parcial acusado, con respuestas motoras de baja amplitud, con atrofia de primer interóseo dorsal y con actividad denervativa (fibrilaciones y ondas positivas) en este músculo. Las latencias motoras en codo fueron desde 10,9 milisegundos hasta 24,8 milisegundos. Los 5 presentaban diverso grado de deformidad en el codo.

Lesión del nervio cubital en canal de Guyon (rama motora y sensitiva), en palma (rama motora pura), o ambas: se mencionan ambos puntos de lesión a la vez porque en ocasiones, a pesar de la descripción académica, es difícil en la práctica deslindar la lesión en palma de la lesión en canal de Guyon, por dos razones: uno, porque a veces van juntas, y dos, porque la lesión en canal de Guyon, aunque en principio debería tener repercusión sensitivomotora, a veces sólo presenta afectación motora. Además, la lesión en palma también puede cursar con alteraciones en abductor del meñique (y sin alteración sensitiva), cuando supuestamente no debería, por lo que no es posible separar ambas localizaciones en todo caso. Por otro lado, hay que añadir también que la afectación en canal de Guyon puede ser a veces sensitiva pura.

Mientras se preparó la serie de 49 casos con atrapamiento en codo expuesta más arriba, se registraron 4 casos de afectación en canal de Guyon, palma, o ambos, 1 varón y 3 mujeres, de 42 a 67 años. En todos ellos el mecanismo de lesión fue traumático (de hecho, no se ha visto hasta ahora personalmente ninguna lesión de nervio cubital en palma o en canal de Guyon con otro origen que no sea el traumático); siendo los mecanismos de lesión del nervio cubital en la mano en estos 4 individuos los siguientes: compresión aguda por caída desde moto sobre palma, compresión aguda con mango de cuchillo deshuesando animales, compresión aguda golpeando una grapadora con la palma, y compresión aguda al colocar el capuchón de una bombona de butano golpeando con la palma. En dos de ellos la conducción sensitiva fue normal, y fue normal también la conducción motora a abductor del meñique, mientras que la conducción a primer interóseo dorsal estaba bloqueada completamente y con signos de axonotmesis (actividad denervativa), lo cual es compatible con una afectación en palma de la rama motora profunda. En otro de los 4 casos la conducción motora a mano fue normal pero la conducción sensitiva estaba completamente bloqueada, compatible con afectación en canal de Guyon (y la afectación era sólo sensitiva, como tiende a ocurrir en las compresiones agudas de nervios mixtos). Y en el cuarto caso la respuesta sensitiva fue normal, y había bloqueo motor completo a primer interóseo dorsal y parcial a abductor del meñique, compatible con afectación en palma, canal de Guyon, o ambos.

Se ha descrito la compresión intermitente del cubital en la muñeca por músculos accesorios, por ejemplo, por un músculo abductor del meñique accesorio (Coraci D et al. Intermittent ulnar nerve compression due to accessory abductor digiti minimi muscle: Crucial diagnostic role of nerve ultrasound. Muscle & Nerve 2015; 52: 463).

Por último, se va a mencionar la **compresión aguda del nervio cubital en el codo**, que no se debe confundir con el atrapamiento en el codo. Miller ya había notado que la compresión aguda presentaba una clínica, un electromiograma y una prognosis distintas a la compresión crónica, sin entrar en más detalles (Miller RG. Chapter 5. Ulnar nerve lesions. En: Clinical electromyography. Brown WF, Bolton CF. Butterworths 1987). En el atrapamiento el nervio se atasca dentro del canal por un problema dentro del canal, y se lesiona por un mecanismo patogénico mixto de fricción y compresión (con un componente isquémico sobreañadido) que se prolonga durante meses o años. En la compresión aguda el nervio no está atrapado o atascado en su corredera o túnel canalicular, sino que el mecanismo es la compresión del nervio desde fuera de su canal y en poco tiempo, desde una fracción de segundo hasta algunos minutos o más. Ya en una época más reciente, tras la clásica división entre neuropatías crónicas del cubital en codo con anomalías estructurales (básicamente la parálisis cubital tardía) y sin anomalías estructurales (básicamente el atrapamiento), con la superposición evidente entre ambos en diversos casos, empezó a quedar claro que las neuropatías agudas del cubital localizadas en codo precisaban su propia entidad clínica, aparte de las crónicas, por su carácter agudo y por la presencia del mecanismo compresivo, algo que en su momento ya había pensado también Monserrat (Monserrat L. La neuropatía cubital a nivel del codo. Diagnóstico y criterios terapéuticos. Neurología 1997; 3: 120-128) (y también, a su vez, la compresión aguda, con la correspondiente **posibilidad de la superposición entre los diversos entes clínicos en diversos casos en la práctica, por ejemplo, si se produce compresión aguda sobre un nervio predispuesto por un atrapamiento previo, etc., situaciones que se observan con frecuencia en la práctica**).

En estos 16 meses que se han mencionado durante los que se registró la actividad diagnóstica con el atrapamiento de nervio cubital en codo, se registraron también 34 casos de **compresión aguda del nervio cubital en el codo**. Las **causas** de compresión aguda en esta serie fueron las siguientes: compresión durante el sueño nocturno, 12 casos (35% de los casos, y no fue posible saber si la compresión fue debida a apoyo contra el codo o a dormir con el codo flexionado, por ejemplo, colocado detrás de la cabeza, que es más probable que la otra posibilidad); compresión puesta de manifiesto tras retirar yeso o cabestrillo, 2 casos (6%); compresión tras usar ordenador, 9 casos (26%, de los cuales, 5 confirmaron haber permanecido apoyados sobre el codo en una misma postura más de 15 minutos, que posiblemente sea una cantidad de tiempo crítica para que el daño por compresión sea irreversible a corto plazo –

regla de los 15 minutos-); compresión durante encamamiento por estancia en la unidad de cuidados intensivos o en coma o por enfermedad grave, 4 casos (12%, son los casos en los que se ha encontrado mayor afectación del nervio cubital, con afectación motora grave, además de sensitiva grave, y hay que añadir que también se ha encontrado afectación grave, acusada afectación motora y sensitiva, en los casos de caída sobre el codo); compresión por caída sobre el codo, 3 casos (9%, y como se ha dicho, con acusada afectación también); y por último, compresión al conducir con el codo apoyado en la ventanilla, 1 caso (3%).

De estos 34 casos de compresión aguda, todos presentaron afectación sensitiva (100%): 26 (76%) presentaron bloqueo completo de la conducción sensitiva desde el codo (ausencia de respuesta sensitiva desde codo, con respuesta normal desde muñeca en casi todos los casos), y 8 (23%) bloqueo sensitivo parcial acusado en codo (amplitud muy baja). Así mismo, la respuesta motora fue normal en 20 casos (59%), cuando en todos ellos había un acusado bloqueo sensitivo. Nótese la **diferencia con lo hallado en los casos de atrapamiento**, y es que parece claro que **en el caso de la compresión aguda se afectan más las fibras sensitivas, mientras que en el atrapamiento se afectan ambas, o incluso algo más las fibras motoras en algunos casos.** El bloqueo motor fue de al menos el 50% en otros 8 casos de compresión aguda en codo (23%), y el bloqueo fue del 100% (coincidiendo también con un 100% de bloqueo sensitivo) en otros 6 casos (18%, que además fueron los casos más graves, los relacionados con encamamiento por coma, estancia en unidad de cuidados intensivos, y por caída sobre el codo, o al conducir apoyando el codo). Independientemente de lo encontrado en esta serie sobre atrapamiento en codo citada más arriba, y de acuerdo con observaciones personales, a largo plazo **la compresión aguda del nervio cubital en el codo es más frecuente que el atrapamiento, de hecho, es la segunda neuropatía focal más frecuente después del síndrome del túnel carpiano**, así, mientras del síndrome del túnel carpiano se ven varios casos nuevos cada día, de compresión aguda de nervio cubital en el codo en la práctica se ve un caso nuevo cada semana, aproximadamente.

Y por último, unas preguntas: en la compresión aguda de nervio cubital en codo durante el sueño nocturno, ¿la lesión se debe a la mera compresión prolongada por la mala postura sumada a la imposibilidad de llevar a cabo un cambio de postura para evitar la compresión en curso por una insensibilidad al daño que se está sufriendo debido al grado de inconsciencia, se debe a una mayor predisposición nocturna a la lesión nerviosa por "desaferentación" nocturna fisiológica, es decir, por la disminución o cese del flujo axonal periférico que de modo fisiológico ocurre durante el sueño, o a todas estas causas? (¿y sería esta "desaferentación" fisiológica también parte de la explicación de por qué el síndrome del túnel carpiano es más intenso por la noche, durante el sueño?).

NERVIO DE ARNOLD: nervio occipital mayor.

NERVIO DE FROMENT-RAUBER: rama inconstante del nervio radial en la mano que rara vez inerva al primer interóseo dorsal.

NERVIO DIGITAL: posee de 1500 a 3000 fibras (Bonnel, 1989).
Ocasionalmente acuden pacientes con hemihipoestesia en un dedo de la mano en relación con el uso de tijeras o podadoras, por compresión del nervio digital en uno de los bordes del dedo. Lo más frecuente es que se trate del primer dedo. Cuando la conducción por un nervio digital está bloqueada, en correlación con la hipoestesia o anestesia del borde de un dedo, la respuesta sensitiva antidrómica no desaparece (pues se bloquea en este caso la mitad, aproximadamente, de la respuesta registrada antidrómicamente con el electrodo de anilla, que en cada dedo registra el potencial de dos nervios digitales), pero suele estar en estos casos disminuida la amplitud en un 50% al menos, por ejemplo en comparación con la respuesta contralateral. En dedos inervados por dos nervios (como el cuarto dedo) también es posible detectar el bloqueo de un nervio digital observando la ausencia de respuesta por un nervio pero no por el otro, en presencia de la hipoestesia, y esto interpretado con prudencia, dado que en un porcentaje de personas no se cumple que el cuarto dedo esté inervado por mediano y cubital, sino por uno u otro, y lo mismo ocurre con el dedo primero, y no se pueden descartar otras variantes anatómicas que obligan, según el caso, a interpretar con sensatez los resultados en función de la clínica, a no precipitarse en las conclusiones, o a ampliar la exploración para aclarar la cuestión si es posible.

NERVIO DORSAL LARGO: nervio torácico largo.

NERVIO ESPINAL O ACCESORIO: véase músculo trapecio.

NERVIO, EXCITABILIDAD: equivale a la inversa de la corriente umbral (*1/threshold current*).

NERVIO FACIAL:
Causas de parálisis: idiopática, herpes simple, traumática, síndrome de Melkerson-Rosenthal, sarcoidosis, enfermedad de Paget, enfermedad de Lyme, síndrome de Guillain-Barré, síndrome CHARGE (raro), etc. Recientemente se ha descrito la parálisis facial como forma de presentación de la miositis por cuerpos de inclusión (Ghosh P et al. Inclusion-body myositis presenting with facial diplegia. Muscle and Nerve 2014; 49: 287-89).
Signo de Pitres (o de la raqueta), signo de Bell.
Personalmente se ha observado que, para la **valoración clínica** del grado de afectación del nervio, la **exploración electromiográfica es más fiable que la exploración clínica**, ya que clínicamente el ojo puede cerrarse por el propio peso del párpado, la lubricación de la superficie del ojo, y la elasticidad del cartílago del párpado al relajar el elevador del párpado por instinto, dando la impresión de ser el orbicular del párpado el que lo cierra, aparentando así una falsa recuperación de la fuerza en este músculo, y es que al cabo de pocos

días el paciente aprende a cerrar así el ojo, incluso aunque el nervio conduzca por un 0% de sus fibras.

Según experiencia propia la mejor técnica electromiográfica para la MUNE o estimación del número de unidades motoras funcionantes en los músculos faciales en la parálisis facial consiste en el recuento de los potenciales de unidad motora durante la contracción máxima como se describe en el apartado correspondiente de este Vademécum (véase estimación del número de unidades motoras). En cambio, la obtención del CMAP o potencial de acción muscular compuesto para la MUNE puede ser menos fiable, ya que el valor absoluto normal de amplitud para el CMAP en el orbicular del párpado oscila entre 1,5 milivoltios (ancianas) y 5,5 milivoltios (varones jóvenes), y además el CMAP puede ser normal durante las primeras fases de la parálisis (dado que el bloqueo es proximal al punto de estímulo en mastoides), lo cual tampoco hace fiable a la comparación con el CMAP del lado sano, por lo que es más fiable el recuento de potenciales de unidad motora para la MUNE.

En cuanto a la exploración electromiográfica, recientemente Hong ha confirmado desde otro laboratorio lo que ya se ponía en práctica personalmente desde hace años: que no es necesario explorar ambas ramas de un lado, pues el resultado de una es correlacionable con el de la otra, de modo que es suficiente con explorar, por ejemplo, el estado de orbicularis oculi (que es lo más importante, por el riesgo de un síndrome del ojo seco por falta de parpadeo), siendo de entrada innecesario incluir en la rutina para esta parálisis la exploración de orbicularis oris (Hong Y et al. Effects or recording electrodes sites for facial neurography in acute Bell's palsy. Clinical Neurophysiology 2009; 120: 91).

Según José María Fernández el bloqueo del 50% en la conducción motora por el nervio facial en los primeros días tiene buen pronóstico; el bloqueo del 70% o menos a los 10 días indica probable recuperación sin secuela en 4-12 semanas; el bloqueo del 70-85% indica evolución probablemente variable; el bloqueo mayor del 85% indica recuperación probablemente lenta con paresia residual, sincinesia y "lágrimas de cocodrilo" (Fernández JM. Evaluación neurofisiológica de la parálisis facial periférica. Universidad Autónoma de Barcelona 1993).

Según observaciones personales, en la sincinesia postparalítica de nervio facial toda la contracción del músculo sincinético puede estar producida por fibras sincinéticas y haber ausencia de fibras no sincinéticas (ausencia de contracción voluntaria y presencia sólo de contracción sincinética, por tanto).

Parálisis de Bell: parálisis a frigore; 75% de las parálisis faciales. Más frecuente en hipertensos, diabéticos y embarazadas, parece ser. Parálisis facial periférica súbita. 90% de recuperación con tratamiento. 70% de recuperación sin tratamiento en 3-6 semanas. Recidiva 10-15%. 80% neurapraxia, 20% axonotmesis. Tratamiento: protección ocular, corticoides, descompresión quirúrgica en ocasiones si el bloqueo es mayor del 90% durante semanas, sin signos de mejoría. Bloqueo persistente mayor del 90% con signos de axonotmesis, peor pronóstico (Becker. Otorrinolaringología, manual ilustrado, 1986. Editorial Doyma); si en este caso se descomprime antes de cumplirse el tercer mes de evolución, puede haber una recuperación espectacular en semanas, excepto en el síndrome de Ramsay-Hunt, posiblemente porque en este síndrome el problema no es la compresión del nervio, sino la destrucción axonal en relación con la infección vírica de las neuronas del nervio facial.

Es posible que la forma de presentación del **síndrome de Guillain-Barré** consista en una parálisis facial bilateral (con o sin parestesias), incluso en niños.

Parálisis facial bilateral como manifestación de síndrome de Guillain-Barré. Gómez JA, Palencia R. Bol Soc Cast Ast Leon de Pediatría, XXVII, 67, 1986.

Sandstedt P, Hyden D, Odkvist LM, Kostulas V. Parálisis facial periférica en niños. Acta Paediatr Scand –ed. Esp.- 1985; 2: 307-12.

Es posible que un porcentaje de las parálisis de Bell, incluso en las unilaterales, no sean idiopáticas, sino una manifestación clínica de una **polineuropatía subclínica** o indetectada, tal vez de origen vírico (Sandstedt P, Hyden D, Odkvist LM. Bell´s palsy-part of a polyneuropathy? Acta Neurol Scand 1981; 64: 66-73).

Enfermedad de Kennedy, véase enfermedad de Kennedy.

Herpes zóster geniculado: ganglio geniculado; **síndrome de Ramsay-Hunt** (zóster ótico); vértigo, acúfenos, hipersialorrea, disfonía, ojo seco, ausencia de reflejo corneal; lesiones en pabellón auditivo, conducto auditivo externo, paladar blando y pilares anteriores; a veces parálisis facial con peor pronóstico que la de Bell, pues suele producir acusada destrucción axonal (datos al margen, herpes zóster: neuralgia facial; herpes zóster oftálmico: ganglio de Gasser; herpes zóster geniculado, complicaciones: neuralgia postherpética, afectación neurológica, puede ser causa de abdomen agudo).

Síndrome de Heerfordt: parálisis facial, uveítis, parotiditis, hipoacusia y meningoencefalitis, en el curso de una sarcoidosis.

Síndrome de Melkerson-Rosenthal: parálisis facial unilateral basculante recidivante de pronóstico incierto; lengua escrotal (*lingua plicata* y queilitis granulomatosa); edema labial recidivante indoloro y edema facial (surco nasogeniano). Primavera y otoño.

Neurosarcoidosis: la afectación neurológica más frecuente es la parálisis facial, normalmente unilateral, brusca y transitoria.

Enfermedad de Lyme: produce mononeuritis múltiple (incluido nervio facial). *Borrelia burgdorferi.* Exantema, y meses después, en una segunda fase, con meningismo y parálisis facial, aparece mononeuritis múltiple (a veces migratoria), encefalitis, corea, mielitis, radiculopatía y ataxia.

Parálisis bulbar progresiva de Fazio-Londe, véase parálisis de Fazio-Londe.

Una causa rara de parálisis facial es la **neurolinfomatosis**, pudiendo imitar clínicamente a la parálisis de Bell, incluyendo la mejoría con esteroides (Suh, BC et al. Neurolymphomatosis mimicking Bell´s palsy. Clinical Neurophysiology 2012; 123: e29).

Causas menos frecuentes de parálisis facial en nuestro medio son las mononeuritis múltiples como la producida en la enfermedad de Chagas (véase neuropatía en la enfermedad de Chagas).

NERVIO FEMORAL: L2-L4. El músculo pectíneo puede estar inervado por el nervio femoral o por el nervio obturador. Sartorio, pectíneo (L2-L3), cuádriceps

(L2-L4). Ramas sensitivas: nervio cutáneo medial del muslo y nervio safeno para el borde interno de la pierna.

El nervio femoral se afecta con alguna frecuencia en ingle por causas diversas (hematoma retroperitoneal, hematoma de psoas, nódulos peritoneales metastáticos, otras masas o lesiones abdominales o inguinales, estiramiento traumático del nervio en la ingle, etc.), normalmente por compresión, con paresia o plejía de cuádriceps, y bloqueo parcial o total de la conducción motora a este músculo desde la ingle, con frecuencia con importante desincronización de la respuesta y aumento de la latencia distal, y con frecuencia también con signos de axonotmesis del nervio en el cuádriceps (actividad denervativa). Se ven varios casos al año.

NERVIO FEMOROCUTÁNEO LATERAL: L2-L3. Véase meralgia parestésica.

NERVIO FRÉNICO: C3-C5. Ocasionalmente recibe anastomosis del nervio subclavio (C5). Según Chen los valores normales son: latencia: 5,5-8,4 milisegundos; amplitud: 0,3-1,2 milivoltios; duración: 13,4-24-1 milisegundos; con estímulo en cuello, en el borde posterior del esternocleidomastoideo en la fosa supraclavicular, y registro 5 centímetros por encima del borde de la punta de la apófisis xifoides, y con la referencia a 16 centímetros (Chen R et al. Phrenic nerve conduction study in normal subjects. Muscle and Nerve 1995. 18: 330-335). Según Pinto et al el estímulo se lleva a cabo al final del movimiento de espiración, por detrás del esternocleidomastoideo en su porción media, el registro en el ángulo costoesternal homolateral, con el electrodo de referencia en el reborde costal ipsilateral a 16 centímetros, y el resultado poseería valor pronóstico en la esclerosis lateral amiotrófica (Pinto S et al. Phrenic nerve studies predict survival in amyotrophic lateral sclerosis. Clin Neurophysiol 2012; 123: 2454-2459).

Personalmente se ha intentado este registro varias veces en sujetos normales sin conseguir una reproducibilidad que justifique de momento la aplicación clínica de esta técnica.

NERVIO GENIOGLOSO: apertura de la laringe.

NERVIO GENITOCRURAL O GENITOFEMORAL: cruza el psoas y da una rama genital (L1) y otra crural (L2). La genital va al cremáster y el escroto o labios mayores y cara interna del muslo (rama sensitiva). La rama crural inerva la piel del muslo en el triángulo femoral.

NERVIO GLOSOFARÍNGEO: neuralgia glosofaríngea. Véase neuralgia facial.

NERVIO HIPOGLOSO: existen la parálisis aguda idiopática, y las causas raras (por ejemplo: infiltración por linfoma, intubación, etc.). Puede ser la forma de presentación en una neuralgia amiotrófica (Kerbrat et al. Unusual presentation of neuralgic amyotrophy with impairment of cranial nerve XII. Muscle & Nerve 2016; 54: 335-336).

Parálisis del hipogloso, par duodécimo: la lengua se desvía al lado enfermo (signo de Growers) por acción del músculo geniogloso que no está paralizado (además, el geniogloso es el que evita que se ocluya la vía).

Martic y Podnar han publicado valores normales para el geniogloso; amplitud: 379 +/- 219 microvoltios; duración: 6,39 +/- 2,12 milisegundos (Martic V, Podnar S. Normative data for quantitative motor unit potential analysis in a genioglossus muscle. Clinical Neurophysiology 2008; 119: e29).

Personalmente se ha observado que lo más útil en la exploración electromiográfica en la parálisis del músculo geniogloso consiste en tratar de detectar la simplificación del trazado de máxima contracción, pues la cuantificación de los potenciales de unidad motora no tiene apenas utilidad en la parálisis, ya que cuando un paciente con, por ejemplo, esclerosis lateral amiotrófica presenta atrofia lingual o disartria, el trazado va a estar simplificado, que es lo más destacable. Las fasciculaciones en lengua no se ven por sistema, y la actividad denervativa a veces es difícil de identificar en lengua, por la falta de reposo de ésta, como ocurre en el músculo esfínter anal también; la actividad denervativa ha de ser intensa en lengua o en ano para ser detectable; sobre ésto, Sonoo ha dicho recientemente que en la esclerosis lateral amiotrófica ha encontrado actividad denervativa en lengua en el 56% de los pacientes, cuando en el 100% de esos pacientes encontró actividad denervativa en trapecio (y afirma también que esta actividad denervativa no la encontró en pacientes con espondilosis cervical, lo que permitió ayudar a distinguir espondilosis de esclerosis lateral amiotrófica), es decir, no encuentra tan útil el electromiograma para explorar la atrofia lingual en la esclerosis lateral amiotrófica (Sonoo M et al. The significance of tongue and trapezius electromyography in the diagnosis of amyotrophic lateral sclerosis. Clinical neurophysiology 2009; 120: 106-107). Personalmente se ha observado que encontrar actividad denervativa en lengua sí es interesante, aunque sólo aparezca en, tal vez, un 56% de los casos, y también es importante observar el trazado, para confirmar que está simplificado, y tratar de discriminar si es una simplificación con origen central o periférica en función de la sumación temporal, de modo que sí se encuentra que es interesante el electromiograma de lengua en el diagnóstico diferencial de la esclerosis lateral amiotrófica, especialmente en la forma bulbar, lógicamente. Huelga decir que en la esclerosis lateral amiotrófica la simplificación de los trazados en lengua suele ser bilateral.

En la disartria central con frecuencia se puede apreciar en el electromiograma disminución de la sumación temporal de los trazados, además de la simplificación de estos.

NERVIO ILIOHIPOGÁSTRICO E ILIOINGUINAL: véase nervio abdominogenital.

NERVIO LARÍNGEO RECURRENTE: la compresión del nervio laríngeo recurrente conlleva disfonía (**signo de Ornetz**). Por ejemplo: compresión por aurícula izquierda en estenosis mitral.

NERVIO MEDIANO:

Anatomía: el nervio mediano inerva al pronador redondo (el ligamento de Struthers, que es un punto de posible lesión del nervio, es proximal a este músculo), músculo que a veces es inervado por el nervio musculocutáneo. Distal al pronador redondo (a tener en cuenta en el síndrome del pronador redondo) están los palmares y el flexor superficial de los dedos. Después sale la rama del nervio interóseo anterior para el flexor largo del pulgar y el pronador cuadrado, relaciones anatómicas a tener en cuenta en el diagnóstico topográfico. En la mano inerva al abductor corto del pulgar y al flexor corto del pulgar en su fascículo superficial. Se suele aceptar que el nervio mediano es el de la precisión y el cubital el de la fuerza prensora. Relaciones en el codo: canal bicipital interno, cubierto por el *lacertus fibrosus* del bíceps. Relaciones en el carpo: vainas digitocarpianas, ligamento anterior del carpo, hueso semilunar.

Anatomosis de Martin-Gruber: anastomosis de nervio mediano a nervio cubital en antebrazo (15-31% de las personas).

La **anastomosis de nervio cubital a nervio mediano** también se encuentra con cierta frecuencia durante la exploración electromiográfica.

Otro hallazgo posible es la **doble inervación de la mano** (ya sea por una verdadera doble inervación o como resultado de una anastomosis en antebrazo de las citadas antes que desvía axones de un nervio a otro antes de llegar a la mano), por ejemplo, la **doble inervación motora de** *abductor pollicis brevis* **por los nervios mediano y cubital**, que debe ser detectada (atendiendo a las variaciones en la morfología de los potenciales para mediano y cubital desde muñeca y codo respectivamente; básicamente: la morfología no cambia para un mismo grupo de axones y así se puede seguir su pista a lo largo del miembro con registro en un mismo sitio y estímulos sucesivamente más proximales en sitios distintos, por ejemplo con registro en abductor corto del pulgar y estímulo de mediano en muñeca y codo y de cubital en muñeca y codo, etc.) para evitar un falso negativo en el diagnóstico del síndrome del túnel carpiano.

Anastomosis de Riche-Cannieu: en la palma, entre la rama recurrente del nervio mediano y la rama profunda del nervio cubital (Russomano S et al. Riche-Cannieu anastomosis with partial transection of the median nerve. Muscle and Nerve 1995; 18: 120-122).

Exploración clínica: lo más útil en la práctica es comprobar el trofismo y el balance muscular de la eminencia ténar, así como detectar la presencia de alteraciones de la sensibilidad (hipoestesia, parestesias, etc.) por el territorio específico del nervio. En el balance muscular lo más útil es valorar la fuerza para la abducción en sentido palmar del pulgar. Aparte de esto, hay numerosos signos descritos para el mediano, y diversas situaciones clínicas descritas, algunos con un interés más histórico y anecdótico que clínico que otros, como los siguientes: signo de Pitres-Testut, que es la incapacidad para rascar sobre la mesa con la uña del dedo índice con la palma apoyada en la mesa; incapacidad para la pronación contra resistencia; incapacidad para oponer el pulgar; signo del puño de Claude, o incapacidad del pulgar para cubrir el dedo segundo al cerrar el puño; signo del molinillo de Pitres o incapacidad para girar los pulgares juntos; mano de simio o dedo primero en el mismo plano que el resto; síndrome del pronador redondo, del que a pesar de estar descrito en la literatura (por ejemplo, en mineros) no se ha visto personalmente ningún caso todavía; signo de Phalen; signo de Tinel, etc.

Algoritmo diagnóstico para el síndrome del túnel carpiano según la Academia Americana de Neurología: la *AAEM* sugiere, como algoritmo diagnóstico para el síndrome del túnel carpiano, lo siguiente:
1. Si la conducción sensitiva por nervio mediano está alterada a través de la muñeca (13-14 centímetros) se debe comprobar la conducción sensitiva por un nervio adyacente del mismo miembro (estándar).
Si es normal, se debe practicar una de las siguientes: comparación mediano-cubital de la conducción sensitiva o mixta de palma a muñeca (7-8 centímetros; estándar), comparación sensitiva mediano-cubital (dedo cuarto) o radial-mediano (dedo primero) en el mismo miembro (estándar).
2. Conducción motora por nervio mediano con registro en eminencia ténar y otro nervio motor, incluyendo latencia motora distal (línea directriz).
3. Otros nervios (opcional).
4. Electromiograma de músculos de C3 a T1, incluyendo eminencia ténar (opcional).
AAEM, American Academy of Neurology, American Academy of Physical Medicine and Rehabilitation. Practice parameter for electrodiagnostic studies in carpal tunnel syndrome: summary statement. Muscle Nerve 2002; 25: 918-22.

Parámetros electromiográficos útiles para el diagnóstico del síndrome del túnel carpiano según la propia experiencia; en la actualidad la experiencia personal lleva a dar prioridad, para el diagnóstico del síndrome del túnel carpiano, a los siguientes parámetros:
1. La **DLEPS** (diferencia aritmética entre las latencias de los potenciales sensitivos antidrómicos de nervios mediano y cubital con registro en cuarto dedo y estímulo en muñeca).
2. La **DLEPM**.
3. La latencia motora distal por nervio mediano (**LMD**; con recurso ocasional a la latencia motora distal por nervio cubital del mismo lado para comparación y para descartar polineuropatía motora, y con recurso ocasional a la comparación contralateral).
4. La latencia sensitiva distal (**LSD**).
5. La velocidad sensitiva por el nervio mediano (**VCS**, y ocasionalmente por el nervio cubital, para comparación y para descartar polineuropatía sensitiva).
6. La valoración electromiográfica, **EMG**, del abductor corto del pulgar.
7. Ocasionalmente se utiliza el índice de latencia terminal o distal, **ILT**, también.
8. Pendiente de la respuesta sensitiva (*rise time*).

Exploración electromiográfica de la conducción motora y sensitiva por el nervio mediano normal y patológico, especialmente en el síndrome del túnel carpiano: hay una larga lista de autores que han aportado tablas de valores normales absolutos para la latencia motora distal del nervio mediano (Dong M, Liveson J. Nerve Conduction Handbook, Philadelphia: FA Davies Company; 1989). Tomar valores absolutos para la latencia motora distal con estímulo en muñeca y registro en abductor corto del pulgar, como criterio diagnóstico en el síndrome del túnel carpiano, no sirve si no se supera el límite superior normal establecido y sin embargo hay sospecha clínica de alteración de este parámetro, algo que ocurre con frecuencia. Por ello lo mejor para el diagnóstico del síndrome del túnel carpiano es recurrir de entrada a valores relativos, **como el descrito por Johnson, para la comparación entre la conducción sensitiva por los nervios mediano y cubital (DLEPS, o diferencia aritmética entre las latencias de los potenciales sensitivos antidrómicos de nervios mediano y cubital del mismo lado con registro en cuarto dedo).**

El valor máximo de la latencia motora distal (punto de corte para detectar el atrapamiento de nervio mediano en muñeca) ha sido cifrado hasta en 5 milisegundos (Thomas). Según observaciones personales el límite alto para la latencia motora distal en su valor absoluto en sujetos varones sanos es 4,8 milisegundos, no habiendo encontrado nunca sujetos normales con 5 milisegundos de latencia motora distal, como los que señala Thomas. No obstante, en una persona con la mano pequeña, 4,8 milisegundos puede indicar un atrapamiento en grado acusado, de modo que este valor absoluto por sí solo no sirve para el diagnóstico objetivo del atrapamiento y del grado de atrapamiento con frecuencia. La comparación con el nervio mediano contralateral puede ayudar, sobre todo si el otro lado es normal, y también la comparación con la latencia motora distal por nervio cubital. Además la temperatura de la mano debe ser de 33 grados centígrados, al menos, para que la latencia motora distal sea fiable como parámetro para el diagnóstico.

Rara vez la afectación en el síndrome del túnel carpiano primario puede ser sólo motora, como ha señalado Kimura (ésto es harto infrecuente, pero lo cierto es que se ha podido comprobar esta rara posibilidad de manera fehaciente en 2 casos al menos, entre las decenas de miles de casos vistos), por lo que la normalidad de la conducción sensitiva no descarta el síndrome del túnel carpiano en el 100% de los casos, de manera que aunque la DLEPS, por ejemplo, sea considerada una técnica de elección, puede no ser suficiente ocasionalmente para el diagnóstico por lo que la exploración electromiográfica del síndrome del túnel carpiano debe incluir varias técnicas y varios parámetros.

No hay que confundir esta situación de la posible afectación solo motora en el síndrome del túnel carpiano con lo que se observa con relativa frecuencia en las lesiones traumáticas de nervio mediano: en las lesiones traumáticas del nervio mediano, de etiología diversa, es frecuente que haya mayor afectación motora que sensitiva, y no solo afectación motora sin afectación sensitiva sino también una afectación motora mayor que la afectación sensitiva; por ejemplo, casos clínicos: durante el mes previo a la redacción de este comentario se ha atendido personalmente a 3 pacientes con lesión traumática del nervio mediano, en un caso se trataba de una mujer joven, camarera, con una lesión incisocontusa de 1 centímetro en muñeca por un accidente laboral, con el resultado de una axonotmesis parcial acusada del nervio mediano izquierdo en la muñeca, con un bloqueo del 90% de la conducción motora a *abductor pollicis brevis* y en cuanto a la conducción sensitiva presentaba un bloqueo del 50% de la conducción a dedo primero, con normalidad de la conducción sensitiva a los dedos segundo, tercero y cuarto; en otro caso clínico se trataba de una lesión iatrogénica del nervio, con ausencia de conducción motora a *abductor pollicis brevis* y actividad denervativa en este músculo, mientras que la conducción sensitiva solo estaba ligeramente alterada, con una DLEPS de 1,1 milisegundos únicamente; y en un tercer caso se trataba de un hombre de 53 años con fractura de escafoides, que presentaba una latencia motora distal de 6 milisegundos, con un bloqueo de la conducción motora del 80%, pero con afectación sensitiva leve (latencia sensitiva distal de 3,9 milisegundos y sin bloqueo sensitivo).

Otro hecho a tener en cuenta es la posibilidad de que concurran un síndrome del túnel carpiano con una lesión traumática del nervio en la muñeca, con bloqueo de la conducción sensitiva, motora, o ambas.

Aunque infrecuentemente, la afectación motora puede ser relativamente mayor que la sensitiva en el síndrome del túnel carpiano, por ejemplo, la latencia motora distal puede estar entre 5 y 6 milisegundos (indicando un atrapamiento en grado acusado) cuando la respuesta sensitiva antidrómica en tercer dedo todavía aparece en los dedos segundo, tercero, o ambos, aunque con duración aumentada y pendiente reducida, y con latencia sensitiva distal alargada, pero relativamente menos que la latencia motora, por ejemplo, entre 4 y 5 milisegundos la sensitiva. De modo que en ocasiones es tan o más interesante para el diagnóstico la medición motora que la sensitiva, aunque no en todo caso, sino al contrario, porque lo más frecuente es que una latencia motora mayor de 5 milisegundos se acompañe de la desaparición de la respuesta sensitiva.

El hallazgo en el electromiograma de una alteración de la conducción motora por el nervio mediano con normalidad sensitiva no indica de manera patognomónica la existencia de un síndrome del túnel carpiano, pues la latencia motora distal puede estar aumentada en diversas neuronopatías motoras con importante degeneración walleriana de las fibras axonales motoras, como puede ocurrir por ejemplo, en la siringomielia, algo que ya se ha comprobado en algún caso también (precisamente, en estos casos, y según observaciones personales, la clave para el diagnóstico del síndrome del túnel carpiano es el índice de latencia terminal o ILT).

Lee (Lee K et al. Usefulness of the median terminal latency ratio in the diagnosis of carpal tunnel syndrome. Clinical Neurophysiology 2009; 120: 765-769) también ha encontrado que, entre las exploraciones motoras, el índice de latencia distal, o ILT, es la más sensible, con un 81,8% de sensibilidad.

Según Roberti, **los controles electromiográficos mensuales están indicados en el síndrome del túnel carpiano** en casos con diagnóstico poco claro, pues el tratamiento precoz es favorable (Roberti RF. Fisiopatología de las neuropatías traumáticas agudas y crónicas. En: Conferencia internacional sobre neuropatías periféricas.Eds Refsum S, Bolís CL, Portera A.Ed Excerpta Médica. Barcelona, 1982). La experiencia propia permite afirmar que ésto es cierto, pues un atrapamiento muy leve del nervio mediano en el túnel carpiano puede permanecer invariable durante décadas o progresar a un bloqueo acusado de la conducción por el nervio en el túnel carpiano en días, con otras situaciones intermedias posibles también, por lo que habría que procurar tender hacia el tratamiento precoz en este síndrome, antes de que el bloqueo sea tan acusado que ensombrezca el pronóstico

En una serie propia, formada por 263 nervios medianos de personas sin el síndrome del túnel carpiano (ni otro tipo de neuropatía), con edades que iban desde la segunda a la octava década, se obtuvieron valores de referencia para las latencias motoras distales en sujetos sanos con estímulo en muñeca y registro en abductor corto del pulgar que iban desde 2,2 milisegundos (límite inferior para ambos sexos en esta serie) hasta 4,7 milisegundos (límite superior normal para mujeres) y 4,8 milisegundos (límite superior normal para varones en esta serie).

Andreu et al definen un límite inferior de 4,2 milisegundos para la latencia motora distal, por encima del cual encuentran el hallazgo patológico, algo que evidentemente es discutible, y una diferencia mínima entre la latencia motora distal del mediano y del cubital de 1,4 milisegundos, por encima de la cual la del mediano se podrá considerar patológica, algo que no se ha comprobado personalmente (Andreu JL et al. Local injection versus surgery in carpal túnel syndrome: Neurophysiologic outcomes of a randomized clinical trial).

Aumento del valor de la latencia motora distal como parámetro electromiográfico con valor diagnóstico: debe tomarse con precaución el valor absoluto de la latencia motora distal, y procurar referirlo al contexto de un modo sensato. Por ejemplo, 4,8 milisegundos pueden indicar un atrapamiento acusado del nervio en el túnel carpiano en una persona con una mano pequeña, y ser un valor normal en una persona con una mano grande, por lo que el valor absoluto de la latencia motora distal no debe ser lo único a tener en cuenta para confirmar o descartar el diagnóstico de atrapamiento, aunque es un criterio útil (sobre todo si se superan los 4,8 milisegundos). Cuando se superan estos 4,8 milisegundos hay que verificar que la temperatura en la piel de la mano sea de 33 grados centígrados al menos, y se puede confirmar también que la latencia motora distal por el nervio cubital sea normal, para evitar un falso positivo debido a una polineuropatía motora de fondo. Excepcionalmente un Charcot-Marie-Tooth o una siringomielia pueden confundirse con el síndrome del túnel carpiano por un aumento de la latencia motora distal, y para distinguirlos podría ser útil la detección de normalidad sensitiva en la siringomielia, en caso de presentarse así, lo cual sería incompatible con un síndrome del túnel carpiano en este caso, y el recurso al ILT (véase más abajo) en el caso del Charcot-Marie-Tooth (enfermedad en la que no se puede recurrir a las respuestas sensitivas por su ausencia generalizada).

En una serie propia de 174 nervios atrapados en la muñeca (en relación con un síndrome del túnel carpiano), la latencia motora distal por nervio mediano iba desde 3 milisegundos (en mujeres) y 4,1 milisegundos (en varones) hasta 17,2 milisegundos (y con ausencia de respuesta motora por bloqueo completo de la conducción motora a la mano en 4 casos de los 174, un 2%).

El límite superior normal en la serie de 263 sujetos normales para la latencia motora distal por mediano con estímulo en muñeca y registro en abductor corto del pulgar fue de 4,7 milisegundos para mujeres y 4,8 milisegundos para varones, valores superiores a esos 3 milisegundos y 4,1 milisegundos para el límite inferior de la latencia motora en sujetos con atrapamiento. Como se ve superpone largamente el rango normal con el patológico. Esto quiere decir que el valor absoluto de la latencia motora distal por mediano no resulta ser tan sensible como la DLEPM, por ejemplo (otro parámetro que utiliza latencias motoras distales), de hecho, de los 174 sujetos, varones y mujeres, con atrapamiento, fueron 100 (sensibilidad del 57%) los que tuvieron la latencia motora por encima del límite superior normal de 4,7 milisegundos, en el caso de las mujeres, o de 4,8 milisegundos, en el caso de los varones. De todos modos, una latencia motora distal alargada por el nervio mediano, con una latencia motora distal normal por el nervio cubital, es un parámetro seguro en cuanto a su especificidad (si se tienen en cuenta las precauciones técnicas y clínicas citadas) y que tampoco hay por qué excluir del protocolo diagnóstico, sobre todo teniendo en cuenta que en la serie de 263 sujetos no se pudo efectuar la DLEPM en 5 ocasiones (2%), mientras que la latencia motora distal se puede efectuar en casi todos los pacientes.

La DLEPM (diferencia aritmética entre las latencias motoras distales por nervio mediano con estímulo en muñeca y palma y registro en abductor corto del pulgar): Kimura también añade el valor de la velocidad motora en túnel carpiano como criterio diagnóstico. El límite inferior normal según Kimura para este parámetro es 38 metros/segundo), aunque en la actualidad personalmente ya no se usa, al encontrar más práctico para el diagnóstico del síndrome del túnel carpiano el recurso a la latencia motora distal, la DLEPM, la DLEPS, la latencia sensitiva distal y las velocidades sensitivas por los nervios mediano y cubital, que son los parámetros más utilizados personalmente por sistema. Según observaciones personales, un parámetro con algún posible interés diagnóstico para el síndrome del túnel carpiano es el de la DLEPM, la interlatencia motora entre muñeca y palma, es decir, los milisegundos de diferencia entre las latencias motoras distales estimulando desde muñeca (con el polo activo del estimulador hacia la muñeca) y estimulando desde palma (con el polo activo apuntando hacia la muñeca también, es decir, invertido respecto de la posición desde muñeca) y registro en abductor corto del pulgar. A este parámetro podría llamársele DLEPM, o diferencia de latencia entre potenciales motores, que no es más que una derivación técnica a partir del cálculo de la velocidad de conducción motora en el túnel carpiano que se acaba de citar. En una serie propia de 263 nervios medianos normales, la DLEPM normal fue de 0,9 a 2,5 milisegundos en 258, y en 5 (2%) no fue posible obtener la magnitud de este parámetro por artefacto. Mediante observaciones personales se ha comprobado por tanto que el límite superior normal para la diferencia de latencias entre los potenciales motores estimulando en muñeca y palma, DLEPM, es de 2,5 milisegundos.

Por encima de este valor de la DLEPM, la DLEPS está alterada en todos los sujetos con síndrome del túnel carpiano, por lo que este valor de 2,5 milisegundos sí que parece interesante clínicamente, al ser específico, sin falsos positivos, aunque sí con falsos negativos, por falta de sensibilidad de este parámetro, la DLEPM.

Esta falta de sensibilidad de la DLEPM significa que **se debe recurrir en cada paciente con sospecha de padecer un síndrome del túnel carpiano a varios parámetros por sistema, no siendo recomendable reducir la exploración a uno solo de ellos,** de ahí que cuando sea posible (por ejemplo, cuando no haya bloqueo de la conducción sensitiva por nervio mediano a cuarto dedo) conviene obtener la DLEPS también, por ejemplo.

En una serie propia de 174 nervios medianos con atrapamiento del nervio confirmada electromiográficamente de una de las siguientes maneras: con una DLEPS mayor de 0,7 milisegundos (48%), o con un bloqueo sensitivo completo por nervio mediano y no por nervio cubital (en 91 de los 174 casos, 52%), se encontró además lo siguiente: en 132 (76%) la DLEPM era mayor de 2,5 milisegundos, es decir, positiva también, lo cual convierte a la DLEPM, con una sensibilidad del 76% y una especificidad del 100% (en esta serie), en un parámetro electromiográfico de elección, además de la DLEPS y el resto de los parámetros.

De todas formas, la DLEPM no sirve en manos frías, a diferencia de la DLEPS. La DLEPM no posee una sensibilidad tan alta como la DLEPS; pues en nervios sanos la DLEPM osciló desde 0,9 a 2,5 milisegundos, pero en nervios con atrapamiento la DLEPM osciló desde 1,4 milisegundos (varones) y 1,1 milisegundos (mujeres) hasta 13,9 milisegundos, de modo que la parte baja de los casos con atrapamiento, y la parte alta de los sujetos sin atrapamiento, se superponen otra vez, dejando la discriminación de los casos superpuestos a otros parámetros más sensibles, sobre todo, en principio, a la DLEPS.

La **latencia sensitiva distal antidrómica** (con mención a la amplitud de la respuesta sensitiva): la latencia sensitiva distal antidrómica **normal** oscila desde **2,6 a 4 milisegundos** (serie propia de 52 sujetos sanos), mientras que en el caso del síndrome del túnel carpiano, la latencia sensitiva distal, antes de producirse el bloqueo de la respuesta sensitiva (momento en que deja de ser obtenible), oscila entre 3,8 y 5,2 milisegundos (serie propia de 32 sujetos con síndrome del túnel carpiano; obviamente en series mayores el valor baja de esos 3,8 milisegundos también). Como se ve ambos grupos se superponen en la franja que va de los 3,8 a los 4 milisegundos, por lo que si la latencia sensitiva distal es de 3,9 milisegundos no se puede garantizar solo con este valor absoluto aislado si conviene operar o no a esa persona, de modo que hay que tener más datos para confirmar el diagnóstico. La DLEPS se revela como una herramienta eficaz en este cometido, pues, según observaciones personales, también es más sensible que la latencia sensitiva distal.

Marinacci considera que una latencia sensitiva antidrómica distal mayor de 4 milisegundos es diagnóstica (Marinacci A A. Carpal tunnel syndrome. The relative diagnostic value of nerve conduction velocity and electromyogram. Bull Los Ang Neurol Soc 1963; 28: 135), resultado que es idéntico al obtenido personalmente en esa serie de 52 sujetos sin atrapamiento mencionado más arriba. De nuevo surge la opción del recurso a un valor absoluto, que conlleva falsos negativos y falsos positivos, por lo que hay que valorar el hallazgo con sensatez (manos grandes con latencias largas de por sí, polineuropatías de fondo con latencias largas de por sí, latencias largas por manos frías, manos pequeñas en las que el valor patológico positivo está por debajo de estos 4 milisegundos, etc.). Pero tomando estas precauciones lógicas, también es un criterio útil en general, teniendo en cuenta los falsos negativos debidos a que, aunque una latencia sensitiva mayor de 4 milisegundos es anormal, una latencia menor de 4 milisegundos también puede ser anormal.

Por sistema, es recomendable obtener esta latencia sensitiva distal (e incluso la velocidad sensitiva por nervio mediano en dedo segundo, tercero, o ambos, y por nervio cubital en dedo quinto) cuando la DLEPS valga cero, para confirmar que la DLEPS no se ha obtenido por error con dos respuestas del mediano o dos respuestas del cubital.

Lo que no parece tener mucha utilidad como criterio, según observaciones personales, es la **amplitud de la respuesta sensitiva**. En primer lugar, en dedo cuarto a veces no hay respuesta sensitiva, quizá por no haber fibras del mediano en dicho dedo (posible variante anatómica). En segundo lugar, la amplitud depende de la temperatura de la piel de la mano, de manera que cambios de dos o tres grados, pasando de 30 grados a 33 grados centígrados, pueden suponer cambios en la amplitud en un factor de diez, pasando de 7,5 microvoltios a 33 grados, a 75 microvoltios a 30 grados.

Por estos motivos, **el parámetro de la amplitud debe reservarse como criterio electromiográfico diagnóstico para otras neuropatías, no para el síndrome del túnel carpiano, como por ejemplo las polineuropatías,** en las que suele añadirse a la baja amplitud (o preferiblemente la desaparición de las respuestas) el aumento de la duración del potencial (la disminución de la pendiente del potencial sensitivo por desincronización de la respuesta, que también suele estar influido notablemente en este sentido por el descenso de temperatura, algo a tener en cuenta también), lo cual otorga valor a estos parámetros (no la desincronización en particular, sino la combinación de varios parámetros a la vez, reforzándose unos a otros en su valor clínico), al ser detectables juntos en estos casos.

Aunque la amplitud del potencial sensitivo no sea útil para el diagnóstico en el síndrome del túnel carpiano en general, sí lo es en el caso de una polineuropatía sensitiva, aunque siempre en correlación con la clínica (véase a continuación la mención a la investigación de Hasanzadeh que recalca la importancia de una buena y sensata correlación clínica). También es útil la amplitud como parámetro en **la lesión de ramos digitales en las manos,** que aparte de una sensata correlación clínica, se beneficia para el diagnóstico de una comparación entre ambos lados, de modo que una caída en la amplitud del 50% o más en el lado con sospecha de afectación de un ramo digital (como ocurre, por ejemplo, en **la quiralgia parestésica**) permitirá confirmar este diagnóstico.

Sobre la amplitud de la respuesta sensitiva, Hasanzadeh (Hasanzadeh P et al. Effect of skin thickness on sensory nerve action potential amplitude.

Clinical Neurophysiology 2008; 119: 1824-1828) ha observado que **la amplitud de la respuesta sensitiva no depende del sexo ni del diámetro del dedo, sino del grosor de la piel** (lo cual es una buena observación, pues hay personas sin neuropatía en las que las respuestas sensitivas antidrómicas en dedos, o incluso en nervios surales en pie, son prácticamente inobtenibles de manera idiosincrásica; en algunas personas sanas las amplitudes llegan a ser incluso de alrededor de 2 microvoltios en nervio sural), lo cual dificulta el proceso diagnóstico a veces, y por fin quedaría así aclarado en parte este misterio tal vez, y quizá se explicaría por fin por qué habría que tomar con prudencia los artículos científicos médicos en los que posiblemente se le da excesiva importancia a las amplitudes de las respuestas sensitivas como criterio para ciertos procesos patológicos.

En cuanto a **la temperatura de la piel de la mano y las latencias sensitivas distales**, Ahmed (Ahmed T et al. Warming up the limbs for nerve conduction studies. Clinical Neurophysiology 2008; 119: 37) se fía más de alcanzar los 34 grados, mejor que los 33 grados (personalmente se ha observado que **con alcanzar los 33 grados ya se vuelve la exploración fiable**, pues personalmente no se ha encontrado cambios en las magnitudes de los parámetros de conducción sensitiva a partir de esta temperatura, pero hay que hacerse eco de lo que ocurre en otros laboratorios).

Ahmed añade algo importante, y que ya se había observado también personalmente: una vez calentado el miembro hay que esperar 5 minutos antes de ser fiables los resultados de las mediciones. Lo que se había observado personalmente es que las amplitudes de las respuestas sensitivas seguían siendo las propias de temperaturas bajas en personas con temperaturas normales pero que acababan de entrar en calor tras venir de la calle en días fríos, y que al cabo de un rato se normalizaban. Ahmed ha observado algo similar pero con las latencias, encontrando una diferencia de 0,1 a 0,2 milisegundos en las latencias sensitivas a 34 grados transcurridos 5 minutos. Ahmed se pregunta si ésto es cierto también para otros parámetros, y ya se le puede decir que también parece ser cierto para la amplitud, por ejemplo.

Kimura afirma recurrir con frecuencia a la medición de las latencias sensitivas antidrómicas en segundo dedo estimulando en muñeca centímetro a centímetro, considerando diagnóstica una diferencia mayor de 0,2 milisegundos entre dos puntos. Pero personalmente no se utiliza esta técnica en la actualidad, pues el estímulo puede saltar de un punto a otro al estar tan poco separados (*volume conducted*), y provocar un falso positivo.

La pendiente del potencial sensitivo: en fases iniciales del atrapamiento del nervio mediano en muñeca, todos los parámetros citados, DLEPS, DLEPM, latencia motora, latencia sensitiva y velocidades sensitivas, pueden ser normales, y ser el único hallazgo anormal la desincronización del potencial sensitivo, hecho detectable por la bajada de la relación amplitud/duración del potencial, es decir, por una disminución significativa de la pendiente del potencial sensitivo o el aumento de la duración del potencial.

La DLEPS: la diferencia entre las latencias de los potenciales sensitivos antidrómicos de los nervios mediano y cubital de un mismo lado (DLEPS), con estímulo en muñeca sobre mediano y cubital, equidistantes ambos puntos de estímulo al electrodo de registro activo, y registro en cuarto dedo con electrodos de anilla, es uno de los parámetros más interesantes desde el punto de vista clínico. Ha sido investigado por Johnson (Johnson et al. Sensory latencies to ring finger: normal values and relation to carpal tunnel syndrome. Arch Phys Med Rehabil 1981; 62: 206-208).

La cifra considerada **normal** para la DLEPS según experiencia propia va **desde 0 milisegundos hasta 0,7 milisegundos.** En la descripción de Johnson de este parámetro, se estableció un límite superior de 0,4 milisegundos entre los 20 y 49 años, y de 0,8 milisegundos entre 50 y 59 años (incluyendo sujetos con diabetes). Andreu et al también utilizan el valor de 0,7 milisegundos como el límite superior de la normalidad para este parámetro (Andreu JL et al. Local injection versus surgery in carpal túnel syndrome: Neurophysiologic outcomes of a randomized clinical trial). Los valores máximos propuestos por Johnson para la DLEPS, 0,4 y 0,8 milisegundos (no 0,7 milisegundos), se refieren a pacientes con diabetes, extremo que también se ha comprobado como cierto una y otra vez sin pegas y que debe tenerse en cuenta.

El valor máximo que se utiliza personalmente en la actualidad en personas sin diabetes es el de 0,7 milisegundos, y casi nunca se utiliza el de 0,4 milisegundos, para evitar en lo posible los falsos positivos. Hasta ahora se ha observado que el valor de 0,7 milisegundos es útil desde el punto de vista clínico a cualquier edad, incluyendo a personas mayores de 59 años (el límite de edad en la serie de Johnson). Durante años se ha puesto a prueba el criterio de la DLEPS de Johnson y el límite superior normal situado en 0,7 milisegundos, mediante observaciones personales, comparándolo con los demás parámetros, y hasta ahora sigue siendo, con estas magnitudes de referencia, un parámetro sensible y específico, y una de las técnicas de elección en el diagnóstico del síndrome del túnel carpiano. Dicho de otro modo: no se ha encontrado hasta ahora ningún sujeto sano, entre docenas de miles explorados, cuya DLEPS fuese mayor de 0,7 milisegundos, por lo que sigue siendo un parámetro fiable descrito de este modo.

Antes que Johnson ya habló de la DLEPS Downie, que en su momento afirmó que el valor de la DLEPS normalmente es inferior a 1,2 milisegundos y que si el valor de la DLEPS es mayor de 1,5 milisegundos apoya el diagnóstico de síndrome del túnel carpiano aunque la latencia sensitiva distal esté dentro de límites "normales" (Downie AW. Studies in nerve conduction. In Disorders of voluntary muscle. Ed Walton JN, Churchill Livingstone, Edinburgh, 1974, p 973).

El valor máximo de la DLEPS que se ha observado personalmente ha sido de 4,15 milisegundos, aunque por regla general la respuesta por nervio mediano en dedo cuarto desaparece por desincronización, bloqueo, o ambos, antes, aproximadamente a partir de una DLEPS de entre 3 y 3,5 milisegundos.

Para que el lugar de estímulo desde muñeca sobre mediano y cubital sea equidistante entre ambos y el electrodo de anilla activo en dedo cuarto al medir la DLEPS, algo necesario para que la medición sea válida, lógicamente, se ha observado personalmente que una forma de lograrlo consiste en estimular sobre uno de los pliegues o arrugas transversales en la piel de la cara palmar de la muñeca, pues, aunque trazan trayectorias curvas sobre la muñeca, sin embargo equidistan, desde todos sus puntos, del electrodo de anilla en el dedo (siempre y cuando no se mueva el electrodo de anilla de su sitio en el dedo).

Para llevar a cabo la técnica de la DLEPS es necesario que los dedos tercer, cuarto y quinto estén bien separados entre sí, para que los potenciales en dedo cuarto no estén "artefactados" y sean medibles sus parámetros (la latencia, sobre todo).

Otro detalle técnico importante es que a veces hay que promediar la DLEPS para que sea medible.

Otro detalle técnico importante para obtener la DLEPS es que conviene colocar la tierra en la palma, a la altura de las cabezas de los metacarpianos.

Las ventajas de la DLEPS frente a otras técnicas de exploración sensitiva en el caso del síndrome del túnel carpiano son principalmente dos:

1. La DLEPS no se ve influida por la temperatura cutánea, al ser una comparación de dos nervios a la misma temperatura.

2. La medición no se basa sólo en el valor absoluto de la latencia distal (ya sea motora o sensitiva) por el nervio mediano, que, como se ha dicho en el caso del valor absoluto de la latencia motora distal, presenta la pega de un rango de normalidad que se superpone con el de anormalidad tan extensamente como para reducir drásticamente la sensibilidad de dicha técnica, cosa que no ocurre con la DLEPS.

Recientemente se ha propuesto un límite superior normal de 0,91 milisegundos (media: 0,23) para la DLEPS en mayores de 65 años (Naves TG et al. Carpal tunnel syndrome in elderly adults: Normative nerve conduction studies. Clinical Neurophysiology 2009; 120: 89-90), pero personalmente se ha observado que el valor de 0,7 milisegundos sigue siendo correcto para esa edad, y este límite de 0,91 milisegundos parece que tal vez sea fruto de una estimación numérica basada en la estadística, no en la observación clínica directa y concluyente, por lo que se ignora su posible interés clínico de momento, y se duda que pueda tenerlo, como ocurre con otras estimaciones de este tipo en neurofisiología clínica, basadas solo en la mera estadística teórica, de las que se ha tenido noticia, que luego resultan no ser aplicables en la práctica con esos valores teóricos.

La técnica electromiográfica de la obtención de la DLEPS presenta limitaciones. No es siempre posible llevar a cabo la DLEPS, en cuyo caso hay que recurrir al resto de la exploración sensitiva y a la exploración motora por sistema, y en mayor o menor extensión según el caso; por ejemplo: en la serie propia de 263 nervios medianos normales que se ha citado más arriba, en 5 de los casos (2%) la DLEPS no se pudo obtener por ausencia de respuesta sensitiva por nervio mediano con registro en cuarto dedo, a pesar de ser normal la respuesta por mediano en el dedo tercero. Una posible explicación para este hecho de la ausencia de respuesta sensitiva por nervio mediano en dedo cuarto podría ser que el cuarto dedo no estuviera inervado por el nervio mediano sino por el cubital sólo, por alguna variante anatómica (como pudiera ser una anastomosis de mediano a cubital de esas ramas a dedo cuarto en una zona proximal al punto de estímulación en la muñeca), de modo que toda la inervación sensitiva del dedo cuarto dependiese del nervio cubital en la zona distal al punto de estimulación. En este tipo de situaciones se hace preciso ampliar la exploración más allá de la DLEPS, para aclarar estos extremos, añadiendo la conducción sensitiva antidrómica a dedo tercero o segundo (por ejemplo), y según el resultado obtenido, la conducción sensitiva por nervio cubital a dedo quinto y la conducción motora a abductor corto del pulgar desde muñeca y palma (latencia motora distal y DLEPM).

La técnica de la DLEPS falla si no hay fibras sensitivas de mediano en dedo cuarto por alguna variante anatómica, o si no hay respuesta de nervio cubital en dedo cuarto por algún otro motivo, o si el resultado es normal, 0,7 milisegundos, pero existe evidente sospecha clínica del síndrome indicando un posible falso negativo de esta técnica, que no posee una sensibilidad del 100%.

A pesar de las limitaciones, de manera rutinaria es conveniente incluir en el protocolo de exploración electromiográfica en el síndrome del túnel carpiano, tras medir la DLEPS, la exploración de la conducción sensitiva antidrómica por nervio mediano a dedo segundo o tercero (o ambos, primero, etc.), por varias razones: en primer lugar, hay que asegurarse de que el componente de la DLEPS correspondiente a nervio mediano corresponde a nervio mediano, y no a una segunda respuesta de nervio cubital debida a una estimulación de cubital por un error técnico (por ejemplo, por exceso de estimulación, etc.), sobre todo cuando la DLEPS es igual a 0 milisegundos y la morfología de las respuestas sensitivas de mediano y cubital es parecida. Por tanto, es conveniente verificar que la respuesta de nervio mediano existe, y que es normal si la DLEPS lo es (respuesta de mediano normal, con latencia sensitiva distal normal, o con velocidad de conducción sensitiva normal, o ambas, y con morfología, es decir, sobre todo pendiente o *rise time*, normal). Así como en ocasiones la respuesta por mediano en dedo cuarto es inconstante, pudiendo no aparecer en sujetos sanos, éste no es el caso de la respuesta sensitiva en dedo segundo o tercero.

¿Por qué no limitar la exploración de la conducción sensitiva por nervio mediano a dedo segundo o tercero entonces? Pues porque los valores absolutos normales de velocidad sensitiva en dedos segundo, tercero, o ambos, se superponen con los anormales en la población general con gran extensión también, es decir, la velocidad sensitiva puede encontrarse todavía dentro del rango de normalidad cuando la DLEPS ya se ha alterado en un sujeto dado. Por ejemplo: si la velocidad sensitiva normal por el nervio mediano de un sujeto dado de 40 años son 60 metros/segundo, y el límite inferior normal para la población general son 45 metros/segundo a 33 grados de temperatura cutánea, la velocidad en esa persona debería lentificarse en 16 metros/segundo antes de ser detectable dicha lentificación en esa persona mediante la medición de su valor absoluto, y resulta que para una distancia de por ejemplo 15 centímetros, y cuando la velocidad fuera todavía de 45 metros/segundo y por tanto todavía normal, la DLEPS ya sería mayor de 0,7 milisegundos y por tanto anormal ya, incluso habiendo partido desde un valor basal para su DLEPS de cero. Es más, la DLEPS habría sido positiva incluso antes de llegarse a los 45 metros/segundo si el valor basal de la DLEPS no hubiera sido de cero. Por ello sigue siendo más útil para el diagnóstico en este caso el recurso a un valor relativo, como una comparación de mediano y cubital, por ejemplo, mediante la DLEPS, aunque en muchos casos también sea factible una comparación entre las velocidades sensitivas de nervio mediano y cubital de un mismo lado.

La DLEPS igual o menor a 1,5 milisegundos (mayor de 0,7 y hasta 1,5 milisegundos) se puede considerar en el síndrome del túnel carpiano correspondiente a un **atrapamiento mínimo o muy leve del nervio en el túnel carpiano**. Ocasionalmente estos atrapamientos mínimos se curan espontáneamente sin cirugía, según observaciones personales, incluso tras varios años, y sobre todo si la causa desencadenante desaparece a tiempo, como en el caso de una tendinitis, o en el caso de edema en muñeca por embarazo. Hasta el momento **se han observado personalmente remisiones espontáneas en pacientes con un valor de DLEPS de 1,5 milisegundos o menos, por lo que esta cifra podría considerarse un punto de corte para tener en cuenta en la indicación de la cirugía.** Posiblemente convenga plantearse en algunos de estos casos en los que la DLEPS es de 1,5 milisegundos o menor el tratamiento no quirúrgico entonces, y las revisiones periódicas hasta confirmar que ya no hay vuelta atrás para el atrapamiento. De todos modos posiblemente convenga operar el síndrome del túnel carpiano preferiblemente mientras sea **leve (DLEPS mayor de 1,5 milisegundos)**, pues la evolución probablemente será más favorable, en general, que al operar un atrapamiento acusado.

Hay otra razón para no demorar la cirugía: la evolución desde un atrapamiento leve a uno acusado puede no ocurrir nunca, u ocurrir repentinamente en cuestión de días u horas, y en este caso el atrapamiento acusado puede dejar secuelas irreversibles, como una axonotmesis del nervio, con hipoestesia y falta de fuerza (no así el dolor, que suele corregirse con la cirugía en la mayoría de los casos), por lo que hay que plantear la indicación quirúrgica, a ser posible, en la fase leve del síndrome (por supuesto que, aunque se plantee y recomiende, hay personas que debidamente informadas deciden no operarse, bajo su propia responsabilidad).

La presencia de la DLEPS implica que se conserva la respuesta sensitiva, por lo que mientras aparezca la DLEPS, aunque sea mayor de 0,7 milisegundos, el atrapamiento del nervio mediano en el túnel carpiano se puede considerar leve. Si desaparece la DLEPS pero persiste la respuesta sensitiva en dedo segundo o tercero, el atrapamiento se puede considerar leve. Si la respuesta sensitiva desaparece también en dedo segundo o tercero, el atrapamiento se puede considerar acusado, incluso aunque la afectación motora sea leve, y moderado si la respuesta sensitiva en dedos segundo o tercero está a punto de desaparecer. En cuanto a la respuesta sensitiva antidrómica en dedo segundo o tercero, téngase en cuenta que, en ocasiones, como ya se ha visto más arriba, el único hallazgo neurofisiológico alterado en el síndrome del túnel carpiano es la disminución de la pendiente del potencial sensitivo en estos dedos (por desincronización de la respuesta sensitiva), lo cual señalaría un atrapamiento muy leve.

En caso de ausencia de respuesta medible para la DLEPS, incluso tras promediarla, hay que tener en cuenta que puede deberse a: bloqueo de la conducción sensitiva a cuarto dedo por síndrome del túnel carpiano (en este caso, puede haber también bloqueo completo a dedo segundo o tercero, o no haberlo, ya que reciben aproximadamente el doble de fibras sensitivas de mediano que el cuarto, y por tanto la respuesta en dedos segundo o tercero se bloquea completamente con más probabilidad después que la respuesta en dedo cuarto), o puede deberse a polineuropatía de fondo, o a una ausencia de fibras sensitivas de nervio mediano en dedo cuarto por alguna variante anatómica (e incluso puede faltar la respuesta en cuarto dedo estimulando tanto por mediano como por cubital si la inervación de cuarto dedo corresponde sólo a nervio cubital y la conducción sensitiva por nervio cubital está bloqueada, por ejemplo bloqueada en el codo por una compresión en codo con posterior degeneración walleriana hasta los dedos), variables todas estas que, entre otras, hay que tener en cuenta en la práctica clínica diaria.

Más variables a tener en cuenta en la práctica: la DLEPS puede parecer falsamente normal en el caso de una lentificación de nervio cubital además de la de nervio mediano (puede ocurrir, por ejemplo, por mononeuropatía del cubital simultánea, como pueda ser un atrapamiento en codo que curse con un alargamiento de la latencia sensitiva distal); en este caso, la latencia motora distal y la DLEPM pueden ser la clave para el diagnóstico del síndrome del túnel carpiano (lógicamente, la exploración de la respuesta sensitiva por nervio radial en dedo primero puede ayudar en este caso y en otros de los citados).

Y hay que volver a recordar que excepcionalmente es mayor la afectación motora que la sensitiva en el síndrome del túnel carpiano, y téngase en cuenta también que una estimulación submáxima puede dar lugar a una falsa apariencia de afectación motora con indemnidad sensitiva.

La DLEPS en ocasiones sale negativa, sin embargo, según observaciones personales, ésto no parece afectar al valor de referencia de 0,7 milisegundos, ni a la sensibilidad de esta técnica.

La DLEPS puede estar ausente también en la lesión de ramos digitales, por ejemplo, por un hematoma en palma, que tampoco hay que confundir con un atrapamiento en muñeca.

Con la mano fría, de acuerdo con observaciones personales, en sujetos sanos la latencia motora distal y la DLEPM pueden aparecer falsamente alteradas, mientras la DLEPS sigue siendo normal. Las manos frías también pueden dar lugar a un diagnóstico erróneo de polineuropatía sensitiva, al desincronizar y lentificar las respuestas, sino se interpreta correctamente la DLEPS en manos frías.

La DLEPS puede fallar en caso de haber doble inervación del territorio del mediano o del cubital, por lo que ante la duda (por ejemplo, DLEPS con un valor de 0 milisegundos) debe buscarse por sistema la latencia sensitiva distal en dedo segundo o tercero.

La velocidad de conducción sensitiva: en caso de fallo de la técnica de la DLEPS, para el diagnóstico del síndrome del túnel carpiano se puede comparar la velocidad de conducción sensitiva antidrómica por nervios mediano y cubital, para observar si la velocidad por el mediano es menor de lo normal (menor de 45 metros/segundo). En tal caso, si la velocidad por mediano es menor de 45 metros/segundo y la velocidad sensitiva por el cubital es normal (44 metros/segundo o mayor), y a pesar de una DLEPS normal (0,7 milisegundos o menor) quedaría también demostrado así el atrapamiento (la temperatura cutánea debe ser al menos de 33 grados). Andreu et al consideran que el límite inferior para la velocidad de conducción sensitiva del mediano es algo menor, de 44 metros/segundo (Andreu JL et al. Local injection versus surgery in carpal túnel syndrome: Neurophysiologic outcomes of a randomized clinical trial).

En una serie propia de 174 nervios medianos con atrapamiento en túnel carpiano (DLEPS mayor de 0,7 milisegundos en todos ellos, salvo en aquéllos con bloqueo de la conducción por mediano a cuarto dedo) en la mayoría de ellos la velocidad de conducción sensitiva antidrómica por el nervio mediano era menor de 42 metros/segundo, y la velocidad de conducción sensitiva antidrómica por nervio cubital mayor de 45 metros/segundo. En esta misma serie, en los casos en los que la velocidad sensitiva por mediano era mayor de 42 metros/segundo en todos ellos era de todos modos menor de 45 metros/segundo, y la velocidad por nervio cubital era mayor de 50 metros/segundo. Por tanto en esta serie en particular la sensibilidad de la velocidad de conducción sensitiva no fue menor que la sensibilidad de la DLEPS.

En cuanto a **la temperatura y la velocidad de conducción**, Buchthal había encontrado que la velocidad baja 2 metros/segundo por grado entre 21 y 36 grados centígrados (Buchthal F et al. Evoked action potentials and conduction velocity in human sensory nerves. Brain research 1966; 3: 1). McLeod (McLeod JG. Digital nerve conduction in the carpal tunnel syndrome after mechanical stimulation of the finger. J Neurol Neurosurg Psychiat 1966; 29: 12) ha encontrado que la velocidad baja de 2,4 a 2,8 metros/segundo por grado. Casey (Casey EB, Le Quesne PM. Digital nerves action potentials in healthy subjects, and in carpal tunnel and diabetic patients. J Neurol Neurosurg Phsychiat 1972; 35: 612) ha encontrado que la velocidad baja 1,2 metros/segundo entre 27,5 y 36 grados y 1,5 metros/segundo entre 23 y 27,5 grados en la piel.

Índice de latencia motora terminal (ILT): descrito por Kimura. Se utiliza pocas veces personalmente, pero no obstante ocasionalmente es lo que permite hacer el diagnóstico, convirtiéndose en la técnica clave en esos casos, por lo que es un parámetro que también hay que conservar en el protocolo. Por ejemplo, en pacientes con enfermedad de Charcot-Marie-Tooth no hay respuestas sensitivas y la latencia motora distal está alargada; en esta situación un paciente puede padecer simultáneamente un síndrome del túnel carpiano, que hay que diagnosticar. En este tipo de situaciones el ILT es la clave, pues estará alterado cuando haya un síndrome del túnel carpiano además de una polineuropatía. Se calcula así:

ILT = distancia distal en milímetros/(velocidad de conducción en metros/segundo x latencia distal en milisegundos).

El valor normal del ILT es mayor de 0,34. También puede estar alargada la latencia motora distal en casos de degeneración walleriana acusada de las fibras que van por nervio mediano a la mano, por ejemplo, en una siringomielia (en la que además la respuesta sensitiva puede ser normal), y de nuevo el ILT puede ser la clave para descartar o confirmar un síndrome del túnel carpiano en este tipo de situaciones, de tal manera que el ILT será normal en caso de siringomielia sin síndrome del túnel carpiano, a pesar de una latencia motora distal que puede estar alargada en relación con la degeneración walleriana (y la desmielinización subsecuente).

Diagnóstico diferencial del síndrome del túnel carpiano (STC): las parestesias unilaterales, en una mano, plantean el diagnóstico diferencial con las radiculopatías. A veces un STC se confunde con una radiculopatía, y además con frecuencia radiculopatía y STC van juntos. El electromiograma suele ser clave para categorizar a ambos. Clínicamente, en las radiculopatías el dolor rebasa el límite del hombro y alcanza el cuello, región escapular y pectoral. Además, el signo de Valsalva positivo puede revelar una radiculitis. En el STC el dolor suele irradiar por la cara anterior de antebrazo y brazo, con frecuencia siguiendo una línea, pero las parestesias no se irradian más allá del territorio del mediano, al contrario de lo que ocurre con las parestesias en las radiculopatías, y al contrario de lo que ocurre con el dolor en ambas, y este detalle clínico hay que recalcarlo.

La esclerosis múltiple y las mielopatías también pueden presentarse como parestesias en miembros superiores, pero de nuevo la clínica es crucial: en la mielopatía las parestesias no desaparecen al aletear las manos, y no varían a lo largo del día, mientras que en el STC son intermitentes y de predominio nocturno. Si los síntomas sensitivos se vuelven continuos en el STC probablemente se deba a la hipoestesia, no a las parestesias.

La polineuropatía diabética también cursa con parestesias en miembros superiores, pero si en la diabetes hay además STC, las parestesias son más intensas en miembros superiores que en miembros inferiores, y si hay polineuropatía pero no STC las parestesias son más intensas en miembros inferiores que en miembros superiores, detalle clínico a destacar también. Aunque en la polineuropatía diabética puede faltar la DLEPS, en ausencia de STC las respuestas sensitivas no estarán más lentificadas a través del túnel carpiano en particular, sino todas lentificadas por igual, o ausentes por bloqueo más o menos por igual. Si la latencia motora por nervio mediano está alargada, hay que comprobar, ante la duda, la latencia motora por el contralateral y por los nervios cubitales u otros nervios motores, u otros parámetros que sea preciso, como las velocidades motoras. En último extremo, en una polineuropatía sin STC el ILT debería ser normal (ésto se observa, por ejemplo, en la enfermedad de Charcot-Marie-Tooth).

La neurosis ansiosodepresiva puede cursar con parestesias en miembros superiores cuando se hiperventila (se detecta por la presencia de suspiros frecuentes).

Hoy en día, en el "estado del bienestar", no queda más remedio que tener en cuenta a la neurosis de renta y a las diversas formas de fraude en el diagnóstico diferencial también (esto sería aplicable tanto al STC como a la cervicobraquialgia, a la lumbociatalgia, etc.).

Las parestesias pueden aparecer también en el territorio cubital sin que haya neuropatía del cubital, debido posiblemente a la doble inervación del territorio cubital por mediano y cubital que con frecuencia aparece como posible variante anatómica (en vista de este tipo de hallazgos clínicos) aunque el atrapamiento sea del nervio mediano, no del nervio cubital, en este caso. La doble inervación de los músculos intrínsecos tenares y sus diversas variantes es citada por ejemplo en el tratado de Sunderland, en su página 327 de la edición española de 1985.

Enfermedad de Quervain o tendinitis del extensor corto y el abductor largo del pulgar con signo de Finkelstein positivo: aumento de dolor (por tendinitis) en los tendones del extensor corto y el abductor largo del pulgar al extenderlos con el pulgar sujeto con el puño. Es un signo útil para este diagnóstico en la práctica, por su especificidad.

La rizartrosis también se puede incluir en el diagnóstico diferencial y otros cuadros con dolor en la mano. El dolor en miembros superiores, cuando tiene que ver con el STC, suele incluir parestesias y Flick positivo.

La compresión aguda reversible del nervio mediano en muñeca durante el sueño (por ejemplo, al dormir con la cara apoyada sobre el dorso de la mano con la muñeca doblada, o al dormir con la mano entre ambas rodillas) también plantea el diagnóstico diferencial con el atrapamiento en muñeca, pues la sintomatología es la misma, salvo por un detalle: en el atrapamiento las parestesias nocturnas son prácticamente a diario durante semanas al menos, mientras que la compresión aguda se relaciona con una mala postura dada (que en ocasiones el paciente recuerda), y por tanto aparece intermitentemente, no a diario.

En el diagnóstico diferencial también hay que tener en cuenta síndromes raros, como el síndrome de Cavanagh, o hipoplasia congénita de eminencia ténar (aparece en niños). En el electromiograma la amplitud del potencial motor es baja, pero no hay aumento de la latencia motora distal (Pablo MJ et al. Cavanagh syndrome in a 5-year old boy: Differential diagnosis with carpal tunnel syndrome. Clinical Neurophysiology 2009; 120: 143).

En general la atrofia de eminencia ténar puede deberse a STC, a radiculopatía C8, a siringomielia, a enfermedad de la neurona motora, etc.

La afectación clínica por el territorio del mediano también puede deberse a una lesión del nervio mediano en el codo, pero este cuadro es excepcional, aunque se ve algún caso, pero no más de uno cada 5 años (algunas causas posibles para este cuadro: hematoma en flexura de codo, lesión incisocontusa en flexura de codo, etc.). En este caso, también se encontrará afectación en los músculos del antebrazo.

El electromiograma es una ayuda importante para la clínica en el diagnóstico, el diagnóstico diferencial, el pronóstico y la elección del tratamiento, pero complementando a la clínica, no al margen de ella, por lo que deben reforzarse mutuamente, para así evitar el *Word Of God syndrome* (Brown WF et al. Electrodiagnosis in the management of focal neuropathies: the "WOG" syndrome. Muscle and Nerve 1994; 17: 1336-1342).

Epidemiología del síndrome del túnel carpiano (STC): es el síndrome de atrapamiento más frecuente. La edad media de presentación ronda los 50-55 años de edad, aunque se puede observar en toda la etapa adulta, y es raro en menores de edad. Según observaciones personales de cada 4 pacientes, 3 son mujeres y uno varón. Factores de riesgo frecuentes son la *diabetes mellitus* y el hipotiroidismo. Otros, como la acromegalia, la artritis reumatoide o la amiloidosis son más raros. El STC también es un síndrome ocupacional; personalmente se observa con frecuencia asociado a oficios como la agricultura, la pesca, la albañilería, la carpintería, la marisquería, la peluquería, la costura, la carnicería, etc.

En niños pequeños se observa rara vez, y comúnmente asociado a síndromes malfomativos o enfermedades hereditarias, como en la mucopolisacaridosis, por ejemplo.

Hay que resaltar un hecho curioso observado personalmente: el 9% de las mujeres con STC de una serie de 100 presentaban el antecedente de histerectomía con doble anexectomía, que posiblemente sea por tanto un factor de riesgo al que otorgar su valor epidemiológico también.

Evolución y pronóstico del síndrome del túnel carpiano (STC): Andreu et al han encontrado que las alteraciones en el electromiograma en el síndrome del túnel carpiano se corrigen con cirugía, pero no con inyección local de corticoides (Andreu JL et al. Local injection versus surgery in carpal túnel syndrome: Neurophysiologic outcomes of a randomized clinical trial).

En el pronóstico es importante tener en cuenta la frecuente falta de correlación entre los síntomas y los hallazgos electromiográficos, de tal manera que posiblemente sea más fiable el electromiograma que la clínica para confirmar el atrapamiento y el grado de atrapamiento. Kouyoumdjian opina de manera parecida (Kouyoumdjian JA et al. Carpal tunnel syndrome: Long-term nerve conduction studies in hand. Clinical Neurophysiology 2009; 120: 119).

Sin liberación quirúrgica, tal vez desaparezcan los síntomas en algunos casos, pero no el atrapamiento en general, salvo que sea mínimo y haya una causa reversible, como un embarazo o una tendinitis, y por tanto la posibilidad de seguir empeorando progresivamente está presente desde el comienzo de los síntomas, y sólo la cirugía ha permitido confirmar una notable mejoría en las magnitudes de los parámetros electromiográficos, modificando esa progresión (Salinas M et al. Comparación electroclínica del tratamiento del síndrome del túnel del carpo. Rev Neurol 2003; 37: 988).

Ortiz (Ortiz F et al. Natural evolution of carpal tunnel syndrome in untreated patients. Clinical Neurophysiology 2008; 119: 1373-1378) ha observado que la mayoría de los casos evoluciona lentamente o sin cambios durante años, y que un porcentaje de casos empeora (8-16%) de manera progresiva, y en algunos casos de manera severa, así como ha observado que hasta un 25% de los casos remiten espontáneamente. Según experiencia propia la evolución de este síndrome es impredecible, por lo que es preferible plantear la indicación quirúrgica en la fase con afectación en grado leve, sobre todo si las molestias persisten a diario durante, por ejemplo, 3 meses, pues al ser la evolución impredecible, existe el riesgo de una evolución a un grado moderado o acusado en breve plazo, algo que es infrecuente, pero que ocurre.

En cuanto a la remisión espontánea, es rara, pero existe, y sólo se observa en casos con afectación muy leve o mínima (por ejemplo, según observaciones personales, con una DLEPS de 1,5 milisegundos o menor), y sobre todo en presencia de factores de riesgo que fueron eliminados con el tiempo, como una tendinitis en la muñeca, o el embarazo, o traumatismos continuos (ciertos oficios).

Thomsen et al no encuentran peor pronóstico en pacientes diabéticos operados de síndrome del túnel carpiano que en pacientes no diabéticos, ni siquiera partiendo de un grado acusado de afectación previa (Thomsen NOB et al. Neurophysiologic recovery after carpal tunnel release in diabetic patients. Clin Neurophysiol 2010; 121: 1569-1573).

Fisiopatología del síndrome del túnel carpiano: en el síndrome del túnel carpiano es característico el dolor, que aparece en la práctica en 3 de cada 4 pacientes, aproximadamente (por ejemplo, en una serie propia de 100 pacientes, 84 presentaban dolor como parte del cuadro). Según observaciones personales en algunos pacientes el dolor se reduce al aumentar el grado de atrapamiento, quizá, hipotéticamente, porque al haber mayor bloqueo de la conducción haya también mayor bloqueo de la transmisión de los impulsos algógenos, menos dolor, y una falsa mejoría. En otros pacientes puede aumentar el dolor al aumentar el grado de atrapamiento, por lo que el diagnóstico y el pronóstico no deben basarse sólo en los síntomas subjetivos, siendo recomendable recurrir al electromiograma en todo caso. El dolor es posiblemente una de las razones por la que los pacientes con síndrome del túnel carpiano acuden tempranamente a consulta, siendo una minoría los que presentan atrofia al debutar clínicamente (al contrario de lo que ocurre con otras neuropatías focales, según observaciones personales, como pueda ser la parálisis cubital tardía). El dolor en el síndrome del túnel carpiano sigue una distribución característica: se localiza en la cara palmar de la muñeca y se irradia en línea por la cara palmar del antebrazo hasta la flexura anterior del codo, pudiendo extenderse también hasta el hombro. Según lo observado el dolor no rebasa el hombro, pero algunos autores refieren la posibilidad de su extensión hasta el cuello también (1. LaBan M et al. Neck and shoulder pain. Presenting symptoms of carpal tunnel syndrome. Mich Med 1975; 74: 549-50; 2. Zanette G et al. Proximal pain in patients with carpal tunnel syndrome: a clinical neuro-physiological study. J Peripher Nerv Syst 2007; 12: 91-7). El dolor es punzante, y puede ser intenso, hasta el punto de despertar al paciente por las noches y de provocar la visita al médico, incluso a pesar de haber estado, tal vez, padeciendo parestesias nocturnas durante meses previamente.

La actividad manual intensa es importante: algunos pacientes llevan a cabo su primera consulta tras una actividad manual intensa que desencadena o empeora su síndrome del túnel carpiano.

Según se ha observado el síndrome del túnel carpiano puede permanecer estable por tiempo indeterminado, pudiendo progresar desde lentamente hasta rápidamente en plazos de tiempo variables.

La disminución de fuerza en la mano en el síndrome del túnel carpiano, un signo característico de este síndrome (las cosas se caen de las manos) puede no ser verdadera objetivamente, según se ha observado, sino ser una percepción subjetiva equivocada por parte del paciente, es decir, la falta de fuerza puede ser falsa, siendo la posible explicación de este fenómeno la hipoestesia en el territorio del mediano, que desencadena esa percepción subjetiva de falta de fuerza al caerse las cosas de las manos, pero por falta de sensibilidad, no por falta de fuerza.

Las parestesias en una o ambas manos, en el territorio del mediano, de predominio nocturno, son el síntoma más importante para el diagnóstico clínico. En una serie propia de 100 pacientes, 10 presentaron parestesias sólo en la mano dominante, 3 en la no dominante, 49 en las dos manos con predominio en la dominante, 28 en ambas manos con predominio en la no dominante y 9 en ambas manos sin predominio.

La distribución de las parestesias tal como las describe el paciente no siempre coincide con la distribución anatómica académicamente aceptada para el nervio mediano, por ejemplo, con frecuencia hay parestesias en quinto dedo también, que podrían deberse a la existencia de anastomosis de las fibras digitales para quinto dedo entre mediano y cubital con el resultado de una doble inervación de dedo quinto, variante anatómica que ha sido descrita por los anatomistas (Rosenbaum R. et al. Carpal tunnel syndrome and other disorders of the median nerve. Boston: Butterworth-Heinemann 1993).

Dolor en ausencia de parestesias no descarta el síndrome del túnel carpiano, en ocasiones hay pacientes que sólo presentan dolor y atrofia, pero esta situación obliga a descartar que no se trate de otro proceso distinto a este síndrome.

Los síntomas unilaterales de pocos días de evolución no excluyen el diagnóstico, pero lo dificultan.

El aleteo de las manos para aliviar los síntomas (signo de Flick), con todas las variantes que se observan en la práctica (morder las manos, golpearlas, meterlas en agua, etc.), apareció en 90 de 100 pacientes de una serie propia.

El 85% de los pacientes de dicha serie presentaban el signo de Phalen positivo (reproducción de los síntomas mediante la flexión palmar de la muñeca).

El signo de Tinel fue positivo en el 34% de los pacientes de esa serie, lo que lo hace poco sensible para este síndrome, aparte de observarse numerosos falsos positivos para este signo, por lo que se considera de poco interés clínico en el síndrome del túnel carpiano (no obstante, a pesar de esta baja especificidad, sí que se le otorga interés clínico al signo de Tinel cuando el paciente refiere espontáneamente, sin inducirle de ningún modo a hablar de ello, una aparición o empeoramiento de sus parestesias cuando dobla la muñeca o percute de algún modo en ella).

Alrededor de un 10% de los pacientes acuden a la primera consulta con atrofia en eminencia ténar. En los pacientes con atrofia de *abductor pollicis brevis* se observa con frecuencia hipertrofia compensadora de *flexor pollicis brevis*. Esta hipertrofia del flexor corto del pulgar de inervación cubital es citada también por Sunderland en la página 711 de la edición de 1985 en su tratado de lesiones del nervio periférico.

El fenómeno de Raynaud es infrecuente, así como la causalgia (son fenómenos raros en las lesiones nerviosas por atrapamiento; en cambio, son frecuentes en las lesiones nerviosas por traumatismo), pero ocasionalmente se observan.

Curiosamente la compresión de los axones motores podría estar en relación con la aparición de un dolor profundo y extenso (Torebjork H. E. et al. Refered pain from intraneural stimulation of fascicles in the median nerve. Pain 1984; 18: 145-156).

Y ahora una vieja pregunta sobre la fisiopatología del síndrome del túnel carpiano, y una posible respuesta implícita en la pregunta: **¿se deberá la mayor predisposición a padecer este síndrome durante el sueño a una mayor susceptibilidad nocturna a la lesión nerviosa por la "desaferentación" nocturna fisiológica, es decir, por la disminución o cese del flujo axonal periférico que de manera fisiológica se produce durante el sueño?**

Patogenia del síndrome del túnel carpiano: el síndrome del túnel carpiano primario se debe al atrapamiento primario del nervio en el canal carpiano. La causa se considera que es la falta de coincidencia entre el tamaño del canal carpiano y su contenido, sobre todo el nervio mediano y los tendones flexores (Uchiyama S et al. Quantitative MRI of the wrist and nerve conduction studies in patients with idiopathic carpal tunnel syndrome. J Neurol Neurosurg Psych 2005; 76: 1103-1108), lo cual conlleva un aumento de presión dentro del túnel (Okutsu I et al. Measurements of carpal canal and median nerve pressure in patients with carpal tunnel syndrome. Tech Hand Up Extrem Surg 2004; 124-128). Existe el síndrome del túnel carpiano secundario (por ejemplo, secundario a una fractura de Colles). El daño del nervio parece ser que se produce por factores mecánicos, con compresión y distorsión de la mielina, factores que producen isquemia local y dañan directamente, indirectamente, o de ambas formas, a los axones, generándose un círculo vicioso de daño local que genera más daño local (Sunderland S. Nervios periféricos y sus lesiones. Barcelona: Salvat; 1985 p 724-29). Hay factores que predisponen al atrapamiento, como el aumento local del tejido que forma los límites del túnel carpiano, algo que sucede en el hipotiroidismo, el embarazo, la tenosinovitis, etc. El exceso de actividad motora de la zona también es otro factor que desencadena o favorece el atrapamiento, con acumulación de microtraumatismos que el nervio quizá no repara con suficiente velocidad, o lo hace de manera viciosa. El hipometabolismo (hipotiroidismo, *diabetes mellitus*, polineuropatías de fondo en general) empeora todavía más esta posible lentificación en la reparación de microtraumatismos.

Se sospecha de la posible existencia de una estrechez congénita del canal carpiano en algunas personas, dada la predisposición individual a padecerlo (por ejemplo, la agricultura es un factor predisponente pero no por ello lo padecen todos los agricultores), pero todavía no consta que haya sido demostrada, aunque ya ha habido varios intentos (Zeiss J et al. Anatomic relations between the median nerve and flexor tendons in the carpal tunnel: MR evaluation in normal volunteers. American Journal of Radiology 1989; 153: 533-6).

NERVIO MUSCULOCUTÁNEO: a veces inerva al pronador redondo (del nervio mediano). Bíceps, braquial anterior (a veces inervado por el radial) y coracobraquial. Se ha oído decir en la clase de anatomía en la facultad de medicina que el bíceps braquial es un músculo supinador (supinación rápida y potente, por eso los boxeadores lo tendrían tan desarrollado en proporción), y que en la flexión del codo es una ayuda, siendo el principal flexor el braquial anterior mediante una acción "vicariante", pero en los pacientes con rotura del tendón del bíceps, algo frecuente de ver (sobre todo entre peones de albañil) la flexión del codo es tan débil que parecería lo contrario: que es el bíceps el principal flexor del codo.

El electromiograma del bíceps en la rotura del tendón del bíceps, colapsado en forma de bola cerca del codo, es normal si no hay más lesiones aparte de ésta.

La rama sensitiva del musculocutáneo (nervio cutáneo lateral del antebrazo), se puede explorar antidrómicamente estimulando en la parte proximal del antebrazo, con detección en la parte distal, en una trayectoria cercana a la rama sensitiva del radial (de hecho, un mismo estímulo puede estimular a ambas ramas sensitivas a la vez) pero por la parte interior del antebrazo respecto del radial.

Puede haber lesión aislada de este nervio (Zanette G et al. Isolated musculocutaneous nerve injury in a kickboxer. Muscle & Nerve 2015; 52: 1137-1139).

NERVIO OBTURADOR: puede inervar al músculo *adductor magnus* (que depende del nervio ciático) y al músculo pectíneo (que depende del nervio femoral) en algunos casos.

NERVIO OCCIPITAL MAYOR: llamado también nervio de Arnold. Véase neuralgia facial.

NERVIO ÓPTICO: el nervio óptico no es un nervio, es un haz; sus envolturas de mielina las producen los oligodendrocitos, no las células de Schwann. El nervio óptico termina en el quiasma; está formado por un millón de fibras. Desde el quiasma óptico hasta el cuerpo geniculado lateral se denomina cintilla óptica. La decusación en el quiasma hace posible la visión binocular. Hay representación retinotópica tanto en retina como en cuerpo geniculado lateral, y también en córtex visual. El colículo superior y el *pretectum* participan en reflejos visuales y en la acomodación automática del ojo (las respuestas reflejas son respuestas motoras que se integran subcorticalmente, y las respuestas automáticas las que se integran en corteza).

Neuropatía óptica, algunas causas: arteritis de Horton, esclerosis múltiple, glioma del nervio óptico, leptospirosis, lupus eritematoso sistémico, neurosarcoidosis, síndrome de Devic, linfoma no Hodgkin, leucemia mieloide crónica (síntomas visuales por leucostasis), neuropatía en las paraproteinemias, neuropatía óptica hereditaria de Leber (mitocondriopatía; si aparecen manifestaciones clínicas similares a las de la esclerosis múltiple, se denomina síndrome de Harding), etambutol, metanol, etanol, plomo, arsénico, insecticidas, quinidina, neurosífilis, hipovitaminosis B_{12}, neoplasia, isotrenoína o ácido retinoico (Fraga A. Neuropatía óptica bilateral secundaria a tratamiento con isotrenoína. Rev Neurol 2012; 55: 370-78), infección retroocular (vírica o bacteriana), etc.

Atrofia óptica, algunas causas, aparte del papiledema, el glaucoma, etc.: *incontinencia pigmenti achromicans* (incontinencia pigmentaria, enfermedad de Bloch-Sulzberger), síndrome de Dejerine-Sottas, síndrome de Devic, esclerosis tuberosa, leucodistrofia, síndrome de Frohlich (distrofia adiposo genital, síndrome hipotalámico medio), síndrome de Hallervorden-Spatz, neuropatía crónica hereditaria tipo 6 (de Dick y Lambert), etc.

En la neuritis óptica: electrorretinograma normal, potenciales evocados visuales con *flash* normales, potenciales evocados visuales con damero reversible anormales (latencia de la onda P100 alargada).

Sección de nervio óptico: en el electrorretinograma, componente b de la onda de alto voltaje.

NERVIO PERONEAL, FIBULAR, CIÁTICO POPLÍTEO EXTERNO:
Anatomía: nervio ciático poplíteo externo, nervio peroneal común. Da el nervio sural lateral o nervio cutáneo lateral de la pierna, para la zona de la espinilla. Se divide en nervio musculocutáneo o peroneo superficial (da la rama sensitiva peronea superficial que inerva el empeine excepto una pequeña área entre los dedos primero y segundo inervada por el nervio peroneal profundo, rama del peroneo común) para peroneo lateral largo, y en nervio tibial anterior o peroneo profundo para extensor común de los dedos segundo a quinto, tibial anterior, extensor largo del dedo gordo, peroneo anterior y pedio (en aproximadamente una cuarta parte de los individuos hay un nervio accesorio a pedio desde peroneo superficial, por lo que en ocasiones no hay respuesta motora en pedio estimulando en garganta de pie pero sí estimulando detrás de maléolo externo).

Clínica: existen diversos hechos clínicos descritos en la neuropatía del peroneal. Destacan: pie plano (por incapacidad para mantener la bóveda plantar, algo que puede aparecer en neuropatías graves, como en una polineuropatía diabética axonal severa, o en una lesión traumática del peroneal común en muslo o hueco poplíteo); pie equino (frecuente en neuropatías crónicas, como la enfermedad de Charcot-Marie-Tooth o la ataxia de Friedreich), signo de Pitres del pie (la punta del pie deja de tocar el suelo sólo si se levanta el pie), *steppage*, pie varo (signos que dan lugar al pie plano-equinovaro, al contrario que el pie plano-*talus valgus* en las lesiones del nervio ciático poplíteo interno o tibial posterior). En la práctica: pie caído, con *steppage* e hipoestesia en dorso de pie en una pequeña área dentre dedos primero y segundo (nervio peroneal profundo) o en el empeine (nervio peroneal superficial).

Electromiograma: permite determinar el lugar de la lesión en la mayoría de los casos, que suele ser la cabeza del peroné en la mayoría de los casos de pie caído, debido a compresión aguda en esa zona (causas frecuentes: inconsciencia profunda por consumo de drogas o alcohol, posturas viciosas y prolongadas al dormir, encamamientos prolongados, encamamiento tras cirugía mayor, piernas cruzadas, trabajo en cuclillas, yesos o vendajes, etc.). Por supuesto puede haber otras localizaciones para una lesión que desemboque en pie caído, como pierna (ramos concretos por diversas causas, incluidas las fracturas de tibia y peroné), muslo (ciático común, por ejemplo en empalamientos), plexo (pie caído por lesión en plexo de ramas de tibial anterior de manera específica, algo característico, por ejemplo, en relación con la colocación de prótesis de cadera), raíz (radiculopatía L4, L5 o ambas), y no hay que olvidar al sistema nervioso central (Fontoira M et al. Pie caído secundario a meningioma supratentorial; a propósito de un caso. Revista de Ortopedia y Traumatología 2003; 47: 134-7), no hay que olvidar tampoco a la médula anterior (esclerosis lateral amiotrófica, pie caído seudopolineurítico), ni al pie caído por polineuropatía tampoco. También hay que recordar al pie caído por miopatía (distrofia de Steinert), pie caído por enfermedad vascular cerebral, etc. Si sólo se afecta pedio el pronóstico funcional será mejor, obviamente. Véase pie caído.

Valores normales en el electromiograma obtenidos a partir de observaciones personales: **Conducción sensitiva** (antidrómica, con electrodo activo, cutáneo o de aguja, en tercio externo del espacio entre ambos maléolos y con electrodo de referencia en empeine); hasta ahora se ha considerado que la **velocidad** normal oscila entre **42 y 55 metros/segundo**, con **amplitudes entre 5 y 30 microvoltios**.

Conducción motora: la amplitud en pedio oscila entre **5 y 20 milivoltios** con electrodos cutáneos (4,8 a 12 milivoltios en niños de 1 a 10 años, y hasta 3 milivoltios como límite inferior en niños menores de 1 año; en niños menores de 1 año el estímulo se puede hacer en cabeza de peroné y glúteo para valorar la velocidad, dada la cortedad del miembro).

Con electrodo de aguja en pedio: amplitudes de la respuesta motora de 6 a 25 milivoltios (6 milivoltios es el valor mínimo observado en personas añosas, pues en personas no añosas la amplitud mínima es de 8 milivoltios). Velocidades motoras entre 44 y 65 metros/segundo (42 metros/segundo para personas añosas). La duración del potencial oscila entre 7 y 16 milisegundos por regla general (aunque suelen ser más importantes la caída de la pendiente y la desincronización del potencial que su duración para detectar desmielinización o bloqueo, por su mayor sensibilidad). La velocidad de 1 a 10 años es de 50 a 65 metros/segundo, y en menores de 1 año de 50 a 55 metros/segundo (la gran diferencia entre estos rangos se debe probablemente a que en el segundo caso la serie empleada en este caso ha sido menor).

Latencia motora distal: es importante para el síndrome de Guillain-Barré (y para el Charcot-Marie-Tooth), al ser uno de los signos electromiográficos más sensibles para su detección y para el seguimiento de su evolución; el **límite superior normal para la latencia motora distal es de 6,1 milisegundos** (para Kimura el límite superior normal para la latencia motora distal es 5,6 milisegundos, pero personalmente se ha observado que este valor provoca falsos positivos innecesarios, mientras que el límite en 6,1 milisegundos es más útil en la práctica por su sensibilidad, que es prácticamente igual que la del límite del valor en 5,6 milisegundos, pero con mayor especificidad que éste.

Kimura da valores de 48,3 +/- 3,9 metros/segundo, con un límite inferior de 40 metros/segundo, que personalmente se considera patológico, pues el límite inferior ajustado para personas añosas, avejentadas, por ejemplo, por encima de los 70 años, en ausencia de enfermedad, se ha observado que está en 42 metros/segundo, no en 40 metros/segundo).

En la enfermedad de Charcot-Marie-Tooth tipo 1 la velocidad motora suele estar entre 10 y 20 metros/segundo y los potenciales motores no desincronizados, o apenas, de manera característica y específica.

El nervio peroneal en su parte motora es tan sensible o más sensible que cualquier otro nervio motor para la detección precoz de una polineuropatía, según experiencia propia, incluso con frecuencia más sensible que los nervios sensitivos (como el nervio sural, que en ocasiones presenta magnitudes normales en sus parámetros en caso de polineuropatía cuando las magnitudes del peroneal ya están alteradas), como se observa con frecuencia en la neuropatía diabética, por ejemplo, por lo que es el nervio de elección para descartar polineuropatía.

Por supuesto que, en caso de alteración de la respuesta por nervios peroneales, hay que hacer el diagnóstico diferencial, clínico y electromiográfico, con las mononeuropatías simples o múltiples, focales o difusas, y con las neuronopatías, antes de confirmar polineuropatía, mediante la ampliación de la exploración electromiográfica de la manera que se considere oportuna en función de las circunstancias particulares de cada paciente en cada caso.

NERVIO PLANTAR: la parte terminal del nervio tibial en el pie constituye el nervio plantar, que da varias ramas a la altura del maléolo interno: una rama medial para el músculo abductor del dedo gordo (cuya exploración es útil en el diagnóstico del síndrome del túnel tarsiano), una rama lateral al abductor del quinto dedo (cuya exploración podría ser útil en el diagnóstico de la enfermedad de Baxter o neuropatía de Baxter o atrapamiento o compresión de esta rama en el pie, que podría constituir un tercio de las talalgias), y ramos calcáneos mediales y laterales.

La exploración electromiográfica de los ramos sensitivos calcáneos todavía no dispone de un *standard* de referencia, es un asunto abierto a la investigación con fines diagnósticos (véase nervio calcáneo). La exploración del ramo motor medial al abductor del dedo gordo es útil en el diagnóstico del síndrome del túnel tarsiano (véase síndrome del túnel tarsiano y nervio tibial posterior). Es poco conocida la utilidad de la exploración del ramo motor lateral a abductor del dedo quinto en el síndrome del túnel tarsiano, la enfermedad de Baxter y otras talalgias, y también está en fase de investigación. En personas jóvenes es fácil obtener la respuestas sensitiva de los ramos sensitivos medial y lateral del nervio plantar con estímulo en planta distal (parte distal del metatarso) de ambos ramos medial y lateral por separado, con registro en maléolo interno, ya sea con electrodos cutáneos o de aguja monopolares, pero no es posible obtener en todas las personas esta respuesta sensitiva, por lo que su uso clínico es limitado por ahora y también está en fase de investigación; en pacientes con hipoestesia plantar en un lado y ausencia de respuesta sensitiva por nervio plantar en ese lado, con normalidad en el otro lado sí es posible llegar a conclusiones, pero en otros casos dudosos no, por lo que todavía no existe un *standard* para el nervio plantar sensitivo.

NERVIO PUDENDO:

Anatomía fisiopatología y patogenia: S1-S4. Inervación de pene y uretra, del ano y del esfínter vesical externo.

Inervación autonómica: proviene del plexo pélvico, situado en las caras laterales y anterior del recto, y formado por la unión del nervio hipogástrico (simpático, inerva el trígono y el esfínter interno) y pélvico o erector (parasimpático, S2-S4, inerva el detrusor), y da los nervios cavernosos, que pasan por la región posterolateral prostática, para inervar los cuerpos eréctiles (parasimpático: erección; simpático: eyaculación). Se daña, por ejemplo, en la cirugía con extirpación del recto, y en la cirugía de próstata, de ahí la disfunción eréctil en estos casos. En la esclerodermia puede haber disfunción eréctil por alteración vascular o del sistema nervioso autónomo.

Inervación somática: proviene del nervio pudendo (S2-S4) que va por la fosa isquiorrectal a la aponeurosis perineal media donde da una rama sensitiva (nervio dorsal del pene) y ramas motoras para músculos perineales (y sensibilidad perineal también). Se daña, por ejemplo, en cirugía de próstata y perineal, en cirugía abdominal radical, en partos difíciles y otro tipo de problemas obstétricos, y por supuesto en procesos que cursen con polineuropatía, como diabetes o enolismo.

El nervio puede verse afectado, incluso tal vez por atrapamiento, en el canal pudendo, en la espina isquiática, en la concavidad subpúbica, o en el *sulcus nervi dorsalis* adyacente al borde ventromedial del ramo isquiopubiano en el caso de ciclistas (Nanka O, Sedy J, Jarolim L. Sulcus nervi dorsalis penis: site of origin of Alcock´s syndrome and bicycle riders? Med Hypotheses 2007; 69: 1040-5).

Síndrome de Alcock: dolor perineal por posible atrapamiento del nervio en el canal de Alcock (canal pudendo), con dolor perineal y posible disfunción urinaria, sexual y de esfínter anal; descrito por Amarenco (Amarenco G, Lanoe Y, Perrigot M, Goudal H. A new canal syndrome: compression of the pudendal nerve in Alcock's canal or perineal paralysis of cyclists. Presse Med 1987; 16: 399).

Electromiograma: Sedy reclama mayor precisión en el electromiograma para distinguir entre afectación del nervio dorsal del pene de la afectación del tronco pudendo que va a esfínter, pero el hecho es que en la actualidad no se puede, y ésto mismo parece pensar Lefaucher. En estos casos es más fiable la clínica. Sedy J. An additional site of pudendal nerve compression? Clinical Neurophysiology 2008; 38: 145).

Lefaucheur JP et al. What is the place of electroneuromyographic studies in the diagnosis and management of pudendal neuralgia related to etrapment syndrome? Neurophysiol Clin 2007; 37: 223-8.

Está descrita la electroneurografía de nervio pudendo, con registro en esfínter externo y estímulo en el tronco principal del nervio con el electrodo en el dedo índice del guante. Latencia normal: 2,2 milisegundos, parece ser, aunque no se lleva a cabo esta técnica personalmente desde hace años, ni otras, como los potenciales evocados somatosensoriales con estímulo en pene, ya que con la clínica (anamnesis y exploración) y el electromiograma de aguja convencional del esfínter externo se obtiene, en general, información diagnóstica suficiente en la práctica (cosa que además no ocurre de igual manera con esas otras técnicas citadas).

Lefaucheur le da importancia a la combinación de electromiograma y electroneurograma para precisar las lesiones de nervio pudendo; sin embargo también hay un artículo donde Podnar revisa las técnicas neurofisiológicas para exploración de la zona, llegando a la misma conclusión que la obtenida personalmente mediante observaciones propias, que **lo que interesa para la clínica es el electromiograma convencional del esfínter anal externo** (Podnar S. Neurophysiology of the neurogenic lower urinary tract disorders. Clinical Neurophysiology 2007; 118: 1423-1437).

Según experiencia propia no siempre es posible identificar las fibrilaciones y ondas positivas en esfínter anal, pero suele ser posible. La simplificación del trazado es crucial para confirmar la presencia de signos neurógenos en esfínter anal, ya sea con origen periférico por lesión de nervio pudendo o de sus raíces (ya sea una mononeuropatía o en el curso de una polineuropatía), o incluso con origen central por un problema central (como es el caso de la disminución de sumación temporal en el parkinsonismo, etc.). El trazado de máxima contracción, cuando el paciente no colabora lo suficiente, se puede obtener pidiendo al paciente que tosa con fuerza.

La exploración de los **potenciales de unidad motora** en esfínter anal es crucial, sobre todo la duración y la polifasia. Como referencia normal solían utilizarse personalmente los valores propuestos por Chantraine. Para este autor los valores normales de duración y amplitud son hasta 7,5 milisegundos y hasta 0,2 a 0,5 microvoltios (Chantraine A. EMG examination of the anal and urethral sphincters. In Desmedt JE (ed.): New developments in Electromyography and Clinical Neurophysiology, vol 2. Karges, Basel 1973, pp 421-433). El valor de amplitud que da no sirve, pues no tiene que ver con el que se obtiene personalmente normalmente, pero el valor de duración de los potenciales de unidad motora individuales solía encontrarse fiable, aunque conforme ha ido aumentando el número de exploraciones se han encontrado valores de la **duración hasta 9,8 milisegundos en sujetos sanos**, por lo que en la actualidad los potenciales de unidad motora se consideran patológicos a partir de esta cifra de 9,8 milisegundos.

En casos prácticos, por ejemplo, cuando hay neuropatía por diabetes, lesión del nervio en el canal, **parálisis supranuclear progresiva** (u otros parkinsonismos plus con afectación neurógena periférica de esfínter anal, aparte de la central mencionada más arriba) el hecho es que por sistema suelen aparecer potenciales de unidad motora individuales con valor diagnóstico y significado específicamente patológico, al presentar polifasia y duraciones de, por ejemplo, 12 a 19 milisegundos, que superan con creces ese límite de los alrededor de 10 milisegundos, por lo que no suele ser difícil otorgar su valor patológico al electromiograma de esfínter anal cuando lo posee. De todos modos, no todos los pacientes con sospecha fundada de parálisis supranuclear progresiva vistos personalmente han presentado potenciales de unidad motora con duración aumentada, no es una regla que se cumpla en todos los casos con parálisis supranuclear progresiva, por lo que, una vez más, hay que recordar que **en general un electromiograma patológico es específico, pero no patognomónico, y complementa a la clínica, pero no la sustituye.**

En la exploración electromiográfica de la **disfunción eréctil** es interesante explorar, además de este trazado en esfínter anal, el **reflejo de Valsalva** (por ejemplo tosiendo, que debe desencadenar en condiciones normales un trazado completo breve) y el **reflejo bulbocavernoso**, pidiendo al paciente que se pellizque el glande, lo cual debe desencadenar la descarga de algunos potenciales de unidad motora, y ocasionalmente incluso un trazado intermediario. En general la ausencia del reflejo bulbocavernoso (que no su debilidad pues ya es débil de por sí, de acuerdo con observaciones propias) es lo que posee carácter patológico si la exploración está hecha correctamente, y demuestra la presencia de un probable componente neurógeno en esa disfunción eréctil, algo que también confirma un trazado neurógeno. Téngase en cuenta que a veces es preciso explorar más de un cuadrante del esfínter para estar seguros de la ausencia del reflejo bulbocavernoso.

Gurtubay encuentra menos utilidad a la exploración neurofisiológica en la disfunción eréctil en caso de origen vascular o desconocido, pero más utilidad en el caso de origen quirúrgico/traumático, diabético y tóxico (Gurtubay IG et al. Aportación de las técnicas neurofisiológicas al diagnóstico de la disfunción eréctil. Rev Neurol 1998; 26: 481-496).

En alguna publicación que no se va a citar se ha abogado por la utilidad clínica de la exploración electromiográfica de los **cuerpos cavernosos** para distinguir disfunción eréctil neurógena a partir de ciertos hallazgos bioeléctricos, y se han glosado una lista de hallazgos supuestamente normales y patológicos en cuerpos cavernosos. Según observaciones personales dichos signos electromiográficos en cuerpos cavernosos supuestamente normales y patológicos no se han podido verificar tras intentarlo en varias docenas de pacientes, por lo que de momento no se va a practicar más el electromiograma de cuerpos cavernosos tampoco, a pesar de hacerse en otros laboratorios, parece ser.

Tampoco se practica personalmente el electromiograma del **esfínter uretral**, porque el nervio es el mismo que el que inerva el esfínter anal, que es fácilmente accesible a la exploración, aparte de que en la exploración del esfínter uretral hay riesgo de hematoma, sobre todo en mujeres, razones por las que no se considera indicado.

El electromiograma de esfínter anal también es útil para el diagnóstico de la **incontinencia urinaria**, sobre todo si se hace simultáneamente el registro de la presión vesical (neurourología), de tal manera que en condiciones normales el esfínter anal debe relajarse al aumentar la presión vesical durante la micción, de manera coordinada, como reflejo a su vez de la relajación del esfínter uretral. La alteración de este mecanismo permite el diagnóstico de los diversos trastornos posibles en la disfunción vesical (incoordinación entre vejiga y esfínter, atonía vesical, etc.). Si no se dispone de medidor de la presión vesical una alternativa consiste en comprobar la emisión de orina a la vez que se produce el silencio en esfínter anal.

Tipos de incontinencia urinaria:

1. Incontinencia de urgencia: detrusor inestable; alteraciones en el sistema nervioso central: enfermedad vascular cerebral, tumores, traumatismo craneoencefálico, esclerosis múltiple, espina bífida, paraplejía, tetraplejía, etc., en general lesión de las vías corticomedulares quedando los centros medulares sacros fuera de control encefálico, funcionando la vejiga de modo autónomo; este tipo de incontinencia también puede ser primario o "detrusor inestable", que supone el 25% de las incontinencias femeninas con frecuencia en asociación con la incontinencia urinaria de esfuerzo femenina genuina, y con frecuencia acompaña en el varón a la obstrucción prostática; dentro de la incontinencia de urgencia existe el subgrupo de la urgencia sensitiva, la urgencia dolorosa que no suele provocar escape de orina y suele deberse a procesos locales inflamatorios como litiasis o cistitis, o a tumores vesicales. Tratamiento con relajantes de fibra lisa (flavoxato, diciclomina, hioscina), e inhibidores del parasimpático (anticolinérgicos como propantelina, oxibutinina, emepronium, cloruro de trospio).

2. Incontinencia urinaria de esfuerzo femenina genuina, incontinencia de estrés: es la forma más frecuente de incontinencia. La pérdida de orina se produce en ausencia de contracciones del detrusor debido a que la uretra deja de ser intraabdominal por prolapso vesical. También puede influir el fallo del cierre de la uretra. En un 25%-30% se asocia a detrusor inestable. Tratamiento con estimulantes alfa-adrenérgicos para estimular la resistencia uretral (fenilpropanolamina) con poco resultado, al ser un problema mecánico, no funcional. El tratamiento de elección es la cirugía.

3. Enuresis: la mayoría de los niños se controlan entre los 2 y 5 años. Si la pérdida del control aparece tras 6 meses de haberlo controlado, la enuresis suele ser secundaria, y si es menor de 6 meses suele ser primaria.

4. Incontinencia por rebosamiento, incontinencia paradójica: aparece por obstrucción en algún punto entre cuello vesical y meatro uretral que provoca que la vejiga no llegue a vaciarse del todo y se llene cada vez más. El escape se produce hasta que de nuevo se reequilibran las presiones. Causas: hipertrofia de próstata, pérdida de actividad del detrusor (vejiga "neurógena" por daño del núcleo parasimpático medular, del nervio erector o pélvico, o de ambos; la inervación del cuello vesical, del esfínter uretral externo, o de ambos, está conservada; ocurre por mielomeningocele, esclerosis múltiple, cirugía del recto o ginecológica, etc.). Prueba de Marshall-Bonney: elevando la vejiga desde vagina con dos dedos se impide el escape de orina al toser sin sensación de ganas de orinar, lo que la diferencia del detrusor inestable, en la que se impide o no la pérdida pero con ganas de orinar. Tratamiento farmacológico o mediante sondaje.

Síndrome de la cola de caballo: dolor en región glútea, debilidad de esfínteres vesical y rectal, hipoestesia en periné, reflejos musculares profundos disminuidos. Posible complicación en la espondilitis anquilopoyética. El electromiograma de esfínter anal está alterado en algunos casos del síndrome de la cola de caballo. Por ejemplo, el trazado de máximo esfuerzo puede estar simplificado. En casos severos, actividad denervativa detectable con electromiograma en niveles radiculares lumbares bajos y sacros (a veces es preciso explorar el esfínter anal para evidenciarlo).

Síndrome de Fowler (Fowler, 1988): mujeres jóvenes, con retención urinaria no obstructiva idiopática, con electromiograma alterado. La causa podría residir en el esfínter uretral. Podría ser útil la neuromodulación sacra, aunque suele tratarse con autocateterización intermitente (González-Barredo Y et al. Fowler´s syndrome: Relevance of neurophysiological findings. Clinical Neurophysiology 2009; 120: 139).

Incontinencia fecal: el electromiograma de esfínter anal también es útil en este caso, según experiencia propia, al detectarse signos neurógenos en esfínter anal, y también hay alguna evidencia bibliográfica (Kai MR et al. Anal sphincter electromyography: Needle examination in the diagnosis of fecal incontinence.Clinican Neurophysiology 2008; 119: 44).
En algunos artículos se invoca el **posible tratamiento de la incontinencia fecal (y también la urinaria**: Nakamura M et al. Transcutaneous electrical stimulation for the control of frequency and urge incontinence. Hinyokika Kiyo 1983; 29: 1053-9), en algunos casos, mediante una posible neuromodulación con estimulación del nervio tibial posterior, utilizando *TENS (transcutaneous electrical nerve stimulation).* De momento estas investigaciones están hechas en su mayoría sin doble ciego y miden el efecto terapéutico según el resultado subjetivo, u obtienen poco beneficio, por lo que por ahora no está demostrada su eficacia, aunque en algunos casos se refiere mejoría. Téngase en cuenta que el trastorno suele ser multicausal.
Queralto M et al. Preliminary results of peripheral transcutaneous neuromodulation in the treatment of idiopathic fecal incontinence. Int J Colorectal Dis 2006; 21: 670-2.
Findlay M et al. Posterior tibial nerve slimulation and faecal incontinence: a review. Int J Colorectal Dis 2011; 26: 265-73.

NERVIO RADIAL:

Anatomía: nervio de Froment-Rauber: rama inconstante del nervio radial en la mano que rara vez inerva al primer interóseo dorsal. El radial inerva el tríceps. Después pasa por el canal de torsión e inerva ancóneo, supinador largo y radiales. Después da el interóseo posterior (motor) que va al segundo radial. Tras la arcada de Frohse y siguiendo con el interóseo posterior se inerva el extensor común de los dedos, el extensor del meñique, el cubital posterior, el abductor largo del pulgar, el extensor largo del pulgar, el extensor corto del pulgar, y el extensor propio del índice.
Clínica: desde el punto de vista clínico hay una lista de signos clásicos descritos para el diagnóstico de la neuropatía del radial, como el signo de Testut (incapacidad para colocar el miembro superior en posición anatómica; la posición anatómica es de frente y con las palmas hacia delante). Lo más útil es comprobar la dificultad para la dorsiflexión de la muñeca y los dedos, así como la hipoestesia en el territorio específico del radial.

Mano en garra seudocubital: se debe a la caída selectiva de los dedos cuarto y quinto por afectación del nervio interóseo posterior. Si la caída de estos dedos se debe a una radiculopatía cervical, entonces se trataría la **mano en garra seudo-seudo cubital** (Campbell WW et al. Selective finger drop in cervical radiculopathy: the pseudopseudoulnar claw hand. Muscle and Nerve 1995; 18: 108-110).

Síndrome del supinador corto: compresión en el espesor del supinador corto del ramo terminal posterior del nervio radial, con debilidad para la extensión de antebrazo y mano, y dolor crónico en epicóndilo, que aumenta con los movimientos del codo; no se ha visto personalmente ningún caso de este síndrome hasta ahora.

Quiralgia parestésica: parestesias y dolor en el dorso del pulgar por compresión del ramo terminal anterior del nervio radial en el carpo, por ejemplo, por el uso de tijeras; lo cierto es que la lesión de ramos digitales por uso de tijeras, entre jardineros que usan podadoras o costureras que usan tijeras de costura, o por otros motivos (accidentes laborales diversos, incluso accidentes de coche, etc.), se ve de vez en cuando; una manera de demostrar la lesión de un ramo digital, además de la clínica, consiste en demostrar una disminución mayor del 50% de la amplitud sensitiva antidrómica en el dedo afectado en comparación con el contralateral (con la temperatura de la mano controlada).

Síndrome de Wartenberg: neuropatía sensitiva del nervio radial en antebrazo.

Síndrome de la arcada de Frohse (nervio interóseo posterior): no se ha visto ningún caso personalmente hasta ahora, a pesar de ser citado con frecuencia en la literatura.

También se puede observar la afectación específica del radial en mononeuritis múltiples, como en el curso de un **saturnismo**.

La **neuropatía del radial** es frecuente, sobre todo por compresión aguda ("**parálisis del sábado noche**") o en relación con fracturas diafisarias de húmero.

Electromiograma: no hay que olvidar que la afectación puede ser sensitiva pura, motora pura, o mixta. Normalmente es suficiente con explorar el extensor común de los dedos, pero ocasionalmente puede interesar explorar también tríceps, cubital posterior y supinador largo, etc., así como realizar la exploración de la conducción motora a estos músculos con estímulo en canal de torsión y a veces también en punto de Erb en cuello, valorando la amplitud de la respuesta, la latencia, y la sincronización de la misma (en ocasiones interesa la comparación con el otro lado). La conducción sensitiva antidrómica normal de acuerdo con observaciones personales presenta una velocidad entre 44 y 60 metros/segundo, con una amplitud entre 3,2 y 18 microvoltios.

NERVIO SAFENO INTERNO: rama sensitiva del nervio crural, para la cara interna de rodilla, pierna y parte del pie. Raíces L3 L4.

Síndrome del canal de Hunter: el atrapamiento del nervio safeno en el canal de Hunter en el tercio inferior de la cara interna del muslo, o síndrome del canal de Hunter, fue descrito por Kopell y Thomson (Kopell HP, Thompson WAL. Knee pain due to saphenous nerve entrapment. New England Journal of

Medicine 1960; 263: 351-353). Se han descrito pacientes entre 18-62 años, aunque se ha informado de algunos casos en personas de 10-15 años también (Nir-Paz R, Luder AS, Cozacov C, Shahin R. Atrapamiento del nervio safeno en la adolescencia. Pediatrics, ed. Española 1999; 47-1: 45-48). Puede ser de causa iatrogénica (cirugía de rodilla, disección de vena safena), deportiva e idiopática (sólo se han visto dos casos personalmente, ambos en relación con el deporte, en dos hombres jóvenes, uno practicante de ciclismo y el otro de artes marciales, con curación espontánea comprobada en uno de los dos casos al menos). En ocasiones se lesiona en la intervención quirúrgica de varices, quedando una zona de hipoestesia en el área correspondiente a este nervio. Diagnóstico: dolor selectivo en el canal, que empeora al palpar, puede haber signo de Tinel positivo, puede haber parestesias en el territorio del nervio y posible irradiación a cadera. Se ha informado de la posible alteración de los potenciales evocados somatosensoriales con latencia aumentada en el lado afectado en este síndrome, pero según experiencia propia otorgarles valor diagnóstico (o al electromiograma) para el diagnóstico de un atrapamiento de nervio safeno es innecesario, y podría ser una fuente de falsos positivos y falsos negativos recurrir a técnicas neurofisiológicas para este síndrome; el diagnóstico debe ser clínico, en este cuadro. Aunque se puede intentar explorar la conducción por este nervio con estímulo en cara interna de pierna y registro justo por delante del maléolo interno, con el electrodo activo proximal y el de referencia distal, y comparar el resultado con el otro lado (Tranier S, Durey A, Chevallier B, Liot F.Value of somatosensory evoked potentials in shaphenous entrapment neuropathy. J Neurol Neurosurg Psychiatry 1992; 55: 461-465), según experiencia propia es más práctico basar el diagnóstico en la exploración clínica. Hay que descartar radiculopatía, flebitis, artritis y causalgia (ésta suele ser distal).

NERVIO SAFENO EXTERNO: véase nervio sural.

NERVIO SUBESCAPULAR: véase músculo subescapular.

NERVIO SURAL Y NERVIO CUTÁNEO DORSAL INTERNO (RAMA DEL PERONEAL):
Técnica electromiográfica en sujetos sanos, valores obtenidos en una serie propia y algunas correlaciones clínicas: el nervio sural (nervio sural medial o safeno externo, rama sensitiva pura del nervio tibial posterior) recoge la sensibilidad cutánea del borde externo de la pierna y el pie.

En la gráfica siguiente se puede observar la respuesta sensitiva antidrómica normal por los nervios peroneal (arriba) y sural (abajo) en una persona de 29 años, registrada con electrodos adhesivos en el tercio externo de la garganta del pie con referencia a empeine y estímulo en borde externo de pierna para peroneal y registro por debajo del maléolo externo, referencia a la parte anterior del borde externo del pie para el sural y estímulo en la zona de la "uve" invertida del gemelo para el sural. La división horizontal es de 1 milisegundo y la vertical de 5 microvoltios. Se obtiene con un solo estímulo, en este caso de 47 miliamperios y 200 microsegundos, sin promediación, y se puede apreciar la morfología trifásica de este potencial evocado, así como el artefacto del estímulo al comienzo de la línea. La latencia se mide en el pico de la primera deflexión hacia abajo y la amplitud pico a pico:

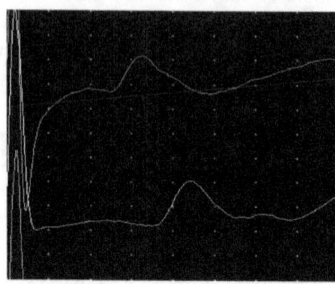

Valores normales para la velocidad de conducción y la amplitud de la respuesta por nervio sural obtenidos personalmente en sujetos sanos, sin neuropatía (verdaderos negativos): la serie se ha formado con sujetos de 7 a 86 años. Se ha explorado un nervio sural por sujeto. El sexo no ha influido en los resultados, y la edad ha ido perdiendo importancia conforme la muestra ha ido aumentando y los rangos de normalidad por edad han ido pareciéndose cada vez más entre sí. Se han utilizado electrodos cutáneos en niños, y de aguja en adultos.

Hemmi (Hemmi S et al. Comparison of the conventional nerve conduction and on-nerve needle nerve conduction in the sural nerve. Clinical Neurophysiology 2008; 119: 27-28) ha encontrado diferencias entre el uso de electrodos cutáneos y el uso de electrodos de aguja, siendo estas diferencias que ha encontrado Hemmi las siguientes: con electrodo de aguja ha obtenido mayores amplitudes y mayor sensibilidad diagnóstica, y además ha encontrado que respuestas ausentes con cutáneos aparecen con electrodos de aguja. En la serie propia, las respuestas ausentes persisten en su ausencia aun utilizando electrodos de aguja y promediación para buscarlas.

De acuerdo con la propia experiencia la amplitud de la respuesta depende de manera importante de un detalle técnico: dar con el punto de estimulación adecuado en pantorrilla, es decir, la amplitud depende en gran medida, probablemente, de estimular justo sobre el trayecto del nervio en la pierna, que parece presentar variabilidad anatómica entre sujetos y de una pierna a otra.

El registro se ha hecho de manera antidrómica, con electrodo de aguja, excepto en niños pequeños, con el electrodo activo debajo de maléolo externo, y con el de referencia a unos 12 centímetros sobre el borde externo del pie.

Diversos autores, como Oh, recomiendan un mínimo de 10 centímetros entre el electrodo activo y el de referencia (Oh SJ. Neuropathies of the foot. Clinical Neurophysiology 2007; 118: 954-980).

El estímulo se ha hecho a 15 o 20 centímetros en pantorrilla, tras localizar el punto de estimulación óptimo, que posiblemente coincide con el trayecto del nervio en la pantorrilla. Para encontrar el punto óptimo han sido precisos los ensayos necesarios en cada caso (partiendo, por ejemplo, de la "uve invertida" que forman el gemelo interno y el gemelo externo, y moviendo seguidamente el estimulador por el área circundante tras cada estímulo, principalmente hacia el borde externo de la pierna). Para dar con el punto óptimo de estimulación también es importante la intensidad de estimulación adecuada, que ha sido variable, por término medio entre 15 y 50 miliamperios, y 200 microsegundos.

El potencial se ha obtenido sin promediación en todo caso. Un solo estímulo ha sido suficiente para obtener el potencial de acción sensitivo compuesto, y para confirmarlo se han efectuado varios *retests* en memorias sucesivas, en cascada, superpuestas, o ambas, para así confirmar su reproducibilidad sobre el ruido de fondo, y para eliminar los artefactos motores, tanto los que se producen por el estímulo eléctrico, por ejemplo, o como los que se producen por insuficiente relajación del pie por el sujeto.

La temperatura cutánea en el miembro se ha mantenido como mínimo a 33 grados centígrados, de lo contrario, se ha rechazado la medición, incluso aunque el resultado fuese normal.

Se ha medido la velocidad de conducción sensitiva por el nervio sural de estos sujetos sanos colocando el cursor para medir la latencia de la respuesta en la primera fase del potencial sensitivo del sural, en el primer pico del potencial (el potencial antidrómico por nervio sural es trifásico).

El electromiógrafo usado ha sido un *Cadwell Sierra*, con la sensibilidad en 7,5 microvoltios por división, el barrido en 1 milisegundo por división y los filtros entre 100 y 2000 Hz.

Los **valores normales de latencia, velocidad y amplitud** encontrados para el nervio sural en esta serie han sido los siguientes:

Hasta 10 años (3 sujetos); latencia: 3 a 3,2 milisegundos; velocidad: 40,7 a 46,4 metros/segundo; amplitud: 7,2 a 10 microvoltios.

Hasta 20 años (9 sujetos); latencia: 2,9 a 4,5 ms; velocidad: 39 a 50 m/s; amplitud: 4,4 a 11,2 mcV.

Hasta 30 años (9 sujetos); latencia: 3,1 a 4,6 ms; velocidad: 39,8 a 54,1 m/s; amplitud: 2,9 a 21,6 mcV.

Hasta 40 años (12 sujetos); latencia: 2,9 a 5,9 ms; velocidad: 38,5 a 49,4 m/s; amplitud: 2,7 a 11,9 mcV.

Hasta 50 años (27 sujetos); latencia: 2,6 a 5,1 ms; velocidad: 38,2 a 59,3 m/s; amplitud: 2,2 a 13,4 mcV.

Hasta 60 años (30 sujetos); latencia: 2,6 a 4,8 ms; velocidad: 38 a 55,4 m/s; amplitud: 2,3 a 10,1 mcV.

Hasta 70 años (27 sujetos); latencia: 2,6 a 5,5 ms, velocidad: 38,4 a 55,4 m/s; amplitud: 2,1 a 8,4 mcV.

Hasta 80 años (13 sujetos); latencia: 3 a 4,8 ms; velocidad: 38,9 a 48,9 m/s; amplitud: 2,1 a 10,6 mcV.

Hasta 90 años (8 sujetos); latencia: 3,2 a 5 ms; velocidad: 38,2 a 47,1 m/s; amplitud: 3,7 a 13,8 mcV.

Nótese que el límite inferior para la velocidad es de alrededor de 38 a 39 metros/segundo en adultos, y que el límite inferior para la amplitud normal en adultos está entre 2 y 3 microvoltios.

Si no se tiene en cuenta el amplio rango de normalidad para la velocidad y la amplitud se puede dar lugar a falsos positivos y falsos negativos, algo que es necesario eliminar de la práctica clínica diaria.

Se suele afirmar que la amplitud del sural cae con la edad (Tavee JO et al. Sural sensory nerve action potential, epidermal nerve fiber density, and quantitative sudomotor axon réflex in the healthy elderly. Muscle and Nerve 2014; 49: 564-569). En la serie personal del párrafo superior esto no parece relevante, dado que el límite inferior de la normalidad para la amplitud, que es la magnitud crucial, junto con la velocidad, para el informe neurofisiológico, está entre 2-3 microvoltios para cualquier edad a partir de los 20 años aproximadamente. Para Tavee el límite inferior normal para la amplitud del sural es de 3 microvoltios entre 60-69 años y de 1 microvoltio entre 70-74 años. Esper ha encontrado un límite inferior normal para la amplitud del sural de 3,2 microvoltios (Esper GJ et al. Sural and radial sensory responses in healthy adults: diagnostic implications for polyneuropathy. Muscle Nerve 2005; 31: 628-632).

Más valores correspondientes a nervio sural encontrados en esta serie de sujetos sanos: **diferencias izquierda-derecha** en 17 sujetos (aunque sólo se exploró una pierna en todos los sujetos, la izquierda, en 17 se exploró también la derecha para valorar las diferencias entre ambos lados): la **velocidad de conducción** por nervio sural presentó una variación entre ambos lados de 0,3 a 5,8 metros/segundo (redondeando, alrededor de 6 metros/segundo como máximo), variando por tanto desde un 0,5% a un 16,1% en condiciones normales; la **amplitud** de la respuesta de nervio sural presentó una variación entre ambos lados de 0,3 a 3,9 microvoltios, variando por tanto desde un 1% hasta un 41%, que es un rango de normalidad amplio, y que si no se tiene en cuenta puede provocar falsos positivos, así como falsos negativos. En un artículo (Kawakami M, et al. SNAP in the lower limbs-Interside difference. Clínical Neurophysiology 2008; 119: 91), Kawakami refiere haber encontrado una diferencia izquierda-derecha para la amplitud del 15-35%, hasta cierto punto similar a la aquí expuesta.

No hay que olvidar la improbable pero posible caída de amplitud de las respuestas sensitivas, como ocurre con las motoras, por degeneración walleriana en relación con radiculopatía (Mondelli M et al. Sensory nerve action potential amplitude is rarely reduced in lumbosacral radiculopahty due to herniated disc. Clin Neurophysiol 2013; 124: 405-9).

Algunas correlaciones clínicas del nervio sural: Pugdahl (Pugdahl K et al. A prospective multicentre study on sural nerve action potentials in ALS. Clinical Neurophysiology 2008; 119: 1106-1110) ha encontrado posibles alteraciones en la amplitud de la respuesta de nervio sural en pacientes con esclerosis lateral amiotrófica como una hipotética nueva peculiaridad clínica que añadir a esta enfermedad, afirmando que un pequeño número de pacientes de su serie podrían estar presentando de manera peculiar una alteración sensitiva que fuese propia de la enfermedad, y para intentar demostrarlo han presentado como amplitudes bajas en sujetos entre 60 y 70 años aquellas de su serie que iban entre 3,4 y 4 microvoltios. Parece que interpretar estos valores de 3,4 a 4 microvoltios como patológicos probablemente se trate de un falso positivo. 4 microvoltios ha sido considerado un resultado anormal por Pugdahl porque se apartaba de la media en 2,4 *sd*, y sin embargo 4 microvoltios es un valor dentro de límites fisiológicos para 65 años y por tanto no valorable con carácter patológico, a pesar de la desviación estándar. Cada vez parece más obvio que **no hay que basar ciertas conclusiones con fines diagnósticos en una magnitud de un parámetro neurofisiológico, supuestamente normal, pero calculada a partir de una desviación estándar u otro tipo de estimación basada en la estadística, sino en mediciones a partir de observaciones que sean verdaderas y objetivas, a partir de sujetos verdaderos.** En otro artículo se vuelve a recurrir a una estimación estadística para determinar el límite inferior normal para los valores de la respuesta de nervio sural, en vez de recurrir a datos obtenidos en sujetos verdaderos, estando otra vez el resultado apartado de lo que se obtiene empíricamente de manera objetiva (Kokotis P et al. Nomogram for determining lower limit of the sural response. 2010; 121: 561-3).

En su revisión de las neuropatías del pie, Oh (Oh SJ. Neuropathies of the foot. Clinical Neurophysiology 2007; 118: 954-980) ha presentado como valor normal para la amplitud del sural, obtenida antidrómicamente, el de 2 microvoltios, parecido al de esta serie. Pero presenta como velocidad normal para 32 grados centígrados la de 29,7 metros/segundo, que se piensa si podría incluso tratarse de un error tipográfico en el artículo, habiendo querido decir tal vez 39,7 metros/segundo, porque una velocidad de 29,7 metros/segundo estaría claramente lentificada según los valores normales obtenidos personalmente, e indicaría una neuropatía claramente.

El amplio rango de normalidad de los valores de velocidad y amplitud obliga a recomendar el recurso a electromiogramas sucesivos ante cualquier resultado sospechoso y no definitivo, al no ser la sensibilidad de la exploración electromiograma del nervio sural del 100%, debido a la amplitud de este rango de normalidad.

Un resultado definitivo sería el que estuviese fuera del rango normal, por debajo del rango normal, y uno sospechoso sería una exploración electromiográfica del nervio sural dentro del rango fisiológico pero con un diagnóstico clínico de polineuropatía.

Otro hecho a tener en cuenta, por el que la exploración del sural posee importancia clínica, es el de la posibilidad de poder confirmar un verdadero negativo. Por ejemplo: ausencia de signos electromiográficos de polineuropatía en un paciente sin clínica de polineuropatía pero con factores de riesgo (como pueda ser la *diabetes mellitus*, que no se acompaña de polineuropatía en todos los casos de diabetes, ni siquiera en los de larga evolución).

Valores normales de latencia, velocidad y amplitud obtenidos para la conducción sensitiva por nervio peroneal (en concreto por el **nervio cutáneo dorsal interno**, procedente del nervio peroneal superficial o musculocutáneo y que recoge la sensibilidad del empeine) en 26 sujetos, de la misma pierna en la que se exploró el nervio sural. Registro antidrómico también, con el electrodo en el tercio externo de la línea entre maléolos, y el de referencia a unos 10 centímetros en empeine, y con estímulo en pierna a unos 15 centímetros, sobre el trayecto del nervio peroneal superficial:

Hasta 20 años (3 sujetos); latencia: 2,8 a 3,5 milisegundos; velocidad: 39,6 a 42,4 metros/segundo; amplitud: 7,8 a 11,8 microvoltios.

Hasta 30 años (1 sujeto); latencia: 3,1 ms; velocidad: 38,9 m/s; amplitud: 11,2 mcV.

Hasta 40 años (5 sujetos); latencia: 2,2 a 3,8 ms; velocidad: 40,1 a 48,6 m/s; amplitud: 6 a 12,5 mcV.

Hasta 50 años (7 sujetos); latencia: 2,5 a 4,5 ms; velocidad: 40,2 a 51,4 m/s; amplitud: 4,8 a 13,5 mcV.

Hasta 60 años (4 sujetos); latencia: 2,6 a 3,5 ms; velocidad: 39,8 a 48,8 m/s; amplitud: 6 a 8,2 mcV.

Hasta 70 años (6 sujetos); latencia: 2,3 a 3,3 ms; velocidad: 39,3 a 47,2 m/s; amplitud: 3,5 a 9,6 mcV.

Ausencia de respuesta sensitiva por nervios sural o peroneal en sujetos sanos de manera idiosincrásica: sujetos sanos, sin neuropatía, en los que, mientras duró esta investigación (el tiempo necesario para obtener los 138 sujetos sanos con respuesta normal por sural) la respuesta por nervio sural fue normal, mientras que por nervio peroneal, y de manera idiosincrásica, no apareció respuesta sensitiva en ausencia de enfermedad (falso positivo para nervio peroneal sensitivo), por más que se buscó: 5 sujetos (1 en el grupo de hasta 40 años, 1 hasta 50 y 3 hasta 60). De modo que en 5 de los 31 nervios peroneales sensitivos explorados no apareció la respuesta, a pesar de ser sujetos sanos (falsos positivos de la exploración de nervio peroneal sensitivo). Esto es un **16%** **de ausencia de respuesta sensitiva por nervio peroneal en sujetos sanos**, en esta serie.

Sujetos sanos, sin neuropatía, en los que, mientras duró esta investigación, la respuesta por nervio peroneal sensitivo fue normal, mientras que por nervio sural, y de manera idiosincrásica, no apareció respuesta sensitiva alguna, aun en ausencia de enfermedad (falsos positivos para la exploración de nervio sural): 5 sujetos (2 hasta 50 años, 1 hasta 60 años, 1 hasta 70 años, 1 hasta 80 años). Por tanto, en 5 de 143 nervios surales explorados en total no apareció la respuesta, a pesar de ser sujetos sanos, lo cual supone un **3,5%** **de ausencia de respuesta sensitiva por nervio sural en sujetos sanos.**

Lo mismo han observado Machado, Toledo y Heise (Machado FN, Toledo SM, Heise CO. Sensory action potentials in octogenarian patients. Clínical Neurophysiology 2009; 120: 93). Estos autores encontraron que faltaba la respuesta por nervio sural en un sujeto de entre 165 sujetos mayores de 80 años (y en 7 faltaba la respuesta peroneal sensitiva también). Como se puede comprobar, ambos hallazgos son algo distintos en total, pero también en su caso falta más el peroneal que el sural, y en una proporción parecida, curiosamente. Entre otras cosas, una diferencia importante entre la serie propia y los resultados de Machado et al es que en la serie propia las amplitudes son más bajas en sujetos sanos, y hay ausencia de respuesta por nervio sural en sujetos sanos con más frecuencia, y en edades más bajas que en su serie, entre

40 y 80 años (en los sujetos sanos la ausencia idiosincrásica de respuesta por los nervios sural o peroneal persistió a pesar del recurso a la promediación). Y aun hay que tener en cuenta otra posibilidad más: también se ha referido una caída de la amplitud de la respuesta sensitiva en miembros inferiores (en diversos nervios) en un 7% de las radiculopatías (Mondelli M et al. Sensory nerve action potential amplitude is rarely reduced in lumbosacral radyculopathy due to herniated disc. Clin Neurophysiol 2013; 124: 405-409). Tavee también considera normal la ausencia de la respuesta del sural, en su caso en sujetos mayores de 75 años (Tavee JO et al. Sural sensory nerve action potential, epidermal nerve fiber density, and quantitative sudomotor axon reflex in the healthy elderly. Muscle and Nerve 2014; 49: 564-569). Benatar es otro autor que ha encontrado ausencia de respuesta del sural en un 5% de los sujetos sanos (Benatar M et al. Reference data for Commonly used sensory and motor nerve conduction studies. Muscle Nerve 2009; 40: 772-794).

Rivner (Rivner MH et al. Influence of age an height on nerve conduction. Muscle and Nerve 2001; 24: 1134-1141) y Ma (Ma DM et al. Unusual sensory conduction studies: an AAEM Workshop. Rochester, MN: American Association of Electrodiagnostic Medicine; 1992. p 12) consideran normal para la edad que en sujetos añosos no aparezca la respuesta del sural, aun en presencia de clínica (parestesias). Según Rivner et al la respuesta falta en el 24% de los sujetos mayores de 70 años y en el 40% de los mayores de 80.

Tankisi et al han encontrado caídas significativas de la amplitud de la respuesta del sural en sujetos sanos (en 17 de 240 sujetos investigados encontraron caída unilateral de la amplitud del sural sin evidencia de polineuropatía), y lo achacan a variantes anatómicas del nervio sural (Tankisi H et al. Misinterpretation of sural nerve conduction studies due to anatomical variation. Clin Neurophys 2014; 125: 2115-2121).

Sujetos sanos, sin neuropatía, en los que no haya aparecido la respuesta sensitiva ni en sural ni en peroneal sensitivo en una misma pierna: ningún caso en esta serie, lo cual, en principio, podría tener interés clínico, pues podría querer decir que, en sujetos sanos, al menos aparece por sistema la respuesta de uno de ambos nervios en cada pierna, probablemente.

Todos estos estos hechos deben tenerse en cuenta en la práctica clínica cotidiana, lógicamente, por ejemplo, en el caso de la mononeuropatía del sural, en cuyo caso faltará la respuesta del sural, o será de amplitud baja, y en este caso deben integrarse cabalmente los hallazgos clínicos y electromiográficos, para evitar falsos positivos y falsos negativos en el diagnóstico (la mononeuropatía del sural suele deberse a causas de acción local, compresión, traumatismo, cirugía, etc., pero también a causas generales, como vasculitis o neurofibromatosis).

Técnica en sujetos con neuropatía, serie propia de 31 sujetos con neuropatía (y algoritmo diagnóstico en polineuropatías):
1. Sujetos con polineuropatía en los que la exploración de nervio sural ha sido paradójicamente normal (falso negativo con nervio sural): se trata de 1

sujeto varón de 66 años, con insuficiencia renal crónica y clínica compatible con polineuropatía, así como exploración electromiográfica compatible con polineuropatía también: velocidad motora por nervios peroneales: 38 metros/segundo y 40 metros/segundo, compatible con una neuropatía de predominio desmielinizante. O bien porque la neuropatía sea motora pura, o bien porque sea sensitivomotora, el nervio sural puede ser, en ocasiones como ésta, un marcador menos sensible que el peroneal motor (algo a tener en cuenta en los protocolos), lo cierto es que en esta ocasión, como en otras, la exploración motora de nervio peroneal fue más sensible que la exploración de nervio sural para detectar signos electromiográficos de polineuropatía (por supuesto, en caso de afectación sólo de ambos nervios peroneales motores, siempre existe una posibilidad: que se trate de una mononeuropatía de ambos nervios peroneales, por ejemplo, compresiva por encamamiento, y no de una polineuropatía, algo a descartar también). En otras ocasiones ocurre lo contrario, lo cual también hay que tener en cuenta en los protocolos, y es el sural el que demuestra ser más sensible que el peroneal motor en algunos casos concretos de polineuropatía; cada caso es distinto, y este hecho obliga a recomendar no hacer protocolos excesivamente rígidos. El resultado del electromiograma en el nervio sural de este paciente de 66 años, que supuso un falso negativo, mostró los siguientes valores para latencia, velocidad y amplitud del nervio sural de un lado: 3,4 milisegundos, 42,9 metros/segundo y 6,6 microvoltios, que se encuentran dentro de límites fisiológicos. No obstante, es un falso negativo matizable, pues estos valores no descartan anormalidad del sural en este paciente con un 100% de seguridad (sobre todo teniendo en cuenta que de hecho tenía una polineuropatía), sino que tal vez se encuentren dentro del rango de normalidad para la población en general, pero no para este paciente en particular, para cuyo caso particular habrán de ser los controles evolutivos o exploraciones sucesivas de nervio sural ("estudios seriados") los que confirmen si el sural finalmente resultará útil o no para detectar la polineuropatía en su caso y en casos como éste. Ésto quiere decir que tal vez la velocidad y la amplitud normales del sural en este paciente fueran, antes de su neuropatía, por poner un ejemplo, de 50 metros/segundo y de 14 microvoltios, y que posteriormente hayan bajado a 42,9 metros/segundo y 6,6 microvoltios por su enfermedad, bajada que sería significativa para este paciente, aunque el valor absoluto permaneciese dentro del rango fisiológico para la población general, por lo que es importante destacar otra vez la **importancia de las exploraciones electromiográficas sucesivas, para aumentar la sensibilidad del electromiograma.** De modo que aun estando el resultado dentro de límites normales, una evolución hacia la caída progresiva de la amplitud, de la velocidad, o ambas, permitirían demostrar neuropatía y eliminar el falso negativo de la técnica, aun estando las magnitudes de los parámetros, amplitud y velocidad, dentro de límites fisiológicos en lo que a la población general se refiere.

2. Sujetos con neuropatía (polineuropatía, mononeuropatía múltiple) en los que la exploración del nervio sural fue anormal (verdaderos positivos): se exploraron electromiográficamente 30 sujetos con neuropatía, y en todos ellos se encontró alterada la conducción por nervio sural.

Su neuropatía estuvo en relación con los siguientes procesos clínicos: *diabetes mellitus* tipos 1 y 2 (11 sujetos), enfermedad de Churg-Strauss (1 sujeto), enolismo (5 sujetos), colitis ulcerosa (1 sujeto), mieloma múltiple (3 sujetos), hipovitaminosis B_{12} (2 sujetos), lupus eritematoso sistémico (1 sujeto), enfermedad de Crohn (1 sujeto), enfermo "crítico" o grave (1 sujeto), insuficiencia renal crónica (1 sujeto), enfermedad de Charcot-Marie-Tooth (1 sujeto), linfoma (1 sujeto), neoplasia de próstata (1 sujeto).

En los sujetos con neuropatía, con la amplitud del sural baja, con frecuencia es necesario promediar la respuesta para que resulte medible y reproducible, en ocasiones docenas de veces. En los sujetos sanos habitualmente no es necesario promediar la señal, en general (y cuando es necesario, es suficiente con hacerlo media docena de veces, no docenas de veces). Precisamente, la necesidad de promediar mucho la respuesta (así como la necesidad de aumentar la intensidad de estimulación) podría ser una pista que indicaría una caída de la amplitud o un aumento del umbral de estimulación, o ambos (por ejemplo, en los pacientes con *diabetes mellitus* y neuropatía, el umbral de estimulación para obtener los potenciales evocados motores y sensitivos es más alto en general, lo cual puede conllevar la necesidad tanto de aumentar la intensidad de estimulación como la de promediar una respuesta que se resiste a aparecer, todo ello útil para detectar signos neuropáticos en la práctica).

A priori, las alteraciones que se podrían haber encontrado en los parámetros sensitivos por los nervios sural y peroneal de una pierna en estos 30 pacientes con exploración anormal del nervio sural de esa pierna podrían haber sido las siguientes: ausencia de respuesta sensitiva por sural, peroneal, o ambos; amplitud o velocidad, o ambas, disminuida por sural, peroneal, o ambos.

A partir de estas posibilidades, en esta serie de 30 sujetos con neuropatía y nervio sural con anormalidades electromiográficas, los hallazgos han sido los siguientes: ausencia de respuesta por nervio sural y por nervio peroneal sensitivo: 12 sujetos; amplitud disminuida por nervios sural y peroneal sensitivo (resto normal): 3 sujetos; amplitud disminuida por nervio sural (velocidad normal) y ausencia de respuesta por peroneal sensitivo: 3; amplitud y velocidad disminuida por sural y ausencia de respuesta por peroneal sensitivo: 2; velocidad disminuida por sural y ausencia de respuesta por peroneal sensitivo: 4; amplitud y velocidad disminuidas por sural (peroneal sensitivo normal): 1; velocidad disminuida por sural y peroneal sensitivo (amplitudes normales): 4; sural sin respuesta, con amplitud y velocidad disminuida por peroneal sensitivo: 1.

3. Interpretación de estos hallazgos y su significado clínico: recuérdese que esta serie se ha basado en la exploración del nervio sural (y peroneal) de una sola pierna, no de las dos.

En cuanto a la detección de neuropatía, la sensibilidad de la exploración del nervio sural de un lado, de acuerdo con esta serie, ha sido del 97%, la especificidad del 96%, el valor predictivo del resultado positivo del 86% y el valor predictivo del resultado negativo del 99%.

Estos datos indican que la probabilidad de un falso negativo es baja, lo cual convierte a la exploración del nervio sural en una prueba sensible y por tanto recomendable en los protocolos clínicos para neurofisiologíca clínica en la exploración de la polineuropatía sensitiva. Pero para obtener un máximo rendimiento clínico debería llevarse a cabo la exploración de ambos lados de manera rutinaria ante la sospecha clínica de polineuropatía si la respuesta por el nervio sural de un lado está ausente o alterada en algún parámetro (amplitud, velocidad, o ambas).

Además, dependiendo de los hallazgos en la exploración de ambos nervios surales, debería considerarse también, o no, la exploración de la conducción sensitiva por los nervios peroneales. Por ejemplo: ante un resultado normal por nervios surales con una clínica sugerente de polineuropatía, habría que explorar los peroneales sensitivos y motores, e incluso la exploración motora de tibiales posteriores (aunque en polineuropatías leves es frecuente que la respuesta motora por tibiales posteriores siga estando dentro de límites fisiológicos cuando la conducción motora por ambos peroneales está ya alterada, al ser el peroneal, de acuerdo con observaciones personales, un nervio más sensible para la neuropatía, aunque a veces ocurra lo contrario), y sensitivomotora de miembros superiores, pues la normalidad de surales no descarta polineuropatía en el 100% de los casos.

O, por ejemplo, ante la ausencia de respuesta por ambos nervios surales, habría que explorar ambos peroneales sensitivos y motores; los peroneales sensitivos habría que explorarlos porque la ausencia de ambos surales sugiere posible polineuropatía, y los peroneales motores porque la normalidad motora permitiría confirmar polineuropatía probablemente sólo sensitiva, etc.

Otro ejemplo: si la respuesta por sural es normal en uno de los dos lados, y no hay sospecha clínica de polineuropatía, en principio no haría falta explorar el del otro lado. No obstante, en la serie presentada, y aunque el valor predictivo del resultado positivo ha sido bastante alto, la presencia de algún falso negativo hace recomendable no limitar la exploración al nervio sural de un solo lado, y, más aun, ante cualquier sospecha de polineuropatía, con nervios surales dentro de la normalidad, es recomendable explorar más nervios sensitivos y motores.

El valor predictivo del resultado negativo indica que una exploración del sural con un resultado normal descarta enfermedad con un 99% de probabilidad en esta serie, lo cual indica que la exploración sensitiva de una sola pierna (que es lo que se ha hecho en esta serie) es suficiente para confirmar o descartar polineuropatía con un alto grado de fiabilidad, aunque no en todo caso.

Es decir, que con explorar sólo el nervio sural de una pierna se podría confirmar la ausencia de una polineuropatía en la mayoría de las personas probablemente en la mayoría de los casos, pero no en todos, por lo que, en función de la clínica, se recomienda explorar también de manera protocolaria ambos nervios surales al menos, y ambos peroneales motores, y también ambos nervios peroneales sensitivos y ambos nervios tibiales posteriores motores, e incluso la conducción sensitiva, la motora, o ambas, por los nervios radial, mediano y cubital de ambos lados, para tener la máxima seguridad diagnóstica posible en los casos con neuropatía, diseñando un algoritmo concreto (en referencia también al número de nervios que sea necesario explorar), individualizado para cada paciente según su caso particular y según el resultado que se vaya obteniendo en cada paso.

Con frecuencia se explora también la conducción sensitiva antidrómica por los nervios radial, mediano y cubital de ambos lados, al valorar una posible polineuropatía sensitiva, teniendo especial interés el radial sensitivo, al ser un nervio no susceptible al atrapamiento. De esta manera, ante un paciente sin clínica de polineuropatía (por ejemplo, un paciente con migrañas y hormigueos en una mano en relación con su migraña al que le pide su médico de cabecera descartar polineuropatía) puede ser suficiente con explorar la conducción por un nervio sural o radial sensitivo si la anamnesis y la exploración clínica son normales. En cambio, ante un paciente que acude para descartar síndrome del túnel carpiano pero en el que se van obteniendo resultados paradójicos (como por ejemplo: ausencia de todas las respuestas sensitivas que se van intentando obtener), puede ser necesario explorar varios nervios hasta desvelar la infrecuente pero ocasionalmente observable neuropatía hereditaria sensitiva pura, de la que se ha visto algún caso personalmente. Entre estos dos casos extremos hay toda una serie de posibilidades a tener en cuenta, dada la variedad de neuropatías y neuronopatías que existen.

Se está recomendando utilizar el peroneal sensitivo, además del sural, para aumentar el rendimiento diagnóstico de esta prueba, pero Uluc (Uluc K et al. Medial plantar and dorsal sural nerve conduction studies increase the sensitiviy in the detection of neuropathy in diabetic patients. Clinical Neurophysiology 2008; 119: 880-885) recomienda, en cambio, usar, además del sural bilateral, el plantar medial bilateral, que es un nervio que no se explora personalmente demasiado con este fin, al no obtenerse una buena reproducibilidad con el mismo por ahora. La exploración del peroneal sensitivo, según experiencia propia, sí resulta reproducible de un paciente a otro, y en un mismo paciente, como el sural.

La razón de amplitudes sensitivas radial/sural, promovida en algunos centros durante los últimos años para la detección precoz de la neuropatía axonal, parece ser que carecería de utilidad clínica verdadera, según recientes investigaciones (Guo Y, Palmer J, Botello FV, Cao XS. Sural and radial sensory responses in patients with sensory polyneuropathy. Clinical Neurophysiology 2009; 120: 90), pues ha sido revelado que esta razón radial/sural no es ni más sensible ni más específica que la exploración convencional, encontrando la mayor sensibilidad, del 64%, en el sural, siendo la del radial del 33%, y la mayor especificidad, del 78%, la del radial, siendo la del sural del 70%.

Como se ha visto, es posible encontrar una sensibilidad y especificidad con el sural aun mayores que estas que cita Guo.

La especificidad de la exploración del sural de un lado indica también que son escasos los falsos positivos con este nervio, pero obliga a tener en cuenta que de manera idiosincrásica falta la respuesta en sujetos normales, tanto por el sural como por el peroneal sensitivo, por lo que, ante la ausencia de respuesta por nervio sural, es preciso explorar el otro lado e incluso el nervio peroneal.

¿Y si faltasen de manera idiosincrásica las respuestas de ambos surales y ambos peroneales sensitivos? Pues habría que explorar entonces, de entrada, al menos, ambos radiales, medianos y cubitales sensitivos, e interpretar de manera lógica los resultados.

De todos modos, sólo se ha visto personalmente un caso de una persona en la que, de manera insospechada, faltasen las respuestas sensitivas por ambos nervios surales y peroneales, y resultó ser finalmente una persona con una neuropatía sensitiva hereditaria no diagnosticada previamente (a pesar de estar ya en la cuarta década de su vida), que había acudido a consulta para descartar un síndrome del túnel carpiano, por lo que la probabilidad de la falta de respuesta por ambos surales y ambos peroneales sensitivos, de manera idiosincrásica, debe de ser baja.

Según England (England et al. Distal symmetric polyneuropathy: a definition for clinical research: report of the American Academy of Neurology, the American Association of Electrodiagnostic Medicine, and the American Academy of Physical Medicine and Rehabilitation. Neurology 2005; 64: 199-207), la táctica para el diagnóstico de la polineuropatía distal simétrica debe comenzar con la exploración del sural y el peroneal motor en un miembro inferior. Si ambos son normales se descarta polineuropatía distal simétrica, y no es preciso continuar la exploración. Si ambos son anormales se debe explorar la conducción sensitivomotora por nervio cubital y la sensitiva por nervio mediano de un miembro superior. Si faltan las respuestas de sural, cubital y mediano, se deben explorar los contralaterales. Si falta la respuesta motora del peroneal se debe explorar el tibial motor ipsilateral. Y si ambos son anormales proponen la opción de explorar un sural contralateral y un tibial motor.

NERVIO TIBIAL POSTERIOR: ciático poplíteo interno. Gemelos, sóleo, tibial posterior, etc. Túnel tarsiano: entre retináculo flexor, parte posterior del maléolo tibial y hueso calcáneo. Tras túnel tarsiano, nervio plantar interno al abductor del dedo gordo (**latencia motora normal: 6,1 milisegundos o menor según observaciones personales**) y nervio plantar externo al abductor del dedo pequeño (latencia de 6,7 milisegundos o menor según observaciones personales). Latencia motora distal según Kimura: normal hasta 6,2 milisegundos.

Velocidad de conducción motora: la velocidad normal varía habitualmente entre 38 y 56 metros/segundo. Hay que insistir en que el límite inferior normal es 38 metros/segundo, para evitar sobrediagnosticar de neuropatía a sujetos sanos por desconocimiento de este valor, por ser distinto al obtenible en otros nervios para este mismo parámetro.

La **amplitud motora** presenta un rango de normalidad tan variable (tal vez entre 7 y 20 milivoltios, aproximadamente) que lo más útil en la práctica suele ser la comparación de la amplitud del lado enfermo con la del lado sano, y también la comprobación del estado de las amplitudes por otros nervios, así como la comprobación de la existencia o no de simplificación de los trazados en partes acras, que suele estar en correlación con el grado de caída de la amplitud motora.

También se puede llevar a cabo la exploración de la conducción sensitiva por el nervio tibial posterior, con estímulo en planta, en ambas ramas por separado, medial y lateral, y registro en maléolo interno.

Síndrome del túnel tarsiano: no es frecuente (un caso cada 4 años según experiencia propia) en comparación con otros síndromes canaliculares. Todos los casos vistos personalmente eran secundarios a algo, por ejemplo, a edema maleolar, inflamación, hematoma, o a un lazo venoso engrosado que comprimía el nervio, o a un callo óseo, etc., por lo que parece dudoso que exista el atrapamiento primario de este nervio, o incluso puede que sea un síndrome compresivo y no un síndrome de atrapamiento por tanto. Cursa con hipoestesia en la yema del dedo gordo que personalmente se considera crucial para el diagnóstico cuando aparece, dado que en algunos pacientes no se observa. Si hay afectación motora es característica la existencia de actividad denervativa en *abductor hallucis*, así como el trazado simplificado, y la caída de amplitud del potencial motor. En cambio, en los casos vistos hasta ahora, no se ha encontrado alargamiento de la latencia motora distal (el alargamiento de la latencia motora distal ha sido señalado como criterio diagnóstico de este síndrome por algunos autores), siendo por tanto lo más señalable para el diagnóstico de este síndrome, según la experiencia propia, la caída de amplitud del potencial motor, además de la clínica compatible, aunque en algunos casos no se consigue demostrar dicha caída de amplitud y los únicos hallazgos compatibles con la clínica son la actividad denervativa en *abductor hallucis* y el trazado de máxima contracción simplificado. A Pardal también le ha llamado la atención la caída de la amplitud del potencial motor más que el alargamiento de la latencia motora distal (Pardal JM. Síndrome del túnel tarsiano bilateral por sinovitis. Aportación diagnóstica combinada de ecografía y electrofisiología. Rev Neurol 2013; 56- 124-125). Como ocurre en otros casos similares, ante un trazado neurógeno en *abductor hallucis* con caída de la amplitud del *CMAP*, a pesar de la sospecha de síndrome del túnel tarsiano, en ocasiones hay que ser cautos y asegurarse de que no se trata de una polineuropatía, por ejemplo, de una enfermedad de Charcot-Marie-Tooth, u otro proceso. Todavía no está clara la utilidad de la exploración de la conducción sensitiva por el nervio plantar. En pacientes con síndrome del túnel tarsiano se suele confirmar la ausencia de esta respuesta cuando hay hipoestesia en dedo gordo, pero la respuesta por este nervio puede no ser detectable en sujetos sanos y tampoco se sabe si podría ser detectable en sujetos con síndrome del túnel tarsiano y de qué modo, por ejemplo si puede obsevarse afectación solo motora, extremos que requieren dilucidación.

NERVIO TORÁCICO LARGO: véase músculo serrato.

NERVIO TRIGÉMINO: véase neuralgia del trigémino. Véase síndrome de Sturge-Weber-Dimitiri. Véase dolor. Véase nervio cigomático facial. Véase neuralgia facial.

NEURALGIA AMIOTRÓFICA: síndrome de Parsonage-Turner. Personalmente se ve un caso al año, más o menos.
Dolor agudo en hombro, brazo, cuello, espalda, durante horas o menos de una semana, seguido de paresia de predominio proximal y atrofia, con más frecuencia unilateral.
Diagnóstico diferencial con hernia discal, pues clínicamente pueden ser indistinguibles (en una ocasión un individuo visto personalmente debutó con un cuadro de dolor agudo e intenso de pocos días seguido de escápula alada con parálisis sólo del serrato, y que resultó ser una voluminosa hernia discal cervical, no un síndrome de Parsonage-Turner).
Músculos más afectados: deltoides, serrato anterior, supraespinoso e infraespinoso, tríceps, etc. Puede aparecer por *stress* y asociarse a otros cuadros paréticos de miembro superior previos o concomitantes. La afectación de pares craneales es más frecuente en la forma hereditaria. El debut puede ser una parálisis del 12° par (Kerbrat et al. Unusual presentation of neuralgic amyotrophy with impairment of cranial nerve XII. Muscle & Nerve 2016; 54: 335-336).
Plexitis braquial tipo neuralgia amiotrófica; en neoplasia de sigma y quizá otras neoplasias, como la de próstata.
Neuralgia amiotrófica hereditaria: neuropatía hereditaria del plexo braquial. Autosómica dominante; en algunas familias se ha encontrado talla corta, hipertelorismo, paladar hendido, epicanto, asimetría facial, sindactilia parcial (también aparece hipertelorismo en el síndrome de Moynaham y en el síndrome *LEOPARD*, etc.).
Plexitis braquial autoinmune, cruzada o no cruzada.
Se ha descrito una asociación con la hepatitis E (Bruffaerts R et al. Acute ataxic neuropathy associated with hepatitis E virus infection. Muscle & Nerve 2015; 52: 464-465), o bien inmune o bien por infección directa (Silva M et al. Hepatitis E virus infection as a direct cause of neuralgic amyotrophy. Muscle & Nerve 2016; 54: 325-327).

NEURALGIA DEL GLOSOFARÍNGEO: síndrome de Wilfred-Harris. Dolor en faringe y oído. Signo de la cortina de Vemet: al pronunciar la letra "a" hay desviación al lado sano. Idiopática, tumoral.

NEURALGIA DEL TRIGÉMINO: neuralgia facial. Idiopática, tumoral, inflamatoria, trombosis venosa, esclerodermia. Anestesia dolorosa: iatrogénica, zóster oftálmico. Tras numerosos intentos, personalmente no se le ha encontrado por ahora utilidad diagnóstica al *blink reflex* en la neuralgia del trigémino y otros tipos de dolor facial, a pesar de referencias al respecto según las cuales sí sería útil (Jääskeläinen et al. 1999). Truini et al. (2007) refieren alteración habitual en R1 en neuralgia del trigémino con causa subyacente, y normalidad en el *blink reflex* en la forma idiopática, extremo que hasta ahora no se ha conseguido confirmar personalmente. Véase enfermedad de Horton.

NEURALGIA FACIAL, TIPOS:
-Neuralgia del trigémino. Véase enfermedad de Horton. Véase neuralgia del trigémino.
-Anestesia dolorosa: iatrogénica, zóster oftálmico.
-Síndrome de Raeder: síndrome de Horner y paresia oculomotora. Fosa media. Primera rama del quinto par.
-Síndrome de Gradenigo: primera y segunda ramas del quinto par. Disminución de sensibilidad. Paresia abducción ocular. Tumoral, inflamatoria, mastoidopatía.
-Neuralgia del glosofaríngeo. Véase neuralgia del glosofaríngeo.
-Neuralgia del nervio laríngeo superior: este nervio se ocupa de la deglución, el bostezo, el habla, etc. Su disfunción conlleva tos, ronquera, etc. Causa infecciosa, tumoral.
-Neuralgia del nervio nasociliar: dolor en ángulo ocular interno, causa idiopática o infecciosa.
-Neuralgia del ganglio pterigopalatino o de Sluder: dolor en órbita y maxilar, con lagrimeo y rinorrea. Causa idiopática. Predominio en mujeres.
-Neuralgia de nervio auriculotemporal: por parotiditis.
-Neuralgia vidiana o del nervio petroso mayor: ángulo interno del ojo. Idiopática o inflamatoria.
-Síndrome de Tolosa-Hunt: dolor retroorbitario. Idiopático.
-Neuralgia del ganglio geniculado.
-Síndrome de la apófisis estiloides.
-Síndrome de Costen: dolor preauricular y en lengua, con mareos y *tinnitus*. Origen en articulación temporomandibular.
-Neuropatía mentoniana (descartar neoplasia).
-Neuralgia occipital: dolor en cualquiera de los tres nervios occipitales. Estrictamente no es una neuralgia facial, lógicamente, pero interesa en el diagnóstico diferencial. La causa más frecuente es cualquier tipo de irritación o traumatismo de los nervios. Puede estar desencadenada por una vasculitis de la arteria occipital, entre otras causas, como parte de una arteritis de Horton (signo del halo en la ecografía). Garcia J et al. Neuralgia occipital secundaria a vasculitis de la arteria occipital. Diagnóstico mediante dúplex color. Rev Neurol 2014; 58: 430-432.
Véase cefalea.

NEURITIS ÓPTICA: véase nervio óptico.

NEUROACANTOCITOSIS: sídrome de McLeod. Afección multisistémica de origen genético. Anemia, acantocitosis, atrofia muscular progresiva, afectación del sistema nervioso central y periférico (neuropatía hereditaria), hígado, corazón, etc.

NEUROFIBROMATOSIS: véase enfermedad de Von Recklinghausen.

NEUROLÉPTICOS: lentificación, estatus. Véase síndrome neuroléptico maligno.

NEUROLINFOMATOSIS: infiltración del nervio periférico en el linfoma. Infrecuente.

NEUROMA:
Neuroma de Joplin: primer nervio digital común, en la parte inferior y medial del dedo primero del pie.
Neuroma de Morton: nervio digital o digital común del pie, con más frecuencia el tercero. La resonancia magnética detecta los mayores de 0,5 centímetros, que son una minoría (Rosenberg ZS et al. RSNA Refresher Courses. Radiological Society of North America. MR Imaging of the ankle and foot. Radiographics 2000; 20: 153-79). En ocasiones se menciona la posible utilidad diagnóstica de la exploración de la conducción sensitiva ortodrómica del nervio plantar medial y lateral (Dumitru D, Amato AA, Zwarts MJ. Electrodiagnostic medicine. 2 ed. Philadelphia: Hanley & Belfus; 2003), extremo no confirmado personalmente, por lo que suele recurrirse a la clínica antes que al electromiograma para este diagnóstico. La técnica electromiográfica consistiría en la medición ortodrómica de la conducción sensitiva con registro subcutáneo en el borde posterior del maléolo tibial y estímulo en los dedos primero y quinto y espacios interdigitales primero a cuarto (Pardal JM et al. Metatarsalgias y neuropatías del pie. Diagnóstico diferencial. Rev Neurol 2011; 52: 37-44), pero personalmente no se ha conseguido que esta técnica sea reproducible por sistema, ni siquiera en sujetos sanos, y por tanto hasta ahora no se la considera tan fiable como para que esté indicada en este diagnóstico, de momento no está claro.
Véase nervio, anatomía, fisiología, fisiopatología y patogenia.

NEUROMIOTONÍA: término usado para descripciones tanto de determinadas manifestaciones clínicas (contracciones musculares espontáneas y relajación muscular lenta tras contracción muscular, observadas en diversas canalopatías y neuropatías, atribuida a hiperexcitabilidad de axones motores), como para descripción de determinados hallazgos electromiográficos.
Pertenece al síndrome de actividad continua de la unidad motora.
Consiste en descargas de potenciales de unidad motora de alta frecuencia, por ejemplo: 100-300 Hz, involuntarias, que no ceden con la actividad voluntaria, de comienzo e inicio brusco, y con patrón decreciente. Persiste durante el sueño y con la anestesia también en algunos casos.
La mioquimia, que hay que distinguir de la neuromiotonía, consiste en descargas de varios potenciales de unidad motora sueltos, de manera rítmica o semirrítmica. Clínicamente la mioquimia consiste en pequeñas clonias o fasciculaciones (personalmente no se ha conseguido presenciar el clásico patrón en "saco de gusanos" descrito para la mioquimia), mientras que la neuromiotonía consiste en una contracción, y puede asociarse a seudomiotonía.
Es posible que pueda aparecer neuromiotonía en la intoxicación con mercurio, uso de ácido 2-4 diclorofenoxiacético, uso de penicilamina (Newsom, 1993), mielinolisis pontina central, trombocitemia esencial, polineuropatía

desmielinizante inflamatoria crónica, neuropatía motora multifocal, absceso epidural espinal, amiloidosis, linfomas, tumor pulmonar, síndrome del hombre rígido, etc. Véase discinesias con origen espinal.

La neuromiotonía aparece en el **síndrome de Isaacs** (neuromiotonía adquirida, síndrome de Isaacs-Mertens, síndrome de actividad muscular continua o preferiblemente síndrome de actividad continua de la unidad motora): es uno de los síndromes de **hiperexcitabilidad generalizada del nervio periférico** (síndromes que incluyen calambres, fasciculaciones, mioquimia y seudomiotonía); mioquimias (descarga rítmica o seudorrítmica y espontánea de una unidad motora formando descargas en trenes o grupos de esa unidad motora; cuando son más de una unidad motora ya se denominan díplets, tríplets, múltiplets, etc., no mioquimia), rigidez, relajación muscular lenta tras contracción (seudomiotonía); hipertrofia muscular, pérdida de peso, hiperhidrosis; persiste en el sueño y en anestesia (a diferencia del síndrome del hombre rígido); comienzo distal, que progresa a proximal, con disfagia y obstrucción de vías aéreas; electromiograma: descargas mioquímicas y neuromiotónicas (el término neuromiotonía hace referencia al carácter neurogénico de la actividad muscular continua); aumentan con actividad voluntaria y con estimulación eléctrica (en el 40-50% de los pacientes hay anticuerpos contra los canales de potasio voltaje dependientes; estos anticuerpos también se han encontrado en otros procesos con calambres, mioquimia, etc., así como en neoplasias, procesos neurodegenerativos, encefalitis límbica -neuromiotonía rara-, ataxia episódica tipo 1 -neuromiotonía y mioquimia-, etc.); posiblemente en el espasmo hemifacial las descargas sean repetitivas pero más irregulares que en la mioquimia facial del síndrome de Isaacs. Se ha relacionado con *miastenia gravis*, timoma, enfermedad de Addison, tiroiditis de Hashimoto, déficit de vitamina B12, enfermedad celíaca, enfermedades del tejido conectivo; asociación con infecciones, vacunas, síndrome de Guillain-Barré (y *CIDP),* neoplasias (timoma, linfoma de Hodgkin, plasmocitoma, linfoma linfoblásitco, hemangioblastoma, ovario, vejiga, pulmón) y otras situaciones clínicas en las que la autoinmunidad esté implicada, etc. En los casos asociados a neoplasia puede haber superposición entre el síndrome de Isaacs y el síndrome de Morvan (este se asocia también a timoma, *miastenia gravis,* psoriasis y dermatitis atópica), el síndrome calambre-fasciculación, el síndrome del músculo con ondulaciones (*rippling muscle syndrome,* movimientos musculares locales con percusión y electromiograma normal por lo demás; mutación en el gen de la caveolina-3, una proteína de membrana de la fibra muscular*)* y la hiperexcitabilidad focal.

En el síndrome de Schwartz-Jampel y el síndrome calambre-fasciculación (no neuromiotonía ni mioquimia) no hay alteración en los canales de potasio.

El síndrome del hombre rígido, otro de los síndromes de actividad continua de la unidad motora, se debe a hiperexcitabilidad central por anticuerpos contra la *GAD (anti-glutamic acid decarboxylase),* no periférica y consiste en rigidez con contracción sobreañadida, sobre todo por estímulo externo, con descarga de potenciales de unidad motora continua pero sin mioquimia ni neuromiotonía. Véase síndrome de actividad continua de la unidad motora.

NEURONOPATÍA SENSITIVA: suelen asociarse a síndromes paraneoplásicos (pulmonar de células pequeñas, bronquial, mama, ovario, Hodgkin, vejiga, próstata, Müller, neuroendocrino, sarcoma), enfermedades autoinmunes (por ejemplo síndrome de Sjögren, lupus eritematoso sistémico, hepatitis autoinmune, celiaquía), infección (VIH, Epstein-Barr, varicela zóster, *HTLV-1*), toxicidad por fármacos (quimioterápicos, piridoxina, etc.), enfermedades hereditarias (por ejemplo, ataxia de Friedreich, síndrome *CANVAS*, síndrome *FOSMN*, etc.), etc. En el electromiograma lo característico es la ausencia de las respuestas sensitivas.

Szmulewicz DJ et al. Neurophysiological evidence for generalized sensory neuronopathy in cerebellar ataxia with neuropathy and bilateral vestibular arreflexia syndrome. Muscle and Nerve 2015; 51: 600-603.

NEUROPATÍA AGUDA, SUBAGUDA, CRÓNICA:

Aguda: por ejemplo, 3 semanas, como síndrome de Guillain-Barré, polineuropatía diftérica, amiotrofia neurálgica, colagenosis, neuronopatía aguda idiopática sensitiva, fármacos, vasculitis, porfiria, paraneoplásica, enfermo "crítico".

Subaguda: por ejemplo, un mes.

Crónica: por ejemplo, más de un mes, como neuropatía diabética, amiloidótica, toxiconutricional, hereditaria.

NEUROPATÍA, ALGORITMO DIAGNÓSTICO BÁSICO: el conocimiento a fondo de las polineuropatías comenzó más o menos hacia 1965.

En cuanto al electromiograma: según opinión de Thomas, el exceso de sofisticación de la técnica introduce un exceso de "ruido" en el resultado, por lo que se debe depender de técnicas de las que se conocen bien los rangos de normalidad, en referencia, según Thomas, a la conducción por nervio peroneal, nervio sural, onda F y onda H (Thomas PK. Diagnóstico diferencial de las neuropatías periféricas 1981. En: Conferencia internacional sobre neuropatías periféricas, Madrid, 1981. Excerpta Médica. Nauta, Barcelona, Refsum S, Bolis CL, Portera A -eds.- 1981).

Personalmente se sigue un criterio similar al de Thomas, con la excepción del reflejo H en el grupo de técnicas de elección, dado que se considera más fiable la exploración del reflejo aquíleo con el martillo de reflejos, la anamnesis y el balance muscular que mediante la exploración del reflejo H, para conocer, por ejemplo, el estado de la raíz S1. Recientes investigaciones siguen reforzando esta idea (Xian J et al. H-reflex to S1-root stimulation improves utility for diagnosing S1 radiculopathy. Clinical Neurophysiology 2010; 121: 1325-1335).

En cambio, la exploración de la conducción por los nervios peroneales y surales (y tibiales posteriores, peroneales sensitivos, y nervios de miembros superiores) para las polineuropatías, y la exploración de la onda F para las radiculoneuropatías, se considera fundamental.

En un 24% de los pacientes (Dyck, Oviatt, Lambert) con una enfermedad del sistema nervioso periférico no se consigue encontrar una explicación satisfactoria (Adams RD, Victor M, Rooper AH. Principles of Neurology. 6 ed. México DF: McGraw-Hill Interamericana, 1999: 1530-45).

Antecedentes personales: diabetes, alcoholismo, uremia, prostatismo, mieloma, linfoma, enfermedad reumática, vasculitis, hipotiroidismo, VIH, hepatitis, cirrosis biliar primaria, quimioterapia, neoplasia, hipovitaminosis, cirrosis, intoxicación por marisco, citomegalovirus, difteria, lepra, porfiria, picadura de garrapata, enfermedad de Lyme, tirosinemia hereditaria, hipofosfatemia, antecedentes familiares, intoxicación (arsénico, plomo, litio, vincristina, cisplatino, disulfiram, nitrofurantoína, estatinas, oro, talio, hexacarbonos, amiodarona, dapsona, podofinilo, inhibidores de la transcriptasa inversa, colchicina, fenitoína, etambutol, amitriptilina, metronidazol, cloroquina, glutamina, óxido nitroso).
Pruebas (www.smneuro.com): hemograma, velocidad de sedimentación, función renal, hepática y tiroidea, ácido fólico, vitaminas E, B6 y B12. Electromiograma. Posteriormente, si es de predominio axonal, existe la opción de: electroforesis proteica, ECA, inmunología, crioglobulinas, serología (VIH, citomegalovirus, Lyme, *Borrelia*, *Brucella*), radiología, punción lumbar, biopsia (Sjögren, crioglobulinemia, sarcoidosis, mieloma, vasculitis, síndrome paraneoplásico, VIH, neuropatía hereditaria). Si es de predominio desmielinizante existe la opción de: estudio genético (para neuropatía hereditaria), electroforesis proteica, punción lumbar (paraproteinemia asociada a GMSI –gammapatía monoclonal de significado incierto-, mieloma osteoesclerótico, *POEMS*), serología VIH (VIH frente a *CIDP*).
Véase nervio sural y nervio cutáneo dorsal interno.

NEUROPATÍA ASIMÉTRICA/SIMÉTRICA: asimétrica: mononeuropatías, diabetes, lepra, sarcoidosis, colagenosis, panarteritis nodosa, Parsonage-Turner, diabetes, zóster, neuropatía por vulnerabilidad a la presión, etc.
Simétrica: polineuropatías, Guillain-Barré, mononucleosis, brucelosis, borreliosis, VIH, hipopotasemia, hipofosforemia, etc.

NEUROPATÍA AXONAL GIGANTE: neuropatía hereditaria (predominio axonal; con frecuencia hallazgos seudomiopáticos en el electromiograma), cuadro neurodegenerativo, síndrome cerebeloso, piramidalismo, epilepsia (lentificación y actividad epileptiforme en el electroencefalograma), pelo rojizo y pestañas rizadas con frecuencia, neuropatía con pérdida axonal y axones gigantes, 16q24.1, gen de la gigaxonina, autosómica recesiva.
Diagnóstico diferencial entre neuropatía axonal gigante (debilidad proximal y distal, ataxia, nistagmo) y: enfermedad de Charcot-Marie-Tooth tipo 2e (debilidad distal), atrofia muscular espinal (debilidad proximal), neuropatía motora hereditaria distal (asociada a la enfermedad de Menkes), ataxia de Friedreich, leucodistrofia metacromática, leucodistrofia de células globoides, intoxicación con n-hexano, intoxicación con acrilamida (Johnson B et al. Giant axonal neuropathy: An updated perspective on its pathology and pathogenesis. Muscle & Nerve 2014; 50: 467-476).

NEUROPATÍA AXONAL MOTORA AGUDA, *AMAN:* variante axonal del síndrome de Guillain Barré.

NEUROPATÍA CALCÁNEA: enfermedad de Baxter. Rama proximal del nervio plantar lateral. Entre borde medial del calcáneo y la fascia profunda de *abductor hallucis*. Diagnóstico diferencial con la fascitis plantar.

NEUROPATÍA CON AFECTACIÓN DE FIBRA GRUESA: ataxia de Friedreich, talidomida, neuronopatía sensorial paraneoplásica.

NEUROPATÍA CON AFECTACIÓN DE FIBRA PEQUEÑA: diabetes, lepra, amiloidosis, enfermedad de Fabry, enfermedad de Tangier, neuropatía hereditaria.

NEUROPATÍA CON POSIBLE DISAUTONOMÍA: diabetes, Guillain-Barré, porfiria aguda intermitente, Riley-Day, hipotensión ortostática idiopática con o sin afectación del sistema nervioso central (Shy-Drager), síndrome de Sjögren (es frecuente la pupila de Adie).
Manifestaciones clínicas: visión borrosa, sequedad de boca, mareos, lipotimias, síncopes, diarrea, hiper o hipohidrosis, impotencia *coeundi*.

NEUROPATÍA CON POSIBLE INICIO FACIAL: síndrome *FOSMN*. Neuronopatía sensitivomotora de inicio facial con progresión craneocaudal.

NEUROPATÍA CON POSIBLE PREDOMINIO AXONAL:
-Causas: diabetes, uremia, toxicometabólicas, carenciales (beri-beri, pelagra, B12, E), drogas, metales pesados, toxinas, etanol, VIH, neuropatía hereditaria.
-Agudas: porfiria, intoxicación.
-Crónicas: alcohol, diabetes, uremia, carencia B12, cirrosis biliar primaria, amiloidosis primaria, enfermedad pulmona obstructiva crónica, acromegalia, malabsorción, policitemia vera, gammapatía monoclonal benigna IgA o IgG, crioglobulinemia, mieloma múltiple, neuropatía hereditaria (por ejemplo, NSMH tipo 2), ataxia de Friedreich, ataxia telangiectasia, SIDA, enfermedad celíaca.

NEUROPATÍA CON POSIBLE PREDOMINIO DE AFECTACIÓN EN PARES CRANEALES: Guillain-Barré, diabetes, difteria, enfermedad de Lyme.

NEUROPATÍA CON POSIBLE PREDOMINIO DESMIELINIZANTE:
-Causas: síndrome de Guillain-Barré crónico, leucodistrofia.
-Aguda: síndrome de Guillain-Barré, polineuropatía diftérica, intoxicación por bayas de espino cerval, SIDA seropositivo. A veces en fases iniciales se detecta alteración en la conducción sensitiva por nervios medianos y cubitales y conducción dentro de límites fisiológicos por nervio sural (patrón de conservación del nervio sural).
-Crónica: enfermedad hepática crónica, hipotiroidismo, gammapatía monoclonal IgM, macroglobulinemia, mieloma solitario, neuropatías inflamatorias crónicas, intoxicaciones crónicas, neuropatía hereditaria (por ejemplo, NSMH tipos 1, 3 y 4, Charcot-Marie-Tooth tipo 1, Refsum, Dejerine-Sottas), leucodistrofias, SIDA seropositivo, *CIDP*, lepra, leucodistrofias.
-Desmielinizante y axonal: diabetes, uremia, hipo e hipertiroidismo, etc.

NEUROPATÍA CON POSIBLE PREDOMINIO EN MIEMBROS SUPERIORES: plomo, enfermedad de Tangier, porfiria.

NEUROPATÍA CON POSIBLE PREDOMINIO EN ZONAS FRÍAS: lepra.

NEUROPATÍA CON POSIBLE PREDOMINIO MOTOR (O MIXTA):

-Plomo, dapsona, garrapata, porfiria, difteria, Guillain-Barré, lepra, mieloma, acromegalia, lupus, Sjögren, cadenas pesadas gamma, arabinósido C, amiodarona, tóxica, hipoglucémica. En el linfoma puede haber polineuropatía motora o también neuronopatía motora que plantee el diagnóstico diferencial con esclerosis lateral amiotrófica.

-**De inicio agudo y asimétrico:** Churg-Strauss, Wegener, sarcoidosis, panarteritis nodosa, porfiria aguda intermitente, mononeuropatía diabética, plomo, neuropatía hereditaria con vulnerabilidad a la presión, síndrome de Parsonage-Turner.

-**De inicio agudo y simétrico:** Guillain-Barré, enfermedad de Lyme, otras polirradiculoneuritis, mononucleosis infecciosa, VIH, brucelosis, polineuropatía aguda alcohólica, polineuropatía del paciente "crítico", mercurio, arsénico.

-**De inicio lento y simétrico:** Refsum, Charcot-Marie-Tooth, adrenomielopolineuropatía, déficit de B12 (y déficit de B1, de folatos, enfermedad de Whipple y síndrome postgastrectomía), leucodistrofia metacromática, neuropatía motora multifocal con bloqueos múltiples, síndrome POEMS, neuropatía del enfermo crónico, policitemia vera, diabetes, uremia.

NEUROPATÍA CON POSIBLE PREDOMINIO PROXIMAL: talidomida, porfiria, amiotrofia diabética, enfermedad de Tangier, síndrome POEMS, síndrome de Guillain-Barré, insuficiencia renal crónica isquémica.

En una paciente vista personalmente, con una insuficiencia renal crónica isquémica y parálisis supranuclear progresiva, se observó una polineuropatía sensitivomotora, desmielinizante y axonal, de predominio desmielinizante, con afectación sensitiva moderada (conducciones sensitivas lentificadas y de duración aumentada) y motora acusada (respuestas desincronizadas y de amplitud baja, con bloqueos en 3 nervios en miembros superiores y con mayor afectación proximal que distal, con latencias motoras distales más alargadas en músculos proximales que distales, observándose por ejemplo latencias motoras distales de alrededor de 20 milisegundos por ambos nervios femorales y solo ligeramente alargadas en pedios).

NEUROPATÍA CON POSIBLE PREDOMINIO SENSITIVO (O MIXTA):

ganglionitis raíz dorsal (paraneoplásico), lepra, diabetes, intoxicación crónica con piridoxina (B6), síndrome de Sjögren (y disautonomía, y pupila de Adie), neuropatía sensitiva hereditaria, ataxia de Friedreich, Miller-Fisher, enfermedades infecciosas, lepra, VIH, Lyme, difteria, alteraciones metabólicas, diabetes mellitus, uremia, fallo hepático, hipotiroidismo, enfermedad celíaca, déficit de carnitina, mitocondriopatía (incluida la enfermedad de Madelung familiar), glucogenosis tipo 3, oligosacaridosis, intoxicaciones (incluyendo fármacos), arsénico, alcohol, amiodarona, óxido de etileno, oro, N-hexano, isoniacida, misonidazol, óxido nitroso, cis-platino, vinil benceno, piridoxina (a altas dosis), talio, L-triptófano, vincristina, suramina, talidomida, enfermedades inmunológicas, gammapatías monoclonales (POEMS), cirrosis biliar primaria, enfermedad de Crohn, paraproteinemia, neuronopatías inflamatorias sensitivas idiopáticas, paraneoplasia, oat-cell pulmonar, neoplasia de mama, ovario, colon, útero, linfoma, polineuropatía hereditaria, Fabry, Charcot-Marie-Tooth, amiloidosis hereditaria, Tangier, degeneración espinocerebelosa, xantomatosis cerebrotendinosa, neuroacantocitosis, Steinert, neurofibromatosis, lipomatosis familiar (mitocondriopatía), déficit de vitamina E, atresia biliar primaria, abetalipoproteinemia, fibrosis quística (autosómica recesiva), déficit de vitamina B1 (beri-beri, alcoholismo), B6 (isoniacida, hidralacina, carencial), B12 (anemia perniciosa, *Diphyllobothrium latum*), nicotinamida (pelagra), déficit de vitamina B2 (síndrome de Strachan).

NEUROPATÍA DE LA "GAMMA CETONA": véase debilidad muscular aguda.

NEUROPATÍA DE TIPO PORTUGUÉS: véase amiloidosis.

NEUROPATÍA DEL ENFERMO "CRITICO": véase síndrome del paciente "crítico".

NEUROPATÍA DESMIELINIZANTE INFLAMATORIA CRÓNICA (POLINEUROPATÍA DESMIELINIZANTE CRÓNICA):
-Hereditarias: Charcot-Marie-Tooth tipo 1, tipo 4 y tipo X1, vulnerabilidad hereditaria a la parálisis por compresión, leucodistrofia metacromática, leucodistrofia de células globoides, enfermedad de Refsum.
-Adquiridas: polirradiculoneuropatía desmielinizante inflamatoria crónica (*CIDP*) idiopática, *CIDP* con enfermedades intercurrentes, VIH, gammapatía monoclonal (paraproteinemias), hepatitis crónica activa, trasplante de órgano y médula ósea, enfermedad inflamatoria intestinal, mesenquimopatía, linfoma, *diabetes mellitus*, neuropatías hereditarias, síndrome nefrótico, desmielinización del sistema nervioso central, tirotoxicosis, neurosarcoidosis.
-Otras adquiridas (*variantes de CIDP*): neuropatía motora multifocal (*MMN*), neuropatía multifocal desmielinizante adquirida sensitiva y motora (*MADSAM*), neuropatía simétrica distal desmielinizante adquirida (*DADS*).
Hughes R. Polineuropatías desmielinizantes crónicas: dificultades en el diagnóstico electrofisiológico. Revista HCUCh 2007; 18: 27-35.
Véase polirradiculopatía desmielinizante inflamatoria crónica.

NEUROPATÍA DOLOROSA: diabetes, lepra, VIH, déficit de vitamina B, alcoholismo, hipotiroidismo, arsénico, talio, talidomida, amiloidosis, enfermedad de Fabry, neuropatía hereditaria.

NEUROPATÍA EN EL ADENOCARCINOMA COLORRECTAL: está descrita la neuropatía desmielinizante distal y simétrica adquirida (Ayyappan S et al. Distal acquired demyelinating symmetric (DADS) neuropathy associated with colorectal adenocarcinoma. Muscle Nerve 2015; 51: 928-931).

NEUROPATÍA EN EL CARCINOMA DE PRÓSTATA: es una de las neuropatías más frecuentes. Puede ser sensitiva, motora o sensitivomotora, y desmielinizante, axonal o ambas. La forma vista con más frecuencia personalmente es la de predominio motor y axonal.

NEUROPATÍA EN EL HIPERNEFROMA: están descritas la neuronopatía sensitiva, la mielopatía necrotizante subaguda, la mielitis, el síndrome del hombre rígido, la neuronopatía motora subaguda y la enfermedad de primera y segunda motoneurona similar a esclerosis lateral amiotrófica.

NEUROPATÍA EN EL HIPOTIROIDISMO: véase hipotiroidismo.

NEUROPATÍA EN EL LINFOMA: con frecuencia se observa polineuropatía de predominio desmielinizante, y en ocasiones de predominio axonal, con frecuencia atribuible a los tratamientos (VCR, etc.). En el linfoma no Hodgkin se observa neuropatía óptica.

NEUROPATÍA EN EL LUPUS ERITEMATOSO SISTÉMICO: sobre todo mononeuritis múltiple sensitivomotora; puede debutar en forma de pie caído; neuropatía óptica.

NEUROPATÍA EN EL MIELOMA MÚLTIPLE: suele cursar con neuropatía de presentación heterogénea, con frecuencia polineuropatía, según observaciones personales con mayor frecuencia sensitivomotora y de predominio desmielinizante, rara vez axonal (se ven varios casos al mes), en ocasiones solo sensitiva cuando se explora por primera vez al paciente, siendo los parámetros alterados con más frecuencia la velocidad de conducción motora y la desincronización de los potenciales motores con estimulación proximal (peroneales en cabeza de peroné).
Curiosamente Raheja afirma lo contrario, que es más frecuente la forma de predominio axonal (Raheja D et al. Paraproteinemic neuropathies. Muscle Nerve 2015; 51: 1-13).
Se utiliza Bortezomib (Velcade) en el tratamiento del mieloma, que produce neuropatía de predominio sensitivo, por lo que es frecuente, últimamente, la indicación de un electromiograma (interesa nervio sural) previa a dicho tratamiento y durante dicho tratamiento. Se está investigando el posible efecto de este fármaco sobre el sistema nervioso autónomo.
Véase neuropatía en las paraproteinemias.

NEUROPATÍA EN EL MIXOMA AURICULAR: puede ser la forma de presentación. Sensitiva, sensitivomotora, predominio desmielinizante.
Santangeli P, et al. Cardiac Myxoma presenting with sensory neuropathy. Int J Cardiol 2010; 143: 14-16.
Hongyi Z et al. Mixoma auricular: una causa poco habitual de neuropatía periférica. Rev Neurol 2012; 54: 188-9.

NEUROPATÍA EN EL SATURNISMO: en el saturnismo se suele decir que la polineuropatía es de predominio motor y en miembros superiores (típicamente: parálisis del nervio radial).

NEUROPATÍA EN EL SEMINOMA: neuropatía asociada a seminoma. Puede ser desmielinizante o axonal (Geenspan BN, Felice KJ. Polineuropatía desmielinizante inflamatoria crónica (PDIC) asociada a seminoma. Eur Neurol 1998; 2: 171-172).

NEUROPATÍA EN EL SÍNDROME DE CHURG-STRAUSS: véase síndrome de Churg-Strauss.

NEUROPATÍA EN EL SÍNDROME DE FLYNN-AIRD: malformación congénita; atrofia cutánea, ictiosis, calvicie, sordera, demencia, convulsiones, ataxia, neuropatía periférica.

NEUROPATÍA EN EL SÍNDROME DE GUILLAIN-BARRÉ: véase síndrome de Guillain-Barré.

NEUROPATÍA EN EL SÍNDROME DE KNUD-KRABBE: véase síndrome de Knud-Krabbe.

NEUROPATÍA EN EL SÍNDROME DE LEWIS-SUMNER: véase síndrome de Lewis-Sumner.

NEUROPATÍA EN EL SÍNDROME DE LOUIS-BARR: véase síndrome de Louis-Barr. Véase neuropatía hereditaria.

NEUROPATÍA EN EL SÍNDROME DE MENKES: síndrome de Menkes, síndrome de Berg, *kinky hair syndrome*; recesiva ligada al X; síndrome del pelo ensortijado; kinky hair y neuropatía axonal. Defecto de la absorción de cobre.

NEUROPATÍA EN EL SÍNDROME DE MILLER-FISHER: véase síndrome de Miller-Fisher. Véase síndrome de Guillain-Barré.

NEUROPATÍA EN EL SÍNDROME DE PARAPLEJÍA ESPÁSTICA, ATROFIA ÓPTICA Y NEUROPATÍA: véase síndrome *SPOAN*.

NEUROPATÍA EN EL SÍNDROME DE REFSUM: véase síndrome de Refsum.

NEUROPATÍA EN EL SÍNDROME DE SAPHO: se ha referido algún caso de polirradiculoneuritis aguda asociada al síndrome de SAPHO: sinovitis, acné, pustulosis, hiperóstosis, osteítis (Goizueta G et al. Polirradiculoneuritis aguda asociada a síndrome de SAPHO. Rev Neurol 1998; 26: 481-496).

NEUROPATÍA EN EL SÍNDROME HIPEREOSINOFÍLICO IDIOPÁTICO: neuropatía axonal, sensitivomotora, bilateral, simétrica y distal. Ocasionalmente afectación asimétrica, en forma de radiculopatía o mononeuropatía múltiple (Pardal-Fernández JM et al. Mononeuritis múltiple y fascitis eosinofílica en una paciente con síndrome hipereosinofílico idiopático. Rev Neurol 2012; 54: 100-104).

NEUROPATÍA EN EL SÍNDROME PARANEOPLÁSICO: véase síndrome paraneoplásico.

NEUROPATÍA EN EL SÍNDROME *POEMS:* véase síndrome *POEMS*.

NEUROPATÍA EN LA ACRODINIA: véase acrodinia.

NEUROPATÍA EN LA AMILOIDOSIS: véase amiloidosis. Véase neuropatía en las paraproteinemias.

NEUROPATÍA EN LA CRIOGLOBULINEMIA MIXTA ESENCIAL: polineuropatía sensitivomotora, mononeuropatía múltiple.

NEUROPATÍA EN LA DIABETES MELLITUS TIPOS 1 Y 2: por hiperglucemia (tendencia a polineuropatía), isquemia (tendencia a mononeuropatía múltiple), o ambos. Polineuropatía, mononeuropatía múltiple, mononeuropatía aislada (con frecuencia pie caído y otros), amiotrofia diabética, neuropatía sensitivomotora, autonómica, dolorosa, desmielinizante, axonal. Mejora al corregir la diabetes.
Síndrome de Garland: neuropatía proximal (radiculoplexopatía lumbosacra diabética).
También aparece neuropatía en el hiperinsulinismo.

NEUROPATÍA EN LA DIFTERIA: infección faríngea seguida de neuropatía desmielinizante descendente (bulbar en dos semanas, pérdida de acomodación pupilar después, polineuropatía sensitivomotora tras 4-8 semanas; son características la visión borrosa y la afectación bulbar precoces, así como la afectación renal y de miocardio).

NEUROPATÍA EN LA ENFERMEDAD CELÍACA: predominio axonal.

NEUROPATÍA EN LA ENFERMEDAD DE CHAGAS: zoonosis. *Tripanosoma cruzi*. Transmitida por la picadura de la vinchuca (*Triatoma infestans*, heteróptero, chinche hematófaga). Meningoencefalitis, cardiopatía, *ictus* en jóvenes, etc. Diagnóstico diferencial con *ictus* en jóvenes, etc. Mononeuritis múltiple y polineuropatía axonal (Venegas B. et al. Mononeuritis múltiple y polineuropatía en la enfermedad de Chagas. Rev Neurol 2012; 54: 701-2).

NEUROPATÍA EN LA ENFERMEDAD DE CHURG- STRAUSS O SÍNDROME DE STRAUSS: véase síndrome de Churg-Strauss.

NEUROPATÍA EN LA ENFERMEDAD DE INJERTO CONTRA HUESPED: se puede producir polineuropatía y síndromes de atrapamiento múltiples (Kleiter I et al. Entrapment syndrome of multiple nerves in graft-versus-host disease. Muscle & Nerve 2014; 49: 138-42).

NEUROPATÍA EN LA ENFERMEDAD DE KENNEDY: en esta enfermedad hay alteración en la conducción nerviosa. En un caso visto personalmente las velocidades motoras estaban ligeramente lentificadas, y de manera asimétrica, y las sensitivas ligeramente lentificadas (por ejemplo: nervios surales, velocidades: 34 y 31 metros/segundo). Se desconoce si esta lentificación de las velocidades de conducción se debe a la posible degeneración walleriana asociada a esta neuronopatía o si se debe a una verdadera neuropatía periférica.

El hecho de observarse alteración sensitiva sugiere que la última posibilidad es probable.

NEUROPATÍA EN LA ENFERMEDAD DE KRABBE: véase enfermedad de Krabbe.

NEUROPATÍA EN LA ENFERMEDAD DE LYME: mononeuritis múltiple (parálisis facial). Produce mononeuritis múltiple (incluido nervio facial). *Borrelia burgdorferi.* Exantema, y meses después, en una segunda fase, con meningismo y parálisis facial, aparece mononeuritis múltiple, encefalitis, corea, mielitis, radiculopatía y ataxia.

NEUROPATÍA EN LA ENFERMEDAD DE SJÖGREN: mononeuropatía múltiple, otras posibilidades. Afectación posible del quinto par. Vasculitis o ganglioneuropatía sensitiva.

NEUROPATÍA EN LA ENFERMEDAD DE WEGENER: mononeuropatía múltiple, incluyendo pares craneales. Afectación del sistema nervioso del 22%. Vasculitis, o granulomas en encéfalo, o ambos.

NEUROPATÍA EN LA ENFERMEDAD MITOCONDRIAL: neuropatía asociada a mitocondriopatías. Neuropatía y enfermedad mitocondrial: puede aparecer neuropatía en *MELAS, MERRF,* síndrome de Leigh, síndrome de Kearns-Sayre, encefalopatía mioneurogastrointestinal y oftalmoplejía externa progresiva, síndrome *LHON* (neuropatía óptica hereditaria de Leber), síndrome *MNGIE* o encefalomiopatía neurogastrointestinal mitocondrial, etc. Esta neuropatía es un componente fundamental del NARP (neuropatía, ataxia, retitinitis pigmentaria), y ocasionalmente puede ser subclínica cuando aparece. Parece ser que habría un predominio de la neuropatía motora axonal en estos pacientes, aunque habría diversas formas de presentación, personalmente se ha observado también, por ejemplo, polineuropatía subclínica, sensitivomotora, de predominio desmielinizante e intensidad leve. No hay buenas correlaciones entre fenotipo y genotipo (Colomer J, Iturriaga C, Bestué M, et al. Caracterización de la neuropatía en las enfermedades mitocondriales. Rev Neurol 2000; 30: 1117-1121).
Ataxia hereditaria de Ekbom, síndrome de Ekbom: síndrome *MERRF* (epilepsia mioclónica y *ragged red fibers; Calabresi et al. 1994*), ataxia, lipomas y neuropatía.

NEUROPATÍA EN LA GRANULOMATOSIS LINFOMATOIDE (LINFOMA T): afectación de nervios periféricos, incluidos los craneales (y afectación del sistema nervioso central).

NEUROPATÍA EN LA HIPEROXALIURIA PRIMARIA: autosómica recesiva; polirradiculoneuropatía progresiva por depósito intraneural de oxalato; desmielinizante y axonal (Berini S et al. Progressive polyradiculoneuropathy due to intraneural oxalate deposition in type 1 primary hyperoxaliuria. Muscle Nerve 2015; 51: 449-454).

NEUROPATÍA EN LA HOMOCISTEINEMIA IDIOPÁTICA: polineuropatía (Luo JJ et al. Idiopathic hyperhomocysteinemia and peripheral neuropathy. Clinical Neurophysiology 2009; 120: 110).

NEUROPATÍA EN LA INFECCIÓN POR HTLV 3: neuropatía periférica aguda en seroconversión.

NEUROPATÍA EN LA INFECCIÓN POR MICOPLASMA: la neumonía se complica en un 6% con meningoencefalitis, mielitis, polineuropatía, mialgias.

NEUROPATÍA EN LA INFECCIÓN POR VIH: véase SIDA.

NEUROPATÍA EN LA INSUFICIENCIA ARTERIAL PERIFÉRICA: England (England JD et al. Progression of neuropathy in peripheral arterial disease. Muscle and Nerve 1995; 18: 380-387) ha encontrado una neuropatía periférica, de predominio motor y distal, axonal y en general leve, en relación con la enfermedad arterial periférica (claudicación intermitente). Sospecha etiología isquémica. En muchos casos es subclínica, aunque progresiva en algunos casos.

Se suele considerar al nervio menos vulnerable a la isquemia que el músculo, no obstante, en la oclusión arterial periférica aguda o al colocar un *shunt* se han observado mononeuropatías múltiples con poca o ninguna evidencia de necrosis muscular (Bolton CF et al. Ischemic neuropathy in uraemic patients caused by bovine arteriovenous shunt. J Neurol Neurosurg Psychiatry 1979; 42: 810-814), y se han observado casos con afectación tanto del músculo como del nervio (Clyne CAC et al. Ultrastructural and capillary adaptation of gastrocnemius muscle to occlusive peripheral vascular disease. Surgery 1982; 92: 434-440).

Es posible que inicialmente en la enfermedad arterial periférica de modo general la afectación sea motora y en partes acras y con escasa denervación, y posteriormente sensitivomotora y extensa en toda el área isquémica.

NEUROPATÍA EN LA INSUFICIENCIA VENOSA CRÓNICA: con alguna frecuencia se observa una polineuropatía leve, sensitivomotora y de predominio desmielinizante en el electromiograma, en la que el único hallazgo en correlación con el cuadro es una importante insuficiencia venosa crónica.

NEUROPATÍA EN LA INTOXICACIÓN POR MARISCO: saxitoxina (en Japón, tetrodotoxina y ácido domoico). Dinoflagelado, sobre todo en moluscos bivalvos, crudos o cocidos. Neurotóxica, inodora, insípida, termoestable y estable en ácido. Inhibe la permeabilidad al sodio, bloqueando el potencial de acción. En minutos o media hora aparecen parestesias periorales que se extienden a extremidades, y tetraplejía en 12 horas. Cefalea, náuseas, vómitos, anuria. No alteración de conciencia ni de reflejos musculares profundos. Electromiograma: latencias alargadas y velocidades sensitivomotoras lentificadas. Acidosis láctica. No alteraciones crónicas. *Exitus* 10%. Recuperación en menos de 1 semana.

NEUROPATÍA EN LA INTOXICACIÓN POR MONÓXIDO DE CARBONO: según observaciones de Maestro-Saiz: latencias motoras alargadas, velocidades motoras disminuidas, ondas F alargadas o ausentes, amplitudes motoras disminuidas, ausencia de respuestas sensitivas, todo ello en miembros inferiores, en miembros superiores normalidad (Maestro-Saiz et al. Neuropatía periférica en un caso de intoxicación aguda por monóxido de carbono. Rev Neurol 2003; 37: 991).

NEUROPATÍA EN LA LEPRA: predominio en zonas frías del cuerpo. La forma más frecuente es la mononeuropatía múltiple de predominio sensitivo.

NEUROPATÍA EN LA LEUCEMIA MIELOIDE CRÓNICA: se puede observar neuropatía en relación con cloromas, por ejemplo, pie caído por afectación del ciático común simulando radiculopatía L5 S1 o compresión aguda del nervio peroneal en rodilla. También por supuesto, en relación con los tratamientos. También es frecuente observar una polineuropatía sensitivomotora de predominio desmielinizante.

NEUROPATÍA EN LA MACROGLOBULINEMIA DE WALDENSTRÖM: véase neuropatía en las paraproteinemias.

NEUROPATÍA EN LA PARÁLISIS POR GARRAPATA: debilidad muscular aguda; similar al Guillain-Barré salvo que no aparecen alteraciones sensitivas. Neuropatía desmielinizante y axonal. Debe extirparse la garrapata (este tipo de parálisis incluye a la garrapata y otros insectos, como la carcoma).

NEUROPATÍA EN LA PARAPLEJÍA ESPÁSTICA FAMILIAR: véase paraplejía espástica familiar.

NEUROPATÍA EN LA PERIARTERITIS NODOSA: mononeuropatía múltiple, entre otras posibilidades.

NEUROPATÍA EN LA PORFIRIA: neuropatía periférica, axonal. Autosómica dominante. Tipos de porfiria: aguda intermitente (neuropatía indistinguible del síndrome de Guillain-Barré), "variegata", coproporfiria hereditaria, eritropoyética.

NEUROPATÍA EN LA SARCOIDOSIS: véase neurosarcoidosis.

NEUROPATÍA EN LA TABES DORSAL: véase tabes dorsal.

NEUROPATÍA EN LA XANTOMATOSIS CEREBROTENDINOSA: véase xantomatosis.

NEUROPATÍA EN LAS LIPIDOSIS: véase lipidosis.

NEUROPATÍA EN LAS PARAPROTEINEMIAS: en las paraproteinemias, células plasmáticas monoclonales producen proteínas monoclonales, proteínas M, que circulan y se depositan, causando diversos trastornos. Lo más frecuente es que sean inmunoglobulinas. Las inmunoglobulinas constan de 2 cadenas ligeras y 2 pesadas. Las ligeras son kappa o lambda (llamadas proteínas de Bence-Jones; detectables en orina), las pesadas IgG, A, M, D o E. La más frecuente es la IgG. Se detecta una gammapatía monoclonal en el 1% de la población; la más frecuente es la de "significado indeterminado" (*MGUS, Monoclonal Gammopathy of undetermined significance).*

La presentación clínica es variable, desde subclínica hasta formando parte del mieloma múltiple, la macroglobulinemia de Waldenström (células B, IgM, polineuropatía sensitivomotora desmielinizante y axonal), el síndrome *POEMS (Polyneuropathy, Organomegaly, Endocrinopathy, M-protein and Skin changes),* amiloidosis primaria (aislada o asociada a discrasias de células plasmáticas; neuropatía de fibras pequeñas dolorosa y disautonómica, síndrome del túnel carpiano, plexopatía lumbosacra, neuropatías craneales, mononeuropatía múltiple, polineuropatía sensitivomotora desmielinizante y axonal), *CANOMAD (Chronic Ataxic Neuropathy* sensitivomotora, axonal y desmielinizante, *with Ophthalmoplegia, M-protein, cold Agglutinins and anti-Disialosyl antibodies,* diagnóstico diferencial con el síndrome de Miller-Fisher*),* leucemia, linfoma, plasmocitoma, etc. La neuropatía periférica es frecuente, aunque las cifras varían ampliamente dependiendo de la serie consultada (por ejemplo: 15-70%).

En la *MGUS,* el empeoramiento de la neuropatía precede con frecuencia a la malignización de la gammapatía (Eurelings M et al. Risk factors for hematological malignancy in polyneuropathy associated with monoclonal gammopathy. Muscle Nerve 2001; 24: 1295-1302).

La gammapatía más frecuente es la IgG (con IgG o IgA la neuropatía puede ser difícil de distinguir de la *CIDP),* aunque la neuropatía es más frecuente en la del tipo IgM. La mitad de los pacientes con *MGUS* del tipo IgM tienen anticuerpos *anti-MAG (myelin-associated glycoprotein),* que también pueden aparecer en el linfoma de células B y en la macroglobulinemia de Waldenström.

La neuropatía en el tipo IgM en algunos casos es en la forma *CIDP,* pero en otros es del tipo *DADS-M (distal acquired demyelinating symmetric neuropathy-M protein).* 2/3 de los casos de la forma *DADS-M* presentan *anti-MAG.*

La *DADS-M* se diferencia desde el punto de vista electromiográfico, de la *CIDP,* por mayor afectación distal que proximal de los nervios y por tanto con un menor índice de latencia distal (distancia distal/[velocidad de conducción motora x latencia motora distal]).

En la neuropatía *anti-MAG,* y a diferencia de la *CIDP,* también son típicas una menor dispersión temporal, menos bloqueos de la conducción y menor frecuencia de conducción sensitiva anormal por el nervio mediano con conducción normal por el nervio sural, quizá por depender la patogenia de la longitud del nervio y de una desmielinización uniforme, no multifocal.

Raheja D et al. Paraproteinemic neuropathies. Muscle Nerve 2015; 51: 1-13.

Véase síndrome *POEMS.* Véase *CIDP.* Véase síndrome de Miller-Fisher. Véase nervio óptico. Véase amiloidosis. Véase neuropatía en el mieloma múltiple. Véase neuropatía en el linfoma.

NEUROPATÍA EN LAS VASCULITIS: véase debilidad muscular aguda.

NEUROPATÍA EN SÍNDROMES CONGÉNITOS MALFORMATIVOS: síndrome de Flynn-Aird (atrofia cutánea, ictiosis, calvicie, sordera, demencia, convulsiones, neuropatía periférica, ataxia), síndrome de Parry-Romberg (hemiatrofia facial por lipodistrofia focal progresiva, con ocasionales alteraciones electromiográficas en la zona afectada).

NEUROPATÍA HEREDITARIA:
Clasificación de Dick y Lambert: clasificación internacional de neuropatías crónicas hereditarias (Dick y Lambert, 1968). *Hereditary motor and sensory neuropathies (HMSN):*
tipo 1: neuropatía crónica hereditaria hipertrófica de transmisión autosómica dominante (Charcot-Marie-Tooth, 1886, y Roussy-Levy, es la forma más frecuente, autosómica dominante (80%), autosómica recesiva, recesiva ligada al X (en la forma ligada al X las alteraciones electromiográficas pueden ser mixtas, entre axonales y desmielinizantes).
Segunda-tercera décadas. Desmielinización y remielinización segmentaria, hiperplasia. Células de Schwann en capas de cebolla.
Evolución crónica, pie equino, dedos en martillo, piernas en "patas de cigüeña", disminución de la sensibilidad (puede pasarle desapercibida al paciente), temblor (variante de Roussy-Levy).
Es característica la no desincronización de los potenciales motores (o apenas) a pesar de la lentificación de las velocidades motoras (con frecuencia, velocidades motoras de 15-20 metros/segundo; en la literatura internacional se suele referir: velocidad menor de 38 metros/segundo, pero en todos los casos que se han visto personalmente la velocidad de conducción motora era menor de 25 metros/segundo).

En las dos gráficas siguientes se puede observar cómo en efecto no está desincronizado el potencial evocado motor registrado en pedio con electrodos cutáneos adhesivos, en un niño de 8 años con una neuropatía sensitivomotora hereditaria, desmielinizante. La latencia motora distal está alargada, así como la duración; la amplitud reducida. La velocidad de conducción motora es de 22 metros/segundo. En la primera gráfica el registro con estímulo en tobillo y en la segunda en rodilla. La división vertical es de 0,2 milivoltios y la horizontal de 5 milisegundos. Los filtros en 100-10000 Hz. Las respuestas sensitivas estaban ausentes en miembros inferiores; en miembros superiores todavía se podían evocar respuestas sensitivas por medianos y cubitales, aunque de baja amplitud y lentificadas, encontrándose las velocidades de conducción sensitiva por nervios medianos y cubitales entre 20 y 25 metros/segundo.

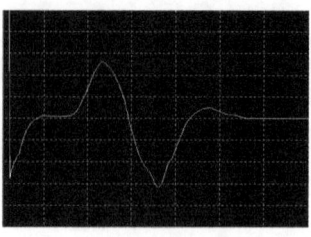

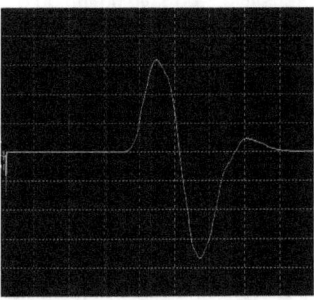

A diferencia de la amiotrofia espinal, en la NSMH no hay respuestas sensitivas o están alteradas (a pesar de que el paciente puede referir que conserva el tacto).

Al cabo del tiempo puede aparecer actividad denervativa por afectación axonal sobreañadida.

El análisis genético va sustituyendo al análisis histopatológico, y ha desvelado una notable complejidad fenotípica y genotípica.

Charcot JM, Marie P. Sur une forme particuliére dátrophie musculaire progressive, souvent familiale, debutant par les pieds et les jambes atteignant plus tard les mains. Revue de Médicine 1886; 6: 97-138.

Tooth H. The peroneal type of progressive muscular atrophy. London, HK Lewis and co. lmtd. 1886.

Dick PJ, Lambert EH. Lower motor and primary sensory neuron diseases with peroneal muscular atrophy. Neurologic, genetic, and electrophysiologic findings in hereditary polyneuropathies. Arch Neurol 1968; 18: 603-618.

Dick PJ, Lambert EH. Lower motor and primary sensory neuron diseases with peroneal muscular atrophy. Neurologic, genetic, and electrophysiologic findings in various neuronal degenerations. Arch Neurol 1968; 18: 619-625.

Tipo 2: atrofia muscular peroneal tipo neuronal (Lambert y Mulder, 1958). Forma axonal del Charcot-Marie-Tooth. Sin hipertrofia de nervio periférico. Tercera-quinta décadas. Autosómica dominante, autosómica recesiva y recesiva ligada al X. Menor lentificación que en el tipo 1, y potenciales motores de baja amplitud así como actividad denervativa (en el tipo 1 evolucionado también aparece actividad denervativa y caída de amplitudes por afectación axonal sobreañadida). Mayor afectación en partes acras.

Diagnóstico diferencial entre amiotrofia espinal distal/enfermedad de Charcot-Marie-Tooth tipo 2:

-Debilidad distal, sí/sí.

-Hipoestesia distal, no/frecuente.

-Electroneurografía, velocidad de conducción motora, mayor del 80% del límite inferior normal/mayor del 80% del límite inferior normal.
-Amplitud del potencial motor, disminuido o normal/disminuido o normal.
-Amplitud del potencial sensitivo, normal/disminuido o ausente.
-EMG, actividad denervativa/actividad denervativa.
-Biopsia muscular, denervación/denervación.
-Biopsia sural normal/pérdida axonal.
Tipo 3: neuropatía hipertrófica de la infancia de Dejerine-Sottas. Autosómica recesiva. Primera década y lactantes. Bulbos de cebolla. Engrosamiento de nervio periférico (por ejemplo, del cubital). Puede haber retraso mental. Polineuropatía sensitivomotora (hipoestesia en guantes y calcetines).
Tipo 4: neuropatía atáxica polineuritiforme de Refsum (ácido fitánico). Autosómica recesiva. Primera-segunda décadas. Aumento de ácido fitánico. Bulbos de cebolla. Inicio similar a la ataxia de Friedreich. Ataxia, ictiosis, retinitis pigmentaria, hipoacusia, miocardiopatía. *Exitus*: cuarta década. Ácido fitánico en plasma, sistema nervioso, hígado, riñón, grasa. Polineuropatía desmielinizante. Tratamiento: plasmaféresis y dieta.
Tipo 5: paraplejía espástica familiar con polineuropatía crónica hereditaria.
Tipo 6: neuropatía crónica hereditaria con atrofia óptica.

Clasificación de Harding y Thomas (1990) modificada:

1. Idiopáticas:

1.1. Neuropatías hereditarias motoras y sensitivas (NHMS, enfermedad de Charcot-Marie-Tooth o CMT):
Tipo 1: forma hipertrófica de la enfermedad de Charcot-Marie-Tooth (1a, autosómico dominante ligado al cromosoma 17; 1b, autosómico dominante ligado al cromosoma 1; autosómico recesivo). Forma desmielinizante. Las formas autosómicas dominantes son el 80% (con una proporción parecida para el tipo 1 y 2, sobre todo la 1A; las formas ligadas al X son el 15% y el 5% restante corresponde a otras formas).
Tipo 2: forma axonal de la enfermedad de Charcot-Marie-Tooth (autosómica dominante, autosómica recesiva, forma infantil severa autosómica recesiva o variedad de Ouvrier). Se ha descrito neuromiotonía en la neuropatía motora axonal asociada a mutación *HINT1 (histidine triad nucleotid binding protein 1);* esta neuromiotonía asociada al Charcot-Marie-Tooth axonal también se denomina **neuropatía axonal autosómica recesiva con neuromiotonía** o *ARAN-NM* (Jerath N et al. A case of neuromyotonia and axonal motor neuropathy: A report of a HINT1 mutation in the United States. Muscle & Nerve 2015; 52: 1110-1113).
Tipo 3: enfermedad o síndrome de Dejerine-Sottas, neuropatía hipomielinizante congénita. Autosómica recesiva. Síndrome de Dejerine-Sottas: neuropatía hereditaria sensitivo motora tipo 3. Radiculopatía, o neuropatía, o neuritis intersticial hipertrófica. Neuropatía en bulbo de cebolla. Neuropatía hipertrófica (imagen en capas de piel de cebolla por hipertrofia de células de Schwann). Nervios palpables. Complicaciones oculares: miosis, nistagmo, anisocoria, papilotonía, atrofia óptica. Comienzo temprano (lactantes).

Otras: neuropatía sensitiva y motora ligada al X (axonal o desmielinizante, incluso en miembros de una misma familia; formas leves, moderadas o severas); otras formas complejas, enfermedad de Lom (CMT 4D, 8Q24), etc.

Una **reclasificación de la NHMS** más moderna recurriendo a la genética:

Tipo 1, autosómica dominante o ligada al sexo según alteración genética: 1A, 1B, 1C y 1D, 1E, 1F, 1G; herencia desconocida, tipos: CMT X1 y CMT X2; para formas recesivas véase CMT 4. La CMTX puede ser asimétrica y mostrar lentificación desigual de la conducción (ocurre también con la *HNPP*).

Tipo 2 (habitualmente autosómica dominante): 2A, 2B, 2C; el tipo 2C con parálisis de cuerdas vocales, 2D, 2E, 2F, G, H, J, K L, N O, P, con pequeñas variaciones clínicas descritas entre unos y otros. Formas recesivas: véase CMT 4.

Tipo 3: enfermedad de Dejerine-Sottas (A, B, C, D-AD, E-AR).

Tipo 4 (CMT 4, autosómica recesiva): tipos A (desmielinización y bulbos de cebolla), B (desmielinización y plegamientos mielínicos focales), C (forma desmielinizante argelina), D (enfermedad Lom), E (con velocidad de conducción conservada), F (formas complejas).

Ahora se incluye también un **tipo 5** (*HMSN 5*), o paraplejía espástica hereditaria con neuropatía, o paraplejía espástica hereditaria complicada); autosómica dominante o recesiva; diversos subtipos, incluyendo el síndrome de Silver (atrofia de la mano), formas con amiotrofia distal, con afectación de sistema nervioso central, retina, etc.

Otra **reclasificación de la NHMS**:

Tipo 1 (desmielinizantes); autosómica dominante (CMT 1A, 1B, 1C y con mutación EGR2); autosómica recesiva (CMT 4A o forma tunecina, 4B, 4B1, 4B2, 4C o forma clásica y CMT Lom –asociada a sordera-).

Tipo 2 (axonal); AD (CMT 2A, 2B, 2C o síndrome de Young-Harper con paresia de cuerdas vocales y 2D); formas autosómicas recesivas.

Otras variantes: CMT ligada a X, neuropatía hipomielinizante congénita, neuropatías familiares relacionadas con el CMT: neuropatía familiar con vulnerabilidad a la presión, neuralgia amiotrófica hereditaria, neuropatía hereditaria motora distal sin afectación sensitiva –tipo 2 AD y tipo 5 AD- (Palencia R. Aspectos actuales de las neuropatías hereditarias motoras y sensitivas (NHMS). Bol Pediatr 2003; 43: 46-55).

1.2. Neuronopatía hereditaria motora (atrofia espinal distal).

1.3. Neuropatías hereditarias sensitivas, o autonómicas, o ambas (NHSA).

Autosómicas dominantes o recesivas. Sólo se ha visto un caso personalmente, que se descubrió de manera casual (acudía para descartar síndrome el túnel carpiano), y llamaba la atención, aparte de la ausencia de respuestas sensitivas, su indiferencia a su hipoestesia generalizada (algo que también se observa en el Charcot-Marie-Tooth) y la presencia de temblor en partes acras. En general van desde una disautonomía congénita hasta una acropatía ulceromutilante (con o sin marcha tabética). Véase disautonomía.

Tipo 1: autosómica dominante. Primera a tercera décadas. Acropatía mutilante. Neuronas de los ganglios de las raíces dorsales. Comienza de modo similar a la siringomielia, con disminución de la sensibilidad termalgésica por disminución de neuronas ganglionares amielínicas. Sordera neurosensorial.

Enfermedad de Morvan (úlceras en los dedos de los pies, celulitis, articulación de Charcot por reabsorción ósea). En una segunda fase degeneran también las neuronas mielínicas. Síndrome de Thevenard.
Tipo 2: autosómica recesiva. Primera-tercera década. Menos grave que la NHS tipo 1. Neuropatía sensitiva congénita.
Tipo 3: disautonomía familiar. Síndrome de Riley-Day. Autosómica recesiva. Hipertensión arterial sistólica y diastólica. Ashkenazi. Desarrollo insuficiente del sistema nervioso vegetativo. La dopamina no pasa a noradrenalina. Hipotensión postural. No sudoración. Alteración de la temperatura. Disminución de la sensibilidad termalgésica. No lágrimas. No papilas fungiformes. Diminución del crecimiento. Posible retraso mental.
Tipo 4: neuropatía anhidrótica sensitiva. Autosómica recesiva. Insensibilidad congénita al dolor con anhidrosis.
Tipo 5: pérdida de fibras mielínicas finas. Neuropatía sensitiva congénita con pérdida selectiva de las fibras mielinizadas pequeñas.
Otros: neuropatía sensitiva recesiva ligada al X.

1.4. Neuropatía asociada a ataxias hereditarias. Ataxia de Friedreich: autosómica recesiva (primera década), autosómica dominante (segunda década). Daño en células ganglionares, raíces posteriores, fibras sensitivas periféricas, haz piramidal, haz espinocerebeloso, cordón posterior, primera neurona sensitiva. Ataxia cerebelosa, disminución de la sensibilidad profunda, Babinski, nistagmo horizontal. Reflejos normales, aumentados o disminuidos. Pie zambo o cavo, dedo gordo en martillo (pie de Friedreich). Cifoescoliosis. Neuropatía axonal. Diabetes en 30% (intolerancia 60%). Aumento bilirrubina. Disminución LDH. Véase ataxia.

1.5. Miscelánea:
1.5.1. Tendencia hereditaria a la parálisis por presión (neuropatía por vulnerabilidad excesiva a la presión, NHVP, *NHPP;* nota: la *NHPP* y la CMTX se caracterizan porque a diferencia de las demás pueden presentarse clínicamente de manera asimétrica y mostrando velocidades de conducción lentificadas de manera desigual). Neuropatía por presión. Neuropatía tomacular. Parálisis recurrente de los nervios presionados (rara vez, fenotipo de atrofia muscular peroneal). Neuropatía hereditaria con tendencia a la parálisis por presión. Autosómica dominante. Episodios recurrentes de parestesias, paresias, o ambas. Cromosoma 17 (deleción). Puede debutar como mononeuropatía aguda (radial, peroneal), y puede evolucionar como mononeuropatía crónica o polineuropatía crónica. Los hallazgos en el electromiograma son generalizados y sensitivomotores a pesar de la focalidad clínica que pueda haber (latencias alargadas, velocidades lentificadas, etc.).
Jong JGY. Over families met hereditaire dispositie tot het optreden van neuritiden, gecorreleerd met migraine. Psychiat Neurol 1947; 50: 60-76.
Parra S, et al. Neuropatía hereditaria con labilidad a las presiones: características clínicas y electrofisiológicas. Rev Neurol 2003; 37: 991-991.
Se han visto dos casos personalmente, un hombre y una mujer, ambos en la cuarentena, confirmados con análisis genético. Desde el punto de vista electromiográfico el primero era indistinguible de un síndrome de Guillain-Barré crónico de acusada intensidad, pues se presentaba como una

polineuropatía crónica de predominio desmielinizante y acusada intensidad. El otro caso en cambio presentó ligeras alteraciones en el electromiograma, con velocidades motoras de 38 metros/segundo y 38 metros/segundo (nervios peroneales derecho e izquierdo), sin desincronización y con latencias motoras distales ligeramente aumentadas (7 milisegundos y 6,8 milisegundos); presentaba pie cavo y actividad denervativa en tibial anterior derecho tras sentarse con la pierna derecha cruzada sobre la izquierda.

1.5.2. Neuropatía hereditaria del plexo braquial. Neuralgia amiotrófica hereditaria (autosómica dominante; en algunas familias, de acuerdo con la revisión bibliográfica al respecto, se ha encontrado talla corta, hipertelorismo, paladar hendido, epicanto, asimetría facial, sindactilia parcial).

1.5.3. Neuropatía axonal gigante (neuropatía hereditaria, cuadro degenerativo, síndrome cerebeloso, piramidalismo, epilepsia, pelo rojizo y pestañas rizadas, neuropatía con pérdida axonal y axones gigantes, 16q24.1, gen de la gigaxonina, autosómica recesiva).

1.5.4. Neuroacantocitosis. Sídrome de McLeod. Afección multisistémica de origen genético. Anemia, acantocitosis, atrofia muscular progresiva, afectación de sistema nervioso central y periférico (neuropatía hereditaria), hígado, corazón, etc.

1.5.5. Enfermedad de Chediak-Higashi. Hereditaria. Gránulos gigantes en los glóbulos blancos. Albinismo, inmunodeficiencia, neuropatía periférica, convulsiones, etc. Autosómica recesiva.

2. Error metabólico o molecular conocido.

2.1. Enfermedades peroxisomales: enfermedad de Refsum, adrenoleucodistrofia.

2. 2. Lipidosis.

2.3. Déficit de lipoproteínas: enfermedad de Tangier, enfermedad de Bassen-Kornzweig.

2. 4. Neuropatía en la enfermedad mitocondrial.

2.5. Porfiria: neuropatía periférica, axonal. Autosómica dominante. Intermitente aguda, "variegata", coproporfiria hereditaria, eritropoyética.

2.6. Amiloidosis hereditaria: tipo 1 (portuguesa), tipo 2 (indiana), tipo 3 (Van Allen, cursa con neuropatía), tipo 4 (finlandesa), tipo 5 (judía), tipo 6 (Apalache). Véase amiloidosis.

2.7. Enfermedades asociadas a reparación defectuosa del ADN.
2.7.1. *Xeroderma pigmentosum*: un caso visto personalmente, un niño, con potenciales evocados auditivos y somatosensoriales alterados, y con empeoramiento progresivo con el paso de los años.
2.7.2. Síndrome de Sanctis-Cacchione.
2.7.3. Ataxia telangiectasia: enfermedad de Louis-Barr.

2.7.4. Síndrome de Cockayne (al margen: la progeria del adulto es el síndrome de Werner).

3. Otras: asociadas a ataxias hereditarias.

Nota final: las clasificaciones actuales tienden a basarse en la genética. Hay revisiones continuamente, por ejemplo:
Ionasescu V. Charcot-Marie-Tooth neuropathies: from clinical description to molecular genetics. Muscle and Nerve 1995; 18: 267-275.
Palencia R. Aspectos actuales de las neuropatías hereditarias motoras y sensitivas (NHMS). Bol Pediatr 2003; 43: 46-55.

NEUROPATÍA HEREDITARIA TIPO PORTUGUÉS: véase amiloidosis.

NEUROPATÍA INFECCIOSA: lepra, parotiditis, sífilis, varicela, brucelosis, fiebre tifoidea, malaria, sepsis puerperal, postinfecciosa (viruela, hepatitis, sarampión, mononucleosis).

NEUROPATÍA INFLAMATORIA AGUDA: véase síndrome de Guillain-Barré.

NEUROPATÍA MOTORA MULTIFOCAL CON BLOQUEOS MÚLTIPLES: la razón del interés que despierta este cuadro clínico, a pesar de su rareza, es que forma parte del diagnóstico diferencial de la enfermedad de motoneurona y que, a diferencia de la esclerosis lateral amiotrófica (de la que se ven personalmente aproximadamente dos casos al mes, entre revisiones y casos nuevos), puede mejorar con el tratamiento (inmunoglobulinas), al tener una patogenia distinta. Se caracteriza por atrofia muscular progresiva (simulando enfermedad de segunda motoneurona) y bloqueos motores multifocales.
En principio debuta en forma de debilidad de los miembros progresiva, asimétrica y de predominio distal, con bloqueos de la conducción nerviosa y niveles elevados de anticuerpos anti gangliósido GM1, o anti-asialo-GM1, o ambos, quizá contra componentes de los nodos de Ranvier (Nobile-Orazio E et al. High-dose intravenous inmunoglobulin therapy in multifocal motor neuropathy. Neurology 1993; 43: 537-544).
Parece ser (porque todavía no se ha visto ningún caso de esta enfermedad personalmente) que en la práctica no es tan sencillo distinguir a este cuadro como un ente clínico distinto de la esclerosis lateral amiotrófica con los criterios clínicos e inmunológicos solamente, salvo que la evolución del cuadro se prolongue y aparezcan signos de primera motoneurona también, siendo el electromiograma una ayuda importante para el diagnóstico, pero no definitiva.
De todos modos, hay que tener precaución con la aparición de potenciales de baja amplitud en la esclerosis lateral amiotrófica que se confundan con bloqueos focales, y la posibilidad de que un paciente con esclerosis lateral amiotrófica padezca también una neuropatía a la vez (Lange DJ, Trojaborg W et al. Multifocal motor neuropathy with conduction block: Is it a distinct clinical entity? Muscle and Nerve 1992; 42: 497-505).
Según Bouche, en un 25% de los pacientes aparece actividad denervativa; además, e independientemente del grado de bloqueo, se aprecia disminución de la amplitud del potencial de acción motor compuesto (*CMAP*) en correlación

con el grado de hipotrofia; y las conducciones sensitivas son normales en general; estos hallazgos parecen importantes porque también están así presentes en la esclerosis lateral amiotrófica de forma típica, de manera que posiblemente en la práctica resultará difícil distinguir ambos cuadros en algunos casos.

Bouche también encuentra dos patrones de presentación clínica: déficit motor con poca atrofia y mejor respuesta a inmunoglobulinas, que atribuye a un predominio desmilinizante; y un segundo patrón con acusada amiotrofia que aparenta una atrofia muscular espinal con predominio en miembros superiores y peor respuesta a inmunoglobulina intravenosa (Bouche P et al. Multifocal motor neuropathy with conduction block: a study of 24 patients. Journal of Neurol Neurosur, and Psych 1995; 59: 38-44).

Hay continuamente descripciones de nuevos posibles patrones clínicos y de diferentes respuestas al tratamiento (Sansa-Fayos G et al. Neuropatía motora multifocal axonal. A propósito de un caso. Rev Neurol 2005; 41: 444-446).

Puede haber atrofia lingual (Kaji R et al. Multifocal demyelinating motor neuropathy: Cranial nerve involvement and immunoglobulin therapy. Neurology 1992; 42: 506-509).

Olney ha propuesto unos **criterios diagnósticos** para la forma definida: debilidad sin alteración sensitiva en el territorio de 2 o más nervios, ni difusa ni simétrica al comienzo; bloqueo de la conducción definido en 2 o más nervios motores fuera de zonas de atrapamiento; velocidad de conducción sensitiva normal en segmentos con bloqueo de la conducción motora; conducción sensitiva normal en 3 o más nervios; y ausencia de signos de enfermedad de neurona motora (espasticidad, clonus, Babinski, parálisis seudobulbar). Para la forma probable ha propuesto: misma clínica; en cuanto al siguiente criterio, o bien bloqueo probable (en vez de definido) en 2 o más nervios motores, o bien bloqueo motor definido en 1 nervio motor y probable en otro nervio motor; en cuanto al siguiente criterio, velocidad sensitiva normal en segmentos con bloqueo, cuando sea posible técnicamente (por ejemplo, no requerido en axila, fosa poplítea, etc.); y los demás criterios similares (Olney RK et al. Consensus criteria for the diagnosis of multifocal motor neuropathy. Muscle Nerve 2003; 27: 117-21).

El **síndrome de Lewis-Sumner** es una neuropatía sensitivomotora desmielinizante multifocal disinmune que podría ser considerada como una polineuropatía desmielinizante inmune crónica (*CIDP*), con afectación asimétrica de nervios medianos y cubitales que plantea el diagnóstico diferencial con síndromes de atrapamiento y vasculitis, y puede haber afectación también de miembros inferiores y pares craneales. El curso puede ser progresivo o remitente. Las alteraciones electromiográficas pueden estar limitadas a los puntos de bloqueo (diferencia con *CIDP*). El anti GM1 es negativo. Véase artritis reumatoide.

NEUROPATÍA ÓPTICA: véase nervio óptico. Véase Potenciales evocados visuales.

NEUROPATÍA POR ANTIPALÚDICOS: se puede producir en la artritis reumatoide, por ejemplo.

NEUROPATÍA POR ARSÉNICO: puede debutar, por ejemplo, en forma de tetraparesia arrefléxica por polineuropatía sensitivomotora axonal aguda acusada (Rodino JA et al. Tetraparesia espástica causada por ingestión de arsénico: descripción de un caso. Rev Neurol 2003; 37: 992).

Intoxicación por arsénico: insecticidas, pesticidas, cuadro gastrointestinal minutos u horas tras exposición, cuadro central con delirio y alucinaciones, *exitus* o fase crónica con parestesias dolorosas y atrofia, hiperqueratosis palmoplantar, máculas hiper e hipopigmentadas en tronco, líneas de Mees en uñas (paralelas a la lúnula, en 4-6 semanas), anemia aplásica con pancitopenia, hiperporteinorraquia. Alteración renal y hepática.

Electromiograma: neuropatía desmielizante en fase inicial, axonal y sensitivomotora posteriormente; se puede cronificar.

NEUROPATÍA POR BORTEZOMID (VELCADE): tratamiento del mieloma múltiple. Produce en un 30% de los casos una polineuropatía sensitiva axonal subaguda dosis dependiente. También se ha observado su correlación con una polineuropatía sensitivomotora desmielinizante reversible (Chaudhry V et al. Bortezomib and thalidomide-induced subacute demyelinating polyneuropathy. Clinical Neurophysiology 2009; 120: 111). También se ha observado una polineuropatía motora pura (Ravaglia S et al. Immune-mediated neuropathies in myeloma patients treated with bortezomib. Clinical Neurophysiology 2008; 119: 2507-2512). Se investiga su efecto sobre el sistema nervioso autónomo.

NEUROPATÍA POR CIS-PLATINO: neuropatía axonal. Se ha descrito como típica la neuropatía sensitiva, pero según experiencia propia es sensitivomotora, axonal y con frecuencia acusada. Lo que ocurre es que en fases iniciales (como pasa con tantas otras neuropatías) sí que es posible que sobre todo haya afectación sensitiva.

NEUROPATÍA POR COLAGENOSIS: púrpura trombótica trombocitopénica, artritis reumatoide, periarteritis nodosa, esclerodermia, sarcoidosis.

NEUROPATÍA POR DÉFICIT DE VITAMINA B12: véase vitamina B12.

NEUROPATÍA POR ENOLISMO: polineuropatía sensitiva, sensitivomotora, axonal, o desmielinizante, o ambas.
Acropatía úlceromutilante de Bureau-Barriere o indiferencia al dolor por etilismo.

NEUROPATÍA POR HEXACARBONOS: véase debilidad muscular aguda/subaguda.

NEUROPATÍA POR INFLIXIMAB: véase artritis reumatoide.

NEUROPATÍA POR INTERFERÓN: terapia con interferón durante hepatitis C. Se han visto personalmente algunos casos de esta posible asociación, presentando los pacientes una polineuropatía sensitivomotora desmielinizante de fondo, leve, o leve-moderada, en ocasiones posiblemente predisponiendo a atrapamientos (por ejemplo, del nervio cubital en codo). Se ha referido una polineuropatía axonal aguda también, y también neuralgia amiotrófica y mononeuropatía múltiple (Kiyoshi N et al. Acute axonal polyneuropathy during interferon alfa-2a therapy for chronic hepatitis type C. Muscle and Nerve 1994; 16: 1350-51).

NEUROPATÍA POR IPILIMUMAB: es un anticuerpo monoclonal usado para tratar el melanoma. Se ha asociado a alteraciones neuromusculares de posible origen autoinmune, incluyendo polirradiculoneuropatía axonal, multifocal, asimétrica, subaguda, con bloqueos múltiples.
Manousakis G et al. Multifocal radiculoneuropathy during ipilimumab treatment of melanoma. Muscle Nerve 2013; 48: 440-44.

NEUROPATÍA POR ISONIACIDA: polineuropatía dosis dependiente y prevenible con piridoxina en pacientes susceptibles (debilitados, diabéticos, insuficiencia renal, etc.). Véase neuropatía por piridoxina. Véase vitamina B6.

NEUROPATÍA POR MALFORMACIÓN CONGÉNITA: síndrome de Flynn-Aird, etc.

NEUROPATÍA POR MERCURIO: véase acrodinia.

NEUROPATÍA POR METRONIDAZOL: se ha descrito en tratamientos prolongados (Lidón A et al. Polineuropatía secundaria a metronidazol. Rev Neurol 2014; 58: 425).

NEUROPATÍA POR NEUROLINFOMATOSIS: véase neurolinfomatosis.

NEUROPATÍA POR N-HEXANO: véase debilidad muscular aguda.

NEUROPATÍA POR ORGANOFOSFORADOS: véase debilidad muscular aguda.

NEUROPATÍA POR OXALIPLATINO: véase oxaliplatino.

NEUROPATÍA POR ÓXIDO NITROSO: puede producir mieloneuropatía de predominio sensitivo similar a la que se observa en la degeneración combinada subaguda por déficit de vitamina B12. También se ha descrito una neuronopatía motora (Morris N et al. Severe motor neuropathy or neuronopathy due to nitrous oxide toxicity after correction of vitamin B12 deficiency. Muscle and Nerve 2015; 51: 614-616).

NEUROPATÍA POR PACLITAXEL: es un tratamiento antineoplásico.

NEUROPATÍA POR PICADURA DE GARRAPATA: véase debilidad muscular aguda.

NEUROPATÍA POR PIRIDOXINA: la sobredosificación con vitamina B6 puede producir neuropatía periférica, parece ser.

NEUROPATÍA POR PLOMO: en el saturnismo se suele decir que la polineuropatía es de predominio motor y en miembros superiores (típicamente: parálisis del nervio radial).

NEUROPATÍA POR PRESIÓN: véase neuropatía hereditaria.

NEUROPATÍA POR SÍNDROME PARANEOPLÁSICO: véase síndrome paraneoplásico.

NEUROPATÍA POR SINGULAIR: montelukast, antiasmático; está descrita una rara neuropatía por consumo de este fármaco, quizá en relación con vasculitis eosinofílica. En un paciente visto personalmente se encontró una secuencia temporal coherente de mononeuropatía de la rama sensitiva del nervio radial izquierdo y recuperación posterior en coincidencia temporal con la toma y abandono de Singulair.

NEUROPATÍA POR SORBITOL: neuropatía, retinopatía.

NEUROPATÍA POR TALIDOMIDA: antes de tratar con talidomida se suele hacer un control electromiográfico porque uno de los efectos secundarios descrito es la polineuropatía sensitiva axonal. Actualmente se piensa que se debería a degeneración neuronal primaria con pérdida axonal (fibras grandes). Si las amplitudes sensitivas caen un 30% se recomienda bajar la dosis; si caen un 60% o más se recomienda abandonar el tratamiento. En un 25% hay recuperación tras dejar el tratamiento, persistencia de molestias en otro 25% y en el 50% de los casos no hay recuperación completa.

Tseng S, Pak G, Washenik k. Rediscovering thalidomde: A review of it´s mechanism of action, side effects and potential uses. J Am Acad Dermatol 1996; 35: 969-979.

Stirling D. Thalidomide and its impact in Dermatology. Seminars in cutaneous medicine and surgery 1998; 17: 231-242.

Calderón P, Anzilotti M, Phelps R. Thalidomide in dermatology. New indications for an old drug. Int J Dermatol 1997; 36: 881-887.

www.encolombia.com/medicina/alergia/inmunoaler104-01talidomida2.htm

Según experiencia propia la primera elección para la exploración electromiográfica suele ser el nervio sural, para utilizarlo como marcador de la evolución de la posible neuropatía por talidomida. La segunda elección suele ser el nervio peroneal sensitivo, y a continuación nervio radial, nervio mediano y nervio cubital.

NEUROPATÍA POR TALIO: metal pesado; raticidas y otros procesos industriales. Vómitos, diarreas, poliartralgias, hipoestesia orolingual, debilidad distal e hiperestesia. Ptosis palpebral, miosis, disfagia, alopecia, encefalopatía (electroencefalograma). Hipocalcemia, QT largo y bloqueo parcial. Talihemia elevada. Tratamiento con azul de Prusia, hemodiálisis. Electromiograma: Polineuropatía sensitivomotora axonal (Banea et al. Características clínicas y neurofisiológicas del envenenamiento por talio. Rev Neurol 2012; 55: 507).

NEUROPATÍA POR TOXINA DIFTÉRICA: polineuropatía y miocarditis.

NEUROPATÍA POR TRASTUZUMAB (HERCEPTÍN): es un anticuerpo monoclonal utilizado en la neopasia de mama.

NEUROPATÍA POR UREMIA:
Encefalopatía urémica:
1. Por insuficiencia renal crónica, con alteraciones mentales y neuropatía (la neuropatía puede mejorar con diálisis, y ser el electromiograma un indicador de la eficacia del tratamiento). El nervio peroneal motor puede ser más sensible que el sural para el diganóstico electromiográfico y el seguimiento.
2. Por la diálisis (por aluminio): encefalopatía, hiperexcitabilidad muscular, acatisia, hipo, etc. No hay que confundirla con el **síndrome del desequilibrio** (edema cerebral por extracción rápida de urea de la sangre durante diálisis).

NEUROPATÍA POR VELCADE (BORTEZOMIB): véase neuropatía por bortezomib.

NEUROPATÍA POR VINBLASTINA: neuropatía sensitivomotora.

NEUROPATÍA SENSORIAL SUBAGUDA PARANEOPLÁSICA: arreflexia, ataxia, parestesias, dolor; cáncer pulmonar microcítico.

NEUROPATÍA TIPO PORTUGUÉS: véase amiloidosis.

NEUROPATÍA TOMACULAR: véase neuropatía hereditaria.

NEUROPATÍA TÓXICA:
Vincristina y colchicina: interfiere microtúbulos. La neuropatía por vincristina suele ser sensitiva pero ocasionalmente se ha descrito de predominio motor y no dependiente de la longitud del nervio (Courtemanche H et al. Vincristine-induced neuropathy: Atypical electrophysiological patterns in children. Muscle & Nerve 2015; 52: 981-985).
Isoniacida, hidralacina, anticonceptivos: tratamiento con piridoxina.
Talidomida: riboflavina.
Cloranfenicol, óxido nitroso: vitamina B_{12}.
Nitrofurano y cianuro: piruvato. La neuropatía por nitrofurantoína no depende de la dosis ni del tiempo de exposición.
Perhexilina: lípidos.
Plomo, mercurio, arsénico, talio: venenosos.
Ergotismo crónico: vasoespasmo.
Clioquinol: neuropatía mieloóptica subaguda, en Japón.
Fenitoína: neuropatía y degeneración cerebelosa a largo plazo.
Barbitúricos y porfiria intermitente aguda: neuropatía.

Capecitabina: eritrodisestesia palmoplantar.

5-fluorouracilo: neurotoxicidad menor del 1%; ataxia, somnolencia.

Cetuximab: eritrodisestesia palmoplantar.

Irinotecán: no es neurotóxico.

Oxaliplatino: neuropatía sensitiva de predominio axonal; puede persistir 3 años tras el fin del tratamiento; la neuropatía crónica requiere exposición prolongada y depende de la dosis acumulada.

Molibdeno, manganeso, meperidina, neurolépticos, reserpina, metoclopramida, alfametildopa, flunarizina (parkinsonismo), organofosforados, marisco, bortezomib (velcade), dapsona, infliximab, vinblastina, difteria, sorbitol, singulair, piridoxina, cis-platino, hexacarbonos, etanol, arsénico, antipalúdicos, anilina, bisulfuro de carbono, dinitrobenzol, pentaclorofenol, tricloroetilo, tricloroetano, triortocresil, fosfato, organoclorados, organofosforados, nitrofurantoína, isoniazida, cloroquina, estreptomicina, cloranfenicol, vincristina, difenilhidantoína, metales pesados (arsénico, oro, plomo, mercurio, magnesio, litio, fósforo, talio), dapsona, botulismo, tétanos, difteria.

NEUROPATÍA TRAUMÁTICA: reparación: 1-2 milímetros/día. En las neuropatías traumáticas crónicas destaca la ausencia de trastornos tróficos. En neuropatías traumáticas agudas sí se observan manifestaciones tróficas de manera característica. Las secuelas de las neuropatías traumáticas localizadas agudas no son lo mismo que la cronificación de una neuropatía traumática (por ejemplo: el efecto de una cicatriz no es una cronificación de la neuropatía, sino una complicación (Trueba JL, Gutiérrez-Rivas E, Portera A: Problemas diagnósticos, evolutivos y pronósticos de las neuropatías traumáticas localizadas. Parte 1. Las neuropatías traumáticas localizadas agudas y crónicas. En: Conferencia internacional sobre neuropatías periféricas, Madrid 1981). Véase un ejemplo de complicación en: Myoclonus of peripheral origin: case secondary to a digital nerve lesion. Seijo M. Fontoira M, Celester G et al. Movement disorders 2002; 5: 970-4.

NEUROSARCOIDOSIS: miopatía necrótica. Encefalitis. La afectación neurológica más frecuente es la parálisis facial, normalmente unilateral, brusca y transitoria. Síndrome de Heerfordt: parálisis facial, parotiditis, uveítis, hipoacusia y meningoencefalitis. Sólo un 5% de los pacientes con sarcoidosis presentan neurosarcoidosis clínica. De este 5%, en un tercio la neurosarcoidosis es la forma de debut de la sarcoidosis. Un 17% de los pacientes con neurosarcoidosis sólo manifiestan la enfermedad por los síntomas neurológicos. La neurosarcoidosis también incluye: miopatía, neuropatía periférica (en observaciones personales se ha encontrado, por ejemplo, polineuropatía sensitivomotora de predominio axonal y acusada intensidad), neuropatía en forma de CIDP en ocasiones, meningitis basal, afectación de pares, multineuritis, papiledema, neuropatía óptica, hipoacusia, afectación central, etc. Forma central: encefalopatía difusa, hidrocefalia, convulsiones, alteraciones psiquiátricas, trastornos neuroendocrinos, lesiones intraparenquimatosas (en un 10% de neurosarcoidosis sólo afectación parenquimatosa exclusiva). La afectación de pares craneales es la manifestación neurológica más frecuente de la neurosarcoidosis (40-70% de neurosarcoidosis). Lo más frecuente es la afectación de varios pares simultáneamente, por ejemplo, parálisis facial bilateral. La parálisis facial puede deberse a meningitis basal con afectación del espacio subaracnoideo, lesión en tronco encefálico o parotiditis. Líquido cefalorraquídeo en neurosarcoidosis: hiperproteinorraquia (70%), linfocitosis, hipoglucorraquia. Estos hallazgos (y el aumento de ECA) pueden quedar enmascarados por los corticoides. Tomografía axial: lesiones iso o hiperdensas que captan de forma homogénea. Resonancia magnética: iso o hipointensa en T1 e hiperintensa en T2. La mayoría mejoran o se curan sin tratamiento, pero pueden seguir un curso progresivo a lo largo de varios años en caso de formas miopáticas, hidrocefalia, meningitis de repetición y lesiones cerebrales asociadas.

NEUROSÍFILIS: alteraciones de cordones medulares posteriores, como en neurosífilis (tabes dorsal) o también en el déficit de vitamina B12 (marcha tabética; la vitamina está presente en cerdo, vísceras y cereales). Neurosífilis, electroencefalograma: lentificación, sobre todo frontal. Buena correlación entre el electroencefalograma, la gravedad del proceso y la respuesta terapéutica. Véase tabes dorsal.

NEUROTIZACIÓN: transferencia nerviosa, por ejemplo, en el tratamiento de la plexopatía braquial obstétrica. Se une un nervio dador, cuya función original se pierde en el proceso, al cabo distal de un nervio receptor dañado en la plexopatía (Robla J et al. Técnicas de reconstrucción nerviosa en cirugía del plexo braquial traumatizado. Parte 2: transferencias nerviosas intraplexuales. Neurocir 2011; 22: 521-34).

NICOTINAMIDA: véase alfa-aminoaciduria.

NICTALOPIA CONGÉNITA: véase electrorretinografía, patología.

NIÑO HERCÚLEO: véase hipotiroidismo.

NISTAGMO, ALGUNAS CAUSAS:
Alfa-aminoaciduria.
Abetalipoproteinemia.
Ataxia de Friedreich.
Ataxia espástica de Charlevoix-Saguenay (ataxia espástica, disartria, nistagmo, amiotrofia).
Ataxias paroxísticas (véase discinesias paroxísticas; véase ataxia).
Encefalitis troncoencefálica paraneoplásica (cáncer pulmonar microcítico, con nistagmo, vértigo, diplopia, ataxia, disfagia).
Ataxia telangiectasia.
Enfermedad de Hartnup.
Enfermedad de Seitelberger.
Enfermedad de Whipple (confusión, oftalmoplejía, nistagmo, pérdida de memoria; los bastones PAS positivos aparecen en sistema nervioso central; la afectación puede ser del sistema nervioso central exclusivamente).
Glioma del nervio óptico: puede producir síndrome de Russell por lesión del hipotálamo anterior: niños con adelgazamiento progresivo a pesar de comer con normalidad, hipercinesia, vómitos, eurofia y nistagmo. Neurofibromatosis.

Hipomelanosis oculocerebral: síndrome de Cross, autosómica recesiva, hipopigmentación generalizada, fibromatosis gingival, microftalmia, microcórnea, nistagmo, atetosis, oligofrenia.
Síndrome arquicerebeloso.
Síndrome de Bassen-Kornzweig.
Síndrome de Chediack-Higashi.
Síndrome de Dejerine-Sottas.
Síndrome de Joubert: autosómico recesivo, raro (tal vez 200 casos en el mundo), malformación de mesencéfalo y cerebelo (*vermis*), retraso mental, apraxia, ataxia, nistagmo, hipotonía, alteración respiratoria (hiperpnea/apnea).
Síndrome de Louis-Barr.
Síndrome de Russell: síndrome diencefálico por lesión del hipotálamo anterior por glioma del nervio óptico; niños con adelgazamiento progresivo a pesar de comer con normalidad, hipercinesia, vómitos, euforia y nistagmo.
Síndrome de Wernicke (nistagmo y oftalmoplejía, y ataxia, etc.).
Traumatismo craneoencefálico.

NÚCLEO ROJO: véase ataxia.

NÚCLEO SUBTALÁMICO DE LUYS: hemibalismo: movimiento brusco e involuntario, de predominio proximal, secundario a lesión subtalámica contralateral (núcleo subtalámico de Luys).

OCLUSIÓN DE LA ARTERIA CENTRAL DE LA RETINA: véase electrorretinografía, patología.

OCLUSIÓN DE LA VENA CENTRAL DE LA RETINA: véase electrorretinografía, patología.

OFF EFFECT: aparición del alfa al cerrar los ojos. Electroencefalograma sin alfa o con alfa escaso que aparece brevemente al cerrar los ojos (*off effect*): 10% de la población sana.

OFTALMOPLEJÍA, ALGUNAS CAUSAS: enfermedad de Whipple, síndrome de Wernicke, miastenia, enfermedad vascular cerebral de tronco, tumor de tronco, oftalmoplejía internuclear, esclerosis tuberosa, oclusión bilateral de las arterias talamosubtalámicas paramedianas, encefalitis de Bickerstaff, etc. Véase diplopia. Véase parálisis oculomotora. Véase motilidad ocular.

OFTALMOPLEJÍA INTERNUCLEAR: véase motilidad ocular.

OIRDA: véase *FIRDA.*

OLIGOFRENIA FENILPIRÚVICA: véase fenilcetonuria.

ONDA AGUDA: onda mayor o igual a 1/12 de segundo (más de 2,5 milímetros a 30 milímetros/segundo), o menor o igual a 1/5 de segundo; en general, mayor de 70 milisegundos. Su morfología es característica: fase aguda rápida ascendente abrupta desde la línea de base; transición abrupta a fase descendente; fase desdendente que rebasa línea de base; fase de recuperación lenta hasta línea de base (lentamente ascendente) y postpotencial lento (ascendente y descendente); en total, tres fases, una rápida y dos lentas, como se ve en los siguientes ejemplos:

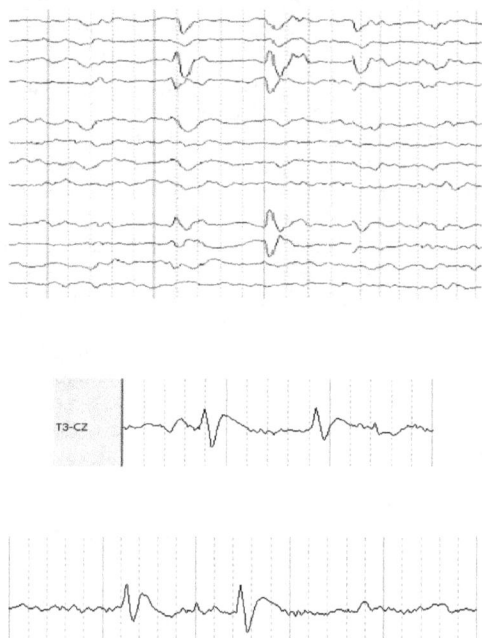

Esta morfología es característica y permite distinguir la onda aguda de otros grafoelementos como las ondas theta agudas (sobre todo en caso de ondas agudas lentas y mal integradas, como las degradadas por una lentificación de fondo) y de otros artefactos, como el QRS del electrocardiograma, que a veces aparece de manera aislada (sin formar el tren característico), como ocurre por ejemplo cuando se suma armónicamente a alguna otra onda basal de manera aislada. Alguno de los componentes de las ondas agudas pueden quedar ocultos por otras ondas o en ondas agudas degradadas en encefalopatías importantes.

La morfología de la onda aguda según descripción clásica depende de si está localizada en un foco negativo o positivo: dados G1+, G2- y G3+, el foco negativo es G2-, y en este caso la onda aguda tiene la morfología descrita, con las dos ondas agudas determinadas por el registro en G1-G2-G3 (tres electrodos, dos canales) opuestas por la fase aguda (ambas fases agudas apuntando la una a la otra y a G2) y con la morfología descrita; las ondas agudas con foco negativo son las más frecuentes; las ondas agudas con foco positivo aparecen en la disposición G1-, G2+, G3-, focalizadas en G2, y aparecen opuestas por la base de la fase aguda (con las fases agudas también con inversión de fase en G2, es decir, apuntando en sentidos opuestos alrededor de G2, pero alejándose de G2, a diferencia de las ondas agudas con foco negativo); las ondas agudas con foco positivo son raras, y además con morfología distinta (monofásicas con fase simétrica, en vez de trifásicas y asimétricas). Personalmente se han visto varias veces ondas agudas con foco positivo y se ha observado que tenían la misma morfología que las ondas agudas con foco negativo, por lo que esta descripción clásica de las ondas agudas con foco positivo no se ha observado personalmente hasta ahora.

Las ondas agudas aparecen en epilepsia primaria o secundaria, epilepsia crónica, epilepsia generalizada y epilepsia focal. Aparece en el 50% de pacientes con crisis focales. Las puntas y las ondas agudas occipitales se correlacionan con un elevado número de etiologías, desde fibroplasia retrolenticular hasta estrabismo, pasando por traumatismo craneoencefálico y un largo etc. Los paroxismos occipitales tienden a desaparecer con la edad, por maduración cerebral, y tienen mala correlación con las crisis, a diferencia de los paroxismos en otras áreas. Los focos en áreas de asociación suelen provocar pocas crisis, y las anomalías intercríticas suelen ser abundantes.

Algunas correlaciones: amnesia global transitoria, enfermedad de Creutzfeldt-Jakob, enfermedad de Fukuhara (enfermedad mitocondrial; electroencefalograma: lentificación y ondas agudas), enfermedad de Tay-Sachs, enfermedad de Wilson, síndrome de Gilles de la Tourette, síndrome de Hallervorden-Spatz, xantomatosis cerebrotendinosa, etc.

ONDA DELTA: 0,5-3 Hz. La actividad delta focal indica signos de afectación cortical focal, como en el caso de un tumor, accidente vascular cerebral, epilepsia, tramatismo craneoencefálico, hematoma, alteraciones metabólicas, etc. Las ondas delta pueden ser localizadas o generalizadas, aisladas o en trenes, sincrónicas o asincrónicas, reversibles o irreversibles, estables o progresivas. Las ondas theta y delta fueron descritas, parece ser, por William G. Walter en 1940. Véase lentificación.

FIRDA: frontal intermitent repetitive delta activity; brotes delta en el polo anterior en procesos con deterioro neuronal orgánico (progresivo en demencias o encefalopatías y fluctuante en daño neuronal por accidente vascular cerebral o arteriosclerosis cerebral). Véase *FIRDA*.

Según Bickford, la actividad paroxística rítmica de ondas lentas, sobre todo la focal, se puede relacionar con una descarga epiléptica ocasionalmente, hecho efectivamente observado personalmente en diversas ocasiones (Bickford RG. Activation procedures and special electrodes. En: Klass DW, Daly DD, ed. Current practice of clinical electroencefphalography. New York, Raven Press 1979).

Actividad lenta localizada, ALL, compatible con una afectación cortical focal. Parece ser que es debida a una desaferentación parcial local de la corteza ipsilateral, por tanto refleja un trastorno deficitario (fenómeno de ventana).

Actividad lenta generalizada asincrónica, ALGA, polimorfa, persistente, arreactiva, compatible con una afectación cortical difusa (excepto durante el sueño fisiológico).

Actividad lenta bilateral sincrónica, ALBS, monomorfa, reactiva, compatible con una afectación cortical, subcortical o corticosubcortical difusa (incluye *FIRDA*,

OIRDA, etc.), excepto durante el sueño y en menores de aproximadamente 20 años (sobre todo durante hiperventilación).
La asociación de ALL y ALBS es un signo clásico de herniación transtentorial.

ONDA F: respuesta F (Magladery y McDougal, 1950). El estímulo supramáximo sobre las fibras motoras se conduce antidrómicamente y al llegar al soma neuronal en asta anterior medular vuelve ortodrómicamente con menor intensidad, dando lugar a una segunda respuesta motora tardía tras la primera, con menor amplitud, llamada onda F. Este impulso que dará lugar a la onda F recorre la parte proximal del nervio, por lo que hace posible la exploración de esta zona, de la que no informa la primera respuesta motora. En la práctica la onda F es útil en el síndrome de Guillain-Barré y otras neuropatías proximales, así como en la mielitis transversa. Lógicamente, también estará alterada la respuesta en otros procesos que afecten al asta anterior. Un retraso en la latencia de la onda F, o una ausencia de la respuesta (una disminución parcial o total en el porcentaje de aparición de la respuesta) deben ser, por tanto, tenidos en cuenta por sus correlaciones clínicas. La onda F desaparece, o se alarga su latencia tempranamente, en el síndrome de Guillain-Barré, y puede ser el único hallazgo electromiográfico en este síndrome durante la primera semana de evolución clínica, de ahí su importancia y utilidad, pero debe usarse con sensatez en correlación con la clínica, porque los hallazgos electromiográficos pueden ser similares en una mielitis transversa (vírica, esclerosis múltiple, enfermedad vascular cerebral): ausencia de onda F.
El cátodo (el polo negativo) del estimulador conviene colocarlo en sentido proximal (y el ánodo en posición distal), para obtener la onda F, al contrario que al explorar la conducción periférica.
Con electrodo de aguja convencional la morfología, duración, amplitud y latencia de la onda F cambia con cada estímulo (no se forma con los mismos axones cada vez, pues van estando en diferentes fases de hiperpolarización). En ésto se diferencia del reflejo H, que presenta igual morfología con cada estímulo. Con aguja de fibra simple es al revés: la onda F es igual con cada estímulo y lo que cambia con cada estímulo es el reflejo H. Para registrar la onda F hay que modificar el programa de conducción motora, por ejemplo, hay que aumentar la amplitud a 200 microvoltios/división y el barrido a 10 milisegundos/división, o como convenga en cada caso.
Algunos valores de referencia (Kimura):
Amplitud normal: 1% de la amplitud de la onda motora (supuestamente es mayor del 4% en espasticidad con hiperreflexia y en caso de reinervación).
Latencia por nervio peroneal estimulando en tobillo: 44-52 milisegundos (máximo: 56 milisegundos; estimulando en rodilla: 46 milisegundos); frecuencia de aparición de la onda F con 10 o 20 estímulos: +/- 60% (una estimulación excesivamente rápida puede bloquear la reaparición de la onda F en ausencia de enfermedad por un bloqueo no patológico de la respuesta).
Latencia por nervio tibial posterior desde tobillo: 43-53 milisegundos (máximo: 58; desde rodilla: 48 milisegundos); frecuencia: +/- 90%.
Latencia por nervio cubital desde muñeca, máximo: 32 milisegundos; frecuencia: +/- 60%.

Latencia por nervio mediano desde muñeca, máximo: 31 milisegundos; frecuencia: +/- 60%.
Diferencia izquierda/derecha: menor de 4 milisegundos.
En un fallo del destete en la UCI a veces el único hallazgo es la ausencia de onda F que lleva a pensar en el comienzo de una neuropatía (por ejemplo, una polineuromiopatía del enfermo "crítico") pero en un porcentaje de casos la ausencia de onda F tras el fallo del destete no se debe a neuropatía, sino a otras posibilidades, como sedación, o inactividad motora del asta anterior por mero encamamiento prolongado (Regidor I et al. Pitfalls of F-wave measurements in critical care units. Clinical Neurophysiology 2009; 120: 91).
La exploración de la onda F podría ser más sensible que la exploración de la conducción sensitivomotora, en miembros inferiores, para la detección de la polineuropatía diabética, clínica y subclínica (Pan H et al. F-wave latencies in patients with diabetes mellitus. Muscle & Nerve 2014; 49: 804-8).
Se duda de su utilidad en la radiculopatía S1 (Mauricio E et al. Utility of minimum F-wave latencies compared with F-estimates and absolute reference values in S1 radiculopathies: Are they still needed? Muscle & Nerve 2014; 49: 809-13).

ONDA LAMBDA: ondas evocadas en regiones posteriores del electroencefalograma al mirar hacia algo, no rítmicas, morfología como la de un potencial evocado visual. Son conocidas como ondas rho o *POSTS* cuando aparecen en el estadio 1 del sueño.

ONDA PI: entremezcladas con alfa en regiones posteriores a 5 Hz.

ONDA POSITIVA: suelen durar de 3-15 milisegundos, y su amplitud suele oscilar entre 20-500 microvoltios, por ejemplo. Mismo significado clínico que las fibrilaciones. Puede aparecer alguna onda positiva aislada al final de la actividad de inserción en condiciones normales (o 2, e incluso 3). Véase fibrilación.

ONDA RHO: véase onda lambda.

ONDA TRIFÁSICA: aparecen en: enfermedad de Alzheimer (más en fases tardías, parece ser), encefalopatía por levodopa (ondas trifásicas y asterixis), barbitúricos, encefalopatía metabólica (hepatopatía, anoxia, hiperosmolalidad, hiperazotemia, hipertiroidismo, etc.), encefalopatía tóxica (litio, l-dopa, cefepime –cefalosporina de cuarta generación-, etc.). Clásicamente son típicas de la encefalopatía hepática, aunque se han descrito otras causas diversas, como hidrocefalia, hipertensión intracraneal, neoplasia intracraneal, isquemia encefálica, encefalopatía subaguda progresiva por linfoma no Hodgkin intravascular con ondas trifásicas periódicas, etc. Véase fármacos y electroencefalograma.
Mosqueira AJ et al. Falsa enfermedad de Creutzfeldt-Jakob. Rev Neurol 2011; 52: 567.

Pugin D et al. Reversible non-metabolic triphasic waves. Clinical Neurophysiology 2005; 35: 145-146.

También aparecen en: enfermedad de Tay-Sachs, hematoma por traumatismo craneoencefálico en ancianos (ondas trifásicas asimétricas), enfermedad de Creutzfeldt-Jakob, estados postanóxicos, panencefalitis esclerosante subaguda, lipidosis cerebral, encefalopatías arterioescleróticas, encefalopatías subcorticales, encefalopatías postvirales, enfermedad de Binswanger (raro), barbitúricos (brotes beta... lentificación... ondas trifásicas... brotes de supresión), intoxicación por litio (véase encefalopatía por litio, véase litio en fármacos y electroencefalograma).

Descritas por Foley (Foley JM, Watson CW, Adams RD. Significance of the electroencephalographic changes in hepatic coma. Trans Amer Neurol 1950; 75: 161-164).

Denominada onda trifásica por Bickford y Butt (Bickford RG, Butt HR. Hepatic coma: the electroencephalographic pattern. J Clin Invest 1955; 34: 79-799).

La tercera fase de la onda trifásica es más lenta que la primera fase, y la segunda de mayor amplitud (en opinión personal el conjunto recuerda a la caricatura de la cara de un lobo, con las dos orejas hacia arriba y el hocico hacia abajo, de modo que encontrar ondas trifásicas en un trazado es como "verle las orejas al lobo").

Pueden insinuarse en fase inicial de una encefalopatía y tardar unos días en conformarse totalmente, o no llegar a integrarse del todo su conformación caraterística, y posteriormente pueden desaparecer, y su progresión está en correlación con la progresión de la encefalopatía (de modo que en efecto sería como "verle las orejas al lobo").

En la encefalopatía hepática hay un patrón típico: ondas trifásicas bilaterales, simétricas y sincrónicas, con dominancia anterior y con actividad basal lentificada (Reiher J. The electroencephalogram in the investigation of metabolic comas. Electroenceph Clin Neurophysiol 1970; 28: 104).

Patrón ondas trifásicas-mioclonus-demencia (descargas de 200 milisegundos on intervalos de 0,5-1,2 segundos, por ejemplo): típico de la enfermedad de Creutzfeldt-Jakob, y puede aparecer también en la enfermedad de Alzheimer.

Parece ser que la presencia de ondas trifásicas no influye en el pronóstico de la encefalopatía hepática.

Así como la actividad electroencefalográfica periódica sí se asocia a la encefalopatía metabólica (y a otros tipos de encefalopatía), el hecho es que la morfología trifásica, si se analiza a fondo la cuestión, no. Por tanto, asociar por convencionalismo a las ondas trifásicas con una situación clínica específica, como la encefalopatía hepática, por ejemplo, como se ha venido haciendo por costumbre, puede de hecho derivar en una interpretación inapropiada del electroencefalograma o en un uso del electroencefalograma para algo que no está dentro de sus posibilidades (Foreman B et al. Generalized periodic discharges and 'triphasic waves': A blinded evaluation of inter-rater agreement and clinical significance. Muscle & Nerve 2015; 127: 1073-80).

ONDA V: *sleep humps*, gibas biparietales, ondas agudas del vértex, características del estadio 1 del sueño; son ondas agudas, electronegativas, esporádicas, generalmente asociadas a un estímulo sonoro (potencial evocado auditivo), con pico de gradiente de voltaje en vértex, simétricas, el voltaje suele ser elevado, pueden ser de corta duración, especialmente en niños; a pesar del máximo en vértex, las ondas V pueden dispersarse (más frecuente en niños); la amplitud de las ondas V disminuye con la edad; la ausencia de ondas V indica lesión cerebral orgánica; las ondas V aparecen durante el sueño, en vértex, en forma espontánea o evocadas por sonidos; las ondas V se detectan nítidamente desde los 6 meses de edad. Si la somnolencia es profunda, las ondas V pueden aparecer en salvas de 1 Hz o menos.

ONTOGENETIC SCHEDULING: la madurez del electroencefalograma es ontogenética, por lo que se habla de la edad desde la concepción, o *conceptional age*, o *CA*, dado que el electroencefalograma de un prematuro en la semana 30 con 8 semanas de vida extrauterina es igual de maduro que el de un bebé recién nacido en la semana 38, por poner un ejemplo (*ontogenetic scheduling*). A partir del electroencefalograma se puede estimar la *CA* de un prematuro sano con una precisón de 1 o 2 semanas. Véase electroencefalografía neonatal.

OPSOCLONUS: neuroblastoma, cerebelitis.

ORGANOFOSFORADOS: véase debilidad muscular aguda.

OSTEOGÉNESIS IMPERFECTA: véase enfermedad de Lobstein.

OXALIPLATINO: tratamiento de neoplasia colorrectal. Neuropatía axonal de predominio sensitivo que limita el uso del fármaco. La neuropatía puede persistir 3 años tras el fin del tratamiento. La neuropatía crónica requiere exposición prolongada y depende de la dosis acumulada.

PANADIZO ANALGÉSICO: véase discinesias con origen subcortical.

PANARTERITIS NODOSA: mononeuritis múltiple, convulsiones, enfermedad vascular cerebral.

PANENCEFALITIS ESCLEROSANTE SUBAGUDA: en el electroencefalograma desaparecen los ritmos normales, el trazado es lento e irregular, sin ritmos fisiológicos, baja el voltaje, desaparecen las características topográficas.
Son típicos (y específicos, aunque no patognomónicos) los paroxismos periódicos en el electroencefalograma. Consisten en salvas de ondas lentas de alto voltaje a 1-3 Hz o más, a veces con onda aguda asociada. Suelen aparecer tempranamente, al comienzo de la demenciación. Suelen aparecer de 6-16 paroxismos por minuto. Se va haciendo difícil diferenciar los estadios del sueño y va desapareciendo la actividad sigma. Los paroxismos persisten durante el sueño. En etapas intermedias el paroxismo puede seguirse de supresión del voltaje. En fases finales hay delta irregular y polimórfico. Esta actividad periódica se denomina **ritmo en espejo o de Radermecker**, porque los paroxismos son idénticos dentro de un mismo canal y distintos de un canal a otro (en los casos vistos personalmente ésto se cumple en periodos de segundos, porque en periodos de minutos también se va produciendo una variación intracanal del estereotipo). El ritmo de Radermecker no aparece en todos los estadios de la panencefalitis, por lo que repetir los registros

electroencefalográfico suele resultar útil ante la sospecha de un posible debut de un trastorno neurológico severo, como pueda ser la panencefalitis, dado que la aparición de este ritmo en un niño, aunque no es patognomónico de panencefalitis esclerosante subaguda, sí es tan específico como para ser casi patognomónico si la clínica es compatible (los niños suelen comenzar con pérdida de funciones mentales, como memoria y capacidad de cálculo, y pueden ser también catalogados como depresivos, para finalmente evolucionar hacia el estado vegetativo; en estos casos el ritmo de Radermecker puede precipitar el diagnóstico y desencadenar el drama humano que supone esta temible situación clínica). En su forma típica el ritmo de Radermecker aparece en el estadio 2 y consiste en ondas delta de gran amplitud, estereotipadas, generalizadas, sincrónicas, bilaterales y simétricas, en intervalos de 5-15 segundos, con brotes de supresión intercalados, y en relación constante con el *mioclonus*, y hay formas atípicas, observadas hasta en un tercio de los casos, según Praveen-kumar (Praveen-kumar S. Electroencephalographic and Imaging profile in a subacute sclerosing panencephalitis –SSPE-cohort: A correlative study. Clinical Neurophysiology 2007; 118: 1947-1954).

PANTOTENATO CINASA 2: véase síndrome de Hallervorden-Spatz.

PAPILEDEMA, ALGUNAS CAUSAS:
Anemia ferropénica.
Anticonceptivos.
Carcinomatosis meníngea.
Encefalopatía hipertensiva.
Esclerosis tuberosa.
Hiperproteinorraquia.
Hipertensión intracraneal.
Insuficiencia respiratoria (inquietud, irritabilidad, cefalea, convulsiones, coma, edema de papila, asterixis, encefalopatía hipercápnica).
Leucemia.
Neurosarcoidosis.
Púrpura trombótica trombocitopénica.
Sarcoidosis.
Seudotumor cerebral.
Síndrome de Addison.
Síndrome de Cushing.
Síndrome de Dandy-Walker.
Síndrome de Devic.
Tetania (raro, y debido a seudotumor cerebral).
Tirotoxicosis (raro, y debido a seudotumor cerebral).
Tumor cerebral.
Infecciones víricas o bacterianas del polo posterior.

PARADEMENCIA: véase psicopatología de la inteligencia.

PARÁLISIS ASCENDENTE: véase debilidad muscular ascendente.

PARÁLISIS BULBAR PROGRESIVA: véase amiotrofia espinal.

PARÁLISIS CEREBRAL: trastorno encefálico no progresivo, adquirido antes, durante o después del parto, con afectación motora sobre todo.
Etiología: anoxia pre, intra o postparto, hemorragia intracraneal, traumatismo obstétrico, *kernicterus*, encefalitis, meningitis.
Formas: diplejía espástica (enfermedad de Little), tetraplejía espástica (cursa con parálisis seudobulbar y convulsiones), hemiplejía espástica (convulsiones), coreoatetósica, atáxica, distónica, atónica, mixta.

PARÁLISIS CUBITAL TARDÍA: véase nervio cubital, patología al margen del atrapamiento.

PARÁLISIS DE ERB-DUCHENNE (O DE ERB):
-Parálisis obstétrica neonatal del plexo braquial alto, parálisis braquial: descrita por Duchenne en 1872; 0,19% de los nacidos vivos (según otras series: 0,5 a 3 por mil); en un 25% con parálisis persistente. Relación con gran peso al nacer, multiparidad, distocia de hombros y presentación en vértex. La parálisis de Erb es más favorable que la de Klumpke (Sjöberg I et al. Causa y efecto de la parálisis obstétrica -neonatal- del plexo braquial. Acta Paediatr Scand 1988; 5: 409-416). Plexopatía braquial obstétrica alta (hombro y brazo; C5-C6 o C5-C6-C7). Más frecuente que la de Klumpke. Movilización pasiva indolora. No reflejo de Moro. No afecta a la mano (actividad espontánea en la mano en "aleta de pescado"). Puede afectar al nervio frénico. Hombro en aducción, rotación y antebrazo en pronación (signo de la "propina del portero").
-Parálisis de Klumpke: plexopatía braquial obstétrica baja (antebrazo y mano, C8-T1 o C7-C8-T1). Si alcanza T1 puede haber síndrome de Horner.
-Parálisis total.

PARÁLISIS DE FAZIO-LONDE: véase amiotrofia espinal.

PARÁLISIS DE KLUMPKE: véase parálisis de Erb-Duchenne.

PARÁLISIS DE LA MIRADA: véase motilidad ocular.

PARÁLISIS DESCENDENTE: véase debilidad muscular descendente.

PARÁLISIS FACIAL: véase nervio facial.

PARÁLISIS HISTÉRICA DE UN MIEMBRO: se ven unos dos casos al año. Las parálisis suelen ser anatómicamente incongruentes. Según observaciones personales suele afectar con mayor frecuencia a personas entre 15 y 30 años, de ambos sexos. El electromiograma es normal.
Signo de Hoover: no talonea con el miembro inferior sano al intentar elevar el contralateral en decúbito supino, o bien la hipertonía en dicho miembro sano es excesiva.
Prueba de Babinski: al intentar pasar de acostado a sentado, la pierna paralizada no se flexiona en la cadera, ni levanta el talón mientras la sana hace fuerza, como sucede en una persona sana o con una paresia "orgánica" (no se debe confundir con el signo de Babinski).

PARÁLISIS OBSTÉTRICA: véase parálisis de Erb-Duchenne.

PARÁLISIS OCULOMOTORA:
Cuarto par: idiopática, diabetes, traumatismo, congénita, tumor.
Tercer par: idiopática, diabetes (pupila con frecuencia normal), traumática, aneurisma de la comunicante posterior (pupila midriática).
Sexto par: idiopática, diabetes, hipertensión, traumatismo, tumor, botulismo.
Véase oftalmoplejía. Véase diplopia. Véase motilidad ocular.

PARÁLISIS PERIÓDICA: véase miopatía. Véase enfermedad de los canales iónicos.

PARÁLISIS POR PICADURA DE GARRAPATA: similar al síndrome de Guillain-Barré, salvo que no aparecen alteraciones sensitivas. Neuropatía desmielinizante y axonal. Debe extirparse la garrapata (incluye la parálisis por garrapata y por otros insectos, como la carcoma).

PARÁLISIS SUPRANUCLEAR PROGRESIVA: síndrome de Steele-Richardson-Ozlewski. A diferencia de lo que ocurre en el parkinsonismo idiopático y en el secundario, en este síndrome el electromiograma de esfínter anal presenta alteraciones.
Electromiograma: se ha observado personalmente que el parámetro más sensible y específico es la detección de potenciales de unidad motora con polifásicos y con duración alargada, y con frecuencia inestables (con aumento del *jiggle*); en sujetos sanos los potenciales de unidad motora suelen tener una duración de 7 milisegundos o menos; en la parálisis supranuclear progresiva es frecuente encontrar potenciales de unidad motora de 16 milisegundos o más, y mayores de 10 milisegundos al menos, que no se observan en el esfínter normal; el trazado de máxima contracción suele carecer de utilidad clínica, ya que suele ser inobtenible, por la acinesia; las fibrilaciones pueden confundirse con los potenciales de unidad motora, al ser pequeños de manera característica en este músculo en condiciones normales y ser a veces difícil observar el trazado en reposo debido al tono que mantiene el esfínter durante su cierre; pueden observarse también descargas seudomiotónicas.
Electroencefalograma: lentificado. Véase electroencefalografía, demencia.
No hay que confundir la parálisis supranuclear progresiva con el **síndrome de Parinaud**, que es la parálisis supranuclear no progresiva, y que no tiene que ver con este parkinsonismo, sino que consiste en una parálisis de la mirada conjugada hacia arriba, con disminución de la respuesta pupilar a la luz y con contracción pupilar activa con la acomodación, y a veces con parálisis de convergencia; es debido a lesión del *RiMLF* en el mesencéfalo anterior o en la comisura posterior.

PARAMNESIAS: falsificación retrospectiva. Seudología fantástica. Mentira patológica, mitomanía (psicopatías histéricas). Fabulaciones. Alucinaciones de la memoria. Alucinosis *delusional* (delirante), con lentificación frontal en el electroencefalograma.

PARAPLEJÍA ESPÁSTICA FAMILIAR: síndrome de Behr. Grupo de enfermedades hereditarias en las que los axones del tracto corticoespinal o bien se desarrollan de forma anormal o bien sufren un proceso degenerativo. Piramidalismo, alteraciones esfinterianas , pérdida de la sensibilidad profunda. En las formas complejas se asocian ataxia, extrapiramidalismo, retraso mental, disfunción visual, epilepsia, etc., y otras alteraciones no neurológicas.

En pacientes con la forma SPG5 se han descrito alteraciones centrales (en los potenciales evocados auditivos, somatosensoriales y visuales y en la estimulación magnética transcraneal) sin alteraciones en el sistema nervioso periférico (Electrophysiological characterization in hereditary spastic paraplegia type 5. Clinical Neurophysiology 2011; 122: 819-822).

En pacientes con la forma SPG4 se ha descrito neuropatía sensitivomotora de predominio axonal (Kumar KR et al. Peripheral neuropathy in hereditary spastic paraplegia due to spastin (SPG4) mutation-A neurophysiological study using excitability techniques. Clin. Neurophysiol. 2012; 123: 1454-59).

La proteína más abundante en la mielina es la proteolipídica *PLP1*. Se han descrito 5 enfermedades relacionadas, una de las cuales es el **síndrome nulo**. Cursan con leucoencefalopatía desmielinizante. En el síndrome nulo (con mutaciones nulas) aparece además neuropatía periférica desmielinizante (Pardal JM. Familia con paraplejía espástica y polineuropatía desmielinizante: enfermedad relacionada con PLP1 en su forma síndrome nulo. Rev Neurol 2012; 55: 765).

Véase síndrome *SPOAN*.

PARASOMNIAS:
-**Trastornos del despertar:** despertar confuso, sonambulismo, terror nocturno.
-**Trastornos de la transición sueño-vigilia:** alteración por movimientos rítmicos durante el sueño, sobresaltos del sueño, somniloquia, calambres nocturnos en piernas.
-**Parasomnias asociadas al sueño *REM*:** pesadillas, parálisis del sueño, disfunción eréctil durante el sueño, erecciones dolorosas durante el sueño, asistolia durante el sueño *REM* (dura al menos 9 segundos, ocurre en sujetos sanos y podría deberse a lo que antiguamente se denominaba "vagotonía del decúbito", es decir, al predominio del tono simpático en fase *REM* y al predominio del tono parasimpático durante la fase *NREM*), trastorno del comportamiento durante el sueño *REM* (Schenck CH et al. Chronic behavioral disorders of human REM sleep: A new category of parasomnia. Sleep 1986; 9: 293-308).
-**Otras parasomnias:** bruxismo, enuresis nocturna, deglución anómala durante el sueño, distonía paroxística nocturna, síndrome de la muerte súbita inexplicada nocturna, ronquido primario, apnea del sueño en la infancia, síndrome de hipoventilación central congénita (síndrome de Ondina), síndrome de la muerte súbita del lactante (última tendencia: evitar decúbito prono; *American Academy of Pediatrics*), mioclonias neonatales benignas durante el sueño (durante el sueño inactivo, una por segundo, durante entre 40 y 300 milisegundos, a veces en salvas), otras (Vela A. Parasomnias. Rev Neurol 1998; 26: 465-469).
-**En menores de un año:** síndrome de hipoventilación alveolar central, síndrome de apneas del sueño en el lactante, síndrome de muerte súbita del

lactante, mioclonias neonatales benignas durante el sueño (Queralt A. Parasomnias en lactantes menores de un año. Rev Neurol 1998; 26: 476-479).

PARESTESIAS, ALGUNAS CAUSAS:
Acrodinia.
Anemia ferropénica.
Déficit vitamínico.
Encefalitis de Bickerstaff.
Enfermedad de Fabry (acroparestesias).
Esclerosis múltiple.
Estenosis de canal medular.
Hiperventilación.
Hipocalcemia.
Hipofosfatemia aguda (peribucales).
Hipoparatiroidismo.
Intoxicación por arsénico.
Intoxicación por saxitoxina (peribucales).
Jaqueca.
Mielopatía.
Neuropatía.
Neuropatía sensorial subaguda paraneoplásica.
Radiculopatía.
Síndrome de Bing-Fog-Neel.
Síndrome de Eaton-Lambert (parestesias peribucales, según observación personal; supuestamente no deberían aparecer en este síndrome, lo cual supuestamente permitiría distinguirlo de la intoxicación por saxitoxina y otros cuadros, pero en la práctica sí son referidas espontáneamente, hecho observado personalmente).
Síndrome de Gullain-Barré.
Tabes dorsal.
Parestesias periorales: intoxicación con saxitoxina, tetania, hipoparatiroidismo, síndrome de Eaton-Lambert (según observación personal), síndrome de Guillain-Barré, hipotiroidismo, hipofosfatemia, *CIDP* (Varela H, Rubin DI. Facial numbness and weakness with myokimia-an unusual chronic inflammatory demyelinating polyneuropathy variant. Clinical Neurophysiology 2009; 120: 107).
Parestesias en dedo meñique: es frecuente la solicitud de un electromiograma por parestesias en dedo quinto de uno o los dos miembros superiores. Son causas comunes las neuropatías del cubital (con frecuencia por atrapamiento en codo) y la alcalosis por hiperventilación (en relación con ansiedad), pero hay otras causas posibles, que se ilustran a continuación con 11 casos clínicos prácticos, para cuyo diagnostico ha sido importante descubrir los síntomas y signos asociados a las parestesias en quinto dedo.
Como en todo diagnóstico neurológico, ante un paciente con parestesias en dedo quinto debe hacerse un diagnóstico topográfico y etiológico. Desde el punto de vista topográfico, la noxa puede localizarse en el sistema nervioso periférico (nervio cubital y plexo braquial -incluyendo raíces C8/T1, tronco

inferior y cordón medial-) o en el sistema nervioso central (cordones posteriores, vía sensitiva, corteza sensitiva). Es destacable que la ausencia de clínica asociada florida (atrofia, hipoestesia, etc.) no es sinónimo de benignidad necesariamente. También destaca la utilidad del electromiograma como ayuda para el diagnóstico en estos pacientes.

Ante un paciente con parestesias en dedo quinto (PDQ), de uno o de ambos miembros superiores, el diagnóstico suele ser inmediato en la mayoría de las causas más frecuentes (neuropatías del cubital o alcalosis por hiperventilación en el curso de un síndrome ansioso). Por ejemplo: ante un paciente con PDQ, en borde cubital de cuarto dedo y en eminencia hipoténar, y con hipoestesia en dicho territorio, amiotrofia de primer interóseo dorsal y eminencia hipoténar, signo de Tinel positivo en codo, nervio cubital adherido a planos profundos y engrosado a la palpación en canal epitrocleolecraniano, y con deformidad del codo en valgo por fractura antigua, el diagnóstico de parálisis cubital tardía es inmediato, y se puede confirmar y medir objetivamente con un electromiograma. En otros casos, las PDQ no se acompañan de otros síntomas y signos, aparte de las parestesias, pero la escasez de manifestaciones acompañantes no indica benignidad, por lo que debe prestarse atención a todo paciente con estos síntomas. Se debe hacer el diagnóstico topográfico y después el etiológico. La anamnesis y la exploración física permiten diagnosticar la mayoría de los casos de pacientes con PDQ. La localización topográfica de la noxa puede encontrarse en el sistema nervioso central, en el periférico, o en ambos. En el sistema nervioso central puede asentar en el encéfalo (área sensitiva post rolándica y vía sensitiva ascendente) o en médula espinal (cordones posteriores). En el sistema nervioso periférico la lesión puede estar ubicada en plexo braquial (raíces C8/T1, tronco inferior, cordón medial), o en tronco nervioso (nervio cubital, y ocasionalmente nervio mediano, dependiendo de las anastomosis existentes entre ambos). Los 11 casos clínicos expuestos a continuación, y los comentarios clínicos pertinentes, corresponden a observaciones personales. La causa de solicitud de un electromiograma fueron las PDQ. El electromiograma está indicado en todo paciente con PDQ, por su rapidez, tolerabilidad, bajo costo, y por la importante información clínica que suele aportar. EL electromiograma no da el diagnóstico, pero las observaciones realizadas con esta prueba, si son coherentes con la clínica, permiten confirmarlo o descartarlo por su posible compatibilidad con el mismo. Algoritmo diagnóstico:

1. Nervio cubital: la afectación de la rama profunda del nervio cubital, en la palma de la mano, al tratarse de una rama motora pura, cursa sin PDQ en la mayoría de los casos. Esta lesión se detecta por la presencia de amiotrofia y disminución de fuerza en el músculo primer interóseo dorsal, sin otras alteraciones destacables (normalidad del electromiograma del abductor del meñique y de la conducción sensitiva por nervio cubital a dedo quinto), salvo la posible existencia de un antecedente traumático en relación con el cuadro clínico en curso. Ocasionalmente la lesión de la rama profunda puede cursar con parestesias con normalidad del electromiograma sensitivo, quizá debidas a neuritis. En la afectación de la rama profunda en la palma lo importante no es la

presencia de PDQ, sino que suele serlo la ausencia de las mismas. Un electromiograma permite confirmar este diagnóstico gracias al alargamiento de la latencia motora registrada en primer interóseo dorsal con estímulo en muñeca (o incluso ausencia de *CMAP* si el bloqueo es completo), y descartar esclerosis lateral amiotrófica [1]. Si el nervio cubital se afecta en el canal de Guyon, se pueden presentar con más frecuencia parestesias en el territorio cutáneo inervado por el nervio cubital (dedo quinto, borde cubital del dedo cuarto y eminencia hipoténar). Es importante recordar, para el diagnóstico diferencial de las PDQ, que en las mononeuropatías del cubital las parestesias se limitan al territorio cutáneo inervado por este nervio. PDQ en antebrazo y brazo indican distribución de las mismas por un dermatoma metamérico, no por el territorio cutáneo del nervio cubital. Es importante recordar también que, en caso de amiotrofia de primer interóseo dorsal, la presencia de PDQ es contraria al diagnóstico de enfermedad de motoneurona [2]. El signo de Tinel positivo y un antecedente traumático coherente facilitan la identificación de la lesión del nervio cubital en muñeca. Si la afectación del nervio en muñeca es severa, puede aparecer hipoestesia, amiotrofia, o ambas, además de las PDQ. En el área geográfica correspondiente a estos casos clínicos la lesión del nervio cubital en el canal de Guyon es rara, y suele ser posible en casi todos los casos detectar un antecedente traumático, o una malformación, como la rara malformación de Madelung [3]. La afectación del nervio cubital en el codo también puede debutar en forma de PDQ. En el atrapamiento primario del nervio en codo, las parestesias pueden preceder durante meses a la hipoestesia y la amiotrofia. En estos casos, la distribución de las parestesias por el territorio cutáneo del nervio cubital, y la evidencia de adherencia a planos profundos, o subluxación, o engrosamiento del nervio al palparlo en el codo, o todos ellos, así como la presencia de antecedentes de abuso de la articulación (carpinteros, albañiles, canteros, etc.), o de artrosis (osteofitosis, limitación mecánica a la extensión completa del codo), sugieren el diagnóstico de atrapamiento del nervio. En fases iniciales de un atrapamiento en codo, el electromiograma puede ser normal, aun existiendo PDQ, si el nervio está inflamado (fase de neuritis) pero no desmielinizado. En estos casos, el dolor a la palpación del nervio en codo, las PDQ y el signo de Tinel positivo en codo, solo en el lado afectado, dan el diagnóstico más probable. La clásica separación académica del atrapamiento primario del nervio cubital en codo en dos tipos, dependiendo de si se produce en canal epitrocleolecraniano o en túnel cubital [4], tiene un interés menor en la práctica clínica. Debe recordarse que las polineuropatías predisponen al atrapamiento nervioso [5] por lo que debe indagarse este antecedente en todo paciente con PDQ. En el caso de la parálisis cubital tardía, también se puede producir el debut clínico por las PDQ, aunque es frecuente, en este otro tipo de lesión compresiva del nervio cubital en codo, que debute directamente en fase de amiotrofia de primer interóseo dorsal y eminencia hipoténar. Las lesiones compresivas agudas del nervio cubital, del tipo de las "parálisis del sábado noche", casi todas en codo, pueden ser suficientemente leves como para ser rápidamente reversibles [6], no producir bloqueo de conducción en el nervio y manifestarse sólo por PDQ. El comienzo agudo de los síntomas, con frecuencia tras sueño profundo, o tras un antecedente traumático conocido o sospechado (como permanecer más de 15 minutos apoyado sobre el codo, en el cine, ante el ordenador, en un velatorio, etc.), ayuda a orientar el diagnóstico de este otro tipo de lesión compresiva. La compresión aguda del nervio cubital en codo, al no haber atrapamiento, por regla general se resuelve con medidas rehabilitadoras, sin necesidad de cirugía, incluso en casos en los que se detecte una axonotmesis parcial del nervio mediante un electromiograma. Sin embargo, ocasionalmente puede evolucionar espontáneamente hacia un empeoramiento, pues una neuritis por compresión aguda en codo puede complicarse evolucionando hacia una progresiva y severa desmielinización segmentaria del nervio en codo [7] [8]. Por este motivo, en ciertos casos son recomendables los controles electromiográficos periódicos, además de las revisiones clínicas, ya que, en ocasiones, un golpe autolimitado y aparentemente benigno contra el nervio en el codo puede acabar precisando neurolisis quirúrgica. Las PDQ pueden producirse por afectación del nervio cubital en cualquier zona entre dedo y axila, por lo que no hay que descartar, en ciertas ocasiones, la posible existencia de bultomas (como los neurofibromas en la enfermedad de Von Recklihghausen, lipomas, adenopatías, etc.) en cualquier tramo del nervio, para explicar unas PDQ sin causa aparente, sobre todo si son unilaterales. Aparte de la propia palpación del tumor, en estos casos, el signo de Tinel puede ayudar a localizar la lesión. En el curso de un síndrome del túnel carpiano, pueden aparecer PDQ [9], debidas probablemente a la existencia de anastomosis entre mediano y cubital, con doble inervación del dedo quinto. En estos casos, la confirmación electromiográfica de este síndrome, y la demostración de la indemnidad del cubital, permiten hacer el diagnóstico.

Caso 1: hombre de 68 años, que acudió por PDQ en lado izquierdo y torpeza en la mano. Presentaba el antecedente de fractura de la muñeca izquierda a los 41 años de edad. Las parestesias se circunscribían al territorio del cubital. Mediante un electromiograma se confirmó una acusada desmielinización segmentaria del nervio en muñeca, compatible con una importante compresión del nervio en canal de Guyon, que precisó liberación quirúrgica.

Caso 2: hombre de 30 años, que acudió por PDQ y en borde cubital del dedo cuarto en lado derecho, que notó tras ir al cine. Se sospechó compresión aguda del nervio en codo. Presentaba Tinel positivo en codo derecho, con balance muscular normal y sin hipoestesia. La exploración electromiográfica del nervio fue normal. El cuadro remitió, tras terapia rehabilitadora, en dos meses, por lo que el diagnóstico de alta fue de neuritis por compresión aguda del nervio cubital derecho en codo.

Caso 3: hombre de 32 años, que acudió por PDQ derecho, con parestesias en el resto del territorio cubital, anestesia en el mismo e hipotrofia en primer interóseo dorsal y eminencia hipoténar derechos, con instauración de todo el cuadro en un plazo de un mes, aproximadamente. No presentaba dolor en codo y el signo de Tinel era negativo. Llevaba un mes preparando un examen de oposición, permaneciendo durante horas delante de un ordenador, manejando el "ratón" con la izquierda, mientras se apoyaba en la mesa sobre el codo derecho. Se sospechó compresión del nervio cubital derecho en el codo, en relación con un vicio postural mantenido. En la exploración neurofisiológica se confirmó un bloqueo del 100% de la conducción por nervio cubital derecho a la altura del codo, y signos de axonotmesis. Se realizó liberación quirúrgica del nervio y se pautó terapia rehabilitadora postquirúrgica, con alta, tras recuperación satisfactoria, en un plazo de 4 meses.

Caso 4: hombre de 70 años, de profesión cantero, sin otros antecedentes de interés, que acudió por PDQ derecho y también adormecimiento del dedo meñique, del borde interno de dedo cuarto y del borde interno de la mano, así como torpeza de la mano. En la exploración se apreció amiotrofia del primer interóseo dorsal y del abductor del meñique derechos; el nervio cubital estaba engrosado a la palpación en codo, con adherencia del nervio a planos profundos. En la exploración electromiográfica se observaron signos compatibles con una acusada desmielinización focal del nervio cubital derecho en codo, en probable correlación con un severo atrapamiento del mismo en codo.

2. Plexo braquial: el plexo braquial puede verse afectado, básicamente, por lesiones traumáticas, compresivas (sin olvidar a las costillas anormales, el escaleno anterior y la compresión costoclavicular, entre otras posibilidades) e inflamatorias. Las PDQ pueden aparecer cuando se lesiona el plexo a la altura de las raíces C8/T1, el tronco inferior o el cordón medial. Parestesias en el borde cubital del antebrazo o del brazo pueden deberse a lesión del nervio cutáneo interno del antebrazo (C8/T1), o del nervio cutáneo del brazo (T1), respectivamente, ambos con nacimiento en el cordón medial del plexo; ninguno de ellos inerva el quinto dedo. Cuando las PDQ están en relación con una plexopatía braquial, éstas suelen distribuirse por un territorio metamérico, lo cual facilita el diagnóstico topográfico diferencial con las lesiones del nervio cubital.

Caso 5: mujer de 23 años, con antecedente de politraumatismo tras un accidente de tráfico, con fractura de húmero y clavícula izquierdos, vértebras L3 y L4, y varias costillas bajas. Una vez tratada de sus fracturas más graves, fue enviada a hacerse un electromiograma por la presencia de PDQ y borde cubital del brazo izquierdo. Se observó que los reflejos musculares profundos (bicipital, tricipital, estilorradial y cubitopronador) estaban conservados y que presentaba disminución de fuerza (2/5) para la abducción del dedo meñique izquierdo. Así mismo, Tinel negativo en codo izquierdo. La exploración electromigráfica del nervio cubital izquierdo no mostró anomalías. Se encontró abundante actividad denervativa en músculos del territorio radicular T1 izquierdo. Todo ello compatible con la impresión clínica de plexopatía traumática aguda de miembro superior izquierdo, por probable estiramiento traumático de la raíz cervical T1.

Caso 6: hombre de 55 años, con antecedente de poliartrosis severa y obesidad. Acudió, aparte de por dolor óseo generalizado, por presentar PDQ izquierdo. Se le realizó un electromiograma, en el que no se observaron signos de atrapamiento del nervio mediano ni cubital izquierdos, y tampoco signos de radiculopatía en dicho miembro. Fue intervenido quirúrgicamente para liberación del nervio cubital en canal de Guyon y codo. Empeoró de sus síntomas, por lo que se le realizó un nuevo electromiograma: la conducción por nervio cubital mostró nuevamente parámetros dentro de la normalidad, y se observaron ahora signos de radiculopatía importante, en forma de actividad denervativa (fibrilaciones y ondas positivas) en los territorios radiculares C8/T1 izquierdos, que no aparecían en la primera electromiografía (porque pueden tardar en aparecer 3 semanas desde que se produce la axonotmesis). Dada la intensidad de sus síntomas, y de acuerdo con los hallazgos radiográficos, fue intervenido quirúrgicamente mediante técnica de Cloward a la altura de C5-C6 y C6-C7, tras lo cual se produjo alivio de sus síntomas.

3. Sistema nervioso central: los axones que transportan la sensibilidad cutánea procedente del dedo quinto discurren por el sistema nervioso central siguiendo los cordones medulares posteriores, y llegan al área sensitiva contralateral, en la corteza cerebral. En cualquier punto de su trayecto pueden producirse lesiones con la consecuencia de PDQ.

Caso 7: mujer de 59 años, con el antecedente de ictus hacía 5 meses, consistente en pérdida de conocimiento transitoria, con recuperación posterior, y hemiparesia iquierda leve como secuela. Tras el ictus notaba PDQ y en el dedo cuarto izquierdos, continuas, por lo que se le realizó un electromiograma. La exploración electromiográfica del nervio cubital izquierdo fue normal, así mismo, se descartó afectación radicular y del nervio mediano del mismo lado. Por exclusión, se concluyó que las parestesias continuas estaban en relación con el ictus sufrido.

Caso 8: mujer de 56 años, que acudió al médico (entonces residía en Suiza) por parestesias continuas en ambas manos, en dedos tercero, cuarto y quinto. Fue diagnosticada clínicamente de atrapamiento de nervio mediano en ambas muñecas y de nervio cubital en ambos codos, de forma que fue intervenida para liberación de ambos nervios en ambos miembros superiores. 20 años después, ya en España, volvió a consultar por persistencia de las parestesias continuas. Se le realizó un electromiograma de ambos nervios medianos y cubitales, que no mostró anomalías, tras lo cual se indicó una resonancia magnética medular, en la que se observó una cavidad siringomiélica desde C1 a C7, no quirúrgica, que explicó las PDQ, y en dedos cuarto y tercero.

Caso 9: mujer de 37 años, que de forma intermitente, y sin un patrón circadiano, presentaba PDQ, dedo cuarto y borde cubital del dedo tercero del lado derecho, acompañadas por una sensación dolorosa en el antebrazo. Acudió al Servicio de Urgencias, tras un mes de presentar estas molestias, al sufrir, a las cuatro de la mañana, convulsiones en miembro superior derecho, seguidas por pérdida de conciencia y convulsiones tonicoclónicas generalizadas, mordedura de lengua, y torpor postcrítico. Acudió a realizar un electromiograma para la exploración del nervio cubital, dos días después de sufrir dicho ataque cerebral. La exploración del nervio cubital no mostró anomalías. Ante las manifestaciones clínicas que presentaba se le practicó también un electroencefalograma, en el que se apreciaron importantes signos de afectación cortical focal y signos focales irritativos epileptiformes (ondas lentas y potenciales agudos) en región temporoparietal izquierda. Mediante neuroimagen se descubrió un tumor cerebral en región parietal izquierda, que fue extirpado. El análisis reveló un oligodendroglioma anaplásico. La paciente hubo de recibir sucesivos ciclos de radioterapia, quimioterapia y rehabilitación para seguir tratando su mal.

Caso 10: mujer de 35 años, diagnosticada de esclerosis múltiple, tras debutar con un cuadro agudo de vértigo, con diplopia y ataxia. Mediante resonancia magnética se detectaron placas en el cerebro, protuberancia y médula (a la altura de C2). Un año después consultó por presentar PDQ izquierdo, continuas (como en los casos 7 y 8), así como parestesias en dedo cuarto y dedo tercero, de reciente instauración. Se realizó un electromiograma, que permitió descartar mononeuropatía del nervio cubital. Por exclusión, y, dados sus antecedentes, se concluyó que sus PDQ estaban probablemente en relación con un nuevo brote de su enfermedad.

4. Miscelánea: en algunos pacientes pueden presentarse a la vez varias de las causas descritas, lo cual puede complicar el proceso diagnóstico. En este caso, un electromiograma ayuda a valorar la importancia de cada una de las causas en las manifestaciones clínicas observadas. Por último, otra causa común de PDQ, sin asiento primario en el sistema nervioso central, ni en el periférico, es la hipocalcemia debida a una alcalosis respiratoria, con frecuencia por hiperventilación (suspiros frecuentes) en relación con un síndrome ansioso-depresivo. En estos enfermos, aparte de las PDQ, habitualmente bilaterales, se suelen detectar otras manifestaciones de su síndrome ansioso-depresivo (cefaleas tensionales, mareos inespecíficos, opresión precordial, inestabilidad emocional, astenia sin causa orgánica demostrable, fibromialgia, etc.).

Caso 11: mujer de 23 años, que acudió al médico por presentar PDQ de ambos lados, fluctuantes, no continuas, y de unos meses de evolución. Presentaba el antecedente de síndrome ansioso-depresivo, a tratamiento psiquiátrico. Con el electromiograma se descartó afectación de ambos nervios cubitales, también se descartó radiculopatía y atrapamiento de nervio mediano. Durante la exploración, se observó que la paciente suspiraba profundamente una vez cada cinco minutos (probablemente, suficiente para mantener una alcalosis respiratoria de fondo). El electromiograma permitió descartar afectación de nervio cubital, y, por exclusión, ayudar a confirmar la sospecha de PDQ por hiperventilación.

Conclusión: las PDQ son un síntoma que debe tenerse en cuenta en cualquier caso, y, aunque la clínica es lo más importante, con una exploración neurofisiológica practicada cabalmente se consigue un buen rendimiento diagnóstico en los pacientes con PDQ, por lo que se considera indicada en todo paciente con este síntoma.

Bibliografía:

1. El Escorial World Federation of Neurology. Criteria for the diagnosis of amyotrophic lateral sclerosis. J Neurol Sci 1994; 124: 96-107.

2. Pardo J, Noya M. Clínica de la ELA. En: Mora Pardina J M, ed. Esclerosis Lateral Amiotrófica, una enfermedad tratable. Barcelona: Prous Science; 1999. p. 123.

3. Netter F H, Kling T F. Deformidad de Madelung. En: Netter F H, ed. Colección Ciba de ilustraciones médicas. Tomo VIII-2. Sistema

musculoesquelético. Trastornos del desarrollo, tumores, enfermedades reumáticas y reemplazamiento articular. Barcelona: Salvat; 1992. p. 45.

4. San Martín S, Bueno C, Montes C, Díaz-Calavia E, Teijeira J M, López-Roneo R. Parámetros más significativos para el diagnóstico de la neuropatía focal del nervio cubital en el codo. Rev Neurol 2000; 31: 720-23.

5. Comi G, Lozza L, Galardi G, Ghilardi M F, Medaglini S, Canal N. Presence of carpal tunnel síndrome in diabetics: effect of age, sex, diabetes duration and polyneuropathy. Acta Diabetol Lat 1985; 22: 259-62.

6. Ochoa J L. Ultrathin longitudinal sections of single myelinated fibres for electron microscopy. J Neurol Sci 1972; 17: 103-6.

7. Ochoa J L. Some aberrations of nerve repair. En: Gorio A, Millesi H, Mingino S, eds. Postraumatic peripheral nerve regeneration: experimental basis and clinical implications. New York: Raven Press; 1981. p. 147-55.

8. Trueba J, Gutiérrez-Rivas E, Portera A. Problemas diagnósticos, evolutivos y pronósticos de las neuropatías traumáticas localizadas. Parte 1: Las neuropatías traumáticas localizadas agudas y crónicas. En: Conferencia internacional sobre neuropatías periféricas. Refsum S, Bolis C, Portera A (eds.). Barcelona: Excerpta médica. 1982.

9. Cassvan A, Rosenberg A, Rivera L. Ulnar nerve involvement in carpal tunnel syndrome. Arch Phys Med Rehabil. 1986; 67: 290-92.

PARESTESIAS PERIORALES: véase parestesias.

PARKINSONISMO Y OTRAS ALTERACIONES DE LOS GANGLIOS BASALES, ALGUNAS CAUSAS:
1. Enfermedad de Hallervorden-Spatz.
2. Enfermedad de Seitelberger.
3. Coreoatetosis paroxística.
4. Enfermedad de Wilson.
5. Parálisis supranuclear progresiva.
6. Síndrome de Behçet.
7. Síndrome de Parkinson.
8. Síndrome de Shy-Drager.
9. Síndrome neuroléptico maligno.
10. Enfermedad de Menkes.
11. Espasmo de torsión.
12. Síndrome de Tourette.

PAROXISMOS 14/6: véase electroencefalografía neonatal, generalidades.

PATRÓN BROTES-SUPRESIÓN: véase brotes-supresión.

PATRÓN ONDAS TRIFÁSICAS-MIOCLONUS-DEMENCIA: en el electroencefalograma descargas de, por ejemplo, 200 milisegundos en intervalos de 0,5-1,2 segundos; típico de la enfermedad de Creutzfeldt-Jakob y puede aparecer también en la enfermedad de Alzheimer. Véase ondas trifásicas.

PATRÓN "VARIANTE PSICOMOTORA": en el electroencefalograma actividad theta a 4-7 Hz, en regiones temporales sobre todo, que se puede confundir con grafoelementos similares de mayor amplitud asociados con frecuencia a crisis parciales complejas. Se observa tanto en sujetos sanos como epilépticos, en ambos casos en un 2% aproximadamente (Maulsby RL. Patterns of uncertain significance. En: Klass DW, Daly DD, ed. Current practice of clinical electroencephalography. New York, Raven Press 1979). Personalmente se ha observado ocasionalmente este patrón, incluso en pacientes epilépticos. Consiste en una descarga theta rítmica en región temporal durante la somnolencia. No se debe confundir con el patrón ictal de algunas crisis parciales complejas. Está formado por ondas lentas, en rango theta, agudas, monofásicas, negativas, con máximo en vértex y monomórficas a lo largo del tiempo. La distribución suele ser focal. No tiene una clara correlación clínica, y por tanto no se le otorga significado clínico. Véase actividad theta.

PELAGRA: ácido nicotínico, niacina, nicotinamida, vitamina PP, vitamina B3. Vitamina hidrosoluble, presente en carne, aves, pescado, huevos, legumbres y cereales. El maíz es pobre en esta vitamina.
Déficit de ácido nicotínico: malnutrición (los pacientes suelen presentar signos de desnutrición, como en otras hipovitaminosis), malabsorción, consumo de isoniacida, etc. Puede cursar con pelagra.
La pelagra cursa con diarrea, demencia y dermatitis. La dermatitis se presenta de manera simétrica y en zonas expuestas. En la zona del escote se forma el llamado collar de Casal. Cursa con encefalopatía en casos graves. La demencia comienza con ansiedad, insomnio, irritabilidad, pérdida de memoria y evoluciona a encefalopatía severa con demencia reversible.
En la enfermedad de Hartnup se produce un cuadro pelagroide.
Electroencefalograma: en caso de encefalopatía aparecen ondas lentas, en secuencias repetitivas, de predominio temporal, y a veces asimétricas.

PETIT MAL: epilepsia infantil con ausencias (*picnolepsia, petit mal –piknos* significa frecuente, al ser los ataques frecuentes-).

PICNOLEPSIA: véase *petit mal.*

PIE CAÍDO: un electromiograma permite determinar el lugar de la lesión del nervio peroneal en la mayoría de los casos, que suele ser la cabeza del peroné en la mayoría de los casos de pie caído, debido a compresión aguda (inconsciencia profunda por consumo de drogas o alcohol, posturas viciosas y prolongadas al dormir, encamamientos prolongados, encamamiento tras cirugía mayor, piernas cruzadas, trabajo en cuclillas, yesos o vendajes, etc.). Por supuesto puede haber otras localizaciones para una lesión que desemboque en pie caído, como pierna (ramos concretos por diversas causas, incluidas las fracturas de tibia y peroné), muslo (ciático común, por ejemplo en empalamientos), plexo (pie caído por lesión en plexo de ramas de tibial anterior de manera específica, algo característico, por ejemplo, en relación con la colocación de prótesis de cadera), raíz (radiculopatía L4, L5 o ambas), y no hay que olvidar al sistema nervioso central (Fontoira M et al. Pie caído secundario a meningioma supratentorial; a propósito de un caso. Revista de Ortopedia y Traumatología 2003; 47: 134-7), no hay que olvidar tampoco al asta anterior medular (esclerosis múltiple, esclerosis lateral amiotrófica con pie caído seudopolineurítico, etc.), ni al pie caído por polineuropatía tampoco. También hay que recordar al pie caído por miopatía (distrofia de Steinert, etc.), miastenia gravis, pie caído por enfermedad vascular cerebral, etc. Si sólo se afecta el pedio el pronóstico funcional será mejor, obviamente.

PIEBALDISMO: véase síndromes neurocutáneos discrómicos.

PIE CAVO EN NIÑOS: un 27% presentan electromiograma anormal, sobre todo si es progresivo, con arreflexia, afectación de miembros superiores, etc. (Mohamed A et al. Neurophysiologic findings in children presenting with pes cavus. Clinical Neurophysiology 2010; 121: e1-e4).

PIOMIOSITIS MULTIFOCAL: véase miopatía, clasificación y características.

PLED: *periodic lateralized epileptiform discharges (PLED).* Tal vez puedan preludiar el debut clínico en el déficit congénito de proteína C (Sekiguchi K et al. PLEDs in an infant with congenital proteine C deficiency: A case report. Clinical Neurophysiology 2010; 121: 800-801). Véase actividad epileptiforme específica. Véase fármacos y electroencefalograma.

PLEXO BRAQUIAL:
-Parálisis obstétrica neonatal del plexo braquial, plexopatía braquial obstétrica: véase parálisis de Erb-Duchenne.

-Luxación glenohumeral: en la luxación glenohumeral anterointerna de la cabeza humeral es característica la afectación aislada del circunflejo, pero en el electromiograma hay que explorar también bíceps, y dependiendo de la clínica, otros músculos, para descartar afectación más extensa en este caso (C5 o C5-C6). También se observa la lesión del circunflejo o del plexo en la luxación posterior y en las fracturas de húmero.

Tan frecuente como la asociada a una luxación del hombro, o más frecuente aun, es la **plexopatía braquial por estiramiento traumático de las raíces cervicales**, en diversos tipos de accidente que incluyan precipitación al suelo, caídas sobre las palmas de las manos, quedándose colgando de las manos bruscamente, giros bruscos del cuello, vueltas de campana, etc., y también la **plexopatía braquial compresiva**, por mala postura al dormir, llevar pesos al hombro, y por otro tipo de posturas forzadas, como la elevación forzada y mantenida del miembro al reducir y fijar una fractura ósea en dicho miembro, etc. También es frecuente la plexopatía braquial asociada a las **fracturas de húmero**.

En las luxaciones glenohumerales (y también en las luxaciones traumáticas cerradas de cadera en miembro inferior) se producen lesiones primarias del plexo al producirse la luxación (tanto por el impacto traumático como por la precipitación y rodamiento subsecuentes tras el impacto primero), lesiones secundarias precoces por la manipulación inmediata y durante el tratamiento quirúrgico al reintroducir la cabeza humeral (o femoral) en el acetábulo y lesiones secundarias tardías tras años de evolución, similares a las que ocurren en la parálisis cubital tardía (Sunderland, Tratado de los nervios periféricos y sus lesiones, edición de 1985, páginas 158 y 159).

-Síndrome de estrechez torácica superior: salida torácica estrecha. Es infrecuente, habiendo que pensar antes en otros diagnósticos. Clásicamente: dolor en antebrazo y atrofia en mano (mayor en eminencia ténar). Tronco inferior del plexo braquial atrapado por banda desde primera costilla o apófisis transversa de C7.

Electromiograma: supuestamente, disminución de la amplitud del potencial motor del nervio mediano, disminución relativa de la amplitud del potencial sensitivo del cubital (C8), potencial motor del cubital normal o algo disminuida (velocidad normal), amplitud del potencial sensitivo del mediano normal (C6/C7), y potenciales de unidad motora neurógenos y fibrilaciones en mano, sobre todo en eminencia ténar, y menos notables en músculos de tronco inferior (C8/T1) excepto tríceps, y aumento de latencia de onda F de cubital. Ésta es una descripción clásica del electromiograma en este síndrome que posiblemente va a ser difícil observar en la práctica con frecuencia. Ya de entrada hay que tener en cuenta que el síndrome es excepcional. Personalmente sólo se ha visto un caso auténtico hasta ahora, una mujer joven, operada para extirpar la banda que verdaderamente comprimía el plexo, y el electromiograma mostraba atrofia en la mano por C8/T1, no caída de amplitud de potenciales motores e hipotrofia asimétrica, sino ausencia de respuestas motoras y atrofia.

Gilliat RW. Thoracic outlet syndrome. En Dick PJ, Thomas PK, Lambert EH y cols. Peripheral neuropathy, 2nd ed WB Saunders, Philad 1984. 1409-424.

Lindgren K et al. Thoracic outlet syndrome-a functional disturbance of the thoracic upper aperture? Muscle and nerve 1995. 18: 526-30.

Fernández-González F et al. Síndrome de la compresión neurógena en la salida torácica. Rev Neurol 1998; 26: 407-411.

Bashar K et al. Classic neurogenic thoracic outlet syndrome in a competitive swimmer: a true scalenus anticus syndrome. Muscle and Nerve 1995; 18: 229-233.

-Plexitis braquial tipo neuralgia amiotrófica (neoplasia de sigma y quizá otras neoplasias, como la de próstata o el linfoma no Hodgkin).

-Neuralgia amiotrófica o síndrome de Parsonage-Turner: se ve un caso al año, más o menos.

Forma familiar: hipertelorismo (también aparece hipertelorismo en el síndrome de Moynaham o síndrome LEOPARD).

Plexitis braquial autoinmune, cruzada o no cruzada (paraneoplásica por neoplasia de sigma, etc.). Dolor agudo en hombro, brazo, cuello, espalda, durante horas o menos de una semana. Seguido de paresia de predominio proximal y atrofia, con más frecuencia unilateral. Diagnóstico diferencial con la hernia discal, pues clínicamente pueden ser indistinguibles (en una ocasión, un individuo visto personalmente debutó con un cuadro de dolor agudo e intenso de pocos días seguido de escápula alada con parálisis sólo del serrato, y que resultó ser una voluminosa hernia discal cervical, no otra cosa).
Músculos más afectados: deltoides, serrato anterior, supraespinoso e infraespinoso, tríceps, etc.

-Sincinesias en bíceps con la ventilación: han sido observadas por algunos autores tras la recuperación de la plexopatía braquial (bíceps y diafragma comparten C5). También han sido observadas en la siringomielia.
Véase músculo trapecio.

PLOMO: electroencefalograma: lentificación y paroxismos.

POLIMIOSITIS: miopatía necrótica.
Músculos afectados: paraespinal, 91%; psoasilíaco, 86%; deltoides, 83%; bíceps braquial, 66%; infraespinoso, 64%; dorsal ancho, 64%; glúteo medio, 55%; tríceps, 42%; recto femoral, 38%; tibial anterior, 30%; vasto interno, 20%; primer interóseo dorsal, 7% (Fredericks E. Electromyography in polymyiositis and dermatomyositis. Muscle and Nerve 1994; 17: 1235-6).
Pueden estar afectados otros órganos (corazón, piel, intestino, pulmón).
La clasificación de las miopatías inflamatorias idiopáticas las divide en: polimiositis, dermatomiositis, miositis con cuerpos de inclusión, miositis inespecífica y miopatía necrotizante inmunomediada.
El diagnóstico diferencial incluye distrofias musculares, miopatías endocrinológicas y tóxicas, etc.
Debilidad muscular proximal y cuello: 100%; debilidad muscular generalizada: 50%; dolor e inflamación muscular: 50%; alteraciones cutáneas: 66%; fenómeno de Raynaud: 33%; rigidez articular: 25%; reflejos: débiles, normales o vivos. CPK: elevada en fase aguda; electromiograma: característico en fase aguda.
Etiología: idiopática, asociada a dermatomiositis, asociada a colagenosis, paraneoplásica (16%).
En el electromiograma se observa abundante actividad denervativa, incluyendo descargas seudomiotónicas, con trazados de reclutamiento "miopáticos" y potenciales de unidad motora "miopáticos" con polifasia inestable.
En un caso visto personalmente, atípico, la paciente fue ingresada por dolor muscular de una semana de evolución. Presentaba CPK muy elevada, disminución de fuerza apreciable en bíceps braquiales solamente, y reflejos musculares profundos normales; en el electromiograma el único hallazgo fue la presencia de descargas seudomiotónicas en musculatura paravertebral, sin otros signos miopáticos en paravertebrales ni en otros músculos (deltoides, bíceps braquial, tríceps braquial, psoas, cuádriceps, tibial anterior, etc.).

En otro paciente, visto personalmente, aparecían signos electromiográficos miopáticos y descargas seudomiotónicas en deltoides, y no en psoas.

POLINEUROPATÍA AMILOIDÓTICA FAMILIAR TIPO PORTUGUÉS: véase amiloidosis.

POLIOMIELITIS: véase debilidad muscular aguda. Véase síndrome postpoliomielítico.

POLIPUNTA Y POLIPUNTA-ONDA: véase epilepsia mioclónica.

POLIRRADICULONEUROPATÍA DESMIELINIZANTE INFLAMATORIA CRÓNICA *(CIDP*, PDIC): descrita por Dick et al en 1975 (Dick et al. Chronic inflammatory polyradiculoneurpathy. Mayo Clin Proc 1975; 50: 621-637), como una polirradiculoneuropatía sensitivomotora presente durante más de 6 meses, con debilidad proximal y distal, hipo o arreflexia y con posibles variantes diversas (sensitivomotora, sensitiva, motora, autonómica, proximal, distal, asimétrica, etc., personalmente incluso se ha visto algún caso con presentación atípica y sorprendente, con leve afectación motora de predominio desmielinizante en miembros inferiores, ausencia de afectación motora en miembros superiores, ausencia de respuestas sensitivas en miembros superiores y respuestas sensitivas normales en miembros inferiores). No hay un biomarcador preciso para el diagnóstico.

Breiner et al proponen considerar la posibilidad de *CIDP* ante una recurrencia o progresión mayor de 8 semanas, para distinguirla de la forma aguda (Breiner A et al. Comparison of sensitivity and specificity among 15 criteria for chronic inflammatory demyelinating polyneuropathy. Muscle Nerve 2014; 50: 40-46).

Es una de las pocas neuropatías con un tratamiento eficaz. Las terminales nerviosas distales y las raíces nerviosas son el lugar preferente de ataque inmune (Bromberg MB et al. Patterns of sensory nerve conduction abnormalities in demyelinating and axonal peripheral nerve disorders. Muscle and nerve 1993; 16: 262-6). Quizá sea así porque en esos puntos las barrera neurohemática es deficitaria (Olsson Y. Microenvironment of the peripheral nervous system under normal and pathological conditions. Crit Rev Neurobiol 1990; 5: 265-311).

Causas: idiopática; ha sido descrita asociada a lupus eritematoso sistémico, VIH, gammapatía monoclonal (IgG o IgA) o biclonal (macroglobulinemia, *POEMS*, mieloma osteoesclerótico), enfermedad de Castleman, gammapatía monoclonal de significado incierto, diabetes, enfermedad desmielinizante del sistema nervioso central (en las clasificaciones primitivas se excluían causas como el VIH o la diabetes), hepatitis B o C, enfermedad inflamatoria intestinal, lupus, enfermedades del tejido conectivo, sarcoidosis, glomerulonefritis, transplante de órganos sin que se sepa a ciencia cierta en qué casos el problema es una *CIDP* típica y en qué casos no, pues en estos casos el tratamiento es similar, con la excepción del síndrome *antiMAG* de IgM (*myelin-associated glycoprotein*), que cursa con neuropatía periférica, y el *POEMS*, con un tratamiento distinto (Breiner A et al. Comparison of sensitivity and specificity among 15 criteria for chronic inflammatory demyelinating polyneuropathy. Muscle Nerve 2014; 50: 40-46).

Diagnóstico diferencial con siringomielia, platibasia, linfoma (polineuropatía motora), parálisis diskaliémica, botulismo, vasculitis, porfiria, neuropatías tóxicas, mielitis transversa, poliomielitis, dermatomiositis, meningorradiculitis (*Brucella, Borrellia*), neuropatía motora multifocal con bloqueos múltiples (a menor edad que la amiotrofia espinal distal, mayor afectación de miembros superiores y distal más que proximal, bloqueo de la conducción axonal, anti GM1 aumentado en un 70% con títulos por encima de 400 y más específico por encima de 3000, ciclofosfamida o inmunoglobulinas), amiotrofia espinal distal (menos jóvenes que en la neuropatía motora multifocal, afectación distal más que proximal, velocidad de conducción normal, GM1 en 55%), amiotrofia espinal proximal (mayor afectación proximal que distal, velocidad de conducción normal, GA1), *CIDP* (mayor afectación en miembros inferiores, mayor afectación distal que proximal, afectación más simétrica, velocidad de conducción disminuida, anti GM1 en un 2%, plasmaféresis, inmunoglobulinas, corticoides).

La neurosarcoidosis puede presentar un fenotipo como el de la *CIDP* (Chohan G et al. Phenotypic, electrophysiological and pathophysiological heterogeneity of sarcoid peripheral neuropathy. Clin Neurophysiol 2012; 123: e70).

Criterios clínicos propuestos: disfunción sensitiva, motora, o ambas, progresiva o recurrente, al menos 2 meses, más de un miembro, alteración en sistema nervioso periférico. Hipo o arreflexia, con más frecuencia en los 4 miembros. Predominio de la afectación en las fibras de calibre grueso. Debe sospecharse en pacientes con polineuropatía simétrica (o asimétrica) progresiva o recurrente-remitente durante más de 2 meses, especialmente si hay debilidad muscular proximal y distal (Hughes RA et al. European Federation of Neurological Societies/Peripheral Nerve Society guideline on management of chronic inflammatory demyelinating polyradiculoneuropathy: report of a joint task force of the European Federation of Neurological Societies and the Peripheral Nerve Society. Eur J Neurol 2006; 13: 326-32).

Criterios de exclusión: mutilación en partes acras, retinitis pigmentaria, ictiosis, drogas, tóxicos, neuropatía familiar, nivel sensorial, alteraciones esfinterianas.

Criterios de Koski et al: presentación simétrica de la debilidad, en los cuatro miembros y que al menos en uno sea proximal. No paraproteinemia, no anormalidad genética, duración mayor de 8 semanas. Latencia motora distal anormal en más del 50% de los nervios explorados, velocidad de conducción anormal en más del 50% de los nervios explorados, latencia F anormal en más del 50% de los nervios explorados (Koski CL et al. Derivation and validation of diagnostic criteria for chronic inflammatory demyelinating polyneuropathy. J Neurol Sci 2009; 277: 1-8).

Criterios de la *EFNS-PNS*: debilidad simétrica, proximal y distal, y alteración sensitiva de las cuatro extremidades, progresiva y crónica o con exacerbaciones; los nervios craneales pueden estar involucrados; desarrollo durante más de 2 meses; reflejos musculares profundos reducidos o ausentes en las cuatro extremidades. Uno de los siguientes: 2 nervios con latencia motora distal anormal y 2 nervios con velocidad de conducción motora anormal; 2 nervios con onda F anormal; 2 nervios sin onda F y un nervio con algún parámetro alterado indicando desmielinización; un nervio con duración distal del *CMAP* anormal y otro nervio con algún otro parámetro alterado indicando desmielinización; dos nervios con dispersión temporal anormal; dos nervios con bloqueo de la conducción parcial o un nervio con bloqueo de la conducción parcial y otro con al menos un parámetro alterado indicando desmielinización (EFNS-PNS Task Force. European Federation of Neurological Societies/Peripheral Nerve Society guideline on management of chronic inflammatory demyelinating polyradiculoneuropathy. Report of a joint task force of the European Federation of Neurological Societies and the Peripheral Nerve Society-First Revision. Eur J Neurol 2010; 17: 356-63).

Criterios neurofisiológicos propuestos (debe haber 3 de los 4 presentes):
1. Disminución de la velocidad de conducción motora (velocidad por debajo del 80% del límite inferior normal si la amplitud está por encima del 80% del límite inferior normal, o velocidad por debajo del 70% si la amplitud está por debajo del 80%).
2. Bloqueo parcial de la conducción motora, o dispersión temporal anormal (proximal, distal, o ambas), en uno o más nervios motores (bloqueo parcial implica aumento de la duración menor del 15% con disminución de la amplitud mayor del 20%; dispersión temporal y posible bloqueo implican aumento de la duración mayor del 15% y disminución de la amplitud mayor del 20%).
3. Aumento de la latencia motora distal en 2 o más nervios (aumento mayor del 125% del límite superior normal si la amplitud es mayor del 80% del límite inferior normal, o aumento mayor del 150% si la amplitud es menor del 80%).
4. Ausencia de onda F o aumento de la latencia mínima de la onda F en 10 o 15 ensayos, en 2 o más nervios (aumento de la latencia mayor del 120% del límite superior normal si la amplitud es mayor del 80% del límite inferior normal, o mayor del 150% si es menor del 80%).
La onda F sólo añade información en un 15% de los pacientes con *CIDP*, y en estos casos su utilidad es limitada, por lo que no está indicada de modo sistemático en todos los pacientes con sospecha de *CIDP*, siendo más útiles para el diagnóstico los otros parámetros electromiográficos que desvelan la desmielinización; la onda F podría resultar útil en pacientes con sospecha de *CIDP* en los que no se encuentren otras alteraciones (Rajabally YA, Varanasi S. Practical electrodiagnostic value of F-wave studies in chronic inflammatory demyelinating polyneuropathy. Clin Neurophysiol 2012; 124: 171-175).
5. Además, puede haber disminución de la velocidad de conducción sensitiva, con velocidad menor del 80% del límite inferior normal, y puede haber ausencia del reflejo H.

Criterios patológicos: desmielinización, remielinización, otros. Exclusión: vasculitis, neurofilamentos, amiloide, leucodistrofia.

Líquido cefalorraquídeo: células por debajo de 10 por milímetro cúbico (si VIH negativo), o por debajo de 50 por milímetro cúbico (si VIH positivo); VDRL negativo; con o sin aumento de proteínas.
Report from an Ad Hoc Subcommittee of the American Academy of Neurology AIDS Task Force. Research criteria for diagnosis of chronic inflammatory demyelinating polyneuropathy, CIDP. Neurology 1991; 41: 617-618.
Véase neuropatía desmielinizante inflamatoria crónica.

POLIRRADICULONEUROPATÍA INFLAMATORIA AGUDA: véase síndrome de Guillain-Barré.

POLISOMNOGRAFÍA:
-Generalidades: el registro de sueño se utiliza cada vez en más laboratorios, sobre todo por su utilidad para el diagnóstico de un problema importante: la apnea del sueño. Durante un registro polisomnográfico, la asimetría es más importante que la asincronía. En el registro de la arquitectura del sueño se tiene en cuenta los ciclos (duración de las fases), las fases (*REM* y *NREM*) y la profundidad del sueño (nivel de conciencia). El ritmo circadiano es mayor de 24 horas, y depende del núcleo supraquiasmático. Tiempo total de sueño: recién nacido: 18 horas; 4 años: 12 horas; 10 años: 10 horas; adolescencia: 7,5 horas; vejez: 6,5 horas. Hasta los 35 años, el total de horas en cama equivale al total de horas de sueño; después, aumenta la relación horas en cama/horas de sueño. Con la edad aumentan las fases 1 y 2 y disminuye la fase *REM*. La necesidad de sueño varía en cada individuo. Manipulación de la necesidad de sueño: si uno se levanta antes de dejar de tener sueño, reestablece el reloj interno (adecua su ritmo circadiano mayor de 24 horas a las 24 horas que dura el día). Si se permanece en cama hasta después de no tener sueño, se puede ir retrasando el ritmo interno frente al externo, y aparecer un insomnio de conciliación. Las personas sin trastornos duermen más del 80% del tiempo pasado en la cama. Privación total de sueño: en la corea de Morvan el sueño está abolido, y sin embargo sobreviven unos meses; una noche de privación implica disminución en el rendimiento en tareas monótonas; 2 o 3 noches de privación implican microsueños de segundos; privación mayor implica más microsueños. Privación total del sueño implica aumento de sueño delta de rebote. La privación de sueño conlleva un efecto de rebote, *REM* o *NREM*. Contenido de los sueños: al inicio del sueño hay sueños cortos; en la fase *NREM* hay fragmentos de ideas; en fase *REM* se dan los sueños completos (que se olvidan enseguida, porque en la fase *REM* la memoria inmediata no se consolida). Al comienzo de la noche los sueños suelen tener un carácter cotidiano; al final de la noche los sueños pueden ser emotivos, extraños y con revivencias.

-Estadios del sueño y terminología:
WASO: wakefulness after sleep onset, estadio 0; electroencefalograma: como en vigilia.

Periodo total de sueño: desde que se acuesta hasta que se levanta.

Estadio 0: *WASO*.

Estadio 1 a: alfa lentificado en 0,5-1,5 Hz, y difundido a regiones anteriores. Se fragmenta antes de desaparecer. Movimientos oculares lentos.

Estadio 1 b: alfa menor del 20%; theta y ondas V, movimientos oculares lentos.

Estadio 2: husos, complejos K, delta menor del 20% por *epoch* (*epoch* frecuentemente usado: 40 segundos, pero puede ser de 60, 30 o 20). Husos: 11,5-15 Hz, mayor de 0,5 segundos, mayor de 25 microvoltios, por ejemplo, con máximo central. Complejo K: debe tener 2 de los 3 componentes.

Estadio 3: delta 20-50%; 0,5-2,5 Hz y mayor de 75 microvoltios (de pico a pico), por ejemplo.

Estadio 4: delta mayor del 50%.

REM: actividad mixta, theta y delta de baja amplitud. Ausencia de tono electromiográfico. Brotes de *saw-toothed waves*, que suelen aparecer justo antes del brote de *REM*. A veces el *REM* inicial contiene algunos husos de baja amplitud.

Tiempo de movimiento: *epoch* en el que los artefactos "oscurecen" más del 50% del electroencefalograma. Debe ir precedido y seguido por electroencefalograma de sueño, por tanto, no es movimiento correspondiente a un *arousal*, ni movimientos durante vigilia.

Latencia delta: tiempo en minutos desde el inicio del sueño hasta el estadio 3.

Latencia *REM*: tiempo en minutos desde el inicio del sueño hasta el primer *epoch REM*.

Número de transiciones entre fases (estabilidad del sueño): A y B. A: número de cambios dentro o fuera de *NREM*/100 minutos de *NREM*. B: número de cambios dentro o fuera del *REM*/100 minutos de *REM*.

Tiempo total de sueño: minutos de 1, 2, 3, 4, *REM*, etc. (algunos autores no incluyen el estadio 1).

Eficiencia del sueño: periodo total de sueño/tiempo total de sueño.

Número de fases *REM*: *REM* separados al menos 15 minutos entre sí (en caso do sueño fragmentado, la *REM* puede incluir *epochs* de fase 1, despertamientos, etc.).

Eficiencia del sueño *REM*: *epochs* de *REM*/periodo *REM*. Índice del número de transiciones (de la fragmentación del *REM*, que es frecuente en narcolepsia/cataplejía).

Duración del periodo *REM*: del primero al último *epoch* de cada fase *REM*.

Duración del ciclo *REM*: intervalo medio desde el inicio de los periodos *REM* consecutivos a lo largo de la noche.

Densidad *REM*: tanto por ciento de *mini-epochs* (generalmente de 2 segundos) con uno o más movimientos oculares rápidos durante los periodos de sueño *REM*.

-Montaje:
Parámetros:
Electrocardiograma y frecuencia cardíaca.

Pletismografía fotoeléctrica: velocidad del flujo sanguíneo y presión arterial.

Ventilación (perímetro torácico con detectores, y para vías altas: *thermistor, thermocouple*, pneumotacografía, etc.); monitorización: enfermedad pulmonar obstructiva crónica, apnea, muerte súbita.

Actividad electrotérmica.

Movimientos oculares: electrooculograma (EOG). Montaje PG1-A2 (ojo izquierdo), PG2-A1 (ojo derecho); filtros: 35 Hz-0,53 Hz. Amplificación: 7-10 microvoltios/milímetro.

Actividad muscular y movimientos corporales: electromiograma de músculo milohioideo, con electrodos submentonianos con filtro de máxima alto y constante de tiempo corta, para disminuir el artefacto por movimientos ventilatorios y corporales, y sensibilidad a 20 milivoltios/centímetro; electromiograma de movimientos corporales; electromiograma de movimientos toracoabdominales con cinta suelta (si se pega al cuerpo no se desliza y no mide bien), con pletismografía de impedancia, magnetometría, o con pletismografía por inducción (se mide: 1, el movimiento de la caja torácica, 2, el movimiento abdominal, 3, el volumen total; en la apnea obstructiva: 1, sí, 2, sí, 3, sin cambios; en la apnea central: 1, 2 y 3 suprimidos; en la apnea mixta: sucesión de ambos patrones).

Monitorización de ronquidos: obstrucción, con o sin hipotonía. Con micrófono.

Oxígeno arterial: oxímetro.

Presión sistémica y pulmonar (no suele hacerse).

Ph esofágico: en insomnio por reflujo; sonda nasal a 5 centímetros del cardias.

Tumescencia peneana.

Temperatura corporal: pérdida del ritmo circadiano en caso de lesiones del núcleo supraquiasmático.

Acelerómetros y transductores por desplazamiento.

Parámetros en polisomnografía neurológica: electroencefalograma, electrooculograma, electrocardiograma, electromiograma submentoniano, flujo ventilatorio, movimientos ventilatorios, movimientos corporales, saturación de oxígeno (normal mayor del 95%).

Parámetros en polisomnografía cardiorrespiratoria: electrocardiograma, saturación de oxígeno, flujo ventilatorio, movimientos ventilatorios.

Electroencefalograma: amplificación: 7 o 10 microvoltios/milímetro; filtros: 35 y 0,53 Hz; barrido, 15 milímetros/segundo (a veces 10 milímetros/segundo –en el electroencefalograma Holter, 2 milímetros/segundo, por ejemplo, y en el electroencefalograma convencional 30 milímetros/segundo; éstos son los valores que se han encontrado con más frecuencia en la literatura, sin embargo personalmente se utiliza en todo caso principalmente un barrido de 30 milímetros/segundo, es decir, de 10 segundos por página); electrodos adheridos con colodión.

Canales: 1 a 6: electroencefalograma; un montaje, Fp2-A1, C4-A1, O2-A1, Fp1-A2, C3-A2, O1-A2.

Otro montaje EEG: CZ-FP1, FP1-FP2, FP2-CZ, CZ-T3, T3-T4, T4-CZ, CZ-O1, O1-O2, O2-CZ (Rechtschaffen A, Kales A. A manual of standardized terminology, techniques and scoring system for sleep stages of human subjects. Washington DC: Public Health Service. Us Government Printing Office, 1968).

Otro posible montaje: Fp1-C3, C3-T3, Fp2-C4, C4-T4, T3-Cz, Cz-T4.

Otro montaje: Fp1-C3, Fp1-T3, Fp2-C4, Fp2-T4, T3-C3, C3-CZ, CZ-C4, C4-T4, T3-T4.

10-11: ojos izquierdo y derecho (a A2).

13: electromiograma submentoniano. mentón: por ejemplo, 1A-referencia.

Filtros: 70 Hz-10 Hz. Amplificación: 7 microvoltios/milímetro.

15: ECG precordial. F3-F4. Filtros: 70 Hz-1 Hz. Amplificación: 50 microvoltios/milímetros.

17-18: electromiograma tibial anterior izquierdo y derecho. 2A-referencia, 3A-referencia. Filtros: 70 Hz-10 Hz. Amplificación 7 microvoltios/milímetro.

20. Ronquido: 4A-referencia. Filtros: 70 Hz-10 Hz. Amplificación: 10 microvoltios/milímetro.

22: narinas izquierda y derecha, y boca. Flujo nasal. 5A-referencia. Filtros: 15 Hz-0,16 Hz. Amplificación: 50 microvoltios/milímetro.

24-25. Tórax y abdomen. Movimiento pectoral. 6A-referencia. Filtros: 15 Hz-0,16 Hz. Amplificación: 50 microvoltios/milímetro. Movimiento abdominal, lo mismo.

27. Posición. Pos-A.

28. BPM, frecuencia cardíaca. HR-A.

29. SaO2. SaO2-A. Saturación de oxígeno o presión parcial de oxígeno, directamente a través del amplificador.

Test de latencias múltiples: electroencefalograma, electrooculograma, electromiograma submentoniano. 5 registros en periodos de 2 horas. Detención de cada registro a los 10 minutos de dormirse o a los 20 minutos si no se duerme. Medición de latencia de sueño y medición de inicio, o no, por *REM*.

-Causas de consulta: hipersomnia, 35%; roncopatía, 35% (roncopatía leve: índice de apneas e hipopneas/hora de 4 o menor); insomnio, 20%; agitación nocturna, crisis de sofocación, sonambulismo, etc., 15%. Diagnóstico más frecuente: síndrome de apnea del sueño, 41% (según experiencia propia incluso mayor del 80%).

PORFIRIA AGUDA INTERMITENTE: véase debilidad muscular aguda.

POSTS: en la somnolencia profunda pueden aparecer potenciales transitorios agudos occipitales positivos (*POSTS: positive occipital sharp transient spikes*), que persisten en fases 2 y 3, y son raros o están ausentes en fase *REM* y en mayores de 70 años (son las ondas lambda del sueño, u ondas *rho*, que aparecen en el 50-80% de la población adulta sana, y están ausentes en amblíopes); estas ondas agudas positivas occipitales pueden ser de voltaje alto. Véase sueño, estructura.

POTASIO:
-Normal, 2,5-7 meiliequivalentes/litro; menos de 2,5 miliequivalentes/litro o más de 7 miliequivalentes/litro conllevan debilidad; menos de 2 miliequivalentes/litro o más de 9 miliequivalentes/litro conllevan parálisis flácida, parálisis respiratoria, con músculos extraoculares indemnes, reflejos abolidos o disminuidos, reflejo idiomuscular disminuido o ausente.
-Hipopotasemia: respeta musculatura oculomotora.
-Síndrome de Conn: hiperaldosteronismo primario; debilidad mucular por hipopotasemia.
-Hipopotasemia crónica: miopatía necrótica.
-Hiperpotasemia aguda: insuficiencia renal o suprarrenal crónica. Parálisis ascendente arrefléxica en horas o días.

POTENCIAL AGUDO: véase onda aguda.

POTENCIAL DE UNIDAD MOTORA (PUM): en su análisis se tiene en cuenta la duración (individual y media), la amplitud, la morfología (polifasia) y la estabilidad interna (*jiggle*).

La amplitud refleja la diferencia de potencial entre los dos polos del electrodo (Nandedkar, 1990), varía al mover la aguja y depende de: la actividad bioeléctrica de las fibras más próximas, en concreto, de las fibras en un volumen hemisférico hasta unas 500 micras del área de registro (hemisférico porque la cánula filtra las frecuencias altas o picos -Nandedkar, 1998-), también depende del diámetro de las fibras, de la densidad de fibras en la proximidad del electrodo y del área de registro del electrodo (Nandedkar et al, 1988 y 1997).

La duración del potencial de unidad motora se debe a la suma de los potenciales bioeléctricos sincrónicos de todas las fibras cuya actividad alcanza al electrodo, en concreto, de las que se encuentran en un volumen esférico de unos 2,5 milímetros alrededor del área de registro (Nandedkar 1988), y no solo de las más próximas, como sucede con la amplitud. Debido al gran tamaño relativo de este volumen esférico, la duración no varía significativamente al mover la aguja, lo cual convierte a la duración en un parámetro cuya medición es fiable por su estabilidad (Nandedkar, 1988). La medición de la duración media, al menos 20 potenciales de unidad motora por músculo, permite detectar alteraciones poco obvias (Buchthal, 1957). La duración depende de: la longitud de la fibra (Dumitru et al, 1999), la sincronía entre las fibras de una misma unidad motora (Dumitru, 1999), el área de registro del electrodo (Nandedkar, 1997), la velocidad de conducción por cada fibra, la excitabilidad de la membrana muscular, el número de fibras (Nandedkar et al, 1988 y 1999; Stalberg, 1997) y el territorio de la unidad motora (Finsterer y Fuglsang, 2001).

La polifasia aumenta con la disminución de la temperatura, y también disminuye así la amplitud de los potenciales de unidad motora, y aumenta su duración.

Criterio para medir un potencial de unidad motora fijado con el *trigger:* pendiente menor de 0,5 milisegundos (0,1-0,2).

La frecuencia de descarga de una unidad motora dividida por el número de unidades motoras reclutadas debe ser menor de 10. Esta es la cifra normal para esta operación de cálculo; esta cifra aumenta en la esclerosis lateral amiotrófica, por ejemplo.

Descripción del electromiograma estándar en: Stalberg E, Andreassen S, Falck B, Lang H, Rosenfalck A, Trojaborg W: quantitative análisis of individual motor unit potentials: a proposition for standardized terminology and criteria for measurement. Journal of Clinical Neurophysiology. 1986, 3: 313-48.

Véase unidad motora. Véase potencial de unidad motora "miopático". Véase *jiggle*.

POTENCIAL DE UNIDAD MOTORA (PUM) "MIOPÁTICO": mediante observaciones personales publicadas en forma de tesis doctoral en la Facultad de Medicina de Santiago de Compostela (Fontoira M.: "Estudio electromiográfico en el diagnóstico de las miopatías; valoración de la duración mínima de un potencial de unidad motora", 2003), y en forma de artículo (Fontoira M. Medición manual de potenciales de unidad motora "miopáticos". Rehabilitación 2011; 45: 202-207) se ha confirmado la existencia de un valor mínimo para la duración individual de un potencial de unidad motora normal, de manera que por debajo de dicho límite un potencial de unidad motora probablemente puede ser considerado patológico y específicamente miopático en casi todos los casos, optándose por denominar a este hallazgo potencial de unidad motora "miopático". El resumen de dicho artículo es el siguiente:

Objetivo: investigar, en pacientes con miopatía, la posible existencia de potenciales de unidad motora (PUM) cuya duración individual esté por debajo de un límite normal, y por tanto con un significado patológico y posiblemente miopático.

Material y método: se midió en *tibialis anterior* la duración individual de 20 PUM en 82 sujetos sanos, tomando en cada sujeto el PUM con la menor duración. Lo mismo se llevó a cabo en 24 pacientes diagnosticados de miopatía, en su caso tomando todos los PUM con duración individual por debajo del valor mínimo encontrado en sujetos sanos.

Resultados: duración individual mínima encontrada en sujetos sanos: 6,8 milisegundos. Número de PUM de 6,7 milisegundos o menos encontrados en *tibialis anterior de* sujetos con miopatía: 17 (33% de los sujetos con miopatía). Se compararon las duraciones mínimas entre sujetos sanos y enfermos, revelándose una diferencia significativa entre ambas, que se consideró patológica y específicamente miopática en el caso de los sujetos con miopatía.

Conclusiones: dado el significado probablemente patológico y específicamente miopático de los PUM por debajo de 6,8 milisegundos encontrados en *tibialis anterior* de los sujetos con miopatía, se propone el término PUM "miopático" para este tipo de PUM, así como el uso de este hallazgo como un criterio electromiográfico específico en el diagnóstico de las miopatías.

Hay que añadir que es preciso hacer, en presencia de un patrón electromiográfico miopático (incluso con potenciales de unidad motora de baja amplitud y duración corta) y una clínica compatible con miopatía (por ejemplo, debilidad de cinturas sin afectación de cabeza), el diagnóstico diferencial con *miastenia gravis*, dado que existe la posibilidad de esta forma de presentación para la *miastenia gravis* (Mongiovi P et al. Neuromuscular junction disorders mimicking myopathy. Muscle & Nerve 2014; 50: 854-856).

Véase unidad motora. Véase potencial de unidad motora.

En la gráfica siguiente (200 microvoltios por división vertical; 100 milisegundos por división horizontal; filtros: 100-10000 Hz) se puede observar el trazado de máxima contracción en el psoas de una paciente de 42 años que consulta por dolor articular y astenia asociado a "consumo de complemento" (C3 bajo). El trazado de máxima contracción es "miopático" (de amplitud reducida y con aumento de la sumación temporal).

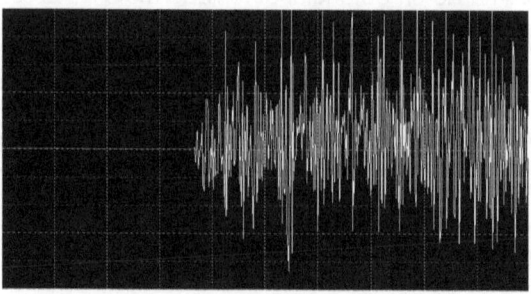

En las gráfica siguiente, de la misma paciente que la gráfica anterior, se pueden observar dos potenciales de unidad motora registrados en el psoas, el de la izquierda normal y el de la derecha "miopático" (500 microvoltios/división vertical y 5 milisegundos/división horizontal; filtros: 100-10000 Hz).

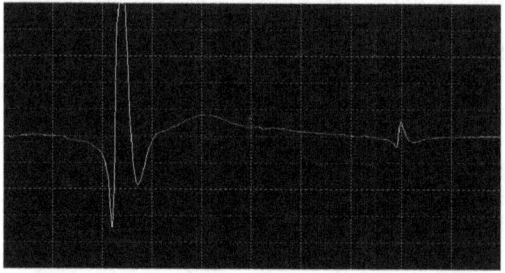

En la siguiente gráfica algunos potenciales de unidad motora del mismo caso, como ejemplo, el de la izquierda normal y los de la derecha "miopáticos" (200 microvoltios/división vertical; 5 milisegundos/división horizontal; filtros: 100-10000 Hz):

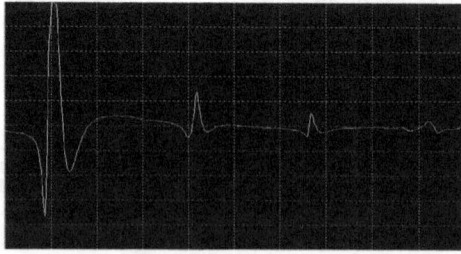

POTENCIALES DE PLACA MOTORA: ruido de placa (*MEPP, miniature end plate potentials*), se produce por la suelta de cuantos de acetilcolina; son potenciales negativos (una deflexión hacia arriba) de alrededor de unos 0,2-2

milisegundos y 1-100 microvoltios. Descritos por Fatt y Katz, que se dieron cuenta de que este tipo de actividad estaba ahí al subir la amplificación (Fatt P, Katz B: Spontaneous sub-threshold activity of motor nerve endings. J Phyisiol 1952; 117: 109-128).

Potenciales trifásicos (*EP spikes*) se producen por irritación de la placa (se supone que con la punta del electrodo de electromiografía) y miden alrededor de 3-5 milisegundos, 100-500 microvoltios, y baten a unos 5-50 Hz; los *EP spikes* probablemente son potenciales de fibra simple por estimulación mecánica con el electrodo en las terminaciones nerviosas intramusculares, y pueden consistir en una deflexión hacia arriba y otra hacia abajo (difásicos), o una hacia arriba, otra hacia abajo y otra hacia arriba (trifásicos), o una hacia abajo y otra hacia arriba, difásicos (se pueden confundir con las fibrilaciones por su forma, pero no por su frecuencia y patrón de barrido, que es más regular e inagotable, mientras que las fibrilaciones son agotables e irregulares, recordando, las fibrilaciones, al ruido de "un huevo mientras se fríe", aparte de que las fibrilaciones suelen crepitar con un ruido de menor intensidad que el producido por los *EP spikes*).

POTENCIALES EVOCADOS AUDITIVOS DE TRONCO ENCEFÁLICO, PEAT: los PEAT son relativamente independientes del nivel de conciencia y del uso de fármacos, y no se alteran en el coma barbitúrico, parece ser.

Estímulo: con el estímulo mediante *click* de rarefacción (que es el que se utiliza personalmente), las latencias son más cortas.

Muerte encefálica: no se utilizan en la muerte encefálica por sistema, entre otros motivos, porque no se puede descartar con certeza una hipoacusia previa del fallecido.

Sedación: hasta ahora (cinco décadas de experiencia) no se ha necesitado sedar a ningún niño para hacerle los PEAT.

Electrodos: en niños se utilizan electrodos cutáneos, con el activo sobre mastoides o lóbulo de oreja y el de referencia en la frente. En adultos, cutáneos, o de aguja, monopolares, en lóbulo de oreja y FPz.

Maduración de la repuesta: se alcanzan valores de tipo adulto entre los 1 y 3 años de edad. Onda 1: valores tipo adulto en un mes. Onda 3: se estabiliza entre los 6 meses y el año de edad. Onda 5: se estabiliza después de los 3 años. Morfología de la onda, según algunos autores: inestable hasta la adolescencia (según experiencia propia se integra mejor el potencial en niños que en adultos, con unas ondas 1 a 5 relativamente altas y picudas a 70 dB - decibelios-). En lactantes la respuesta está desincronizada de manera fisiológica. Los huesecillos presentan un tamaño en niños similar al de los adultos en 6 meses. La cóclea alcanza el tamaño del adulto en 5 meses. Los PEAT están presentes desde el sexto mes del embarazo al menos. A los 12 meses de edad las magnitudes de los parámetros son casi de tipo adulto para las ondas 1 y 3, y según algunos autores ya sólo le falta un 20% a la latencia y un 50% a la amplitud de la onda 5. A los neonatos de riesgo se les debería hacer los PEAT una vez estabilizados, para evitar falsos positivos por inmadurez o enfermedades metabólicas y estructurales corregibles. **Los PEAT en neonatos pueden estar falseados por una otitis media seromucosa pasajera** (Shannon, 1984), un detalle importante que se ha observado con frecuencia personalmente.

La **pérdida en agudos** es característica de las hipoacusias neurosensoriales, y la **pérdida en graves** de las de conducción; en ambos casos los PEAT están alterados, de modo que presentan gran sensibilidad, a pesar de carecer de especificidad en este aspecto (quizá por el ancho de banda del *click* que se utiliza para la estimulación).

Valores normales máximos a 90 dB (decibelios) utilizados personalmente como referencia desde hace años **(valores en milisegundos correspondientes respectivamente a las latencias de las ondas 1, 3, 5, y a los intervalos 1-3, 3-5 y 1-5):** 1 semana de edad: 1,9; 4,8; 7,2; 2,8; 2,5; 5,3.
1 mes: 1,7; 4,6; 6,7; 2,8; 2,1; 5.
3 meses: 1,8; 4,2; 6,2; 2,4; 2; 4,4.
6 meses: 1,6; 4,1; 6,1; 2,5; 2; 4,5.
1 año: 1,7; 4; 6; 2,3; 2; 4,3.
2 años: 1,7; 4; 5,9; 2,2; 2; 4,1.
3 años: 1,7; 4; 5,8; 2,2; 1,9; 4,1.
4 años: 1,6; 3,8; 5,7; 2,1; 1,9; 4.
5 años: 1,7; 3,8; 5,6; 2,1; 1,8; 4.
Mayores de 5 años: 2,1 (2,2 en otras series); **4** (4,5 en otras series); **6,1** (6,5 en otras series); **2,6** (2,5 en otras series, como en la de Nuwer et al); **2,3** (2,4 en otras series); **4,6** (4,5 en unas series, 4,7 en otras).

Nuwer M et al. IFCN recommended standards for brain –stem auditory evoked potentials. Report of an IFCN comittee. Electroencephalography and Clinical Neurophysiology 1994; 91: 12-17.

En niños sanos entre 3 y 12 años, los valores de referencia normales obtenidos personalmente, a 90 y 70 dB, en una serie reciente, son los siguientes: a 90 dB; onda 1: 1,2-1,7 milisegundos; onda 5: 5,3-5,9 milisegundos; intervalo 1-5: 3,8-4,5 milisegundos; amplitud de la onda 5 (del complejo 4-5, se sobreentiende): 0,5-1,2 microvoltios.

A 70 dB; onda 1: 1,3-2 milisegundos; onda 5: 5,6-6,4 milisegundos; diferencia máxima entre las latencias de la onda 5 a 70 y 90 dB (en un mismo oído, se sobreentiende): 0,5 milisegundos; intervalo 1-5: 3,8-4,6 milisegundos; diferencia máxima entre el intervalo 1-5 a 70 y 90 dB: 0,2 milisegundos; amplitud onda 5: 0,3-1 microvoltios; diferencia máxima entre la amplitud de la onda 5 a 70 y 90 dB: 0,5 microvoltios.

En niños con hipoacusia, los valores encontrados personalmente en una serie reciente de pacientes en los que se integraban suficientemente bien las ondas 1 y 5 han sido los siguientes: a 90 dB; onda 1: 1,4-2,3 milisegundos; onda 5: 5,5-7,5 milisegundos; intervalo 1-5: 4-4,6 milisegundos; amplitud de la onda 5: 0,2-1,6 microvoltios.

A 70 dB; onda 1: 1,5-2,5 milisegundos; onda 5: 5,7-6,9 milisegundos; diferencia máxima entre la latencia de la onda 5 a 70 y 90 dB (en un mismo oído, se sobreentiende): 0,7 milisegundos; intervalo 1-5: 4-4,8 milisegundos; diferencia máxima entre el intervalo 1-5 a 70 y 90 dB: 0,4 milisegundos; amplitud de la onda 5: 0,2-1,1 microvoltios; diferencia máxima de amplitud de la onda 5 entre 70 y 90 dB: 1,1 microvoltios.

Según experiencia propia no hay una total correlación entre la audiometría hecha por el otorrinolaringólogo y el resultado de los PEAT, por ejemplo, la audiometría puede ser aparentemente normal y los PEAT estar alterados, y la razón podría ser la compensación central del defecto en oído o tronco en los pacientes que oyen mejor de lo que correspondería al grado de alteración de los PEAT, tal vez mediante reclutamiento neuronal (recruitment). Ésto quiere decir que los PEAT parecen ser más sensibles que la audiometría en la detección de una anomalía en la vía auditiva, pero menos que la audiometría en la valoración clínica de una hipoacusia (excepto en los pacientes que no colaboran en la audiometría, lógicamente, en cuyo caso parecen más útiles para la valoración clínica los PEAT). Por este motivo, en los informes emitidos personalmente no se presenta un juicio clínico sobre el estado de la audición a partir del resultado de los PEAT (no se presentan conclusiones del tipo: PEAT muy alterados, compatible con hipoacusia acusada), sino un juicio hasta donde los PEAT lo permiten por esta falta de una correlación precisa. Por ejemplo, la forma de informar es la siguiente: respuesta alterada por desintegración leve/moderada/acusada del potencial o de la onda (y esta desintegración después podrá correlacionarse clínicamente con su hipoacusia, que generalmente coincide en grado, pero no en todo caso), con alteración, o no, en latencias, interlatencias y curva latencia-intensidad (y, si es posible, determinación de la compatibilización del patrón anormal encontrado con una probable alteración de conducción, coclear, o retrococlear, a partir de estos parámetros -véase a continuación-).

Curvas latencia/intensidad: la curva de latencia-intensidad se obtiene con dos estimulaciones, una a 70 dBHL (inframáxima) y la otra 90 dB (supramáxima), con un *click* de rarefacción de 100 microsegundos y 500-4000 Hz. Hace ya años que sólo se utilizan estas dos estimulaciones por sistema.

Hipoacusia de conducción: aumento paralelo de ondas 1 y 5; intervalo 1-5, normal.

Hipoacusia coclear: aumento de 1 y 5; intervalo 1-5 normal o menor a 70 que a 90dB.

Hipoacusia retrococlear: aumento de 1 y 5 (octavo par) o normal (tronco); intervalo 1-5 aumentado.

Utilizando esta clásica descripción de la curva, y a pesar de presentar falsos negativos, no se ha observado personalmente, hasta ahora, ningún falso positivo. Según experiencia propia, cuando la curva carece de sensibilidad en un paciente dado, la sensibilidad de los PEAT en ese caso se puede aproximar al 100% atendiendo al estado de integración de las ondas; una onda bien integrada, con normalidad de las latencias, los intervalos y la curva, descarta anomalías en casi un 100% de los casos normales, y una onda mal integrada detecta anomalías en casi el 100% de los casos anormales aunque latencias, intervalos y curva sean normales. Esta valoración de la integración se basa en un hecho simple: el 100% de los sujetos normales deben presentar las ondas 1 a 5 bien integradas (conformadas) a 70 y 90 dB, y la única diferencia significativa entre las ondas a 70 y 90 dB deberían ser las latencias, que son algo más largas a 70 dB (y la diferencia no debe ser mayor de 0,7 milisegundos).

Umbral de respuesta con PEAT: en neonatos, según experiencia personal, lo más importante no es tratar de averiguar con absoluta precisión el umbral auditivo, siendo más útil centrarse en la integridad de la respuesta con estimulación supramáxima (a 90 dB), pues, aunque las ondas 1, 3 y 5 son de mayor amplitud y latencias más alargadas que en el adulto, lo importante es que deben integrarse todas ellas necesariamente en condiciones normales. Según experiencia propia no es preciso enmascarar el otro oído para obtener los PEAT en neonatos. El umbral normal a cualquier edad, según observaciones personales, es de 20 o 30 dB. Si a 70 dB se forman unas ondas 1, 3 y 5 bien integradas y picudas, el umbral es como mínimo, de acuerdo con observaciones personales, 30 dB menor, es decir, prácticamente normal. Si a 70 dB aparece sólo la onda 5, el umbral es aproximadamente 20 dB menor (y la misma regla se puede aplicar para otros niveles de estimulación). De modo que con esta regla se puede obtener el umbral de respuesta con PEAT en unos minutos, y con un margen de error de 10 dB. Tratar de refinar la precisión con que se obtiene el umbral con PEAT más allá de lo descrito aquí carece de gran interés clínico, al no haber una completa correlación entre este hallazgo y la audiometría. Gibson ha citado la cifra de 30 dB como un posible valor de referencia para el umbral fisiológico en neonatos (Gibson WPR. The auditory evoked potentials (AEP). En: Evoked potentials, Colin Barber ed1980. MTP Press Limited, Falcon House, Lancaster p 48).

Los parámetros que personalmente se ha observado que parecen importantes como **criterios para detectar y determinar una alteración en la respuesta auditiva mediante PEAT**, con fines diagnósticos, son los siguientes (no están puestos por orden de importancia):
1. **Ausencia de componentes de la onda**, siendo la regla la desaparición de la onda 1 antes que la onda 5, y antes a 70 dB que a 90 dB (en caso contrario, se deberá a un error técnico en la obtención de la onda).
2. **Aumento de las latencias de las ondas 1, o 5, o ambas, a 70 dB, o a 90 dB, o a ambos.**
3. **Aumento del intervalo 1-5 a 70, o a 90 dB, o a ambos** (ocasionalmente se encuentra también **aumento de los intervalos 1-3, 3-5, o ambos, a 70 dB, o a 90 dB, o a ambos**, que no se deben olvidar, pues puede ser lo único alterado en este tipo de respuesta evocada).
4. **La curva latencia-intensidad y sus alteraciones**, en la práctica, no suele ser de tanta utilidad en niños (en adultos es poco útil también en la mayoría de los casos, pues no suele estar alterada en la mayoría de los pacientes, siendo relevante en menos de la mitad de los adultos, siendo más interesantes, como

criterio diagnóstico, los otros parámetros citados en el caso de los niños, que son los mismos que en el caso de los adultos, con la diferencia citada en el caso de la curva latencia-intensidad).

5. Presencia de imagen "en cuña" ("en uve", "en incisura") antes de la onda 5: normalmente las ondas 1, 3 y 5 se integran elevándose sobre la línea de base o descendiendo por debajo de ella en un rango de 0,2 microvoltios, según observaciones personales, sin embargo en el caso de hipoacusia de cualquier causa, la onda 5 se origina hasta en un 20% de los casos por debajo de la línea de base, de modo que el rango del ancho de la zona en la que se ubica la línea de base cuando aparece esta imagen "en cuña" está en el rango de los 0,4 microvoltios, y con frecuencia en el de los 0,6 microvoltios.

Véase en la gráfica a continuación, un ejemplo de imagen "en cuña", se trata de un *test* y un *retest* a 90 dB, en oído derecho por hipoacusia en un adulto, estando la respuesta alterada por una desintegración acusada de la onda e imagen "en cuña" señalada con la marca vertical (división horizontal: 1 milisegundo):

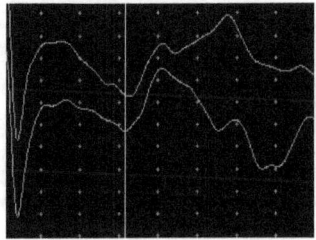

Otro ejemplo de imagen en "cuña", en un adulto, en la gráfica siguiente. Se trata de un *test* y *retest* a 70 decibelios en el oído izquierdo, en la parte superior. En la parte inferior, *test* y *retest* a 90 decibelios. En este paciente con hipoacusia se observa una desintegración modeada de la onda, con imagen en cuña, con el vértice hacia abajo en la marca de los 6 miliseugndos, evidente a 70 decibelios y también, aunque menos evidente, a 90 decibelios, con el vértice a los 4,5 milisegundos (división horizontal: 1 milisegundo).

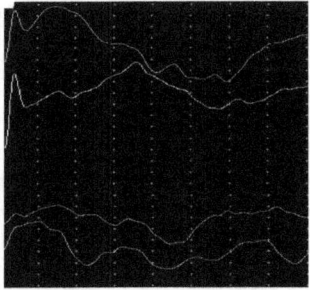

En la siguiente gráfica de una paciente de 58 años con acúfenos e hipoacusia en oído izquierdo se obtiene en la parte superior una respuesta dentro de límites fisiológicos a 90 decibelios y en la parte inferior se presenta el *test* y el *retest* a 70 decibelios, observándose a 70 decibelios la imagen en cuña señalada con el cursor vertical, indicando una alteración de la respuesta por desintegración leve de la onda. Las latencias, interlatencias y la curva latencia-intensidad están dentro de límites fisiológicos por lo que no se puede determinar con el potencial evocado auditivo de tronco encefálico si la alteración es de conducción, coclear o retrococlear.

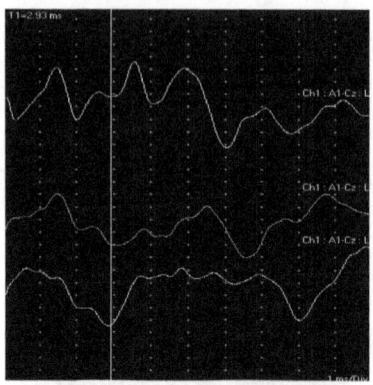

6. Cuando sean medibles, **caída en la amplitud de las ondas**, sobre todo de la onda 5, ya sea en su valor absoluto a 70, a 90 dB, o a ambos, o bien en su valor relativo a 70 en comparación con el valor a 90 dB.

7. **El umbral** es un parámetro interesante, pues puede ser el único parámetro alterado en ocasiones. El umbral normal encontrado en observaciones personales es de 30 dB al menos. Cuando a 70 dB desaparecen las ondas 1 y 3 y únicamente aparece la onda 5 mal integrada, el umbral suele ser de 50 dB, con poco margen de error, es decir, y como regla general, cuando solo aparece la onda 5 y mal integrada, el umbral es de unos 20 dB menos que la intensidad utilizada al obtener ese resultado. Cuando la respuesta está mal integrada, pero todavía aparecen las ondas 1, 3 y 5, el umbral suele ser de unos 30 dB menos que la intensidad utilizada como estímulo.

8. **Todos** estos parámetros son de utilidad, pero el de mayor utilidad, por su gran sensibilidad, cercana al 100%, y por ser el que con más frecuencia se altera, según experiencia propia, es el parámetro que mide la adecuada **integración de la onda:** en principio, en un sujeto sano las ondas deben medir entre 1 y 6 microvoltios de amplitud aproximadamente, y en sujetos normales es posible que tanto la onda 1 tenga mayor amplitud que la onda 5, a 70 dB, o a 90 dB, o ambos, como que la onda 5 tenga mayor amplitud a 70 dB que a 90 dB, o a

ambos (por lo que no debe tomarse a estos fenómenos como criterio de anormalidad); pero lo que sí se observa en todos los sujetos sanos es que, sea cual sea el valor absoluto de amplitud de las ondas 1 y 5, su duración es en todo caso siempre un 50% menor que la amplitud al menos, es decir, la altura de la onda es en todo caso el doble o más que la duración de esa onda (esto quiere decir que la pendiente de la onda es tal que en todo caso las ondas son picudas y bien diferenciadas del ruido de fondo, bien integradas, tanto las ondas 1, 2 y 3 como el complejo 4-5); y en sujetos con alteración en la respuesta auditiva (casi siempre en relación con hipoacusia, salvo excepción, como es el caso de las enfermedades desmielinizantes, en las que la alteración de la respuesta puede deberse a desincronización de la misma sin hipoacusia, o sin hipoacusia apenas, a pesar de una gran alteración del potencial en ocasiones) la integración de la respuesta es mala, de tal manera que por sistema la duración de las ondas 1 y 5 es la misma que la altura de la onda o mayor. Y curiosamente este es el parámetro más útil en la práctica, al menos según experiencia propia, y cuando aparece esta alteración suele aparecer en todos los componentes de la respuesta. Con la práctica este parámetro se valora con un simple golpe de vista, aunque suele ser recomendable llevar a cabo la integración del potencial mediante promediación partiendo de señales sin artefactar (las primeras muestras son decisivas para la señal promediada, y es crucial que las primeras no estén artefactadas, para lo cual es preciso vigilar la línea de base en barrido libre durante la promediación de la respuesta para confirmar su estabilidad, y descartar ese *test* en caso contrario y volver a empezar, así como también es importante situar el nivel de rechazo de artefactos adecuadamente según el criterio del especialista en cada caso) y prolongando la promediación lo necesario (en general, hasta que la señal deje de cambiar aunque se sigan sumando muestras), así como realizando los *retests* que se consideren necesarios hasta obtener una señal reproducible que por tanto sea consistente para ser utilizada con criterio clínico.

Causas de consulta: las hipoacusias bruscas (generalmente víricas, uni o bilaterales) son otra causa frecuente de solicitud de PEAT, también las hipoacusias hereditarias, la presbiacusia (patrón neurosensorial), la otoesclerosis (suelen ser cocleares, pero según Becker un 5% presentan un patrón neurosensorial; en la práctica el patrón de la respuesta con frecuencia corresponde a una alteración mixta y con asimetría entre izquierda y derecha, no siendo raro que la exploración pueda estar alterada en un lado y normal en el otro), las hipoacusias traumáticas, las hipoacusias neurosensoriales de causa diversa, y, menos frecuentemente, la hipoacusia en el curso del síndrome de Meniére, aunque, en este último caso, es interesante resaltar que, de acuerdo con observaciones personales, si los PEAT se hacen durante la fase de *hidrops* endolinfático (por ejemplo, durante el vértigo sintomático) casi siempre se detecta la característica disminución del intervalo 1-5 a 70 dB (disminución paradójica, debida posiblemente a la adaptación central por la disfunción coclear).

Otra causa no rara de solicitud de PEAT por sospecha de hipoacusia, que resulta no ser cierta, es la diglosia (cada vez es más frecuente, ante el aumento de pacientes inmigrantes que no conocen el idioma local).

En general, según experiencia propia, se ven más hipoacusias de conducción y retrocleares que cocleares.

De vez en cuando se ve algún neurinoma del acústico, en cuyo caso lo más frecuente es que todo el potencial esté mal integrado (es decir, que lo más frecuente no es encontrar ese alargamiento de la latencia de la onda 5 que suele venir descrito en los libros, sino que lo que suele encontrarse es una importante desintegración de todas las ondas, de la 1 a la 5, y sólo cuando la onda está suficientemente integrada consigue detectarse ese alargamiento de la latencia de la onda 5, pero lo más frecuente es que esté tan desintegrada que la latencia resulte ya inmedible); algo interesante para el neurinoma del acústico es que la afectación suele ser unilateral.

En la esclerosis múltiple con frecuencia hay alteración de los PEAT, la alteración suele ser bilateral, y suele consistir en una acusada desintegración de la respuesta que por la forma de desintegrarse hace pensar en una desincronización de la misma pues no solo cae la amplitud, sino que también se alargan las latencias y los intervalos, y bajan las pendientes (también es frecuente en la esclerosis múltiple con PEAT alterados que no aparezca integrada ninguna onda y sin embargo el paciente oiga, como si el potencial se integrase pero tan desincronizadamente que no conseguiría amplitud suficiente como para aparecer en pantalla integrado).

Cada vez se solicitan más los PEAT para valorar el estado de la audición de niños con otitis media, por la desventaja que supone la hipoacusia en esa edad crítica para la adquisición del lenguaje; a muchos padres les preocupa que pueda haber una hipoacusia importante (neurosensorial) de fondo detrás de la hipoacusia de conducción; los PEAT (a veces en exploraciones sucesivas) ayudan a despejar esta posibilidad y dejar tranquilos a unos padres preocupados en caso de no existir tal hipoacusia neurosensorial (también es cierto que unos PEAT normales, en un niño con sospecha de retraso del lenguaje por hipoacusia, conllevan con frecuencia un nuevo diagnóstico que en ocasiones puede ser psiquiátrico, neurológico o social –aislamiento, diglosia, autismo, etc.-).

En niños con hipoacusia, las causas de solicitud de PEAT más frecuentes son: sospecha de hipoacusia por los padres o los profesores, con mayor frecuencia en relación con otitis, hipertrofia amigdalar y adenoidea, catarros, rinitis, hallazgo de hipoacusia en audiometría, fallos en la discriminación auditiva, retraso en el lenguaje, antecedente de hipoacusia familiar, sordera súbita, retraso psicomotor, síndromes congénitos diversos y autismo.

Hay un interés internacional creciente en la **detección precoz de la hipoacusia infantil,** durante los primeros 6 meses de vida (Yamada, 1983).
Alteraciones auditivas en la población neonatal: 0,3%.
Hipoacusia en neonatos de riesgo: 2-9%.
Hipoacusia a largo plazo en neonatos de riesgo con PEAT anormal: 5%.
PEAT alterados en neonatos de riesgo: 20%.

PEAT alterados a largo plazo en neonatos de riesgo: 1-5% (Shannon, 1984; Murray, 1985).

PEAT normales: audición normal a largo plazo en cerca del 100%.

Neonatos de riesgo: se deben repetir los PEAT en el tercer mes si son anormales; se puede darles de alta si son normales en el primer y segundo mes.

Criterios de riesgo de hipoacusia en la infancia: historia familiar de hipoacusia infantil, infección perinatal congénita, malformaciones anatómicas en cabeza o cuello, peso al nacer menor de 1500 gramos, hiperbilirrubinemia importante (por encima de la indicación de transfusión), meningitis bacteriana, asfixia severa (por ejemplo: no ventilación en 10 minutos, hipotonía mayor de 2 horas, etc.). La incidencia de hipoacusia tras meningitis es del 5-30%, dependiendo del tipo de germen y otros factores (Dodge, 1984).

Monitorización intraoperatoria en cirugía de fosa media y posterior: de acuerdo con los artículos revisados a este respecto, la desaparición completa reversible de la respuesta es compatible con una recuperación neurológica completa. La pérdida persistente de los PEAT suele asociarse a una hipoacusia prolongada con posible déficit permanente.

Muerte encefálica: puede haber ausencia de toda la respuesta, o pueden faltar todas, menos la onda 1 o las ondas 1 y 2.

POTENCIALES EVOCADOS MIOGÉNICOS VESTIBULARES: es una técnica para explorar la función vestibular. Explora el reflejo vestibulocervical. Explora el sáculo y las vías saculoespinales (nervio vestibular inferior). Explora la contracción refleja del esternocleidomastoideo tras estimulación acústica. Se contrae el músculo de un lado y se estimula con un *click* de rarefacción a 95-100 (por ejemplo, o más) dB el oído del mismo lado (filtros entre 5-30 Hz y 1-3 kHz), y tiene que producirse la inhibición de la contracción del músculo con el estímulo. Se hacen múltiples estímulos (100-200, por ejemplo), a 2-10 Hz, en un barrido de 100 milisegundos y la respuesta se promedia (el potencial suele tener entre 20 y 200 microvoltios de amplitud). Con el estímulo debe aparecer un potencial P13-N23 milisegundos, a veces llamado también P1-N1. La respuesta puede aparecer aun en presencia de hipoacusia neurosensorial, pero puede no ser válida en caso de hipoacusia de conducción (en este caso se requiere la estimulación vibratoria de mastoides). Se hace en ambos lados y se considera patológica tanto la desaparición de la inhibición como una asimetría mayor del 30%. El sáculo puede estar dañado (por ejemplo por uso de gentamicina intratimpánica) y no así la respuesta del canal semicircular horizontal (explorado mediante electronistagmografía calórica). También se puede alterar la respuesta en la neuronitis vestibular; en este caso si la respuesta es normal la alteración está localizada en el nervio vestibular superior (mejor pronóstico para la neuronitis). También se le está encontrando alguna utilidad en el neurinoma del acústico y otras enfermedades. Se trata de una técnica en desarrollo y lo que se sabe de ella por ahora en parte es evidencia y en parte suposiciones (como lo referente a la vía nerviosa implicada).

Colebatch JG, Halmagyi GM. Vestibular evoked potentials in human neck muscles before and after unilateral vestibular deafferentation. Neurology 1992; 42: 1635-6.

Colebatch JG, Halmagyi GM. Myogenic potentials generated by a click-evoked vestibulocollic reflex. J Neurol Neurosurg Psychiatry 1994; 57: 190-7.

Papathanasiou ES et al. International guidelines for the clinical application of cervical vestibular evoked myogenic potentials: An expert consensus report. Clin Neurophysiol 2014; 125: 658-666.

POTENCIALES EVOCADOS SOMATOSENSORIALES, PESS:

-Valores normales de la onda P40: amplitud, de 1 a 4 microvoltios.
Latencia, hasta 41 milisegundos (mujeres) y 44 milisegundos (varones). 42 milisegundos para la P38 en otras series (Chiappa K. Evoked potentials in clinical medicine. 3rd Philadelphia, PA: Lippincott Williams & Wilkins; 1997).
Diferencia de amplitudes izquierda-derecha, menor del 40%.
Diferencia de latencias izquierda-derecha, menor de 1,8 milisegundos.

-Valores normales para la onda N20: amplitud, de 0,6 a 5 microvoltios.
Latencia, hasta 23,4 milisegundos (mujeres), hasta 24,8 milisegundos (hombres), hasta 20 milisegundos (10-15 años), hasta 18,3 milisegundos (4-9 años).
Diferencia de latencias izquierda-derecha: menor de 1,3 milisegundos.
Electrodo activo (G1) a 2 centímetros por detrás de Cz; electrodo de referencia (G2) en FPz.
Electrodos de aguja monopolares o de cucharilla con pasta conductora.
Personalmente normalmente se mide la P40, y en ocasiones también la N20 (G1 contralateral al lado estimulado, a cuatro dedos por debajo del punto de G1 para P40), y hace años que ya no se lleva a cabo otro tipo de registro aparte de este, debido a que no se obtiene mayor rendimiento clínico por ello.
En miembro superior (N20) se puede obtener por nervio mediano y cubital, pero actualmente casi siempre que se hace esta prueba en miembros superiores se utiliza por sistema el mediano.
En miembros inferiores (P40) en la actualidad se usa por sistema el nervio tibial posterior.

En la gráfica siguiente, un ejemplo de dos potenciales evocados somatosensoriales normales obtenidos en miembros inferiores (nervio tibial posterior), lado derecho y lado izquierdo, con la típica morfología en uve doble. División horizontal: 20 milisegundos; división vertical: 2 microvoltios. La primera deflexión hacia abajo es la onda P40. Filtros: 10-3000 Hz:

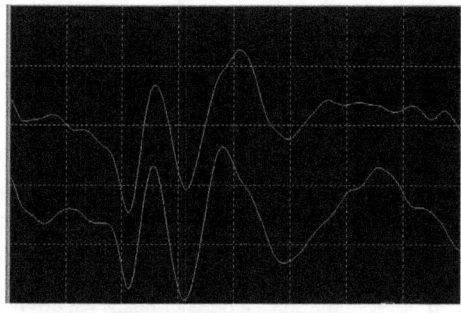

En la gráfica siguiente aparece un potencial evocado somatosensorial normal en miembro superior (nervio mediano). La división vertical son 5 microvoltios y la división horizontal son 10 milisegundos. La primera deflexión hacia arriba es la N20.

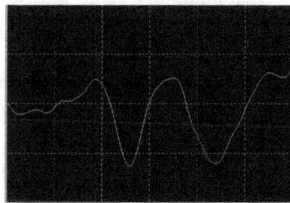

En los potenciales evocados somatosensoriales por dermatomas los filtros se ponen en 5-250 Hz; en miembros inferiores se mide la P50 (las latencias por L5-S1 deben ser menores de 60 milisegundos); personalmente no se le ha encontrado utilidad clínica a esta técnica, tal vez en el síndrome conversivo podría tener alguna utilidad.

La temperatura baja alarga las latencias, la estatura alta también, y la edad.

La idiosincrasia también altera las respuestas (en algunas personas sin clínica aparente de ningún tipo las respuestas son de baja amplitud de manera idiosincrásica, o incluso ausentes de manera inexplicada, razones por las que no siempre es tan importante la utilidad clínica de esta técnica).

Hay personas en las que los potenciales evocados somatosensoriales se integran con un solo estímulo, y personas con las que es preciso estar promediando la respuesta cientos de veces durante minutos, siendo en ambos casos sujetos sanos.

Las respuestas en miembros superiores son más fáciles de obtener, pero exploran un tramo más corto de la vía somatosensorial, por lo que por sistema se hace el registro en miembros inferiores, y únicamente se hace en miembros superiores en casos especiales (como que haya parestesias inexplicadas en miembro superior, normalmente por sospecha de esclerosis múltiple).

Los PESS pueden ser normales a pesar de haber alteración en médula. Ésto no es sólo una observación personal, ya hace años que otros autores han observado lo mismo, como Aminoff (Aminoff MJ, Eisen AA. Somatosensory evoked potential. Muscle and Nerve 1998; 21: 277-290).

Además los PESS pueden estar aparentemente alterados por respuesta *borderline* idiosincrásica, motivos por los que no es excesiva la utilidad clínica de esta técnica, salvo excepción.

En ocasiones en la esclerosis múltiple consigue detectarse un alargamiento de la latencia de la onda P40 (pudiendo pasar de 40 milisegundos a 50 o 60 milisegundos, por ejemplo, con o sin desintegración de la onda), un hallazgo que rara vez se produce (lo cual no significa que no haya que hacer los PESS en casos en los que esté justificado clínicamente, pero sí que significa que, por ejemplo, si se hacen por sistema se va a obtener falsos negativos con esta técnica en la esclerosis múltiple).

En la estenosis de canal lumbar en ocasiones se puede observar que tras ortostatismo de unos 20 minutos, o tras una caminata de unos 20 minutos, desaparece la respuesta P40 que aparecía unos minutos antes en un primer registro; de todos modos, la estenosis de canal lumbar es un diagnóstico clínico, radiológico y electromiográfico factible, que en la práctica reduce la indicación de la exploración de los PESS, en la estenosis de canal lumbar, a los raros casos en los que no se obtenga información suficiente por otros medios más específicos, como la radiología o un electromiograma con aguja.

La latencia de los PESS también se alarga en las neuropatías, pero no tiene mucho sentido usar los PESS en la neuropatía, que deben explorarse preferiblemente con un electromiograma (del mismo modo, carece de sentido solicitar la realización de PESS en pacientes sin respuestas sensitivas en un electromiograma).

Supuestamente, los PESS podrían resultar útiles en la ataxia de Friedreich, enfermedades degenerativas espinocerebelosas, enfermedades desmielinizantes, hipovitaminosis E y B12, insuficiencia renal, *diabetes*, lesiones de las vías somatosensoriales (tumores, hemorragias, infartos, mielopatía compresiva, etc.), en la infección por VIH, neurosífilis –una enfermedad que vuelve a verse con cierta frecuencia otra vez-, ataxias hereditarias, paraplejía espástica hereditaria, etc., pero en general se duda de dicha utilidad clínica.

Se supone que también pueden estar alterados los PESS en el piramidalismo, y que por tanto debería encontrarse una buena correlación entre el estado de los PESS y el piramidalismo, pero en la práctica se ven frecuentemente pacientes con piramidalismo y PESS normales.

En la experiencia propia con la paraparesia espástica hereditaria hasta el momento las conducciones sensitivomotoras se encuentran dentro de límites fisiológicos, y los PESS no se integran (sin respuesta).

Hay un sinfín de variantes técnicas descritas para los PESS, y de señales que se pueden obtener: P11, P17, P21, P24, P27, P31, PESS por dermatomas, etc. Y se invoca su utilidad para explorar la vía somatosensorial por tramos, para distinguir plexopatía preganglionar de la postganglionar, etc.

Personalmente se le encuentra alguna utilidad clínica a la P40 y la N20, no obstante, no se observa, en general, que los PESS sean una de las técnicas neurofisiológicas con mayor utilidad clínica, siendo pocos los pacientes en los que verdaderamente haya resultado útil clínicamente esta técnica para su diagnóstico, pronóstico o tratamiento.

Un comité de expertos ha declarado recientemente sin tapujos la escasa utilidad clínica de los PESS en general, opinión que se comparte personalmente en general (Gruccu G et al. Recommendations for the clinical use of somatosensory-evoked potentials. Clinical Neurophysiology 2008; 119: 1705–1719).

Amantini sí le encuentra alguna utilidad a los PESS en la unidad de cuidados intensivos, en monitorización del paciente con daño cerebral grave (traumatismo cranoencefálico y hemorragia intracerebral con Glasgow menor de 9); en concreto, ha hallado que el deterioro de la respuesta de los PESS (diminución de amplitud mayor del 50%) preludia el desarrollo de hipertensión intracraneal con más eficacia que el electroencefalograma, al ser los PESS más resistentes a los anestésicos (sin embargo proponen combinar PESS con electroencefalograma para poder detectar otras cosas, como estatus, etc.). En general, la N20 puede seguir apareciendo incluso cuando ciertos sedantes han provocado ya inactividad eléctrica cortical, por lo que podrían ayudar en alguna ocasión a distinguir la inactividad eléctrica cortical por muerte encefálica, que no aparece N20, de la inactividad por sedación, que sí aparece N20 (Amantini A, et al. Continuous EEG-SEP monitoring in severe brain injury. Clinical Neurophysiology 2099; 39: 85-93).

También se ha comprobado que durante hipotermia leve (32-34 grados centígrados) con uso terapéutico tampoco se altera la N20, con lo cual también podría tener valor pronóstico (Guérit JM et al. Consensus on the use of neurophsysiological tests in the intensive care unit (ICU): Electroencephalogram (EEG), evoked potentials (EP), and electroneuromyography (ENMG). Clinical Neurophysiology 2009; 39: 71-83).

Guérit et al también mencionan que la onda N20 sigue presente cuando la sedación es tanta como para producir silencio eléctrico en el electroencefalograma, y que por tanto su pérdida indicaría disfunción cerebral primaria con frecuencia de mal pronóstico. No obstante, en la práctica este principio se ve contradicho con frecuencia, ya que en ocasiones, y según observaciones personales, es el electroencefalograma el que da la pista de un mal pronóstico, por ejemplo, en forma de un trazado en brotes-supresión con N20 normal.

Van Putten también ha observado algo similar, que la ausencia de N20 en el coma postanóxico indica mal pronóstico y que la persistencia de N20 no indica buen pronóstico, sobre todo si el electroencefalograma presenta un patrón de bajo voltaje (Van Putten MJAM. The N20 in post-anoxic coma: Are you listening? Clin. Neurophysiol. 2012; 123: 1460-64).

También añaden Guérit et al que la desaparición de N20 podría ayudar en el diagnóstico de la muerte encefálica en el caso de que el electroencefalograma no sea útil por el uso de sedación. Y añaden que la hipotermia leve (32-34 grados centígrados) usada a veces en el ataque cardíaco no hace caer las amplitudes de la N20, por lo que también en este caso podría tener valor pronóstico.

Mioclonias y PESS:

Mioclonias y PESS de amplitud aumentada bilateral: ancianidad, hipertiroidismo.

Mioclonias y PESS de amplitud aumentada unilateral: lesiones parietales, en TE, en tercer ventrículo.

La amplitud de los PESS es mayor en el caso de mioclonias corticales (en referencia a los componentes corticales), pero pueden ser de amplitud normal.

El aumento de amplitud de los PESS en un territorio es más propio de lesiones focales; el aumento generalizado es más propio de enfermedades difusas. Se han descrito PESS gigantes en el estatus no convulsivo (Schorl M. *Giant somatosensory evoked potentials as indicator of nonconvulsive status epilepticus*. Clinical Neurophysiology 2008; 119: 724-728).

Mioclonias y PESS gigantes (por ejemplo, de más de 12 microvoltios): epilepsia mioclónica progresiva (enfermedad de Nieman-Pick, enfermedad de Lafora, etc.), encefalopatía postanóxica mioclónica (síndrome de Lance-Adams), enfermedad de Alzheimer, enfermedad de Creutzfeldt-Jakob (no en todos sus estadios).

PESS aumentados en niños: gangliosidosis GM2, enfermedad de Gaucher, enfermedad de Lafora, ceroidolipofuscinosis, síndrome de Ramsay-Hunt, epilepsia mioclónica progresiva.

PESS aumentados en adultos: sialidosis, ceroidolopofuscinosis, enfermedad de Creutzfeldt-Jakob, degeneración olivopontocerebelosa, degeneración corticobasal, anoxia cerebral, traumatismos, lesiones vasculares, tumores, lesiones focales corticales.

Mioclonias con PESS normales: inducido por L-dopa, esencial familiar, distonía de torsión idiopática, uremia, reticular reflejo, parkinsonismo, mioclonias velopalatinas.

POTENCIALES EVOCADOS VISUALES CON DAMERO REVERSIBLE, PEV:
valores normales obtenidos personalmente con cuadros de 15 minutos de arco: latencia máxima de P100 (área V1), 116 milisegundos (diferencia izquierda-derecha máxima: 12 milisegundos, y por término medio de 6 milisegundos).

Filtros: 1-100 Hz; barrido: 20 milisegundos/división; sensibilidad: 5 microvoltios/división.

Aghamollaii considera los PEV anormales si la latencia de la onda P100 es mayor de 3 *sd* o 118 milisegundos, y con una diferencia izquierda-derecha mayor de 8-10 milisegundos (Aghamollaii V et al. *Sympathetic skin response (SSR) in multiple sclerosis and clinically isolated syndrome: A case-control study*. Clinical Neurophysiology 2011; 41: 161-171).

Se llevan a cabo con electrodo de aguja monopolar o con electrodos de cucharilla con pasta conductora. La onda se compone de N75, P100 y N145 (normalmente de mayor amplitud y duración que N75). Electrodos en Oz y Fz (activo y referencia).

Por convención positivo es "hacia abajo".

Se supone que los cuadros de 15 minutos estimulan sobre todo los canales de contraste de la fóvea, y los de 30-40 minutos sobre todo los canales de contraste y luminancia foveales y extrafoveales.

Celesia GG. Evoked potential techniques in the evaluation of visual function. J Clin Neurophysiol 1984; 1: 55-76.

Bodis-Wollner I et al. The importance of stimulus selection in VEP practice: the clinical relevance of visual physiology. In: Cracco RQ Bodis-Wollner I, editors. Evoked potentials. New York: Alan R Lisspp; 1986 p 15-27.

Hay diversas variantes técnicas descritas en la literatura para esta prueba, haciéndose por lo general hincapié en la importancia de diversos aspectos técnicos, como la precisión en la determinación del tamaño de los cuadros, del nivel de brillo y contraste, de la distancia al monitor, etc. pero en la práctica se ha observado personalmente que el contraste no influye en ese límite superior de 116 milisegundos, ni la distancia al monitor dentro de ciertos límites, ni siquiera las condiciones de penumbra u oscuridad (en la actualidad se llevan a cabo en personalmente ya por sistema con la luz encendida, y se obtienen igual que con la luz apagada), etc. Los filtros sí influyen en las latencias.

Se encuentra bastante variabilidad entre individuos en la **amplitud de la onda**, aunque por término medio la amplitud suele rondar los **6-9 microvoltios**, por lo que lo más interesante es la comparación de la amplitud entre ambos lados, siendo significativa la **reducción de amplitud en un lado mayor del 50%**, así como una **desincronización de la onda**.

Es frecuente la aparición de una onda bífida fisiológica (potencial con 5 picos en vez de con 3), según algunos autores del 6%, y en este caso la P100 debe medirse en el segundo pico, como cuando es trifásica (hay que recordar que la onda es trifásica pero el tercer pico suele presentar mayor duración y amplitud que el primero, como ocurre con las ondas trifásicas en el electroencefalograma).

Los PEV se ven afectados por las drogas y el estado de conciencia, parece ser, a diferencia de los PEAT.

Las latencias se van acortando desde el nacimiento hasta los 20 años, en que se estabilizan y después vuelven a aumentar a partir de los 60, parece ser.

Aparte de por la neuropatía óptica, la latencia de P100 se alarga en correlación con la disminución de la agudeza visual, y, según algunos autores, la P100 desaparece con cuadros de 15 minutos cuando la agudeza visual es de 7/10, extremo que no se ha intentado comprobar personalmente.

Hay un estándar de la *ISCEV* para los PEV (Odom JV et al. ISCEV standard for clinical visual evoked potentials (2009 update). Doc Ophthalmol 2010; 120: 111-9).

No está claro qué luminosidad es la más recomendable. Se suele hacer referencia a una que vaya de 50 a 200 candelas por metro cuadrado, más de 50 en todo caso.

Con el contraste tampoco hay acuerdo.

El tanto por ciento de contraste de luminosidad entre cuadrados blancos y negros se calcula con la fórmula C = [(L max – L min) / (L max – L min)] x 100. En general el contraste debe ser mayor del 80%. En general se supone que con la disminución de luminosidad aumenta la latencia, y con la disminución de contraste disminuye la amplitud y aumenta la latencia. También se supone que la latencia se reduce con la edad alcanzando un mínimo en la segunda década de la vida y luego se estabiliza para ir aumentando en la quinta década.

También se ha referido que la miosis aumenta la latencia y reduce la amplitud.

Personalmente se le ha ido otorgando progresivamente menor importancia a estos extremos técnicos al cabo de los años, pues con variaciones en todos ellos el valor normal máximo de referencia para la P100 ha seguido siendo de 116 milisegundos según observaciones personales (y sigue vigente la idea de que cada laboratorio debe poseer sus tablas de valores de referencia –Holder et al, 2010-).

Se usan en algunos centros los PEV con *pattern onset*.

Su **utilidad clínica** en la práctica se debe a la neuropatía óptica, y el 90% de éstas se deben a la esclerosis múltiple, por lo que es una técnica neurofisiológica prácticamente dedicada a casi una sola enfermedad (del mismo modo que en la práctica el electromiograma de fibra simple casi se debe en exclusiva a la *miastenia gravis*). De todos modos, los PEV son útiles en la esclerosis múltiple, por su sensibilidad, que ronda el 100%, y que incluye a pacientes con neuropatía óptica subclínica (de ahí parte de su utilidad), y por su especificidad en correlación con la clínica.

Ante unos PEV alterados, aparte de neuropatía óptica, deben descartarse: error técnico, medios transparentes alterados, degeneración foveal, ambliopía, etc.

En caso de ceguera y PEV normales, hay que descartar histeria, agnosia visual, (ceguera cortical bilateral: síndrome de Anton; agnosia visual por ceguera cortical bilateral, que el paciente niega; arteria cerebral posterior en segmento postcomunal), etc.

Los PEV también son anormales en la leucodistrofia metacromática, la adrenoleucodistrofia, corea de Huntington, ataxia de Friedreich, degeneración espinocerebelosa, distrofia miotónica, encefalopatías metabólicas (riñón, tiroides, vitaminas E y B12, etc.).

La P100 podría estar alargada ocasionalmente y de manera asimétrica en la enfermedad celíaca, pero está pendiente de comprobación (Caro E et al. Neurophysiological changes in coeliac disease: A case study. Clinical Neurophysiology 2009; 120: 139).

En las maculopatías y retinopatías también se puede alargar la latencia de la onda P100 (Holder GE et al. International Federation of Clnical Neurophysiology: Recommendations for visual system testing. Clinical Neurophysiology 2010; 121: 1393-1409).

Supuestamente, el electrorretinograma de campo completo serviría para valorar los receptores, el electrorretinograma con damero las células ganglionares, los PEV para nervio óptico y quiasma, y los PEV con hemicampos para la vía retroquiasmática y el córtex occipital (personalmente se le encuentra utilidad clínica a los PEV de campo completo para la neuropatía óptica, al electrorretinograma utilidad clínica en retinopatía, y al electrorretinograma macular en la retinopatía macular cuando el electrorretinograma de campo completo es normal).

Sokol ha publicado durante años diversos artículos sobre **PEV con *pattern* en niños pequeños** (que lógicamente no fijan la mirada en un punto de la pantalla), incluso en recién nacidos, obteniendo diversos resultados acerca de la maduración de la respuesta, influencia del sexo (latencias más cortas en niñas), etc., pero sin claras correlaciones clínicas que utilizar en la práctica por ahora, por lo que es una técnica sin utilidad clínica conocida de momento, salvo excepción. Los PEV con damero reversible generalmente no se consideran útiles en niños pequeños y bebés al no ser posible que fijen la mirada y atiendan a la exploración, opinión compartida personalmente, salvo rara excepción.

Borda RP. *Visual evoked potentials to flash in the clinical evaluation of the optic pathways.* In JE Desmedt (ed.). *Visual evoked potentials in man: New developments*, pp. 481-489. Oxford, Claredon Press, 1977.

Harding GFA. *The use of the visual evoked potential to flash stimuli in the diagnosis of visual defects.* In JE Desmedt (ed.). *Visual evoked potentials in man: New developments*, pp. 500-508. Oxford, Clarendon Press, 1977.

Regan D. *Evoked potentials and their applications to neuro-ophthalmology.* Neuro-Ophthalmology 1985; 5: 73-108.

En neonatos parece ser que los PEV con damero que se obtienen (con una P100 de unos 260 milisegundos de latencia) van reduciendo la latencia en cuestión de días, y que esto podría tener que ver con la maduración, pero se desconoce si esto supone algún tipo de marcador clínico (Porciatty V. Temporal aspects of pattern VEPs in the human neonate. En: Maturation of the CNS and evoked potentials. V Gallai ed. Elsevier Science Publishers BV, 1986. pp. 314-319), aunque sigue siendo una técnica investigada, lógicamente (Iznaola C et al. Exploración binocular mediante potenciales evocados visuales con estímulo estructurado en lactantes sanos. Rev Neurol 2012; 54: 312-16).

En niños y bebés sanos es posible obtener PEV, pero no en niños con problemas visuales, que son precisamente aquellos en los que la exploración sería más necesaria. De todos modos, unos PEV normales en un bebé no garantizan que su visión sea buena, por tanto, no existen en este momento marcadores clínicos fiables en el caso de niños pequeños y bebés, por lo que no se considera indicada la realización de PEV con damero en este tipo de pacientes.

Papakostopoulos recomienda empezar a intentar los PEV con damero en niños entre los 2 y 5 años de edad (Papakostopoulos D et al. Combined electrophysiological assesment of the visual system in children. In: Clinical application of cerebral evoked potentials in pediatric medicine. GA Chiarenzak and D Papakostopoulos eds. 1982, Excerpta Medica, Amsterdam, pp. 115-142).

Para los niños en los que los PEV con damero no son posibles se han propugnado los PEV con *flash*, de hecho Papakostopoulos ha observado que en general con frecuencia sólo el electrorretinograma y tal vez los PEV con *flash* permitirían una valoración "realista" de la vía visual en niños pequeños.

POTENCIALES EVOCADOS VISUALES CON *FLASH*: se integra un potencial con 6 picos cuando la maduración de la respuesta está completa. Al primer pico las latencias máximas son: 1 día, 210 milisegundos; 2 meses, 120 milisegundos; 3 meses, 95 milisegundos; 4 meses, 100 milisegundos; 5 meses, 95 milisegundos; 18 meses, 80 milisegundos; 24 meses, 75 milisegundos; 6 años, 70 milisegundos. Por término medio, el primer pico ronda los 40-50 milisegundos en adultos y los 35 milisegundos en niños.

En este momento personalmente se considera más fiable la exploración clínica de los niños (seguimiento con la mirada, reflejo fotomotor, de parpadeo, etc.) que los potenciales visuales con *flash*.

En principio, se supone que la respuesta estaría ausente en ciertas enfermedades, como la de Menkes.

La ausencia de respuesta, en general, parece ser que se correlacionaría con un mal pronóstico clínico con algo más de fiabilidad que otras alteraciones en este tipo de PEV, como el alargamiento de latencias, que no se correlacionan bien con el pronóstico clínico (Barnet et al, 1970; Duchowny et al, 1974; citados en: Niedermeyer E, Lopes da Silva I. Electroencefalography. Basic principles, clinical application and related fields. Lippincot, Williams and Wilkins eds. 2004, 5th ed p 1131).

Hace años que no se practica esta técnica personalmente, por una razón: ocurre que en niños con ceguera u otro tipo de alteración importante de la visión la respuesta puede ser normal, algo de lo que ya había informado hace años Papakostopoulos (Papakostopoulos D et al. Combined electrophysiological assesment of the visual system in children. In: Clinical application of cerebral evoked potentials in pediatric medicine. GA Chiarenzak and D Papakostopoulos eds 1982, Excerpta Medica, Amsterdam, pp. 115-142), por ejemplo, se ha observado que los PEV con *flash* pueden ser normales, cuando los PEV con damero son anormales, en casos de atrofia óptica, distrofia macular, retinitis pigmentaria, síndrome de Laurence-Moon-Biedl, etc. Y en niños con visión normal la respuesta puede estar aparentemente alterada, por tanto, no son un buen marcador clínico, o al menos eso parece en este momento, por lo que, en espera de una mejor correlación de esta técnica con la clínica, ya no se lleva a cabo personalmente en la actualidad.

Un comité de expertos (Celesia et al. Recommended standards for electroretinograms and visual evoked potentials. Report of a IFCN Comittee. Electroencephalography and clinical Neurophysiology 1993; 87: 421-436) confirmó que la aparición de respuesta en los PEV con *flash* no garantiza que haya percepción visual; una de las razones es bien conocida desde antiguo (Penne A et al. Clinical applications of EOG, ERG, and VEP in pediatric ophthalmology. En: Clinical applications of cerebral evoked potentials in pediatric medicine. GA Chiarenza and D Papakostopoulos, eds 1982, Excerpta Medica, Amsterdam, pp. 61-92): existe gran variabilidad intra e interindividual en el resultado de la prueba; otra razón es que no hay tan buena correlación entre los PEV con *flash* y la agudeza visual como en el caso de los PEV con damero. En observaciones personales se ha dado el caso, por ejemplo, de obtenerse PEV con flash normales en presencia de PEV con damero muy alterados y gran alteración visual desde el punto de vista clínico, como pueda ser en el caso del infarto de la arteria cerebral posterior. Es por esta falta de correlación con la clínica por lo que no se consideran indicados los PEV con flash en este momento. Holder también los considera de escasa utilidad diagnóstica (refiere que debido al amplio rango de variabilidad de los valores de referencia) a pesar de que teóricamente podrían haber sido la alternativa a los PEV con damero en niños y pacientes inconscientes (Holder

GE et al. Federation of Clinical Neurophysiology: Recommendations for visual system testing. Clin Neurophysiol 2010; 121: 1393-1409).
Recientemente Ostojic ha afirmado que a pesar de la variabilidad interindividual de la respuesta y de la falta de capacidad de localizar la zona lesionada, la técnica, se supone que mediante exploraciones sucesivas, comparando cada una con la siguiente, podría tener, quizá, utilidad para medir la recuperación después de lesiones agudas, medir la progresión en enfermedades neurodegenerativas y detectar, quizá sospechar simplemente, lesiones subclínicas (Ostojic S, Jancic J. the importance of visual evoked potentials by unstructured, flash stimuli in assessment of vision impairment in infants and children. Clin Neurophysiol 2015; 126: 177).

PPSV: *pseudoperiodic monotonous generalized and slow waves.*

PRIMERA CRISIS EPILÉPTICA EN URGENCIAS: se recomienda iniciar tratamiento si hay antecedente de *ictus*, traumatismo craneal, tumor y enfermedad o lesión previa del sistema nervioso central (incluyendo crisis sintomáticas remotas). Gironés C. Primera crisis epiléptica en urgencias hospitalarias. Rev Neurol 2015; 60: 96.

PRINCIPIO DE HENNEMAN: principio que describe el orden de reclutamiento de unidades motoras durante la contracción muscular en función del tamaño de la unidad motora (y por tanto en función también del tamaño de la motoneurona correspondiente).
Es importante tener en cuenta este principio en la práctica, o al menos la relación entre este principio y la sumación temporal y espacial medidas con un electromiograma durante el reclutamiento de unidades motoras, ya que el hecho tiene utilidad para interpretar y distinguir clínicamente los trazados miógenos y neurógenos, y también los que tienen carácter neurógeno central o periférico. Por ejemplo: en una contracción cervical paroxística con origen distónico la sumación espacial y temporal posiblemente estará dentro de límites fisilógicos, mientras que en una contracción con carácter mioclónico, no. Otro ejemplo: en una mielopatía cervical con debilidad muscular aguda asimétrica de miembros superiores (por ejemplo, por isquemia aguda de astas anteriores en un nivel dado), se podrá observar una sumación temporal en el límite inferior de la normalidad, o por debajo, mientras que la sumación espacial estará relativamente conservada en comparación con el grado de debilidad muscular, o no.
Según Stalberg, este principio no puede ser detectado directamente como tal en el electromiograma convencional debido a la pequeña área de registro de estos electrodos en comparación con el tamaño del espacio ocupado por la unidad motora.
Henneman E. Motor neurons and motor units: the size principle. Didactic program (AEEM) 1982. p. 29-34.
Henneman E, Somjen G, Carpenter DO. Functional significance of cell size in spinal motoneurons. J Neurophysiology 1965; 28: 560-589.
Mustafa E, Stalberg E, Falck B. Can the size principle be detected in conventional emg recordings? Muscle & Nerve 1995; 18: 435-39.

PROCEDIMIENTOS EN NEUROFISIOLOGÍA: en general son básicamente de dos tipos (hay más): **líneas directrices** *(guidelines)* y **estándares** *(standards)*. Las líneas directrices son descripciones metodológicas procedimentales no totalmente establecidas como ciertas con pruebas objetivas, pero con alta probabilidad de ser correctas, por lo que se establecen como paso previo a convertirse, o no, en los estándares, que sí poseen suficiente base objetiva evidente como para considerar dichos procedimientos estándar como marcadores clínicos correctos para el diagnóstico y el pronóstico con los métodos de exploración neurofisiológicos. Por ejemplo: el valor de latencia motora distal de referencia de un laboratorio es una línea directriz para los otros laboratorios, mientras que las descargas de punta-onda a 3 Hz en correlación con una ausencia típica es un estándar. Las líneas directrices y los estándares están en permanente revisión.

Y en cuanto a los "**criterios diagnósticos**", los más útil quizá sea dividirlos en 3 grupos: posible, probable y definida (Fuglsang-Frederiksen A, Pugdahl K. Current status on electrodiagnostic standards and guidelines in neuromuscular disorders. Clinical Neurophysiology 2011; 122: 440-455).

PROPOFOL: el propofol (agonista del *GABA*) o el midazolam se usan con frecuencia para tratar el estatus. No consta que sea preciso llegar al patrón en brotes-supresión para que dicho tratamiento sea eficaz, sino que probablemente sea suficiente con provocar una lentificación de fondo. Puede inducir crisis focales, o generalizadas, o motoras sutiles *(seizure like phenomena, SLP)* durante inducción, mantenimiento, emergencia, o posteriormente, o sacudidas motoras sin actividad epileptiforme en el electroencefalograma (Yagüe S et al. Propofol y movimientos anormales. Rev Neurol 2014; 58: 186). El consenso es el de evitar usar propofol en pacientes epilépticos si es posible. El propofol induce lentificación progresiva en minutos, con brotes intercalados de actividad beta de amplitud variable, como los de los barbitúricos y los husos de sueño generados en tálamo y detectables en corteza vía conexión talamocortical. En cierto porcentaje de casos induce la desaparición de la actividad interictal (San-juan D et al. Propofol and the electroencephalogram. Clinical Neurophysiology 2010; 121: 998-1006).

PROTOCOLOS MÉDICOS Y CARTERA DE SERVICIOS:
Utilidad del protocolo asistencial: unificación de criterios de indicación y contraindicación de las diferentes exploraciones entre médicos; elaboración de modelos de consentimiento informado; unificación de procedimientos diagnósticos; identificación de marcadores de calidad, como puedan ser las técnicas con mayor o menor rentabilidad diagnóstica, que, por tanto, deberán ser incluidas o excluidas del protocolo asistencial y de la cartera de servicios, o, dentro de las incluidas, indicadas o contraindicadas en el caso particular de cada paciente; revisión periódica de la sección y control periódico de la calidad asistencial; unificación de informes, existiendo la opción de la creación de modelos; codificación de la información cuando sea preciso, informatización, e integración en la red hospitalaria (intranet), con protección de la

confidencialidad de los datos del paciente (Ley Orgánica 15/1999 del 13 de diciembre sobre la protección de datos de carácter personal).

Las técnicas neurofisiológicas con interés clínico en la práctica, que se incluyen en la **cartera de servicios** en la actualidad, son las siguientes: electroencefalografía, electromiografía y potenciales evocados, que se incluyen en los siguientes **bocetos de protocolos diagnósticos y cartera de servicios**:

-**Electroencefalografía,** para crisis cerebrales en general, y epilepsia en particular, cefalea, coma y trastornos de conciencia, encefalopatía, demencia, tumores, enfermedad vascular cerebral, traumatismo craneoencefálico, trastornos psiquiátricos, muerte cerebral etc. Electroencefalografía convencional en vigilia, con privación de sueño, y otros métodos de activación (fotoestimulación, hiperventilación, apertura y cierre de ojos, etc.); electroencefalograma Holter en vigilia y sueño (monitorización de 24 horas).

Debe recordarse que, aunque la mayor parte de la actividad en la unidad es programada y se atiende según citación previa, para el caso del electroencefalograma, y dada la importancia del tratamiento precoz en el caso del estatus epiléptico, la figura del electroencefalograma **preferente o urgente** es efectiva en la práctica como ente clínico de hecho, por lo que el estatus epiléptico (el no convulsivo en particular, dado que el convulsivo se debe tratar en función de la clínica, lógicamente) se puede considerar indicación de asistencia, sino específicamente urgente , sí preferente durante la jornada laboral. El electroencefalograma urgente ya ha sido recogido en la literatura médica como ente clínico con interés creciente (Praline J, Grujic J, et al: Emergent EEG y clnical practice. Clinical Neurophysiology 2007; 118: 2149-2155). Véase electroencefalograma urgente.

-**Electromiografía,** para trastornos de primera y segunda motoneurona, radiculopatías, plexopatías, neuropatías, trastornos de la unión neuromuscular y miopatías

Los electromiogramas sucesivos pueden resultar más útiles que una sola exploración, en casos seleccionados.

La electromiografía (electromiografía y electroneurografía usados en combinación de manera juiciosa de manera particularizada para cada caso) permite distinguir entre miopatía (incluyendo miositis) y neuropatía (incluyendo neuronopatía y axonopatía); los electromiogramas sucesivos, en plazos variables, también ayudan a distinguir, observando los cambios a lo largo de una secuencia temporal coherente, entre axonotmesis y neurapraxia.

Localización topográfica de lesión (raíz, plexo, tronco nervioso, motoneurona primera o segunda, unión neuromuscular pre o postsináptica, músculo), determinación de signos de irritación nerviosa, denervación, descargas patológicas (miotonía, seudomiotonía, mioquimia, etc.), contractura, reinervación (subaguda, crónica), pérdida de unidades motoras (aguda, crónica) y grado (estimación del número de unidades motoras funcionantes), etc.

Conducción motora y sensitiva, para la medición de la magnitud alcanzada en los diversos parámetros con utilidad clínica (latencia, interlatencia, pendiente, duración, amplitud, área, morfología, velocidad), exploración de la conducción proximal (onda F); distinción entre neuropatía (polineuropatía, mononeuropatía, mononeuropatía múltiple) axonal, desmielinizante (difusa, segmentaria o focal), detección de bloqueos, detección de afectación nerviosa focal (atrapamiento, compresión, parálisis tardía, sección traumática, estiramiento traumático), radiculopatía, plexopatía, neuronopatía.

Estimulación repetitiva y técnicas afines, fundamentalmente para la medición de la potenciación postetánica, respuesta simpática cutánea, electromiograma de fibra simple (electrodo de fibra simple en desuso), medición del *jitter* con electrodo concéntrico (técnica de reciente implantación con el objetivo de sustituir al electromiograma de fibra simple, a la cual, a su vez, se tiene la intención de excluirla de la cartera de servicios en breve plazo, como ya se ha hecho en otros centros, por ejemplo, en el Radcliffe Infirmary de Oxford), registro de temblor, *blink reflex*, etc.

De acuerdo con Asbury (1983) las indicaciones para un electromiograma son: distinción entre debilidad central-periférica; debilidad miógena-neurógena; distinción entre radiculopatía-plexopatía, mononeuropatía múltiple-polineuropatía, grado de afectación por tipo de fibras (tipos de fibras según Berthold: mielínicas-amielínicas; somáticas-vegetativas; motoras-sensitivas; grandes-pequeñas; rápidas-lentas), neuropatía axonal-desmielinizante, calambre-contractura; localizar lesión y grado en mononeuropatías; prognosis en neuropatías; detectar trastorno de la unión neuromuscular; detectar denervación, fasciculación, miotonía (con interés en las subclínicas).

-**Potenciales evocados auditivos** para trastornos de la audición y vértigo; **potenciales evocados somatosensoriales** para trastornos de cordones posteriores y corteza; **potenciales evocados visuales con damero** (y **electrorretinograma con flash**) para trastornos de la visión.

Los protocolos están expuestos con más detalle a lo largo de este vademécum.

Debe existir la voluntad de seguir mejorando la asistencia prestada en la unidad de neurofisiología clínica, y de seguir readaptándose a los tiempos. Así, del mismo modo que con la llegada de la resonancia magnética la electroencefalografía dejó de ser crucial para la detección y localización de los posibles tumores cerebrales, también debe continuar la mejora de la explotación de las técnicas disponibles de acuerdo con las necesidades que verdaderamente vayan apareciendo y las novedades que vayan surgiendo. Ésto implica, por ejemplo, no solo mantenerse al día, sino saber tomar la decisión de dar de baja a técnicas obsoletas, así como el de incorporar técnicas nuevas que verdaderamente tengan utilidad clínica demostrada, y también no incorporar técnicas promocionadas en ciertos círculos por motivos diversos pero sin verdadera utilidad diagnóstica demostrada, o con utilidad pero cuyos hipotéticos beneficios en algunos casos podrían estar ya siendo obtenidos con técnicas convencionales en uso de manera similar o más eficaz y eficiente.

La adopción de técnicas novedosas se debe llevar a cabo con precaución, para no malgastar los medios del centro ni ofrecer al enfermo una asistencia clínicamente inútil sin motivos razonables y sin fundamento médico ni científico.

Debe racionalizarse y optimizarse la utilización del material. Por ejemplo: hoy en día personalmente no se practica la antigua costumbre de sedar con hidrato de cloral a los niños para la realización de potenciales evocados auditivos, por lo que se considera contraindicado.

Otro ejemplo: se ha adoptado la costumbre de emplear agujas de electromiografía del calibre mínimo (de 0,3 milímetros), dado que apenas causan dolor, por lo que se considera contraindicado emplear otras de mayor calibre para el electromiograma, a pesar de que esté indicado su uso por el fabricante, o de que sea el modo de trabajar en otros laboratorios que no tengan en cuenta esta posibilidad o no les parezca importante. Y se podría poner una lista larga de casos por el estilo, por ejemplo: sería conveniente coger una gasa cada vez que se echa mano al paquete de gasas, en vez de coger un puñado, etc.

El objetivo debe ser en todo momento la asistencia correcta al paciente, en todos sus aspectos posibles, a corto, medio y largo plazo, y no el de seguir una corriente de moda, que puede ser pasajera y no estar basada en hechos probados de manera sensata, objetiva y científica.

Los protocolos deben ser revisados continuamente, y renovados cuando sea preciso, en función de cómo cambien los tiempos, de modo que la continuidad en la "calidad asistencial" esté garantizada en todas sus vertientes, prestando atención especial a las novedades, como pueda ser la progresiva informatización.

El primer paso para tener una buena calidad en la asistencia sanitaria consiste en ofrecer una asistencia óptima a cada paciente de manera continuada.

La continuidad asistencial es una de las claves fundamentales en una unidad de neurofisiología clínica.

"PROTRUSIÓN" DISCAL: "protrusión" es un anglicismo utilizado en la actualidad, que significa en español abombamiento, abultamiento, protuberancia, prominencia, etc. y que se usa actualmente en referencia al saco tecal ("protrusión" discal) en caso de discopatía. La rotura del saco tecal en una siguiente fase de la discopatía supondría la salida del contenido del saco, es decir, la hernia discal propiamente dicha.

PRUEBA DE BABINSKI: véase parálisis histérica.

PRUEBA DE RINNE: véase hipoacusia, prueba de Rinne.

PSICOPATOLOGÍA DE LA INTELIGENCIA: oligofrenia, imbecilidad disarmónica de Bleuler ("tonto de salón"), seudooligofrenia (carencia afectiva, como en el síndrome de hospitalismo de Spitz; déficit sensorial), demencia, parademencia o dislogia (disminución del rendimiento intelectual de forma secundaria a otro trastorno), seudodemencia (falsa demencia, como en la psicosis carcelaria o síndrome de Ganser; si se lleva a cabo de manera intencionada no es seudodemencia, sino simulación o histeria).

PSICOSIS EPILÉPTICA: véase epilepsia y alteraciones psíquicas.

PTOSIS PALPEBRAL:
Algunas causas:
Amiotrofia espinal generalizada infantil ligada al cromosoma X intermedia.
Anemia de Fanconi.
Botulismo.
Distrofia miotónica.
Distrofia oculofaríngea.
Enfermedad de Dobkin-Verity.
Miastenia gravis.
Miopatía congénita.
Neuropatía (rara vez).
Parálisis del elevador del párpado (puede producirse incluso por un traumatismo craneal aparentemente anodino, por ejemplo, por un golpe leve en el arco superciliar, como se observa a veces en niños).
Ptosis aponeurótica por dehiscencia tarsal.
Ptosis senil.
Síndrome de Horner.
Síndrome de Kearns-Sayre (oftalmoplejía externa progresiva).
Síndrome de Landouzy-Dejerine.
Síndromes miasténicos congénitos.
Displasia de núcleos oculomotores (síndromes malformativos diversos).
Síndrome de Guillain-Barré.
Síndrome de Miller-Fisher. Infarto pontino (García D et al. Degeneración walleriana en ambos pedúnculos cerebelosos medios tras un infarto pontino unilateral. Rev Neurol 2012; 55: 370-78).
Neuropatía por talio.
Parálisis nuclear del tercer par craneal.
Infarto talámico.
Infarto mesencefálico (Montojo T et al. Ptosis bilateral de inicio brusco: a propósito de un caso. Rev Neurol 2012; 55: 760).
Ptosis fluctuante por hipotensión licuoral espontánea (González M et al. Ptosis fluctuante como presentación del síndrome de hipotensión licuoral espontánea. Rev Neurol 2014; 58: 429-430).
Miositis secundaria a enfermedad de injerto contra huésped crónica (Martínez C et al. Miositis secundaria a enfermedad de injerto contra huésped crónica. Rev Neurol 2015; 60: 183). Véase hipotensión licuoral espontánea.
Diagnóstico diferencial: blefaritis; seudoptosis por exoftalmos contralateral (en el exoftalmos el párpado superior no cubre el iris en el ojo abierto, mientras que en el ojo normal abierto el párpado superior cubre el iris casi hasta la altura de la pupila; y hay que tener en cuenta que pueden aparecer en un mismo paciente a la vez ptosis por *miastenia gravis* en un lado y exoftalmos por tiroiditis en el otro lado, por ejemplo).

PUNTA: onda menor o igual a 1/12 de segundo, o menor o igual a 2,5 milímetros a 30 milímetros/segundo; en general, de 20-70 milisegundos.
En ocasiones, por ejemplo, en una epilepsia mioclónica, con mioclonias palpebrales, por ejemplo, puede resultar difícil distinguir en el electroencefalograma entre actividad epileptiforme tipo puntas y actividad

electromiográfica en correlación con las mioclonias. Un método para distinguir los potenciales de unidad motora registrados en el electroencefalograma de las puntas consiste en cambiar el barrido del electroencefalograma y medir la duración de los potenciales individuales. Los potenciales de unidad motora suelen medir alrededor de 10 milisegundos y las puntas suelen estar, por ejemplo, alrededor de 30 o 40 milisegundos.

Aparece en numerosos cuadros.

Según frecuencia de descarga del complejo punta-onda: 6 Hz: epilepsia generalizada primaria.

3-4 Hz: epilepsia generalizada primaria.

1-2,5 Hz: síndrome de Lennox.

2,5-3,5 Hz o 3-4 Hz: ausencias infantiles (primeros complejos a 4-4,5 Hz, y últimos a 2,5 Hz).

4-4,5 Hz o 4-5 Hz: crisis mioclónicas, crisis tonicoclónicas al despertar, ambas; adolescentes o adultos jóvenes.

2 Hz: encefalopatía crónica residual por trombosis de seno longitudinal superior.

Más correlaciones: enfermedad de Lafora; lipogranulomatosis (enfermedad de Farber, acúmulo de ceramida, irritabilidad, disfonía, ronquera, estridor, respiración estertorosa, deformidad articular, artralgias, retraso psicomotor; puntas); mioclonias con origen cortical; síndrome de Zellweger; trastornos del ciclo de la urea, etc. Véase punta-onda.

PUNTA-ONDA:
Descrita en: encefalopatía por insuficiencia renal, enfermedad de Alzheimer, epilepsia generalizada, fiebre reumática, gran mal, niños hipercinéticos, síndrome de Klinefelter, otros.
Según frecuencia de descarga:
1. Punta-onda a 3 Hz generalizada y ausencias: *petit mal*, lesiones hipotalámicas, ausencias típicas (la punta-onda a 3 Hz focal también se observa ocasionalmente en crisis parciales del lóbulo temporal).
2. Punta onda a 2 Hz generalizada (punta-onda lenta) aparece en el síndrome de Lennox, en la encefalopatía crónica residual tras trombosis del seno longitudinal superior, en la enfermedad de Batten-Spielmeyer-Vogt-Sjögren, en el síndrome de Rett (punta-onda lenta en estadios iniciales, con máximo variable temporal y occipital), epilepsia postraumática, epilepsia de lóbulo frontal con sincronía bilateral secundaria, síndrome *ESES*, síndrome afasia-convulsión de Landau-Kleffner, epilepsia benigna del lóbulo occipital, síndrome de Juberg-Hellman, ausencias atípicas.
Véase punta.
Punta-onda fantasma: punta-onda en miniatura a 6 Hz. (punta de baja amplitud, de menos de unos 25 microvoltios). Suele observarse con somnolencia y sueño superficial. Tienden a desaparecer en el sueño profundo, a diferencia de la punta-onda con significado patológico. No tiene significado patológico conocido. Se correlaciona con migrañas, síncopes, hiperventilación, traumatismo craneoencefálico, enfermedades psiquiátricas, sujetos normales, etc. Según observaciones personales la punta-onda fantasma podría observarse en efecto durante el adormecimiento y podría consistir en el ritmo beta sumado a los trenes de actividad theta de alto voltaje que se observan durante el

adormecimiento, dando la impresión de conformar una punta-onda, que es falsa.

Punta-onda occipital del ciego: por desaferentación. Sin significado clínico.

Puntas benignas del sueño: pequeñas puntas agudas durante el sueño, multifocales, aisladas (no persistentes, como las patológicas). No tienen significado patológico.

Puntas occipitales en niños con "fibroplasia retrolental": de este modo han sido descritas.

Puntas temporales de los ancianos: sin significado clínico. En brotes; aisladas, entremezcladas con ritmos lentos. Más frecuentes durante la somnolencia.

PUNTO DE ERB EN EL CUELLO: latencias motoras desde el punto Erb en cuello a miembro superior: entre 2 y 6 milisegundos, dependiendo de si son músculos proximales, como supraespinoso y deltoides, o más distales, como tríceps.

PUPILA: la acomodación a la luz es un reflejo (integración neural subcortical), mientras que la acomodación a la distancia en un mecanismo automático (porque interviene la corteza).

Esfínter del iris: miosis (parasimpático). Músculo ciliar (radial y circular): al contraerse (parasimpático) relaja el ligamento suspensorio del cristalino, lo cual provoca el aumento de la curvatura (la inversa del radio) de la lente, para enfocar de cerca.

Anomalía sensorial: pupila de Marcus-Gunn.

Anomalías del parasimpático: pupila de Argyll-Robertson, midriasis paralítica por parálisis del tercer par, pupila tónica de Adie, anisocoria farmacológica (por midriáticos, en este caso la pupila no se contrae con pilocarpina).

Anomalías del simpático: síndrome de Horner (la pupila no se dilata con cocaína tópica, que no bloquea la recaptación de noradrenalina porque no se está liberando; si la pupila no se dilata con hidroxianfetamina, que libera noradrenalina, hay lesión de tercera neurona; si se dilata, es preganglionar).

Pupila tónica, pupila de Adie, pupila tónica de Adie, síndrome de Adie: denervación parasimpática idiopática por lesión del ganglio ciliar o de las fibras postganglionares de los nervios ciliares cortos posteriores, con reacción perezosa a la luz y a la acomodación (reacción a la luz más lenta que a la acomodación, de forma característica). El esfínter del iris es hipersensible a la pilocarpina al estar denervado, lo cual provoca miosis.

No hay que confundir la pupila de Adie con el **signo de Argyll-Robertson,** que consiste en miosis con la acomodación, no con la luz, y aparece en sífilis terciaria, en la neurosífilis sintomática parequimatosa (neurosífilis y tabes). Quizá sea debido a lesión del *pretectum*, ya que la vía del reflejo luminoso no es totalmente común a la vía del mecanismo de acomodación a la distancia.

Síndrome de Holmes-Adie: pupila tónica y ausencia de reflejo patelar y aquíleo (sospecha de neuropatía autonómica asociada a neuropatía periférica).

Síndrome de Ross: síndrome de Holmes-Adie e hipohidrosis (suele ser "parcheada" y puede haber hiperhidrosis reactiva contralateral) e hiporreflexia. Degeneración del sistema nervioso autónomo que afecta a fibras colinérgicas. En el **síndrome de Ross plus** se afectan también fibras no colinérgicas.

Signo de Hutchinson: midriasis unilateral de Hutchinson, por hernia transtentorial de *uncus.*

Pupila de Marcus-Gunn: mayor miosis con el reflejo consensuado que con el fotomotor directo (anomalía pupilar de origen sensorial, por ejemplo, por neuropatía óptica).

Sindrome de Horner: síndrome de Claude-Bernard-Horner. Miosis, ptosis, enoftalmos (no se debe confundir enoftalmos con endofalmos, que es inflamación del ojo). Aparece en relación con tumor en *vertex* pulmonar que afecta a plexo simpático (tumor de Pancoast) y en el síndrome de Raeder. Puede aparecer anhidrosis del brazo y hemicara del mismo lado, amiotrofia en mano, dolor de distribución peculiar (plexo braquial). Puede observarse también en la parálisis de Klumpke si se extiende a T1. Conviene tener en mente este síndrome, pues puede ser ocasionalmente la forma de debut de un tumor de Pancoast, y ser remitido el paciente por sospecha de otra cosa, por ejemplo, de *miastenia gravis.*

QUIRALGIA PARESTÉSICA: véase nervio radial.

RABDOMIOLISIS: véase mioglobinuria.

RABIA: virus de la rabia: encefalitis, convulsiones, espamos, alucinaciones, disfunción del tronco encefálico (pares, respiración, deglución), coma, *exitus.*

RADICULOPATÍA: en el informe electromiográfico personalmente se considerará que los signos neurógenos compatibles con radiculopatía observados son leves si solo aparece actividad de reinervación (potenciales de unidad motora de amplitud aumentada, o duración aumentada, o polifásicos, ya sean estables o inestables). Si se observan signos de pérdida aguda (trazado simplificado de baja amplitud) o crónica (trazado simplificado de amplitud aumentada) de unidades motoras, pero se conserva la fuerza en el balance muscular, se considerará en el informe electromiográfico que la radiculopatía es moderada. Si el trazado es simple pero se conserva la fuerza se informará la radiculopatía como de intensidad moderada-acusada y si el trazado es simple o simplificado y hay pérdida de fuerza se considerará acusada, y muy acusada en caso de plejía del músculo (en este caso con trazado simple o con ausencia de actividad motora voluntaria).
Suele ser habitual llevar a cabo también la estimación de unidades motoras funcionantes por músculo.
Si no se observan signos electromiográficos de radiculopatía (si no se observa actividad denervativa-reinervativa ni signos de pérdida aguda o crónica de unidades motoras) se expresará en estos términos.

Es crucial llevar a cabo el balance muscular, a la vez que la exploración electromiográfica o aparte, y la exploración de los reflejos musculares profundos, así como buscar signos de piramidalismo (clonus, Babinski, espasticidad).

Es recomendable explorar en miembros inferiores músculos correspondientes a los territorios radiculares L4 L5 S1 (S2, etc.), sin olvidar que puede haber radiculopatías L3, L2, etc.

REACCIÓN DE DEGENERACIÓN DE ERB: lo normal es que un impulso menor de 1 milisegundo de corriente farádica (alterna rápida) de lugar a una contracción. Tras denervación, el impulso debe ser de varios milisegundos y de corriente galvánica (reacción de degeneración de Erb). Antiguo método electrofisiológico, en desuso, para valorar la existencia de denervación.

REACCIÓN H: véase métodos de activación.

RECEPTORES SENSORIALES:
Terminaciones libres: nocicepción.
Receptores encapsulados: Merkel y Pacini (presión y vibración, en piel, cápsulas articulares, periostio, envolturas viscerales, etc.), Meissner (tacto discriminativo), Krause (tacto, presión, temperatura), Rufini (tacto y presión), husos neuromusculares.
Órgano tendinoso de Golgi: en la transición de tendón a músculo; la contracción muscular comprime estas fibras amielínicas entre el colágeno; su descarga inhibe a las motoneuronas.

REFLEJO AQUÍLEO MAJESTUOSO O PEREZOSO: lentificación de la fase de recuperación. Indica hipotiroidismo. Es un signo clínico útil.

REFLEJO AXONAL: véase reflejo H.

REFLEJO H: el reflejo H se obtiene estimulando las fibras aferentes (en la onda F, las eferentes), por lo que no hay potencial motor antes del reflejo H (a diferencia de la onda F) y la morfología del potencial es estable (a diferencia de la onda F); el **reflejo axonal** también se obtiene en fibras eferentes (como la onda F) pero redundantes (por reinervación colateral), de ahí que aparezca un segundo potencial (reflejo axonal) después del potencial motor, pero con latencia menor que la onda F.

Descrito por Hoffman (1918). Se basa en la activación de fibras aferentes fusimotoras. Puede estar ausente en personas añosas. Los valores normales se suele considerar que son, para la amplitud, de 1 a 4 milivoltios, y la latencia menor de 30 milisegundos (menores de 50 años) o menor de 34 milisegundos (mayores de 50 años), y en cuanto al índice H/M, se considera que es de 0,1 a 0,5, y que menos de 0,1 indica hiporreflexia. Estos valores normales de referencia recogidos en la literatura internacional no coinciden con lo que se ha observado personalmente en la práctica, por lo que se considera más fiable la exploración con el martillo de reflejos y el resto de la exploración descrita a continuación que el reflejo H. Se puede obtener en puntos diversos, pero habitualmente se ha utilizado para valorar el reflejo aquíleo (estímulo en hueco poplíteo y registro en pantorrilla), de modo que la ausencia unilateral del reflejo H, con una clínica compatible, sugeriría radiculopatía sensitiva S1 de ese lado. Lo que pasa es que si la clínica es compatible (lumbociática S1, hipoestesia y parestesias por S1, hiporreflexia o arreflexia aquílea con el martillo de reflejos, claudicación de la marcha de puntillas, electromiograma con signos de radiculopatía S1, etc.), pues el reflejo H no añade gran cosa al diagnóstico, y la ausencia del reflejo H en ausencia de clínica tampoco, por lo que es una técnica que personalmente se considera inútil en la práctica clínica, por lo que hace años que no se utiliza, a pesar de que se le sigue dando importancia en otros laboratorios, y se siguen publicando artículos sobre esta técnica. Desde un punto de vista clínico en principio es más fiable el martillo de reflejos que el reflejo H para valorar una radiculopatía S1 sensitiva. Según Cerrato, debe interpretarse con cautela el resultado de la medición del reflejo H (Cerrato M et al. Factores que afectan el reflejo de Hoffman en su uso como herramienta de exploración neurofisiológica. Rev Neurol 2005; 41: 354-360).

REFLEJO TRIGEMINOCERVICAL: véase *blink reflex*.

REFLEJO TRIGEMINOFACIAL: véase *blink reflex*.

REFLEJOS DE LA LÍNEA MEDIA: nasopalpebral (parkinsonismo), *grasping*, succión, palmomentoniano. Indican liberación frontal.

REGLA DE LOS 15 MINUTOS: véase consejos prácticos para la prevención de lesiones nerviosas.

RESPIRACIÓN ATÁXICA DE BIOT, ATAXIA RESPIRATORIA: véase ataxia.

RESPIRACIÓN DE KUSSMAULL: véase acidosis.

RESPUESTA AUTONÓMICA, MÉTODOS NEUROFISIOLÓGICOS INDIRECTOS: las fibras autonómicas son amielínicas finas, y se afectan con más frecuencia en neuropatías de fibras finas. La maniobra de Valsalva y el cambio postural en condiciones normales provocan un descenso del retorno venoso y del volumen minuto cardíaco; a continuación aumentan la resistencia periférica, la frecuencia cardíaca y el volumen minuto de manera refleja para aumentar la presión arterial. En el caso de la disfunción autonómica se altera esta respuesta en su vía aferente, eferente, o ambas (pudiendo ser indistinguibles en la práctica). Debe tenerse en cuenta la edad del paciente.

Métodos (Nogues MA, Stalberg E. Rev Neurol Arg 1987; suplemento: 225–231):
1. Maniobra de Valsalva: razón de Valsalva = intervalo R-R más largo/intervalo R-R más breve; normal mayor de 1,5.
2. Cambio en la frecuencia cardíaca al incorporarse en menos de 5 segundos (razón 30/15): el pico en el aumento de la frecuencia cardíaca (acortamiento R-R) ocurre hacia el latido número 15, y la relentificación de la frecuencia hacia el número 30. Razón 30/15 = duración del intervalo R-R 30 (en ms)/duración del

intervalo R-R 15 (ms). Normal: 1,03 o mayor. En sujetos con disautonomía no suele haber bradicardia de rebote. Mediado por el vago; abolido por atropina.

El cambio espontáneo en la frecuencia cardíaca es un signo de enclavamiento, útil por tanto en el diagnóstico de muerte encefálica.

3. Arritmia sinusal respiratoria: respuesta vagal.

4. Otros.

Véase disautonomía.

RESPUESTA PARASIMPÁTICA: se puede explorar la respuesta parasimpática explorando la variación del intervalo R-R. Se colocan electrodos en xifoides y quinto espacio intercostal izquierdo (línea medioclavicular). Se registra en reposo y en inspiración profunda. Filtros: 5 Hz y 0,1 KHz. Sensibilidad: 500 microvoltios/división. Barrido: 800 milisegundos/división. La variación se obtiene calculando la media de la resta entre el intervalo máximo menos el intervalo mínimo. Se desconoce la utilidad clínica de esta propuesta técnica (Stalberg EV, Nogues MA. Automatic analisis of heart rate variation: Method and reference values in healthy controls. Muscle Nerve 1989; 12: 993-1000).

La variabilidad R-R tras bipedestación parece ser que indicaría el estado de la vía simpática adrenérgica (índice 30-15). La variabilidad R-R con la ventilación, en comparación con la bipedestación (y el electroneurograma), permitirían distinguir neuropatía de fallo autonómico puro (Fernández J. et al. Pure orthostatic hypotension: Neurophysiological assesment and differential diagnosis. Clinical Neurophysiology 2009; 120: 138).

Véase disautonomía.

RESPUESTA SIMPÁTICA CUTÁNEA, RSC: la RSC tiene un componente central, espinal, bulbar y suprabulbar (hipotálamo anterior, formación reticular y córtex límbico sensoriomotor; y con efecto inhibidor sobre la RSC: córtex orbitofrontal, núcleo caudado y lóbulo anterior del cerebelo). El impulso aferente sigue fibras mielinizadas largas, y el eferente fibras simpáticas a las glándulas sudoríparas. Los detalles son poco conocidos.

La RSC se puede obtener con estímulo eléctrico (por ejemplo sobre cubital en codo o muñeca) y registro en palma homolateral (electrodo activo en palma y de referencia en dorso), pero también con una inspiración profunda y forzada, seguida de espiración profunda y forzada, obteniéndose así un potencial idéntico al estimulado con una descarga eléctrica.

El potencial suele ser bifásico y el sentido de las deflexiones el mismo en un solo sujeto, pero en sujetos distintos el sentido puede ser negativo-positivo o positivo-negativo. Aghamollaii también ha observado que la primera deflexión puede ser positiva o negativa (Aghamollaii V et al. Sympathetic skin response (SSR) in multiple sclerosis and clinically isolated syndrome: A case-control study. Clinical Neurophysiology 2011; 41: 161-171).

Las condiciones de registro son: **barrido de 1000 milisegundos/división, filtros de 1000 Hz y 0,1 Hz, y sensibilidad de 500 microvoltios/división,** por ejemplo.

Según observaciones personales, **con inspiración forzada la latencia normal de la respuesta con registro en la palma de la mano suele oscilar entre 1,5 y 3** segundos (desde el estímulo, la inspiración, hasta el inicio de la respuesta – *onset-*), y la amplitud entre 1,5 y 7 milivoltios (con estímulo eléctrico en codo se obtienen latencias similares).

Como el registro se hace en barrido libre, lo que se hace es **iniciar la inspiración cuando la línea de base esté a punto de llegar al final de una pantalla**, de manera que la respuesta aparezca en la siguiente pantalla con la inspiración coincidiendo en el punto cero.

Estos valores se han obtenido en miembros superiores, y se ha explorado con menos frecuencia en miembros inferiores, donde los valores obtenidos hasta la fecha son similares de todos modos.

Lanctin ha descrito valores para la amplitud entre 1,1 y 8,8 milivoltios, y para la latencia entre 1,3 y 2 segundos (Lanctin C et al. Respiratory evoked potentials and occlusion elicited sympathetic skin response. Clinical Neurophysiology 2005; 35: 119-125).

Aghamollaii obtiene la RSC con estimulación (estímulo de 0,2 milisegundos y al menos 10 miliamperios) y sólo mide las latencias, pues considera a la amplitud un parámetro poco fiable, al igual que Haapaniemi (Haapaniemi TH et al. Suppressed sympathetic skin response in Parkinson disease. Clin Auton Res 2000; 10: 337-42).

Aghamollaii recomienda explorar por sistema los 4 miembros, siendo los valores de referencia encontrados en su caso los siguientes: latencia en manos en milisegundos (estímulo en miembro contralateral), entre 1250 con registro en mano izquierda y 1293 derecha (*sd* entre 2,7 y 2,4); latencia en pies (estímulo en miembro contralateral) con latencias izquierda y derecha de 1933 y 1943 (*sd: 166 y 183).* **Personalmente no se considera recomendable recurrir al criterio de la media más 2 o 3 *sd* en el valor de la latencia como criterio de normalidad, dada la posibilidad de falsos positivos y falsos negativos a que da lugar.** Para Aghamollaii la respuesta es anormal si no aparece respuesta tras 10 estímulos de intensidad creciente con intervalos de 60 segundos entre estímulos o si la latencia está alargada más de 2 *sd* de la media del grupo de control.

Hay un estándar dentro de los *Technical Standards of the International Federation of Clinical Neurophysiology* (Claus D, Schondorf R. Sympathetic skin response. In: Deuschl G, Eisen A, editors. Recommendations for the practice of clinical neurophysiology (EEG), 52. Elsevier 1999 p 277-9).

Aghamollaii recomienda una temperatura cutánea mayor de 32 grados centígrados (Aghamollaii V et al. Sympathetic skin response (SSR) in multiple sclerosis and clinically isolated syndrome: A case-control study. Clinical Neurophysiology 2011; 41: 161-171). **Personalmente se considera también que la temperatura cutánea debe ser de 33 grados centígrados o mayor para la RSC y para la electroneurografía en general.**

Goizueta et al encuentra como valores normales (con estímulo en glabela y registro en palmas) una latencia de 1,42 +/- 0,03 segundos y amplitud de 2,44 +/- 1,84 milivoltios (Goizueta G et al. Parámetros de normalidad de la respuesta simpaticocutánea en 100 sujetos normales. Rev Neurol 2013; 56: 321-26).

Es posible que la respuesta simpática cutánea sea la única prueba alterada en algunos trastornos que afecten selectivamente a esta vía (por ejemplo, en la neuropatía diabética), por lo que podría ser una técnica con un interés clínico creciente en el futuro, una vez establecidas las posibles correlaciones. Serán precisas series largas de resultados para despejar esa incógnita sobre su posible utilidad clínica.

Según algunos autores la RSC podría ser la prueba más sensible para el diagnóstico de la disfunción autonómica.

Elie B, Louboutin JP. Sympathetic skin response (SSR) is abnormal in multiple sclerosis. Muscle Nerve 1995; 18: 185-9.

Kodouni A et al. Measurement of autonomic dysregulation in multiple sclerosis. Acta Neurol Scand 2005; 112: 403-8.

Desde hace años, y también recientemente, se sigue invocando su importancia en la esclerosis múltiple (y otros trastornos centrales), de modo que es posible que en un pequeño porcentaje de pacientes la RSC detecte lesiones centrales no detectadas con otras pruebas, resonancia magnética incluida (Aghamollaii V et al. Sympathetic skin response (SSR) in multiple sclerosis and clinically isolated syndrome: A case-control study. Clinical Neurophysiology 2011; 41: 161-171). E incluso podría llegar a ser útil, según Aghamollaii, para distinguir entre la oftalmoplejía internuclear (por ejemplo, por lesión del fascículo longitudinal medial en esclerosis múltiple) de la seudooftalmoplejía internuclear (como en la oftalmoplejía por *miastenia gravis*).

En la experiencia propia con esta técnica suele aparecer alterada en pacientes con polineuropatía con sospecha de afectación de fibras pequeñas, por ejemplo, en pacientes diabéticos con polineuropatía y manifestaciones clínicas como hipotensión ortostática, anhidrosis, etc., en los que por ahora se ha observado que la RSC no aparece; de modo que por ahora sería la ausencia de la RSC, tras varios intentos, lo que permitiría detectar una alteración en la vía simpática.

En sujetos con diabetes y polineuropatía pero sin sintomas de fibras pequeñas, o sin polineuropatía, la RSC suele ser normal en los casos en los que se ha comprobado hasta ahora.

Otra forma de manifestarse la anormalidad de la RSC en sujetos con diabetes y polineuropatía de fibras pequeñas consiste en la dificultad, anormal, para obtener la respuesta (en sujetos normales suele aparecer a la primera, e incluso sin inspiración/espiración forzada, sino sólo con la actividad ventilatoria normal) que requiere varios intentos antes de empezar a aparecer, haciéndolo entonces con amplitud baja, menor de 0,5 milivoltios, y latencia alargada, mayor de 3,5 segundos. De modo que es posible que la RSC sí sirva para detectar alteraciones en esta vía nerviosa de esta otra manera.

Quizá podría tener interés también la RSC en la causalgia, pero esta posibilidad no ha sido comprobada fehacientemente todavía. En dos sujetos con causalgia en la palma de la mano en los que se ha probado la RSC no se han encontrado anomalías en la RSC de la zona afectada, curiosamente.

En una paciente con disestesias en un pie y falta de crecimiento del pelo en la misma pierna tras fractura de meseta tibial, se encontró en el lado afectado, en el pie, una RSC con una latencia de 4 segundos y una amplitud de 0,1 milivoltios, frente a los 2 segundos y 0,25 milivoltios del lado sano, diferencia que se consideró significativa en este caso, a pesar de no disponer de valores de referencia "estandarizados" para la RSC con registro en el pie.

En un sujeto afectado de enolismo y con trastornos tróficos de cuyo origen se quería descartar si tenían origen circulatorio o neuropático, la RSC fue normal, y el origen de los trastornos resultó ser circulatorio finalmente.

Todos estos hallazgos invitan a obtener series largas de pacientes y sujetos control con esta técnica, dado que podría tener interés. Por ejemplo, podría tener algún interés en la disfunción eréctil saber si esta técnica podría ayudar en algún caso, por lo que quizá convendría disponer de valores de referencia con registro en mano, en pie e incluso tal vez en área genital, si fuera posible.

Geraldes ha encontrado normalidad de la RSC en un paciente con polineuropatía acusada de fibras grandes por xantomatosis cerebrotendinosa, por tanto, parece que la RSC podría servir para valorar fibras pequeñas (Geraldes R. Cerebrotendinous xanthomatosis: No involvement of the autonomic nervous system in a case with severe neuropathy. Clinical Neurophysiology 2007; 37: 47–49).

Hay diversos cuadros con alteración autonómica en los que podría tener interés, como el síndrome de Ross, el síndrome de Sjogren, formas idiopáticas de alteración autonómica y el fallo autonómico puro (Idiazquez J et al. Autonomic function studies in chronic neurogenic segmental anhidrosis. Clinical Neurophysiology 2009; 120: 109).

Salanga ha encontrado que en pacientes con sospecha de neuropatía de fibras pequeñas, es decir, con un electromiograma convencional normal pero con síntomas de sensación de dolor neuropático, ardor en los pies, o ambos, la exploración autonómica está alterada en un alto porcentaje de ellos (82%), y, de estos, en un 4%, la única prueba alterada de las dos que probaron era la RSC, y en otro 4% la única prueba alterada era la exploración cardiovagal: intervalo R-R con inspiración profunda y Valsalva (Salanga VD et al. Autonomic tests in predominantly sensory neuropathy with normal nerve conduction studies. Clinical Neurophysiology 2009; 120: 109).

La RSC con registro en región anal y perineal podría tener interés también para lesiones en dicha zona, incluso distinguiendo entre región perineal anterior y posterior. Scisciolo et al lo llevan a cabo con estímulo en muñeca y han encontrado respuesta presente en todos los sujetos sin clínica, por lo que el marcador podría ser la ausencia de respuesta en presencia de clínica (De Scisciolo g et al. Can sacral SSR recordings be useful in the assessment of autonomic nervous dysfunction in patients with sacral-pudendal impairment? Clin Neurophys 2015; 126: e-14).

La RSC tiene buena correlación con otras pruebas de exploración autonómica (Gunal DI et al. Autonomic dysfunction in multiple sclerosis: correlation with diseaserelated parameters. Eur Neurol 2002; 48: 1-5).

Conçeiçao ha referido alteraciones precoces en la respuesta simpática cutánea (RSC) en pie en la fase inicial de la neuropatía de tipo portugués, que ya habían sido descritas en palma por Montagna en 1988. Conceiçao refiere disminución de la amplitud de dicha respuesta obtenida en la planta del pie; y en fase avanzada de la enfermedad ya no encuentra dicha respuesta; define el límite inferior normal para la amplitud de la respuesta en la RSC en planta en 0,2 milivoltios, utilizando filtros de 0,5 Hz a 2 KHz, con ganancia de 200 microvoltios/división y barrido de 1 segundo/división.

La RSC fue descrita en 1984 (Shahani BT et al. Sympathetic skin-response - a method of assessing unmyelinated axon dysfunction in peripheral neuropathies. J Neurol Neurosurg Psychiatry 1984; 47: 536-42).
Véase amiloidosis. Véase disautonomía. Véase dolor (causalgia).

RETINA: parte visual por detrás de la *ora serrata*. Papila del nervio óptico a 1,6 milímetros del polo posterior. *Macula lutea* o polo posterior, 6 milímetros de diámetro, con *fovea centralis* de 1,5 milímetros, que sólo contiene fotorreceptores; cortada por el eje óptico (el eje geométrico se encuentra entre mácula y papila, encontrándose la papila en el lado nasal y la mácula en el lado temporal).
Conos: luz intensa, color, agudeza. Bastones: luz menos intensa, blanco y negro, poca agudeza y menos aun cuanto más a la periferia.
En zonas centrales la convergencia de bastones en células bipolares es 10/1, en la periferia, de 100 a 1.
Las bipolares conectan a los conos y los bastones con las células ganglionares, cuyos axones convergen en la papila para formar el nervio óptico.

Características de la respuesta de la retina de bastones/conos (condiciones escotópicas/fotópicas):
1. Agudeza: baja/alta.
2. Sensibilidad: alta/baja.
3. Vía: convergente/directa.
4. Resolución espacial: pobre/buena.
5. Resolución temporal: pobre/buena.
6. Índice de adaptación a la oscuridad: lenta/rápida.
7. Visión en color: no/sí.

Vía nerviosa: fotorreceptores... células bipolares (segundo orden)... células ganglionares... cuerpo geniculado lateral... etc.

En la retina hay 100 millones de bastones y 6 millones de conos. El máximo de bastones está a 20 grados de la fóvea. En la fóvea no hay células ganglionares, que se conectan con los conos en la foveola (con células intermedias) en relación 1:1 (relación que implica la máxima agudeza del sistema, la mayor discriminación visual). La capacidad de los bastones para detectar luz muy tenue se relaciona con su convergencia en células ganglionares. En la foveola sólo hay conos. La *macula lutea* abarca 16 grados 40 minutos; dentro de la mácula está la fóvea, que abarca 5 grados y contiene 100000 conos; dentro de fóvea está la foveola, que abarca 70 minutos y contiene 25000 conos. El disco óptico abarca 5 grados.

Retinitis pigmentaria primaria: suele ser autosómica recesiva. La autosómica dominante es más benigna, la ligada al X más grave. Ceguera nocturna y visión en cañón.
Fondo de ojo: acúmulos con aspecto de espículas óseas, arterias estrechadas, atrofia de papila, electrorretinograma "plano".
Supuestamente el electrorretinograma se caracterizaría por el potencial de bajo voltaje con afectación precoz de bastones (electrorretinograma escotópico; *flicker* normal), y los conos se afectarían en fases avanzadas. En el

electrorretinograma, potencial de bajo voltaje, afectación precoz de bastones (electrorretinograma escotópico; *flicker* normal), los conos se afectan en fases avanzadas.

En los casos con retinitis pigmentaria vistos personalmente (enfermedad en la que degeneran los bastones, y por tanto debería explorarse en condiciones escotópicas estrictas, supuestamente) en la práctica, la respuesta en el electrorretinograma está significativamente reducida (más de un 50%) aun en condiciones mesópicas y tras promediación, de modo que en principio hay que considerar como hipótesis de partida que sería suficiente desde un punto de vista clínico, en la práctica, con hacer el registro mesópico.

Retinopatía con fóvea intacta: lesión de retina con fóvea intacta: electrorretinograma sin respuesta, potenciales evocados visuales con damero dentro de la normalidad.

Retinopatía diabética: disminución de la amplitud del electrorretinograma, desaparición de potenciales oscilatorios.

Retinopatía, se observa en los siguientes: acromatopsia congénita; adrenoleucodistrofia; angiomatosis retinocerebelomedular; antipalúdicos (retinitis pigmentaria); candidiasis sistémica; déficit de vitamina E; degeneración macular senil; desprendimiento de retina, con o sin traumatismo ocular; encefalitis herpética (necrosis retiniana; puede ser una secuela tardía, hasta 20 años después, y puede ser ipsilateral o contralateral a la encefalitis -Arruti M. Necrosis retiniana aguda por virus herpes simple tipo 1 a los 3 años de una encefalitis herpética. Rev Neurol 2014; 58: 45-46-); enfermedad de Batten; enfermedad de Hallervorden-Spatz: retinitis y atrofia óptica; enfermedad de Oguchi; esclerosis tuberosa; enfermedad de Bourneville-Pringle; hipertensión arterial; intoxicación con hexacarbonos; melanoma; neurofibromatosis: lesiones retinianas; neuropatía crónica hereditaria con atrofia óptica (tipo 6 de Dick y Lambert); nictalopia congénita; oclusión de la arteria central de la retina; oclusión de la vena central de la retina; retinitis pigmentaria primaria; retinopatía diabética; síndrome *birdshot* (coriorretinopatía en perdigonada; uveítis posterior bilateral autoinmune, con disminución de agudeza visual, fotofobia y electrorretinograma alterado); síndrome de Aicardi: agenesia de cuerpo calloso, coriorretinitis y epilepsia; síndrome de Alstrom (retinitis pigmentaria); síndrome de Coats; síndrome de Bassen-Kornzweig, o abetalipoproteinemia; síndrome de Cockayne; síndrome de Coats: distrofia muscular facioescapulohumeral, hipoacusia y retinopatía; síndrome de Eales: vasculitis retiniana con hemorragias recurrentes; síndrome de Flynn-Aird; síndrome de Gazit; sndrome de Lawrence-Moon-Bardet-Biedl; síndrome de Leigh; síndrome de Refsum; síndrome de Hallervorden-Spatz; síndrome de Hallgren (retinitis pigmentaria); síndrome HARP (retinitis pigmentaria); síndrome de Kearns-Sayre; síndrome MELAS; síndrome de Senior-Löken; síndrome de Sjögren-Larsson; síndrome de Sturge-Weber-Dimitri; síndrome de Usher (retinitis y sordera neurosensorial); síndrome de Von-Hippel-Lindau (angiomas); síndrome de Wanderburg; síndrome de Zellweger; síndrome o enfermedad de Bassen-Kornzweig; síndrome paraneoplásico en el cáncer microcítico; sorbitol: retinopatía por sorbitol (sorbitol: neuropatía y retinopatía);

toxoplasmosis neonatal congénita; *incontinencia pigmenti achromicans;* encefalomielitis paraneoplásica.

RIBOFLAVINA: vitamina B2. Déficit: síndrome de Strachan.

RIGIDEZ: véase discinesias con origen espinal.

RIPPLES OF PREMATURITY: véase electroencefalografía neonatal.

RITMO ALFA: 8-13 Hz, hasta 200 microvoltios (por ejemplo). Bilateral, sincrónico en áreas homólogas, formando husos coherentes entre ambos hemisferios. Con la edad disminuye la frecuencia. Con hiperventilación se lentifica el trazado, sobre todo en niños, lentificación que deja de observarse en adultos. La amplitud puede ser menor en la derivación temporal posterior y occipital del hemisferio dominante, hasta en un 50%. Con la senectud disminuye la frecuencia del ritmo alfa en 0,05-0,75 Hz por década a partir de los 60 años. También disminuye la amplitud y aumenta la frecuencia del ritmo beta. La actividad alfa aumenta con los ojos cerrados y disminuye con el aumento de la atención y la concentración, sobre todo visual. Permanece bastante constante toda la vida, pero al llegar a la senectud puede haberse reducido en 2 Hz. La sincronía podría depender de los núcleos talámicos. Puede aparecer con ojos abiertos cuando no se presta atención. Desaparece en la somnolencia y está ausente durante el sueño. Disminuye de amplitud por accidente vascular cerebral o insuficiencia vascular cerebral, tumores, etc.
Índice alfa: porcentaje de alfa en 100 centímetros de trazado a 3 centímetros/segundo; alfa dominante: 75-100%; alfa subdominante: 50-74%; mixto: 25-49%; raro: menos del 24%.
Puede haber atenuación del alfa con ojos abiertos y reaparición con rapidez al cerrarlos (alfa persistente). La ausencia total de atenuación (alfa no reactivo) se considera anormal y un indicador de disfunción cerebral.
Asimetría del alfa: artefacto o lesión extensa. Electroencefalograma sin alfa o con alfa escaso que aparece brevemente al cerrar los ojos (*off effect*): 10% de la población sana.
Reactividad del alfa a la apertura y cierre de ojos: disminuye en demencia más de lo esperado por la mera añosidad (sucede lo mismo con la fotoestimulación o reacción H). Durante la somnolencia puede aparecer un ritmo alfa paradójico (al abrir los ojos). *Squeak effect:* aumento del ritmo alfa al cerrar los ojos. Fenómeno *beating:* presencia de dos o más frecuencias dominantes. Alfa frontal al despertar: común en niños.

Seudoalfa: alfa sin distribución topográfica característica del alfa ni reactividad, que suele representar actividad ictal (puede haber seudobeta, seudotheta y seudodelta con significado ictal), interesante sobre todo en neonatos.

Alfa variante: alfa puntiagudo, tal vez por la suma de una frecuencia armónica, característico de la epilepsia; se observa con frecuencia (este sería el alfa variante armónico; también hay descrito un alfa variante subarmónico, de frecuencia lenta, aproximadamente la mitad del alfa).

"Alfa lento": ¿qué hacer cuando el ritmo alfa se lentifica por debajo de 8 Hz, como ocurre por ejemplo en demencias, en encefalopatías, etc.? Un ritmo por debajo de 8 Hz ya no es el ritmo alfa, por lo que no parece procedente denominar a este tipo de actividad "alfa lento". La actividad theta es una actividad, no un ritmo, por lo que tampoco parece tener sentido denominar "ritmo theta" a este "alfa lento". Por tanto, lo más práctico parece que podría ser denominar a este fenómeno, por ejemplo, "actividad rítmica posterior", reflejándolo en el informe, por ejemplo, del modo siguiente: electroencefalograma lentificado con actividad rítmica posterior a ... Hz (se pueden añadir el resto de los hallazgos que indicasen dicha lentificación, como actividad theta difusa, brotes de ondas delta generalizados y sincrónicos con predominio de voltaje anterior, etc.).
Véase coma alfa.

RITMO BETA: 14-40 Hz y hasta 50 microvoltios (por ejemplo). Algunos autores consideran ya anormal una amplitud de 30 microvoltios o más. Con barbitúricos: morfología fusiforme a unos 22 Hz. Desaparece con el sueño. Ritmos alfa y beta descritos por Hans Berger hacia 1924. Algunos autores lo consideran un signo de buen pronóstico en pacientes en coma.
Como la lentificación difusa del electroencefalograma suele implicar a todo tipo de actividad, una actividad beta de origen medicamentoso, por ejemplo, durante una sedación, puede irse lentificando progresivamente, pudiendo pasar, por ejemplo, de 15 Hz a 7 Hz, conforme se va profundizando en el grado de sedación.

RITMO DE "BRECHA" O DE RUPTURA ÓSEA (*BREACH RHYTHM*): por defecto óseo. Ritmo agudo de alta amplitud en la zona del defecto, en general asociado a asimetría del ritmo beta, también por aumento de amplitud en el lado operado. Sin significado patológico.

RITMO DE RADERMECKER: véase panencefalitis esclerosante subaguda.

RITMO MU: descrito por Gastaut (1952). 7-11 Hz, uni o bilateral, sincrónico o asincrónico, persiste con ojos abiertos (diferencia con alfa). Puede aparecer en regiones anteriores. Se atenúa con movimientos del miembro contralateral. Ondas en arcos o peines (*comb rythm*). Es fisiológico. También se atenúa con movimientos pasivos, reflejos y estímulo táctil, sobre todo de la mano. No se modifica por la actividad mental ni la apertura de los ojos. Es infrecuente que un trazado con ritmo mu sea patológico. Ha sido descrito en niños pequeños, de 1 año, recalcándose la importancia de no confundirlo con actividad epileptiforme (Beiske KK et al. Mu rythm in a 13 month old toddler. Clinical Neurophysiology 2011; 122: 1055-56).

"RITMO" THETA DE LA LÍNEA MEDIA: las ondas theta se consideran en general un tipo de actividad, no un ritmo. Esta variedad particular, denominada de este modo no obstante, consiste en trenes theta, espiculados y arciformes, centrales, en vigilia y somnolencia, en adultos y niños. Sin significado clínico. Véase patrón "variante psicomotora".

ROD MONOCHROMATISM: véase acromatopsia congénita.

ROMBOENCEFALITIS: inflamación de cerebelo y tronco encefálico.

ROTACIÓN EXTERNA E INTERNA DEL BRAZO: los músculos sinérgicos para la **rotación externa** son la porción posterior del deltoides, el infraespinoso y el redondo menor.
La **rotación interna** del brazo la efectúan el pectoral mayor, deltoides anterior, dorsal ancho y redondo mayor. No hay que confundir la rotación interna del brazo con la pronación del antebrazo, y, ante la duda, el electromiograma permite aclararlo; por ejemplo: en una parálisis de los pronadores del antebrazo, a lo largo de la evolución los rotadores internos del brazo pueden compensar el defecto y dar la falsa impresión clínica de estarse produciendo la reinervación del antebrazo. Un electromiograma puede permitir aclarar estos extremos, como se ha comprobado personalmente en alguna ocasión.

RTTBD: rhythmic temporal theta bursts of drowsiness (Santoshkumar B et al. Prevalence of benign epileptiform variants. Clin. Neurophysiol. 2009; 120: 856-61).

SANM: statin associated autoinmune necrotizing myopathy.

SARCOIDOSIS: véase neurosarcoidosis.

SAXITOXINA: véase debilidad muscular aguda.

SECCIÓN DE NERVIO ÓPTICO: en el electrorretinograma, onda b de alto voltaje.

SEDACIÓN EN NEUROFISIOLOGÍA CLÍNICA: el secobarbital es una alternativa al hidrato de cloral.
Hidrato de cloral, dosis recomendadas: 55 miligramos/kilo. Otra recomendación: menor de 6 meses: 0,125-0,25 gramos; de 6 meses a 1 año: 0,25-0,5 gramos (máximo: 0,75 gramos); de 1 a 4 años: 0,5 a 1 gramo (máximo: 1,5 gramos); 5-14 años: 1-2 gramos; mayores de 15 años: de 56-80 kilos: 1,75-2,5 gramos, 40-55 kilos: 1,25-2 gramos, más de 80 kilos: 2,5-3,5 gramos.
En la experiencia propia no ha sido necesario hasta ahora sedar a los niños para explorarlos, con tal motivo, el frasco con hidrato de cloral del que se disponía desde tiempos pretéritos ha caducado y no se ha repuesto.
Sobre la sedación, en electroencefalografía en concreto, Freeman y Olson también opinan que es innecesaria:
Freeman JM. Los riesgos de la sedación en la práctica de EEG: datos actualizados. Pediatrics 2001; 52: 1-2.
Olson DM et al. Sedation of children in the EEG laboratory. Pediatrics 2001; 108: 163-165.

SENSIBILIDAD: general (tacto, presión y termalgesia) y especial (vista, oído, olfato y gusto). La general se suele perder por orden: profunda (vibración y cinestesia)... superficial (táctil, térmica, dolorosa), y se suele reestablecer en orden inverso.

Sensibilidad general: exterocepción: sensaciones cutáneas epicríticas (distinción de forma y de puntos próximos: tacto), protopáticas (termalgesia: calor, frío, dolor, cosquilleo, etc.), presión, vibración. Receptores nerviosos: exteroceptores (sensación y percepción): tacto, posición de miembros, dolor, sonido, luz, color, gusto, olfato, calor, frío. Órganos de los sentidos, músculos, articulaciones, piel.

Interocepción: origen en vísceras (presión, dolor). Receptores nerviosos: interoceptores o visceroceptores (sensaciones, percepciones y función reguladora): receptores del sistema nervioso autónomo.

Propiocepción: posición del cuerpo y sus partes, y dolor. Origen en músculos, tendones y articulaciones (presión, vibración, dolor). Sistema general para el mantenimiento del equilibrio, entre otras cosas. Propiocepción: huso muscular, órgano tendinoso de Golgi, etc., configuran el sistema general para mantener el equilibrio. El sistema especial para el mantenimiento del equilibrio está constituido por el visual y el vestibular. Receptores nerviosos: propioceptores (regulación motora): calidad y cantidad de la extensión muscular y tensión muscular. Mecanoceptores.

Sensibilidad protopática: es la sensibilidad termalgésica. Fibras A delta, dolor lento; fibras C, dolor rápido. Vía: receptor... terminaciones libres amielínicas... neurona en ganglio raquídeo... neurona en núcleos del asta posterior... tercera neurona en núcleo talámico ventral posterior... algognosia en área 3... algotimia en corteza orbitofrontal.

SEUDOALFA: alfa sin distribución topográfica característica del alfa ni reactividad, que suele representar actividad ictal (que puede pasar desapercibida clínicamente). Puede haber seudobeta, seudotheta y seudodelta con significado ictal. Interesante sobre todo en neonatos, aunque también puede observarse en adultos (y también en estatus, por ejemplo durante una encefalopatía postanóxica).
Véase electroencefalografía neonatal. Véase ritmo alfa.

SEUDOAMNESIA: *deja-vú*, etc.
Fenómeno de Verkenung positivo (confundir a desconocidos con conocidos, y viceversa).
Síndrome de Capgras o ilusión del sosias (esquizofrenia, histeria).

SEUDOBLOQUEO: véase bloqueo axonal/dispersión temporal.

SEUDODEMENCIA: véase psicopatología de la inteligencia.

SEUDOESCÁPULA ALADA: véase músculo serrato anterior.

SEUDOHIPERTROFIA MUSCULAR: véase hipertrofia muscular.

SEUDOHIPSARRITMIA: véase lipidosis (enfermedad de Krabbe).

SEUDOMIOTONÍA: descarga seudomiotónica: llamada también *BRP (bizarre repetitive potentials)*; 2-80 Hz. Desde el punto de vista morfológico se ha dicho que hay dos tipos:

Tipo 1: 2-40 Hz aproximadamente, a base de potenciales de unidad motora polifásicos; aparecen en Charcot-Marie-Tooth, Pompe, polimiositis y distrofia muscular.

Tipo 2: hasta 80 Hz aproximadamente, a base de potenciales del tipo de las ondas positivas; aparecen en individuos sanos, miopatías (sobre todo son características de la polimiositis), hipotiroidismo (se han observado personalmente con frecuencia en hipotiroidismo), procesos de denervación-reinervación, distrofias musculares, distrofia facioescapuloperoneal, denervación lentamente progresiva (también de frecuente observación, y también en denervación severa en general), plexopatía braquial tras radioterapia por neoplasia de mama (ésto se ha comprobado también en algunos casos como hallazgo característico), etc.

En la práctica, casi todas las descargas seudomiotónicas observadas personalmente han sido del tipo 2, incluidas las observadas en polimiositis y en distrofias musculares, a pesar de esta descripción encontrada en la literatura. En sujetos sanos, si la exploración se hace detenidamente, con frecuencia se comprueba que las aparentes descargas seudomiotónicas suelen corresponder a la actividad de placa, sin significado patológico.

En la práctica las descargas seudomiotónicas pueden llegar a ser indistinguibles de las miotónicas, incluso aparentemente con su fase ascendente y descendente, y abundantes, con lo que es especialmente importante la correlación clínica en casos difíciles; por ejemplo, una paciente con atrofia de trapecios y primer interóseo dorsal y marcha basculante, con dificultad para abrir la mano y panículo adiposo abundante que dificulte la identificación precisa de otras atrofias, puede presentar un patrón seudoneuropático o seudomiopático que resulte difícil de identificar clínicamente por su estado crónico de origen remoto; si en este caso se encuentran descargas seudomiotónicas puede ser difícil en la práctica confirmar si se trata de descargas miotónicas o seudomiotónicas, o si el trazado electromiográfico es neurógeno o miógeno sin posibilidad de error, por lo que en estos casos difíciles es preferible referir el estado de pérdida crónica de unidades motoras, sin especificar origen neurógeno o miógeno, y referir las descargas como seudomiotónicas, o mejor aun como descargas repetitivas de alta frecuencia, en espera de otras pruebas, como la resonancia magnética, que puede desvelar que se trataba, como en este caso descrito, de una severa siringomielia, y no de una miopatía de larga evolución enmascarada por signos seudoneurógenos, ni una amiotrofia espinal enmascarada por signos seudomiopáticos. A pesar de la utilidad del electromiograma en general, en algunos casos la situación clínica supera la capacidad del electromiograma para discriminar entre miógeno y neurógeno, por más que se busque en diferentes grupos musculares, y en tales casos (normalmente pacientes con décadas de evolución sin datos previos), lo más importante es guiarse por la clínica, la sensatez y la prudencia (y la biopsia y otras pruebas complementarias, como la resonancia, el electromiograma, etc., habiendo cobrado importancia creciente el análisis genético). Véase miotonía.

SEUDOSIRINGOMIELIA: alteración sensitiva termalgésica sin siringomielia. Véase amiloidosis (neuropatía tipo portugués). Véase enfermedad de Tangier.

SIALIDOSIS: véase mioclonus y mancha rojo cereza.

SIDA: encefalopatía subaguda por citomegalovirus.
VIH: demencia, encefalopatía difusa.
En la infección por VIH la mayoría de los pacientes vistos personalmente presentaron un electromiograma característico, compatible una polineuropatía de predominio desmielinizante caracterizada por un notable aumento de la duración de los potenciales motores registrados en pedio con electrodos de superficie mediante estímulos en tobillo y rodilla, sin desincronización de los mismos o apenas, aparte de por una lentificación de la velocidad de conducción motora. Véase VIH.

SIGMA: 12-15 Hz, durante unos 0,2-2 segundos. La actividad sigma aparece en las fases 2 y 3 del sueño.

SIGNO DE CROWE: manchas café con leche en axilas (signo de Crowe). Neurofibromatosis.

SIGNO DE FINKELSTEIN: enfermedad de Quervain. Tendinitis del extensor corto y el abductor largo del pulgar con signo de Finkelstein positivo: aumento de dolor (por tendinitis) en los tendones del extensor corto y el abductor largo del pulgar al extenderlos con el pulgar sujeto con el puño.

SIGNO DE GROWERS: parálisis del hipogloso, par duodécimo: la lengua se desvía al lado enfermo (signo de Growers) por acción del músculo geniogloso que no está paralizado (al margen: el geniogloso es el que evita que se ocluya la vía).

SIGNO DE HOFFMAN-TINEL: véase signo de Tinel.

SIGNO DE HOOVER: en la parálisis histérica no se talonea con el miembro inferior sano al intentar elevar el contralateral en decúbito supino, o bien la hipertonía en dicho miembro sano es excesiva.

SIGNO DE HUTCHINSON: véase pupila.

SIGNO DE LA CORTINA DE VEMET: véase neuralgia del glosofaríngeo.

SIGNO DE LA DANZA TENDINOSA: véase ataxia. Véase marcha tabética.

SIGNO DE LHERMITTE: véase esclerosis múltiple. Véase médula espinal.

SIGNO DE MEES: líneas de Mees en uñas, paralelas a lúnula, 4-6 semanas tras intoxicación por arsénico.

SIGNO DE ORNETZ: la compresión del nervio laríngeo recurrente conlleva disfonía (signo de Ornetz). Por ejemplo: compresión por aurícula izquierda en estenosis mitral.

SIGNO DE STEWART-HOLMES: signo de Stewart-Holmes: ausencia de rebote, de modo que si se le echa un pulso al paciente y se le suelta de golpe la mano se golpea con su propia mano, siendo incapaz de frenarla (ausencia de rebote) en el síndrome cerebeloso.

SIGNO DE TINEL: signo de Hoffman-Tinel o signo de Tinel: parestesias al palpar nervio lesionado (Hoffman, 1915; Tinel, 1915); su aparición señala también el comienzo de la regeneración de las fibras sensitivas del nervio lesionado; según observaciones personales este signo presenta frecuentes falsos positivos en el síndrome del túnel carpiano, pero no tantos en el atrapamiento de nervio cubital en codo, sobre todo cuando es unilateral.

SIGNO DE TRENDELEMBURG: trastorno de la marcha por atrofia de glúteo medio (basculación excesiva hacia fuera de la cadera del lado afectado al pisar sobre ese lado).

SIGNO DE UTHOFF: véase esclerosis múltiple.

SIGNO DE VEMET: véase neuralgia del glosofaríngeo.

SIGNO DEL OJO DEL TIGRE: enfermedad de Hallervorden-Spatz: parkinsonismo. Parece ser que en muchos de los casos de esta enfermedad falla un gen para la síntesis de la pantotenato cinasa 2, lo cual desemboca en acumulación de hierro en ganglios basales y otras partes del cerebro. Debuta en la niñez con distonía-coreoatetosis, rigidez, espasticidad, demencia, convulsiones, alteración de la visión (atrofia de nervio óptico, retinitis pigmentaria), etc. Curso progresivo y degenerativo. Signo del "ojo del tigre" en la resonancia magnética (menor intensidad focal en *globus pallidus* por depósito de hierro, en T2, con área más intensa alrededor).

SINCINESIA:
Sincinesia en distonía: véase discinesias con origen subcortical.

En la sincinesia postparalítica de nervio facial, de acuerdo con observaciones personales, toda la contracción del músculo sincinético puede estar producida por fibras sincinéticas y haber ausencia de fibras no sincinéticas (ausencia de contracción voluntaria y presencia sólo de contracción sincinética, por tanto).

La sincinesia en el diagnóstico diferencial de los movimiento faciales anormales: espasmo facial secundario postparalítico (sincinesias postparalíticas, paresia residual, *blink reflex* hiperactivo, persiste en sueño); espasmo facial secundario por compresión del séptimo par (colesteatoma, neurinoma del séptimo par, aracnoiditis, estrechez del conducto del nervio facial); mioquimia facial (persiste en sueño; esclerosis múltiple, síndrome de

Guillain-Barré, parálisis de Bell, ataque cardiopulmonar); crisis focales; distonía facial; blefaroespasmo; tétanos cefálico.

R1c: indica hiperexcitabilidad del reflejo. Aparece en el síndrome del hombre rígido, y en el hemiespasmo facial.

R1 en *orbicularis oris*: aparece en la sincinesia postparalítica y en el hemiespasmo facial (el componente R1 probablemente refleja dicha sincinesia). Ambos cursan con sincinesias, pero en la postparalítica suele poderse detectar secuelas de parálisis en el electromiograma, o antecedentes en la anamnesis. La ausencia de sincinesias y de R1 en *orbicularis oris* en el *blink reflex* puede permitir diferenciar las sincinesias postparalíticas y el hemiespasmo facial de: blefaroespasmo, distonías faciales, mioquimias, y crisis focales, en las que no hay sincinesias ni R1 en *orbicularis oris*. Este hallazgo se ha podido comprobar como cierto personalmente en los diversos casos de hemiespasmo facial que se han ido viendo, hallazgo sin falsos positivos y con pocos falsos negativos en la experiencia personal acumulada hasta el momento.

En el espasmo facial, según observaciones personales la presencia de una mioquimia en el orbicular de los párpados o de los labios puede aparecer aislada y preceder a las sincinesias en meses o incluso años, por lo que están indicados los electromiogramas sucesivos en caso de mioquimia facial con sospecha de que se trate de un hemiespasmo pendiente de confirmación.

Sincinesias en bíceps con la ventilación: han sido observadas por algunos autores tras la recuperación de la plexopatía braquial (bíceps y diagragma comparten C5). También se han observado en la siringomielia.
Véase discinesias con origen subcortical.

SÍNCOPE: véase crisis cerebrales no epilépticas.

SÍNDROME AFASIA-CONVULSIÓN, DIAGNÓSTICO DIFERENCIAL: síndrome de Lennox; epilepsia postraumática con complejo punta-onda lenta (electroencefalograma parecido al del síndrome de Lennox, pero clínica diferente, con epilepsia psicomotora o gran mal); epilepsia del lóbulo frontal con sincronía bilateral secundaria (dagnóstico diferencial difícil o imposible); síndrome *ESES* (no hay máximo frontal, pero sí posterior o en vértex; ataques más leves); síndrome afasia-convulsión de Landau-Kleffner (crisis más leves, electroencefalograma: punta-onda lenta, más en sueño, a menudo generalizada y continua, pero con máximo en área temporal media; enfermedad generalmente autolimitada); epilepsia benigna del lóbulo occipital (electroencefalograma: punta-onda con máximo occipital o temporal, especialmente en vigilia y en relación con migraña –ataques visuales y luego dolor de cabeza-); síndrome de Rett (enfermedad degenerativa del sistema nervioso central; niñas; electroencefalograma: punta-onda lenta en estadios iniciales; máximo variable –temporal u occipital-).

SÍNDROME ANTIFOSFOLÍPIDO: síndrome de Hughes.

SÍNDROME *CANOMAD:* véase neuropatía en las paraproteinemias.

SÍNDROME *CANVAS:* véase ataxia.

SÍNDROME CEREBELOSO: en la alteración de la función cerebelosa o síndrome cerebeloso se afectan las extremidades homolaterales a la lesión. Déficit en cantidad, amplitud y fuerza del movimiento.

Hipotonía: movilización pasiva, palpación, movimiento pendular, rebote excesivo.

Ataxia: pérdida de la armonía del movimiento voluntario por asincronía, falta de precisión, fuerza y rapidez de los movimientos implicados; no es sinónimo de ataxia sensitiva. Incluye:
1. Disinergia, por asincronía entre contracción y relajación de agonistas y antagonistas.
2. Dismetría, con imprecisión por fallo entre aceleración/desaceleración.
3. Disdiadococinesia, por dificultad para ejecución rítmica de movimientos alternantes.

Temblor cerebeloso.

Trastornos de la motilidad ocular:
1. nistagmo y *opsoclonus*, que es conjugado, se puede acompañar de mioclonias y se observa en cerebelitis y neuroblastoma.
2. Dismetría ocular.
3. *Flutter* ocular, que son salvas rápidas alrededor de un punto.

Arquicerebelo; causas: meduloblastoma, tóxicos, enfermedad degenerativa, etc. "Marcha de borracho" (pies separados), con mal equilibrio, oscilación del cuerpo y tendencia a caer hacia atrás, e inseguridad por incoordinación. Nistagmo de posición (de la cabeza). Inestabilidad y ataxia de la marcha y de las extremidades en relación al tronco. Arquicerebelo: equilibrio. Vértigo y nistagmo (conexiones vestibulares) sobre todo. En casos con manifestaciones más floridas se deberá con frecuencia a una combinación de afectación de arquicerebelo y paleocerebelo. Dismetría ocular (varios intentos), *flutter* ocular (salvas rápidas alrededor de un punto), *opsoclonus* (movimiento rápido y anárquico multidireccional que empeora al intentar controlarlo, conjugado y acompañado, o no, de mioclonias; cerebelitis, neuroblastoma).

Paleocerebelo; causas: etanol, enfermedad degenerativa, etc. Ataxia del tronco y de la marcha, postura anormal. En conjunto, el paleocerebelo se ocupa del tono, y su alteración no posee manifestaciones clínicas verdaderamente propias, pues en general se altera en combinación con el arquicerebelo.

Neocerebelo; causas: infartos, hematomas, tumores, angiomatosis cerebelosa, etc. Si la lesión es unilateral las manifestaciones son ipsilaterales, y si la lesión no progresa las manifestaciones pueden regresar por acción "vicariante" de otros centros. Síndrome neocerebeloso: hipotonía y ataxia (incluye disinergia, por asincronía entre agonistas y antagonistas, con movimientos en sacudidas, dismetría debida a la asinergia por imprecisión al fallar la coordinación de aceleración-deceleración por lo que se pasan o se quedan cortos, como en el signo del rebote, y disdiadococinesia, por la dificultad para la ejecución rítmica de movimientos alternantes; la disdiadococinesia consiste en la pérdida del control sobre sobre el mecanismo de inervación recíproca de Sherrington en el síndrome cerebeloso, y se detecta por la incapacidad para golpear alternativamente con el dorso y la palma de la mano); trastornos del habla (por asinergia de labios, lengua, etc., palabra escándida, "habla de borracho", habla incoordinada y a sacudidas), temblor intencional, disdiadococinesia, hipotonía (la mayor hipotonía de todas, según algunos autores), signo de Stewart-Holmes (ausencia de rebote, de modo que si se le echa un pulso al paciente y se le suelta de golpe la mano se golpea con su propia mano, siendo incapaz de frenarla en el síndrome cerebeloso). Lo más importante: la ataxia apendicular. La alteración de paleocerebelo puede estar incluida entre las manifestaciones del síndrome neocerebeloso a veces.

SÍNDROME CEREBROHEPATORRENAL: véase enfermedad de los peroxisomas.

SÍNDROME CHARGE: recién nacidos con coloboma, parálisis facial, cardiopatía, atresia de coanas, retraso en el crecimiento o desarrollo, anomalías genitourinarias, malformación oreja e hipoacusia, otros.

SÍNDROME *CLUSTER-TIC:* véase enfermedad de Horton.

SÍNDROME CUADRICIPITAL:
Variedad de la enfermedad de Kugelberg-Welander.
Miopatía del cuádriceps (variedad del Duchenne o del Becker).
Neuropatía del femoral.
Radiculopatía.

SÍNDROME DE ACTIVIDAD CONTINUA DE LA UNIDAD MOTORA *(CMFA):*
síndrome de actividad continua de la unidad motora es un nombre más correcto que los usados anteriormente (Isaac lo había llamado síndrome de actividad continua de la fibra muscular y solía denominarse síndrome de actividad muscular continua).
Cuadro clínico que se observa unas dos veces al año personalmente, en la mayoría de los casos por neuropatías compresivas (hematoma, bridas cicatriciales, etc.), o por esclerosis múltiple, sobre todo afectando a musculatura facial en relación con afectación de tronco encefálico.
Consiste en una actividad difusa y mantenida de unidades motoras, debida a hiperactividad de los axones motores, tratándose por tanto de una actividad excesiva de unidades motoras con origen, en principio, en el axón.
Este tipo de cuadros han recibido en la literatura las siguientes denominaciones, más o menos con el mismo significado, dependiendo del autor y del caso (Auger, 1994): *CMFA (continuous muscle fiber activity,* quizá la denominación más usada hasta hace poco), síndrome de Isaac, neuromiotonía *(neuromyotonia),* síndrome de Isaac-Merton, *quantal squander syndrome,* mioquimia generalizada *(generalizad myokymia),* seudomiotonía *(pseudomyotonia;* sería preferible reservar el término "seudomiotonía" para la

descripción electromiográfica de este tipo de descargas repetitivas de alta frecuencia, las descargas seudomiotónicas, que se observan con frecuencia y que tienen cierto interés diagnóstico en la práctica, y no utilizarlo para la descripción clínica de la actividad muscular continua), neurotonía, tetania normocalcémica, actividad continua de la unidad motora, corea ("fibrilar") de Morvan (*chorée fibrillaire* de Morvan), *sustained involuntary muscle activity of peripheral nerve origin*, mioclonias de origen periférico (*myoclonus of peripheral origin*), enfermedad del armadillo, etc. Todas estas denominaciones se refieren a la descripción clínica de la presencia de una actividad muscular anormal visible a simple vista (**es importante no confundir la descripción clínica con la descripción electromiográfica**).

Etiología (Auger, 1994):
1. Etiología asociada a signos de neuropatía periférica; hereditaria o adquirida (adquirida: toxinas, paraneoplásica, autoinmune, neuropatía inflamatoria, neuropatía compresiva –hematoma, brida cicatricial postquirúrgica-).
2. Etiología no asociada a signos de neuropatía periférica, hereditaria o adquirida (adquirida: idiopática, toxinas, paraneoplásica, autoinmune, síndrome calambres-fasciculaciones).
3. Otras etiologías: síndrome de Schwartz-Jampel, tetania hipocalcémica, tetania hipomagnesémica.

Hallazgos electromiográficos en la *CMFA* (Auger, 1994): descargas mioquímicas, descargas neuromiotónicas, dobletes-tripletes-multipletes, fasciculaciones (las fasciculaciones se distinguen del resto de las citadas por tratarse de potenciales de unidad motora que descargan sin un patrón ni ritmo ni seudorritmo, algo sí característico del resto de las descargas citadas; las fasciculaciones pueden aparecer en descargas masivas –Seijo et al, 2003-), fibrilaciones (de todas las descargas citadas, éstas son las únicas que no consisten en potenciales de unidad motora), calambres, mioclonias.

Auger G. Diseases associated with excess motor unit activity. Muscle and Nerve 1994; 17: 1250-1263.

Myoclonus of peripheral origin: case secondary to a digital nerve lesion. Seijo M, Fontoira M, Celester G et al. Movement disorders 2002; 5: 970-4.

Acute femoral neuropathy secondary to an iliacus muscle hematoma. Seijo M, Castro M, Fontoira E, Fontoira M. Journal of the neurological sciences 2003; 209: 119-22.

Con frecuencia se denominan fibrilaciones musculares a los movimientos caóticos y arrítmicos, o más o menos rítmicos, que con tanta frecuencia se aprecian a simple vista en la superficie de las masas musculares, y que corresponden a cualquiera de las siguientes situaciones clínicas: fasciculaciones, mioquimia, calambres, temblor mioclonias, clonus, etc. El término fibrilación se refiere a un tipo de actividad muscular no apreciable a simple vista (casi nunca), y que se registra en el músculo esquelético con un electromiograma, obteniéndose el trazado electromiográfico característico de la fibrilación muscular: los potenciales de fibrilación y las ondas positivas. Por tanto, el

término fibrilación debería reservarse para un tipo de registro electromiográfico, no para la descripción de una situación clínica, como ocurre con la corea "fibrilar" de Morvan.
Veáse mioquimia. Véase neuromiotonía.

SÍNDROME DE ADAIR-DIGHTON: véase enfermedad de Lobstein.

SÍNDROME DE ADDISON: aparece lentificación en el electroencefalograma; en la crisis addisoniana se produce encefalopatía.
Disminución de aldosterona: debilidad muscular.
Disminución de cortisol: apatía, disminución de memoria, pesadillas, síndrome depresivo, estados confusionales, disminución de tolerancia al cansancio, aumento de sensibilidad al gusto, olfato y audición.
Aparece en la adrenoleucodistrofia y en el síndrome de Allgrove (Addison, alácrima y acalasia).
Se trata con corticoides.
Produce disminución de contenido de creatina en fibra muscular, disminución de excreción de creatinina, aumento de excreción de creatina e hipercreatinemia.
Crisis addisoniana: encefalopatía addisoniana, seudomeningitis; electroencefalograma: lentificación.

SÍNDROME DE ADIE: véase pupila.

SÍNDROME DE AFASIA-CONVULSIÓN: véase afasia epiléptica.

SÍNDROME DE AICARDI: agenesia del cuerpo calloso. Anomalías coriorretinianas, espasmos flexores (forma especial de espasmos infantiles). Niñas. Un solo caso visto personalmente. Electroencefalograma: hipsarritmia en 2/3 de los casos, con tendencia a las asimetrías.

SÍNDROME DE AICARDI-OTAHARA: véase epilepsia infantil.

SÍNDROME DE ALCOCK: véase nervio pudendo.

SÍNDROME DE ALEXANDER: aplasia de la base coclear. Hipoacusia.

SÍNDROME DE ALLGROVE: véase síndrome de Addison.

SÍNDROME DE ALPERS: poliodistrofia (*polios* significa gris en griego) progresiva infantil (variante: síndrome de Alpers-Huttenlocher, degeneración neuronal progresiva con hepatopatía –mitocondriopatía-), primera infancia, encefalopatía con epilepsia mioclónica intratable, hipotonía y degeneración neuronal, insuficiencia hepática. Electroencefalograma: lentificación y paroxismos diversos (punta-onda, etc.)

SÍNDROME DE ALPORT: glomerulonefritis crónica, 10% cataratas, hipoacusia 100%, hematuria, esferofaquia, lenticono, trombocitopatía, hiperprolinemia, disfunción cerebral.

SÍNDROME DE ALSTROM: hipoacusia coclear, *diabetes mellitus*, obesidad, degeneración retiniana, insuficiencia renal, autosómico recesivo.

SÍNDROME DE ANDERSEN-TAWIL: canalopatía (canales de potasio), parálisis periódica, disritmia cardíaca, alteraciones físicas diversas, autosómico dominante. Puede presentarse como miopatía en la edad adulta, e incluyendo hipertrofia (o seudohipertrofia) de pantorrillas en la infancia. Puede haber pérdida progresiva de fuerza durante años, fluctuación de la fuerza durante el día y ataques de debilidad bruscos. Electromiograma miopático, con mejoría del electromiograma (por ejemplo, de la amplitud del *CMAP*) tras tratamiento con acetazolamida.
Child ND et al. Andersen-Tawil syndrome presenting as a fixed myopathy. Muscle and nerve 2013; 48: 623.
Véase enfermedad de los canales iónicos.

SÍNDROME DE ANGELMAN: primera infancia (2-7 años), retraso psicomotor, aleteo de manos, microcefalia, risa inmotivada, epilepsia (crisis variadas), etc. Electroencefalograma: lentificación y paroxismos (en un caso visto personalmente el paciente presentaba en el electroencefalograma lentificación y desorganización de la actividad de fondo, con abundante actividad epileptiforme en forma de punta-onda generalizada y sincrónica, a 2-3 Hz, con predominio frontal de la amplitud).

SÍNDROME DE APNEAS E HIPOPNEAS DURANTE EL SUEÑO, SAHS (ANTERIORMENTE SAS O SAOS): descrito por Gulleminault.
Guilleminault C et al. The sleep apnea syndrome. Annu Rev Med 1976; 27: 465-485.
Guilleminault C, Dement WC. Sleep Apnea Syndromes. New York: Alan R Liss, 1978.

-Tipos:
IAH (índice de apneas e hipopneas/hora de sueño) 5-14, leve (niños, IAH mayor de 5 –Guilleminault-, mayor de 1 a 3 según otros autores; significado incierto acerca de un IAH de 1 en niños). Personalmente el valor de 5 a 9 se está calificando como SAHS muy leve y el valor de 10 a 14 como SAHS leve.
IAH 15-30, SAHS moderado.
IAH 31 o mayor, SAHS acusado.
Posiblemente sea interesante considerarlo SAHS muy leve de 5-9 y de 10-14 SAHS leve (y quizá habría que proponer el grado muy acusado por encima de cierta cifra del IAH, por ejemplo, por encima de 45-60, con notable disminución de la saturación de oxígeno con cada apnea –por ejemplo por debajo de un 85%- y con apneas especialmente prolongadas –por ejemplo, de medio minuto o más-). En otros laboratorios ya se considera también positivo o "relevante" si el índice es igual a 5 o superior (Silva L et al. Síndrome de apnea obstructiva del sueño y HLA en el norte de Portugal. Rev Neurol 2015; 61: 301-307). Habría que plantearse también la posibilidad de considerarlo positivo y muy leve con un IAH de 4 o mayor, dada la frecuencia con la que se obtiene esta cifra en pacientes con alta sospecha clínica de SAHS.

Las apneas en ocasiones se concentran en un número determinado de horas de la noche, quedando libre de apneas el resto de la noche, y ésto se puede deber, por ejemplo, a que las apneas se produzcan sólo en decúbito supino, y no de lado, y por tanto sólo sean detectables en los periodos en que permanezca en decúbito supino (también puede deberse a que sólo se produzcan durante la fase *REM*); por este motivo se considera oportuno calcular el índice, en estos casos, utilizando sólo los periodos de apnea, por ejemplo, si en un registro de 8 horas sólo permanece boca arriba 2 horas, sólo presenta apneas durante esas 2 horas boca arriba, y las otras 6 horas no, posiblemente debería calcularse el IAH sólo para esas 2 horas, de modo que si presenta, por ejemplo, 16 apneas durante esas 2 horas boca arriba, y ninguna durante las otras 6 horas en que permanece de lado, el IAH debería considerarse que es de 8/hora; y esto debería ser aplicable tanto en el caso de adultos como en el de niños. De este modo el IAH se ajustaría mejor al verdadero grado de severidad del síndrome.

Para redondear la estimación del grado de severidad se debería tener en cuenta también la duración de las apneas y el nivel de desaturación alcanzado. En ocasiones las apneas se concentran en los periodos *REM*, en los *NREM* o en ambos.

El SAHS en ocasiones se presenta de manera extrema, habiendo pacientes con apneas de varios minutos de duración, y también se ve de vez en cuando a pacientes que no duermen ni medio minuto seguido durante toda la noche, pues enlazan de manera continua adormecimiento con apnea y con despertar, y en gran parte de los adormecimientos debutando directamente por *REM*, quizá de rebote por lo prolongado de esta situación.

La falta de sueño nocturno no sólo se debe a la apnea, sino también al deseo quizá instintivo del paciente de permanecer despierto para no asfixiarse, hecho que no se corrige en todo caso con la *CPAP* (Grenéche J et al. Effect of continuous positive airway pressure treatment on the subsequent EEG spectral power and sleepiness over sustained wakefulness in patients with obstructive sleep apnea–hypopnea syndrome. Clinical Neurophysiology 2011; 122: 958-965).

-Otro parámetro es el del **índice de "eventos"** (mayor de 24 por hora en el SAHS).

-**Indicación de *CPAP* en apnea obstructiva:** IAH mayor de 30; IAH menor de 30 con SAHS sintomático; IAH menor de 30 con enfermedad cardiovascular.

-**Saturación de oxígeno:** normal mayor del 95%; alteración en la saturación de oxígeno: caída del 4% o mayor (3-4%). Algunas apneas e hipopneas no se acompañan de hipoxemia. En los laboratorios de poligrafía se ajusta la presión óptima de la *CPAP* para mantener dicha saturación dentro de la normalidad. La presión mínima de la *CPAP* son 4 centímetros de agua, y la óptima suele estar por encima de 4 y por debajo de la que permita aproximarse en lo posible a ese 95% de saturación de oxígeno y a la vez permitiendo que el sujeto duerma. En ocasiones es preciso indicar decúbito lateral para que la *CPAP* sea eficaz. Si no tolera la *CPAP* en ocasiones se recurre a la *BiPAP*. La disminución de la saturación de oxígeno se correlaciona con el ronquido.

-Arousal: si persiste más de 3 segundos.

-Apnea: mayor o igual a 10 segundos (15 segundos en lactantes, 20 segundos en niños con apnea central).

-Hipopnea: disminución del flujo del 50% durante 10 segundos o más, en boca y nariz. Disminución de saturación de oxígeno. No aumento de frecuencia ventilatoria. Aumento de movimientos.

-Epidemiología: afecta aproximadamente al 2% de la población; 1-2% de las mujeres y 2-4% de los varones (Silva L et al. Síndrome de apnea obstructiva del sueño y HLA en el norte de Portugal. Rev Neurol 2015; 61: 301-307).

SÍNDROME DE ASFIXIA DURANTE EL SUEÑO: *choking syndrome.* El paciente se despierta con sensación de asfixia. Lo más frecuente es que esté relacionado con el SAHS o con otros procesos, como el reflujo gastroesofágico. Rara vez relacionado con hipertrofia amigdalar de origen diverso o con crisis epilépticas (Ghinea A et al. Asfixia relacionada con el sueño (choking syndrome). Rev Neurol 2012; 55: 635).

SÍNDROME DE BALINT: véase ataxia.

SÍNDROME DE BASSEN-KORNZWEIG: véase abetalipoproteinemia.

SÍNDROME DE BATTEN-KUFS: véase lipidosis.

SÍNDROME DE BEHÇET: véase esclerosis múltiple.

SÍNDROME DE BEHR: paraplejía espástica familiar.

SÍNDROME DE BERG: síndrome de Menkes.

SÍNDROME DE BICKERSTAFF: véase jaqueca.

SÍNDROME DE BIELCHOWSKY: véase lipidosis.

SÍNDROME DE BING-FOG-NEEL: hiperviscosidad sanguínea: trombosis, hemorragias en mucosas, alteraciones visuales y del fondo del ojo, insuficiencia cardíaca, alteraciones neurológicas (síndrome de Bing-Fog-Neel), con manifestaciones en sistema nervioso periférico (parestesias, etc.) y en sistema nervioso central (hipoacusia, etc.). Puede llegarse a la situación de coma paraproteinémico. Puede ocurrir en discrasias sanguíneas (macroglobulinemia, mieloma, etc.).

SÍNDROME DE BLOCH-SULZBERGER: *incontinentia pigmenti achromians.*

SÍNDROME DE BROWN-VIALETTO-VAN LAERE: véase amiotrofia espinal.

SÍNDROME DE BRUCK-DE-LANGE: véase hipertrofia muscular.

SÍNDROME DE CAPGRAS: véase amnesia.

SÍNDROME DE CAVANAGH: hipoplasia congénita de eminencia ténar.

SÍNDROME DE CAVARÉ-ROMBERG: véase enfermedad de los canales iónicos.

SÍNDROME DE CHURG-STRAUSS: vasculitis sistémica de arterias de pequeño y mediano calibre.
Polineuropatía, mononeuritis múltiple, en ocasiones con seudobloqueos (Pardal JM et al. Mononeuritis múltiple en un paciente con síndrome de Churg-Strauss. Pseudobloqueos como expresión electroclínica temprana. Rev Neurol 2011; 53: 22-26). Los denominan seudobloqueos por considerarlos una alteración del axón, y no como consecuencia de desmielinización segmentaria (véase electromiografía, bloqueo axonal).
La neuropatía se produce por isquemia y es un criterio mayor para el diagnóstico de la enfermedad.
Neuropatía periférica en un 63% de los casos, 65% según otras series (Entrambasaguas M et al. Fast progressive severe mononeuritis multiplex as a debut of Churg-Strauss syndrome. Clinical Neurophysiology 2009; 120: 142).

SÍNDROME DE COATS: distrofia muscular facioescapulohumeral, hipoacusia y retinopatía.

SÍNDROME DE COCKAYNE: véase neuropatía hereditaria.

SÍNDROME DE CONN: hiperaldosteronismo primario; debilidad mucular por hipopotasemia.

SÍNDROME DE COSTEN: dolor preauricular y en lengua, con mareos y *tinnitus*. Origen en articulación temporomandibular.

SÍNDROME DE CROSS: véase hipomelanosis oculocerebral.

SÍNDROME DE CUSHING: miopatía cortisólica: sobre todo proximal y extremidades inferiores. En su primera fase, en la que ya hay signos clínicos de miopatía, por alteración del metabolismo muscular, pero probablemente todavía sin degeneración anatómica de fibras musculares, el electromiograma de manera característica suele ser normal. Si la miopatía progresa, y probablemente en correlación con la degeneración de fibras comprobable al microscopio, el electromiograma se hace ya positivo para miopatía, incluyendo signos de destrucción de fibras (actividad patológica en reposo del tipo de las fibrilaciones y ondas positivas), etc.

Síndrome depresivo, manía, estados confusionales, alucinaciones, ideas delirantes, alteraciones de conciencia. Parte de los pacientes con este síndrome presentan rasgos psicóticos, por lo que el trato clínico requiere una especial seriedad, tacto, paciencia y prudencia (lo mismo se aplica a otros pacientes aquejados con encefalopatía, como los que padecen lupus eritematoso sistémico o esclerosis múltiple, o corticoterapia crónica o reciente).

SÍNDROME DE DANDY-WALKER: obstrucción congénita de los agujeros de Luschka y Magendie, con expansión del cuarto ventrículo. Hidrocefalia, quiste de fosa posterior comunicado con cuarto ventrículo y ausencia de *vermis* cerebeloso (tríada característica, pero hay variantes). Aumento progresivo del tamaño de la cabeza, venas del cuero cabelludo dilatadas, fontanela abultada, diastasis de suturas, edema de papila, bradicardia. En un caso visto personalmente, en el electroencefalograma se observó lentificación (actividad theta difusa, alfa subarmónico de alto voltaje a 5 Hz y delta generalizado sincrónico), compatible con una afectación corticosubcortical difusa moderada. Clínicamente presentaba una leve encefalopatía subcortical y síncope.

SÍNDROME DE DE MORSIER: *De Morsier G. Études sur les dysraphies crânioencéphaliques. Agénésie du septum pelucidum avec malformation du tractus optique. La dysplasie septo-optique. Schw Arch Neurol. Psych 1956; 77: 267-92.*
Displasia septoóptica-pituitaria (*SOPD*). Hipoplasia de nervio óptico (de quiasma y nervios), uni o bilateral, o ausencia de esta anomalía; no hay que confundirlo con atrofia óptica. Disgenesia del *septum pellucidum* (*cavum septum,* agenesia, etc.), o del cuerpo calloso (con o sin agenesia de córtex cerebral, o ambos, anomalías cerebelosas, esquisencefalia en la mitad de los casos, etc.), insuficiencia hipotalamohipofisaria (parcial o total).
Podría tener origen disgenético (genes de la prosencefalización) y multifactorial (daño isquémico).
Morfológicamente (radiológicamente) hay un subgrupo con esquisencefalia o polimicrogiria y defectos incompletos del *septum,* y otro subgrupo con ausencia del *septum* e hipoplasia de la sustancia blanca periventricular y ventriculomegalia, sin alteraciones en la migración (Barkovich AJ et al. Septo-optic dysplasia: MR Imaging. Radiology 1989; 171: 189-92).
Clínica: ceguera o pérdida de visión, retraso del crecimiento, hipoglucemia, nistagmo, déficit de *ACTH* con hipoadrenalismo hipotalamohipofisario, déficit de *TSH*, hipogonadismo, pubertad precoz, diabetes insípida, hipotonía neonatal, ictericia neonatal prolongada, epilepsia parcial, espasmos infantiles, tiroiditis de Hashimoto, *diabetes mellitus* gestacional; no se asocia a grave defecto intelectual ni del comportamiento. El debut clínico suele deberse a nistagmo, crisis epilépticas, déficit visual y retraso psicomotor. No se ha observado la ausencia de *septum pellucidum* aislada. Puede asociarse a porencefalia, a síndrome de Apert (acrocefalosindactilia tipo 1, agenesia de *septum pellucidum,* hipoplasia óptica, SIADH), a holoprosencefalia (por síndrome alcohol-fetal).
En individuos esquizofrénicos se observa mayor prevalencia de lo normal de *cavum vergae, cavum septum* y agenesia parcial del cuerpo calloso (estructuras del sistema límbico).

En un caso visto personalmente el electroencefalograma no presentó anomalías.

SÍNDROME DE DEBRÉ-HOCHER-SEMELAIGNE: véase hipertrofia muscular.

SÍNDROME DE DEJERINE-ROUSSY: véase dolor.

SÍNDROME DE DEJERINE-SOTTAS: véase neuropatía hereditaria.

SÍNDROME DE DENNY-BROWN: véase dolor.

SÍNDROME DE DEVIC: neuritis óptica aguda, con más frecuencia bilateral (con parálisis oculomotora y atrofia óptica), mielitis transversa (necrotizante). En menos de un tercio se presentan juntas en un mismo brote la neuritis óptica y la mielitis. Se sospecha que también podría haber afectación encefálica (Hervás J V et al. Encefalopatía y neuromielitis óptica: importancia del reconocimiento de la sintomatología atípica. Rev Neurol 2014; 58: 20-24).
Se la ha solido considerar una posible variante de esclerosis múltiple; actualmente se piensa que no, por la existencia de los anticuerpos anti-AQP4 o AQ-4, antiacuaporina-4 (Chiquete E. Neuromielitis óptica: actualización clínica. Rev Neurol 2010; 51: 289-294).

SÍNDROME DE DI GEORGE: véase discinesias con origen periférico.

SÍNDROME DE DOOSE: epilepsia con crisis mioclonicoastáticas, o pequeño mal mioclónico, o síndrome de Doose: 7 meses a 6 años (media: 2 a 5 años). Con o sin crisis febriles. Con o sin retraso psicomotor previo. Con o sin factores de riesgo. Crisis mioclonicoastáticas, ausencias, crisis tonicoclónicas generalizadas, estatus. Evolución variable. Normalmente severa y con mala respuesta al tratamiento. Más varones. Hermanos riesgo 1/3.
Diagnóstico diferencial: epilepsia mioclónica infantil benigna, epilepsia mioclónica infantil severa, síndrome de West, síndrome de Lennox.
Electroencefalograma: punta-onda y polipunta-onda bilateral y sincrónica, con predominio anterior. Fotoestimulación. Actividad theta monomórfica central a 4-7 Hz y paroxismos (en sueño *NREM*, punta-onda generalizada irregular; en sueño *REM*, desaparición de los paroxismos).
Véase epilepsia infantil.

SÍNDROME DE DOWN: el electroencefalograma suele estar dentro de límites fisiológicos.

SÍNDROME DE DRAVET: epilepsia mioclónica infantil severa o grave, síndrome de Dravet (Dravet CH. Les épilepsies graves de l'enfant. Vie Med 1978; 8: 543-8), epilepsia polimórfica: 6-9 meses (media 5-6 meses). Con o sin antecedentes familiares. Previamente bien. Clónica generalizada, unilateral o no, mioclónica, crisis parciales complejas, ausencia atípica, estatus (más variada que la epilepsia mioclónica infantil benigna). Regresión psicomotora. Suele debutar como crisis febriles.

Diagnóstico diferencial: crisis febriles, epilepsia mioclónica infantil benigna, síndrome de Lennox, síndrome de Doose, epilepsia mioclónica.
Electroencefalograma: puede ser normal hasta los 2 años; lentificación severa, polipunta-onda, punta-onda a 3 Hz (2-3,5 Hz), paroxismos multifocales, paroxismos focales (también alteraciones en *NREM*, y variable en *REM* según el estadio), etc. Fotoestimulación, fotosensibilidad precoz.
Véase epilepsia infantil.

SÍNDROME DE DUANE: miopatía, escoliosis, ceguera, trastorno oculomotor, retraso edad ósea, estrabismo, hipotonía, microcefalia, nistagmo, oftalmoplejía, talla pequeña, autosómico recesivo.

SÍNDROME DE EALES: vasculitis retiniana con hemorragias recurrentes.

SÍNDROME DE EATON-LAMBERT: trastorno de la unión neuromuscular presináptico. Potenciación postetánica del 100-400% con potencial motor basal de baja amplitud; potenciación del 100% o más, según la *AAEM* (AAEM Quality Assurance Committee. Practice parameter for repetitive nerve stimulation and single fiber EMG evaluation of adults with suspected myasthenia gravis or Lambert-Eaton myasthenic syndrome: summary statement. Muscle Nerve 2001; 24: 1236-8).
La potenciación postetánica se puede lograr con 15 segundos de contracción máxima, y dura unos 2 minutos (después puede aparecer el agotamiento postetánico).
Es un síndrome raro, personalmente se ha visto solo un caso con síndrome de Eaton-Lambert confirmado: la paciente presentaba la clínica característica, y en este caso se apreció potenciación postetánica del *CMAP* del 70-220% en varios músculos (en todos los explorados, de hecho, proximales y distales, en miembros superiores e inferiores), tras tetanización (contracción voluntaria máxima) de 15-20 segundos, con *CMAP* basal de amplitud baja en todos ellos; también presentó tres pares con aumento del *jitter* (95-105 *MCD*) en extensor común de los dedos en el electromiograma de fibra simple.
Otro dato clínico interesante de esta paciente es que presentaba arreflexia aquílea bilateral pero mediante observación personal se comprobó que recuperaba los reflejos aquíleos tras permanecer de puntillas 15 segundos, fenómeno clínico probablemente con el mismo significado que lo observado mediante electromiograma con la medición de la potenciación postetánica.
En la debilidad muscular aguda por saxitoxina se consideran características las **parestesias periorales** al comienzo del cuadro (también en la tetania y otros cuadros de parálisis aguda), pero esta paciente con el síndrome de Eaton-Lambert mencionada también refirió *motu proprio* parestesias periorales al comienzo del cuadro de debilidad.
La mitad de los casos asociados a neoplasia, casi siempre a neoplasia pulmonar de células pequeñas. También se asocia a enfermedades autoinmunes.

Clínica: debut agudo, subagudo o crónico; fatigabilidad y debilidad proximales y progresivas; rara afectación bulbar y ocular; disautonomía colinérgica con sequedad oral, disfunción sexual, ortostatismo y disminución de la sudación; anticuerpos contra los canales de calcio dependientes de voltaje; la enfermedad es transferible mediante IgG de pacientes; mejora con inmunosupresión o plasmaféresis, también con clorhidrato de guanidina (que prolonga la despolarización sináptica, aumentando la entrada de calcio y la liberación de acetil-colina, o con 4-aminopiridina (actúa sobre canales de potasio), y con 3,4-diaminopiridina.

El síndrome de Eaton-Lambert podría tener un **estadio subclínico, asintomático, pero con electromiograma alterado** (Denys EH, Lennon VA. Asymptomatic Lambert-Eaton myasthenic syndrome. Clinical Neurophysiology 2009; 120: 118).

Miastenia gravis frente a síndrome de Eaton-Lambert:

1. Patogenia autoinmune: anticuerpos antirreceptor de acetilcolina postsinápticos frente a disminución de liberación presináptica de acetilcolina mediada por calcio.

2. Epidemiología: cualquier edad, con más frecuencia mujer, frente a mayores de 40 años con igualdad varón-mujer.

3. Músculos predominantemente afectados: proximal, extraocular, bulbar, frente a proximal, pero ocular y bulbar no.

4. Reflejos: normales, frente a musculares profundos y pupilares disminuidos.

5. Manifestaciones autonómicas: no frente a sí, con sequedad de boca.

6. Mejora con: reposo y anticolinesterásicos, frente a ejercicio y guanidina.

7. Peor con: ejercicio, emociones, infecciones, embarazo, menstruación, cirugía, frente a tubocurarina y dexametonio.

8. Asociaciones: hiperplasia folicular, timoma, enfermedades autoinmunes, frente a *oat-cell*.

Se ha descrito el síndrome miasténico asociado al tratamiento con toxina botulínica (Simpson MA et al. Presentation of myasthenic syndrome after therapeutic botulim toxin. Clin. Neurophysiol. 2012; 123: e69). Observaron debilidad en cinturas, no en cabeza y aumento del *jitter* en miembro superior izquierdo, además de signos electromiográficos miopáticos en musculatura proximal con biopsia de músculo sin cambios miopáticos. Los anticuerpos antirreceptor de acetilcolina y *anti-MUSK* fueron negativos.

El síndrome de Eaton-Lambert puede ser **asintomático durante años** (Denys EH et al. Asymptomatic Lambert-Eaton syndrome. Muscle Nerve 2014; 49: 764-767).

Véase estimulación repetitiva.

SÍNDROME DE EKBOM:

-Ataxia hereditaria de Ekbom: síndrome MERRF, lipomas, ataxia y neuropatía (síndrome MERRF: epilepsia mioclónica y *ragged red fibers*; Calabresi et al. 1994).

Los siguientes procesos reciben también el nombre de síndrome de Ekbom: - *Delusional parasitosis* (*Präsenile dermatozoenwans*).

-Síndrome de las piernas inquietas o *asthenia crurum paraesthetica* (O´Keeffe S. Ekbom´s syndrome. Muscle & Nerve 1995; 4: 478). Véase sueño, anormalidades motoras.
-Síndrome de Ekbom-Lobstein: osteogénesis imperfecta, enfermedad de Adair-Dighton, enfermedad de Lobstein.

SÍNDROME DE EKBOM-LOBSTEIN: véase enfermedad de Lobstein.

SÍNDROME DE EPILEPSIA MIOCLÓNICA CON *RAGGED RED FIBERS:* *MERRF,* encefalopatía mioclónica progresiva. 9-15 años. Crisis variadas y deterioro multisistémico.
Electroencefalograma: lentificación, paroxismos, fotosensibilidad notable.

SÍNDROME DE ESTALLIDO CEFÁLICO: clasificado en el apartado: "otras parasomnias" (American Academy of Sleep Medicine. International clasification of sleep disorders. 2nd ed. Diagnostic encoding manual. Westchester: ASMM; 2005). Sensación, de segundos, de ruido, a veces con luz y *mioclonus,* que despierta al paciente. Se acompaña de sensación de terror. Aparece en la edad media de la vida y en cualquier etapa del sueño. Diagnóstico diferencial con cefaleas nocturnas (cefalea hípnica, cefalea en trueno, migraña del sueño, cefalea en racimos y hemicránea paroxística nocturna), pesadillas y mioclonias del sueño o *sleep starts* (Pérez H et al. Parálisis del sueño hipnopómpica con alucinaciones y síndrome del estallido cefálico: una asociación infrecuente. Rev Neurol 2010; 51: 255-256).

SÍNDROME DE ESTRECHEZ TORÁCICA SUPERIOR: salida torácica estrecha, estrechez torácica superior. Tambien conocido como *Gilliat-Sumner hand* o *thoracic oulet syndrome.* Es infrecuente, habiendo que pensar antes en otros diagnósticos. Clásicamente: dolor en antebrazo y atrofia mano (mayor en eminencia ténar). Tronco inferior del plexo braquial atrapado por banda desde primera costilla o apófisis transversa de C7. Hay 3 posibles "desfiladeros": el triángulo escaleno, el espacio costoclavicular y el espacio retropectoral.
Electromiograma: supuestamente, disminución de la amplitud del potencial motor del nervio mediano, disminución relativa de la amplitud del potencial sensitivo del cubital (C8), potencial motor del cubital normal o algo disminuida (velocidad normal), amplitud del potencial sensitivo del mediano normal (C6/C7), y potenciales de unidad motora neurógenos y fibrilaciones en mano, sobre todo en eminencia ténar, y menos notables en músculos de tronco inferior (C8/T1) excepto tríceps, y aumento de latencia de onda F de cubital. Esta es una descripción que posiblemente va a ser difícil observar en la práctica con frecuencia. Ya de entrada hay que tener en cuenta que el síndrome es excepcional. Personalmente sólo se ha visto un caso auténtico hasta ahora, una mujer joven, operada para extirpar la banda que verdaderamente comprimía el plexo; el electromiograma mostraba atrofia en la mano por C8/T1, no caída de amplitud de potenciales motores e hipotrofia asimétrica, sino ausencia de respuestas motoras y atrofia de toda la mano.

Gilliat RW. Thoracic outlet syndrome. En Dick PJ, Thomas PK, Lambert EH y cols. Peripheral neuropathy, 2nd ed. WB Saunders, Philad. 1984. 1409-424.
Lindgren K et al. Thoracic outlet syndrome-a functional disturbance of the thoracic upper aperture? Muscle and nerve 1995. 18: 526-30.
Fernández-González F et al. Síndrome de la compresión neurógena en la salida torácica. Rev Neurol 1998; 26: 407-411.
Bashar K et al. Classic neurogenic thoracic outlet syndrome in a competitive swimmer: a true scalenus anticus syndrome. Muscle and Nerve 1995; 18: 229-233.

SÍNDROME DE FLYNN-AIRD: malformación congénita; atrofia cutánea, ictiosis, calvicie, sordera, demencia, retinitis pigmentaria, convulsiones, ataxia, neuropatía periférica, etc.

SÍNDROME DE FOWLER: véase nervio pudendo.

SÍNDROME DE FROHLICH: véase hipotálamo.

SÍNDROME DE GANSER: véase psicopatología de la inteligencia.

SÍNDROME DE GARLAND: neuropatía diabética proximal.

SÍNDROME DE GAZIT: síndrome de la piel arrugada. Autosómico recesivo. Piel arrugada en cuello y dorso de manos, escápulas aladas, cifosis, hipotonía, microcefalia, micropia, coriorretinitis.

SÍNDROME DE GELINEAU: narcolepsia, cataplejía, parálisis del sueño, alucinaciones hipnagógicas, hipnopómpicas, o ambas.

SÍNDROME DE GILLES DE LA TOURETTE: véase discinesias con origen subcortical.

SÍNDROME DE GOBBI: véase enfermedad celíaca.

SÍNDROME DE GUILLAIN-BARRÉ: síndrome de Guillain-Barré-Landry-Strohl. **Polirradiculoneuropatía inflamatoria aguda, desmielinizante, axonal, o ambas** (Guillain G, Barré JA, Strohl A. Sur un syndrome de radiculoneurite avec hyperalbuminose du liquide cephalo-rachidien sans réaction cellulaire. Remarques sur les caractéres cliniques et graphiques des réflexes tendineus. Bull Soc Med Hop Paris 1916; 40: 1462-70). La forma clásica (polirradiculoneuropatía desmielinizante inflamatoria aguda) supone del 53 al 88% de los casos.
Asbury AK, Arnason BG, Adams RD. The inflammatory lesion in idiopathic polineuritis. It´s role in pathogenesis. Medicine 1969; 48: 173-215.
Ramírez M et al. Síndrome de Guillain-Barré en edad pediátrica. Perfil epidemiológico, clínico y terapéutico en un hospital de El Salvador. Rev Neurol 2009; 48: 292-6.

Los **criterios de Asbury** requieren debilidad muscular aguda con arreflexia, y el diagnóstico es reforzado si la debilidad es progresiva, relativamente simétrica, sin fiebre al comienzo, y con posibilidad de síntomas sensitivos, afectación de pares craneales y disfunción autonómica (Asbury AK, Cornblath DR. Assessment of current diagnostic criteria for Guillain-Barré syndrome. Ann Neurol 1990; 27: s21-24). Los criterios clásicos de Asbury y Cornblath incluyen debilidad progresiva en más de una extremidad, con arreflexia, progresión hasta 4 semanas, relativa simetría, síntomas sensitivos, afectación de pares craneales, recuperación a las 2-4 semanas tras cesar la progresión, disfunción autonómica, sin fiebre al inicio, aumento de proteínas en líquido cefalorraquídeo con menos de 10 células por milímetro cúbico, alteraciones típicas en el electromiograma; el diagnóstico es dudoso si hay un nivel sensitivo, marcada asimetría, disfunción esfinteriana grave y persistente, más de 50 células, polimorfonucleares en el líquido cefalorraquídeo; el diagnóstico es excluido si se detecta botulismo, miastenia grave, poliomielitis, neuropatía tóxica, porfiria, difteria, síndrome sensitivo puro o progresión durante más de dos meses (pasaría a ser *CIDP*).

Es característica la **disociación albuminocitológica** (aumento de proteínas con células normales, excepto en el caso de VIH, Lyme y linfoma, en los que puede haber aumento de células). Líquido cefalorraquídeo normal en un 10-20%. Aumenta la razón albúminas/células (disociación albuminocitológica). Hiperproteinorraquia sin pleocitosis (con pleocitosis en VIH positivo, 20-50 células). Líquido cefalorraquídeo normal en un 10%. El aumento relativo de albúmina suele tener un pico en los días décimo a decimoquinto (Estrada, 1981).

En **niños** los síntomas iniciales pueden ser confusos en ocasiones, y empezar por meningismo, cefalea, irritabilidad, mialgias, etc. (Pérez E et al. Síndrome de Guillain-Barré: presentación clínica y evolución en menores de 6 años de edad. An Pediatr 2012; 76: 69-76). En niños el debut puede ser en forma de síndrome *locked-in* (Dilena R et al. Locked-in-like fulminant infantile Guillain-Barré syndrome associated with herpes simplex virus 1 infection. Muscle & Nerve 2015; 53: 140-143).

Pronóstico: la evolución rápida, la positividad para citomegalovirus, la diarrea previa o la ausencia de sintomatología respiratoria previa indican peor pronóstico.

Se reconocen **4 formas:** polineuropatía desmielinizante inflamatoria aguda, síndrome de Miller-Fisher, neuropatía axonal sensitivomotora aguda y neuropatía axonal motora aguda; esta última se puede asociar a afectación del sistema nervioso central y cursar con hiperreflexia paradójica (Hughes RA, Cornblath DR. Guillain-Barré syndrome. Lancet 2005; 366: 1653-66).

Antecedentes: 2/3 con antecedentes de enfermedad vírica respiratoria o gastrointestinal las semanas previas, virus de Epstein-Barr, hepatitis B, hemófilus, varicela, *Campylobacter jejuni*, citomegalovirus, *Mycoplasma pneumoniae*, neumonía por *legionella*. Vacunación o intervención quirúrgica, linfoma de Hodgkin, linfoma no Hodgkin, lupus eritematoso sistémico, inyección parenteral de gangliósidos 9, herpes simple, hepatitis, VIH, influenza, hepatitis E (Bruffaerts R et al. Acute ataxic neuropathy associated with hepatitis E virus infection. Muscle & Nerve 2015; 52: 464-465), etc. No está comprobada la asociación con vacunas.

Se puede confundir con **cuadros diversos con electromiograma similar:** neuropatía con vulnerabilidad a la presión, parálisis por garrapata, neuropatía en la porfiria aguda intermitente, neuropatía en linfoma, neuropatía en infección por VIH, etc.

Clínica: relativamente frecuente, aproximadamente un caso cada dos meses, entre casos nuevos y controles evolutivos. Parestesias manos y pies (y periorales), dolor radicular intenso, parálisis ascendente de Landry, bilateral y simétrica, pares 25-33% (más frecuente facial bilateral, más o menos asimétrico, 5% músculos extraoculares), reflejos abolidos, 20% ventilación asistida, no fiebre, hipertensión, arritmias (riesgo de *exitus*), SIADH (secreción inadecuada de hormona antidiurética) por alteración de los receptores de volumen en tórax. Parálisis facial periférica: 50%. Oftalmoplejía y parálisis bulbar raras. Un tercio debilidad de musculatura respiratoria tras unos 10 días de evolución. Déficit bilateral en todo caso y con gran frecuencia simétrico. Parálisis normalmente ascendente tras cuadro de dolor y parestesias (dolor radicular intenso y hormigueos en partes acras). La debilidad puede ser de predominio proximal y en miembros superiores. Progresa en 2-21 días (media 9), se estabiliza en 0-30 días (media 6), se recupera en 3 semanas-1 año. Pares craneales afectados en un 33% (de más a menos frecuentemente afectados: 7, 9, 10, 11). Trastornos respiratorios en 28%. Letalidad de la forma generalizada: 5-25%. 1% recidivante. 10% complicaciones circulatorias (Estrada, 1981). La reaparición de los reflejos musculares profundos al cabo de unos días no indica el comienzo de la recuperación, sino la reducción del bloqueo de la conducción en las raíces nerviosas al reducirse la inflamación por la radiculitis presente en la fase más aguda del síndrome, que comprime a la raíz en el agujero de conjunción y produce bloqueo de la conducción; en esta circunstancia los reflejos pueden reaparecer y dar una falsa esperanza pues habitualmente la degeneración, sobre todo en la forma axonal, sigue progresando (suele ser necesario explicar a los pacientes y familiares que este hecho no es sinónimo de curación todavía). La forma axonal presenta un 42% de invalidez a largo plazo. Puede evolucionar a polirradiculoneuropatía desmielinizante inflamatoria crónica. Radiculitis: signo de Valsalva positivo (aumenta el dolor radicular con la maniobra de Valsalva; aparece en el síndrome de Guillain-Barré, discopatía, enfermedad de Lyme, etc.).

Síndrome de Miller-Fisher: ataxia, arreflexia y oftalmoparesia (personalmente se han visto 4 casos de Miller-Fisher).
Existe una variante sensitiva y una variante autonómica.

Subtipos fundamentales: *AIDP (acute inflammatory demyelinating polyradiculoneuropathy,* según Asbury AK et al. The inflammatory lesions in idiopathic polyneuritis: it´s role in pathogenesis. Medicine 1969; 48: 173-

215), **AMAN** *(acute motor axonal neuropathy)*, **AMSAN** *(acute motor and sensory axonal neuropathy)*.

Hay diferentes criterios propuestos para *AIDP* y *AMAN*, continuamente sujetos a revisión. Dichos criterios se refieren básicamente, en el caso de la *AIDP*, según diversos autores, a una reducción de la velocidad de conducción en al menos dos nervios en un porcentaje que va desde un 30% hasta un 10% (el límite inferior referido para el caso de que el *CMAP* distal presente una reducción de amplitud de entre el 50% y el 20%). También se refieren al hallazgo en al menos dos nervios de un aumento de la latencia motora distal de entre un 10% y un 20% (el 20% referido para el caso de que el *CMAP* distal sea menor del límite inferior normal o esté reducido en un 20% -dependiendo del autor-). Los criterios también incluyen la dispersión temporal y el bloqueo axonal en algunos autores, y el aumento en un 20% de la latencia de la onda F. Para la *AMAN* se propone una caída en la amplitud del *CMAP* distal de al menos el 20% en dos nervios (algo descartado por otros autores, porque evidentemente da lugar a falsos positivos ya que en el nervio peroneal la amplitud del *CMAP* registrado en pedio puede caer en un 30% en condiciones normales estimulando en rodilla en comparación con el estímulo en tobillo - Karmel J et al. Fibular motor nerve conduction studies: Investigating the mechanism for compound muscle action potential amplitude drop with proximal stimulation. Muscle & Nerve 2015; 52: 993-996-).

Albers JW et al. Sequential electrodiagnostic abnormalities in acute inflammatory demyelinating polyneuropathy. Muscle Nerve 1985; 8: 528-39.

Cornblath DR. Electrophysiology in Guillain-Barré syndrome. Ann Neurol 1990; 27: s517-20.

Ho TW et al. Guillain-Barré syndrome in northern China : relationship to Campylobacter jejuni infection and anti-glycolipid antibodies. Brain 1995; 118: 597-605.

Hadden RD et al. Electrophysiological classification of Guillain-Barré syndrome: clinical associations and outcome. Ann Neurol 1998; 44: 780-88.

Uncini A et al. Electrodiagnostic criteria for Guillain-Barré syndrome: A critical revision and need for an update. Clin Neurophysiol 2012; 123: 1487-95.

AMAN: neuropatía axonal motora aguda. Puede asociarse con edad pediátrica, infección por *Campylobacter Jejuni*, anticuerpos anti GM1 y reflejos conservados de manera paradójica, e hiperreflexia. La debilidad puede ser de predominio distal en miembros superiores y puede haber ptosis. El líquido cefalorraquídeo puede ser normal. No parece encontrarse correlación entre las formas de presentación, *AIDP (acute inflammatory demyelinating polyradiculoneuropathy)* y *AMAN (acute motor axonal neuropathy)* y los anticuerpos antigangliósido (Kawakami S et al. The correlation between electrophysological subgroups and antibodies in Guillain-Barré syndrome. Clinical Neurophysiology 2009; 120: 111). La mayoría de los autores consultados asocian el antecedente de la presencia de *Campylobacter jejuni* con la forma *AMAN.*

Habría diversas **variantes de este síndrome**, por ejemplo: polineuropatía axonal motora aguda, polineuropatía axonal sensitivomotora aguda, síndrome de Miller-Fisher (anticuerpos anti GQ1b), polineuropatía inflamatoria desmielinizante aguda (85-90% de los casos), polineuropatía craneal (en un caso visto personalmente en una niña de 6 años, la niña presentó ataxia, hiperreflexia a lo largo de su evolución, y paresia de pares 9, 10, 11 y 12, con electromiograma, electroencefalograma, potenciales evocados somatosensoriales y potenciales evocados auditivos dentro de límites fisiológicos), parálisis faringocervicobraquial, paraparesia, ptosis palpebral grave sin oftalmoparesia, paresia del sexto par craneal con parestesias, oftalmoplejía sin ataxia, combinaciones de los previos, formas "saltatorias" (Buompadre MC et al. Variantes inusuales del síndrome de Guillain-Barré en la infancia. Rev Neurol 2006; 42: 85-90), hay una variedad clínica "a saltos", por ejemplo, comenzando con cefalea y pares craneales bajos (en parte similar a la variante faringocervicobraquial) y continuando con afectación de miembros inferiores (Vázquez ME. Síndrome de Guillain-Barré: variante inusual de tipo saltatorio en la edad pediátrica. Rev Neurol 2012; 55: 317-18). etc.

Es posible que la forma de presentación del síndrome de Guillain-Barré consista en una **parálisis facial bilateral**, incluso en niños.
Gómez JA, Palencia R. Parálisis facial bilateral como manifestación de síndrome de Guillain-Barré. Bol Soc Cast Ast Leon de Pediatría, XXVII, 67, 1986.
Sandstedt P, Hyden D, Odkvist LM, Kostulas V. Parálisis facial periférica en niños. Acta Paediatr Scand –ed. Esp.- 1985; 2: 307-12.
Es posible que algunas parálisis de Bell no sean idiopáticas sino correspondientes a una polineuropatía subyacente, tal vez en relación con infecciones víricas (Sandstedt P, Hyden D, Odkvist L. Bell´s palsy-a part of a polyneuropathy? Acta Neurol Scand 1981; 64: 66-73).

Derksen plantea el **diagnóstico diferencial** entre este síndrome y: *CIDP*, polineuropatía axonal crónica, trastornos psicosomáticos, infarto de médula espinal, polineuropatía desmielinizante y axonal crónica, neuropatía alcohólica, neuritis infecciosa, ganglionitis, miositis parainfecciosa, parálisis por compresión nerviosa, neuroborreliosis, neuropatía vasculítica, hipokalemia, envenenamiento por tetrodotixina (Derksen A et al. Sural sparing pattern discriminates Guillain-Barré syndrome from its mimics. Muscle & Nerve 2014; 50: 780-784). En caso de fiebre, rigidez de nuca y sospecha de infección hay que tener en cuenta, en el diagnóstico diferencial, que la encefalomielitis diseminada aguda hay asociación entre esta y polineuropatía en un 26% de los casos (Marchioni E et al. Postinfectious inflammatory disorders: subgroups based on prospective follow-up. Neurology 2005; 65: 1057-65). En el diagnóstico diferencial (debilidad aguda con arreflexia) también hay que incluir: porfiria, difteria, toxinas, vasculitis, enfermedad de Lyme, neuropatía del enfermo "crítico", botulismo, intoxicación por organofosforados, *miastenia gravis,* hipopotasemia, hipofosfatemia, polimiositis, rabdomiolisis, poliomielitis, rabia, mielitis transversa, absceso epidural, trombosis de la arteria basilar, poliomielitis, lesiones encefálicas, etc. Véase debilidad muscular aguda.

Se está investigando la posibilidad de usar los **potenciales evocados somatosensoriales** para valorar el estado de la parte proximal de los nervios, pero todavía no está clara la utilidad de dicha técnica en este síndrome (Tsukamoto H et al. Segmental evaluation of the peripheral nerve using tibial nerve SEPs for the diagnosis of CIDP. Clinical Neurophysiology 2010; 121: 77-84).

Según experiencia propia, en el **electromiograma** de este síndrome, con frecuencia, amén de los signos típicos de polirradiculoneuropatía, de predominio desmielinizante o axonal, es típico el característico y llamativo alargamiento de las latencias motoras distales de manera desproporcionada en comparación con otros parámetros desde fases iniciales del cuadro, en varios nervios, por ejemplo, peroneales y tibiales posteriores; otras veces las latencias no se alargan y lo que se observa desde el principio es la lentificación y desincronización de las respuestas. Durante los primeros días el único hallazgo detectable puede ser la simplificación de los trazados en partes acras como reflejo de la radiculitis incipiente, y la desaparición de la onda F.

Se suele hacer referencia, para el electromiograma, a los **criterios de desmielinización de Delanoe** (sensibilidad del 90% durante la primera semana), que son una variante de los de Cornblath de 1990, con presencia de al menos 4 de los criterios en 3 nervios, siendo al menos 2 motores y 1 sensitivo:
1. Reducción de la velocidad de conducción motora: menor que el 80% del límite inferior normal si la amplitud es mayor que el 80% del límite inferior normal, o menor que el 70% del límite inferior normal si la amplitud es menor que el 80% del límite inferior normal.
2. Bloqueo parcial de la conducción: aumento de la duración entre la estimulación distal y proximal menor del 15%, con disminución de la amplitud entre la estimulación distal y proximal mayor del 20%.
3. Dispersión temporal: duración entre la estimulación distal y proximal mayor del 15%.
4. Latencias distales prolongadas: latencia mayor que el 125% del límite superior normal si la amplitud es mayor que el 80% del límite inferior normal, o latencia mayor que el 150% del límite superior normal si la amplitud es menor que el 80% del límite inferior normal.
5. Ausencia de ondas F o aumento de las latencias mínimas de las ondas F en más del 120% por encima del límite superior normal si la amplitud del *CMAP* es mayor que el 80% del límite inferior normal.
6. Velocidad de conducción sensitiva: similar a lo dicho para los nervios motores.
7. Disminución de la amplitud de los *CMAP* o de las respuestas sensitivas por debajo del 80% del límite inferior normal.

Delanoe C et al. Acute inflammatory demyelinating polyradiculopathy in children: Clinical and electrodiagnostic studies. Ann Neurol 1998; 44: 350-56.

Chanson añade el siguiente criterio:
8. *Sural sparing pattern* (un nervio sensitivo anormal en miembros superiores asociado a nervio sural normal cuando los síntomas sensitivos están presentes en miembros inferiores).
Chanson JB, Echaniz A. Early electrodiagnostic abnormalities in acute inflammatory demyelinating polyneuropathy: A retrospective study of 58 patients. Clin Neurophys 2014; 125: 1900-1905.
Personalmente se ha observado también este *sural sparing pattern,* de manera sorprendente, en la forma desmielinizante crónica, ocasionalmente, con ausencia de respuestas sensitivas en miembros superiores (radial, mediano y cubital bilaterales) y normales en miembros inferiores (surales y peroneales).
Derksen ha encontrado que el *sural sparing pattern* apoya el diagnóstico de la forma desmielinizante del síndrome durante la fase inicial del diagnóstico al hacer el diagnóstico diferencial mejor que otros hallazgos como el aumento de la latencia distal motora o las anormalidades en las ondas F (Derksen A et al. Sural sparing pattern discriminates Guillain-Barré syndrome from its mimics. Muscle & Nerve 2014; 50: 780-784).
El *sural sparing pattern* ha sido observado tanto en la forma axonal del síndrome como en la desmielinizante (Umapathi T et al. Sural-sparing is seen in axonal as well as demyelinating forms of Guillain-Barré syndorme. Clinical Neurophysiology 2015; 126: 2376-2380).

La **mortalidad**, alrededor de un 10,5%, parece estar en relación con la edad avanzada (Domínguez R et al. Mortalidad asociada al síndrome de Guillain-Barré en adultos ingresados en instituciones del sistema sanitario mexicano. Rev Neurol 2014; 58: 4-10).
Véase debilidad muscular aguda. Véase encefalitis de Bickerstaff.

SÍNDROME DE HAKIM-ADAMS: véase hidrocefalia.

SÍNDROME DE HALLERVORDEN-SPATZ: véase enfermedad de Hallervorden-Spatz.

SÍNDROME DE HARDING: aparición de manifestaciones clínicas similares a las de la esclerosis múltiple en paciente con neuropatía óptica de Leber.

SÍNDROME DE HARTUNG: véase enfermedad de Unverricht-Lundborg.

SÍNDROME DE HEERFORDT: en la sarcoidosis: parálisis facial, parotiditis, uveítis, hipoacusia y meningoencefalitis.

SÍNDROME DE HERPIN-RABOT-JANZ: véase síndrome de Rabot.

SÍNDROME DE HOFFMANN: véase hipertrofia muscular.

SÍNDROME DE HOLMES-ADIE: véase pupila.

SÍNDROME DE HORNER: síndrome de Claude-Bernard-Horner. Miosis, ptosis, enoftalmos (no se debe confundir enoftalmos con endofalmos, que es inflamación del ojo). Aparece en relación con tumor en vértex pulmonar que afecta a plexo simpático (tumor de Pancoast) y en el síndrome de Raeder. Puede aparecer anhidrosis del brazo y hemicara del mismo lado, amiotrofia en mano, dolor de distribución peculiar (plexo braquial). Puede observarse también en la parálisis de Klumpke si se extiende a T1. Conviene conocer este síndrome pues puede ser ocasionalmente la forma de debut de un tumor de Pancoast, y ser remitido el paciente por sospecha de *miastenia gravis*, o de radiculopatía cervical, etc., sin serlo (es importante explorar las pupilas).

SÍNDROME DE HUGHES: síndrome antifosfolípido. Véase lupus eritematoso sistémico.

SÍNDROME DE HUNT: véase síndrome de Ramsay-Hunt.

SÍNDROME DE HUNTER: tesaurismosis de glicosaminoglicanos; hay 8 formas, el síndrome de Hunter y el de Hurler son 2 de ellas.
-Síndrome de Hurler: mucopolisacaridosis 1, autosómico recesivo, piel basta (de naranja), deterioro mental progresivo, alteraciones corneales, hipoacusia, déficit de alfa-lambda iduronidasa.
-Síndrome de Hunter: mucopolisacaridosis 2, recesivo ligado al X, déficit de iduronato sulfatasa, piel basta, sordera, disminución progresiva de la vista, afectación neurológica y cardiovascular.

SÍNDROME DE HURLER: véase síndrome de Hunter.

SÍNDROME DE ISAACS: véase neuromiotonía.

SÍNDROME DE JEAVONS: mioclonias palpebrales, con o sin ausencias, al cerrar los ojos en un ambiente luminoso. Electroencefalograma: polipunta y polipunta-onda generalizada a 3-6 Hz coincidiendo con las mioclonias palpebrales. Respuesta fotoparoxística (Pérez-Errázquin F et al. ¿Existe el síndrome de Jeavons? Aportación de una serie de 10 casos. Revista de Neurología 2010; 50: 584-590).

SÍNDROME DE JONES-NEVIN: véase encefalopatía.

SÍNDROME DE JOUBERT: niños. Autosómico recesivo, raro (tal vez 200 casos). Malformación de mesencéfalo y cerebelo (*vermis*), apraxia, ataxia, nistagmo, hipotonía, alteración respiratoria (hiperpnea/apnea), retraso psicomotor, signo de la muela en la resonancia magnética; enfermedades relacionadas: síndrome de Arima, síndrome *COACH* (coloboma, ataxia, oligogrenia, fibrosis hepática e hipoplasia/aplasia de vermis cerebeloso), y síndrome de Senior-Löken o nefronoptisis con distrofia de retina; quizá también tenga relación con el síndrome de Cogan o nefronoptisis con apraxia oculomotora. Un caso visto personalmente: en un plazo de 9 años desde su nacimiento electrorretinograma normal en ese tiempo en exploraciones sucesivas, y potenciales evocados auditivos alterados.

SÍNDROME DE JUBERG-HELLMAN: epilepsia infantil por mutación de la protocaderina 19.
Electroencefalograma: punta-onda lenta frontotemporal bilateral.
Afecta sólo a mujeres y la transmiten sólo los varones.
Convulsiones febriles o postvacunales, hacia los 3 años de edad.
Debutan con numerosas convulsiones de escasa duración en un periodo de tiempo corto (*seizures in cluster*).
De la Fuente C et al. Epilepsia infantil por mutación de la protocaderina 19. Rev Neurol 2013; 56: 117.

SÍNDROME DE JUSIC: véase calambres.

SÍNDROME DE KEARNS-SAYRE: oftalmoplejía externa progresiva (enfermedad mitocondrial); retinitis pigmentaria, miopatía, hipoacusia, ataxia.

SÍNDROME DE KLEINE-LEVIN: ataques recurrentes, de varios días o semanas, de hipersomnia, hiperfagia, hipersexualidad, desinhibición sexual, irritabilidad, apatía. Casi exclusivo de adolescentes varones. Normalidad entre ataques. Quizá por disfunción hipotalámica episódica.

SÍNDROME DE KLIPPEL-FEIL: sordera, afectación de pares craneales, trastornos sensitivomotores del miembro superior, etc.

SÍNDROME DE KLIPPEL-TRENAUNAY-WEBER: véase hipertrofia muscular.

SÍNDROME DE KNUD KRABBE: enfermedad de Krabbe. Lipidosis de galactocerebrósidos. Leucodistrofia de células globoides. Enfermedad lisosomal con afectación de mielina (central y periférica): irritabilidad…hipertonía…opistótonos…hipotonía. Inicio: 1-7 meses de edad. Puede aparecer polineuropatía. Epilepsia mioclónica.
Electroencefalograma: lentificación, paroxismos, seudohipsarritmia…isoeléctrico.
Véase lipidosis.

SÍNDROME DE KOJEWNIKOW: véase epilepsia parcial continua.

SÍNDROME DE KORSAKOFF: véase síndrome de Wernicke-Korsakoff.

SÍNDROME DE LA ARCADA DE FROHSE: véase nervio radial.

SÍNDROME DE LA CABEZA CAÍDA: está descrita la miositis de músculos extensores del cuello en el síndrome de la cabeza caída (dropped head syndrome), con respuesta a corticoterapia (Raimondi MR et al. A patient with a dropped head: A rare presentation of isolated posterior neck extensor, steroid-responsive myositis. Clin Neurophysiol 1012; 123: e101-e114). Otras causas del síndrome de la cabeza caída, aparte de miositis: miopatías diversas (miopatía mitocondrial, déficit de carnitina, miopatía congénita, distrofia facioescapulohumeral, síndrome de Cushing, miopatía hipotiroidea, etc.), enfermedad de la neurona motora (esclerosis lateral amiotrófica, síndrome postpolio, etc.), enfermedad de Parkinson, *miastenia gravis*, hipotiroidismo, polineuropatía inflamatoria crónica, debilidad extrema por causas diversas, idiopática, etc. Véase miopatía, clasificación y características.

SÍNDROME DE LA COLA DE CABALLO: dolor en la región glútea, debilidad de esfínteres vesical y rectal, hipoestesia en periné, reflejos musculares profundos disminuidos. Posible complicación en la espondilitis anquilopoyética. En casos severos, actividad denervativa detectable con el electromiograma en niveles radiculares lumbares bajos y sacros (a veces es preciso explorar el esfínter anal para evidenciarlo). Véase nervio pudendo.

SÍNDROME DE LA VENA CAVA SUPERIOR: hipertensión intracraneal (cefalea, vértigo, acúfenos, somnolencia, obnubilación).

SÍNDROME DE LAMBERT-BRODY: véase déficit de ATP-asa.

SÍNDROME DE LANCE-ADAMS: encefalopatía mioclónica postanóxica o síndrome de Lance-Adams. Electroencefalograma: lentificación, paroxismos, puntas o polipunta-onda con las sacudidas. Suele producir de forma característica crisis mioclónicas, con puntas, polipunta y polipunta-onda en el electroencefalograma, coincidiendo con las mioclonias. La polipunta puede superponerse a un trazado encefalopático, con gran depresión del voltaje que puede llegar a una casi inactividad bioeléctrica cortical de manera transitoria. Puede clasificarse dentro de la actividad electroencefalográfica periódica.

SÍNDROME DE LANDAU-KLEFFNER: véase afasia epiléptica; véase síndrome *ESES*; véase epilepsia con punta-onda continua durante el sueño.

SÍNDROME DE LAWRENCE-MOON-BARDET-BIEDL: retraso mental, retinitis pigmentaria, obesidad, polidactilia, azoospermia.

SÍNDROME DE LEIGH: véase encefalopatía.

SÍNDROME DE LENNOX: síndrome de Lennox-Gastaut. Encefalopatía epileptiforme infantil (10% de la epilepsia infantil). Retraso mental, convulsiones y electroencefalograma característico (punta-onda lenta, a 2 Hz, que se diferencia así específicamente del *petit mal*, en el que aparece punta-onda lenta a 3 Hz).

Causas: síndrome de West, asfixia perinatal, encefalitis, meningitis, parto traumático, esclerosis tuberosa, malformaciones congénitas, enfermedades neurodegenerativas, tumores, infecciones, etc. 50% sin déficit neurológico ni estructural.

Comienzo hasta los 8 años. 30% sin causa identificable. Comienzo por caídas de la cabeza y crisis múltiples y variadas, con frecuencia ausencias atípicas y crisis convulsivas generalizas, así como crisis tonicas durante el sueño. Comienzo en menores de 3 años: peor pronóstico. Comienzo en mayores de 10 años: menor riesgo de oligofrenia. Si está precedido por síndrome de West, o el electroencefalograma está muy lentificado, o las crisis y el estatus son frecuentes, el pronóstico es peor.

Tipos de crisis: crisis tónicas, tonicoclónicas, ausencias complejas (retropulsivas, atónicas, con mioclonias, con automatismos, con fenómenos autonómicos, mixtas), atónicas. Crisis atónicas breves (1-2 segundos; electroencefalograma: puntas y ondas lentas), precedidas de mioclonia breve (electroencefalograma: puntas o polipuntas generalizadas). Espasmos axiales, parecidos a los que aparecen en la epilepsia de sobresalto. Ausencia atónica, con atonía prolongada de 30 segundos-minutos (electroencefalograma: puntas generalizadas, ondas agudas, actividad a 10 Hz). Ataques mioclonicoastáticos (electroencefalograma: punta-onda lenta, sobre todo en estatus). Acinéticas (electroencefalograma: punta-onda a 2 Hz generalizada, polipunta-onda). Tonicas, bilaterales, 5-20 segundos, riesgo de estatus, frecuentes en *NREM* (electroencefalograma: puntas bilaterales y sincrónicas, 10-25 Hz o a 3 Hz). Clónicas: pérdida de conocimiento sueño *NREM*, más en infancia, 1 minuto (electroencefalograma: actividad generalizada a 10 Hz, punta-onda). Ausencias atípicas, epilepsia temporal en adultos.

Diagnóstico diferencial: epilepsia postraumática con complejo punta-onda lenta (electroencefalograma parecido, pero clínica diferente, con epilepsia psicomotora o gran mal); epilepsia del lóbulo frontal con sincronía bilateral secundaria (diagnóstico diferencial difícil o imposible); síndrome *ESES* (no hay máximo frontal, pero sí posterior o en vértex; ataques más leves); síndrome afasia-convulsión de Landau-Kleffner (crisis más leves, electroencefalograma: punta-onda lenta, más en sueño, a menudo generalizada y continua, pero con máximo en área temporal media; enfermedad generalmente autolimitada); epilepsia benigna del lóbulo occipital (electroencefalograma: punta-onda con máximo occipital o temporal, especialmente en vigilia y en relación con migraña –ataques visuales y luego dolor de cabeza-); síndrome de Rett (enfermedad degenerativa del sistema nervioso central; niñas; electroencefalograma: punta-onda lenta en estadios iniciales; máximo variable –temporal u occipital-).

Electroencefalograma: lentificación y punta-onda lenta (onda aguda y onda lenta) a 2 Hz (1-2,5 Hz), descargas continuas o esporádicas, bilaterales y con mayor amplitud en derivaciones anteriores. Se activa en *NREM*, disminuye en *REM*; en fase 1-2: salvas de puntas rítmicas de amplitud creciente a 10 Hz, con o sin espasmos tónicos. Puntas multifocales. Punta-onda lenta, generalizada, con más frecuencia interictal, rara vez localizada, máximo en línea media frontal, aumenta en *NREM* (puede ser continua y plantear el diagnóstico diferencial con estatus bioeléctrico durante el sueño en niños, síndrome *ESES*). Puede aparecer a los 6-12 meses de edad. Actividad basal normal o lentificada. Trenes de puntas rápidas en *NREM*, en niños mayores, adolescentes y adultos. Barbitúricos: puede no aparecer la actividad rápida en casos avanzados con daño cerebral. Puede haber electroencefalograma similar en epilepsia por traumatismo craneoencefálico (diagnóstico diferencial). Véase afasia epiléptica.

SÍNDROME DE LESCH-NYHAN: véase discinesias con origen subcortical. Véase dolor.

SÍNDROME DE LEUCOENCEFALOPATÍA POSTERIOR REVERSIBLE: se asocia a preeclampsia, eclampsia, hipertensión arterial severa, alteraciones renales, inmunosupresión, post-transplante, infección/sepsis/shock, enfermedades autoinmunes, quimioterapia y otras posibilidades diversas (hipomagnesemia, hipercalcemia, hipocolesterolemia, inmunoglobulina intravenosa, síndrome de Guillain-Barré, porfiria, efedrina, etc.). Se presenta en forma de convulsiones, encefalopatía, cefalea, alteraciones visuales, paresia, náuseas, alteración mental, de inicio brusco o progresivo, coma, etc. Descrito por Hinchey et al en 1996 (Hinchey *et al*. A reversible posterior leukoencephalopathy syndrome. N Engl J Med 1996; 334: 494-500).

SÍNDROME DE LEWIS-SUMNER: véase neuropatía motora multifocal con bloqueos múltiples. Véase artritis reumatoide.

SÍNDROME DE LOS CABELLOS PLATEADOS: enfermedad melanolisosomal neuroectodérmica. Hipopigmentación cutánea, cabello plateado, retraso psicomotor, epilepsia, movimientos involuntarios, anormalidad en lisosomas, melanocitos y queratinocitos.

SÍNDROME DE LOUIS-BARR: ataxia telangiectasia (enfermedad de Louis-Barr, síndrome de Louis-Barr; autosómico recesivo; neuropatía hereditaria).

SÍNDROME DE LOWE: véase enfermedad de los canales iónicos.

SÍNDROME DE MCLEOD: véase neuroacantocitosis.

SÍNDROME DE MEIGE: véase discinesias con origen subcortical.

SÍNDROME DE MELKERSON-ROSENTHAL: parálisis facial unilateral basculante recidivante de pronóstico incierto; lengua escrotal (*lingua plicata* y queilitis granulomatosa); edema labial recidivante indoloro y edema facial (surco nasogeniano). Primavera y otoño.

SÍNDROME DE MENKES: síndrome de Berg: *kinky hair syndrome*; recesivo ligado al X; síndrome del pelo ensortijado; *kinky hair*+neuropatía axonal. Defecto de la absorción de cobre.

SÍNDROME DE MEYER-BETZ: véase mioglobinuria.

SÍNDROME DE MICHEL: aplasia de laberinto óseo y membranoso. Hipoacusia.

SÍNDROME DE MILLER-FISHER: ataxia, arreflexia, oftalmoparesia. Variante del síndrome de Guillain-Barré. Anticuerpos anti-GQ1b, como la forma polineuropática hiperrefléxica de la rombencefalitis de Bickerstaff (Al-Din AN et al. Brainstem encephalitis and the syndrome of Miller Fisher. A clinical study. Brain 1982; 105: 481-95). Puede aparecer en niños (Gómez C et al. Síndrome de Miller-Fisher en un escolar de 4 años. Descripción de un caso. Rev Neurol 2012; 55: 314-316). Diagnóstico diferencial con el síndrome *CANOMAD.*

SÍNDROME DE MONDINI: aplasia de la cóclea. Hipoacusia.

SÍNDROME DE MORVAN: véase discinesias con origen subcortical.

SÍNDROME DE MOYNAHAN: véase síndrome *LEOPARD.*

SÍNDROME DE NÉLATON: véase dolor.

SÍNDROME DE PANAYIOTOPOULOS: véase epilepsia infantil.

SÍNDROME DE PARINAUD: parálisis supranuclear no progresiva. No tiene que ver con la parálisis supranuclear progresiva, sino que consiste en una parálisis de la mirada conjugada hacia arriba, con disminución de la respuesta pupilar a la luz y con contracción pupilar activa con la acomodación, y a veces con parálisis de convergencia; es debido a lesión del *RiMLF* en el mesencéfalo anterior o en la comisura posterior. Véase motilidad ocular.

SÍNDROME DE PARKES-WEBER: véase hipertrofia muscular.

SÍNDROME DE PARKINSON:
Idiopático: juvenil (menos de 40 años), senil (más de 70 años). Tembloroso, acinético-rígido, o ambos.
Parkinson-plus: degeneración olivopontocerebelosa (cerebelo), parálisis supranuclear progresiva de Steele-Richardson-Ozlewski (paresia oculomotora), síndrome de Shy-Drager (ortostatismo), degeneración estrionígrica (síndrome seudobulbar), Parkinson-demencia-ELA (isla de Guam). En el parkinson-plus, y de manera general, el electromiograma en esfínter anal está alterado con frecuencia en alguna fase del proceso, a diferencia, en general, del parkinsonismo idiopático y secundario (sin embargo, hay que tener en cuenta que hay intoxicaciones medicamentosas que pueden provocar alteración en el electromiograma de esfínter anal en ambos casos).
Secundario: enfermedad de Wilson (metabolismo del cobre), síndrome de Fahr (metabolismo fosfocálcico), síndrome de Hallervorden-Spatz, toxicidad (molibdeno, manganeso, meperidina, neurolépticos, reserpina, metoclopramida, alfametildopa, flunarizina), infección (meningoencefalitis, enfermedad de Creutzfeldt-Jakob, sífilis).
Seudoparkinsonismo: vascular, postraumático, hidrocefalia normotensiva, tumores, temblor.
Estadios: 1 (unilateral), 2 (bilateral, equilibrio bien), 3 (puede trabajar, equilibrio mal), 4 (incapacidad, puede caminar), 5 (incapacidad).

Causas: enfermedad de Parkinson, fármacos, parálisis supranuclear progresiva, atrofia multisistémica (degeneración estrionígrica, atrofia olivopontocerebelosa, complejo de Shy-Drager), degeneración corticobasal gangliónica, hidrocefalia con presión normal, parkinsonismo vascular, demencia con cuerpos de Levy, síndrome de Behçet, etc.

Electroencefalograma: normal o theta difuso con o sin delta; pueden aparecer en brotes; son frecuentes los trazados de bajo voltaje sin alfa.

SÍNDROME DE PARRY-ROMBERG: hemiatrofia facial por lipodistrofia focal progresiva (esclerodermia lineal), con posibles alteraciones electromiográficas en la zona afectada. Puede acompañarse de epilepsia y afectación de pares craneales (sobre todo del trigémino).

SÍNDROME DE PARSONAGE-TURNER: véase neuralgia amiotrófica.

SÍNDROME DE RABOT: epilepsia mioclónica juvenil benigna, síndrome de Herpin-Rabot-Janz; alterna gran mal y epilepsia mioclónica.

SÍNDROME DE RAEDER: síndrome de Horner y paresia oculomotora. Fosa media. Primera rama del quinto par.

SÍNDROME DE RAMSAY-HUNT:
1. Encefalopatía mioclónica progresiva. Véase disinergia cerebelosa mioclónica.
2. Herpes zóster geniculado: ganglio geniculado. Síndrome de Ramsay-Hunt (zóster ótico): vértigo, acúfenos, hipersialorrea, disfonía, ojo seco, ausencia de reflejo corneal; lesiones en pabellón auditivo, conducto auditivo externo, paladar blando y pilares anteriores; a veces parálisis facial con peor pronóstico que la de Bell, pues suele producir acusada destrucción axonal.

SÍNDROME DE RASMUSSEN: véase epilepsia parcial continua.

SÍNDROME DE REFSUM: en el síndrome de Refsum, y también en el de Kallman, puede haber anosmia. Enfermedad peroxisomal. El ácido fitánico se acumula en plasma, sistema nervioso, hígado, riñón y grasa en la enfermedad o síndrome de Refsum (cajón de sastre para denominar a las alteraciones que se van detectando en relación con la alteración en la beta-oxidación de ácidos grasos que se asocian con la acumulación de ácido fitánico, y las consecuencias patológicas que esto acarrea).
Por el momento parece demostrado que la acumulación de ácido fitánico presenta relación causa-efecto con el síndrome de Refsum en el síndrome de Refsum juvenil, que cursa con retinitis pigmentaria, ataxia cerebelosa, polineuropatía sensitivomotora desmielinizante (neuropatía hereditaria), y también puede haber anosmia, sordera, ictiosis, proteinorraquia, cardiopatía y miopatía. Autosómico recesivo. Tratamiento: plasmaféresis y dieta.

SÍNDROME DE RETT: enfermedad degenerativa del sistema nervioso central; niñas.

Electroencefalograma: punta-onda lenta en estadios iniciales; máximo variable (temporal u occipital). Véase electroencefalografía, punta-onda. Véase síndrome *ESES*. Véase afasia epiléptica. Véase EPOCS.

SÍNDROME DE REYE: encefalopatía aguda y degeneración grasa de vísceras (Reye RDK et al. Encephalopathy and fatty degeneration of viscera. A disease entity in childhood. Lancet 1963; 2: 749-752). Menores de 18-20 años, con mayor frecuencia tras infecciones víricas respiratorias (con menos frecuencia en las exantemáticas) y varicela y uso de aspirina. Cambios mentales, letargia, vómitos, convulsiones, hepatomegalia sin ictericia, hipoglucemia, líquido cefalorraquídeo hipertenso, coma. Biopsia hepática: infiltración grasa intracitoplasmática. Mortalidad del 20%.

Estadios (Belmonte JA et al. Síndrome de Reye. Medicine 1991; 84: 53-56):
1. Vómitos, letargia, somnolencia, disfunción hepática con amonio normal. Electroencefalograma: lentificación, theta dominante.
2. Desorientación, delirio, agitación, hiperventilación, hiperreflexia, amonio elevado. Electroencefalograma: delta dominante.
3. Obnubilación, coma, hiperventilación, decorticación. Disfución hepática. Reflejo pupilar y oculovestibular conservado. Electroencefalograma como en tipo 2.
4. Coma profundo, descerebración, midriasis, pérdida de reflejos oculocefálicos, reflejos oculovestibulares con movimientos desconjugados. Disfunción hepática mínima. Electroencefalograma: tipo 2 y signos de disfunción de tronco encefálico.
5. Convulsiones, pérdida de reflejos musculares profundos, paro respiratorio, flacidez. No disfunción hepática. Electroencefalograma: como en tipo 4 y con tendencia al electroencefalograma isoeléctrico.

SÍNDROME DE RICHARDS-RUNDLE: hipoacusia coclear, retraso mental, ataxia, hipogonadismo.

SÍNDROME DE RILEY-DAY: véase neuropatía hereditaria.

SÍNDROME DE ROSS: véase pupila.

SÍNDROME DE RUSSELL: véase glioma del nervio óptico.

SÍNDROME DE SANCTIS-CACCHIONE: *xeroderma pigmentosum*+alteraciones neurológicas: autosómico recesivo, fotosensibilidad precoz, fotofobia, lentiginosis, poiquilodermia, queratomas, tumores malignos hacia los 5 años (carcinomas baso y espinocelulares, melanomas, queratoacantomas), conjuntivitis, queratitis, úlceras, *pterigion, ectropion, entropion*, microcefalia, retraso mental, convulsiones, corea, alteraciones electroencefalográficas, degeneración neuronas tracto espinocerebeloso, alteraciones lenguaje y audición, enanismo, retraso desarrollo esquelético, hipoplasia testicular. Véase neuropatía hereditaria.

SÍNDROME DE SANDIFER: véase crisis cerebrales no epilépticas.

SÍNDROME DE SATOYOSHI: véase calambres.

SÍNDROME DE SCHEIBE: aplasia coclea media y distal. Véase hipoacusia.

SÍNDROME DE SENIOR-LÖKEN: nefronoptisis y distrofia de retina.

SÍNDROME DE SHY-DRAGER: degeneración de neuronas de centros vegetativos (sistema nervioso autónomo central) y del sistema extrapiramidal. Hipotensión postural, incontinencia, impotencia, anhidrosis, signos cerebelosos y extrapiramidales (atrofia multisistémica; hay tres tipos: degeneración estrionígrica, atrofia olivopontocerebelosa idiopática y síndrome de Shy-Drager).

SÍNDROME DE SIEMERLING-CREUTZFELDT: véase leucodistrofia.

SÍNDROME DE SJÖGREN-LARSSON: autosómico recesivo. Ictiosis. Hiperqueratosis desde el nacimiento. Oligofrenia. Queratitis *punctata*. Blefaroconjuntivitis con fotofobia. Máculas retinianas blancas. Degeneración retiniana. Disminución de agudeza visual. Hipertelorismo. Obstrucción de vías lacrimales. Tetraplejía o paraplejía espástica, hiporreflexia, *clonus*, Babinski. Estatura corta. ¿Defecto enzimático en el metabolismo de los ácidos grasos?

SÍNDROME DE SPIELMEYER-VOGT: véase lipidosis.

SÍNDROME DE SPITZ: hospitalismo.

SÍNDROME DE STARK-KAESER: véase amiotrofia espinal.

SÍNDROME DE STEELE-RICHARDSON-OZLEWSKI: véase parálisis supranuclear progresiva.

SÍNDROME DE STEINBROCKER: véase dolor.

SÍNDROME DE STRACHAN: ambliopía, neuritis dolorosa y dermatitis orogenital, supuestamente por déficit de riboflavina.

SÍNDROME DE STURGE-WEBER-DIMITRI: véase angiomatosis.

SÍNDROME DE SUDECK: véase dolor.

SÍNDROME DE SUSAC: encefalopatía (cefaleas, bradipsiquia, distimia, etc.), déficit visual (potenciales evocados visuales normales), e hipoacusia neurosensorial. Causa desconocida. Hipodensidad en la rodilla del cuerpo calloso.

SÍNDROME DE THÉVENARD: véase dolor. Véase acropatía ulceromutilante.

SÍNDROME DE TOLOSA-HUNT: dolor retroorbitario. Idiopático.

SÍNDROME DE TOURAINE:
Tipo 1: facomatosis neurocutánea.
Tipo 2: lentiginosis centrofacial neurodisráfica. Síndrome familiar. Retraso mental, epilepsia, alteraciones óseas.

SÍNDROME DE UNVERRICHT: véase discinesias con origen subcortical.

SÍNDROME DE VOLKMANN: véase dolor.

SÍNDROME DE VON HIPPEL-LINDAU: véase angiomatosis.

SÍNDROME DE WALKER-WARBURG: distrofia muscular congénita. Véase miopatía, clasificación y características.

SÍNDROME DE WANDERBURG: hipoacusia y retinitis pigmentaria.

SÍNDROME DE WARTENBERG: véase nervio radial.

SÍNDROME DE WEIL: véase leptospirosis.

SÍNDROME DE WERDNIG-HOFFMAN: véase amiotrofia espinal.

SÍNDROME DE WERNER: progeria del adulto.

SÍNDROME DE WERNICKE-KORSAKOFF: encefalopatía de Wernicke (encefalopatía de Gayet o de Gayet-Wernicke, síndrome de Wernicke-Korsakoff). Clásicamente considerada como producida por falta de vitamina B1 en el curso del alcoholismo.
La imagen clásica la asocia a la psicosis de Korsakoff (Sindrome de Wernicke-Korsakoff) que incluye la clásica fabulación en relación con falta de memoria.
Encefalopatía de Wernicke: nistagmo, ataxia, oftalmoplejía, deterioro mental progresivo, coma, *exitus*, atrofia del cuerpo mamilar, síndrome de Korsakoff (amnesia retrógrada, fabulación).
Lo primero en recuperarse al poner vitamina B1 suele ser la oftamoplejía.
Síndrome de Korsakoff, electroencefalograma: lentificado, pero menos que en la encefalopatía de Wernicke; en el polisomnograma, más intervalos de despertar nocturno, y disminución de latencia *REM*.
En la encefalopatía de Wernicke la lentificación aumenta progresivamente (theta... delta), lo cual podría tener valor pronóstico.

SÍNDROME DE WEST: *eclampsia nutans;* hipsarritmia, sueño fragmentado con posible desaparición de *REM*. Tic de Salaam. Espasmos en flexión. Encefalopatía mioclónica infantil con hipsarritmia. Espasmos infantiles. Epilepsia en flexión generalizada. Crisis relámpago. Espasmos mioclónicos masivos.
La clínica del síndrome de West no siempre se correlaciona con la hipsarritmia.
La hipsarritmia es un trazado interictal (el ictal se puede asociar a paroxismos de tipo diverso, e incluso a la supresión eléctrica).
Se produce en menores de 2 años por causas que en mayores de 2 años no producirían el síndrome de West, como traumatismo craneoencefálico (de leve

a grave), anoxia (puede dar hemihipsarritmia alternante y supresión de voltaje), deshidratación, disminución de vitamina B6, infecciones, idiopático, síndrome de Aicardi (también hemihipsarritmia), etc. 25% por esclerosis tuberosa.

Electroencefalograma: ondas lentas delta, de gran amplitud, difusas y asincrónicas (ondas "montañosas", o hipsarritmia); en ocasiones la hipsarritmia es unilateral (hemihipsarritmia); pueden intercalarse periodos de supresión eléctrica. Actividad de puntas y ondas agudas de alto voltaje y carácter generalizado, sin relación de fase o temporal; puntas de voltaje irregular y asincrónicas en todas las áreas, también con descargas bisincrónicas y periodos de supresión eléctrica. Marcada desorganización de la actividad basal, con lentificación generalizada y ausencia de ritmos fisiológicos.

Patocronia del electroencefalograma: si es precoz puede no ser detectable la hipsarritmia (por ejemplo, durante el primer mes), o ser focal. La evolución puede ser hacia la normalización (raro), el desarrollo de focos de puntas, puntas múltiples, alteraciones difusas, punta onda a 2 Hz (síndrome de Lennox).

Durante una crisis puede haber depresión de voltaje o aumento de la proporción de las puntas, de las ondas lentas, o de ambas. Las variaciones en el tipo de crisis pueden asociarse a variaciones en el electroencefalograma. Algunos evolucionan a síndrome de Lennox.

La hipsarritmia es propia de la primera infancia, y se asocia al síndrome de West.

NREM: fragmentación de la hipsarritmia; *REM*: desaparición de la hipsarritmia.

SÍNDROME DE WILFRED-HARRIS: véase neuralgia del glosofaríngeo.

SÍNDROME DE ZELLWEGER: véase enfermedad de los peroxisomas.

SÍNDROME DEL BEBÉ RÍGIDO: véase hiperecplexia.

SÍNDROME DEL CANAL DE HUNTER: véase nervio safeno.

SÍNDROME DEL CUADRILÁTERO: compresión de la arteria circunfleja humeral posterior y del nervio axilar o una de sus ramas principales en el espacio cuadrilátero. Suele presentarse en adultos jóvenes que realizan movimientos dinámicos repetitivos. Dolor en cintura escapular y parestesias en uno o ambos miembros superiores. Diagnóstico con resonancia del hombro y electromiograma. **Puede haber afectación exclusiva del músculo redondo menor.**

García B et al. Síndrome del cuadrilátero bilateral con afectación exclusiva del músculo teres minor. Hallazgos en estudios de neuroimagen y electromiografía: a propósito de un caso. Rev Neurol 2014; 59: 283

SÍNDROME DEL DESEQUILIBRIO: véase encefalopatía (insuficiencia renal crónica).

SÍNDROME DEL GANGLIO GENICULADO: herpes zóster geniculado: ganglio geniculado. Síndrome de Ramsay-Hunt (zóster ótico): vértigo, acúfenos, hipersialorrea, disfonía, ojo seco, ausencia de reflejo corneal; lesiones en pabellón auditivo, conducto auditivo externo, paladar blando y pilares anteriores; a veces parálisis facial con peor pronóstico que la de Bell, pues, suele producir acusada destrucción axonal.

SÍNDROME DEL HOMBRE RÍGIDO: véase discinesias con origen espinal.

SÍNDROME DEL PACIENTE "CRÍTICO" O GRAVE: descrito por *MacFarlane*. MacFarlane IA, Rosenthal FD. Severe myopathy after status ashmaticus. Lancet 1977; 2: 615.
Bolton CF et al. Polyneuropathy in critically ill patients. J Neurol Neurosurg Psychiatry 1984; 47: 1223–31.
SIRPD: *stimulus induced periodic or ictal discharges.* Descritas en el paciente "crítico" (critically ill patients) durante monitorización electroencefalográfica (Hirsch et al, 2004), en enfermedades neurológicas y sistémicas agudas y en la enfermedad de Creutzfeldt-Jakob.

En un fallo del "destete" en la unidad de cuidados intensivos a veces el único hallazgo es la ausencia de onda F que lleva a pensar en el comienzo de una neuropatía (por ejemplo, una polineuromiopatía del enfermo "crítico") pero en un porcentaje de casos la **ausencia de onda F tras el fallo del "destete"** no se debe a neuropatía, sino a otras posibilidades, como sedación, o incluso se ha propuesto que se trate de inactividad motora del asta anterior por encamamiento prolongado (Regidor I et al. Pitfalls of F-wave measurements in critical care units. Clinical Neurophysiology 2009; 120: 91).

Miopatía del enfermo "crítico": Fibras tipo 2. Severa. Mioglobinuria. Miopatía del paciente "crítico" (*critical illnes syndrome*). Ha recibido denominaciones como miopatía necrotizante, miopatía cuadripléjica aguda, miopatía esteroidea aguda, síndrome postparálisis, miopatía de filamentos gruesos, etc. Con frecuencia es difícil distinguirla de la neuropatía del paciente "crítico" y del bloqueo neuromuscular prolongado (en la biopsia muscular, en la miopatía aparece atrofia de fibras tipo 2, necrosis muscular y pérdida de filamentos de miosina; en la neuropatía, atrofia por denervación, y en el bloqueo neuromuscular será normal).

Neuropatía del enfermo "crítico": de predominio axonal (electromiograma), y en ocasiones también de predominio motor; puede detectarse miopatía acompañante o ser miopatía y confundirse con neuropatía.
En un artículo reciente, Fernández Lorente refiere que en una serie de 33 pacientes encontraron claros signos de miopatía, pero no de neuropatía, por lo que sugieren que **la neuropatía del enfermo "crítico" podría estar siendo diagnosticada de más**, y que la baja amplitud de las respuestas motoras no correspondería a neuropatía, sino a la propia miopatía, dado que en los casos en los que encontraron *CMAP* de baja amplitud había miopatía y no reducción de la amplitud de las respuestas sensitivas, que también se esperaría observar en caso de neuropatía (Fernández Lorente et al. Miopatía del enfermo crítico. Valoración neurofisiológica y biopsia muscular en 33 pacientes. Revista de Neurología 2010; 50: 718-726).

La miopatía tiene mejor pronóstico que la neuropatía (*Koch S et al.* Long-term recovery in critical illness myopathy is complete, contrary to polyneuropathy. Muscle & Nerve 2014; 50: 431-436).
Véase debilidad muscular aguda.

SÍNDROME DEL PIRIFORME: véase músculo piriforme.

SÍNDROME DEL SUPINADOR CORTO: véase nervio radial.

SÍNDROME DEL TÚNEL CARPIANO: véase nervio mediano.

SÍNDROME DEL TÚNEL TARSIANO: véase nervio tibial posterior.

SÍNDROME DEPRESIVO: disminución de latencia *REM*, aumento de porcentaje de sueño *REM*, aumento de despertar temprano (son marcadores sin utilidad clínica conocida).

SÍNDROME DIENCEFÁLICO: véase glioma del nervio óptico.

SÍNDROME DOLOROSO REGIONAL COMPLEJO: véase dolor.

SÍNDROME *ESES:* véase afasia epiléptica.

SÍNDROME *FOSMN:* neuronopatía sensitivomotora de inicio facial (*facial onset sensory and motor neuronopathy)*. Afectación progresiva de trigémino, facial, bulbar, cervical, tronco y extremidades. Diagnóstico diferencial con siringomielia, lepra, neurosarcoidosis, síndrome de Sjögren, enfermedad de Tangier, etc.
García T et al. Síndrome FOSMN: un nuevo caso de neuronopatía sensitiva y motora de inicio facial. Rev Neurol 2014; 59: 475.
Vucic S et al. Facial onset sensory and motor neuronopathy (FOSMN syndrome): a novel syndrome in neurology. Brain 2006; 129: 3384-3390.

SÍNDROME HARP: véase enfermedad de Hallervorden-Spatz.

SÍNDROME HH Y SÍNDROME HHE: véase epilepsia parcial continua.

SÍNDROME HIPOTALÁMICO: véase hipotálamo.

SÍNDROME *LEOPARD:* síndrome de Moynahan. Raro. Acrónimo de lentiginosis, alteraciones en el electrocardiograma, alteración ocular con hipertelorismo, estenosis pulmonar, alteraciones genitales, retraso del crecimiento y sordera neurosensorial (*deafness).* También presentan miocardiopatía y otras alteraciones. Véase hipoacusia, algunas causas.

SÍNDROME *MELAS:* mitocondriopatía con encefalopatía (episodios *ictus-like* en zonas no correspondientes a territorios vasculares en neuroimagen), acidosis láctica, convulsiones (tonicoclónicas generalizadas, estatus no convulsivo, etc.), retinitis pigmentaria, sordera, cardiopatía, diabetes, miopatía.

El electromiograma puede ser normal (Martín I et al. Citopatía mitocondrial tipo MELAS: a propósito de un caso. Rev Neurol. 2011; 53: 376).

SÍNDROME *MERRF:* síndrome de epilepsia mioclónica con *ragged red fibers (MERRF):* encefalopatía mioclónica progresiva. 9-15 años. Crisis variadas y deterioro multisistémico. Electroencefalograma: lentificación, paroxismos, fotosensibilidad notable.
Síndrome de Ekbom, ataxia hereditaria de Ekbom: síndrome *MERRF,* lipomas, ataxia y neuropatía.

SÍNDROME MIASTÉNICO: síndrome de Eaton-Lambert, *LEMS.*

SÍNDROME MIASTÉNICO CONGÉNITO: véase miastenia congénita.

SÍNDROME MOX-POX: véase miopatía, clasificación y características.

SÍNDROME NEUROCUTÁNEO DISCRÓMICO: neurofibromatosis, *xeroderma pigmentosum,* síndrome *LEOPARD,* lentiginosis centrofacial, disqueratosis congénita, síndrome de Seckel (falta de crecimiento, retraso mental, hipoplasia facial con nariz prominente, oreja baja y sin lóbulo, clinodactilia dedo quinto, pliegue simiesco, etc. dislocación de cadera, criptorquidia, etc. cerebro pequeño con circunvoluciones simples, primitivas, parecidas a las del cerebro de un chimpancé), *incontinencia pigmenti acrhomicans,* hipomelanosis oculocerebral (síndrome de Cross), enfermedad melanolisosomal neuroectodérmica, piebaldismo (ataxia cerebelosa), máculas congénitas hipo e hiperpigmentadas, síndromes de hipo o hiperpigmentación con paresia espástica y retraso mental.

SÍNDROME NEUROLÉPTICO MALIGNO:
Neurolépticos: lentificación del electroencefalograma, posible estatus.
Clínica: fiebre, extrapiramidalismo, deterioro mental, disfunción autonómica (diaforesis, presión arterial inestable, etc.).
Electroencefalograma: según observaciones personales puede aparecer, o no, lentificación del trazado.
Electromiograma: según observaciones personales puede aparecer, o no, lentificación de la conducción nerviosa.

SÍNDROME NEUROLÓGICO PARANEOPLÁSICO:
-Cerebro y nervios craneales: degeneración retiniana (fotorreceptores), neuritis óptica, degeneración cerebelosa (pulmón, mama, ovario, linfoma), *opsoclonus-mioclonus,* encefalitis del tronco encefálico, demencia (40% de neoplasia de pulmón), encefalopatía siendo la más frecuente la encefalitis límbica y también oftalmoplejía y síndrome piramidal (pulmón, riñón, mama, linfoma), leucoencefalopatía multifocal progresiva probablemente en relación con el papovavirus (sobre todo linfoma, con demencia, paresia, ataxia, afasia, disartria, amaurosis, etc., en unos 6 meses), corea y distonía (*oat cell*), síndrome de rigidez muscular progresiva (en las formas no asociadas a

neoplasia hay anticuerpos anti glutamato descarboxilasa, esencial para la síntesis del *GABA*).

-Médula espinal y ganglios de las raíces dorsales: mielopatía transversa necrotizante subaguda (tumor pulmonar de células pequeñas, linfoma), mielitis, enfermedad de motoneurona, neuronopatía motora, neuronopatía sensitiva.

-Neuropatía periférica: polineuropatía sensitivomotora (*oat cell*), neuropatías asociadas a discrasias de células plasmáticas (neuropatía por paraproteinemia en el mieloma), polirradiculoneuropatía aguda (Hodgkin), mononeuritis múltiple, neuritis braquial, neuropatía autonómica, neuropatía motora subaguda (linfoma no Hodgkin), *CIDP* (neoplasia de pulmón y mama), neuropatía sensorial subaguda (arreflexia, ataxia, parestesias, dolor, en el de *oat cell*). Neuropatía sensitivomotora (de Wyburn-Mason). Neuropatía sensitiva (de Denny-Brown). Neuropatía motora (mama, digestivo, sobre todo). Plexitis braquial tipo neuralgia amiotrófica (neoplasia de sigma y quizá otras neoplasias, como la de próstata).

-Unión neuromuscular: *miastenia gravis* (timoma), síndrome miasténico de Eaton-Lambert (*oat cell*).

-Músculo: polimiositis-dermatomiositis (el 20% de los enfermos con miositis tienen una neoplasia, ya sea de ovario, pulmón, digestivo, vesícula biliar, etc.), miopatía necrotizante aguda (debilidad proximal de rápida progresión, disfagia, disnea, neoplasia de pulmón), miopatía carcinoide (atrofia fibras tipo 2; aparece años después de comenzar el síndrome carcinoide), miotonía (rara), miopatía caquéctica (como en cualquier otra enfermedad debilitante; el mioedema eléctricamente silente es característico), neuromiopatía carcinomatosa (en el 5% de los pacientes; mama, pulmón, ovario, digestivo).

-Anticuerpos asociados con síndromes paraneoplásicos neurológicos: RAC (retinopatía, carcinoma pulmonar de células pequeñas), anti-Hu (encefalomielitis con agitación y demencia, y neuronopatía sensitiva, *oat cell*), anti-Yo (degeneración cerebelosa, tumores ginecológicos y de mama), anti-Ri (*opsoclonus-mioclonus*, mama), componente M anti-MAG (es IgM, neuropatía desmielinizante, mieloma), *LEMS* (Lambert-Eaton, *oat cell*), *MG* (*miastenia gravis*, timoma), anti-CV2 (asociados a neuropatía sensitiva axonal y carcinoma).

-Neoplasia de pulmón: encefalopatía cerebral, degeneración cerebelosa, síndrome de Eaton-Lambert (*oat cell*), polimiositis, degeneración de la retina (fotorreceptores, en el microcítico), encefalitis límbica (agitación y demencia, en el microcítico), encefalitis troncoencefálica (nistagmo, vértigo, diplopia, ataxia, disfagia, en el microcítico), degeneración subaguda de córtex cerebeloso (ataxia, disartria, en el microcítico, ovario, mama, Hodgkin), *opsoclonus-mioclonus* (neuroblastoma).

-Discrasias de células plásmáticas y neuropatía periférica: gammapatía monoclonal benigna, amiloidosis primaria, mieloma múltiple (osteolítico con amiloidosis, sin amiloidosis, osteoesclerótico), macroglobulinemia de

Waldenström, crioglobulinemia, enfermedad de cadenas pesadas, gammapatía monoclonal asociada a tumores sólidos, gammapatía monoclonal con hiperplasia linfoide benigna. Albarrán F et al. Síndromes paraneoplásicos. Medicine 1995; 79: 43-54.

SÍNDROME NULO: véase paraplejía espástica familiar.

SÍNDROME PARANEOPLÁSICO: véase síndrome neurológico paraneoplásico.

SÍNDROME PERIÓDICO: cefaleas, vómitos, dolor abdominal, fiebre y trastornos autonómicos en la infancia; se asocia a migraña. Diagnóstico diferencial con epilepsia abdominal.

SÍNDROME *POEMS:* síndrome de Crow-Fukase, síndrome de Takatsuki. Neuropatía periférica, organomegalia, endocrinopatía, gammapatía monoclonal y cambios cutáneos. Suele asociarse al mieloma osteoesclerótico y con IgA o IgG-lambda. Polirradiculoneuropatía desmielinizante y axonal (predominio motor, y comienzo por desmielinización), simétrica, subaguda o crónica (la polineuropatía es un criterio mayor para el diagnóstico, y éste y la gammapatía monoclonal son además criterios obligatorios), suele comenzar con disestesias, es posible una mayor afectación proximal, es mayor la afectación en miembros inferiores, es progresiva. Paraneoplásico (mieloma osteoesclerótico). No responde a inmunoglobulina ni a plasmaféresis. Diagnóstico diferencial con *CIDP* y con polineuropatías relacionadas con gammapatías monoclonales, como las de significado incierto (*MGUS*). Según Mauermann: baja frecuencia de dispersión temporal y bloqueos en el electromiograma, en comparación con la *CIDP* y otras neuropatías adquiridas (Mauermann ML et al. Uniform slowing without conduction block or dispersión in POEMS syndrome. Clinical Neurophysiology 2009; 120: 103). Véase neuropatía en las paraproteinemias.

SÍNDROME POSTPOLIOMIELÍTICO: aumento reciente de la debilidad de un miembro afectado décadas después de padecer la polio. Los pacientes se quejan sobre todo de una progresiva dificultad para la deambulación, dolores articulares y preocupación por progresar hacia una gran invalidez. El síndrome postpolio fue descrito en 1875 (Raymond M. Paralysie essentielle de l´enfance, atrophie musculaire consecutive. C Rendus Heb Seances Mem Soc Biol 1875; 27: 158-160). Puede cursar con disfagia (Terré-Boliart R. et al. Disfagia orofaríngea secundaria a síndrome postpolio. Rev Neurol 2010; 50: 570-571).
Patogenia: la denervación termina superando a la reinervación (Dalakas MC. Pathogenetic mechanisms of post-polio syndrome: morphological, electrophysiological, virological, and immunological correlations. Ann Y Acad Sci 1995; 753: 167-185). No se ha podido demostrar que se deba a una reactivación del virus, ni a una degeneración por apoptosis.
Según experiencia propia en el electromiograma de este síndrome se detecta de manera característica actividad denervativa (fibrilaciones, ondas positivas y descargas seudomiotónicas) en los músculos con signos de polio antigua que se

están debilitando aun más recientemente. La actividad denervativa suele distribuirse de manera "parcheada", sin seguir un territorio radicular dado (y si lo hace, y hay dolor radicular, puede ser necesario plantear el diagnóstico diferencial con una radiculopatía). En varios casos visto personalmente se ha sospechado, se ha observado polifasia larga inestable en músculos del miembro afectado, que indicaría denervación-reinervación reciente, y probablemente esto sea también un signo electromiográfico del síndrome postpoliomielítico, algo que también ha afirmado Thorsteinsson (Thorsteinsson G. Management of postpolio syndrome. Mayo Clinic procedures 1997; 72: 627-38).

SÍNDROME RÍGIDO-ACINÉTICO:

1. Rigidez: en tubo de plomo; no es espasticidad; signo de Negro (signo de la rueda dentada, por temblor y rigidez); signo de Froment. Se debe supuestamente a hiperactividad del *globus pallidus* interno. En la rigidez la hipertonía es sobre todo en flexión y afecta a músculos pequeños también (la espasticidad tiende a ser en extensión en miembros inferiores y en flexión en superiores). En la rigidez los reflejos musculares profundos son normales. La rigidez depende de hiperactividad de descarga en montoneuronas alfa, la espasticidad depende de la hiperactividad de arcos reflejos segmentarios. Signo de Froment: en el parkinsonismo, comprobación del aumento de la rigidez en el miembro contralateral al hacer una maniobra similar con el otro miembro, como la de agitar la muñeca. Cuando el paciente no agita la muñeca de un lado, la del otro lado, que sujeta el médico, está menos rígida (lo cual comprueba el médico al movilizarla pasivamente), que cuando sí agita el paciente la muñeca que no sujeta el médico. Fenómeno de Westphal: reacción de acortamiento o respuesta refleja exagerada en el músculo acortado.

2. Acinesia: retraso en la iniciación del movimiento; **hipocinesia** es pobreza de movimientos; **bradicinesia** es lentitud de movimientos; la micrografía es un signo precoz. Se conserva la fuerza. Se pierden incluso los movimientos automáticos asociados. No es lo mismo que la apraxia, en la que la orden motora no llega a los centros motores.

3. Anomalías posturales: posturas fijas anormales y pérdida de la estabilidad por alteración de reacciones de enderezamiento y por alteraciones de reflejos posturales anticipadores.

4. Movimientos anormales involuntarios:
4. 1. Temblor: de reposo; a 4-6 Hz; aumenta con nerviosismo; disminuye en sueño; origen tálamo (núcleo ventral-lateral) puede asociarse con temblor de actitud; disminuye con movimientos voluntarios.
4. 2. Corea: movimiento amplio, brusco, irregular, sin patrón, marcha de marioneta, aumento de dopamina estriatal y disminución de acetilcolina (lo opuesto al parkinsonismo); disminuye el tono; puede ser cinesógena, es decir, desencadenada por un movimiento voluntario.
4. 3. Balismo: más amplio y brusco que la corea; musculatura proximal; núcleo subtalámico y conexiones; sin parálisis. Puede haber disminución de fuerza, tono, o ambos.

4. 4. Distonía: postura o movimiento anormal, por la suma de la contracción de músculos agonistas y antagonistas. En reposo aparecen distonías, tortícolis y espasmos musculares (no tan dolorosos como los calambres). En el parkinsonismo es típica la distonía en flexión. Los espasmos móviles de la distonía son similares a los de la atetosis, pero más lentos y más axiales. Distonía también se usa para describir una postura fija como resultado final de algún trastorno motor, por ejemplo: distonía hemipléjica por accidente vascular cerebral, o distonía en flexión por parkinsonismo. Las distonías secundarias o focales son más frecuentes que las de torsión, e incluyen: tortícolis espasmódica, calambre del escribiente, blefaroespasmo, distonía espástica y síndrome de Meige. Véase discinesia.

4. 5. Atetosis: aparece al intentar un movimiento voluntario. Movimiento descompuesto o cambiante. Se asocia a aumento del tono (a diferencia del corea). Puede haber espasmo de intención. A diferencia del corea, los movimientos voluntarios son casi imposibles y hay rigidez.

4. 6. Mioclonias: localización de lesión en ganglios basales u otros centros. Por ejemplo: mioclonia de acción posthipóxica, por lipidosis, encefalitis, Creutzfeldt-Jakob, encefalopatía metabólica, insuficiencia respiratoria, insuficiencia renal, insuficiencia hepática, desequilibrio electrolítico, etc.

4. 7. Asterixis: es el "negativo" de la mioclonia. Periodos silentes de 50-200 milisegundos.

4. 8. Tics, espasmos de hábito: la disfunción podría asentar en ganglios basales. 5-10 años (edad de comienzo). El movimiento se puede detener voluntariamente.

4. 9. ¿Otros? "contracturas", calambres, fasciculaciones, etc.

Véase temblor.

SÍNDROME SPOAN: hereditario; paraplejía espástica, atrofia óptica y polineuropatía sensitivomotora axonal (Amorim S et al. Nerve conduction studies in spastic paraplegia, optic atrophy and neuropathy (SPOAN) syndrome. Muscle & Nerve 2014; 49: 131-33).

SÍNDROME *WOG (WORD OF GOD)*: Brown WF et al. Electrodiagnosis in the management of focal neuropathies: the "WOG" syndrome. Muscle and Nerve 1994; 17: 1336-1342.

SIRPID: stimulus induced periodic or ictal discharges. Descritas en el paciente "crítico" (*critically ill patients*) durante monitorización electroencefalográfica (Hirsch et al, 2004), en enfermedades neurológicas y sistémicas agudas y en la enfermedad de Creutzfeldt-Jakob. También las ha observado Fernández en un paciente en estatus epiléptico en el curso de una epilepsia mioclónica progresiva de tipo Lafora, de manera que un estímulo táctil desencadenaba un aumento de las descargas ya presentes en forma de un brote más intenso (Fernández-Torre JL et al. Nonconvulsive status epilepticus in adults: Electroclinical differences between proper and comatose forms. Clinical Neurophysiology 2012; 123: 244-251). Antiguamente había descrito Niedermeyer (1977) las manifestaciones neurológicas sensibles a estímulo en pacientes que sobreviven a una parada cardíaca, y de esta idea original posiblemente ha derivado este asunto de las *SIRPID*. Según Álvarez, en pacientes en coma tras parada cardíaca tratados con hipotermia, si las *SIRPID* aparecen durante la hipotermia el pronóstico es peor (Alvarez V et al. Stimulus induced rythmic, periodic or ictal discharges (SIRPIDs) in comatose survivors of cardiac arrest: Characteristics and prognostic value. Clin Neurophysiol 2012; 124: 204-208).

SISTEMA NERVIOSO AUTÓNOMO O VEGETATIVO: véase respuesta autonómica.

SISTEMA SOMATOSENSORIAL: filosofía griega: vista, oído, olfato, tacto, gusto. Actualidad: visión, audición, olfación, gusto, presión, calor, frío, dolor, cinestesia, equilibrio, rotación, aceleración. *Sensations are the raw data to form perceptions.*

SLP: *seizure like phenomena.* Véase propofol.

SOBRESALTOS HIPNAGÓGICOS: se deben a vigilia momentánea.

SODIO:
Cifras normales: 136-145 miliequivalentes/litro.
Hiponatremia: calambres. Véase saxitoxina.
Hiponatremia e hipernatremia: letargia, confusión, estupor, convulsiones, coma, estatus, *exitus.*

SOMNILOQUIO: durante fase *NREM* (durante *arousal*) y *REM*.

SONAMBULISMO: fases 3 y 4. Electroencefalograma: desincronización o aumento delta justo antes del episodio. Durante el episodio, mezcla de *NREM* y actividad de baja amplitud en frecuencias alfa. Electroencefalograma similar en terrores nocturnos.

SORBITOL: retinopatía por sorbitol (sorbitol: neuropatía y retinopatía).

SPASMUS NUTANS: véase hipsarritmia.

SPLIT-HAND: recibe este nombre la característica atrofia de *abductor pollicis brevis* y primer interóseo dorsal, mayor que la de eminencia hipoténar, en la esclerosis lateral amiotrófica. Se sospecha que la mayor caída de la amplitud de los potenciales de acción muscular compuestos (*CMAP*) en eminencia ténar y primer interóseo dorsal en comparación con la caída de la amplitud en eminencia hipoténar, podría acabar teniendo utiildad diagnóstica para distinguir esclerosis lateral amiotrófica de cuadros con clínica similar (Menon P et al. Split-hand index for the diagnosis of amyotrophic lateral sclerosis. Clin Neurophysiol 2013; 124: 410-16).

SREDA: *subclinical rhythmic EEG discharge of adults.* Descarga paroxística rítmica de la unión temporoparietooccipital del adulto. Onda aguda seguida de ritmo theta. Sensible a hiperventilación o hipoxia. En vigilia y somnolencia. No se observa en menores de 20 años. Carece de significado clínico. El brote puede durar minutos (Westmoreland BF, Klass DW. A distinctive rhythmic EEG discharge of adults. Electroencephalogr Clin Neurophysiol 1981; 51: 186-91). Aunque no se consideran descargas epileptiformes, en algunos casos se asocian a clínica de aturdimiento mental que mejora con antiepilépticos (Carson R. P. Density spectral array analysis of SREDA during EEG-video monitoring. Clinical Neurophysiology 2012; 123: 1096-1099).

STARTLE EPILEPSY: es un tipo de epilepsia refleja. Suele ser secundaria a algún proceso que daña el cerebro (encefalopatía, traumatismo craneoencefálico, etc.) y suele tener mal pronóstico (Yang Z et al. Clinical and electrophysiological characteristics of startle epilepsy in childhood. Clinical Neurophysiology 2010; 121: 658–664).

STATUS: véase estatus. Según se ha visto en el diccionario de la Real Academia en español se escribe "estatus", no *status* (y además en español se escribe *statu quo*, y no *status quo*).

STIFF MAN SYNDROME: véase discinesias con origen espinal.

STOP: *sharp theta in the occiput of premature infants.* Theta monomórfico occipital en brotes, propio de la prematuridad. Rara vez en neonatos a término.

SUEÑO DISCONTINUO O EPISÓDICO: es el *tracé-alternant*. En el neonato, durante la fase *NREM* se dan dos patrones electroencefalográficos:
1: *tracé-alternant*, en el recién nacido a término, durante el sueño tranquilo (futuro *NREM*) el trazado es discontinuo y se llama *tracé alternant*; el *tracé alternant* es transitorio; consiste en trechos de caída de voltaje; desaparece en un mes; en cambio el patrón en brotes de supresión, que es patológico y hay que distinguir del *tracé-alternant*. El *tracé alternant* consiste en brotes de actividad rápida y lenta mezclada, descargas agudas en brotes de 1-6 Hz de ondas de 50-200 microvoltios mezcladas con ondas agudas, de 4-6 segundos de duración (1-10 segundos), separados por un periodo de similar duración de actividad entre los brotes más parecida al patrón de voltaje bajo propio de la fase *REM*, periodos de depresión de voltaje con frecuencias mezcladas de 6-10 segundos de duración. Al *tracé-alternant* se le llama también sueño episódico o discontinuo; en recién nacidos a término el *tracé alternant* muestra buena sincronía entre hemisferios en los periodos entre brotes, pero no entre ondas individuales, salvo por algunos ritmos delta posteriores.
2: ondas lentas continuas: actividad continua de 50-200 microvoltios, con tendencia a un gradiente de voltaje con máximo en cuadrantes posteriores; parece el precursor del sueño de ondas lentas que aparecerá en niños de más edad.
Un recién nacido a término suele empezar con un 100% de *tracé alternant* y apenas ondas lentas continuas; a las 4-5 semanas de vida las ondas lentas continuas ya predominan durante el sueño *NREM*, aunque pueden seguir apareciendo breves periodos de *tracé-alternant* hasta las 8 semanas tras el nacimiento.

SUEÑO DISOCIADO O ATÍPICO, PATRONES:

-Sueño alfa-delta: intrusión de ritmo alfa en fases 3 y 4; sueño no reparador; puede aparecer en el síndrome de fibrositis; clásicamente se asociaba a la depresión.

-Sueño REM-spindle: sueño intermedio; husos en fase *REM* (1-8% del tiempo total de sueño); aumenta en sueño diurno en hipersomnias; aparece en sueño nocturno en esquizofrenia y narcolepsia.

-Sueño *REM* sin movimientos oculares rápidos: suelen alternar con periodos de fases 3 o 4, aparecen en depresión y retraso mental.

-*REM* sin atonía: antidepresivos tricíclicos, inhibidores de la monoaminoxidasa, fenotiacinas.

-Brotes de movimientos oculares durante sueño *NREM*: imipraminas, narcolépticos con tratamiento para disminuir *REM*.

-Atonía *REM* aislada: cataplejía (atonía *REM* aislada durante vigilia); parálisis del sueño (aparición aislada de atonía *REM* asociada con vigilia total antes de entrar en fase *REM* o durante despertamiento desde una fase *REM*); en narcolépticos-cataplejicos con propensión a esta disociación (puede aparecer atonía aislada breve subclínica durante el sueño, por ejemplo, durante fase 2).

-Inicio del sueño por periodo *REM* (latencia normal en adultos: mayor de 60 minutos, y normalmente tras 90-100 minutos de *NREM*): *REM* en los primeros 10 minutos tras el inicio del sueño puede observarse en narcolepsia-cataplejía (en este caso aparece en el 50% de los inicios de sueño nocturno, y con frecuencia en los ataques diurnos); privación de *REM*; alcoholismo; abandono de fármacos; hábitos de sueño irregulares; depresión severa, etc.

-Ciclo *REM* ultradiano: narcolepsia-cataplejía; inhibidores de la monoaminoxidasa (suprimen sueño *REM*); traumatismo craneoencefálico (mal pronóstico, según algunos autores); insomnio por interrupción en fase *REM*; *cluster headache*; *angor pectoris*; erecciones peneanas nocturnas dolorosas; otros trastornos en fase *REM*.

SUEÑO EPISÓDICO: véase sueño discontinuo.

SUEÑO, ESTRUCTURA Y ALGUNAS CORRELACIONES: se producen de 3-6 ciclos *REM-NREM* por noche. La duración de los ciclos aumenta desde la infancia hasta la adolescencia.

-Estadio 1: somnolencia (un estadio, con acento en al "a", es una fase o etapa clínica de una enfermedad o de algún proceso, en inglés, *stage*; un estadio es una unidad de medida heredada de los griegos, equivalente a 125 pasos geométricos). Para una parte de los especialistas equivale a estar dormido, para otra parte estar dormido equivale a estar en fase 2; en la práctica lo más útil es considerar ya al estadio 1 como sueño propiamente dicho, aunque sea superficial, pues, por ejemplo, en los registros electroencefalográficos cotidianos es fácil obtener registros de siesta breves alcanzando estadio 1, que pueden ser suficientes para valorar la importancia clínica del sueño en tal o cual situación patológica (aunque lo más frecuente en estos casos es alcanzar también fase 2), o también puede ser suficiente para un registro de sueño superficial tras un registro electroencefalográfico con privación de sueño, que suele ser suficiente para valorar el papel de las transiciones de estado cerebral en la epileptogénesis de un paciente dado (el registro polisomnográfico puede aportar información electroencefalográfica, pero poco relevante clínicamente en la práctica si se practica indiscriminadamente; la utilidad de la polisomnografía es evidente sobre todo en el caso de la apnea del sueño, y también en el de algún tipo de enfermedad peculiar, como la narcolepsia, y alguna epilepsia solamente nocturna, etc.). Estadio 1, en inglés, *drowsy stage*; no aparece actividad sigma; "aplanamiento" del trazado y desaparición del ritmo alfa, y *quick waves* (actividad beta); disminuye alfa y aumenta theta; theta y alfa constituyen menos del 50% del trazado; movimientos oculares lentos; ondas V: *sleep humps*, gibas biparietales, ondas agudas del vértex, son ondas agudas, electronegativas, esporádicas, generalmente asociadas a un estímulo sonoro (tal vez se trate de un potencial evocado auditivo), con pico de gradiente de voltaje en vértex, simétricas, el voltaje suele ser elevado, pueden ser de corta duración, especialmente en niños; a pesar del máximo en vértex, las ondas V pueden dispersarse (más frecuente en niños); la amplitud de las ondas V disminuye con la edad; la ausencia de ondas V indica lesión cerebral orgánica; las ondas V aparecen durante el sueño en vértex en forma espontánea o evocadas por sonidos; las ondas V se detectan nítidamente desde los 6 meses de edad. Si la somnolencia es profunda, las ondas V pueden aparecer en salvas de 1 Hz o menos. En la somnolencia profunda pueden aparecer potenciales transitorios agudos occipitales positivos (*POSTS*), que persisten en fases 2 y 3, y son raros o están ausentes en fase *REM* y en mayores de 70 años (son las ondas lambda del sueño, u ondas *rho*, que aparecen en el 50-80% de la población adulta sana, y están ausentes en amblíopes); estas ondas agudas positivas occipitales pueden ser de voltaje alto. En el estadio 1 no aparecen husos sigma, ni complejos K, ni *REM*. Supone un 4-5% del total del sueño. La fase 1 sigue a vigilia, *arousal*, fases 2, 3, 4 o fase *REM*. En la infancia es característica la actividad theta rítmica a 4-6 Hz, hipnagógica. En la infancia tardía y la vejez aparece lentificación posterior. En neonatos y seniles no está bien definido el estadio 1 (fluctúan entre sueño y vigila). En adultos en el estadio 1 disminuye el alfa, pero con estímulos puede aparecer un alfa paradójico, en forma de actividad a 2-7 Hz. En enfermedades metabólicas y en la enfermedad vascular cerebral se aprecia un exceso de actividad lenta.

-Estadio 2: sueño ligero; ondas V y husos sigma; husos sigma: actividad a 11-15 Hz, a 14 Hz cerca del vértex (12,5-15,5 Hz), a 12 Hz en región frontal en fase 2 profunda (11-13,5 Hz); los husos sigma aparecen en fases 2 y 3, no aparecen en somnolencia ni en sueño profundo, no tienen forma de huso, y en las transiciones aparecen de forma extensa, con pico frontal, a 10 Hz, preludiando la actividad a 6-10 Hz de la fase 3; los husos sigma tienen mayor amplitud en niños; la actividad sigma aparece después del tercer mes de vida, de forma bilateral, asincrónica, y puede ser asincrónica hasta los 3 años. Los husos sigma equivalen al sueño de por sí para algunos especialistas, aunque para otros lo constituye el propio estadio 1; los husos sigma se extienden desde vértex a regiones parietales y centrales. Complejos K: presentan un pico en vértex (área 6) y línea media frontal (área 9); tienen un componente agudo inicial, bifásico o polifásico (patológico), con morfología más variable que la onda V, y más en niños y adolescentes; después una onda lenta, que puede ser mayor de 1 segundo, y después un componente rápido a 12-14 Hz; los complejos K se empiezan a formar a partir de los 5 meses de edad; en definitiva, un complejo K es una onda V y actividad sigma; los complejos K aparecen espontáneamente, o tras un estímulo acústico; la actividad epiléptica durante el sueño puede empezar por un complejo K. El estadio 2 constituye un 45-55% del total, y consiste en definitiva en sigma sobre un fondo de bajo voltaje, con ondas V y actividad theta, complejos K y ondas agudas positivas occipitales (éstas tienen una morfología y localización similar a las de las ondas lambda); el delta constituye menos de un 20%, en los niños predominan las ondas lentas, a 0,75-4 Hz, y de mayor amplitud a menor edad; si la actividad lenta es de bajo voltaje durante el sueño, puede que también lo sea en vigilia (alcohólicos, insuficiencia vertebrobasilar); en personas ansiosas, el bajo voltaje en vigilia suele normalizarse durante el sueño. En estadio 2 puede haber actividad beta subvigil durante breves periodos de *arousal*. En estadio 2 puede haber frecuencias rápidas a 15-30 Hz, más frecuentes en regiones anteriores; si la frecuencia es mayor de 30 Hz, se puede considerar anormal; estas frecuencias rápidas son parecidas al armónico 2:1 de las frecuencias inducidas por sedantes (que normalmente aparecen a 18-25 Hz) u otros fármacos. En estadio 2 siguen activos los *POSTS*.

-Estadio 3 (actualmente ya se habla de 3 estadios del sueño, por unión del 3 y el 4 en uno solo): sueño profundo. En el electroencefalograma ondas lentas con sigma superpuesto; aumentan las ondas agudas occipitales; aumenta theta de fondo; aumenta delta; disminuye sigma; disminuyen ondas V. Delta: 20-50% del trazado, a 2 Hz y más de 75 microvoltios. Complejos K. Menos husos. Puede aparecer combinado (se denomina estadio 3-4). Aparece en el primer tercio de la noche. Supone el 4-6% del total del sueño. La actividad de fondo domina el cuadro: actividad a 0,75-3 Hz, con predominio anterior, y actividad a 5-9 Hz, rítmica y de menor voltaje, y husos a 10-12 Hz e incluso a 12-14 Hz, más escasos, escasas ondas agudas, que pueden ser rudimentarias, y complejos K ante estímulos. Patrón en mitón: actividad lenta anterior y ondas agudas entremezcladas (el pulgar del mitón); patrón en mitón tipo A: pulgar de 1/8 a 1/9 de segundo (se da en el parkinsonismo); patrón en mitón tipo B: pulgar de 1/10 a 1/12 de segundo (se da en psicosis); patrón en mitón tipo C: pulgar de 1/6 a 1/7 de segundo (se da en tumores profundos y talámicos). En el sueño *NREM* se activan los brotes paroxísticos de las epilepsias generalizadas y se generalizan los de las focales (posible fuente de errores); sobre todo se ven en las fronteras sueño-vigilia y en el paso de *NREM* a *REM*. En los procesos orgánicos las anomalías en el electroencefalograma pueden desaparecer en la fase de sueño superficial y algún tiempo tras despertarse.

-Estadio 4 (en recientes clasificaciones el estadio 3 y 4 se consideran ya un solo estadio, habiendo por tanto 3 estadios en vez de 4): sueño profundo. Más de la mitad del trazado muestra delta mayor de 100 microvoltios. Las fases 3 y 4 tal vez sólo resulten más útiles desde el punto de vista diagnóstico que las fases 1 y 2 en la epilepsia de lóbulo temporal. Delta más del 50%. 12-15% del total del sueño. Menos K. Pueden verse husos, sobre todo si se filtran las ondas agudas. Pico de hormona de crecimiento (*GH*) en estadio 4 (se libera en los estadios 3 y 4). Desconexión interhemisférica parcial transitoria. A este estadio corresponden el sonambulismo, los terrores nocturnos, la enuresis, la borrachera del sueño (confusión como respuesta anómala al despertar).

-REM: no hay termorregulación (no se suda, ni se tiembla), si la temperatura es extrema el sujeto se despierta. Aumenta el flujo sanguíneo cerebral (en *NREM*, al contrario). Musculatura accesoria hipotónica (sólo respiración diafragmática). Neurotransmisores *REM on:* colinérgicos. Neurotransmisores *REM off:* aminérgicos. Aparece a los 60-90 minutos. En recién nacidos constituye el 50% del total. A los 3-5 años: 20-25% del total y ya no varía. *REM* de rebote: aumenta frecuencia y densidad del *REM* tras privación de *REM*. *REM* precoz: narcolepsia, *delirium tremens*, lesiones profundas o trastornos del TE, alteraciones graves del ciclo sueño-vigilia. Electroencefalograma: bajo voltaje, polirrítmico, similar a estadio 1; periodos de ondas alfa más lentas que en vigilia, en brotes cortos en regiones frontales o vértex; ondas en dientes de sierra (theta "mellada") a 2-6 Hz en brotes cortos en regiones frontales o vértex; pueden coincidir con los movimientos oculares. La entrada en *REM* es brusca desde el *NREM*, pero puede no apreciarse bien desde la somnolencia (en casos de comienzo por *REM*). Husos en el sueño *REM:* insomnio crónico, trastornos de maduración cerebral, a veces en el primer *REM* de la noche. Inicio del sueño por *REM:* infancia, narcolepsia; cuando el *REM* aparece a los 10-15 minutos del inicio del sueño, también puede indicar: *delirium tremens*, enfermedad orgánica, etc. Movimientos oculares rápidos (MOR, *REM*): se observan en estadio *REM* precedido de sueño, no de vigilia. A la etapa *REM* con MOR se la denomina etapa emergente. No presenta ondas V, ni husos, ni complejos K. Puede haber salvas de actividad muscular. Durante los MOR el trazado es de bajo voltaje, con ondas de frecuencias diversas, incluidas ondas alfa.

-Despertar: ondas lentas de alto voltaje en todas las áreas, de aparición brusca, con aspecto de paroxismo, pero es un fenómeno fisiológico. Adolescentes y adultos: proceso rápido, generalmente seguido de alfa posterior. La transición puede venir señalada por un complejo K o una secuencia de complejos K. Niños: actividad theta rítmica llamativa. A veces la información clínica se obtiene al despertar. Reacción de despertar: ondas lentas de alto voltaje en todas las áreas, de aparición brusca, con aspecto de paroxismo, aunque es un fenómeno fisiológico. Se observa nítidamente al año de edad.

-Recién nacidos: onda negativa occipital evocada; latencia menor a mayor edad, por maduración. Vigilia-sueño: conforme el sueño se hace más profundo hay alternancia en la amplitud (trazado alternante) con aumento y disminución alternantes. Al inicio del sueño la amplitud aumenta. Los paroxismos de ondas lentas de alto voltaje del depertar pueden aparecer hacia los 3 meses, por tanto, en el recién nacido el despertar se identifica por la actividad muscular.
Sueño indeterminado o transicional: en las primeras 24 horas tras el nacimiento predominan *NREM* y vigilia sobre *REM*. Si no se puede clasificar en *NREM* o *REM* se denomina sueño indeterminado o transicional. Algunos autores denominan sueño indeterminado a la somnolencia (equivalente a estadio 1 en el adulto), pero la somnolencia quizá no sea un estadio indeterminado, sino parte del estadio 3 (del estadiaje neonatal, no del estadiaje del sueño). La vigilia apenas se puede registrar en neonatos, excepto a veces el estadio 3, que puede aparecer tras una toma, por lo que un recurso útil es pautar el electroencefalograma tras la toma.

-**Latencia *REM* disminuida:** síndrome depresivo, síndrome de Korsakoff, etc.

-**Ontogenia del sueño:**
-Prematuro: periodos de silencio eléctrico alternando con actividad de frecuencias mixtas de alta amplitud, *tracé alternant*. Sueño activo/sueño tranquilo, criterios: electroencefalograma, movimientos oculares, irregularidad cardiorrespiratoria.; 40-50% *REM*; ciclo *REM*: 40-50 minutos; el sueño puede empezar por *REM*.
-A término: el *tracé alternant* suele desaparecer a los 2 o 3 meses; ni husos ni alfa; sueño activo: 35-45%; ciclo *REM*: 45-50 minutos; husos a los 3 o 4 meses; complejo K a los 6 meses; el inicio por *REM* puede ocurrir hasta los 3 o 4 meses.
-1 año: alfa y husos; ya es *REM* y *NREM*; 1, 2, 3, 4; 4: 30-40% del sueño total; *REM*: 30-45% del sueño total; ciclo *REM*: 50-60 minutos; pocos despertares nocturnos; el primer *REM* puede no aparecer hasta pasadas 3 horas.
-Infancia y adolescencia: disminuyen 3, 4 y *REM*; aumenta 1 y 2; despertares más breves; ciclo *REM*: 60-75 minutos hacia los 6 años, 85-110 minutos hacia la adolescencia (en adultos, lo mismo).
-Anciano: disminuye la amplitud de las ondas lentas; más despertares, breves, de más de un minuto; disminución de la latencia *REM* (avanza el desfase del ciclo *REM* ultradiano, quizá por debilitamiento del sueño de ondas lentas en el primer tercio de la noche); mayores de 85 años: disminuye la cantidad de sueño *REM*; fragmentación del sueño: aumento de apneas centrales y obstructivas, aumento de los movimientos periódicos (algunos pacientes interpretan esta fragmentación del sueño como insomnio); la disminución de la amplitud de las ondas lentas y la fragmentación están más acentuadas en la demencia presenil tipo Alzheimer; puede aparecer respiración de Cheyne-Stokes en ancianos durante el sueño, espontáneamente, y con significado desconocido.
Véase polisomnografía.

SUEÑO INDETERMINADO O TRANSICIONAL: véase sueño, estructura.

SUMACIÓN TEMPORAL: véase unidad motora. Véase potencial de unidad motora.

TABES DORSAL: ataxia por alteraciones de cordones medulares posteriores, como en neurosífilis (tabes dorsal) o también en déficit de vitamina B12 (marcha tabética; la vitamina está presente en cerdo, vísceras y cereales; en los pacientes vistos personalmente con déficit de vitamina B, por ejemplo, en el curso de enolismo, se ha observado una acusada polineuropatía mixta).
Tabes dorsal: neuromielopatía tras 10-20 años de una sífilis primaria. Ataxia, dolor y trastornos urinarios.
Sífilis terciaria o tardía, con afectación de cordones medulares posteriores, dolor en miembros inferiores, crisis viscerales, ataxia, marcha tabética, parestesias, incontinencia fecal, urinaria, o ambas, y arreflexia en miembros inferiores.

Está volviendo a haber casos de sífilis en nuestro medio, a cualquier edad, por lo que hay que seguir teniéndola en cuenta en el diagnóstico diferencial.

Las pruebas neurofisiológicas, electromiograma de miembros inferiores y potenciales evocados somatosensoriales de miembros inferiores, suelen estar claramente alteradas en caso de afectación de cordones posteriores. Se ve personalmente un caso cada 6 años aproximadamente de afectación acusada de cordones posteriores, ya sea por neurosífilis o por déficit de vitamina B12 (normalmente por enolismo). Es más frecuente la afectación de cordones posteriores por otras causas, como la estenosis de canal lumbar, la esclerosis múltiple o los tumores, de los que se ven varios casos al año.

La tabes dorsal puede cursar en forma de abdomen agudo (otras causas de abdomen agudo de origen neurológico: herpes zóster, meningoencefalitis, radiculopatía, y en niños la migraña puede cursar en forma de dolor abdominal recurrente).

TACTO: el sentido del tacto está formado por el sentido del dolor, presión, temperatura, cinestesia, etc. (Weber, siglo 19). La cinestesia es el reconocimiento de la posición corporal detectado a partir del movimiento del cuerpo (a partir de los propioceptores, como los del oído interno y de los músculos).

TELENCÉFALO: la corteza controla el comportamiento instintivo, porque tiene en cuenta la información inmediata y la experiencia. La integración ocurre en el sistema límbico (memoria, afectos) y en neocórtex. Por ejemplo: reflejos condicionados pueden influir en la actividad cardíaca, renal, gastrointestinal, etc., estableciendo un nexo entre dos aferentes, una somática y otra vegetativa, que se asocian a una respuesta, pudiendo ser el estímulo condicionado somático o vegetativo. Por ejemplo: hipnosis, que es otra forma de influir en lo visceral desde lo somático, pues consiste en conseguir que la conciencia y la capacidad de percepción se centren en el hipnotizador, que sugiere evocaciones memorísticas que provocan reacciones somatovegetativas, y esas evocaciones no provocan reacciones fuera el estado de hipnosis, al no haber tanta atención a la situación evocada (ya que entonces ya no sería la única información recibida). Autosugestión y yoga: dominio voluntario del sistema visceral mediante aprendizaje; se consigue fijando la atención en sensaciones corporales en estado de relajación, recordando luego esa sensación para provocar relajación. La integración es cortical. Por tanto, la corteza puede provocar respuestas vegetativas de 3 maneras: reflejos condicionados, yoga e hipnosis.

TEMBLOR: oscilaciones rítmicas de una articulación alrededor de un eje. En la enfermedad de Parkinson: reposo, postural, cinético o todos ellos.

-Fisiológico: actividad electromiográfica continua, en forma de potenciales de unidad motora, a 7-12 Hz (*IFF* o *instantaneous firing frequency*), alternantes entre agonistas-antagonistas.

-Fisiológico aumentado (*enhanced physiological tremor*): fisiológico aumentado por catecolaminas, beta-adrenérgicos, tirotoxicosis, hipoglucemia, fármacos, tóxicos, etc. Los brotes se producen según el patrón fisiológico de reclutamiento de unidades motoras, pero aparentemente en algunos casos con mayor sincronización que el fisiológico, e intervalos entre potenciales de unidad motora más regulares. 8-12 Hz. Esta adaptación, provocada por catecolaminas, lo que hace posiblemente es favorecer la sincronización de la contracción, en un "intento", no siempre exitoso, de aumentar la eficacia de los movimientos. También se ha observado ocasionalmente en algunos pacientes lo que se podría denominar, a falta de otros términos, un temblor fisiológico aumentado, pero por **aumento de la acción del reflejo miotático**, más amplio de lo habitual, hallazgo de significado clínico incierto hasta ahora.

-Esencial: posicional, rítmico, a 4-8 Hz. A 9 Hz en segunda-tercera década. Temblor cinético (con el movimiento voluntario), en miembros superiores, cabeza, voz. Puede ser unilateral (y volverse más adelante bilateral). Algunos autores cifran la frecuencia entre 4-12 Hz (Benito J et al. Update on essential tremor. Minerva Med. 2011; 102: 417-39). Más amplio que el fisiológico, sobre todo el sintomático. Descargas sincrónicas entre antagonistas-agonistas (alternantes en un 10-15%; algunos de éstos podrían ser los que posteriormente evolucionan hacia el síndrome de Parkinson). Cuando el esencial aparece en alcohólicos también se trata con propranolol. El temblor postural (de actitud) secundario, por ejemplo, en el síndrome de Guillain-Barré crónico, es más irregular que el esencial (y además padece el síndrome de Guillain-Barré). El temblor esencial es la discinesia más frecuente.

-Enolismo: puede aparecer un temblor fisiológico aumentado, a 8-12 Hz, o un temblor como el esencial a 4-8 Hz. Los brotes de grupos de potenciales de unidad motora baten a la frecuencia del temblor, pero su reclutamiento no sigue el patrón fisiológico, e individualmente el potencial de unidad motora puede tener una *IFF* de 20-50 Hz.

-De reposo (extrapiramidal): 3-7 Hz, alternante entre agonistas-antagonistas. Con una actividad voluntaria de ese miembro se puede suprimir temporalmente, o ser sustituido por un temblor con sincronía agonista-antagonista a 8-12 Hz (es decir, al desaparecer el de reposo, aparece el fisiológico, como es lógico). En este epígrafe se incluye tanto al temblor asociado al parkinsonismo como al **temblor distónico**, asociado a las posturas distónicas de las distonías.
Algunos pacientes con parkinsonismo, aparte del temblor de reposo, presentan un temblor con características similares al esencial, y una minoría también un temblor de tipo mioclónico. En el electromiograma los potenciales de unidad motora presentan un patrón de reclutamiento fisiológico (sumación espacial y temporal dentro de límites fisiológicos), *IFF* 25-50 Hz. En ocasiones se han registrado también temblores de reposo a 5 Hz, sincrónicos, en vez de alternantes y que desaparecen con la posición, de significado no aclarado hasta ahora.

-Intencional o de acción: no es temblor, es ataxia (en el caso del cerebeloso). Afecta a musculatura proximal, no es tan rítmico. Causa en cerebelo o ganglios basales o ambos. 2-4 Hz, descargas irregulares, asincrónicas, entre agonistas-antagonistas. Los temblores intencionales son el cerebeloso, el mesencefálico, el psicógeno, el distónico y el esencial.

-Mioclónico:
En el *mioclonus* **positivo**, se han observado brotes breves de actividad electromiográfica con sincronía agonistas-antagonistas.
En el *mioclonus* **negativo, o asterixis**, se han observado fases asincrónicas de electromiograma silente, por ejemplo, asincrónicas en lado derecho en comparación con el izquierdo (cuando es bilateral), o fases sincrónicas entre músculos agonistas y antagonistas, o ambos. El periodo silencioso dura 35-200 milisegundos.
El temblor cortical (**temblor mioclónico cortical**), a 8-15 Hz, plantea el diagnóstico diferencial con el esencial, pues también puede ser familiar en ocasiones, y unilateral.
El temblor mioclónico también debe distinguirse del temblor distónico y del neuropático.

-Temblor de Holmes: antes llamado rúbrico o mesencefálico. De reposo, postural e intencional. 2-4,5 Hz. Aparece semanas o meses tras la lesión causal.

-Neuropático: más intenso en partes acras. Sincrónico o alternante entre agonistas y antagonistas. 6-8 Hz (4-10 Hz en otras series). Periodo silencioso ausente si el temblor es intenso y la neuropatía está peor, y viceversa. La causa podría ser la pérdida de la información propioceptiva.

-Temblor aleteante: véase asterixis.

-Temblor mixto.

-Temblor palatino: véase discinesias con origen subcortical.

-Temblor ortostático: inestabilidad en miembros inferiores al permanecer de pie (sensación de caída inminente, siendo infrecuente la caída). En el electromiograma, temblor a 13-18 Hz (Deuschl G et al. Consensus statement of the Movement Disorder Society on Tremor. Ad Hoc Scientific Committee. Mov Disord 1998; 13: 2-23) a los pocos segundos de ponerse de pie, con sincronía entre antagonistas (Gerschlager W. et al. Orthostatic tremor –a review. Handb Clin Neurol 2011; 100: 457-62), pudiendo detectarse en miembros inferiores, superiores, tronco y musculatura de la cabeza y puede aumentar durante la contracción isométrica (postura). Puede presentar un componente subarmónico a 8 Hz (Cano J et al. Primary orthostatic tremor: slow harmonic component as responsable of inestability. Neurología 2001; 16: 325-8). Ausencia del temblor en ausencia de bipedestación. Puede mejorar o empeorar al caminar. Puede observarse también en miembros superiores al sostener pesos o mediante contracción isométrica (Yagüe S et al. The importance of neurophysiological studies in the diagnosis of orthostatic tremor. Clinical Neurophysiology 2012; 123: e5). Idiopático o sintomático (estenosis del acueducto cerebral, polirradiculoneuropatía, traumatismo craneoencefálico, lesiones encefálicas, enfermedades degenerativas del sistema nervioso central, paraneoplasia, inflamación crónica del sistema nervioso central, enfermedad de Graves, gammapatía de significado incierto, antidopaminérgicos, déficit de tiamina, déficit de vitamina B12, enfermedad de Parkinson). Diagnóstico diferencial con enfermedad de Parkinson (pueden ir asociados, denominándose temblor ortostático plus, pues podría tratarse de un ente clínico distinto al temblor ortostático primario), temblor esencial y síndrome de piernas inquietas. Diagnóstico diferencial con las mioclonías ortostáticas también (Glass GA et al. Orthostatic myoclonus: a contributor to gait decline in selected elderly. Neurology 2007; 68: 1.826-30), que son seudorrítmicas y sin sincronía.

Pazzaglia P et al. On an unusual disorder of erect standing position (observation of 3 cases). Riv Sper Freniatr Med Leg Alien Ment. 1970; 94: 450-7.

Heilman KM. Orthostatic tremor. Arch Neurol 1984; 41: 880-1.

TEMPERATURA Y VELOCIDAD DE CONDUCCIÓN NERVIOSA: véase electroneurografía.

TENS: transcutaneous electrical nerve stimulation (Melzack R, Wall PD. Pain mechanisms: a new theory. Science 1965; 150: 971-9).Véase dolor.

TERMOTEST: técnica todavía en desarrollo, diseñada con el fin de detectar la neuropatía de fibras pequeñas. Se supone que el test de umbral para el frío podría servir para detectar la afectación de fibras meilinizadas pequeñas, y el test para detectar el umbral de percepción del calor podría servir para detectar la afectación de fibras pequeñas amielínicas. Existen diversos aparatos, con diferencias entre ellos, y falta de coincidencia entre diversos laboratorios, pero en general es posible que el umbral para la discriminación del calor esté aproximadamente en 3 grados centígrados para los hombres y 2 grados para las mujeres (y además dicho umbral aumentaría con la edad), y el umbral para el frío alrededor de 1 grado. De todas formas se trata de una técnica todavía no estandarizada (Tratado de neurofisiología clínica de Osselton).

TERROR NOCTURNO: *incubus attack, pavor nocturnus.*

TEST DE ATENUACIÓN ALFA: este test de pocos minutos quizá podría servir para ayudar a detectar narcolepsia: en caso de alerta, el alfa se bloquea con los ojos abiertos y aparece con ojos cerrados; en caso de somnolencia (propio de narcolepsia), el alfa aumenta con ojos abiertos y es menor con ojos cerrados.

TEST DE LATENCIAS MÚLTIPLES: electroencefalograma, electrooculograma y electromiograma submentoniano. 5 veces en un día en periodos de 2 horas (o 4 veces y una más si en una de ellas el sueño comienza por fase *REM*). El registro se detiene a los 10 minutos de dormirse o a los 20 minutos de registro (lo que suceda antes).

Se mide: latencia de sueño (latencia hasta estadio 1 desde el apagado de las luces), presencia o ausencia de inicio de sueño por *REM* (si no se duerme, la latencia se considera que es de 20 minutos, por defecto).
En somnolencia diurna excesiva disminuye la latencia de sueño.
En narcolepsia-cataplejía: inicio por *REM*.
Latencia de sueño media en caso de somnolencia diurna excesiva (SDE): menor de 5 minutos.
Latencia *REM* menor de 15 minutos tras el comienzo del sueño (*sleep onset*): significa comienzo por *REM* (comienzo por *REM*: narcolepsia, SAHS, retirada de fármacos supresores de fase *REM*, etc.).
La tendencia actual es que para el diagnóstico de narcolepsia es criterio positivo que la latencia media de sueño sea menor o igual a 8 minutos y que haya dos o más comienzos por *REM (SOREMP)*.
Sonka K. How to evaluate sleepiness. The value of diagnositc tests in narcolepsy. Rev Neurol 2013; 57: 41.

TEST DE WADA: véase electroencefalografía estándar, monitorización prolongada con vídeo-electroencefalograma.

TETANIA: véase discinesias con origen periférico.

TÉTANOS: véase discinesias con origen espinal.

TETRODOTOXINA: véase saxitoxina.

TICS: véase discinesias con origen subcortical.

TINNITUS: algunas causas raras: enfermedad de Vogt-Koyanagi-Arada, hipertensión arterial, síndrome de Costen, síndrome de Unverricht.
***Tinnitus* objetivo:** véase síndrome de Unverricht.

TONO MUSCULAR: depende del cerebelo, sistema vestibular, sistema extrapiramidal y formación reticular principalmente.

TORTÍCOLIS ESPASMÓDICO: véase discinesias con origen subcortical.

TORTÍCOLIS PAROXÍSTICO BENIGNO DE LA INFANCIA: véase jaqueca.

TOXOPLASMOSIS: véase miopatía necrótica.
Toxoplasmosis neonatal congénita: transmisión transplacentaria. Aborto, o asintomática, o ictericia, coriorretinitis, calcificaciones cerebrales, convulsiones, hepatoesplenomegalia, retraso mental, etc.

TRACÉ ALTERNANT: véase electroencefalografía neonatal.

TRASTORNO DE SUPERPOSICIÓN DE PARASOMNIAS: trastorno del comportamiento en fase *REM* y trastorno del *arousal* (sonambulismo, despertar confusional, etc.).

TRASTORNO POR DÉFICIT DE ATENCIÓN: los pacientes fluctúan entre hiperalerta e hipoalerta de forma incontrolada durante vigilia y sueño. El grado de actividad cortical es inestable. Dos tipos: con hiperactividad y sin hiperactividad. Denominación antigua: disfunción cerebral mínima. Electroencefalograma: lentificado, heterocronía, normalidad.

TRASTORNOS DEL CICLO DE LA UREA: electroencefalograma: lentificación y puntas.

TRASTORNOS DEL MOVIMIENTO: véase discinesias.

TRASTORNOS DEL SUEÑO:
-Clasificación:

1. Parasomnias (tratamiento: benzodiacepinas, ansiolíticos, antidepresivos tricíclicos en dosis nocturna, psicoterapia):
Trastornos del despertar: despertar confusional, sonambulismo, terrores nocturnos.
Trastornos de la transición vigilia-sueño: movimientos rítmicos del sueño, sobresaltos del sueño, somniloquia, calambres nocturnos en los miembros inferiores.
Parasomnias habitualmente asociadas al sueño *REM*: pesadillas, parálisis del sueño (adolescentes con fatiga o privación del sueño; diagnóstico diferencial con parálisis hipopotasémica); trastornos de las erecciones fisiológicas en relación con el sueño; erecciones dolorosas ligadas al sueño; parada sinusal ligada al sueño *REM*; trastorno del comportamiento durante el sueño *REM*; cefaleas (migraña, *cluster headache*, migraña paroxística).
Otras parasomnias: bruxismo (aparece en fase 2 o en *REM*; si aparece en fase 2, disminuye la fase 2, y se observa ausencia de sueño de ondas lentas y de *REM*; si aparece en fase *REM*, no desaparecen estas fases); enuresis del sueño; síndrome de deglución anormal ligada al sueño (aspiraciones; diagnóstico diferencial con apneas); distonía paroxística nocturna; síndrome de muerte súbita e inexplicada durante el sueño; ronquido primario; apnea del sueño en la infancia; síndrome de hipoventilación central congénita; síndrome de la muerte súbita del lactante; mioclonias neonatales benignas del sueño; síndrome del estallido cefálico; otras parasomnias no identificadas.

2. Disomnias:
Trastornos intrínsecos del sueño: insomnio psicofisiológico (asociación con rituales, que empeoran el insomnio); mala percepción del sueño (creencia en el padecimiento de un insomnio intenso); insomnio idiopático; narcolepsia; hipersomnia recurrente; hipersomnia idiopática; hipersomnia postraumática; síndrome de apnea obstructiva durante el sueño; síndrome de apneas centrales durante el sueño; síndrome de hipoventilación alveolar central; movimientos periódicos de las extremidades; síndrome de las piernas inquietas (tratamiento: clonazepam, 0,5-2 miligramos en una dosis nocturna, descansando fin de semana y vacaciones); trastorno intrínseco del sueño no especificado.
Trastornos extrínsecos del sueño: higiene del sueño inadecuada; trastorno del sueño ligado a un factor ambiental; insomnio de altitud; trastorno del sueño

ligado a una circunstancia particular; síndrome del sueño insuficiente; trastorno del sueño ligado a horarios demasiado rígidos; trastorno del adormecimiento ligado a una perturbación de la rutina al acostarse; insomnio por alergia alimentaria; síndrome de bulimia nocturna; síndrome de potomanía nocturna; trastorno del sueño ligado a una dependencia de hipnóticos, estimulantes, alcohol; trastornos del sueño de origen tóxico; trastorno extrínseco del sueño no especificado.

3. Trastornos del sueño ligados a enfermedades orgánicas o psiquiátricas:
Asociados a trastornos pisquiátricos: psicosis, trastornos afectivos, ansiedad, pánico, alcoholismo.
Asociados a trastornos neurológicos: enfermedades degenerativas cerebrales, demencia, enfermedad de Parkinson, insomnio familiar fatal, epilepsia ligada al sueño, estado de mal epiléptico ligado al sueño, cefaleas nocturnas.
Asociados a otras enfermedades: enfermedad del sueño, isquemia cardíaca nocturna, enfermedad pulmonar obstructiva crónica, asma nocturna, reflujo gastroesofágico durante el sueño, úlcera péptica, síndrome de fibrositis.

4. Trastornos del ritmo circadiano de sueño: síndrome de los vuelos transmeridianos (*jet lag*), trastorno del sueño en relación con un trabajo a turnos, patrón de vigilia-sueño irregular, síndrome de la fase de sueño adelantada, síndrome del ciclo nictameral mayor de 24 horas, trastorno del ritmo circadiano de sueño no especificado.

-Trastornos característicos de la fase *NREM*: distonía paroxística nocturna, somniloquio (durante *arousal*). En el sueño *NREM* a veces se activan los brotes paroxísticos de las epilepsias generalizadas, y se generalizan los de las focales (posible fuente de error). La actividad electroencefalográfica con algún significado clínico se ve ocasionalmente en las fronteras sueño-vigilia y en las transiciones *NREM-REM*. En los procesos orgánicos las anomalías electroencefalográficas pueden desaparecer en la fase de sueño superficial y algún tiempo tras despertarse.

-Trastornos característicos de la fase *REM*: somniloquio, mioclonia nocturna (menor de 100 milisegundos), K-alfa (*microarousal* formado por complejo K seguido de varios segundos de ritmo alfa), movimientos periódicos de las piernas (0,5-5 segundos de duración; en las formas estereotipadas se repiten cada 20-40 segundos), sobresaltos hipnagógicos (se deben a vigilia momentánea), síndrome de bradiarritmia relacionado con el sueño *REM* (Guilleminault, raro, asistolia prolongada hasta 11-15 segundos, sólo durante el sueño, puede haber bloqueo auriculoventricular completo, no tiene relación con la bradicardia diurna).

-Trastornos del ciclo circadiano: síndromes por retraso o avance de la fase de sueño. Tratamiento: cronoterapia, vivir días de 27 horas una semana, atrasando cada día 3 horas al acostarse. Retraso: aparente insomnio de inicio (puede recurrir a drogas para dormir). Avance: más frecuente en ancianos.
Síndrome de sueño-vigilia distinto de 24 horas (síndrome hipernictameral): lo normal es 24,5-25,5 horas. El sistema nervioso central puede no responder a

las imposiciones horarias y entonces aparece este síndrome. Van avanzando 0,5-1,5 horas/día hasta dormir de día y luego otra vez de noche. Puede aparecer en ciegos.

-**Trastorno del comportamiento del sueño** *REM:* el sueño *REM* es más reparador, quizá por eso los ataques en esta fase son más imperativos.Trastorno del comportamiento del sueño *REM: REM* sin atonía. Comportamiento agresivo inusual en añosos (o no, pues personalmente se han observado dos casos en niños pequeños también) durante fase *REM.* Ni problemas psiquiátricos ni agresividad durante el día. Suele ocurrir en la segunda mitad de la noche. Despertar incompleto, con pataleo, puñetazos, etc. Parece ser que se ha visto en conjunción con enfermedades neurológicas (demencia, hemorragia subaracnoidea, degeneración olivopontocerebelosa, síndrome de Gullain-Barré). En ocasiones podría formar parte del Parkinson promotor (manifestaciones 10 o 20 años de las motoras, incluyendo depresión, pérdida de olfato, trastorno del comportamiento del sueño *REM,* etc. Se desconoce el valor predictivo de las manifestaciones promotoras, pero, cuando aparece trastorno de comportamiento de fase *REM* asociado a Parkinson, éste suele cursar con más frecuencia con disautonomía). Electroencefalograma: brotes fásicos *REM,* potenciales "mioclónicos" en el electromiograma, artefactos por movimiento durante patrones de tipo *REM.* Los ataques recuerdan a los que se producen en los gatos al suprimir la atonía y parálisis durante el sueño *REM,* lesionando el tegmento pontino. Otras causas: idiopático (mayores de 60 años, en su mayoría varones), neurolúes, "accidente" vascular cerebral agudo, esclerosis múltiple, tumores del tronco encefálico, antidepresivos tricíclicos, biperideno, abandono del alcohol, sedantes. Tratamiento: clonazepam en toma nocturna.

-**Enuresis relacionada con el sueño (enuresis nocturna):** 15% en niños de 5-6 años. Afecta más a varones. Micción involuntaria a una edad en que se debería haber logrado el control de la vejiga (3 o más años). Al principio se describió en el primer tercio de la noche durante el despertamiento parcial desde el sueño de ondas lentas, pero se ha observado en todas las fases del sueño y durante la micción puede no haber signos de despertamiento total en el electroencefalograma. El enurético con frecuencia es difícil de despertar y una vez despierto muestra confusión, desorientación y falta de un recuerdo organizado del sueño. Según algunos autores, las vejigas de los enuréticos son más reactivas a estímulos, son más pequeñas y tienen menos sensación de repleción vesical. La enuresis secundaria, es decir, tras 6 meses de control normal, suele tener un fundamento emocional.

-**Sacudidas de la cabeza en relación con el sueño (***sleep-related head banging, jactatio capitis nocturna***):** sacudidas de la cabeza de un lado a otro y con menor frecuencia del cuerpo. Ocurre al inicio del sueño, en fases 1a y 1b (forma predormicional), o durante cualquier otro estadio del sueño (forma dormicional). No interfiere, o casi nada, en la marcha del sueño. Puede verse en niños normales, quizá en casos de estrés o disarmonía familiar, y con más frecuencia en retraso mental (en este caso es más frecuente la forma dormicional o *dormital form*). Aparece también en mayores de un año y puede persistir en adolescencia. Suele ser familiar. Tratamiento: acolchamiento. Suele desaparecer en el segundo o tercer año de vida, excepto cuando ha habido traumatismo craneoencefálico, o si hay trastorno psicopatológico de fondo. 3 tipos: *head banging, head rolling, body rocking*. Mayor prevalencia en menores de un año. Rara en mayores de 4 años. Excepcional en adolescentes y adultos, en estos casos puede deberse a agotamiento, retraso mental, etc. Electroencefalograma: no signos de epilepsia.

-Bruxismo: puede ser diurno o nocturno.

-Parálisis familiar del sueño: benigna.

-Tumescencia del pene: ocurre en fase *REM*.

-Erecciones dolorosas.

-Cefalea durante *REM*: *cluster headache*, hemicránea paroxística (en fase *REM* aumenta la vasodilatación, en *NREM* aumenta la vasoconstricción).

-Trastornos del despertar y paroxísticos: suelen desaparecer en la adolescencia. Aparecen durante el sueño de ondas lentas. Son tres: **despertar confuso (borrachera del sueño nocturno), sonambulismo, distonía hiponogénica paroxística y terror nocturno.** Los tres cursan con confusión, desorientación y amnesia retrógrada. Ataques recurrentes pueden ser provocados despertándolos a la fuerza en fase 3 y 4. Se asocian a despertares completos desde el sueño de ondas lentas profundo (ya sean espontáneos o provocados). Por todo esto, han sido considerados trastornos del despertar. No son fenómenos epilépticos y por tanto debe hacerse el diagnóstico diferencial con la confusión nocturna, los automatismos y los ataques de miedo con origen en crisis epilépticas (raros).
Despertar confuso: borrachera del sueño nocturno. Confusión, desorientación, mala coordinación, comportamiento automático y grados variables de amnesia al despertarse del sueño profundo. Ocurren típicamente con *arousals* en la primera parte de la noche durante estadios 3 y 4, y son especialmente frecuentes en niños. Los individuos normales también muestran cierta torpeza si se les despierta en fases 3 y 4. Electroencefalograma durante el cuadro confusional: o bien similar al de un estadio 1b, o bien con alfa no reactivo a la luz (llamado por algunos estadio 1a). Diagnóstico diferencial: borrachera del sueño matinal, que aparece en el 50% de los pacientes con hipersomnia idiopática. Un tipo diferente de despertar confuso se observa al despertar desde fase *REM*, es más frecuente en viejos y en hipersomnias por rebote *REM* (por ejemplo, tras abandonar drogas que suprimen *REM*), y se caracteriza por experiencias alucinatorias durante estados intermedios entre sueño *REM* y vigilia (esto último es bastante conocido en el caso de la alucinosis alcohólica).
Sonambulismo: es el trastorno del sueño más frecuente en la infancia. Prevalencia del 15% entre 3 y 5 años. Desencadenantes: tioridacina, litio, privación de sueño, fiebre, desipramina, perfenacina, distensión vesical, etc. Más frecuente durante el primer tercio de la noche. Conducta compleja, estereotipada. Si se le despierta no recuerda el ataque y sólo recuerda imágenes fragmentadas. Ocurren durante 3 y 4. Suele desaparecer tras

adolescencia. Electroencefalograma durante el ataque: desincronizado, patrones de estadio 1 mezclados con otras frecuencias, predominantemente theta o un ritmo alfa continuo no reactivo; el ataque puede ser provocado despertando al individuo predispuesto, desde el sueño de ondas lentas. La jaqueca oftálmica se asocia al sonambulismo. En niños suele empezar en menores de 10 años, terminar antes de los 15 y tener incidencia familiar. En el de inicio en adultos no suele ser familiar ni existir trastorno psicopatológico desencadenante. Diagnóstico diferencial: epilepsia, paseos nocturnos en viejos (síndrome del *sundowner*), fugas (dura más, conducta más compleja), borrachera del sueño.

Distonía hipnogénica paroxística: *NREM*. Parasomnia. Movimientos distónicos inducidos por el sueño, por ejemplo, rotación lenta de cabeza o tronco, con frecuentes movimientos de miembros en abducción, flexión o extensión. 15-60 segundos (pueden aparecer en vigilia y asociarse a crisis generalizadas) o más prolongados (hasta 1 hora) que pueden preceder al desarrollo de un corea de Huntington. El sujeto puede tumbarse tras sentarse una y otra vez. Pueden abrir los ojos pero no responden. Ocurren durante el sueño de ondas lentas y no se han encontrado durante el sueño *REM*, tampoco se ha encontrado sonambulismo ni terrores nocturnos concomitantemente. Electroencefalograma: no aparecen descargas, de ahí que sea difícil detectar la epilepsia, ya que podría tratarse de una crisis parcial durante el sueño; en principio el electroencefalograma es normal salvo que haya epilepsia sobreañadida. Tratamiento: tegretol. La distonía paroxística nocturna consiste en un ataque en fase *NREM* de despertar repentino y agitación motora con posturas distónicas y actividad semipropositiva. Recurre varias veces por noche. Hay 3 tipos: ataques breves (menor de 2 minutos), largos (más de 5 minutos), e intermedios. No mejora espontáneamente.

Terrores nocturnos: 1-5% de los escolares. Grito seguido de comportamiento ansioso. Más frecuente durante el primer tercio de la noche. Taquicardia, taquipnea, gesto de miedo, sudoración, pupilas dilatadas. No se alcanza consciencia plena hasta 5 o 10 minutos tras el inicio del ataque. Durante ese tiempo no se consigue consolarles; el ataque debe seguir su curso. Apenas se recuerdan imágenes, que pueden consistir en una sola escena, más que en una secuencia organizada de hechos, como sucede con los sueños. Puede haber sensación de asfixia, aplastamiento, palpitaciones, parálisis o muerte inminente. Aparece durante fases 3 y 4, y se asocian con rápida desincronización hacia patrones de vigilia rápidos y de bajo voltaje, y aumento de la frecuencia cardíaca, taquipnea, aumento del tono muscular y otros patrones de despertamiento brusco o agudo. Desencadenados por: privación de sueño, fiebre, depresores del sistema nervioso central. La intensidad del terror nocturno, medida por el aumento de la frecuencia cardíaca, es proporcional a la duración del sueño de ondas lentas precedente. Los pacientes no suelen recordar el ataque al día siguiente. Si suceden muchos en una misma noche pueden aparecer en fase 2. Tratamiento: diazepam antes de acostarse. **En niños (*pavor nocturnus*)** no precisa tratamiento. **En adultos (*incubus attack*)**, diazepam, 2 miligramos/24 horas.

-**Sueños terroríficos** (ataques de ansiedad durante el sueño): sueños organizados, gemidos o quejidos (pero no gritos ni comportamiento de pánico), taquicardia y taquipnea (menor que en el terror). No se acompaña de la confusión ni la desorientación de los ataques de terror. Se recupera rápidamente la conciencia tras despertarse. Más frecuente en la segunda mitad de la noche. Están asociados al sueño *REM*. Aparecen en personas predispuestas durante periodos de inseguridad o conflictos, y son particularmente frecuentes en situaciones de aumento de sueño *REM*, por ejemplo, en rebote *REM* tras supresión *REM*, en estrés, en relación con uso de drogas (hipnóticos, estimulantes, alcohol). Se tratan tanto en niños como en adultos con diazepam. Diagnóstico diferencial con alucinaciones hipnagógicas.

-Trastornos motores durante el sueño:
Criterio convencional: anormal más de 5 movimientos por hora.
***Mioclonus* nocturno: movimientos periódicos durante el sueño** (causa de hipersomnia por anormalidades motoras). Periodos de movimientos estereotipados y repetitivos en piernas, presentes sólo durante el sueño. Puede causar somnolencia diurna excesiva. Afecta con más frecuencia a las dos piernas. El movimiento semeja una respuesta refleja de retirada (extensión dedo gordo, flexión de rodilla, tobillo y muslo). Los movimientos son lentos, duran de 0,5-2 segundos y son más tónicos que clónicos, por lo que el término *mioclonus* no es adecuado, dado que además hay *mioclonus* nocturnos verdaderos. Los movimientos son seudorrítmicos y recurrentes cada 20-80 segundos en periodos extensos de sueño. Movimiento semejante a Babinski. Puede incluir al miembro superior. El movimiento puede asociarse a *microarousal*. Puede acompañarse de *arousal* (alfa, complejo K). El insomnio puede ser la causa de consulta. Diagnóstico: más de 5 movimientos/hora de sueño. Aumenta con privación de sueño y con antidepresivos tricíclicos. Electromiograma de tibial anterior para detectar su presencia y distribución temporal. Los pacientes no suelen ser conscientes del movimiento y ser el acompañante el que descubra el *mioclonus*. La fragmentación del sueño puede asociarse a este *mioclonus*. Tratamientos: benzodiacepinas, carbamazepina, opiáceos, L-dopa, etc.
***Mioclonus* NREM fragmentario:** mioclonus *twitch-like* breve, menor de 200 milisegundos, en sueño *NREM*. Afecta a varios grupos musculares de forma asincrónica y asimétrica. Puede asociarse a somnolencia diurna excesiva (hipersomnia por anormalidades motoras). No suelen causar *arousal*, y casi nunca las nota el durmiente, aunque el acompañante sí. Puede asociarse a fasciculaciones benignas. Las contracciones no se producen en brotes, como sí ocurre en el mioclonus *REM* fisiológico. Puede asociarse a movimientos periódicos durante el sueño y, al igual que estos, puede aparecer con otras causas de somnolencia diurna excesiva o en solitario. Monitorización electromiográfica; por ejemplo: tríceps, bíceps, cuádriceps, gemelos bilaterales.
Síndrome de piernas inquietas: síndrome de Ekbom, enfermedad de Willis-Ekbom; discinesias en extremidades inferiores durante la inmovilidad, acentuadas por la somnolencia, con urgencia irresistible por mover las piernas, e insomnio del inicio del sueño. Con frecuencia se asocia a movimientos periódicos durante el sueño, lo cual puede llevar al despertar y vuelta a las piernas inquietas. La asociación síndrome de Ekbom y *mioclonus* nocturno es frecuente, en cambio, el *mioclonus* nocturno con síndrome de Ekbom es poco frecuente. La mayoría tienen enfermedad vascular o del sistema nervioso periférico. Es más frecuente durante el embarazo. Mejora durante procesos febriles. Tratamiento: clonazepam, dosis nocturna de 0,5-2 miligramos,

descansando fines de semana y vacaciones. Descartar: esclerosis lateral amiotrófica, trastornos circulatorios, ferropenia, falta de folato, falta de vitaminas, cafeinismo, uremia, diabetes, carcinoma, polio, neuropatía. Empeora con la edad, con la privación de sueño y el embarazo. En un tercio de los casos parece haber incidencia familiar.

Mioclonus **generalizado hipnagógico:** es un *mioclonus* generalizado, breve, normal, al inicio del sueño (*nocturnal startle*). En somnolencia, en fase 1. Si aumenta intensidad y frecuencia puede producir insomnio del inicio del sueño. ***Jactatio capitis nocturna: head banging.***

-Trastornos del sueño y enfermedad vascular cerebral: afectación cortical: disminución de K, sigma y ondas delta en sueño de ondas lentas. Tálamo: insomnio. Mesencéfalo: somnolencia. Protuberancia: hiposomnia con parálisis de la mirada bilateral. Bulbo: apnea del sueño. Ataque isquémico transitorio vertebrobasilar: narcolepsia. Oclusión bilateral de las arterias talamosubtalámicas paramedianas: alteración brusca de la conciencia, seguida de hipersomnia fluctuante y oftalmoplejía bilateral (sobre todo vertical), con frecuencia aparece hipomnesia, apatía, signos cognitivos, signos piramidales y extrapiramidales (por ejemplo: hipofonía y asterixis).

-Sueño y unidad de cuidados intensivos: sueño-anabolismo; vigilia-catabolismo. Aumento de la relación vigilia/sueño conlleva disminución de inmunidad celular. En 3-7 días de privación de sueño (influyen edad y gravedad) hay alteración del estado mental (diagnóstico diferencial con parasomnias, por ejemplo, con el trastorno del comportamiento del sueño *REM*), y peor respuesta a la hipercapnia (hay que añadir la desorientación y el ruido, sobre todo el variable o "polución sonora", y hay que añadir el dolor, la ansiedad y la medicación). Tratamiento: entorno, morfina (dolor), midazolam o lorazepam (sedantes), hidrato de cloral o zolpidem (hipnóticos, que aumentan el tiempo total del sueño y disminuyen la latencia del sueño).

TRAUMATISMO CRANEOENCEFÁLICO (TCE):
-Lesión menor: cefalea, náuseas, vómito, visión borrosa, etc. Conmoción o aturdimiento. Buen pronóstico, no signos focales. Breve periodo amnésico alrededor del momento del impacto. Síncope vasovagal la primera hora. La cefalea puede ser pulsátil y hemicraneal, y durar unos días. La mayoría sin fractura ni hemorragia. Niños: somnolencia, irritabilidad y vómitos durante horas. La cefalea intensa y el vómito persistente pueden obligar a observación de 24 horas. Electroencefalograma: precozmente se detectan ondas lentas en relación con el golpe que desaparecen pronto; por lo demás, el trazado puede ser normal o estar lentificado (theta) si hay disminución de la conciencia (contusión, hemorragias petequiales).
-Lesión de gravedad intermedia: pérdida de conciencia. No coma. Confusión persistente. Alteraciones de comportamiento. Alerta reducida. Vértigo intenso. Signos neurológicos focales. Vómito. Y de forma inconstante, fotofobia, delirio, abulia, jovialidad (*witzelsucht*), amnesia, cefalea, afasia, hemiparesia, hemianopsia, confusión, nistagmo, somnolencia, diabetes insípida, etc. Convulsiones raras. Electroencefalograma: puede haber anomalías paroxísticas; disminuye alfa, aparece theta-delta; la cantidad de ondas lentas está en correlación con la intensidad y duración de la pérdida de conciencia.

-**Lesión grave:** puede haber coma. Electroencefalograma: delta en todas las áreas, con o sin signos de focalidad; son útiles los electroencefalogramas sucesivos; es raro el trazado isoeléctrico o el alfa no reactivo (este por lesiones bajas en troncoencefálico); los paroxismos punta-onda son más frecuentes en niños.

-**Más detalles sobre el electroencefalograma en el TCE:** si aparece un foco de puntas lo más probable es que fueran anteriores al TCE; descargas de puntas repetitivas: pueden deberse a un hematoma agudo, que podría estar en el lado opuesto a la descarga; ondas trifásicas asimétricas en ancianos: pueden deberse a un hematoma; un electroencefalograma normal no descarta lesiones; la lentificación puede ser focal; onda aguda, onda lenta, o ambas, cicatriz o foco de malacia; si la malacia es profunda, las ondas suelen ser difásicas y con predominio coronal (dado que cruzan la línea media); punta-onda a 6 Hz: pérdidas de conocimiento pasajeras; descargas de puntas positivas a 14 y 6 Hz, simultánea o separadamente, sobre todo niños y adolescentes (trastornos de comportamiento, cólicos abdominales, cefaleas); alteración del ritmo vigilia-sueño; la repercusión en el electroencefalograma puede ser mayor en niños que en adultos, incluso en un TCE leve, pudiendo llegar incluso a la hipsarritmia; si aparece punta onda a 3 Hz de manera precoz puede que fuera previa al TCE, y no una secuela; en ancianos se considera de mal pronóstico la falta de reactividad a estímulos en el electroencefalograma; síndrome postraumático (postconmocional): el electroencefalograma puede ser normal o anormal, por lo que ni lo descarta ni lo confirma; encefalopatía traumática progresiva: boxeadores, actividad theta difusa, ondas agudas aisladas; epilepsia postraumática: si las alteraciones del trazado persisten, se agravan, o reaparecen tras mejorar, se las considera signos de posible desarrollo de epilepsia postraumática (por ejemplo, delta que persiste más de 6 meses en un foco), suele aparecer a los 6 meses tras el traumatismo, y el electroencefalograma es normal en el 50%.

TRIÁNGULO DE MOLLARET: véase discinesias con origen subcortical.

TRIPTÓFANO: véase alfa-aminoaciduria.

TRIQUINOSIS: véase miopatía necrótica.

TROMBOSIS DEL SENO LONGITUDINAL SUPERIOR: encefalopatía residual crónica, con punta-onda a 2 Hz.

TRONCO ENCEFÁLICO: las respuestas somatovegetativas se integran en la formación reticular, común a los dos sistemas; por ejemplo: reflejo respiratorio (aferente vegetativa, eferente somática), reflejo del vómito (aferente vegetativa, eferente somatovegetativa), reflejo de la tos, reflejo de acomodación (aferente somática, eferente somática a músculos rectos internos y vegetativa a músculos ciliares).
Integración somatovegetativa, ejemplos: reflejo de la tos, reflejo cardioinhibidor (coordina la actividad cardíaca con las necesidades circulatorias), reflejos vestibulares (coordina movimientos oculares con los de la cabeza y mantiene el equilibrio del cuerpo ante los desplazamientos de la cabeza), reflejo del vómito

(movimientos antiperistálticos y prensa abdominal), reflejo de salivación, reflejo de lagrimeo.
Núcleo de Edinger-Westphal: núcleo ciliar en el tronco encefálico.
Síndromes troncoencefálicos: Weber, Claude, Benedikt, Nohtnagel, Parinaud, Millard-Gluber, Avellis, Jackson, Wallemberg, Collet-Sicard, Villaret, Vernet, Gradenigo, Jacod, Tolosa-Hunt-Foix, meato auditivo interno, etc.
Disgenesias del tronco encefálico: raras; clínica heterogénea; hipotonía muscular, micrognatia, amimia/hipomimia, hipoacusia central, parálisis facial, disfagia, gastrostomía, brocoaspiración, hipoventilación, arritmias, piramidalismo, parada cardiorrespiratoria, retraso psicomotor, posibilidad de marcha autónoma. Alteraciones en el electromiograma (facial) y en los potenciales evocados auditivos. Diagnóstico diferencial con parálisis cerebral.
Alberdi A et al. Disgenesias del tronco encefálico: pronóstico funcional y tratamiento rehabilitador. Serie de nueve casos. Rev Neurol 2014; 58: 396-400.

TUMORES INTRACRANEALES:
-**Supratentoriales:** hemisferios: glioblastoma multiforme, astrocitoma, oligodendroglioma, meningioma, metástasis.
Línea media: hipófisis, epífisis, craneofaringioma (calcificaciones difusas, niños 80%, adultos, 50%).
-**Infratentoriales:** adultos: neurinoma del acústico, metástasis, meningioma, angioblastoma de Lindau.
Niños: astrocitoma cerebeloso, meduloblastoma, ependimoma, ganglioma TE.
-**Médula espinal:** extradurales: metástasis, dermoides.
Intradurales extramedulares: meningioma, neurinoma, angioma.
Intradurales intramedulares: ependimoma, astrocitoma, metástasis.
-**Electroencefalograma:** puntas por irritación cerebral, más frecuentes en (tumores de crecimiento lento) astrocitomas, meningiomas, oligodendrogliomas; menos frecuentes en glioblastomas y metástasis; focos de ondas lentas (efecto ventana por destrucción neuronal), más frecuentes en tumores de crecimiento rápido; los tumores son eléctricamente inactivos; la hipertensión intracraneal produce un electroencefalograma anormal si hay hipoxia por la isquemia debida a la disminución del flujo sanguíneo cerebral; en la hipertensión intracraneal benigna el electroencefalograma suele ser normal; en tumores infratentoriales el electroencefalograma es anormal en un 31%; en tumores profundos y basales el electroencefalograma es anormal en un 25%; electroencefalograma normal y edema de papila: tumor de fosa posterior; absceso cerebral: electroencefalograma como en tumor maligno de crecimiento rápido (si el electroencefalograma es normal, es probable que el absceso sea cerebeloso).

TYSABRI: véase natalizumab.

UNIDAD MOTORA: en medicina se denomina unidad motora a una neurona motora del asta anterior medular (segunda motoneurona) y al grupo de fibras musculares esqueléticas inervadas por ella. Se trata por tanto de una unidad funcional, o morfofuncional. Fue descrita por Liddell y Sherrington (Liddell EGT, Sherrington CS. Recruitment and some other features of reflex inhibition.

Proc R Soc Lond (Biol) 1925; 97: 488-518). Se trata de un concepto fisiológico con utilidad clínica. La unidad motora está formada por el soma neuronal, el axón, incluida la vaina de mielina, la unión neuromuscular y las células o fibras musculares esqueléticas correspondientes (la unidad muscular son el conjunto de fibras musculares de una unidad motora; el potencial de unidad motora o PUM es el potencial generado por las fibras de una unidad motora por activación voluntaria o estímulo de su axón).

El concepto de unidad motora permite la clasificación de ciertas enfermedades y síndromes en función de la parte de la unidad motora en la que se produce una alteración (Netter F. Colección Ciba de ilustraciones médicas, tomo 1/2. Salvat, Barcelona, 1987 p 204), pudiendo haber, respectivamente: neuronopatías, axonopatías/melinopatías, trastornos de la unión neuromuscular y miopatías. Ejemplos de cada una son, respectivamente: la enfermedad de Charcot-Marie-Tooth, la polineuropatía diabética, la miastenia gravis y la enfermedad de Steinert.

Una descarga bioeléctrica desde una neurona motora del asta anterior medular se transmite al músculo, dando lugar a una contracción sincrónica de las fibras musculares correspondientes. Es esta sincronía lo que permite afirmar que la unidad motora es la unidad funcional fundamental responsable de la contracción muscular efectiva (Sissons H. Anatomy of the motor unit. En Walton, JN (ed.). Disorders of voluntary muscle, ed. 3. Churchill Livingstone, London, 1974). Lo que esto quiere decir en la práctica es que una alteración en alguna de las partes de la unidad motora se traduce desde el punto de vista fisiopatológico en una alteración del funcionamiento de la unidad motora como un todo, y que a su vez esto permite distinguir, desde el punto de vista clínico, unidades motoras sanas y enfermas (Fontoira M. Medición manual de potenciales de unidad motora "miopáticos". Rehabilitación (06/05) 2011; 45: 202-207). De este modo resulta posible también identificar a la unidad motora como el lugar de asiento de una enfermedad en curso desde el punto de vista de la patogenia (Ferro-Milone F. Problems of physiopathology of the motor unit. Rev Neurobiol 1969; 15: 380-90). Además es posible establecer una buena correlación entre las alteraciones en la unidad motora y las manifestaciones clínicas (Black JTR, Bhatt GP, Defesus PV. Diagnostic accuracy of clinical data, quantitative electromyography and histochemistry in neuromuscular disease. J Neurol Sci 1974; 21: 59-70).

Se sabe que, en personas sanas, cada fibra muscular pertenece a una sola unidad motora, y que las fibras musculares pertenecientes a una misma unidad motora presentan características histológicas idénticas. Todas las fibras de una misma unidad motora pertenecen al mismo tipo histológico, básicamente: tipo 1 o tipo 2 (Kimura J. Electrodiagnosis in disease of nerve and muscle. Principles and practice. 2nd ed FA Davis, Philadelphia, 1989). Mediante la tetanización de unidades motoras individuales por estimulación de axones individuales y agotamiento del glucógeno de las fibras musculares correspondientes se ha comprobado que existe una notable superposición del territorio ocupado por las fibras de unidades motoras adyacentes. Se piensa que esta dispersión de las fibras de diferentes unidades motoras en el seno de un músculo favorece la finura de la contracción muscular, y que también podría servir para compensar con eficacia la pérdida de unidades motoras en situaciones patológicas. No se ha encontrado evidencia de la disposición de las fibras de las unidades motoras formando subunidades (mencionado en Kimura J. Electrodiagnosis in disease of nerve and muscle. Principles and practice. 2nd ed F A Davis, Philadelphia, 1989, citando los trabajos clásicos de Stalberg que con estas investigaciones zanjó una vieja discusión con Buchthal sobre este asunto, según conversación informal con José María Fernández).

Las fibras de tipo 1 o tónicas son de contracción relativamente más lenta y mayor resistencia a la fatiga. Las fibras de tipo 2 o fásicas son de contracción más rápida y menor resistencia. Las fibras de tipo 1 tenderían a participar en movimientos prolongados, como el de caminar, y las de tipo 2 en movimientos breves y potentes, como el salto. Esta división en la práctica no es tan nítida, dado que se han descrito diversos subtipos de fibras con características intermedias, lo cual probablemente tiene que ver con el hecho de que los movimientos no son o prolongados o bruscos, sino que hay una graduación y diversas combinaciones de tipos de movimientos que se pueden realizar. Ahora bien, dentro de una misma unidad motora todas las fibras motoras pertenecen al mismo tipo histoquímico, al mismo tipo de actividad enzimática predominante (Bloom-Fawcett. Tratado de histología. Interamericana, McGraw-Hill, Madrid, 1987).

Si una fibra muscular de un tipo queda denervada y es reinervada por el axón de otra unidad motora con fibras de otro tipo, la fibra denervada-reinervada modifica su tipo histoquímico y lo iguala al de las fibras de la nueva unidad motora a la que se incorpora (Kimura J. Electrodiagnosis in disease of nerve and muscle. Principles and practice. 2nd ed FA Davis, Philadelphia, 1989).

Diversas investigaciones de la unidad motora han desvelado que, por ejemplo, en el músculo tibial anterior, hay alrededor de 270000 fibras musculares, organizadas en 445 unidades motoras, con unas 600 fibras musculares por unidad motora (el diámetro medio de las fibras musculares es de 57 micras). El músculo tibial anterior recibe alrededor de 742 axones grandes.

Lateva ZC, McGill KC. Estimating motor-unit architectural properties by analyzing motor-unit action potential morphology. Clin Neurophysiol 2001; 112: 127-35.

Vogt T, Nix WA, Pfeifer B. Relationship between electrical and mechanical properties of motor units. J Neurol Neurosurg Psychiatry 1990; 52: 331-334.

Feinstein B, Lindergard B, Nyman E and Wohlfart G. Morphologic studies of motor units in normal human muscles. Acta Anat 1955; 23: 127-142.

Durante la contracción muscular, para que la fuerza muscular aumente, la orden motora procedente de la corteza motora va dando lugar a un reclutamiento de unidades motoras, es decir, se van contrayendo cada vez más unidades motoras sin que dejen de contraerse las que ya se estaban contrayendo, sumándose su efecto. Este reclutamiento de unidades motoras tiene lugar según el principio de Henneman, según el cual en primer lugar se contraen las fibras musculares inervadas por neuronas de menor tamaño, y conforme progresa el reclutamiento va aumentando el tamaño de las neuronas implicadas.

Henneman E. Relation between size of neurons and their susceptibility to discharge. Science 1957; 126: 1345-1347.

Henneman E, Somjen G, Carpenter DO. Functional significance of cell size in spinal motoneurons. J Neurophysiology 1965; 28: 560-589.

Henneman E. Motor neurons and motor units: the size principle. Didactic program (AEEM) 1982. p. 29-34.

Conwit RA, Stashuk D, Tracy B, McHugh M, Brown WF. The relationship of motor unit size, firing rate and force. Clin Neurphysiol 1999; 110: 1270-5.

Masakado Y, Akaboshi K, Nagata M, Kimura A, Chino N. Motor unit firing behavior in slow and fast contractions of the first dorsal interosseus muscle of healthy men. Electroencephalogr Clin Neurophysiol 1995; 97: 290-5.

Fortier PA. Use of spike triggered averaging of muscle activity to quantify inputs to motoneuron pools. J Neurophysiol 1994; 72: 248-65.

Neuronas de menor tamaño corresponden a unidades motoras de menor tamaño, constituidas por un número menor de fibras musculares, y viceversa. El patrón de reclutamiento parece ser que es continuo, que no hay una contracción en fases, bimodal, de modo que no se contraen por un lado las fibras tónicas de bajo umbral y por otro las fásicas de alto umbral. Según Stalberg, este principio no puede ser detectado en el electromiograma convencional debido a la pequeña área de registro de estos electrodos en comparación con el tamaño del espacio ocupado por la unidad motora (Mustafa E, Stalberg E, Falck B. Can the size principle be detected in conventional emg recordings? Muscle & Nerve 1995; 18: 435-39).

La fuerza muscular va aumentando conforme aumenta el reclutamiento de unidades motoras (McComas AJ, Sica RE, Upton AR. Excitability of human motoneurons during effort. J Physiol 1970; 210: 145), y también con el aumento de la frecuencia de descarga de las unidades motoras individuales (Dorfman LJ, Howard JE, McGill KC. Motor unit firing rates and firing rate variability in the detection of neuromuscular disorders. Electroencephalogr Clin Neurophysiol 1989; 73: 215-224). Desde un punto de vista fisiopatológico ésto es importante, porque el organismo intenta compensar a corto plazo la pérdida de fuerza en relación con la pérdida de unidades motoras mediante el aumento de la frecuencia de descarga de las restantes (Liguori R, Fuglsang-Frederiksen A, Nix W, Fawcett PR, Andersen K. Electromyography in myopathy. Neurophysiol Clin 1997; 27: 200-203). También desde un punto de vista fisiopatológico, otra manera de compensar la pérdida de fuerza a largo plazo es la hipertrofia muscular.

En cuanto a la descarga de un potencial de unidad motora en un trazado simple, uno de los problemas a resolver es el de la confirmación de estar ante un trazado de contracción verdaderamente máxima. La clave para confirmar que un trazado electromiográfico en el que aparece un solo potencial de unidad motora es un trazado de contracción máxima, aparte de la propia comprobación visual del hecho, podría estar en parte en la frecuencia de batida de dicho potencial de unidad motora (el valor de la sumación temporal). Por regla general es aceptado que la frecuencia de batida de un potencial de unidad motora en tal circunstancia oscila entre 20 y 50 Hz, lo cual es la pista clave para determinar que en efecto se está ante un trazado simple verdadero, y no un trazado falsamente simple por esfuerzo muscular insuficiente por parte del paciente.

Durante un esfuerzo pequeño la frecuencia de contracción de un potencial de unidad motora suele ser de 5-15 Hz. (Fernández JM. Exploración neurofisiológica. En Codina A (ed.). Tratado de Neurología. Ed. ELA, Barcelona 1994: 120-121).

Kimura cifra la frecuencia de batida de una unidad motora durante la máxima contracción entre "algo" y 30 Hz. (Kimura J. Electrodiagnosis in disease of nerve and muscle. Principles and practice. 2nd ed. FA Davis, Philadelphia, 1989. p 229).

Esos 30 Hz, que son bastante distintos a los 50 Hz citados más arriba, se explican por lo siguiente: a partir de 30 Hz no es posible identificar potenciales de unidad motora individuales en el trazado normal, pues a partir de tales frecuencias el trazado ya se ha vuelto interferencial, salvo que esté simplificado.

También es un hecho conocido que en caso de denervación la frecuencia de batida de los potenciales de unidad motora individuales en el trazado simplificado aumenta de frecuencia como compensación ante la denervación parcial.

Sin embargo, en la práctica, el límite superior de frecuencia detectable en un potencial de unidad motora individual (en un trazado simplificado, o en uno simple) suele ser de unos 40 Hz (aproximadamente). Según observaciones personales, la frecuencia de batida de los potenciales de unidad motora individuales en el músculo denervado con trazado simplificado oscila entre 10-40 Hz por regla general.

Digresión al margen: este hecho de que la frecuencia de descarga de un potencial de unidad motora esté entre 10-40 Hz tiene otra implicación interesante aunque no tenga que ver con la MUNE, y es la siguiente: una frecuencia menor de 10 Hz de los potenciales de unidad motora individuales de un trazado simplificado suele indicar, con bastante seguridad diagnóstica, sobre todo si la clínica es compatible, una disminución de la sumación temporal, y por tanto, una alteración de origen central; de hecho, ya una frecuencia de 13-14 Hz puede indicar alteración central en ocasiones, si la frecuencia máxima original de ese potencial de unidad motora fuese, por ejemplo, 20 Hz, y si la clínica fuese compatible, claro está.

Personalmente se ha observado también otro hecho interesante: en músculos con el trazado simplificado y cuyos signos neurógenos tiene origen tanto en primera como en segunda neurona motora, se pueden observar simultáneamente potenciales de unidad motora con una sumación temporal dentro de límites fisiológicos y potenciales de unidad motora con disminución de la sumación temporal.

Otra digresión al margen: un dato que podría tener alguna utilidad ocasional, en este asunto de la frecuencia de descarga de los potenciales de unidad motora en condiciones neuropáticas, es el parámetro que se obtiene con la razón entre la frecuencia media de descarga y el número de unidades motoras activas, tal como lo describe Kimura. Si la razón es menor de 5, el resultado es normal, pero si es mayor de 10, indica pérdida de unidades motoras, pues estaría indicando la citada mayor frecuencia de descarga en dicha circunstancia

(Kimura J. Electrodiagnosis in disease of nerve and muscle. Principles and practice. 2nd ed. FA Davis, Philadelphia, 1989. p 250).

UREMIA: véase encefalopatía.

VARIANTE PSICOMOTORA: véase patrón "variante psicomotora".

VARICELA: ataxia cerebelosa: manifestación no cutánea más frecuente en niños. También se asocia a encefalitis postvaricelosa y síndrome de Reye.

VÉRTIGO:
-Encefalitis troncoencefálica paraneoplásica (cáncer pulmonar microcítico, con nistagmo, vértigo, diplopia, ataxia, disfagia).
-Equilibrio: El equilibrio depende de tres sistemas: la vista, el oído y el tacto. El equilibrio se altera de manera grave cuando faltan dos de los anteriores. Si falta la aferencia sensitiva en miembros inferiores se produce el signo de la "danza tendinosa" al tratar de permanecer de pie, y la marcha tabética (taloneando con vigor y con el paciente mirando hacia el suelo); interesante en la práctica para el diagnóstico clínico de dicho trastorno. Perder el equilibrio al girar la cabeza hacia arriba (por ejemplo, al tender la ropa), una causa frecuente de consulta médica, no se considera un hecho patológico, sino enmarcado dentro de lo fisiológico. El equilibrio es mantenido por: sistema general (propiocepción), sistema especial (visual y vestibular; vestibular: utrículo y sáculo, sistema estático, cabeza en reposo y aceleración lineal; canales semicirculares, sistema cinético, rotación de la cabeza, aceleración angular).
-Vértigo periférico (laberinto)/vértigo central (tronco encefálico, cerebelo):
1. Nistagmo unidireccional/nistagmo uni o bidireccional.
2. Es raro que el nistagmo sea sólo horizontal/es frecuente que sea sólo horizontal.
3. Nistagmo sólo torsional o vertical, no/puede ser; la fijación visual inhibe el nistagmo y el vértigo/no.
4. Vértigo muy intenso/con más frecuencia, leve.
5. Giro hacia fase rápida/variable.
6. Caída hacia fase lenta/variable.
7. Síntomas, minutos, días o semanas, pero recurrente/puede ser crónico.
8. *Tinnitus* e hipoacusia, con frecuencia, sí/con frecuencia, no.
9. Anomalías centrales, no/con frecuencia, sí.
10. Causas frecuentes, infección, Meniere, isquemia, traumatismo/vascular, desmielinizante, neoplasia, traumatismo, toxinas.
-Tipos:
1. Vestibulopatía periférica aguda: laberintitis aguda.
2. Neuroma acústico: hipoacusia, *tinnitus*, el vértigo suele quedar compensado.
3. Disfunción recurrente unilateral del laberinto: con hipoacusia y *tinnitus:* Meniere; monosintomático: neuronitis vestibular; con manifestaciones de tronco encefálico: insuficiencia vertebrobasilar.
4. Vértigo posicional:
4.1. Vértigo posicional paroxístico benigno (suele ceder en meses y puede deberse a traumatismo, diagnóstico diferencial con vértigo posicional central).
4.2. Vértigo de posición (distinto del posicional, no aparece por posición, sino la mover la cabeza; se llama de posición porque los pacientes no la mueven).

5. Epilepsia vestibular: rara; lóbulo temporal.
6. Vértigo psicógeno: sin nistagmo; con agorafobia.

-Diagnóstico diferencial entre vértigo posicional paroxístico benigno/vértigo posicional central:
1. Latencia: 3-40 segundos/ninguna.
2. Fatigabilidad manteniendo la posición irritativa: sí/no.
3. Habituación repitiendo el estímulo: sí/no.
4. Vértigo intenso/leve.
5. Reproducibilidad en otra sesión: variable/buena.
6. Causa: idiopática o traumatismo/lesiones del cuarto ventrículo o proximidades.

-Vértigo paroxístico benigno de la infancia: en algún caso diagnóstico diferencial con epilepsia parcial primaria con sintomatología afectiva; 1-3 años de edad hasta los 11 años como mucho. Vértigo agudo de 1-5 minutos de duración. Diagnóstico diferencial con el vértigo posicional paroxístico benigno y con la laberintitis aguda (comienzo agudo pero persistente). Posible relación con la migraña.

-Síndrome de Ramsay-Hunt: zóster ótico por infección de ganglio geniculado; con vértigo, acúfenos, hiposialorrea, disfonía, ojo seco y ausencia de reflejo corneal. Herpes zóster (no confundir con el otro síndrome de Ramsay-Hunt o síndrome de Hunt consistente en la disinergia mioclónica cerebelosa).

-Algunas causas: síndrome de Ramsay Hunt, hiptertensión arterial, hipertensión intracraneal, encefalitis troncoencefálica, traumatismo craneoencefálico, síndrome de la vena cava superior (hipertensión intracraneal: cefalea, vértigo, acúfenos, somnolencia, obnubilación).

VÍDEO-ELECTROENCEFALOGRAMA: véase electroencefalografía estándar.

VIH: los macrófagos transportan el virus al sistema nervioso central (microglia).
Encefalopatía difusa: demencia (afectación neurológica más frecuente), ya es SIDA.
Infección aguda (seroconversión): meningitis aséptica, encefalopatía aguda, polineuropatía aguda.
Cerebro: encefalopatía difusa o demencia, toxoplasmosis, encefalitis por citomegalovirus, linfoma cerebral primario, leucoencefalopatía multifocal progresiva, encefalitis por varicela zóster, abscesos fúngicos, encefalitis por herpes simple, sarcoma de Kaposi.
Meninges: meningitis aséptica, meningitis por criptococos (SIDA), meningitis linfocitaria. Médula: mielopatía vacuolar, mielitis viral.
Nervio periférico: polineuropatía sensitivomotora distal, mononeuritis por herpes zóster, mononeuritis múltiple. Según experiencia propia la polineuropatía es frecuente y característica: es de predominio desmielinizante y los potenciales motores no aparecen desincronizados, o no especialmente, pero sí con duraciones especialmente alargadas de manera típica, lo cual otorga una morfología característica a los potenciales motores en esta polineuropatía, morfología que no se ve en otras polineuropatías, salvo tal vez ocasionalmente en el mieloma o en el linfoma, etc. (y las amplitudes motoras son bajas, y las velocidades motoras están lentificadas); es un patrón distinto al de otras polineuropatías desmielinizantes crónicas, como el Charcot-Marie-Tooth

(potenciales motores tampoco desincronizados apenas, pero duraciones no tan alargadas), o el síndrome de Guillain-Barré crónico (duraciones alargadas también, pero potenciales desincronizados). Véase electromiografía, bloqueo axonal/dispersión temporal. Véase SIDA.

Neuroimagen: absceso toxoplásmico (refuerzo anular con contraste y edema perilesional), demencia asociada a SIDA (atrofia cortical y cerebelosa, e hidrocefalia por compensación), leucoencefalopatía multifocal progresiva (lesiones hipodensas en sustancia blanca, sin refuerzo ni edema perilesional).

Manifestaciones neurológicas: cuadro focal (toxoplasmosis, linfoma cerebral primario), cuadro difuso (demencia asociada a SIDA, encefalitis por citomegalovirus, meningitis criptocócica), cefalea, confusión y convulsiones (toxoplasmosis, linfoma primario), cefaleas y síndrome meníngeo (meningitis por criptococo; la detección del antígeno criptocócico presenta una sensibilidad mayor del 95%, mayor que la prueba de la tinta china), demencia asociada al SIDA (50% de los pacientes, demencia por encefalopatía subaguda por citomegalovirus y leucoencefalopatía multifocal progresiva por papovavirus, virus JC o virus polioma y SV40).

VIRUS LENTOS: panencefalitis esclerosante subaguda (sarampión); panencefalitis rubeólica progresiva (rubéola); leucoencefalopatía multifocal progresiva (virus polioma JC); enfermedad de Creutzfeldt-Jakob; Kuru (canibalismo).

VIRUS LINFOTRÓPICOS: *HTLV-1* (leucemia, linfoma T, mielopatía o paraparesia espástica tropical); *HTLV-3* (demencia, mielopatía vacuolar, neuropatía periférica).

VIRUS POLIOMA: virus JC: leucoencefalopatía multifocal progresiva (LEMP), enfermedad desmielinizante, progresiva y letal, más frecuente en linfoma, leucemia y SIDA (inmunodeficiencia celular), con afectación difusa y simétrica de hemisferios y vías piramidales; comienzo insidioso, hemiparesia, afasia, demencia; virus en tejido cerebral, alteraciones electroencefalográficas y en tomografía (disminución de sustancia blanca), líquido cefalorraquídeo normal.

VISIÓN BORROSA: algunas causas raras: botulismo, intoxicación con hexacarbonos, neuropatía diftérica.

VITAMINA A:
Hipovitaminosis A: ataxia, aumento de presión intracraneal, ceguera nocturna.
Hipervitaminosis A: letargia, aumento de presión intracraneal.

VITAMINA B1:
Déficit en adultos: síndrome (encefalopatía) de Wernicke-Korsakoff.
Déficit de vitamina B1 en lactantes: afonía, convulsiones, insuficiencia cardíaca aguda.

VITAMINA B6: piridoxina; déficit de vitamina B6, electroencefalograma (convulsiones): descargas paroxísticas (no ondas lentas). Véase neuropatía por isoniazida. Véase neuropatía por piridoxina.

VITAMINA B12:

Déficit de vitamina B12: degeneración combinada subaguda medular; mielosis funicular; alteración de cordones posteriores (disminución de la sensibilidad profunda), alteración de la vía piramidal (paresia, espasticidad, hiperreflexia, Babinski), alteraciones mentales. Marcha tabética. Con mayor frecuencia por enolismo. Potenciales evocados multimodales y electromiograma (polineuropatía) alterados, y con frecuencia muy alterados.

Electroencefalograma: actividad lenta difusa, theta/delta continuo y en brotes; mala correlación electroencefalograma/clínica; el electroencefalograma mejora con B12; lo más frecuente es la actividad theta generalizada, o delta generalizada, continua o paroxística, y a veces focal. Véase tabes dorsal.

WICKET SPIKES: ondas theta agudas, temporales, normales, que aparecen en fases del sueño 1, 2, REM y al despertar. No se deben confundir con ondas similares patológicas. Las *wicket spikes* son ondas monofásicas arciformes a 6-11 Hz y 60-200 microvoltios, bitemporales, sincrónicas o asincrónicas, con predominio temporal izquierdo y más frecuentes en mayores de 50 años. No se deben confundir con descargas epileptiformes focales (Crespel et al. Wicket spikes misinterpreted as focal abnormalities in idiopathic generalizad epilepsy with prescription of carbamazepine leading to paradoxical aggravation. Clinical Neurophysiology 2009; 39: 139-142). Véase actividad theta.

XANTOMATOSIS CEREBROTENDINOSA: enfermedad de Von Bogaert-Scherer-Epstein. Lipidosis. Autosómica recesiva. Síntesis defectuosa de ácidos biliares. ¿Enfermedad mitocondrial? Catarata bilateral, xantomas tendinosos, xantelasmas, piramidalismo, síndrome cerebeloso, demencia, retraso mental, ataxia progresiva, convulsiones, etc. Acúmulo de lípidos (colesterol, colestanol) en sustancia blanca de sistema nervioso central y periférico, tendones y piel. Neuropatía de fibras grandes, desde leve hasta acusada, y con empeoramiento progresivo. Parece ser que puede haber en ocasiones mejoría si se trata con ácido quenodesoxicólico (quenodiol), sobre todo si se hace un diagnóstico precoz y se empieza el tratamiento antes de haber manifestaciones clínicas significativas (Peynet J et al. Treatments with simvastatin, lovastatin, and chenodeoxycholic acid in 3 syblings. Neurology 1991; 41: 434). En algún caso puede no haber xantomas tendinosos (Campdelacreu J et al. Xantomatosis cerebrotendinosa sin xantomas tendinosos: presentación de dos casos. Neurología 2002; 17: 647-650). Electroencefalograma: delta paroxístico, lentificación, ondas agudas.

XERODERMA PIGMENTOSUM: neuropatía hereditaria. Un caso visto personalmente, un niño, con potenciales evocados auditivos y potenciales evocados somatosensoriales alterados, y con empeoramiento progresivo con el paso de los años.

Síndrome de Sanctis-Cacchione: xeroderma pigmentosum y alteraciones neurológicas: autosómica recesiva; fotosensibilidad precoz, fotofobia, lentiginosis, poiquilodermia, queratomas, tumores malignos hacia los 5 años (carcinomas baso y espinocelulares, melanomas, queratoacantomas), conjuntivitis, queratitis, úlceras, *pterigion, ectropion, entropion,* microcefalia, retraso mental, convulsiones, corea, alteraciones electroencefalográficas, degeneración de neuronas del tracto espinocerebeloso, alteraciones del lenguaje y la audición, enanismo, retraso en el desarrollo esquelético, hipoplasia testicular.

ZÓSTER OFTÁLMICO: ganglio de Gasser.

ZÓSTER ÓTICO:
Herpes zóster geniculado: ganglio geniculado.
Síndrome de Ramsay-Hunt (zóster ótico): vértigo, acúfenos, hipersialorrea, disfonía, ojo seco, ausencia de reflejo corneal; lesiones en pabellón auditivo, conducto auditivo externo, paladar blando y pilares anteriores; a veces parálisis facial con peor pronóstico que la de Bell, pues, suele producirse una acusada destrucción axonal.

www.ingramcontent.com/pod-product-compliance
Lightning Source LLC
Chambersburg PA
CBHW060817170526
45158CB00001B/6